アプリケーション アーキテクチャ 設計パターン

Design Patterns of Application Architecture

斉藤賢哉
Kenya Saitoh
三菱UFJインフォメーションテクノロジー株式会社

技術評論社

●サンプルコードのダウンロードについて

本書に掲載したサンプルコードは、紙面の都合上、一部を省略しているものもあります。省略していない完全版のサンプルコードにつきましては、本書のサポートページよりダウンロードしてご入手いただけます。

・『アプリケーションアーキテクチャ設計パターン』サポートページ
http://gihyo.jp/book/2017/978-4-7741-9303-8/support

下記、免責事項をお確かめの上ご利用ください。

●免責事項

本書に記載された内容は、情報の提供のみを目的としています。したがって、本書を用いた運用は、必ずお客様自身の責任と判断によって行ってください。これらの情報の運用の結果について、技術評論社および著者はいかなる責任も負いません。

本書記載の情報は、2017年10月現在のものを掲載していますので、ご利用時には、変更されている場合もあります。

また、ソフトウェアはバージョンアップされる場合があり、本書での説明とは機能内容や画面図などが異なってしまうこともありえます。本書ご購入の前に、必ずバージョン番号をご確認ください。

以上の注意事項をご承諾いただいた上で、本書をご利用願います。これらの注意事項をお読みいただかずに、お問い合わせいただいても、技術評論社および著者は対処しかねます。あらかじめ、ご承知おきください。

まえがき

当社は、三菱UFJフィナンシャル・グループというアジアを代表する金融グループのシステム企画開発運用を担当している会社です。三菱東京UFJ銀行のほとんどのシステムや三菱UFJフィナンシャル・グループ各社の多くのシステムなど、1,000近くのエンタープライズシステムを開発・保守しています。金融機関のエンタープライズシステムは、取扱うトランザクション量の膨大さ、金額の大きさ、国内外にわたる多くのお客さまに象徴されるように、クリティカルなシステムが多く、その構築にあたっては様々な設計上の考慮が必要とされています。また、かつては伝統的な金融業務の勘定処理を取扱うことが中心でしたが、1990年代以降、システム化対象業務は飛躍的に拡大し、当社が開発するエンタープライズシステムの数も増加の一途を辿っています。個々のエンタープライズシステムに求められる要件も高度化・複雑化しており、それにつれてシステム間連携の増加、ビッグデータと呼ばれる大容量・非構造データの取扱い、デバイスの多様化、UI/UXを実現するためのクライアント処理などに対応してきています。

エンタープライズシステムは大規模なものが多く、適切なアプリケーションの構造、アプリケーションの処理方式の設計、すなわちアプリケーションアーキテクチャ設計がとても重要です。開発初期の段階で適切な設計がなされないと、全体整合性のとれないシステムや要件を実現できないシステムとなり、プロジェクトの途上で大幅な作り直しが必要となることもあります。またエンタープライズシステムはシステム投資を回収するために長く利用されることが一般的であり、外部環境やビジネスの変化に対応できる拡張性・保守性を実現するアプリケーションアーキテクチャ設計がビジネスの伸張に大きく影響することもあります。変化の激しい時代の中で高度化・複雑化する要件に迅速に対応していくためには、機能要件・非機能要件に応じた適切なアプリケーションアーキテクチャ設計が、これまで以上に肝要となります。

本書は、エンタープライズシステムで必要とされるアプリケーションデザインパターンを網羅するよう、オンライン処理を中心に、シングルページアプリケーション、バッチ処理、ビッグデータ、システム間連携など、幅広く取り上げています。著者の斉藤賢哉氏は当社のリードアーキテクトとして、数多くの金融機関向けのシステム開発プロジェクトやフレームワーク開発に携わってきており、本書に取り上げたデザインパターンはそのノウハウをわかりやすく整理し一般化したものになります。システムエンジニアの皆さんにとって本書がアプリケーションアーキテクチャ設計の一助となることを願っております。

2017年10月
三菱UFJインフォメーションテクノロジー株式会社
取締役社長　中田一朗

はじめに

本書のテーマは、アプリケーションアーキテクチャの設計パターンです。アプリケーションアーキテクチャの世界には、すでに偉大な先人たちによって編み出された優れた設計パターンがあります。本書の狙いは、それらの設計パターンをベースに、私がこれまで携わってきた数々のプロジェクトで積み上げてきた設計ノウハウをミックスし、最新のJava EEプラットフォームやフレームワークの仕様を前提に、パターン体系として再整理することにあります。

本書は、エンタープライズアプリケーションの心臓部であるサーバサイドを中心に、シングルページアプリケーションの台頭で再び重要性を増してきたクライアントサイド、SQLなどの伝統的な処理方式とビッグデータ技術という新潮流が混在するバッチ処理、そして昨今「オープンAPI」で改めて注目が集まっているシステム間連携と、様々な分野を広くカバーしています。本書では、すべての分野に渡って語彙や記述レベルを統一し、使用するサンプルも合わせるように工夫しました。たとえば「第10章 非同期呼び出しと並列処理のための設計パターン」と、「第18章 ビッグデータ技術による分散並列バッチ処理」では、「売上取引データを集約する」という同じ例を用いています。これは、同じ例を使うことで、マルチスレッドによる並列処理とビッグデータ技術（Hadoopなど）という2つの異なるアーキテクチャの間に、「大きなデータセットを如何にして効率的に処理するか」という共通の課題があることに気が付きやすくするためです。このように異なる分野におけるアプリケーションアーキテクチャであっても、実は処理の効率化や拡張性の向上など、設計における本質的な課題は同じであることが多いのです。

本書では、「設計パターンのトレードオフ」を特にクローズアップしています。ある1つの機能要件を充足するための設計パターンには、ほとんどの場合、いくつかの選択肢があります。そしてそれらの設計パターン同士には、コスト、技術的な難易度、パフォーマンスなど、様々な観点でトレードオフがあります。本書を通じてこのようなトレードオフを理解すれば、何を基準にどういったパターンを選択するべきか、プロジェクトの中で適切な判断ができるようになるでしょう。

さて、本書のテーマはあくまでも設計パターンですが、各設計パターンを具現化するためのソースコードを、なるべく多めに掲載しています。ウォーターフォール型の開発では、設計フェーズと実装フェーズは分離されますが、設計と実装は「上流と下流」というよりは、相互依存の関係にあると考えるべきです。つまり、実装は「設計ありき」ですが、設計もまた「実装ありき」なのです。アーキテクト自身が実装までを自ら検証して習熟することができれば理想的ですが、現実的には時間の制約などから難しいことが多いでしょう。ただし、自身で実装まですべてをカバーすることはできなくても、「実装のイメージ」を頭の中で描けるようにさえなっていれば、アプリケーションアーキテクチャを設計する上で支障をきたすことはありません。ぜひ読者の皆様には、最適な設計のために、本書に掲載されたソースコードを読み解くことによって、実装をイメージできる力を養っていただきたいと考えています。

エンタープライズシステムは、これからクラウドへの移行がますます進むものと思いますが、過去の資産も含めると、まだまだオンプレミスの比率が相応に高い状況です。しかし、クラウドであろうとオンプレミスであろうと、アプリケーションアーキテクチャの根幹部分は大きくは変わりません。本書で取り扱っているアプリケーションアーキテクチャの設計は、今後エンタープライズシステムを取り巻く環境が移り変わっても、「ぶれる」ことの少ない普遍性の高いテーマです。アーキテクトが習得するべきコアのスキルとして、長きに渡って活用することができるでしょう。

本書が、読者の皆様が担当するエンタープライズシステムにおいて、アプリケーションアーキテクチャ設計の一助となれば幸いです。

2017年10月　斉藤賢哉

本書を読むにあたって

読者の前提スキル

本書では、アプリケーションアーキテクチャの設計パターンを説明するにあたり、Java言語、JavaScript言語、SQLなどによるサンプルプログラムを掲載しています。本書の読者は、以下のスキルを有していることを前提にしています。

Java SE（Java Platform, Standard Edition）

オブジェクト指向言語としてのJavaの文法、文字列やコレクションといった基本的なクラスの使用方法、JDBCによるRDBアクセス手法、JUnitによる単体テスト技法などについて、習得していること。

Java EE（Java Platform, Enterprise Edition）

Java EEのメカニズム（WARファイルの構成やデプロイの概念など）について、基礎的なレベルで理解していること。

JavaScript

プログラミング言語としてのJavaScriptの文法や、主要な組み込みオブジェクトについて、理解していること。

XML

マークアップ言語としてのXMLの記法や仕様について、理解していること。

SQL

データ操作言語としてのSQLの基本的な文法について、習得していること。

プラットフォーム仕様やフレームワークのバージョン

本書では、エンタープライズアプリケーションのプラットフォーム仕様として、Java EEを前提としています。バージョンは、2013年5月にリリースされた「Java EE 7」です。また各設計パターンの説明において、Spring MVCやApache Hadoopなど、有用なOSSフレームワークを取り上げています。OSSフレームワークのバージョンについては、本書執筆時点（2016年後半）における最新版を採用しています。

以下に、Java EE7を構成する各API仕様と、取り上げたOSSフレームワークのバージョンを示します。

Part2 サーバサイドの設計パターン

- [Java EE] Servlet 3.1
- [Java EE] JSP 2.3
- [Java EE] JSTL 1.2
- [Java EE] JSF 2.2
- [Java EE] CDI 1.1
- [Java EE] EJB 3.2
- [Java EE] JTA 1.2
- [Java EE] JPA 2.1
- [OSS] Spring MVC 4.2.9
- [OSS] MyBatis 3.2.7
- [OSS] AspectJ 1.8.8

Part3 クライアントサイドの設計パターン

- [Java EE] WebSocket 1.0
- [OSS] jQuery 1.12.1
- [OSS] Underscore.js 1.8.2
- [OSS] Backbone.js 1.2.3
- [OSS] Marionette.js 2.4.4
- [OSS] Knockout.js 3.3.0

Part4 バッチ処理の設計パターン

- [Java EE] Java Batch 1.0
- [OSS] Apache Hadoop 2.6.0 (CDH 5.11.0)
- [OSS] Apache Hive 1.1.0 (CDH 5.11.0)
- [OSS] Apache Spark 1.6.0 (CDH 5.11.0)

Part5 システム間連携の設計パターン

- [Java EE] JAX-RS 2.0
- [Java EE] JAX-WS 2.2
- [Java EE] JMS 2.0

本文におけるクラス名

Part2以降では、Java EEの各API仕様やOSSフレームワークによって提供されるクラス（クラス、インタフェース、アノテーション、例外、列挙型など）が多数登場しますが、紙面の都合で本文にはクラス名のみを記載しています。パッケージを含む完全限定クラス名（FQCN）については、巻末Appendixの「クラス一覧」を参照ください。

メタ構文変数と登場人物名

本書では、サンプルプログラムにおいて使用するメタ構文変数（意味を持たないキーワード）として、以下の5つを用いています。

```
Foo、Bar、Qux、Hoge、Fuga
```

また、アプリケーションアーキテクチャを具体的に説明するときに、暗号分野などでよく使われる以下の人物名を利用しています。

```
Alice、Bob、Carol、Dave、Ellen、Frank
```

目次

Part 4 バッチ処理の設計パターン

Part 1

アプリケーションアーキテクチャ概要

第1章 アプリケーションアーキテクチャとは

1.1 アーキテクチャとは

システム開発にたずさわっていると、「アーキテクチャ」というキーワードを耳にすることは多いでしょう。アーキテクチャとはもともとは建築業界で使われていた言葉で、「建築物の構造や設計技法全般」を意味します。システム開発の世界では、「ITアーキテクチャ」、「ソフトウェアアーキテクチャ」、「データアーキテクチャ」といった具合に、一口に「アーキテクチャ」と言っても様々な種類があります。それぞれの「アーキテクチャ」が意味するところについては漠然とした共通認識こそあれ、明確な定義やスコープが存在しないのが実情です。あえて曖昧さを残すことで、文脈に応じて都合よく解釈してもらうという意図もあるのかもしれません。このように様々な種類がある「アーキテクチャ」ですが、本書ではエンタープライズシステムの構成要素に合わせて、「システムアーキテクチャ」と「アプリケーションアーキテクチャ」の2つを定義しています。

エンタープライズシステムはサーバ、ストレージ、ネットワーク、OS、ミドルウェアといったインフラストラクチャ（以降インフラ）と、その上で稼動するアプリケーションから構成されます。このうちシステムアーキテクチャの対象となるのは、インフラやアプリケーションを含むシステム全体となります。システムアーキテクチャには、非機能要件を充足することが求められます。非機能要件とは、システム全体のアベイラビリティ（可用性）、リライアビリティ（信頼性）、スケーラビリティ（拡張性）、パフォーマンス（性能）、セキュリティ（機密性）、サービサビリティ（運用性）などを指します。

一方、本書のテーマでもあるアプリケーションアーキテクチャは、アプリケーションを開発する上で最も基本的な設計方針であり、一種の制約にもなります。アプリケーションの各ユースケースは、前もって設計されたアプリケーションアーキテクチャにしたがって開発を進めていきます。アプリケーションアーキテクチャは、各ユースケースにおける具体的な業務設計よりも、より抽象度の高い視点で設計を行う必要があります。

システムアーキテクチャとアプリケーションアーキテクチャは、車の両輪のようにどちらを欠くこともできません。2つのアーキテクチャがそれぞれ適切に設計されて初めて、品質の高いエンタープライズシステムが成り立つのです。

1.2 アプリケーションアーキテクチャ設計の目標

アプリケーションアーキテクチャの設計には、2つの目標があります。1つ目は「アプリケーションの構造」を決めること、そしてもう1つは「アプリケーションの処理方式」を決めることです。

■アプリケーションの構造

エンタープライズシステムでは、アプリケーションはある程度の規模になることが一般的です。中には何百人月という工数をかけて開発された巨大なアプリケーションもあります。アプリケーションアーキテクチャの設計では、このように規模が大きくなりがちなアプリケーションをいくつかの「部品」に分割していきます。分割されたソフトウェアの「部品」のことを、コンポーネントと呼びます。Javaのようなオブジェクト指向言語では、コンポーネントはクラス（または複数のクラス群）によって実現します。規模の大きなアプリケーションを1つのソフトウェアとして捉えるのではなく、いくつかのコンポーネントに分割して管理しやすくするのです。

コンポーネントの分割にあたっては、何を基準にどのように分割するのか、どのくらいの粒度にするのか、分割されたコンポーネント同士をどのように連携させるのか、といった点を決める必要があります。

■アプリケーションの処理方式

アプリケーションアーキテクチャ設計のもう1つの目標が、アプリケーションの処理方式を決めることです。アプリケーションが提供する業務的な機能に対する要件を機能要件と呼びますが、処理方式とは個々の機能要件を実現するための汎用的な仕組みを指します。機能要件が「何を提供するのか」すなわち「What」であるのに対して、処理方式は「どのように実現するのか」すなわち「How」に相当します。

たとえばあるWebアプリケーションでは、複数画面からの入力によって1つの業務取引が成立するものとします。ユーザがWebブラウザの戻るボタンによって前の画面に戻った場合は、データの整合性確保のために後続の処理をエラーにする必要があるとします。このような機能要件を実現するために、どのような処理方式が考えられるでしょうか。選択肢の一つとして、トークンチェックを利用する方式があります。トークンチェックとは、Webページに埋め込んだトークン（乱数）とサーバサイドのセッション変数に格納したトークンを突き合わせることによって、不正な更新リクエストを回避する方式です（4.8.2項）。

1.3 アプリケーションアーキテクチャ設計が必要な理由

アプリケーションアーキテクチャはなぜ必要なのでしょうか。ここではその理由について説明します。

■アプリケーション全体の整合性確保

エンタープライズアプリケーションは規模が比較的大きくなることが多いため、アプリケーションアーキテクチャが明確に決まっていないと、全体的な整合性が崩れてしまう可能性があります。この種の問題は、結合テストなど開発の後工程で顕在化する傾向があります。アプリケーションアーキテクチャをなるべく早い段階で明確にし、アプリケーション内で統一的に採用することで、規模の大きなアプリケーションであっても全体的な整合性を確保することが可能になります。

■設計品質の向上

アプリケーションアーキテクチャは、アプリケーション開発の最も基本的な方針であり、設計上の制約でもありますので、アプリケーションの各ユースケース開発に先立って設計され、その有効性は十分に検証されている必要があります。アプリケーションアーキテクチャ設計が不十分だと、全体で統一するべきアプリケーションアーキテクチャを、各ユースケース開発の担当者が独自に設計する余地が残ってしまいます。その結果、検証が不十分なアーキテクチャを採用してしまったり、機能要件に対して不十分もしくは過剰なアーキテクチャになってしまう可能性があります。

当該のエンタープライズシステムにとって最適なアプリケーションアーキテクチャを前もって設計・検証し、アプリケーション全体で統一することで、よい意味で設計の自由が奪われるため、各ユースケース開発における設計品質を一定に保つことが可能となります。

■拡張性・保守性の向上

アプリケーションはリリースして終了ではなく、その後ある程度の期間に渡って保守していく必要があります。特にエンタープライズシステムでは、開発に要した投資の回収が求められますので、保守の期間は長くなる傾向にあります。保守フェーズには、新しい業務要件のために機能拡張をしたり、業務要件の見直しに伴って仕様変更をしたり、意に反して何らかの不良が発生して修正を余儀なくされることもあるでしょう。

このときアプリケーションアーキテクチャが適切に設計されていないと、機能拡張、仕様変更や不良修正するときの影響範囲が大きくなってしまい莫大なコストがかかったり、場合によってはアプリケーションを根本的に作り変えなくてはいけなくなる可能性があります。

このような事態を回避するためには、アプリケーションの構造、すなわちコンポーネントを適切に設計する必要があります。適切に設計されたコンポーネントは、パソコンと周辺機器にたとえることができます。パソコンと周辺機器はUSBという統一された規格で接続されます。周辺機器が故障したりより高機能なものが欲しくなったら、USBに対応した別製品を新たに購入し、パソコン本体に接続するだけですぐに使うことができます。またパソコン本体と周辺機器はそれぞれUSBインタフェースを通じて「疎」に結合しているため、接続後に何らかの設定変更は基本的に不要です。

この例からわかるように、適切に設計されたコンポーネントは、他のコンポーネントに影響を及ぼすことなく丸ごと入れ替えたり、「部品」として再利用することが可能です。コンポーネント同士は、インタフェースを通じて相互に影響を及ぼしにくい関係（疎結合）になっています。つまりコンポーネント設計を適切に行うことによって、USBで接続される周辺機器のように、当該アプリケーションの将来に渡る拡張性や保守性を高めることができるのです。

1.4　アプリケーションアーキテクチャ設計のポイント

■アプリケーションアーキテクチャと非機能要件の関係

前述したようにシステム全体の非機能要件（スケーラビリティ、パフォーマンス、セキュリティなど）

の充足は、システムアーキテクチャの設計目標となります。ただしアプリケーションはシステムを構成する最も重要なパーツですので、非機能要件はアプリケーションアーキテクチャ設計とも密接な関連性があります。たとえばクロスサイトスクリプティング攻撃を抑止するというセキュリティ要件がある場合は、Webページを生成するときにサニタイジング（4.8.2項）が必要です。このようにアプリケーションアーキテクチャの設計では、当該システムの非機能要件を充足できるように（または違反することがないように）、留意する必要があります。

■アプリケーションアーキテクチャ設計上のトレードオフ

アプリケーションアーキテクチャ設計が必要な理由は、前述したようにアプリケーション全体の整合性の確保、設計品質の向上、そして拡張性・保守性の向上にあります。現実のアプリケーションアーキテクチャ設計では、これらの目的を追求するだけではなく、コスト、開発期間、技術的な難易度、非機能要件といった制約事項とのトレードオフを考慮する必要があります。

どんなに洗練されたアプリケーションアーキテクチャでも、開発に膨大な期間を要したり、莫大なコストがかかってしまっては、ビジネス的に成功とはいえません。最新技術を駆使したアプリケーションアーキテクチャを採用しても、技術的な難易度があまりにも高すぎると、各ユースケースを担当する開発者の習熟が追いつかないかもしれません。また前述したように、システムアーキテクチャとして決められた非機能要件を満たすことは絶対条件です。非機能要件の中でも特にパフォーマンスは、多くの場合に最も優先される要件となりますので、アプリケーションアーキテクチャを設計する上でも特に意識する必要があります。

これらのトレードオフを踏まえた上で、アプリケーションアーキテクチャ設計における「現実的な妥協点」を見い出すことこそ、アーキテクトにとっての最大の命題と言っても過言ではありません。

1.5　アプリケーションアーキテクチャ設計とパターン

アプリケーションアーキテクチャを設計するとき、アーキテクトが独自のアイデアにもとづいてゼロから設計するケースは多くはないでしょう。実際の設計では、「設計パターン」を活用するケースが一般的です。

たとえばあるプロジェクトにおいて、難易度の高い課題を試行錯誤の結果解決したり、複雑な機能要件をスマートな方法で実現できたとします。設計パターンとは、このような「設計の好事例」に汎用性を持たせてカタログ化し、別のシステムでも再利用可能にしたものです。設計パターンには当該の設計テーマに対するエッセンスが凝縮されていますので、再利用することで開発期間を短縮したり、設計品質を向上させることができます。

■既存の設計パターンと本書における取り扱い

エンタープライズアプリケーションの世界には、すでに先人たちによって編み出された優れた設計パターンがあります。本書では、以下の書籍の中で紹介されている設計パターンを随所で取り上げています。

①：『Design Patterns: Elements of Reusable Object-Oriented Software』※1
②：『Patterns of Enterprise Application Architecture』※2
③：『Domain-Driven Design』※3
④：『Enterprise Integration Patterns: Designing, Building, and Deploying Messaging Solutions』※4

①ではオブジェクト指向開発のための23種類のデザインパターンが紹介されており、「GoFのデザインパターン」と言われています。GoFのデザインパターンは、どちらかと言うとオブジェクト指向開発のためのイディオム集という色彩が強いですが、本書ではエンタープライズアプリケーションにおける活用という切り口で、Singletonパターン（5.1.3項）、Observerパターン（5.5.1項）、Strategyパターン（6.4.1項）、Stateパターン（6.4.2項）を取り上げています。

②は、主にサーバサイドにおけるアプリケーションアーキテクチャに関する俯瞰的な設計パターン集です。以降略して「PofEAA」と呼称します。本書では、まず3.1.1項「エンタープライズシステムにおけるレイヤ化」において、PofEAAのコンセプトにもとづいた整理をしています。またPart2「サーバサイドの設計パターン」では、PofEAAの中で紹介されている設計パターンの中から以下を取り上げています。

・Template Viewパターン（4.1.2項）
・View Helperパターン（4.1.5項）
・Front Controllerパターン（4.4.2項）
・Composite Viewパターン（4.7.1項）
・Plugin Factoryパターン（5.5.2項）
・Transaction Scriptパターン（6.2節）
・Domain Modelパターン（6.3節）
・Pessimistic Offline Lockパターン（7.3.2項）
・Optimistic Offline Lockパターン（7.3.2項）
・Root Optimistic Offline Lockパターン（7.3.6項）
・Shared Optimistic Offline Lockパターン（7.3.6項）
・Table Data Gatewayパターン（8.2.1項）
・Data Mapperパターン（8.3.1項）

※1 Erich Gamma、Richard Helm、Ralph Johnson、John Vlissidesによる共著、1994年、Addison-Wesley Professional【和訳書】『オブジェクト指向における再利用のためのデザインパターン 改訂版』訳：本位田真一、吉田和樹、1999年、ソフトバンククリエイティブ。
※2 Martin Fowler著、2002年、Addison-Wesley Professional【和訳書】『エンタープライズアプリケーションアーキテクチャパターン』監訳：長瀬嘉秀、訳：㈱テクノロジックアート、2005年、翔泳社。
※3 Eric Evans著、2003年、Addison-Wesley Professional【和訳書】『エリック・エヴァンスのドメイン駆動設計 ソフトウェアの核心にある複雑さに立ち向かう』監訳：今関剛、訳：和智右桂、牧野祐子、2011年刊行、翔泳社。
※4 Gregor Woolf、Bobby Hohpeによる共著、2003年、Addison-Wesley Professional。

③は、ドメインモデリングのためのベストプラクティス集として広く知られた書籍です。以降略して「DDD」と呼称します。本書では、3.1.1項「エンタープライズシステムにおけるレイヤ化」において、PofEAAと同様にDDDの設計思想を参考にした整理をしています。また6.3節「Domain Modelパターンによるビジネスロジック構築」において、Entity、Value Object、Domain Service、Application Serviceといった同書籍で紹介されているドメインモデリングのための主要な概念を取り上げています。またSmart UIパターン（4.1.1項）、Specificationパターン（6.4.3項）といった設計パターンについても、折に触れて紹介しています。

④は、システム間連携のためのアーキテクチャパターン集です。本書では、第19章「システム間連携の概要」において、同書籍の内容にしたがってシステム間連携のアーキテクチャを整理しています。

本書では、上記①～④の内容を参考にしながらも、昨今のエンタープライズアプリケーション開発の実情を踏まえて、独自に設計パターンを再整理しています。

■設計パターンの選択

ある1つの設計テーマに対して、それを解決または実現するためのパターンは、1つだけの場合もあれば、複数存在していることもあります。このようなとき、アーキテクトはそれらのパターンの中から最適なものを選択したり、場合によっては組み合わせたりする必要があります。たとえばコンポーネント設計に関する以下の2つの設計パターンがあったとき、どのような選択をするべきでしょうか。

- 設計パターンA　… 将来的な拡張性に優れているが、開発に大きなコストがかかる
- 設計パターンB　… 低コストで開発可能だが、将来の拡張性に不安が残る

それぞれ拡張性とコストの間でトレードオフがありますが、どちらを選択するべきかは一概に決めることができません。コストに比較的余裕があるプロジェクトの場合は、設計パターンAを選択する方が望ましいでしょうし、逆にコスト的な制約が厳しい場合は、拡張性を犠牲にしてでもパターンBを選択せざるをえないかもしれません。技術的に可能ならば、設計パターンBをベースにAのエッセンスを取り込んで、最低限の拡張性を確保する、という方法もあるかもしれません。

このように設計パターンの選択はあくまでもケースバイケースとなりますが、最適な解を選ぶためには、パターンごとに存在するトレードオフを適切に見極める必要があります。

1.6　アプリケーションアーキテクチャの開発工程と成果物

■アプリケーションアーキテクチャ設計と開発工程

アプリケーションアーキテクチャの設計は、システム開発のどの工程で行われるべきものでしょうか。前述したようにアプリケーションアーキテクチャは、アプリケーション開発の最も基本的な方針であり設計上の制約となりますので、基本的には各ユースケースの開発を始める前段階で決まっている必要があります。たとえばウォーターフォール開発の場合は、一般的には要件定義→基本設計→詳細設計→プ

ログラミング→テストという順にフェーズが進みますが、アプリケーションアーキテクチャ設計は基本設計フェーズ内の比較的早い段階で完了させます。

アジャイル開発の場合でも、比較的早い段階で終わらせる必要がある点は同じです。アジャイル開発は、短期間でのリリースとエンドユーザからのフィードバックによって、アプリケーションをブラッシュアップさせていく開発プロセスですが、ブラッシュアップさせていくのはあくまでも各ユースケースにおけるエンドユーザ向けの機能であり、アプリケーションの骨格たるアーキテクチャは安定している方が望ましいのです。

■アプリケーションアーキテクチャの検証

アプリケーションアーキテクチャの設計では、アーキテクトが自ら設計したアプリケーションの構造や処理方式を、様々な角度から検証します。特に実績の乏しいパターンやリスクの高いパターンを選択する場合は、必ず実機で検証するようにします。検証の観点としては、「想定どおりに動作すること」を確認するのはもちろんですが、トレードオフの要素でもある技術的な難易度や非機能要件についても想定の範囲内かどうかを入念にチェックします。

アプリケーションアーキテクチャの検証が不十分な場合、開発の後ろのフェーズで問題が顕在化するケースが少なくありません。たとえば結合テストフェーズで、アプリケーションアーキテクチャに起因するパフォーマンス上の問題が顕在化するようなことがあると、アプリケーションアーキテクチャの抜本的な見直しを余儀なくされ、プロジェクト全体で大きな手戻りが発生してしまいます。アーキテクトはこのような事態に陥ることがないように、アプリケーションアーキテクチャの検証を十分に行い、リスクを早い段階でつぶし込む必要があります。

■アプリケーションアーキテクチャ設計の成果物

アプリケーションアーキテクチャ設計の成果物は主に2つあります。一つは設計したアプリケーションアーキテクチャをドキュメント化したもので、「アーキテクチャ説明書」と呼ばれます。各ユースケースの開発者は、「アーキテクチャ説明書」に記載された設計方針や制約に則って開発を行います。もう一つの成果物は、設計したアプリケーションアーキテクチャにもとづいて作成されたサンプルアプリケーションです。サンプルアプリケーションの目的は、各ユースケース開発におけるリファレンス実装となることです。アーキテクトはこれらの成果物を活用して、自ら設計したアプリケーションアーキテクチャをプロジェクト内に浸透させ、各ユースケースの開発に（半ば強制的に）適用させなければなりません。

第2章 エンタープライズアプリケーションの共通概念と処理形態

2.1 エンタープライズアプリケーションの共通的な概念や方式

ここでは、処理形態に依存しない、エンタープライズアプリケーションの共通的な概念や方式について説明します。

2.1.1 同期・非同期

同期・非同期とは、「プログラム呼び出し」の方式のことです。ここで言う「プログラム呼び出し」とは抽象的な考え方であり、実際にはある1つのプロセス内におけるFooメソッドからBarメソッドへの呼び出しのケースもあれば、FooプロセスからBarプロセスへの呼び出しのケースもあります。または、FooシステムとBarシステムというまったく異なるシステム同士をネットワーク経由で呼び出すケース（システム間連携）も含まれます。

ここでは便宜上、呼び出し元プログラムをFoo、呼び出し先プログラムをBarとしてそれぞれの特徴を説明します。

■同期呼び出し

同期呼び出しとは、FooがBarを呼び出すと、Barの処理が完了してその結果を受け取るまで待機する方式です。この方式では、Barの実行結果を受け取るための実装がシンプルになります。ただしBarの処理が完了するまでFooは制御が解放されない（ブロックされる）ため、Barの処理が複雑で時間がかかるような場合、Fooはひたすら待ち続けることとなります。

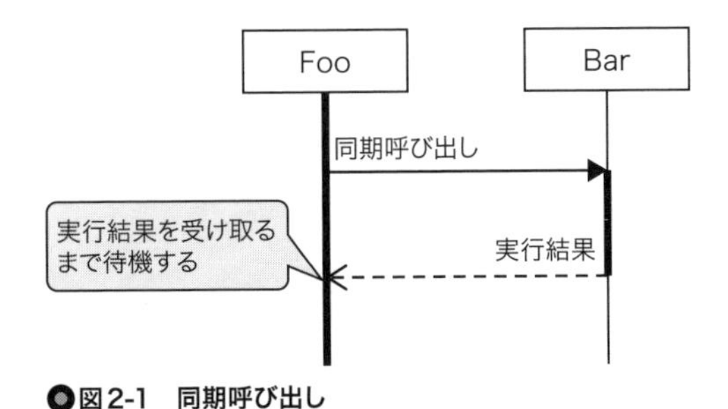

●図2-1 同期呼び出し

■非同期呼び出し

非同期呼び出しとは、FooがBarを呼び出すと、Barの処理の完了を待機しない方式です。この方式では、FooはBarからの応答を待たずに続きの処理を行うことができるため効率的です。ただしFooが後からBarの実行結果を受け取るためには、同期呼び出しよりも複雑な仕組みが必要です。具体的には、以下の2つの方式があります。

・ポーリング方式
・コールバック方式

ポーリング方式（図2-2の左側）とは、Fooが能動的にBarの実行結果を問い合わせる方式です。一方コールバック方式（図2-2の右側）とは、Barの処理が完了次第、Fooに対して実行結果を通知する方式です。

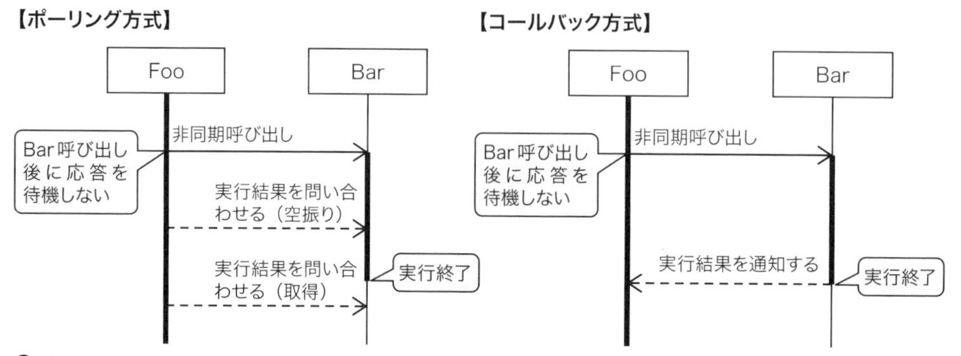

◉図2-2　非同期呼び出し

2.1.2　逐次、並列、並行

逐次・並列とは、タスク（処理の単位）を制御するための方式のことです。逐次処理（シーケンシャル処理）とは、複数のタスクを「順番に処理」することです。一方並列処理（パラレル処理）とは、複数のタスクを「同時に処理」することです。

これとは別に「並行」（コンカレント）という考え方がありますが、これは逐次・並列よりも抽象度が高い概念です。並列処理が複数のタスクを「実際に」同時に処理するのに対して、（広義の）並行処理は外形的に同時に実行しているように見えれば方式は問うものではないため、並行処理は並列処理の上位概念に位置付けられる、と考えるべきでしょう。

2.2 エンタープライズアプリケーションの処理形態

エンタープライズシステムのアプリケーションには、オンライン処理とバッチ処理という２つの処理形態があります。それぞれの処理形態におけるアプリケーションの設計パターンはPart2以降で解説していきますが、ここでは各処理形態の基本的な考え方を説明します。

2.2.1 オンライン処理

オンライン処理とは、ユーザと画面を通じて対話をしながら処理を行うアプリケーションの形態で、リアルタイム処理と呼ばれることもあります。ユーザが画面に何らかのデータを入力すると、オンラインアプリケーションは入力されたデータに対して業務的な処理をリアルタイムで行い、その結果を画面に出力してユーザに返却します。オンライン処理では、複数のユーザが同時に１つのデータにアクセスする可能性があるため、データ不整合の発生を回避するために、適切にトランザクションを設計する必要があります（第６章）。

またオンライン処理には、同期型と非同期型があります（図2-3）。同期型のオンライン処理では、ユーザはアプリケーションの処理が終了するまで待機する必要がありますが、実行結果をその時点で受け取ることができます。

一方非同期型のオンライン処理は、「ディレードオンライン処理」とも呼ばれ、ユーザはアプリケーションの処理終了を待機する必要がありません。ただしユーザが実行結果を受け取るためには、何らかの別の仕組み（照会機能やサーバプッシュなど）を提供する必要があるため、アプリケーションの設計および実装はその分複雑になります。

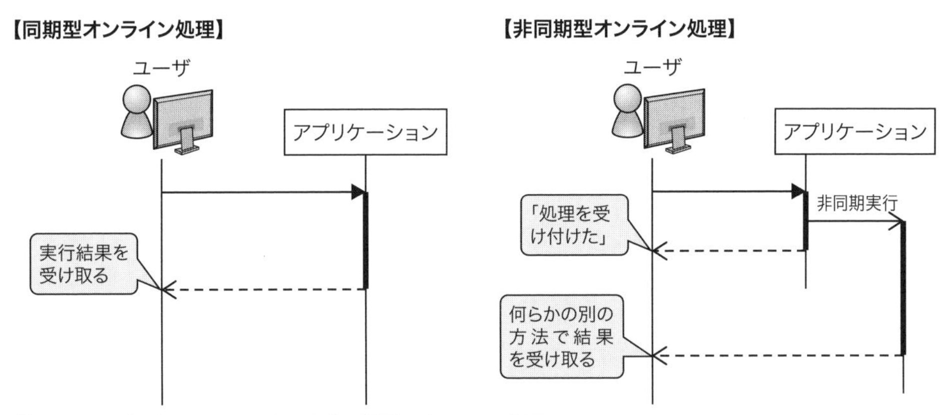

●図2-3　同期型のオンライン処理と非同期型のオンライン処理

非同期型のオンライン処理を実現するための方式には、スレッドによる非同期呼び出し方式（10.1節）や、メッセージキューイング方式（17.2.2項）といったパターンがあります。

2.2.2 バッチ処理

バッチ処理とは、あらかじめ蓄積されたデータに対して、一括で処理を行うアプリケーションの形態です。バッチアプリケーションは何らかのデータストアに蓄積されたデータを読み込み、それに対して業務的な処理を一括で行い、その結果をデータストアに書き込みます。

バッチ処理には、オフラインバッチとオンラインバッチがあります。どちらも蓄積されたデータを一括で処理するという点は同じですが、オフラインバッチは入出力データがオンライン処理による更新の影響を受けないバッチ処理で、純バッチと呼ばれることもあります。オフラインバッチは、日中業務（オンライン処理）の運用が終わった後、夜間の時間帯に行われるケースが一般的です。一方オンラインバッチは、オンライン処理と同様の仕組みでバッチアプリケーションを構築します。

オフラインバッチとオンラインバッチでは、トランザクション（ロック）に対する考え方が大きく異なります。オフラインバッチは、入出力データがオンライン処理による更新と競合しない前提のため、主にスループットやシステムリソースへの影響の観点でトランザクションを設計します。一方オンラインバッチは、オンライン処理と同様の仕組みでアプリケーションを構築する方式のため、必然的に複数のクライアントが同時に1つのデータにアクセスする可能性を考慮したトランザクション設計になります。したがってオンラインバッチは、当該システムのサービス提供時間帯に、オンライン処理と同居してバッチ処理を行うことが可能です。

オフラインバッチについては第16章、オンラインバッチについては第17章で、それぞれ解説します。

第3章 エンタープライズアプリケーションの機能配置とレイヤ化

3.1 エンタープライズシステムのレイヤ化と機能配置

3.1.1 エンタープライズシステムにおけるレイヤ化

レイヤ化とは、複雑で規模が大きなソフトウェアをいくつかの「層」に分割することです。エンタープライズシステムでは、レイヤには2種類の意味があります。

1つ目は、ソフトウェア全体を階層構造化するときに、分割された各層のことを表します。たとえばOS、ミドルウェア、アプリケーションなどがそれぞれレイヤに相当します。もう一つは、アプリケーションを機能や責務に応じて分割するとき、「似たような機能や責務を持ったコンポーネントを論理的にグループ化したもの」という意味です。たとえばWebアプリケーションの場合は、プレゼンテーション層、ビジネス層、インテグレーション層などがそれぞれレイヤに相当します（3.3.1項で説明）。

このような2つのレイヤの概念を組み合わせると、エンタープライズアプリケーションは図3-1のような構造になっていると考えられます。

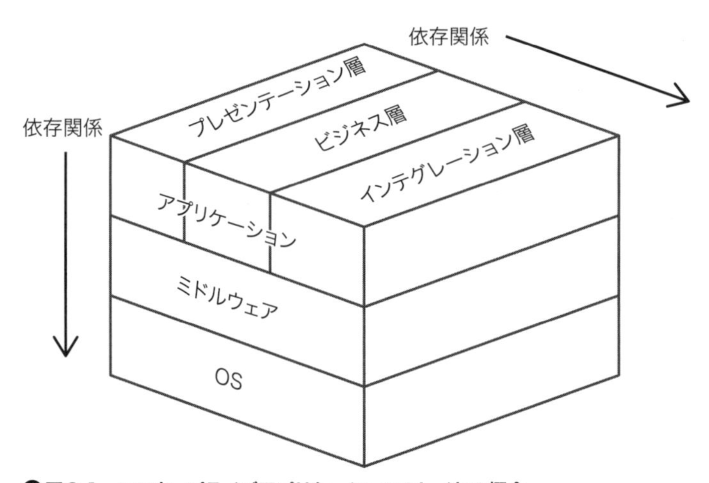

●図3-1 エンタープライズアプリケーションのレイヤの概念

レイヤという用語がどちらの意味で使われるのかは文脈次第ですが、いずれにしてもレイヤ化の本質は、ソフトウェアの凝集性を高めることにあります。そのためには、各レイヤは直下の下位レイヤのみに依存するようにし、下位レイヤから上位レイヤへの依存は極力回避しなければなりません。このように設計することで、以下のようなメリットが生じます。

- 各レイヤは、直接接点のある下位レイヤとのインタフェースだけを意識すればよく、さらにその下位レイヤを意識する必要がなくなる
- 将来的に機能拡張が必要になったときに、レイヤを丸ごと入れ替えても、その下位レイヤは影響を受けない
- 将来的に仕様変更をしたり、不良を修正したりするときに、その影響範囲を極小化できる

このようにソフトウェアをレイヤ化することによって、生産性を高めたり、拡張性や保守性を向上させることが可能になります。レイヤ化の有効性についてはPofEAAやDDDの中でも示されており、本書でもこれらの書籍の設計思想を参考にした整理をしています。なおレイヤと似たような概念に、ティアがあります。本書ではレイヤがソフトウェアの論理的な「層」を表すのに対して、ティアはシステムの物理的な構成要素（クライアント端末やサーバなど）を表す用語として使用します。

3.2 エンタープライズシステムの構成とアプリケーションの配置

3.2.1 エンタープライズシステムのシステム構成

エンタープライズシステムのシステム構成は、クライアント端末、アプリケーションサーバ（以降APサーバ）、データベースサーバ（以降DBサーバ）の3ティア構成になることが一般的です。本書でもこの構成を前提とします。クライアント端末としては主にPCが使われますが、昨今のエンタープライズシステムでは、スマートフォンやタブレットを利用するケースも増えています。3ティアのシステム構成において、アプリケーションは、APサーバ（サーバサイド）かクライアント端末（クライアントサイド）のどちらかの環境で稼働します。

3.2.2 サーバサイドにおけるアプリケーション

サーバサイドで稼働するアプリケーションには、クライアントとしてWebブラウザを利用するWebアプリケーションや、何らかの別のアプリケーションのためにサービスを提供するサービスアプリケーションがあります。これらのアプリケーションをJava言語で構築する場合、通常はミドルウェアとして後述する「Java EEコンテナ」を利用します。

Webアプリケーションは、クライアント（Webブラウザ）からのリクエストを受信して処理を行い、その結果を含むWebページを動的に生成します。生成されたWebページはクライアントに返却され、Webブラウザ上で動作します。Webアプリケーションのシステム構成図を、図3-2に示します。

またサービスアプリケーションは、他システムのアプリケーションや、クライアントサイドで稼働する別のアプリケーションから、アプリケーション連携によって呼び出されます。そしてサービスを実行し、その結果を呼び出し元のアプリケーションに返します。サービスアプリケーションのシステム構成図を、図3-3に示します。

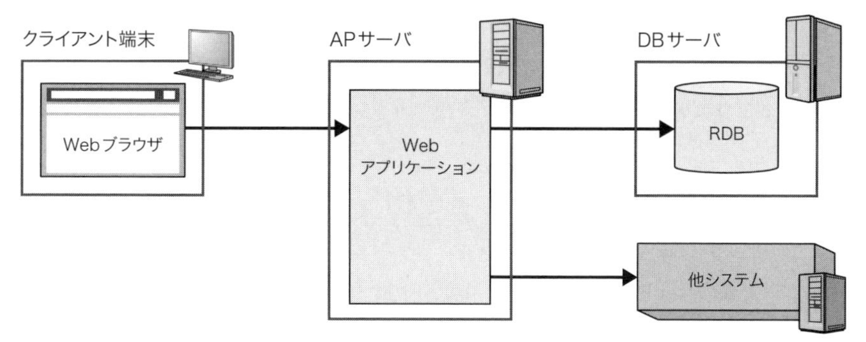

◎図3-2　Webアプリケーションのシステム構成図

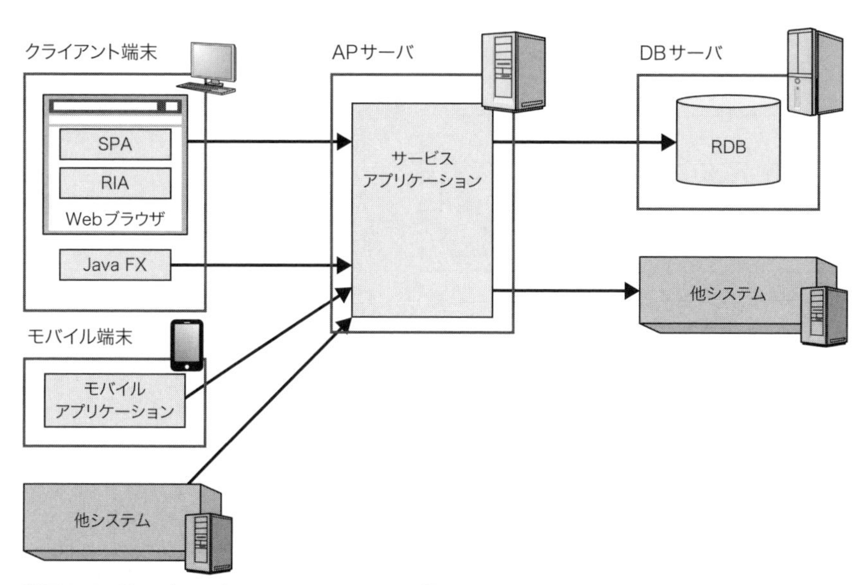

◎図3-3　サービスアプリケーションのシステム構成図

3.2.3　クライアントサイドにおけるアプリケーション

クライアントサイドで稼働するアプリケーションは、プラットフォームとしてWebブラウザを利用するものと利用しないものとに分類されます。

Webブラウザを利用するタイプの代表は、シングルページアプリケーション（SPA）です。SPAはHTML、JavaScriptおよびCSSからなる独立したアプリケーションとしてクライアントサイドで稼働し、必要に応じてサーバサイドのサービスアプリケーションと連携します。SPAについては第14章で詳細を説明します。なおSPAの対抗技術に、Webブラウザに特定のプラグインを組み込むことによってリッチなUIを実現するリッチインターネットアプリケーション（RIA）があります。

またWebブラウザを利用しないタイプには、Java VMの利用を前提としたアプリケーション（Java FXなど）や、モバイル端末（スマートフォン、タブレット）のOSにネイティブコンパイルされたモバイルアプリケーションなどがあります。なおこのタイプのアプリケーションは、本書の対象外となります。

3.3 サーバサイドアプリケーションのレイヤ化

サーバサイドのアプリケーションは複雑で規模が大きくなるケースが多いため、アプリケーション全体をレイヤ化し、「似たような機能や責務を持ったコンポーネントのグループ」に分割します。

3.3.1 Webアプリケーションのレイヤ化

Webアプリケーションは通常、(上位) プレゼンテーション層→ビジネス層→インテグレーション層（下位）という3レイヤに分割します（図3-4）。前述したとおり、各レイヤは直下の下位レイヤのみに依存するようにし、下位レイヤから上位レイヤへの依存は極力回避するようにします。

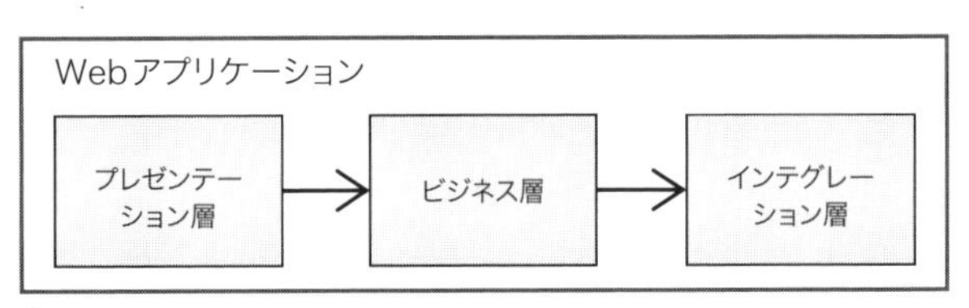

●図3-4　Webアプリケーションのレイヤ化

Webアプリケーションにおける典型的な処理シーケンスを、図3-5に示します。

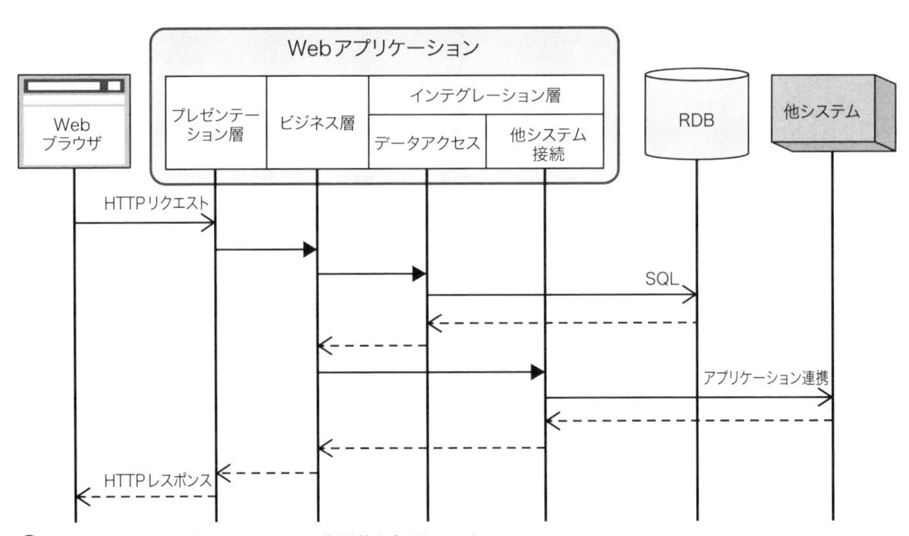

●図3-5　Webアプリケーションの典型的な処理シーケンス

■プレゼンテーション層

プレゼンテーション層は、クライアントに対する入出力機能を凝集するためのレイヤです。Webアプリケーションの場合は、クライアントはWebブラウザになります。このレイヤでは、Webブラウザからのリクエストを受信したら、まず有効なユーザかどうか（認証済みかどうか）のチェックを行い、必要に応じてユーザ認証を行います。有効なユーザの場合は、入力値のオブジェクト変換、バリデーション、セッション管理などを行い、最終的にはWebブラウザに返送するビュー（Webページ）を動的に生成します。ビジネスロジックは、後述するビジネス層に委譲します。

プレゼンテーション層は、クライアントにおけるプレゼンテーション技術の違いを吸収する役割があります。将来的にWebブラウザ以外のクライアントに変更されるようなことがあっても、プレゼンテーション層だけを入れ替えれば対応ができるようにしておく必要があります。

プレゼンテーション層の設計パターンについては、第4章で説明します。

■ビジネス層

ビジネス層は、プレゼンテーション層やサービスインタフェース層から受け取った入力値をもとに、ビジネスロジックを実行するレイヤです。一連の手順にしたがって、ビジネスルールのチェックや既存データとの整合性のチェックなどを行います。また後述するインテグレーション層のために、入力値を適切に整形したり変換します。最終的にはビジネスロジックの結果をもとに出力値を生成し、プレゼンテーション層やサービスインタフェース層に返却します。

ビジネス層の設計パターンについては、第6章で説明します。

■インテグレーション層とデータアクセス層

インテグレーション層は、エンタープライズアプリケーションにとって「外部」に位置付けられるミドルウェアや他システムと「統合」するためのレイヤです。本書ではインテグレーション層を、①RDBアクセス、②アプリケーション連携（連携元）、③MOM（Message-Oriented Middleware：メッセージ指向ミドルウェア）アクセスという3つの役割を担うレイヤとして定義します。これらの中でも特に①RDBアクセスに特化した機能を表す場合、本書ではこのレイヤをデータアクセス層と呼称します。

データアクセス層とビジネス層の役割分担について考えてみましょう。たとえばビジネス層の中で直接RDBアクセスを行うことも技術的には可能ですが、RDBアクセスをデータアクセス層というレイヤに凝集することで、以下のような利点が考えられます。

- ビジネス層の複数コンポーネントから1つのテーブルへのアクセスがある場合、RDBアクセスコードを1ヵ所にまとめることができる
- RDB側で何らかの仕様変更、たとえばカラムの名前や属性に変更があった場合に、ビジネスロジックへの影響を極小化できる
- 複数のRDB製品へのアクセスが必要な場合、RDB製品の違いを吸収できる

このような観点から、①RDBアクセスの処理はデータアクセス層として独立したレイヤにすることが望ましいでしょう。②アプリケーション連携や③MOMアクセスについても同様のことが言えます。

RDBアクセス（データアクセス層）の設計パターンについては第8章で、アプリケーション連携（連携元）の設計パターンについては第20章で、またMOMアクセスの設計パターンは第21章で、それぞれ説明します。

3.3.2 サービスアプリケーションとサービスインタフェース層

サービスアプリケーションは、Webアプリケーションと同様にビジネス層、インテグレーション層などの3つのレイヤに分割します（図3-6）。本書では、サービスアプリケーションでは、プレゼンテーション層の代わりにサービスインタフェース層というレイヤを定義します。

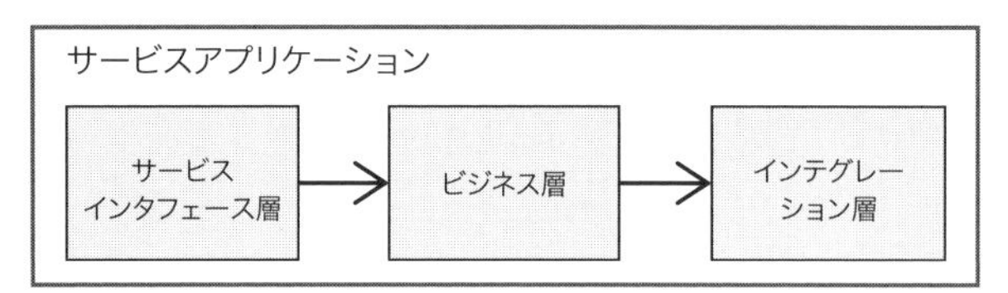

図3-6 サービスアプリケーションのレイヤ化

サービスアプリケーションは、他システムのアプリケーションや、クライアントサイドで稼働する別のアプリケーションからアプリケーション連携によって呼び出されますが、サービスインタフェース層はそのインタフェースの役割を担います。プレゼンテーション層がクライアントに対するプレゼンテーションの機能を提供するのに対して、サービスインタフェース層はアプリケーション連携における連携先としての機能を提供します。

サービスインタフェース層の設計パターンについては、第20章で説明します。

3.4 Java EEの仕様とアーキテクチャ

3.4.1 Java EEのアーキテクチャ

本書では、サーバサイドのエンタープライズアプリケーション（前述したWebアプリケーションやサービスアプリケーション）の構築には、Java EE（Java Platform, Enterprise Edition）の利用を前提とします。Java EEとは、サーバサイドJavaにおけるプラットフォーム、開発、デプロイメントに関する標準仕様です。またJava EEで規定された仕様を実装したミドルウェアのことを「Java EEコンテナ」、Java EEコンテナ上（Java EE環境）で動作するアプリケーションを「Java EEアプリケーション」と呼称します。

Java EEコンテナ製品には、Oracle社の「WebLogic Server」、IBM社の「WebSphere Application Server」、JBossコミュニティが開発するOSSの「WildFly」、Java EEの参照実装であるOSSの「GlassFish」などがあります。Java EEアプリケーションのアーキテクチャを設計する上では、

Java EEコンテナの機能をどのように使いこなすのかという点が重要です。本書ではPart2以降において、Java EEコンテナの主要な機能を紹介し、それを踏まえたアプリケーションの設計パターンを説明します。

Java EEアプリケーションでは、フレームワークと呼ばれるソフトウェアを利用するケースが一般的です。フレームワークを利用するとアプリケーションの構造化が促進され、拡張性や保守性が高まります。フレームワークによって汎用性の高い機能が提供されるため、開発効率が大きく向上します。フレームワークは、Java EEコンテナとJava EEアプリケーションの中間層に位置付けられます。主なフレームワークに、MVCフレームワーク、DI×AOPフレームワーク、RDBアクセスフレームワークなどがありますが、これらのうち多くの有用なフレームワークの仕様は、すでにJava EEとして標準化され、Java EEコンテナに組み込まれています。ただしJava EEとして標準化はされていないものの中にも、利用価値の高いOSSのフレームワークがあります。本書ではPart2以降において、それらのフレームワークを利用したアプリケーションの設計パターンを説明します。

なおJavaによるアプリケーションには、Java EEコンテナを利用せずに、Java VM上（Java SE環境）で直接アプリケーションを動作させるケースもありますが、このようなアプリケーションを「スタンドアローン型アプリケーション」と呼称します。

Javaによるアプリケーションのソフトウェア階層を、ケース別に図3-7に示します。

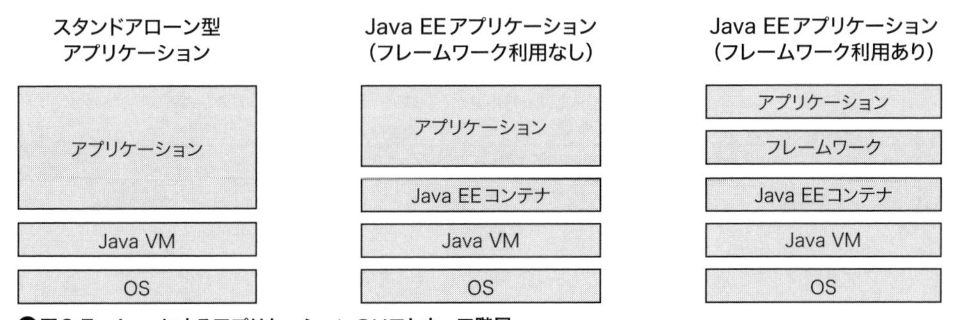

図3-7 Javaによるアプリケーションのソフトウェア階層

3.4.2 Java EEの主な仕様とフレームワーク

表3-1に、本書で紹介するJava EEの仕様を示します。

Java EE仕様	説明
サーブレット	クライアントからHTTPリクエストを受信して何らかの処理を行い、その結果を含んだHTTPレスポンスを返却するためのアプリケーション（第4章）
JSP（JavaServer Pages）	Java EEにおける標準的なテンプレートの一種（第4章）
JSF（JavaServer Faces）	Webアプリケーションのためのコンポーネントベースのフレームワーク（第4章）
JSTL（JavaServer Pages Standard Tag Library）	Java EE標準のタグライブラリ（第4章）
EJB（Enterprise JavaBeans）	ライフサイクル管理、DI（5.2節）、AOP（5.3節）、トランザクション管理（7.2節）、リモート呼び出し（20.4.2項）、非同期呼び出し（10.4.2項）、メッセージ駆動Bean（21.5.2項）などの機能を持つコンポーネント
CDI（Contexts and Dependency Injection）	Java EEにおいて中核をなすコンポーネント。ライフサイクル管理、DI（5.2節）、AOP（5.3節）、トランザクション管理（7.2節）などの機能を持つ
JTA（Java Transaction API）	トランザクションマネージャを利用するための標準的なインタフェースを規定したAPI（第7章）
JPA（Java Persistence API）	Data Mapperパターンを実現するためのRDBアクセスフレームワーク（O-Rマッパー）（第8章）
WebSocket API	WebSocketによるサーバプッシュを実現するための標準仕様（13.4節）
JAX-RS（Java API for RESTful Web Services）	RESTサービスを構築するための標準仕様（第20章）
JAX-WS（Java API for XML-Based Web Services）	SOAP Webサービスを構築するための標準仕様（第20章）
JMS（Java Message Service）	MOM（メッセージ指向ミドルウェア）にアクセスするための標準的なインタフェースを規定したAPI（第21章）
Java Batch	Java EEベースのバッチフレームワーク（16.6節）

表3-1 Java EE仕様

また表3-2には、本書で紹介するOSSフレームワークを示します。

OSSフレームワーク	説明
Spring MVC※5	Webアプリケーションのためのコンポーネントベースのフレームワーク（4.4節）
AspectJ※6	AOP（静的ウィービング）を行うためのコンパイラとランタイムライブラリ（5.3.2項）
MyBatis※7	DAO作成を効率化するためのRDBアクセスフレームワーク（第8章）

表3-2 OSSフレームワーク

表3-1、表3-2で示したJava EE仕様やOSSフレームワークが、主にサーバサイドのアプリケーションにおけるどのレイヤで利用されるのか、整理すると表3-3のようになります。

※5 http://projects.spring.io/spring-framework
※6 https://eclipse.org/aspectj
※7 http://blog.mybatis.org

区分		プレゼンテーション層	サービスインタフェース層	ビジネス層	インテグレーション層		
					RDBアクセス	アプリケーション連携	MOMアクセス
Java EE仕様	サーブレット	○					
	JSP	○					
	JSF	○					
	JSTL	○					
	EJB		○	○			○
	CDI	CDIのライフサイクル管理、DI、AOPといった機能はすべてのレイヤ共通					
	JTA			○			
	JPA			○	○		
	WebSocket API	○	○				
	JAX-RS		○			○	
	JAX-WS		○			○	
	JMS						○
OSSフレームワーク	Spring MVC	○					
	AspectJ	静的ウィービングにはレイヤ色なし					
	MyBatis				○		

●表3-3　Java EE仕様およびOSSフレームワークとレイヤの関係

3.4.3　POJO＋アノテーション

Java EEアーキテクチャの基本は、「POJO＋アノテーション」によるコンポーネント開発です。POJOとは「Plain Old Java Object」の略語で、Java EEの仕様によって何らかの特定のクラスやインタフェースを継承したりimplementsしたりする必要のない、「普通のクラス」のことを表します。

Java EEでは、各コンポーネントはPOJOとして実装し、Java EEコンテナがコンポーネントを制御するために必要なメタ情報はアノテーションによって指定します。アノテーションとは、クラス、メソッド、フィールドに対して「注釈」として付与するメタデータ記法のことです。「POJO＋アノテーション」という形式でコンポーネントを作成し、それをJava EEコンテナにデプロイすると、Java EEコンテナによってアノテーションが評価され、Java EEアプリケーションとして動作します。一方アノテーションは付与されたコンポーネント本体の動作には影響を与えないため、Java SE環境ではアノテーションを意識することなく単体テストを実施できます（図3-8）。

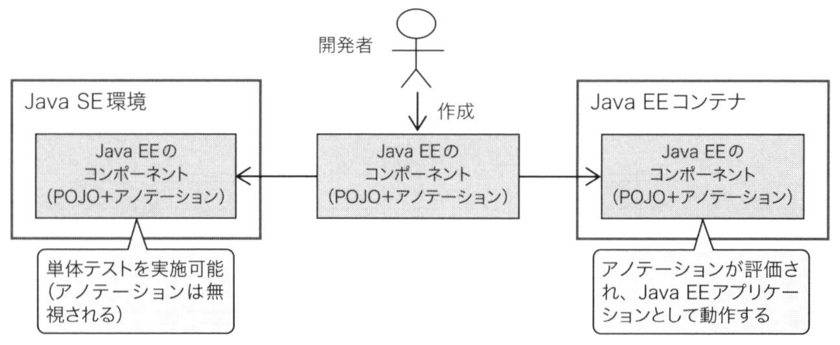

◉図3-8　POJO＋アノテーション

Java EEでは、CDI管理Bean、バッキングBean（JSF）、セッションBean（EJB）、エンティティクラス（JPA）、WebSocketのエンドポイントクラス、Webリソースクラス（JAX-RS）、サービス実装クラス（JAX-WS）などの主要なコンポーネントは、このような「POJO＋アノテーション」の形式で実装します。Spring MVCなどのOSSフレームワークについても同様です。

なおPOJOと似たような用語に、JavaBeansがあります。JavaBeansとは、privateなフィールドとそれに対するアクセサメソッド（セッタとゲッタ）を持つクラスで、POJOの一種と考えられます。アクセサメソッドは"getFoo"（ゲッタ）、"setFoo"（セッタ）というネーミング規約（get、setの次の文字は大文字）にしたがう必要があり、このとき"foo"（先頭小文字）のことをプロパティと呼びます。

また、JavaBeansの中でも主として状態の保持のために作成されたクラスを「DTO」（Data Transfer Object）と呼びます。DTOはフィールド＋アクセサメソッドのみを持ち、基本的に振る舞いは保持しません。せいぜい、フィールドの型変換やフォーマット変換をするためのメソッド（文字列⇔日付、数値⇔列挙型など）を保持する程度に留めます。DTOは、ビジネス層にTransaction Scriptパターン（第５章）を適用したり、データアクセス層でTable Data Gatewayパターン（第８章）を適用したりするときに、各レイヤ間の受け渡しのためのオブジェクトとして利用します。

Part 2

サーバサイドの設計パターン

第4章 プレゼンテーション層の設計パターン

4.1 サーブレットとJSPの基本

4.1.1 サーブレット

サーブレットとは、クライアント（主にWebブラウザ）からHTTPリクエストを受信し、入力値に応じて何らかの処理を行い、その結果を含んだHTTPレスポンスを返却するアプリケーションです。ユーザからの要求（HTTPリクエスト）に対して、応答（HTTPレスポンス）を同期的に返します。サーブレットはJava EEコンテナにおいてマルチスレッドで動作する※1ため、複数のクライアントから同時に呼び出されても高いスループットを確保できる点が特徴です。

◉コード4-1　シンプルなサーブレットの実装例

```
@WebServlet(urlPatterns = "/PersonServlet") // ❶
public class PersonServlet extends HttpServlet { // ❷
    @Override
    public void doGet(HttpServletRequest request, HttpServletResponse response)
            throws ServletException, IOException { // ❸
        ........
        // 入力値を取得する ❹
        String personName = request.getParameter("personName");
        String country = request.getParameter("country");
        // ビジネスロジックを実行する ❺
        String message = null;
        if (country != null && country.equals("japan")) {
            message = "こんにちは！私は" + personName + "です。";
        } else {
            message = "Hello! I'm " + personName + ".";
        }
        // ビジネスロジックの結果を含むHTMLコードを出力する ❻
        response.setContentType("text/html; charset=UTF-8");
        PrintWriter out = response.getWriter();
        out.println("<html><body>");
        out.println("<div>" + personName + "さんのメッセージ</div>");
        out.println("<div>" + message + "</div>");
        out.println("</body></html>");
```

※1　サーブレットと同じような技術に、主にPerl言語で記述される「CGI」と呼ばれるプログラムがあるが、CGIはHTTPリクエストごとにプロセスが生成されるため、サーブレットの方がパフォーマンスの面で優位性がある。

```
    }
}
```

サーブレットはHttpServletを継承❷し、@WebServletアノテーションを付与する❶ことで作成します。@WebServletアノテーションのurlPatterns属性には、このサーブレットを特定するためのURLを指定します。ここには"/faces/*"、"*.do"といった書式でワイルドカードを指定できるため、様々なURLに対するHTTPリクエストを1つのサーブレットで受信することも可能です。

サーブレットにはHTTPのGETメソッドに対応したdoGetメソッド、POSTメソッドに対応したdoPostメソッドがあります。これらのメソッドは、HTTPリクエストを抽象化したHttpServletRequestと、HTTPレスポンスを抽象化したHttpServletResponseを、それぞれ引数として受け取ります❸。Webブラウザからの入力値は通常、URLエンコード形式（MIMEタイプ"application/x-www-form-urlencoded"）で送信されますが、サーブレットではHttpServletRequestのgetParameterメソッドによって入力値を取り出す❹ことができます。

この実装例のようにサーブレットにビジネスロジックを直接記述する❺ことも可能ですが、このような方法はSmart UI[DDD]というアンチパターンの一種として知られています。ある程度の規模のアプリケーションでは、拡張性や再利用性の観点から、ビジネスロジックはビジネス層に配置される別のコンポーネントに委譲した方が望ましいでしょう。

サーブレットでビューを直接生成する❻ことも可能ですが、Javaコードの中にHTMLコードが混在するため、保守性の低下を招く可能性があります。また適切にサニタイジングを行わないとXSS（クロスサイトスクリプティング）攻撃の温床となる（4.8.1項）ため、セキュリティの観点でも課題があります。以上のような点から、ビューの生成は後述するJSPページに任せる方が適切です。

このサーブレットは、Webブラウザのアドレスバーに"http://ホスト名:ポート番号/コンテキストパス/PersonServlet"※2というURLを入力することで、GETメソッドで呼び出すことができます。入力値はクエリ文字列として指定できるので、たとえばURLの後ろに"?personName=Foo&country=japan"と入力すれば、「こんにちは！私はFooです。」と画面に出力されます。

4.1.2 JSP (JavaServer Pages)

HTMLなどのマークアップ言語で記述されたビューの中に、Javaの変数やコードを埋め込む技術をテンプレートと呼びます。テンプレートを利用すると、動的なHTMLコードを生成することが可能になります。

Java EEにおける標準的なテンプレートには、JSP（JavaServer Pages）やFaceletsがありますが、ここではJSPを取り上げます。

※2　コンテキストパスとは、Java EEコンテナ内においてWebアプリケーションを識別するための論理的なパスを表す。

◉コード4-2　コード4-1と同じ処理を行うJSPページ (PersonPage.jsp)

```
<%@ page contentType="text/html; charset=UTF-8"%> ❶
<%@ page import="java.util.*"%> ❷
<%
    String personName = request.getParameter("personName");
    String country = request.getParameter("country");
%>                                                          ❸
<html>
<body>
<div><%= personName %>さんのメッセージ</div> ❹
<% if (country != null && country.equals("japan")) { %>
  <div>こんにちは！私は<%= personName %>です。</div>
<% } else { %>                                              ❺
  <div>Hello! I'm <%= personName %>.</div>
<% } %>
</body>
</html>
```

JSPページは通常、先頭にpageディレクティブを記述し、このJSPページを出力するときのコンテントタイプを設定したり❶、Javaコードで使用するクラスをimportします❷。JSPページ内に"<% .... %>"と記述する❸❺ことで、JSPページ内にJavaコード（スクリプトレット）を埋め込むことができます。request（予約語）はHttpServletRequestを表すため、❸のようにして入力値を取り出します。また"<%= .... %>"と記述する❹ことで、指定された変数の値を出力します。このようにテンプレートによってビューを生成する方式は、Template Viewパターン[PofEAA]と呼ばれています。

このJSPページ（コード4-2）がWebアプリケーションのコンテキストパス直下に配置されているとすると、Webブラウザからは"http://ホスト名:ポート番号/コンテキストパス/PersonPage.jsp"というURLで直接呼び出すことができます。

URLの後ろにクエリ文字列として"?personName=Foo&country=japan"と入力して呼び出すと、「こんにちは！私はFooです。」と画面に出力されます。

4.1.3 スコープ

Java EEコンテナはスコープと呼ばれる独自の記憶領域を持っています。スコープは汎用的なキー・バリュー形式の変数として提供され、アプリケーションは任意の名前でインスタンスを格納したり取り出したりすることができます。スコープに格納されたインスタンスのライフスパンは、Java EEコンテナによって管理されます。主なスコープには、以下の種類があります。

- リクエストスコープ
- セッションスコープ
- アプリケーションスコープ

■リクエストスコープ

1つのリクエスト（HTTPリクエスト受信からHTTPレスポンスの応答まで）に結び付く記憶領域。

Java EEでは以下のように、HttpServletRequestによって提供されます。

```
request.setAttribute("foo", foo); // "foo"という名前でfooインスタンスを格納
Foo foo = (Foo)request.getAttribute("foo"); // "foo"という名前で取り出し
```

■セッションスコープ

1つのHTTPセッション（通常はログインからログアウトまで）に結び付く記憶領域。同一ユーザの複数リクエストに跨ってデータを保持できます。

Java EEでは以下のように、HttpSessionによって提供されます。HttpSessionは、「セッション変数」と呼ばれることもあります。

```
HttpSession session = request.getSession(); // HTTPセッションを開始してHttpSessionを取得
session.setAttribute("foo", foo); // "foo"という名前でfooインスタンスを格納
Foo foo = (Foo)session.getAttribute("foo"); // "foo"という名前で取り出し
```

■アプリケーションスコープ

1つのWebアプリケーション（開始から停止まで）に結び付く記憶領域。複数ユーザで同一のデータを保持できます。

Java EEでは以下のように、ServletContextによって提供されます。

```
ServletContext sc = getServletContext();
sc.setAttribute("foo", foo); // "foo"という名前でfooインスタンスを格納
Foo foo = (Foo)sc.getAttribute("foo"); // "foo"という名前で取り出し
```

4.1.4　サーブレット・JSPページの連携

サーブレットやJSPページは、それぞれ連携して処理することができます。連携には以下の2つの方式があります。

■ディスパッチ方式

1つ目の方式はディスパッチ（転送）です。Java EEコンテナによって提供されるRequest Dispatcherを利用すると、サーブレットで受信したHTTPリクエストとHTTPレスポンスを、他のサーブレットやJSPページへとディスパッチできます。ディスパッチ元と先では、リクエストスコープを通じてデータを共有できます。この方式で連携する場合、後述するリダイレクトとは異なり、URLは最初にHTTPリクエストを受け付けたURLから変更されません。またディスパッチできる先は、同一のWebアプリケーション内のサーブレット・JSPページに限定されます。

ディスパッチはさらに、フォワードとインクルードという2つの方法に分類されます（図4-1）。フォ

ワードは、他のサーブレットやJSPページに処理（出力など）を委譲します。したがって、仮にフォワード元サーブレットでHTTPレスポンスに対して何らかの出力が行われていたとしても、その出力はキャンセル（レスポンスバッファがクリア）されます。フォワードを行うためには、サーブレット内で以下のように実装します。

```
RequestDispatcher rd = request.getRequestDispatcher("/FooPage.jsp");
rd.forward(request, response);
```

上記はサーブレットからJSPページにフォワードする例ですが、サーブレットにフォワードすると、フォワード元サーブレットと同じメソッド（doGetメソッドやdoPostメソッド）にHttpServletRequestとHttpServletResponseが引き渡されます。

一方でインクルードでは、インクルード先のサーブレット・JSPページの出力を、インクルード元の出力に合成できます。インクルードを行うためには、サーブレット内で以下のように実装します。

```
RequestDispatcher rd = request.getRequestDispatcher("/FooServlet");
rd.include(request, response);
```

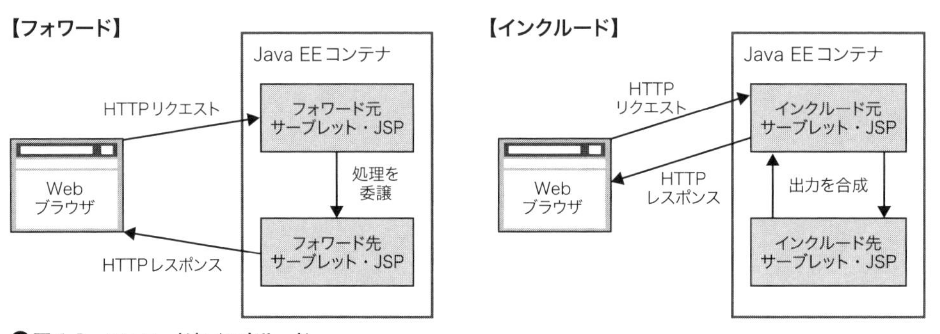

◎図4-1　フォワードとインクルード

■リダイレクト方式

もう一つの方式はリダイレクトです。リダイレクトとは、元来はWebサーバがWebブラウザに対し対象リソースのURLが変更されたことを知らせるためのHTTP仕様です。Webサーバはステータスコード301（"Permanent Redirect"）か302（"Temporary Redirect"）を使用し、レスポンスヘッダの"Location"にリダイレクト先のURLを設定してWebブラウザに返送します（図4-2）。

リダイレクトによってサーブレット・JSPページを連携する場合、前述したディスパッチ方式とは異なり、URLはリダイレクト先のコンテンツのURLに変更されます。またリダイレクト先は同一のWebアプリケーション内に限らず、他システムのWebコンテンツと連携することも可能です。

リダイレクトするためには、HttpServletResponseのsendRedirectメソッドを呼び出します。リダイレクト先のURLは、同一Webアプリケーション内の場合はコンテキストルート相対パスを、他システムのWebコンテンツの場合は絶対パスを指定します。

```
response.sendRedirect(request.getContextPath() + "/RedirectPage.jsp");
```

リダイレクト方式では、ディスパッチ方式とは異なり、連携先のサーブレット・JSPページにリクエストスコープを通じてデータを引き渡すことはできないため、必要に応じてクエリ文字列によってデータを引き渡します。

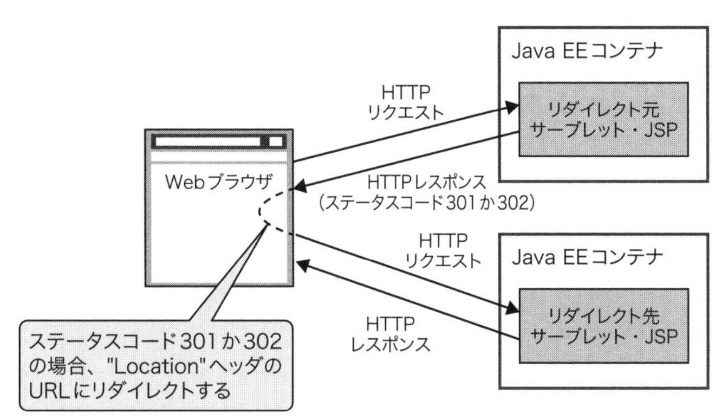

●図4-2　リダイレクト

4.1.5　JSPページの様々な機能

■View Helperパターンの適用

コード4-2のようにJSPページ内にJavaによるロジックが埋め込まれたコードは、必ずしも保守しやすいとは言い難いでしょう。そこで条件分岐などのロジックは、テンプレート以外のJavaプログラム（サーブレットなど）に実装し、JSPページからはスコープを経由してデータを参照することでこの課題の解決を図ります。たとえばコード4-2の❺に相当する処理を、サーブレット内で以下のように実装します。

```
String message = null;
if (country != null && country.equals("japan")) { //❶
    message = "こんにちは！私は" + personName + "です。";
} else {
    message = "Hello! I'm " + personName + ".";
}
request.setAttribute("message", message); //❷
```

メッセージの判定を行い❶、その結果を"message"という名前でリクエストスコープに格納します❷。このサーブレットでの処理が終わったら、リクエストを以下のJSPページに転送します。

```
<html><body>
<div><%= personName %>さんのメッセージ</div>
<div><%= message %></div>
</body></html>
```

このJSPページでは、コード4-2のようにJavaコードで行っていた条件分岐がなくなり、その部分がリクエストスコープに格納されたインスタンスを参照する処理に変わります。

このようにJavaプログラムにロジックを実装し、その結果をスコープ経由で参照することでテンプレートからJavaコードを排除するパターンは、View Helperパターン[PofEAA]と呼ばれています。View Helperパターンを適用すると、JSPページの保守性を向上させることができます。

■EL式

EL式とは、スコープに格納されたインスタンスを参照するための式言語です。JSPページ内でEL式を利用すると、"${....}"という簡便な記述方法で、JSPページ内に動的に値を埋め込むことが可能になります。指定された変数名でスコープの小さい方から大きい方（リクエスト→セッション→アプリケーション）へとインスタンスが検索され、見つかり次第そのインスタンスの値が文字列として出力されます。変数名は、"."（ドット）によってネストさせることができます。

以下にEL式の使用例を示します。

・${foo} … スコープ内のfoo変数（"foo"という名前で格納されたインスタンス）の値を出力
・${foo.bar} … スコープ内のfoo変数のbarプロパティの値を出力
・${foo.list[0]} … スコープ内のfoo変数のlistプロパティ（List型）の第一要素を出力
・${foo.map['hoge']} または ${foo.map.hoge} … スコープ内のfoo変数のmapプロパティ（マップ型）のキーが"hoge"の値を出力

またEL式の中では、算術演算子（+、modなど）、論理演算子（&&、||など）、関係演算子（==、!=など）の他、nullや空文字を判定するためのempty演算子や、三項演算子などの演算子を使用できます。

以下に演算子の使用例を示します。

・${foo * 10} … スコープ内のfoo変数（Integer型）の値を10倍して出力
・${foo ? 'fooはtrue' : 'fooはfalse'} … スコープ内のfoo変数（Boolean型）がtrueの場合は「fooはtrue」、falseの場合は「fooはfalse」と出力
・${person.gender == null ? "" : person.gender == "male" ? "男性" : "女性"}
… スコープ内のperson変数のgenderプロパティがnullだったら空文字を、null以外でかつmaleだったら「男性」、それ以外の場合は「女性」と出力

■JSTLとは

JSTL（JavaServer Pages Standard Tag Library）とは、Java EE標準のタグライブラリです。JSTLにはいくつかの種類がありますが、特によく使われるのがコアタグです。コアタグとEL式を組み合わせて利用すると、JSPページ内においてJavaコードを埋め込むことなく、条件分岐やループ処理を実

現可能になります。

コアタグを利用する場合、以下のようにtaglibディレクティブを宣言します。

```
<%@ taglib uri="http://java.sun.com/jsp/jstl/core" prefix="c"%>
```

■コアタグによる条件分岐

スコープ内の変数の状態に応じて出力する・しないを切り替えるには、コアタグによって提供される<c:if>タグを利用します。

以下のコードは、スコープ内にcommentList変数が存在している（空ではない）場合に限って、タグで囲まれた部分を出力します。

```
<c:if test="${! empty commentList}">
  ........
</c:if>
```

同じような条件分岐でも、スコープ内変数の状態に応じて出力する内容を切り替えるときには、<c:choose>タグを利用します。たとえば「新規データ入力」と「既存データ編集」のように、大部分の入出力項目が同じユースケースでは、ユースケースごとにJSPページを作成するのではなく、同一のJSPページを再利用する方が効率的です。このようなとき、ユースケース間で異なる領域の切り替えにこのタグを利用するとよいでしょう。

以下のコードでは、スコープ内のisCreated変数を参照し、その値によって「保存」ボタンなのか「更新」ボタンなのかを切り替えて出力しています。

```
<c:choose>
  <c:when test="${isCreated}">
    <button id="saveButton">保存</button>
  </c:when>
  <c:otherwise>
    <button id="updateButton">更新</button>
  </c:otherwise>
</c:choose>
```

■コアタグよるループ処理

スコープ内のコレクション型変数の要素をループによって出力するには、<c:forEach>タグを使用します。このタグは、DOMにおいて繰り返し構造を持つテーブルやセレクトメニューの出力に利用されます。

以下のコードでは、スコープ内のpersonList変数を参照し、その要素を1つずつ取り出してループ処理を行い、IDと名前を列とするテーブルを出力しています。

```
<table border="1">
  <tr><th>ID</th><th>名前</th></tr>
  <c:forEach items="${personList}" var="person">
    <tr>
      <td>${person.personId}</td>
      <td>${person.personName}</td>
    </tr>
  </c:forEach>
</table>
```

以下のコードでは、スコープ内のjobMap変数（マップ型）を参照し、そのエントリを1つずつ取り出してループ処理を行い、セレクトメニューを出力しています。三項演算子を用いてスコープ変数（person.jobId）との比較を行い、デフォルトで選択状態となる値も指定しています。

```
<select name="person.jobId">
  <c:forEach items="${jobMap}" var="job">
    <option value="${job.key}" ${job.key == person.jobId ? "selected" : ""}>
  </c:forEach>
</select>
```

4.1.6 JSPページの再利用性向上

■コアタグによる再利用

JSTL（コアタグ）によって提供される<c:import>タグを利用すると、あるJSPページ（子ビュー）を別のJSPページ（親ビュー）に取り込むことができます。

以下に、人員テーブルを出力するためのJSPページ（子ビュー）のコードを示します。

```
<table border="${param.border}" style="${param.style}">
  <tr><th>ID</th><th>名前</th></tr>
  <c:forEach items="${personList}" var="person">
    <tr>
      <td>${person.personId}</td>
      <td>${person.personName}</td>
    </tr>
  </c:forEach>
</table>
```

このJSPページを、親ビューでは以下のようにして取り込みます。

```
<c:import url="./PersonTablePage.jsp">
  <c:param name="border" value="3" />
  <c:param name="style" value="color: red" />
</c:import>
```

<c:import>タグの子タグとして<c:param>タグを記述すると、子ビューにパラメータを渡すことが可能です。ここではborder、styleというパラメータ名で指定した値が子ビューに渡され、「枠線の幅が3で文字色が赤」のテーブルが出力されます。このように画面の断片をJSPページとして作成し、それを複数のJSPページで<c:import>タグによって取り込むことによって、共通部品として再利用することが可能になります。

■タグファイルによる再利用

JSPでは、任意の処理を独自のタグとして定義することで、UI部品として再利用を図ることができます。このような独自のタグの作成方法には、カスタムタグとタグファイルの2つがありますが、ここではタグファイルの作成方法を紹介します。

タグファイルはJSPページの断片を部品化する技術です。タグファイルはカスタムタグよりも比較的実装方法が容易であり、現実的に多くのケースで要件を充足することが可能です。

以下に、jQuery UI※3によってカレンダー（Datepicker）を出力するためのタグファイルのコード※4を示します。

◉コード4-3　カレンダーを出力するためのタグファイル

```
<%@ tag pageEncoding="UTF-8" %> // ❶
<%@ attribute name="id" required="true"%> // ❷
<%@ attribute name="dateFormat" required="true"%> // ❸
........
<script>
jQuery(function($) { // ❹
  $("#${id}").datepicker({ dateFormat: "${dateFormat}" }); // ❺
});
</script>
<input type="text" id="${id}" name="${name}" /> // ❻
```

タグファイルは、先頭にtagディレクティブ❶を宣言することで作成します。attributeディレクティブ❷❸には、このタグファイルが呼び出されるときに引き渡される属性を宣言します。ここではid❷とdateFormat❸という2つの属性を定義していますが、dateFormat属性の方は、「required="true"」によって指定を必須にしています。❺における"${id}"や"${dateFormat}"のように、タグファイルに引き渡される属性値は、タグファイル内では"${....}"という形式で参照します。jQuery関数❹（13.2.1項）の中でdatepickerメソッドを呼び出す❺と、所定のid属性を持つタグ（ここでは<input>タグ❻）がクリックされたときに、カレンダーUIを出力することができます。

このようにして作成したタグファイルに"datePicker.tag"という名前を付け、"/WEB-INF/tags/foo"ディレクトリに配置します。

次に、このタグファイルを使用するJSPページのコードを示します。まず以下のように、前述したタグ

※3　https://jqueryui.com
※4　このコードに記載はないが、jQuery UIのライブラリとCSSを個別に取り込む必要がある。

ファイルを取り込むためにtaglibディレクティブを宣言します。

```
<%@ taglib tagdir="/WEB-INF/tags/foo" prefix="foo"%>
```

そして以下のようにプレフィックス"foo"のdatePickerタグ（タグファイル名に相当）を記述すると、タグファイル（コード4-3）が呼び出されます。ここでid属性、dateFormat属性に指定した値がそれぞれ引き渡され、カレンダーが出力されます。

```
<foo:datePicker id="birthday" dateFormat="yy-mm-dd" />
```

このタグにはボディ部はありませんが、タグファイルに「<jsp:doBody />」と記述することでボディ部を出力することも可能です。このようにタグファイルを使用すると、JavaScriptやCSSをパッケージングした独自のUI部品を作成し、それを再利用することが可能になります。

4.2 サーブレットとJSPの応用

4.2.1 MVCパターン

MVCパターンは、元来はクライアントサイドにおけるGUIアプリケーションのための設計パターン（14.4.1項）ですが、ここで取り上げるMVCパターンは、サーバサイドにおけるWebアプリケーションのためのものです。両者の違いを明確にするために、サーバサイドのMVCパターンを「MVCパターン2」と呼ぶことがあります。

MVCパターン（MVCパターン2）とは、Webアプリケーション全体をビジネスロジック（モデル）、画面の生成（ビュー）、入力に応じた処理の振り分け（コントローラ）という3つの責務を持ったコンポーネントに分割するアーキテクチャパターンです。

まずコントローラは、HTTPリクエストを受信して処理の振り分けを行うためのコンポーネントなので、Java EEではサーブレットを利用します。またビューは画面を生成するためのコンポーネントなので、Java EEではJSPページを利用します。ビューとコントローラの両者は、プレゼンテーション層に配置されます。一方モデルは、ビジネス層に配置されます。ビジネス層の設計パターン（第6章）には、Domain ModelパターンとTransaction Scriptパターンがあり、モデルとは本来は前者のための概念ですが、ここでは便宜上ビジネスロジックを実行するための任意のコンポーネントと捉えます。

このようにサーバサイドのMVCパターンでは、コンポーネントの特性に応じて最適な技術を採用することによって、機能の分離がより明確になります。図4-3に、Java EEにおけるMVCパターンのコンポーネント分割と処理フローのイメージを示します。

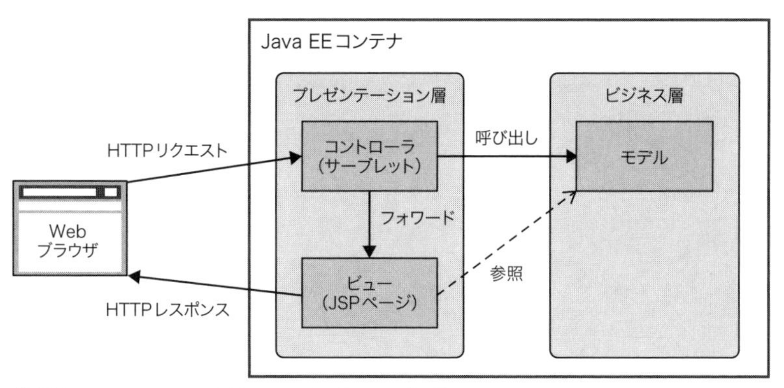

◎図4-3　Java EEにおけるMVCパターンの処理フロー

■コントローラ

MVCパターンによるWebアプリケーションを開発するには、後述するMVCフレームワークを利用するケースが一般的ですが、ここではMVCパターンの理解を深めるために、フレームワークを使用しないケースから見ていきましょう。コード4-1と同様の処理にMVCパターンを適用する例を取り上げます。まずはコントローラとなるサーブレットのコードを、以下に示します。

◉コード4-4　コントローラとなるサーブレット

```
@WebServlet("/PersonServlet")
public class PersonServlet extends HttpServlet {
    public void doPost(HttpServletRequest request, HttpServletResponse response)
            throws ServletException, IOException {
        ........
        // 入力値を取得する ❶
        String personName = request.getParameter("personName");
        String country = request.getParameter("country");
        // モデルを呼び出してビジネスロジックを実行する ❷
        PersonModel person = new PersonModel(personName, country);
        person.sayHello();
        // リクエストスコープにモデルを格納する ❸
        request.setAttribute("person", person);
        // リクエストをJSPページにフォワードする ❹
        RequestDispatcher rd = request.getRequestDispatcher(
                "/WEB-INF/jsp/PersonOutputPage.jsp");
        rd.forward(request, response);
    }
}
```

このサーブレットが、Webブラウザからの要求の入り口となります。処理内容としては、まず入力値を取得し❶、それを引数にモデルを呼び出してビジネスロジックを実行します❷。次にビジネスロジックの実行結果を含むモデルをリクエストスコープに格納し❸、最後にリクエストを適切なJSPページにフォワードします❹。

■モデル

次にモデルです。モデルすなわちビジネスロジックの設計パターンには、Domain Modelパターンと Transaction Scriptパターンがありますが、ここでは前者のパターンでビジネスロジックを実装します。

◉コード4-5　モデル（Domain Modelパターン）

```
public class PersonModel {
    // フィールド（状態）
    private String personName;
    private String country;
    private String message;
    // コンストラクタ
    public PersonModel(String personName, String country) { //❺
        this.personName = personName;
        this.country = country;
    }
    // アクセサメソッド
    ........
    // ビジネスメソッド
    public void sayHello() { //❻
        if (country != null && country.equals("japan")) {
            message = "こんにちは！私は" + personName + "です。";
        } else {
            message = "Hello! I'm " + personName + ".";
        }
    }
}
```

このようにDomain Modelパターンでは、モデルが状態と振る舞いを保持します。コンストラクタで初期値（状態）をセットしたら❺、ビジネスメソッド（振る舞い）❻を呼び出すことでロジックを実行します。なおTransaction Scriptパターンの場合は、以下のようにステートレスなビジネスロジックを実装します。両者のアーキテクチャの特徴やトレードオフについては、第6章で詳細に説明します。

◉コード4-6　ステートレスなビジネスロジック（Transaction Scriptパターン）

```
public class PersonLogic {
    public String sayHello(String personName, String country) {
        if (country != null && country.equals("japan")) {
            return "こんにちは！私は" + personName + "です。";
        } else {
            return "Hello! I'm " + personName + ".";
        }
    }
}
```

■ビュー

最後にビューです。以下に、ビジネスロジックの結果を出力するJSPページのコードを示します。

◉コード4-7　ビューとなるJSPページ

```
<%@ page contentType="text/html; charset=UTF-8"%>
<%@ page pageEncoding="UTF-8"%>
<html>
<body>
  <div>${person.personName}さんのメッセージ</div>
  <div>${person.message}</div>
</body>
</html>
```

EL式を利用して、ビジネスロジックの結果を画面に出力しています。なおこのJSPページは、あくまでもコントローラへのリクエストに対する結果として画面に出力されるものであり、Webブラウザからの直接的なアクセスは想定していません。Java EEではこのような場合、Webアプリケーションのディレクトリ構成において/WEB-INFフォルダの下にJSPページを配置することで、Webブラウザからの直接アクセスを抑止することが可能です。

4.2.2　フィルタ

フィルタとは、Webブラウザから送信されたHTTPリクエストをインターセプトし、コンテンツ（サーブレット・JSPページ）呼び出しの前後に、任意の処理を組み込むためのコンポーネントです（図4-4)。

◉コード4-8　シンプルなフィルタの実装例

```
@WebFilter(urlPatterns = "/PersonServlet") //❶
public class PersonFilter implements Filter { //❷
    @Override
    public void doFilter(ServletRequest request, ServletResponse response,
            FilterChain chain) throws IOException, ServletException { //❸
        // 何らかの前処理を行う❹
        ........
        // HTTPリクエスト・HTTPレスポンスを転送する
        chain.doFilter(request, response); //❺
        // 何らかの後処理を行う❻
        ........
    }
    ........
}
```

フィルタはFilterインタフェースをimplements❷し、@WebFilterアノテーションを付与する❶ことで作成します。@WebFilterアノテーションのurlPatterns属性には、このフィルタが対象とするURL

を指定します。ここにはサーブレット同様に"/faces/*"、"*.do"といった書式でワイルドカードを指定できるため、1つのフィルタで様々なコンテンツに対する呼び出しを組み込むことができます。またフィルタが複数ある場合、URLでマッチしたフィルタが順番に呼び出されます※5。

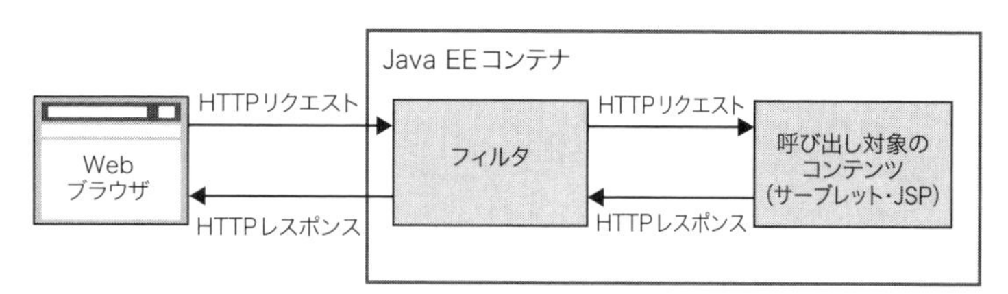

◎図4-4 フィルタの仕組み

フィルタのdoFilterメソッド❸にはJava EEコンテナからHTTPリクエスト・HTTPレスポンスが渡されますので、それらを使用してインターセプトする処理を実装します。まず何らかの前処理を行い❹、次に本来呼び出されていたコンテンツにHTTPリクエスト・HTTPレスポンスを転送します❺。サーブレット呼び出し後に再びフィルタに制御が戻されますので、何らかの後処理を行います❻。

フィルタは、以下のような共通処理を効率的に組み込むための手段として利用します。後述する様々な設計パターンの中でも、実現方法としてフィルタを利用するケースがあります。

前処理

・リクエストへの文字コードの設定
・アプリケーションによる認証チェック（4.6.4項）

後処理

・想定外エラー（例外）のハンドリング（9.2.2項）

前処理＋後処理

・ログ出力
・スレッドローカル変数のセットとクリア（5.1.3項）

4.2.3 コンテンツ呼び出しと画面遷移の方式

WebブラウザがHTTPリクエストによってWebアプリケーションのコンテンツ（サーブレット・JSPページ）を呼び出すと、WebアプリケーションはHTMLコードを生成してHTTPレスポンスとして返送します。返送されたHTMLコードがWebブラウザ上で描画されると、Webブラウザでは「画面遷移」が行われます。Webアプリケーションでは通常、複数の画面から構成され、画面から画面には何らかの方法によって遷移が行われます。ここでは、このようなコンテンツ呼び出しとそれに伴う画面遷移の方式を説明します。

※5 呼び出しの順番を制御したい場合は、Java EEコンテナの設定ファイル（web.xml）への定義が必要。

まずコンテンツの呼び出し方には、パラメータを指定することなく固定的にビュー（JSPページ）を呼び出す方式と、パラメータを渡して何らかのプログラム（通常はMVCパターンにおけるコントローラ）を呼び出して処理を行う方式があります。またHTTP通信による画面遷移の方式には、GETメソッド、POSTメソッド、POST-REDIRECT-GET（PRG）の3つがあります。

両者を組み合わせると6つの方式があることになりますが、POSTメソッドやPRGによって固定的にビューを呼び出す必然性は少ないため、ここではよく使われる4つのパターンを紹介し、それぞれの特徴を説明します（図4-5）。

■ GETメソッドによる固定的なビュー呼び出し方式（方式①）

GETメソッドによって固定的にビュー（JSPページ）を呼び出す方式です。この方式は、Webアプリケーションのトップ画面表示や各ユースケースの先頭画面への遷移など、ビジネスロジックの実行を伴わない画面出力（画面遷移）で利用します。

■ GETメソッドによるプログラム呼び出し方式（方式②）

GETメソッドによってプログラム（コントローラ）を呼び出して処理を行い、結果画面にディスパッチする方式です。入力画面ではリンクかフォームを使用し、クエリ文字列によってパラメータをプログラムに渡します。この方式は主に参照系のユースケースにおいて、ビジネスロジックの実行を伴う画面出力（画面遷移）で利用します。

■ POSTメソッドによるプログラム呼び出し方式（方式③）

POSTメソッドによってプログラム（コントローラ）を呼び出して処理を行い、結果画面にディスパッチする方式です。前述したMVCパターンの例（コード4-4から4-7）における画面遷移はこの方式です。入力画面ではフォームを使用します。この方式は更新系のユースケースにおいて、ビジネスロジックの実行を伴う画面出力（画面遷移）で利用します。

■ POST-REDIRECT-GET（PRG）によるプログラム呼び出し方式（方式④）

POSTメソッドによってまずプログラム（コントローラ）を呼び出して処理を行い、その後、結果画面にリダイレクト（GETメソッド）する方式です。入力画面ではフォームを使用します。この方式は方式③と同様に、更新系のユースケースにおいて、ビジネスロジックの実行を伴う画面出力（画面遷移）で利用します。方式③と比べると、更新ボタン押下による二重送信というWebブラウザ固有の問題を解決できます（4.8.2項）。この方式は実装負担が大きい点が難点ですが、後述するMVCフレームワークを利用すると比較的容易に実現することが可能です。

【①GETメソッドによる固定的なビュー呼び出し方式】

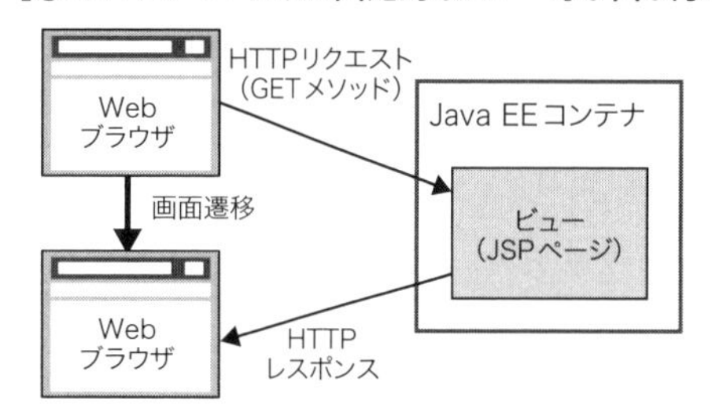

【②GETメソッドによるプログラム呼び出し方式】

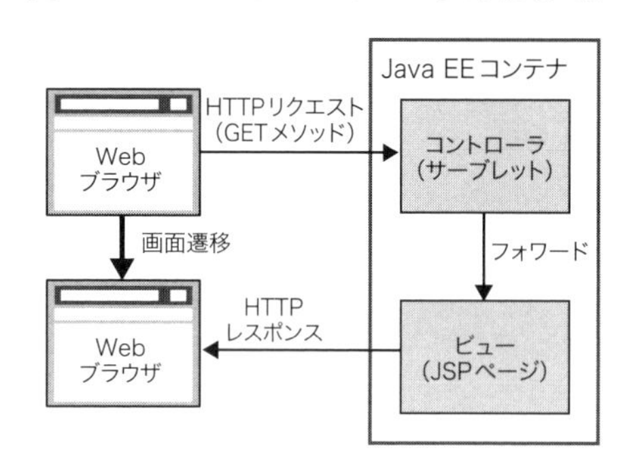

【③POSTメソッドによるプログラム呼び出し方式】

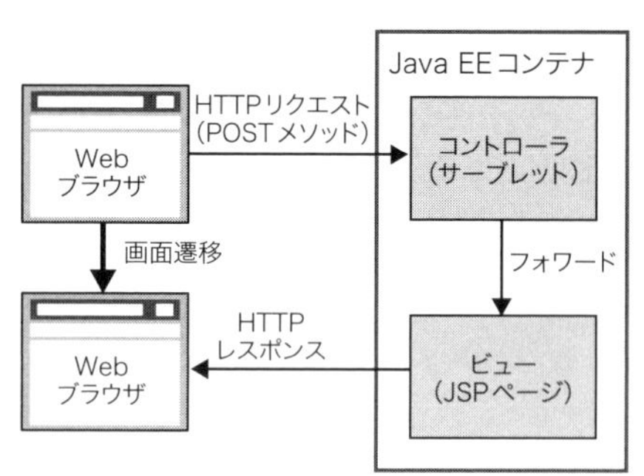

【④POST-REDIRECT-GET(PRG)によるプログラム呼び出し方式】

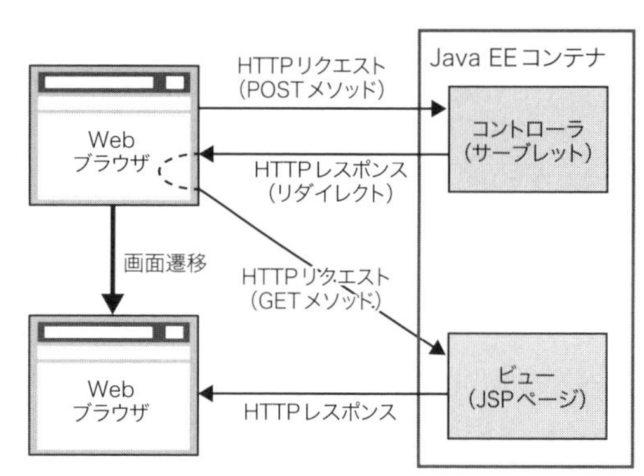

●図4-5 コンテンツ呼び出しと画面遷移の方式

■ブックマーカブル

ブックマーカブルとは、Webアプリケーションで画面遷移をするとき、当該のURLをWebブラウザの「ブックマーク」に登録すれば、いつでもブックマークから同じ画面を呼び出すことができる特性です。ブックマークからの呼び出しは、必ずGETメソッドになります。画面をブックマーカブルにすると、ユーザは、URLをアドレスバーに入力したり、メールなどに記述されたURLをクリックすることによって、いつでも必要な処理とその画面を再現できます。

ブックマーカブルかどうかは、画面遷移の方式と関連性があります。画面遷移方式①~④を、ブックマーカブルという観点で整理します。

まず方式①（GETメソッドによる固定的なビュー呼び出し方式）は、GETメソッドのためブックマーカブルです。

方式②（GETメソッドによるプログラム呼び出し方式）も、GETメソッドであり、パラメータはクエリ文字列としてすべてURLに含まれますのでブックマーカブルです。たとえば「単票照会」における画面遷移にこの方式を利用すると、ユーザは当該のURLから必要な照会結果を呼び出せるため、利便性は大きく高まります。その一方、更新を伴うユースケースにこの方式を適用すると、意図しない結果を引き起こす可能性があるため注意が必要です。

方式③（POSTメソッドによるプログラム呼び出し方式）はPOSTメソッドのため、ブックマーカブルではありません※6。

方式④（PRGによるプログラム呼び出し方式）では、プログラムはPOSTメソッドで呼び出されますが、結果画面への遷移はリダイレクト（GETメソッド）されます。したがってパラメータをリダイレクト先URLにクエリ文字列として付加し、リダイレクト先のプログラムでパラメータから結果画面を生成できるようにすれば、ブックマーカブルになります。

4.2.4 Webブラウザを経由した他システムコンテンツとの連携パターン

ここでは、WebアプリケーションからWebブラウザを経由して、社内外における他システムコンテンツと連携パターンするための方式について説明します。単に他システムのコンテンツに画面遷移するだけであれば、Webページ上にリンクを用意すれば充足しますが、まず自システムで何らかの処理を行い、パラメータを引き渡す形で他システムのコンテンツに連携が必要なケースがあります。具体的には、社内の場合は、他のWebアプリケーションやSSOサーバとの連携。また社外の場合は、ECサイトにおけるクレジットカードの決済画面と連携するケースなどがこれに相当します。このような機能要件を実現するための方式には、リダイレクト方式や空ページ自動サブミット方式があります。Part5で紹介するシステム間連携とは異なり、あくまでもWebブラウザを経由して連携する点がこれらの方式の特徴です。

■リダイレクト方式

リダイレクトの仕組みについては4.1.4項で説明したとおりですが、URLに絶対パスを指定することで、他システムのWebコンテンツと連携できます。この方式ではURLにクエリ文字列を付与することで、他システムにパラメータを渡すことが可能です。

■空ページ自動サブミット方式

いったん空のWebページを返し、JavaScriptによってオンロードイベントを監視してHTMLフォームを自動的にサブミットする方式です（図4-6）。

※6　実際にブックマークから呼び出すとGETメソッドで同じURLが呼び出されるため、意図しないエラー（例外）が発生する可能性がある。この課題を解決するためには、トークンチェックを利用する（4.8.2項）。

●コード4-9　空ページ自動サブミット方式を実現するためのJSPページ

```
<script type="text/javascript">
window.onload = function() { // ❶
  document.forms[0].submit();
}
</script>
........
<body>
  <form action="http://...." method="POST"> // ❷
    <input type="hidden" name="personName" value="${personName}" />
    <input type="hidden" name="age" value="${age}" />
  </form>
</body>
```

このJSPページでは、windowオブジェクトのonloadプロパティにイベントハンドラを設定する❶ことによって、このページがロードされた直後にHTMLフォームを自動的にサブミットしています。HTMLフォーム（<form>タグ）のaction属性❷には、連携先システムのコンテンツのURLを指定します。また隠しフィールド（<hidden>タグ）として、他システムに渡すパラメータを指定できます。

この方式はリダイレクト方式とは異なり、他システムのコンテンツに対してPOSTメソッドで連携できます。

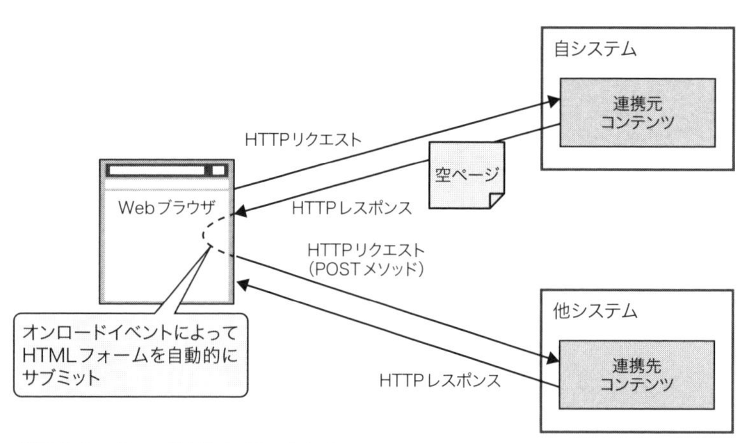

●図4-6　空ページ自動サブミット方式

4.3 セッション管理

4.3.1 セッション管理

Webアプリケーションにおいて、ユーザがログインしてからログアウトするまでの一連の処理を

「HTTPセッション」※7と呼びます。Webアプリケーションで1つの業務取引を成立させるには、HTTPセッションの中で発生する複数のリクエストに跨って、データ（セッション情報）を引き継ぐ必要があります。ただしHTTPは接続と切断を繰り返すステートレスなプロトコルのため、セッション情報を引き継ぐためには、Java EEコンテナが提供する「セッション管理」という仕組みを利用する必要があります。

Java EEコンテナはWebブラウザとのHTTPセッションが開始されると、セッションID※8を振り出し、クッキーにセットしてWebブラウザに返送します※9。次に同一Webブラウザからのリクエストがあるとクッキーも同時に送信されるため、クッキーから取り出したセッションIDによってユーザ（Webブラウザ）を識別できるようになります。

HTTPセッションは、HttpServletRequestのgetSessionメソッド呼び出しによって開始し、HttpSessionのinvalidateメソッド呼び出しによって終了します。

Java EEコンテナは、セッションIDに結び付いた独自の記憶領域（セッションスコープ）を持っています。この記憶領域はHttpSession（セッション変数）によって提供されます（4.1.3項）。WebアプリケーションはHttpSessionに対して任意のデータ（セッション情報）を格納することで、複数のリクエストに跨ってデータを引き継ぐことが可能になります（図4-7）。

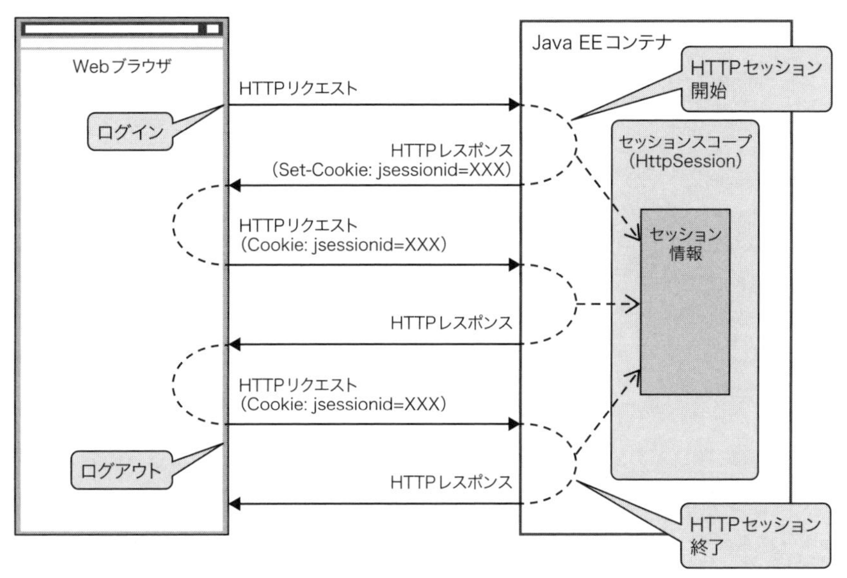

●図4-7　セッション管理とセッションスコープ

※7　「セッション」は文脈次第で様々な意味で使われる用語なので注意が必要。たとえば「データベースとのセッション」というとコネクションを表す。EJBの一種に「セッションBean」と呼ばれるコンポーネントがあるが、Webアプリケーションにおけるセッションとは直接関係はない。

※8　Java EEでは"jsessionid"というクッキー名が使われる。

※9　Webブラウザに返送されたクッキーは「有効期限が0」となっているため、ディスクには保存されないメモリクッキーとなる。またWebブラウザでは複数の「タブ」を開くことができるが、基本的にタブ間でクッキーは共有される。

4.3.2 セッション管理と負荷分散の設計パターン

セッション管理の設計パターンにはいくつかの方式がありますが、いずれもAPサーバの負荷分散の仕組みと密接な関係があります。通常、セッション管理と負荷分散の設計はインフラ担当者が行いますが、アプリケーション開発者も把握しておくべきテーマとしてここで取り上げます。なおここでは、APサーバが複数台からなる水平負荷分散構成となっており、その前段に負荷分散装置を配置してリクエストを振り分けるという、エンタープライズシステムでも一般的なシステム構成を前提とします。

■スティッキーセッション方式

スティッキーセッション方式とは、リクエストを送信するAPサーバを負荷分散装置で固定する方式です（図4-8）。負荷を均等に分散させるため、HTTPセッション開始前のリクエストはラウンドロビンさせます。HTTPセッションが開始されると、Java EEコンテナがメモリ上にセッション情報を保持するため、リクエストの振り分けを特定のAPサーバに固定する必要が生じます。負荷分散装置は通常、クッキーにセットされたセッションIDを参照して振り分け先を固定します。

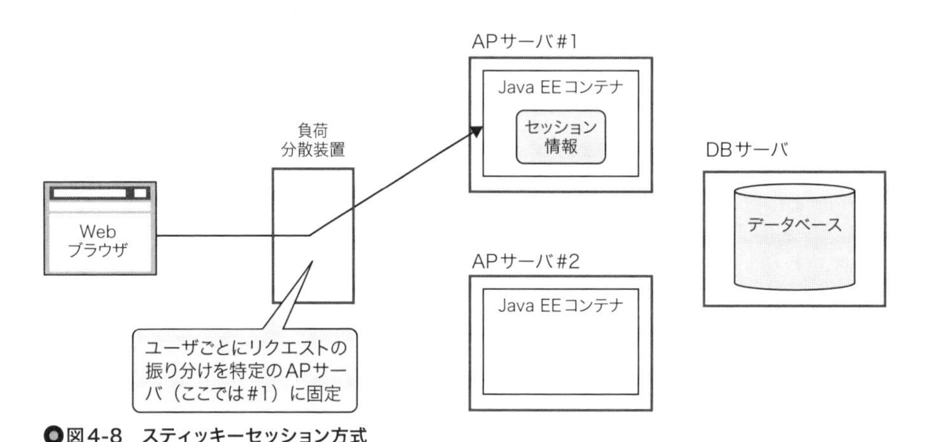

◎図4-8　スティッキーセッション方式

この方式は導入が比較的容易であり、負荷もある程度均等に分散されます。ただし負荷の分散はHTTPセッション（ユーザ）ごとのため、ユーザによって操作内容に大きな違いがあるとAPサーバの負荷にも偏りが生じます。またAPサーバが障害によってダウンまたはハングすると、そのAPサーバで取引を行っていたユーザのセッション情報が失われてしまう点にも注意が必要です。

■セッションレプリケーション方式

セッションレプリケーション方式とは、Java EEコンテナが提供するセッションレプリケーション機能※10によって、複数のAPサーバ間でセッション情報を共有する方式です（図4-9）。この方式には、さらに2つのサブパターンがあります。

※10　Spring Session（http://projects.spring.io/spring-session/）によって、セッションレプリケーションを実現する方式もある。

1つ目はスティッキーセッションと組み合わせる方式です。この方式では、通常時は振り分け先APサーバを固定化し、障害等でAPサーバがダウンしたときに別のAPサーバにリクエストを振り分けてHTTPセッションを継続します。

もう一つは振り分け先APサーバは固定化せず、通常時からリクエストをラウンドロビンさせる方式です。負荷分散装置の制約でスティッキーセッション方式が採用できない場合の選択肢となります。ただしこの方式の場合は、Webブラウザへの HTTPレスポンスの返送とセッション情報のレプリケーションを同期させないと、レプリケーションが次のリクエストに追い付かずにエラーが発生する可能性があります。Java EEコンテナ製品の仕様に依存する処理ですので、製品仕様を確認の上で採用可否を判断してください。

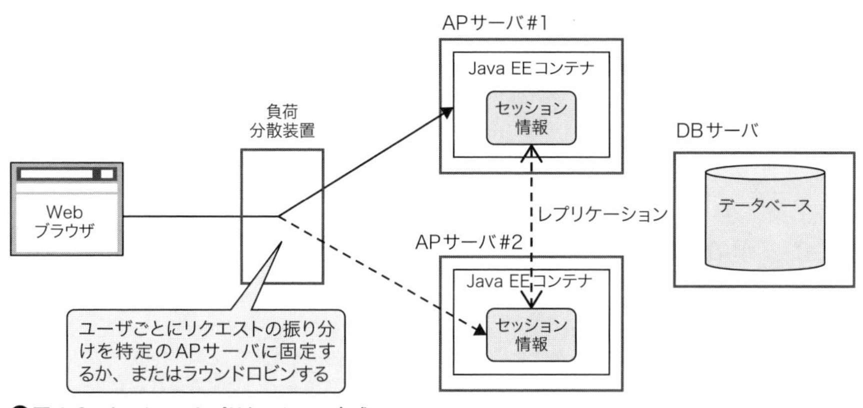

●図4-9　セッションレプリケーション方式

このようにセッションレプリケーション方式を採用すると、スティッキーセッション方式の課題であった「APサーバ障害時のセッション情報の紛失」を回避することが可能になります。

■データベースセッション方式

データベースセッション方式とは、Java EEコンテナが提供するデータベースセッション機能を利用し、セッション情報を暗黙的にデータベースに書き込む方式です（図4-10）。この方式は、スティッキーセッションと組み合わせて利用することが一般的です。通常時はスティッキーセッションによって振り分け先APサーバを固定化します。もし障害で当該APサーバがダウン（またはハング）したら、負荷分散装置によってリクエストが別のAPサーバに振り分けられ、そのAPサーバでデータベースからセッション情報を復元することで、HTTPセッションを継続します。

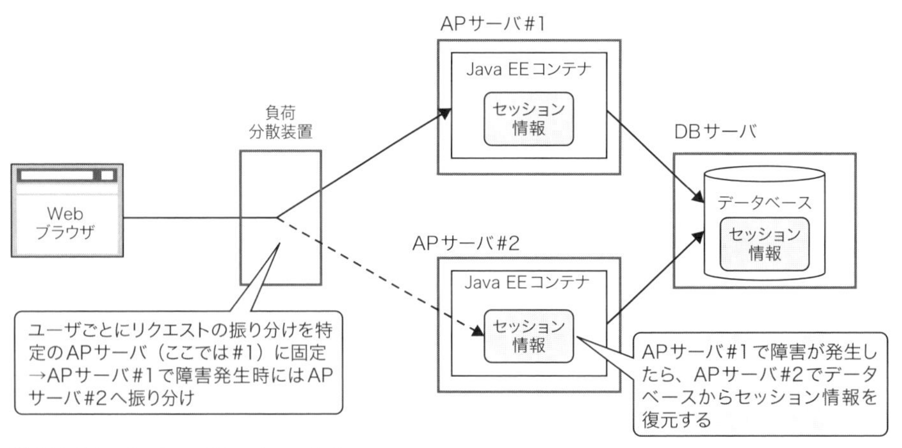

図4-10　データベースセッション方式

この方式もセッションレプリケーション方式と同様に、スティッキーセッション方式の課題であった「APサーバダウン時のセッション情報の紛失」を回避するための有効な方法です。

4.3.3 セッション管理のその他の機能

■セッションタイムアウト

ユーザが取引を終えるときは通常、ログアウトボタンを押下してもらい、それを契機にWebアプリケーションでHttpSessionのinvalidateメソッドを呼び出すことで、HTTPセッションを終了します。セッションスコープには時として大量のインスタンスが比較的長時間に渡って格納されるため、メモリ（ヒープ）を圧迫する原因となる可能性があります。invalidateメソッドによってHTTPセッションを終了すると、当該HTTPセッションに関連したインスタンスをメモリから解放できます。

ただしWebアプリケーションでは、ユーザが最終的にログアウトボタンを押下してくれる保証はなく、Webブラウザを突然落とすようなケースも想定しておく必要があります。このようなケースに備えて、Java EEコンテナにはセッションタイムアウト機能が備わっています。一定時間内に当該HTTPセッションにおけるリクエストがなかった（無操作だった）場合、Java EEコンテナはセッションを終了し、メモリを解放します。なおタイムアウトする時間は、Webアプリケーションごとにデプロイ記述子（web.xml）に定義します。

■セッションリスナ

Webアプリケーションでは、HTTPセッションを開始したり終了（invalidateメソッド呼び出しやタイムアウトによる終了）したりしたときに、それを契機に何らかの処理を行いたいケースがあります。たとえばHTTPセッションの終了によって、複数のイベントから構成される業務取引（ロングトランザクション）が最終的に不成立となる場合、仕掛中のデータを削除する、といった処理です。このようなケースのために、セッションリスナという機能が提供されています。

◉コード4-10　セッションリスナの実装例

```
@WebListener // ❶
public class FooListener implements HttpSessionListener { // ❷
    @Override
    public void sessionCreated(HttpSessionEvent event) { .... } // ❸
    @Override
    public void sessionDestroyed(HttpSessionEvent event) { // ❹
        HttpSession session = event.getSession(); // ❺
        ........
    }
}
```

セッションリスナは、HttpSessionListenerインタフェースをimplementsし❷、@WebListenerアノテーションを付与する❶ことで作成します。HTTPセッションが開始された直後にはsessionCreatedメソッド❸が、HTTPセッションが終了する直前にはsessionDestroyedメソッド❹が、それぞれJava EEコンテナから呼び出されます。たとえばsessionDestroyedメソッドでは、❺のようにしてこれから廃棄されるHttpSessionを取り出すことができますので、必要に応じて後処理を実装します。

4.4　アクションベースのMVCフレームワーク

4.4.1　MVCフレームワークの種類と特徴

MVCパターンによるアプリケーションを効率的に開発するためのフレームワークを、MVCフレームワークと呼びます。MVCフレームワークには大きく、アクションベースとコンポーネントベースの2種類があります。アクションベースの代表には、SpringフレームワークにおけるMVCフレームワークであるSpring MVC※11や、Apache Struts※12があります。またコンポーネントベースの代表には、Java EE標準であるJSFやApache Wicket※13があります。ここでは両者のアーキテクチャの違いを説明します。

■設計コンセプトの違い

アクションベースのMVCフレームワークの設計コンセプトは、コントローラ（アクション）を中心としています。コントローラがリクエストの内容に応じて適切なモデル（ビジネスロジック）を呼び出し、その結果をスコープを経由してビューに渡します。4.2.1項で説明したMVCパターンを、より汎用的にしたものがアクションベースのフレームワークと考えることができます。

後述するSpring MVCを前提とした場合のアクションベースの構成イメージを、図4-11に示します。

※11　http://projects.spring.io/spring-framework
※12　http://struts.apache.org
※13　http://wicket.apache.org

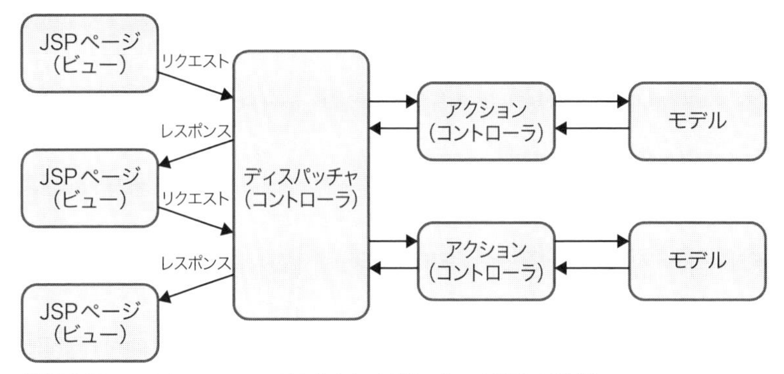

◉図4-11 アクションベースの構成イメージ（Spring MVCの場合）

一方コンポーネントベースのMVCフレームワークの設計コンセプトは、ビューに配置されたUIコンポーネントを中心としています。UIコンポーネントとは、HTMLタグによって表現されるテキストフィールド、ラジオボタン、サブミットボタンなどのUI部品をコンポーネント化したものです。

UIコンポーネントの背後には、そのUIコンポーネントでイベントが発生したとき呼び出されるロジックが必ず存在します。この考え方は、マイクロソフト社のVisual Basicに代表されるGUIアプリケーションとよく似ています。UI部品がコンポーネント化されているため、ツールベンダが「画面をデザインするためのGUIツール」を提供しやすいフレームワークと言えるでしょう。

後述するJSFを前提とした場合のコンポーネントベースの構成イメージを、図4-12に示します。

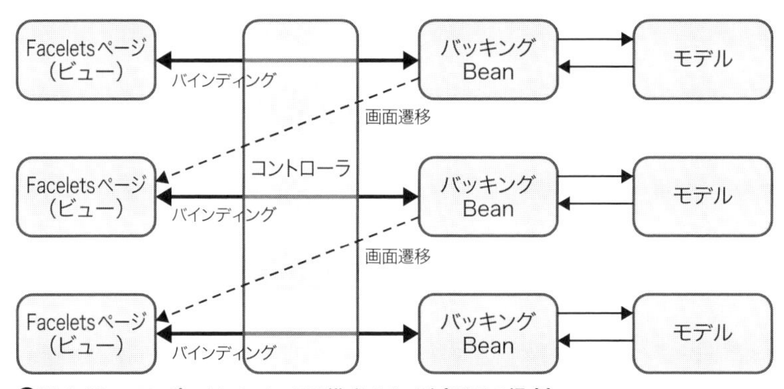

◉図4-12 コンポーネントベースの構成イメージ（JSFの場合）

■Web技術への抽象度の違い

アクションベースのMVCフレームワークは、クライアントがWebブラウザであることを前提としており、HTTPやHTMLなどのWeb技術をそのままの形で利用します。ビューはHTMLタグをベースとして、サーバサイドのインスタンスをEL式によって参照する形で作成します。フォームやリンクのURLは、そのままコントローラ（アクション）へのパスを表します。

一方コンポーネントベースのMVCフレームワークは、HTTPやHTMLといったWeb技術が抽象化されており、様々なプレゼンテーション技術への対応を可能としています※14。ビューはフレームワークが提供するUIコンポーネントを記述することによって作成します。UIコンポーネントが生成するHTMLコードやURLは、フレームワークによって隠ぺいされます※15。

■アクションベースとコンポーネントベースのトレードオフ

前述したようなアーキテクチャの違いを踏まえると、両者には次のようなトレードオフがあります。

Webアプリケーションの実開発では、フレームワークが提供する機能の周辺をJavaScriptによって補完したり、CSSを使って見た目を整えたりするケースが少なくありませんが、アクションベースのMVCフレームワークはWeb技術を前提としているため、JavaScriptやCSSとの親和性が高く、こういった作業は比較的容易です。一方コンポーネントベースのMVCフレームワークの場合は、同じようなことをしようとすると様々な制約を受けるケースが多いでしょう。

逆にコンポーネントベースのMVCフレームワークは、ビューの作成にJavaScriptやCSSのスキルは必ずしも必要ではありません。コンポーネントベースには、JavaScriptやCSSを取り込んだリッチなUIコンポーネントをサポートした製品も多く、そういった出来合いの部品を利用すれば、ユーザの操作性や利便性が高く、見た目も洗練されたビューを比較的容易に実現できます。一方アクションベースのMVCフレームワークの場合は、そのような高度なビューは、基本的にアプリケーション開発者自身で実装する必要があります。

4.4.2 アクションベースのMVCフレームワーク

ここではSpring MVCを取り上げて、アクションベースのMVCフレームワークによる具体的なアプリケーション構築方法を説明します。説明にあたっては、「人員管理アプリケーション」を題材として用います。このアプリケーションは、人員に関する基本的なCRUD操作（検索/挿入/削除/更新）を行うためのものです。

図4-13に、「人員管理アプリケーション」の画面遷移を示します。

※14 ただし現在普及しているコンポーネントベースのMVCフレームワークのほとんどが、実質的にはWeb技術専用となっている。

※15 ただしJSFでは、HTMLタグをベースにした「HTMLフレンドリーなビュー」を作成する機能もサポートされている（4.5.2項）。

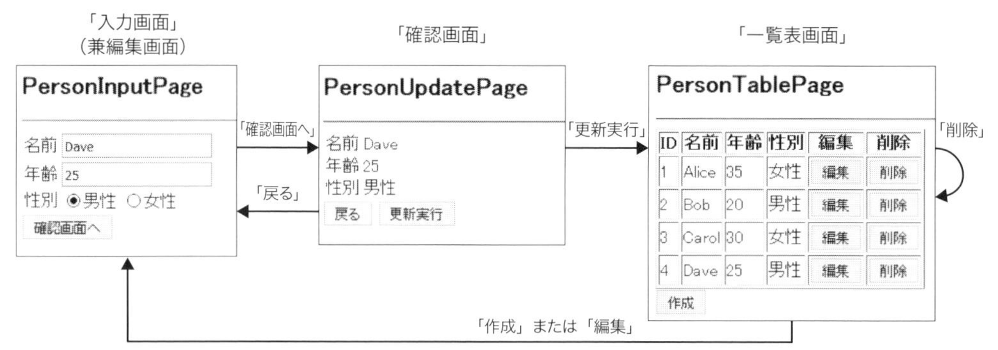

図4-13 「人員管理アプリケーション」の画面遷移

このアプリケーションのコンポーネント構成と主要な処理フローを、図4-14に示します。

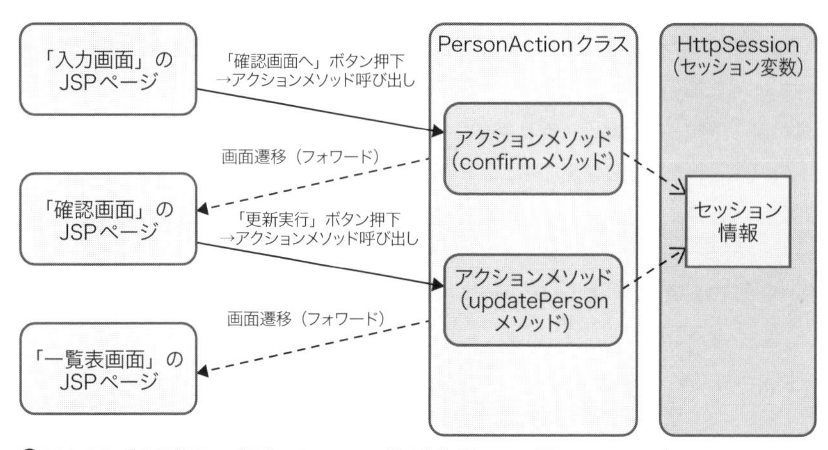

図4-14 「人員管理アプリケーション」の構成と処理フロー(Spring MVC)

■ビュー①:「入力画面」

Spring MVCでは、ビューとしてJSPやThymeleaf※16などのテンプレートを利用できますが、ここではJSPを用います。まず「入力画面」のJSPページを以下に示します。

●コード4-11 「入力画面」のJSPページ

```
<%@ page contentType="text/html; charset=UTF-8"%>
<%@ taglib uri="http://java.sun.com/jsp/jstl/core" prefix="c"%>
<%@ taglib uri="http://www.springframework.org/tags/form" prefix="form"%> // ❶
<html>
........
<body>
  <form id="form1" action="/spring_mvc_person/confirm" method="POST"> // ❷
    <div ${person.personId == null ? 'style="display:none"' : ''}>
```

※16 http://www.thymeleaf.org/

```
      <span>ID : ${person.personId}</span>
    </div>
    <table border="0">
      <tr>
        <td>名前</td>
        <td><input type="text" id="personName" name="personName" // ❸
                   value="${person.personName}" /></td>
        <td><form:errors path="person.personName" cssStyle="color: red" /></td> // ❹
      </tr>
      <tr>
        <td>年齢</td>
        <td><input type="text" id="age" name="age"
                   value="${person.age}" /></td> // ❺
        <td><form:errors path="person.age" cssStyle="color: red" /></td> // ❻
      </td>
      <tr>
        <td>性別</td>
        <td>
          <input type="radio" id="gender" name="gender" value="male"
                 ${person.gender == 'male' ? 'checked' : ''}>男性</input> // ❼
          <input type="radio" id="gender" name="gender" value="female"
                 ${person.gender == 'female' ? 'checked' : ''}>女性</input> // ❽
        </td>
        <td><form:errors path="person.gender" cssStyle="color: red" /></td> // ❾
      </tr>
    </table>
    <div><input type="submit" value="確認画面へ" /></div> // ❿
    <input type="hidden" name="personId" value="${person.personId}" />
  </form>
</body>
</html>
```

Spring MVCでは、入出力タグを記述するために専用タグ（後述する<form>タグなど）を使うこともできますが、ここではなるべく「素」のHTMLタグを活用した「HTMLフレンドリー」な記述方法を採用し、EL式によって動的に値を埋め込むようにしています。

ユーザによって入力された値は、後述するコントローラのアクションメソッドに引数として渡されるPOJO（この例ではPersonインスタンス）に対して、フレームワークによって自動的に格納されます。このとき各入力値は、入力タグのname属性で指定してプロパティにセットされます。たとえば「名前」であればname属性にpersonNameを指定しています❸ので、PersonインスタンスのpersonNameプロパティに値がセットされます。

この「入力画面」は、新規人員の登録と既存人員の編集という2つのユースケースを兼用しており、既存人員の編集の場合は初期値を出力する必要があります。「名前」や「年齢」を入力するテキストフィールドでは、value属性にEL式を記述する❸❺ことで、初期値としてスコープ内の変数を出力しています。また「性別」を選択させるラジオボタンでもEL式によってスコープ内の変数を参照し、初期値として男性・女性のどちらかをチェックするようにしています7 8。

ユーザによって「確認画面へ」ボタン10が押下されフォームがサブミットされると、指定されたURL2で入力値がサーバサイドに送信されます。このとき、フレームワークによってバリデーション（入力値の検証）が行われます。バリデーションでエラーが検出されなかった場合は「確認画面」へ遷移しますが、何らかのエラーが検出されると、ユーザに再入力を促すために元の画面を出力します。このときエラーメッセージを出力するために、Spring MVCによって提供されるformタグを使います。formタグを利用する場合、1のようにtaglibディレクティブを宣言します。<form:error>タグを記述し4 6 9、path属性に対応するプロパティ名を指定することで、エラーメッセージを出力できます。

■ビュー②：「確認画面」

次に、「確認画面」のJSPページを示します。

●コード4-12 「確認画面」のJSPページ

```
<%@ page contentType="text/html; charset=UTF-8"%>
........
<body>
  <form method="POST">
    <table border="0">
      <tr><td>名前</td><td>${person.personName}</td></tr>
      <tr><td>年齢</td><td>${person.age}</td></tr>
      <tr>
        <td>性別</td>
        <td>${person.gender == null ? '' : person.gender == 'male' ? '男性' : '女性'}</td>
      </tr>
    </table>
    <div>
      <button type="submit" formaction="/spring_mvc_person/back">戻る</button> // 1
      <button type="submit" formaction="/spring_mvc_person/update">更新実行</button> // 2
    </div>
  </form>
</body>
</html>
```

このJSPページでも、EL式によってスコープ内の変数を参照して出力しています。このページには「更新実行」ボタンと「戻る」ボタンの2つがありますが、ボタンによって呼び出すアクションメソッドが異なるため、URLを切り替える必要があります。ここでは<button>タグのformaction属性を利用して、それぞれのボタンに異なるURLを指定しています1 2。従来のHTMLフォームは1つのフォームに対してURLを1つしか指定できませんでしたが、HTML5で導入されたformaction属性を利用すると、このようにボタンごとにURLを指定できます。

■ビュー③：「一覧表画面」

最後に、更新の結果として出力される「一覧表画面」のJSPページを以下に示します。

◉コード4-13　「一覧表画面」のJSPページ

```
<%@ page contentType="text/html; charset=UTF-8"%>
........
<body>
  <form method="POST">
    <table border="1">
      <tr>
        <th>ID</th><th>名前</th><th>年齢</th><th>性別</th><th>編集</th>
        <th>削除</th>
      </tr>
      <c:forEach items="${personList}" var="person">
        <tr>
          <td>${person.personId}</td>
          <td>${person.personName}</td>
          <td>${person.age}</td>
          <td>${person.gender == null ?
                  "" : person.gender == "male" ? "男性" : "女性"}</td>
          <td><button type="submit" formaction="/spring_mvc_person/edit"
                  name="personId" value="${person.personId}">編集</button></td> // ❶
          <td><button type="submit" formaction="/spring_mvc_person/remove"
                  name="personId" value="${person.personId}">削除</button></td> // ❷
        </tr>
      </c:forEach>
    </table>
    <div>
      <button type="submit" formaction="/spring_mvc_person/create">作成</button>
    </div>
  </form>
</body>
</html>
```

このJSPページでは、<c:forEach>タグによってスコープ内のコレクションを参照してループ処理を行い、一覧表を出力しています。各行では、<button>タグによって「編集」ボタン❶と「削除」ボタン❷を出力しています。それぞれのボタン押下によって、formaction属性で指定したURLに応じたコントローラ（アクションメソッド）が呼び出され、name属性とvalue属性に指定した値（人員ID）が引き渡されます。

■コントローラとアクション

アクションベースのMVCフレームワークでは、コントローラの責務を持つコンポーネントにはディスパッチャとアクションの２つがあります。

ディスパッチャとは、様々なURLに対するリクエストを一手に受け付け、入力値の取り出しやバリデーションといった共通処理を行うコンポーネントで、Java EEの場合はサーブレットとして実装します。

アクションとは、ディスパッチャから呼び出されるコンポーネントで、ビジネス層のビジネスロジックを呼び出したり、その結果にもとづいて遷移する画面（ビュー）を決定し、ディスパッチャに返却します。ディスパッチャはアクションからの戻り値にしたがって、遷移するべき画面（ビュー）にリクエストをフォワードします。

このようなコントローラの機能は、Front Controllerパターン[PofEAA]と呼ばれています。Spring MVCでは、ディスパッチャに相当する機能はフレームワークによって提供されています。アクションは開発者がPOJOとして実装します。

以下に、この人員管理アプリケーションにおけるアクションのコードを示します。

◉コード4-14　アクション（PersonAction）

```
@Controller // ❶
public class PersonAction {
    @Inject // ❷
    private PersonService personService;
    // アクションメソッド（「入力画面」に遷移する）
    @RequestMapping("/create")
    public String createPerson() {
        return "PersonInputPage";
    }
    // アクションメソッド（「確認画面」に遷移する） ❸
    @RequestMapping("/confirm") // ❹
    public String confirm(@ModelAttribute @Valid Person person,
            BindingResult errors, HttpSession session) {  // ❺
        if (errors.hasErrors()) { // ❻
            return "PersonInputPage";
        }
        session.setAttribute("person", person); // ❼
        return "PersonUpdatePage"; // ❽
    }
    // アクションメソッド（「入力画面」に戻る）
    @RequestMapping("/back")
    public String back() {
        return "PersonInputPage";
    }
    // アクションメソッド（人員を更新・追加する） ❾
    @RequestMapping("/update")
    public String updatePerson(Model model, HttpSession session) { // ❿
        Person person = (Person)session.getAttribute("person"); // ⓫
        if (person.getPersonId() != null) { // 更新か追加を判定
            personService.updatePerson(person); // ⓬
        } else {
            personService.addPerson(person); // ⓭
        }
        List<Person> personList = personService.getPersonList(); // ⓮
```

```
        model.addAttribute("personList", personList); // ⓯
        session.removeAttribute("person");
        return "PersonTablePage";
    }
    // アクションメソッド（人員を編集する） ⓰
    @RequestMapping("/edit")
    public String editPerson(@RequestParam("personId") Integer personId,
            Model model) { // ⓱
        Person person = personService.getPerson(personId);
        model.addAttribute("person", person);
        return "PersonInputPage";
    }
    // アクションメソッド（人員を削除する）
    @RequestMapping("/remove")
    public String removePerson(@RequestParam("personId") Integer personId,
            Model model) {
        ........
    }
    // アクションメソッド（人員リストを表示する）
    @RequestMapping("/viewList")
    public String viewPersonList(Model model) {
        List<Person> personList = personService.getPersonList();
        model.addAttribute("personList", personList);
        return "PersonTablePage";
    }
}
```

このアクションクラスの中に登場するPersonクラス（個々の人員を表す）のコードを、以下に示します。

◉コード4-15　個々の人員を表すクラス（Person）

```
public class Person {
    // IDフィールド
    private Integer personId;
    // 名前フィールド
    @NotEmpty @Size(min = 1, max = 15) // ⓲
    private String personName;
    // 年齢フィールド
    @NotNull @Min(20) @Max(100) // ⓳
    private Integer age;
    // 性別フィールド
    @NotEmpty
    private String gender;
    // コンストラクタ
    public Person() {};
    public Person(Integer personId, String personName, Integer age,
            String gender) { .... }
    public Person(String personName, Integer age, String gender) { .... }
```

```
    // アクセサメソッド
    ........
}
```

アクションクラス（コード4-14）は、POJOに@Controllerアノテーションを付与する❶ことで作成します。ビジネスロジック（モデル）はPersonServiceクラスという別のコンポーネントとして作成し、@Injectアノテーションによってインジェクションしています❷※17。インジェクションの仕組みについては第５章で説明します。アクションベースでは、画面上でフォームのサブミットやリンクがクリックされると、URLに対応したアクションメソッドが（コントローラ経由で）呼び出されます。

■アクションメソッド①：データの入力

アクションクラス（コード4-14）におけるアクションメソッドの中から、ここではconfirmメソッド❸について説明します。このメソッドは、「入力画面」から「確認画面へ」ボタン押下によって呼び出されるアクションメソッドです。アクションメソッドには@RequestMappingアノテーションを付与し❹、当該アクションに対応するURL（ここでは"/confirm"）を属性として指定します。

confirmメソッドが受け取る引数❺について、順番に説明します。Spring MVCではアクションメソッドのシグニチャは強制されず、開発者がフレームワークから受け取りたいインスタンスを決めることができます。

まず第１引数にはPersonクラスが指定されていますが、この引数には@ModelAttributeアノテーションが付与されています。このアノテーションを引数に指定された任意のPOJOに付与すると、送信されたフォームの入力値を当該POJOに格納できます。入力値をセットするプロパティは、「入力画面」のJSPページ（コード4-11）で、フォームを作成するときに<input>タグのname属性に指定します。「入力画面」におけるフォームの入力値と、引数として渡されたPersonクラスのプロパティとの対応関係は、図4-15のようになります。

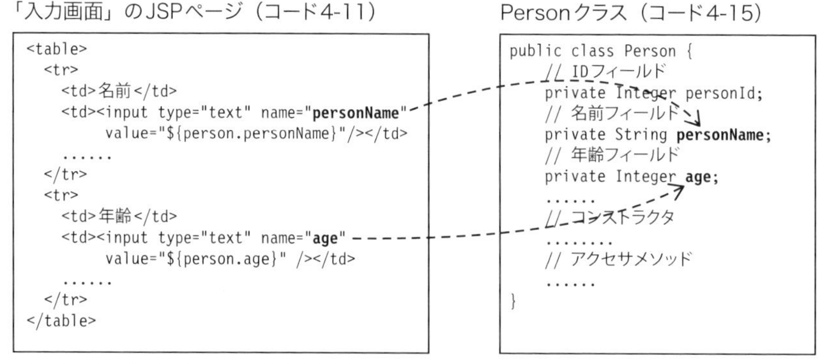

●図4-15　「入力画面」における入力値とPersonクラスのプロパティとの対応関係

※17　Spring MVCでは通常、Springフレームワークによって提供される@Autowiredアノテーションでインジェクションするが、@Injectアノテーションもサポートされているためここではそれを利用する。

confirmメソッドの第1引数に付与された@Validアノテーションと、第2引数のBindingResultはバリデーションのためのものですが、説明は後述します。

第3引数はHttpSessionです。このようにSpring MVCでは、HttpSessionをアクションメソッドの引数として受け取ることができます。ここではHttpSessionを介して、受け取ったPersonをセッションスコープに格納しています7。

アクションメソッドの最後に戻り値として文字列を返します8。この文字列は遷移先の画面を特定するためのもので、通常は遷移先JSPページ名から拡張子".jsp"を取り除いたものを指定します。

■Bean Validationによるバリデーション

バリデーションとは、入力値の形式チェックを行うための仕組み（9.1.2項）で、MVCフレームワークによって提供される代表的な機能の一つです。

Spring MVCでは、アクションメソッドの引数として受け取るJavaBeansクラス（DTO）に@Validアノテーションを付与すると、Bean Validationを利用できます。Bean Validationとは、アノテーションによって任意のJavaBeansクラスに対してバリデーションを行うための仕様です。この仕様はJava EEからは独立しており、Spring MVCのみならず後述するJSFでも利用することが可能です。

Bean Validationでは、以下のようなアノテーションをフィールドまたはゲッタに付与することで、JavaBeansクラスの状態を検証します。

- nullおよび空文字チェック … @NotNull、@NotEmpty※18
- 文字列長チェック … @Size
- 正規表現チェック … @Pattern
- 数値範囲チェック … @Min、@Max、@DecimalMin、@DecimalMax

バリデーションによってエラーが検出された場合、以下のようにしてユーザに返すメッセージを指定することもできます。

```
@Max(value = 100, message = "年齢は{value}以下で入力してください")
```

アクションクラス（コード4-14）のconfirmメソッド5では、第1引数のPersonに@Validアノテーションが付与されているため、このクラスに対してBean Validationによるバリデーションが行われます。

Personクラス（コード4-15）を見ると、「名前」フィールドには2つのアノテーションが付与されています18。@NotEmptyアノテーションによって、nullおよび空文字が非許容となります。また@Sizeアノテーションに属性として"min = 1, max = 15"が指定されているため、この文字列の長さは最小が

※18 Webアプリケーションでは、フィールドに何も入力しないと送信される入力値は空文字となる。Bean Validation標準の@NotNullアノテーションは空文字を判定できないため、このようなケースではHibernate Validatorによって提供される@NotEmptyを利用する。

1文字で最大が15文字となります。

同じく「年齢」フィールドには@Minアノテーションと@Maxアノテーションが付与され⓳、属性値として20と100が指定されているため、数値範囲の最小値が20となり最大値が100となります。

バリデーションによるエラーの判定は、アクションメソッド（ここではconfirmメソッド❺）の引数として渡されるBindingResultによって行います。受け取ったBindingResultには、バリデーションで何らかのエラーが検出された場合にその内容が格納されています。ここでは❻のようにしてエラーの有無を調べ、エラーがあった場合には、ユーザに再入力を促すために元の画面を出力します。

■アクションメソッド②：データの更新

次にupdatePersonメソッド❾について説明します。このメソッドは人員を更新・追加するためのアクションメソッドで、「確認画面」から呼び出されデータの更新処理を行います。

このメソッドでは引数としてModel※19を受け取っています❿。これはSpring MVCによって提供されるキー・バリュー形式の変数で、リクエストスコープを経由して任意のインスタンスをページから参照するために利用します。

このメソッドでは、まずセッションスコープから取り出したPersonインスタンスを取り出します⓫。そして更新か追加を判定した上で、インジェクションされたPersonServiceクラスを呼び出します。呼び出すメソッドは、更新の場合はupdatePersonメソッド⓬、追加の場合はaddPersonメソッド⓭となり、それぞれPersonインスタンスを引数として渡します。PersonServiceクラスのコードはここでは割愛しますが、トランザクションを利用してRDBへのデータ更新を行います。

次に、再びPersonServiceクラスのgetPersonListメソッドによって更新済みの人員のコレクションを取得し⓮、それを引数として渡されたModelに"personList"という名前を付けて格納します⓯。このコレクションは、「一覧表画面」（コード4-13）におけるテーブル出力処理において、"personList"という名前でEL式によって参照されます。

■アクションメソッド③：データの編集

最後にeditPersonメソッド⓰について説明します。このメソッドは人員を編集するためのアクションメソッドで、「一覧表画面」から「編集」ボタン押下によって呼び出されます。

このメソッドは引数としてpersonIdを受け取っています⓱が、この引数には@RequestParamアノテーションが付与されています。このようにアクションメソッドの引数に@RequestParamアノテーションを付与すると、指定された名前を持つ入力値を単独で受け取ることができます。このメソッドでは受け取ったIDからPersonインスタンスを取得し、それをModelに格納することによって「入力画面」（兼編集画面）にデータを引き渡しています。

※19　このModelはリクエストスコープへの一種のアクセサであり、MVCパターンにおけるモデルとは役割が異なる。

4.5 コンポーネントベースのMVCフレームワーク

4.5.1 JSFによる「人員管理アプリケーション」

ここではJSFを取り上げて、コンポーネントベースのMVCフレームワークによる具体的なアプリケーション構築方法を説明します。説明にあたっては、アクションベースと同じように「人員管理アプリケーション」を題材として用います。

■ JSFによるWebアプリケーションの構成

JSFでは、コントローラに相当する機能はフレームワークによって提供されます。またビューには、Faceletsと呼ばれるテンプレートを利用します。Facelets上に配置されたUIコンポーネントの背後には、そのUIコンポーネントでイベントが発生したとき呼び出されるロジックが必ず存在します。このロジックを保持するクラスはバッキングBeanと呼ばれています。バッキングBeanは、後述するCDI管理Beanの一種であり、開発者がPOJOとして作成します。JSFにおけるモデル（ビジネスロジック）は、バッキングBeanとは別のコンポーネントとして作成し、通常はバッキングBeanからインジェクション（5.4.1項）によって呼び出します。

JSFは柔軟性の高いフレームワークのため、様々な方法でWebアプリケーションを構築できます。設計次第ではアクションベースに近い考え方で、アクションの役割を果たすバッキングBeanと、入出力値を保持するためのバッキングBeanとに責務を分けることも可能です。ただしここではコンポーネントベースのコンセプトに即した方法を採用し、「1つのビューに対して1つのバッキングBeanを対応させる」手法でアプリケーションを構築します。このような手法で構築された「人員管理アプリケーション」のコンポーネント構成と主要な処理フローを、図4-16に示します。

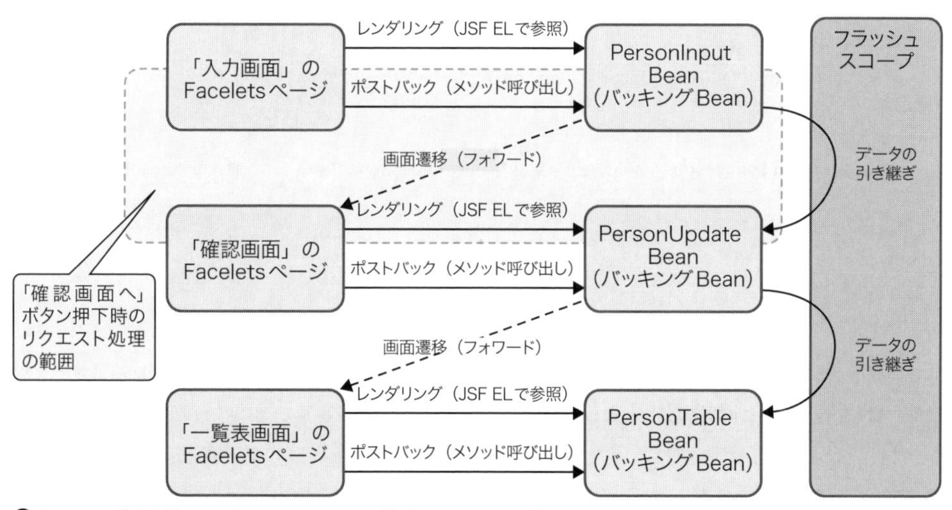

●図4-16 「人員管理アプリケーション」の構成と処理フロー（JSF）

■「入力画面」のFaceletsページ

以下に、「入力画面」のFaceletsページのコードを示します。

◉コード4-16 「入力画面」のFaceletsページ(PersonInputPage.xhtml)

```
<html xmlns="http://www.w3.org/1999/xhtml" xml:lang="ja"
      xmlns:f="http://java.sun.com/jsf/core" // ❶
      xmlns:h="http://java.sun.com/jsf/html"> // ❷
........
<h:body>
  <h:form id="form1"> // ❸
    <h:outputText value="ID : #{personInput.person.personId}"
      rendered="#{personInput.person.personId != null}" /> // ❹
    <h:panelGrid border="0" columns="3"> // ❺
      <h:outputText value="名前" />
      <h:inputText id="personName" value="#{personInput.person.personName}"
        required="true"> // ❻
        <f:validateLength minimum="1" maximum="15" /> // ❼
      </h:inputText>
      <h:message for="personName" errorStyle="color: red" /> // ❽
      <h:outputText value="年齢" />
      <h:inputText id="age" value="#{personInput.person.age}" required="true">
        <f:validateLongRange minimum="20" maximum="100" /> // ❾
      </h:inputText>
      <h:message for="age" errorStyle="color: red" />
      <h:outputText value="性別" />
      <h:selectOneRadio id="gender" value="#{personInput.person.gender}"
        required="true">
        <f:selectItem itemValue="male" itemLabel="男性" />
        <f:selectItem itemValue="female" itemLabel="女性" />
      </h:selectOneRadio>
      <h:message for="gender" errorStyle="color: red" />
    </h:panelGrid>
    <div>
      <h:commandButton value="確認画面へ" action="#{personInput.confirm}" /> // ❿
    </div>
  </h:form>
</h:body>
</html>
```

Faceletsページは、XHTML形式の文書です。XHTMLとはXMLの仕様に則ったHTMLのフォーマットであり、HTMLであると同時にXMLとしても妥当である必要があります。

JSFでは、「JSFタグ」と呼ばれる専用のタグを利用してページを作成していきます。JSFタグにはHTMLタグとコアタグがあります。HTMLタグとはテキストフィールドやサブミットボタンなどのUIコンポーネントを表すタグで、❶のように名前空間を宣言し、通常は"h"というプレフィックスを定義します。またコアタグとはバリデーションなどJSFが提供する何らかの機能を表すタグで、❷にように名前空間を宣言し、通常は"f"というプレフィックスを定義します。

まずこのビューの出力処理（レンダリング）から見ていきましょう。このビューでは、<h:form>タグ❸によって全体をフォームとして出力しています。

<h:outputText>タグ❹は、テキストを出力するためのものです。出力するテキストは、文字列リテラルかJSF用のEL式（JSF EL）をvalue属性に指定します。JSF ELは前述したEL式とは異なり"#{....}"という記法となりますが、スコープ内に格納されたインスタンスを参照して文字列として出力する点はEL式と同じです。ここでは人員IDの値を出力したいため、"#{personInput.person.personId}"を指定しています。このように記述すると「personInputという名前を持つインスタンスのpersonプロパティのさらにpersonIdプロパティ」が出力されます。JSFでは、このようにUIコンポーネントの値をスコープ内の変数と結び付けることを、「バインディング」と呼びます。

<h:outputText>タグのrendered属性にboolean値を返すJSF ELを指定すると、値を出力するかしないかを動的に切り替えることができます。このページは新規人員の登録と既存人員の編集という2つのユースケースを兼ねており、人員IDの出力可否はユースケースによって異なるため、rendered属性による出力制御を行っています。この属性にJSF ELとして「スコープ内の人員IDがnullかどうか」を指定することによって、既存人員の編集の場合にのみ人員IDを出力するようにしています。

<h:panelGrid>タグ❺では、パネルを出力することによって、このタグ内に登場するUIコンポーネントのレイアウトを決めています。ここではcolumns属性に3を指定していますので、このタグ内のUIコンポーネントは3列ごとに改行される形で配置されます。ここではパネルの1列目にはラベルを、2列目には入力系のUIコンポーネントを配置し、3列目はエラーメッセージの出力エリアとしています。

パネルの1行目*2列目に当たる<h:inputText>タグ❻は、テキストフィールドを表します。このタグもvalue属性にJSF ELを指定することで、テキストフィールドの値をスコープ内におけるインスタンスとバインディングしています。ここでは"#{personInput.person.personName}"を指定しているため、このテキストフィールドの入力値は「personInputという名前を持つインスタンスのpersonプロパティのpersonNameプロパティ」とバインディングされます。

ユーザがこのビューへの入力が完了すると、フォームのサブミットによって入力値がサーバサイドに送信されます。このフォームをサブミットするためのボタンは、<h:commandButton>タグ❿によって出力します。このボタンが押下されたときに呼び出されるアクションメソッドは、このタグのaction属性にJSF ELで指定します。ここでは"#{personInput.confirm}"を指定していますので、「personInputという名前を持つインスタンスのconfirmメソッド」が呼び出されます。

なおこのようにフォームのサブミットによって入力値をサーバサイドに送信することを、JSFでは「ポストバック」と呼びます。

■ JSFのバリデーション

JSFも他のMVCフレームワークと同様に、バリデーションの機能を持っています。Spring MVCのようにBean Validationを利用することも可能ですが、ここではJSFに組み込まれたバリデータの仕組みを説明します。

<h:inputText>タグなど入力系UIコンポーネントのタグにおいて、required属性にtrueを指定すると、必須バリデータが有効になり、当該UIコンポーネントに入力値が存在しなかった場合に検証エラーとなります。「名前」を入力する<h:inputText>タグ❻では「required="true"」と指定されているため、このテキストフィールドへの入力は必須となります。

バリデーションでエラーが検出されると、画面遷移は行われず、<h:message>タグを記述した部分❽にエラーメッセージが出力されます。エラーメッセージの内容は、別途作成するリソースファイルに定義します。

必須バリデータ以外の組み込みバリデータには、以下の種類があります。いずれのタグも、対象となるUIコンポーネントの子タグとして記述します。

・文字列長バリデータ … <f:validateLength>タグ
・正規表現バリデータ … <f:validateRegex>タグ
・範囲バリデータ（整数） … <f:validateLongRange>タグ
・範囲バリデータ（浮動小数点）… <f:validateDoubleRange>タグ

たとえば「名前」を入力する<h:inputText>タグには、子タグとして<f:validateLength>タグ❼が記述され、属性として「minimum="1" maximum="15"」が指定されているため、この文字列の長さは最小が1文字で最大が15文字となります。また「年齢」を入力する<h:inputText>タグには、子タグとして<f:validateLongRange>タグ❾が記述され、属性として「minimum="20" maximum="100"」が指定されているため、入力された数値に対して最小値20から最大値100の範囲で検証が行われます。

■「入力画面」に対応するバッキングBean

次に、「入力画面」に対応するバッキングBeanのコードを示します。

◉コード4-17 「入力画面」に対応するバッキングBean (PersonInputBean)

```
@ViewScoped //❶
@Named("personInput") //❷
public class PersonInputBean implements Serializable {
    // UIコンポーネントの値を保持するためのプロパティ ❸
    private Person person;
    public Person getPerson() {
        if (person == null) person = new Person();
        return person;
    }
    public void setPerson(Person person) { .... }
    // フラッシュスコープ
    private Flash flash; //❹
    // ライフサイクルメソッド
    @PostConstruct //❺
    public void postConstruct() {
```

```
        FacesContext facesContext = FacesContext.getCurrentInstance();
        flash = facesContext.getExternalContext().getFlash(); // 6
        person = (Person)flash.get("person");
    }
    // アクションメソッド（「確認画面」に遷移する） 7
    public String confirm() {
        flash.put("person", person); // 8
        return "PersonUpdatePage"; // 9
    }
}
```

バッキングBeanは、Java EE（CDI）の仕様で決められたライフサイクル管理のためのアノテーションを、POJOに対して付与することで作成します。このようにCDIによるライフサイクル管理のためのアノテーションが付与されたJavaBeansクラスを、本書では「CDI管理Bean」と呼称します。CDIについて詳細は第5章で解説します。

ここでは、@ViewScopedアノテーション❶を付与しています。このアノテーションを付与すると、バッキングBeanのライフサイクルを対応するビューと結び付けることができます※20。このようなスコープを、ビュースコープと呼びます。ビュースコープはCDIの機能として提供されます（5.1.4項）が、JSFのバッキングBean専用として使用します。

このクラスにはもう一つ、@Namedアノテーション❷も付与します。このアノテーションによって、UIコンポーネントとバインディングするための名前を定義します。ここでは"personInput"という名前を定義していますが、これは対応するビュー（コード4-16）の各コンポーネントにおいて、JSF ELで指定された名前に対応しています。

バッキングBeanには、UIコンポーネントの値を保持する（バインディングする）ためのプロパティと、それらのUIコンポーネントでイベントが発生したときに呼び出されるアクションメソッドを宣言します。バッキングBeanの直下に、UIコンポーネントの値を保持するためのプロパティを宣言することもできますが、ここでは複数のプロパティをまとめて扱うことを容易にするために、別のJavaBeansクラス（Personクラス）を作成し、バッキングBeanの中でネストさせています❸。Personクラスは名前、年齢、性別というプロパティを持つだけのJavaBeansクラスで、個々の人員を表します。

「入力画面」におけるフォームの入力値と、引数として渡されたPersonクラスのプロパティとの対応関係は、図4-17のようになります。

※20　@ViewScopedアノテーションによってライフサイクルが結び付くビューは、Webブラウザの個々のタブとなるため、ユーザが複数タブを同時に開いて並行して操作をしても、タブ間でデータの整合性が崩れることはない。

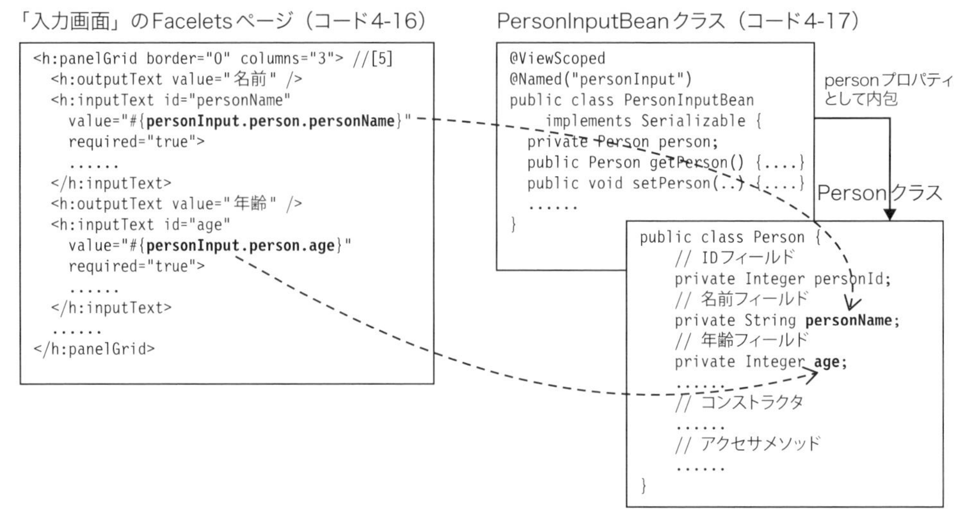

●図4-17　「入力画面」における入力値とPersonクラスのプロパティとの対応関係

CDI管理Bean（バッキングBean）はJava EEコンテナによってインスタンスのライフサイクルが管理されますが、@PostConstructアノテーションを付与する❺ことで、インスタンス生成時に呼び出されるメソッドを宣言することができます。このライフサイクルメソッドの中でフラッシュスコープを取得し❻、複数のアクションメソッドから呼び出しやすいようにフィールド❹にセットしています。フラッシュスコープとは、「あるリクエスト処理から次のリクエスト処理まで」に結び付く記憶領域で、JSFによってキー・バリュー形式の変数として提供されます。フラッシュスコープに格納されたインスタンスは、当該リクエストスコープの範囲を超え、遷移した次のビューの処理が終わると自動的に削除されます※21。JSFでは、このスコープを利用してバッキングBeanからバッキングBeanへのデータの引き継ぎを行います。ただしこのサンプルアプリケーションでは、フラッシュスコープである必然性はない（リクエストスコープでも事足りる）のですが、JSFの画面遷移ではPRG方式（4.2.3項）を採用するケースが多いため、基本的にはフラッシュスコープを利用した方がよいでしょう。

このバッキングBeanのconfirmメソッド❼はアクションメソッドで、ビュー（コード4-16）において「確認画面へ」ボタンが押下されると呼び出されます（ポストバック）。このメソッドでは、入力値が格納されたPersonインスタンスをフラッシュスコープに格納し❽、戻り値として遷移先である「確認画面」を表す文字列を返します❾。この文字列には、通常は遷移先Faceletsページ名から拡張子".xhtml"を取り除いたものを指定します。

これまで説明してきた一連の処理、具体的にはビュー（ここでは「入力画面」）からのポストバックに始まり、バッキングBeanのアクションメソッドが実行され、次のビュー（「確認画面」）へと遷移し、当該ビューがJSF ELによってレンダリングされるまでの一連のリクエスト処理が、JSFのアーキテクチャにおける大きな特徴です。この部分の処理フローは、図4-16の網掛け部分にも示しています。

※21　さらにフラッシュスコープのkeepメソッドを呼び出すと、次のビューまでライフスパンを延長させることができる。

■「確認画面」のFaceletsページ

以下に、「確認画面」のFaceletsページのコードを示します。

◉コード4-18 「確認画面」のFaceletsページ (PersonUpdatePage.xhtml)

```
<html xmlns="http://www.w3.org/1999/xhtml" xml:lang="ja" ....>
    ........
<h:body>
  <h:form id="form1">
    <h:outputText value="ID : #{personUpdate.person.personId}"
      rendered="#{personUpdate.person.personId != null}" />
    <h:panelGrid columns="2">
      <h:outputText value="名前" />
      <h:outputText value="#{personUpdate.person.personName}" />
      <h:outputText value="年齢" />
      <h:outputText value="#{personUpdate.person.age}" />
      <h:outputText value="性別" />
      <h:outputText value="#{personUpdate.person.gender == null ? '' :
        personUpdate.person.gender == 'male' ? '男性' : '女性'}" /> // 1
    </h:panelGrid>
    <div>
      <h:commandButton value="戻る" action="#{personUpdate.back}" />
      <h:commandButton value="更新実行" action="#{personUpdate.updatePerson}" />
    </div>
  </h:form>
</h:body>
</html>
```

このページでは、<h:outputText>タグにJSF ELを指定することによって、スコープ内のインスタンスの値を出力しています。1のようにvalue属性にJSF ELの三項演算子を指定することで、インスタンスの値によって出力するテキストを切り替えることができます。

■「確認画面」に対応するバッキングBean

次に、「確認画面」に対応するバッキングBeanのコードを示します。

◉コード4-19 「確認画面」に対応するバッキングBean (PersonUpdateBean)

```
@ViewScoped
@Named("personUpdate")
public class PersonUpdateBean implements Serializable {
    // UIコンポーネントの値を保持するためのプロパティ
    private Person person;
    public Person getPerson() {
        if (person == null) person = new Person();
        return person;
    }
    public void setPerson(Person person) { .... }
```

```
    // インジェクションポイント
    @Inject
    private PersonService personService; // ❶
    // フラッシュスコープ
    private Flash flash;
    // ライフサイクルメソッド
    @PostConstruct
    public void postConstruct() { // ❷
        FacesContext facesContext = FacesContext.getCurrentInstance();
        flash = facesContext.getExternalContext().getFlash();
        person = (Person)flash.get("person");
    }
    // アクションメソッド（人員を更新・追加する） ❸
    public String updatePerson() {
        if (person.getPersonId() != null) { // 更新か追加を判定
            personService.updatePerson(person);
        } else {
            personService.addPerson(person);
        }
        return "PersonTablePage";
    }
    // アクションメソッド（「入力画面」に戻る） ❹
    public String back() {
        flash.put("person", person);
        return "PersonInputPage";
    }
}
```

このバッキングBeanにも先のコードと同様に、@ViewScopedアノテーションおよび@Namedアノテーションを付与しています。このクラスのインスタンスが生成されるとライフサイクルメソッド❷が呼び出され、前のビューから引き継がれたPersonインスタンスをフラッシュスコープから取り出します。

このバッキングBeanには2つのアクションメソッドがあります。updatePersonメソッド❸は「更新実行」ボタンの押下によって呼び出され、人員を更新・追加するためのビジネスロジックを呼び出し、「一覧表画面」（コード4-20）へと遷移します。ビジネスロジック（モデル）はPersonServiceクラスという別のコンポーネントとして作成し、@Injectアノテーションによってインジェクションしています❶。

もう一つのbackメソッド❹は「戻る」ボタンの押下によって呼び出され、「入力画面」（コード4-16）へと戻ります。

■「一覧表画面」のFaceletsページ

次に、「一覧表画面」のFaceletsページのコードを示します。

◉コード4-20 「一覧表画面」のFaceletsページ（PersonTablePage.xhtml）

```
<html xmlns="http://www.w3.org/1999/xhtml" xml:lang="ja" ....>
    ........
<h:body>
  <h:form>
    <h:dataTable id="dataTable" value="#{personTable.personList}"
      var="person" border="1"> // ❶
      <h:column> // ❷
        <f:facet name="header">ID</f:facet>
        <h:outputText id="personId" value="#{person.personId}" />
      </h:column>
      <h:column> // ❸
        <f:facet name="header">名前</f:facet>
        <h:outputText id="personName" value="#{person.personName}" />
      </h:column>
      <h:column> // ❹
        <f:facet name="header">年齢</f:facet>
        <h:outputText id="age" value="#{person.age}" />
      </h:column>
      <h:column> // ❺
        <f:facet name="header">性別</f:facet>
        <h:outputText id="gender"
          value="#{person.gender == null ? '' :
              person.gender == 'male' ? '男性' : '女性'}" />
      </h:column>
      <h:column> // ❻
        <f:facet name="header">編集</f:facet>
        <h:commandButton value="編集"
          action="#{personTable.editPerson(person.personId)}" /> // ❼
      </h:column>
      <h:column> // ❽
        <f:facet name="header">削除</f:facet>
        <h:commandButton value="削除"
          action="#{personTable.removePerson(person.personId)}" /> // ❾
      </h:column>
    </h:dataTable>
    <div>
      <h:commandButton value="作成" action="PersonInputPage" />
    </div>
  </h:form>
</h:body>
</html>
```

このFaceletsページでは、<h:dataTable>タグ❶によってテーブルを出力しています。このタグのvalue属性には、このテーブルの出力元となるコレクション（ここではPersonコレクション）をJSF ELで指定します。value属性に指定されたコレクションの要素は順番に取り出され、ループ処理によってタグ内で囲まれた部分がテーブルの１行として出力されます。var属性には、このループ処理における個々のコレクション要素（ここではPersonインスタンス）を参照するための名前（person）を指定します。

<h:column>タグ❷❸❹❺❻❽で囲まれた部分が、テーブルの列を表します。このタグ内では、まず<f:facet name="header">に各列のヘッダを指定し、次に各列に出力するUIコンポーネントを指定します。この中で「編集」ボタン❼と「削除」ボタン❾がサブミットボタンとなり、ボタン押下によって呼び出されるアクションメソッドをvalue属性に指定します。このときJSF ELで"#{personTable.editPerson(person.personId)}"のように記述すると、アクションメソッドに渡す引数（ここでは人員ID）を指定することが可能です。

■「一覧表画面」に対応するバッキングBean

最後に、「一覧表画面」に対応するバッキングBeanのコードを示します。

◉コード4-21 「一覧表画面」に対応するバッキングBean (PersonTableBean)

```
@ViewScoped
@Named("personTable")
public class PersonTableBean implements Serializable {
    // UIコンポーネントの値を保持するためのプロパティ
    private List<Person> personList; // ❶
    public List<Person> getPersonList() { .... } // ❷
    public void setPersonList(List<Person> personList) { .... }
    // フラッシュスコープ
    private Flash flash;
    // ライフサイクルメソッド
    @PostConstruct
    public void postConstruct() {
        FacesContext facesContext = FacesContext.getCurrentInstance();
        flash = facesContext.getExternalContext().getFlash();
        personList = personService.getPersonList(); // ❸
    }
    // インジェクションポイント
    @Inject
    private PersonService personService;
    // アクションメソッド（人員を削除する）
    public String removePerson(Integer personId) { .... }
    // アクションメソッド（人員を編集する） ❹
    public String editPerson(Integer personId) {
        Person person = personService.getPerson(personId);
        flash.put("person", person);
        return "PersonInputPage"; // ❺
    }
}
```

このバッキングBeanは、これまで見てきたものと大きな違いはありません。対応するビュー（コード4-20）において、テーブルの出力元となるコレクションは"#{personTable.personList}"によって参照されます。このpersonListプロパティ❶の値（人員のコレクション）は、ここではライフサイクルメソッドの中でビジネスロジックを呼び出してセットしています❸が、別の方法としてゲッタ❷の中に実装することもできます。具体的には、ゲッタの中でpersonListプロパティがnullかどうかを判定し、nullの場合にビジネスロジックを呼び出してpersonListプロパティにセットし、その値を返すようにします。

4.5.2 機能性・保守性を向上させるJSFのその他の機能

この項では前項で取り上げた「人員管理アプリケーション」を題材とし、機能性や保守性を高めるためのJSFのその他の機能を紹介します。

■HTMLフレンドリーなビューの作成

JSFでは、基本的にはフレームワークによって提供されるUIコンポーネントによってビューを作成しますが、「素」のHTMLタグを活用した「HTMLフレンドリー」な記述方法も可能です。たとえば「人員管理アプリケーション」の「一覧表画面」(コード4-20)では、テーブル出力部分(<h:dataTable>タグで囲まれた部分)を以下のように書き換えることができます。

◉コード4-22　HTMLフレンドリーな記述方法 (PersonTablePage.xhtml)

```
<html xmlns="http://www.w3.org/1999/xhtml" xml:lang="ja"
      xmlns:f="http://java.sun.com/jsf/core"
      xmlns:h="http://java.sun.com/jsf/html"
      xmlns:ui="http://java.sun.com/jsf/facelets" // ❶
      xmlns:jsf="http://xmlns.jcp.org/jsf"> // ❷
........
<h:body>
  <h:form>
  <table border="1">
    <tr>
      <th>ID</th><th>名前</th><th>年齢</th><th>性別</th><th>編集</th><th>削除</th>
    </tr>
    <ui:repeat value="#{personTable.personList}" var="person"> // ❸
      <tr>
        <td>#{person.personId}</td>
        <td>#{person.personName}</td>
        <td>#{person.age}</td>
        <td>#{person.gender == null ? "" : person.gender == "male" ? "男性" : "女性"}
        </td>
        <td><button jsf:action="#{personTable.editPerson(person.personId)}">編集
        </button></td> // ❹
        <td><button jsf:action="#{personTable.removePerson(person.personId)}">削除
        </button></td> // ❺
      </tr>
    </ui:repeat>
  </table>
</h:body>
</html>
```

プレフィックス"ui"❶は、Faceletsが提供するタグを表します。またプレフィックス"jsf"❷は、素のHTMLの中にJSF固有の属性を埋め込むために使用するタグです。

Faceletsでは、ループ処理には<ui:repeat>タグ❸を使用します。テーブルの各行の出力には、"<td>#{person.personId}</td>"といった具合にJSF ELをそのまま記述できます。また「編集」ボタン❹や「削除」ボタン❺には、jsf:action属性にJSF ELを記述することで、これらのボタンが押下されたときに呼び出されるアクションメソッドを指定できます。

このようなHTMLフレンドリーなビューは、JSFタグを記述する方法よりも実装量が少なく、直感的でシンプルなビューとなります。JSFが提供する標準的なHTMLタグ「のみ」を使ってビューを作成する場合は、HTMLフレンドリーなビューを採用した方が、JavaScriptによって独自にDHTML＋Ajaxの機能を追加しやすい点や、オーサリングツールとの親和性が高い点など、利点が多いでしょう。

ただしコンポーネントベースのMVCフレームワークであるJSFは、JavaScriptやCSSをカプセル化した高度なUIコンポーネントを、独自のタグによって効率的に記述できる点に特徴があります。特にリッチなUIを提供するためのJSF拡張フレームワーク※22を利用する場合は、必然的にHTMLフレンドリーな書き方とはかけ離れていくことになります。コンポーネントベースを利用するときには、このようなトレードオフを理解した上で、どのようにビューを作成するのかを決める必要があります。

■ JSFにおけるPRG方式の画面遷移

JSFのアクションメソッドでは、戻り値として指定する画面を識別する名前の後ろに、"?faces-redirect=true"を付与するだけで、画面遷移をPOST-REDIRECT-GET（PRG）方式（4.2.3項）にすることができます。たとえば「人員管理アプリケーション」の「一覧表画面」に対応するバッキングBean（コード4-21）において、「編集」ボタンが押下されたときに呼び出されるeditPersonメソッドのreturn文❺を、以下のように修正します。

```
return "PersonInputPage?faces-redirect=true";
```

画面遷移をPRG方式にすることによって、更新ボタンによって引き起こされるリクエスト二重送信というWebブラウザ固有の課題を解決できます。PRG方式では画面遷移の途中にリダイレクトを挟むため、バッキングBeanから次のバッキングBeanにリクエストスコープ経由でデータを引き渡すことはできなくなりますが、フラッシュスコープの場合には問題ありません。このようにJSFの画面遷移の方式では、PRG方式が有力な候補となります※23。

※22 JSF拡張フレームワークには、PrimeFaces（http://www.primefaces.org）やIceFaces（https://www.icesoft.com）などがある。

※23 本書では取り上げていないが、Spring MVCでもPRG方式による画面遷移は実現可能。

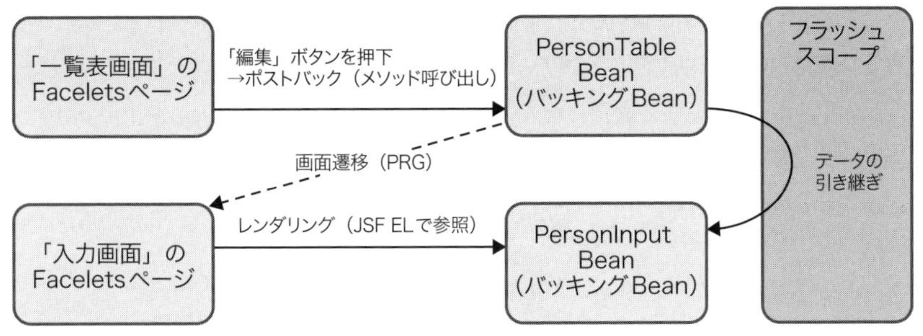

図4-18　JSFにおけるPRG方式

■JSFにおけるブックマーカブルの実現

「人員管理アプリケーション」の「一覧表画面」に対応するバッキングBean（コード4-21）では、editPersonメソッド❹において選択された人員を、フラッシュスコープを経由して「入力画面」に引き渡していました。これをブックマーカブルにするためには、「入力画面」を出力する時点で、クエリ文字列から人員を選択できるようにする必要があります。そのためeditPersonメソッドを削除し、代わりに「一覧表画面」（コード4-20）の「編集」ボタンを以下のように書き換えます。

```
<h:button value="編集" outcome="PersonInputPage">
  <f:param name="personId" value="#{person.personId}" />
</h:button>
```

このように<h:button>タグを利用すると、outcome属性に指定したビュー（ここではPersonInputPage.xhtml）に対して、<f:param>タグで指定したパラメータをクエリ文字列とし、GETメソッドで呼び出すことができます。そして遷移先の「入力画面」（PersonInputPage.xhtml、コード4-16）には、以下のように<f:metadata>タグを追加し、タグ内に<f:viewParam>タグを定義します。

```
<f:metadata>
  <f:viewParam name="personId" value="#{personInput.person.personId}" />
  <f:viewAction action="#{personInput.viewAction}" />
</f:metadata>
```

このように<f:viewParam>タグを記述すると、クエリ文字列としてこのビューに渡されたパラメータを、value属性で指定されたバッキングBeanのプロパティにセットできます。クエリ文字列がプロパティにセットされた後、<f:viewAction>タグのaction属性に指定したメソッドが呼び出されます。このメソッドは、対象のバッキングBean（コード4-17）に対して以下のように追加します。

```
public void viewAction() {
    if (person != null) { // 新規人員の登録時には動作しないようにnullチェック
        person = personService.getPerson(person.getPersonId());
    }
}
```

このメソッドでは、従来editPersonメソッドで行っていたように、ビジネスロジックを呼び出して、パラメータとして渡された人員IDをキーに特定の人員データを取り出しています。このようにすると、「一覧表画面」において「編集」ボタンによって選択した人員を、「入力画面」(PersonInputPage.xhtml、コード4-16)に初期値として出力できます。この画面が出力された時点で、Webブラウザのアドレスバーには、以下のように表示されています。

```
http://localhost:8080/jsf_person/faces/PersonInputPage.xhtml?personId=1
```

このURLによる画面遷移はブックマーカブルなため、常にこのURLから特定の人員(この例では人員ID=1)を編集するためのビューを出力できるのです。

このようにしてブックマーカブル化したJSFアプリケーションのイメージを、図4-19に示します。

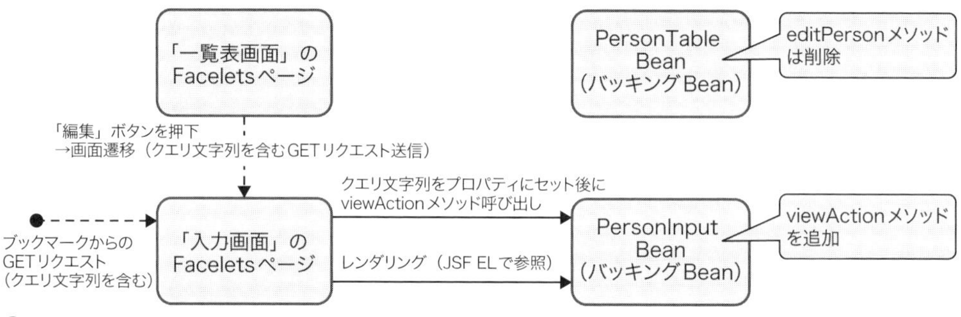

図4-19 ブックマーカブル

4.5.3 AjaxとJSF

Ajaxとは、Webブラウザ上(DOMツリー上)で発生するクリック、文字の入力、マウスの移動などのイベントを監視し、それを契機にサーバサイドとHTTP通信を行い、応答メッセージの内容にしたがってDOMツリーを動的に書き換える処理のことです。Ajaxを利用すると、Webアプリケーションの操作性や効率性を高めることが可能です。詳細は第13章を参照してください。

JSFには、Ajaxを比較的容易に実現するための機能が備わっています。通常のAjaxアプリケーションでは、開発者がJavaScriptによるプログラムを作成する必要がありますが、JSFではコンポーネントの中にAjaxで必要な処理をカプセル化できるため、JavaScriptプログラムを作成する必要はありません。

ここではAjaxによる典型的なユースケースである、2つのセレクトメニューが連動するアプリケーション(図4-20)を例として取り上げます。このアプリケーションでは、ユーザがまず「スポーツ」の中から値(野球かサッカー)を選択すると、その選択値に応じて「ポジション」が書き換わります(野球の場合はピッチャー、キャッチャーなどで、サッカーの場合はフォワード、ディフェンダーなど)。次にユーザは、動的に書き換えられたポジションの中から値を選択します。選択されたスポーツとポジションの値は、画面下部の領域にも出力される、というものです。

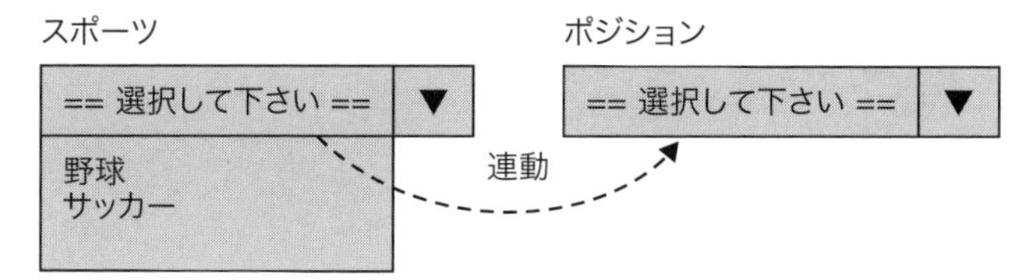

●図4-20　Ajaxによって2つのセレクトメニューが連動するアプリケーション

まずFaceletsページのコードを以下に示します。

◉コード4-23　Ajaxに対応したFaceletsページ

```
<html xmlns="http://www.w3.org/1999/xhtml" xml:lang="ja" ....>
    ........
<h:body>
  <h:form id="form1">
    <h:panelGrid columns="2">
      <h:outputText value="スポーツ" />
      <h:selectOneMenu id="sports" value="#{sportsBean.sports}"> // ❶
        <f:selectItems value="#{sportsBean.sportsMap}" /> // ❷
        <f:ajax event="change" render="position result" /> // ❸
      </h:selectOneMenu>
      <h:outputText value="ポジション" />
      <h:selectOneMenu id="position" value="#{sportsBean.position}"> // ❹
        <f:selectItems value="#{sportsBean.positionMap}" /> // ❺
        <f:ajax event="change" render="result" /> // ❻
      </h:selectOneMenu>
    </h:panelGrid>
    <hr />
    <h:panelGrid id="result" columns="2">
      <h:outputText value="選択したスポーツ" />
      <h:outputText value="#{sportsBean.sports}" />
      <h:outputText value="選択したポジション" />
      <h:outputText value="#{sportsBean.position}" />
    </h:panelGrid>
  </h:form>
</h:body>
</html>
```

このページにはJavaScriptコードは一切登場しませんが、それはJSFのUIコンポーネントがJavaScriptコードを生成してAjax通信を行うためです。

<h:selectOneMenu>タグ❶❹は、セレクトメニューを出力するためのJSFタグです。このタグ内の<f:selectItems>タグ❷❺は、バインディングされたマップ型変数をもとに、セレクトメニュー内の項目（<option>タグ）を生成します。

<h:selectOneMenu>タグの子タグである<f:ajax>タグ❸❹が、Ajax機能を提供します。このタグのevent属性には、当該のUIコンポーネントで監視するイベントを指定します。ここでは"change"を

指定していますので、それぞれのセレクトメニューのchangeイベントを監視します。そしてchangeイベントが発生するとAjax通信が行われ、当該のセレクトメニューで選択された値が、JSF ELで指定されたインスタンスにセットされます。たとえばスポーツの選択では、<h:selectOneMenu>タグ❶のvalue属性に"#{sportsBean.sports}"を指定していますので、選択値は後述するバッキングBean（コード4-24）のsportsプロパティにセットされます。

この処理の後、ページの部分レンダリングが行われます。部分レンダリングする領域は、同じく<f:ajax>タグのrender属性にそのidを指定します。スポーツの選択では、<f:ajax>タグ❸のrender属性に2つのid、"position"と"result"を指定しているため、ポジションを選択するためのセレクトメニュー❹と、選択されたスポーツを出力する領域が部分的に再レンダリングされます。

次に、対応するバッキングBeanのコードを示します。

◉コード4-24　Ajaxに対応したバッキングBean

```
@ViewScoped
@Named("sportsBean")
public class SportsBean implements Serializable {
    // 選択値を保持するためのプロパティ（フィールドとアクセサ）
    private String sports;
    private String position;
    public String getSports() { .... }
    public void setSports(String sports) { .... }
    public String getPosition() { .... }
    public void setPosition(String position) { .... }
    // スポーツのセレクトメニューのためのプロパティ（フィールドとアクセサ）
    private Map<String, String> sportsMap = new LinkedHashMap<>();
    public Map<String, String> getSportsMap() {
        if (sportsMap.isEmpty()) {
            sportsMap.put("== 選択して下さい ==", "");
            sportsMap.put("野球", "野球");
            sportsMap.put("サッカー", "サッカー");
        }
        return sportsMap;
    }
    public void setSportsMap(Map<String, String> sportsMap) { .... }
    // ポジションのセレクトメニューのためのプロパティ（フィールドとアクセサ）
    private Map<String, String> positionMap = new LinkedHashMap<>();
    public Map<String, String> getPositionMap() { // ❼
        if (sports == null) return null;
        positionMap.clear();
        if (sports.equals("野球")) {
            positionMap.put("== 選択して下さい ==", "");
            positionMap.put("ピッチャー", "ピッチャー");
            ........
        } else if (sports.equals("サッカー")) {
            positionMap.put("== 選択して下さい ==", "");
            positionMap.put("フォワード", "フォワード");
```

```
        ........
    }
    return positionMap;
  }
  public void setPositionMap(Map<String, String> positionMap) { .... }
}
```

Ajaxに対応したバッキングBeanは、ライフサイクルをビューに合わせるために@ViewScopedアノテーションを付与します。仮にこのバッキングBeanのライフサイクルをリクエストスコープにすると、期待通りの動作は行われません。セレクトメニューで値を選択しAjax通信によってプロパティが書き換えられた後、部分的なレンダリングのためにビューから同じバッキングBeanを参照しますが、リクエストスコープではこのときに書き換えられたプロパティを取得することができないためです。

このバッキングBeanは、選択したスポーツとポジションを格納するためのプロパティを保持しています。たとえばスポーツの値が選択され、その値がAjax通信によって送信されてsportsプロパティが書き換わると、前述したようにポジションを選択するためのセレクトメニューと、選択したスポーツを出力する領域の2ヵ所が部分的に再レンダリングされます。ポジションを選択するためのセレクトメニューでは、コード4-23の❺のようにバインディング先として"#{sportsBean.positionMap}"を指定していますので、このバッキングBeanのgetPositionMapメソッド❼の戻り値が反映されます。このメソッドは、選択したスポーツが野球かサッカーかによってマップ型変数の内容を切り替えているため、ポジションを選択するためのセレクトメニューが動的に切り替わります。

なお<f:ajax>タグでAjax通信が行われたとき、単に入力値をプロパティにセットするだけではなく、何らかのメソッドを呼び出したい、というケースがあります。このようなケースでは、以下のように<f:ajax>タグのlistener属性にJSF ELでメソッド（リスナメソッド）を指定すると、入力値がセットされた後に、指定されたリスナメソッドを呼び出すことができます。

```
<f:ajax event="change" render="result" listener="#{sportsBean.doSomething}" />
```

4.6　認証とログイン・ログアウト

4.6.1　認証と認可

エンタープライズシステムでは通常、「認証」によってユーザを特定します。認証とは、ユーザが間違いなく本人であることを確認する行為です。認証には様々な方法がありますが、パスワード認証が一般的です。当該システムの入り口となるログインページにユーザIDとパスワードを入力させ、入力されたパスワードと事前に登録されたパスワードが一致していることによって、ユーザ本人であることを確認します。このようなシステムにおける認証の仕組みを、ここでは「認証機構」と呼称します。認証機構には、WebサーバやJava EEコンテナに組み込まれたものを利用することが一般的ですが、アプリケーションで実装することもできます。またシングルサインオン（後述）を実現するために、SSOサーバを利用するケースもあります。認証機構によって参照される、ユーザやパスワードの情報が格納されたデータストアを「リポジトリ」と呼びます。リポジトリには、ファイルやデータベースを利用したり、LDAPと呼ばれる専用のミドルウェアを利用するケースもあります。

認証がOKとなると、ユーザは当該システムへのログインに成功したこととなり、「チケット」と呼ばれる証明書を受け取ります。チケットは認証機構によって発行され、クッキーにセットされてWebブラウザ（ユーザ）に返送されます。

ユーザは、チケットを入手したことによって当該システムに対するアクセス権を得たことになります。このように、認証されたユーザに対してシステムへのアクセス権を付与することを「認可」と呼びます。以降のリクエストでは、Webブラウザからチケットが（クッキーによって）送信されると、認証機構はチケットの妥当性をチェックし、ユーザがアクセス権を保持しているかどうか（認可されているかどうか）を判定します。もしこの認可チェックがNGの場合（認証未済であったりログアウトしていたりした場合）、認証機構はログインページにディスパッチするなどして、ユーザにログインを促します。

ユーザはシステムの利用を終えると、ログアウトする必要があります。ログアウトは、Webページ上に配置したログアウトボタンをユーザに押下させて明示的に行うケースと、無操作の時間が一定時間を超えた場合に自動的に行われるケース（無操作タイムアウト）があります。一度ログアウトすると、システムの利用を継続するためには再度ログインが必要になります。

認証と認可を実現するための方式には、以下のようなパターンがあります。

①：HTTPの仕様で規定された認証機能を利用する方式（4.6.2項）
②：Java EEコンテナ固有の認証機能を利用する方式（4.6.3項）
③：アプリケーションとして実装する方式（4.6.4項）
④：SSOサーバで認証する方式（4.6.5項）

上記のそれぞれの方式について、認証（ログイン）、認可チェック、ログアウトといった処理をどのように実現するのか、以降に説明します。

4.6.2 HTTPの仕様で規定された認証機能を利用する方式（方式①）

この方式は、BASIC認証またはDIGEST認証※24を利用するものです。ユーザは、Webブラウザの専用ダイアログに、ユーザIDとパスワードを入力します。認証機構としてWebサーバやJava EEコンテナなどのミドルウェアを利用します。通常リポジトリは、ファイル、データベース、LDAPなどから選択します。

ここではBASIC認証の仕組みを説明します。ユーザがBASIC認証によって保護されたコンテンツにアクセスしようとすると、サーバサイド（WebサーバやJava EEコンテナ）によってステータスコード401（"Unauthorized"）のHTTPレスポンスが返されます。このレスポンスを受け取るとWebブラウ

※24 DIGEST認証では、Webブラウザからの送信時にユーザIDとパスワードがハッシュ化されるが、それ以外はBASIC認証と同じ。

ザは専用のダイアログを出力し、ユーザにユーザIDとパスワードの入力を促します。入力されたユーザIDとパスワードは、WebブラウザによってBASE64でエンコードされ、Authorizationヘッダに付加されてサーバサイドに送信されます。サーバサイドではこのヘッダからユーザIDとパスワードを取り出し、リポジトリを参照することでパスワードの突き合わせを行います。

この方式では、一度認証がOKとなるとWebブラウザは毎回同じAuthorizationヘッダを送信します。チケットやセッション変数によってログイン状態を管理するわけではないため、ログアウトという概念はありません。BASIC認証は簡易的な認証方式としてテスト環境で使われるケースはありますが、ログイン状態の管理ができない、パスワードが平文で送られるなどの課題があるため、本番環境への適用には注意が必要です。

4.6.3 Java EEコンテナ固有の認証機能を利用する方式（方式②）

この方式は、方式①よりもきめの細かい認証を実現したいときに利用します。開発者はWebアプリケーションの中で保護したいリソースを、Java EEコンテナの設定ファイルに定義します。ユーザIDとパスワードを入力する画面は、所定のルールにしたがってアプリケーションとして作成します。ユーザIDとパスワードを含むリクエストが送信されると、Java EEコンテナによって認証が行われます。このときに参照するリポジトリは、ファイル、データベース、LDAPなどから選択できます。

認証がOKとなると、Java EEコンテナは当該ユーザが「認可済み」であることを管理します。以降のリクエストでは、認可のチェックはJava EEコンテナによって自動的に行われます。

ログアウトは、明示的に行うケースとタイムアウトのケースがあります。明示的に行うケースでは、ユーザによるログアウトボタン押下を契機に、アプリケーションでセッション変数を無効化するか、またはHttpServletRequestのlogoutメソッドによって「認可済み」であることを無効化します。タイムアウトのケースは、セッション変数の無操作タイムアウトによって自動的にログアウトが行われます。

4.6.4 アプリケーションとして認証を実装する方式（方式③）

この方式は、方式①や②のようにミドルウェアに依存することなく認証を実現する方式です。ユーザIDとパスワードを入力する画面はアプリケーションとして作成し、入力されたパスワードとリポジトリに登録されたパスワードとの突き合わせもアプリケーション（サーブレットなど）として実装します。この方式では、ユーザ情報を格納するリポジトリとしてはデータベースを利用するケースが一般的でしょう。

認証がOKとなった場合、ユーザにアクセス権を与えたことを表すフラグ（認可済みフラグと呼称）をセッション変数に格納します。以降のリクエストでは、毎回セッション変数を確認することで認可のチェックをしますが、この処理はすべてのリクエストに対して共通的に行う必要があるため、通常はフィルタで実装します。もしログイン未済の場合や、セッション変数がログアウトやタイムアウトによって廃棄されていた場合は、ログイン画面にディスパッチさせてユーザに再ログインを促します。

ログアウトは、明示的に行うケースとタイムアウトのケースがあります。明示的に行うケースでは、ユーザによるログアウトボタン押下を契機に、アプリケーションでセッション変数から認可済みフラグを削除します。タイムアウトのケースでは他の方式と同様に、セッション変数の無操作タイムアウトによって自動的にログアウトが行われます。

4.6.5 SSOサーバで認証する方式（方式④）

SSO（シングルサインオン）とは、一度の認証で複数のシステム（Webアプリケーション）に跨ってログインに成功したと見なす仕組みです。SSOを導入すると、システムごとにパスワードを管理する必要がなくなるため、ユーザの利便性が大幅に向上します。SSOを実現するには、SSOサーバと呼ばれる専用のミドルウェアを導入します。SSOの実現方式には、リバースプロキシ型とエージェント型の2つがあり、それぞれシステム構成が異なります。

■リバースプロキシ型

リバースプロキシ型のSSOでは、クライアント（Webブラウザ）からのリクエストを一括して受け付けるゲートウェイ（リバースプロキシ）の位置にSSOサーバを配置し、認証の対象となるシステム（Webアプリケーション）をSSOサーバのバックエンドに配置します。WebブラウザからWebアプリケーション向けのリクエストは、必ずSSOサーバを中継するようにネットワークを構成します。

SSOサーバはリポジトリを保持し、すべてのバックエンドのWebアプリケーションの認証を一手に引き受けます。認証がOKとなるとSSOサーバはチケットを発行し、発行したチケットを独自に管理します。チケットはクッキーにセットされてWebブラウザに返送されますが、Webブラウザから見るとSSOサーバはプロキシであり、バックエンドのシステムは同一ドメインに所属することになるため、1つのチケット（クッキー）を全システムで共有できます。以降の処理では、リクエストを中継するSSOサーバにおいて、必ずチケットが有効かどうかをチェック（認可チェック）し、有効の場合に限ってリクエストをバックエンドのWebアプリケーションに転送します。

図4-21に、リバースプロキシ型SSOのシステム構成を示します。この図にあるように、ユーザがFooシステムへのアクセスを試み、SSOサーバで認証がOKになると、チケットが発行されてFooシステムへのアクセスが可能となりますが、同じチケットでバックエンドのすべてのシステム（Fooシステム、Barシステム）に対してもアクセスが可能になります。

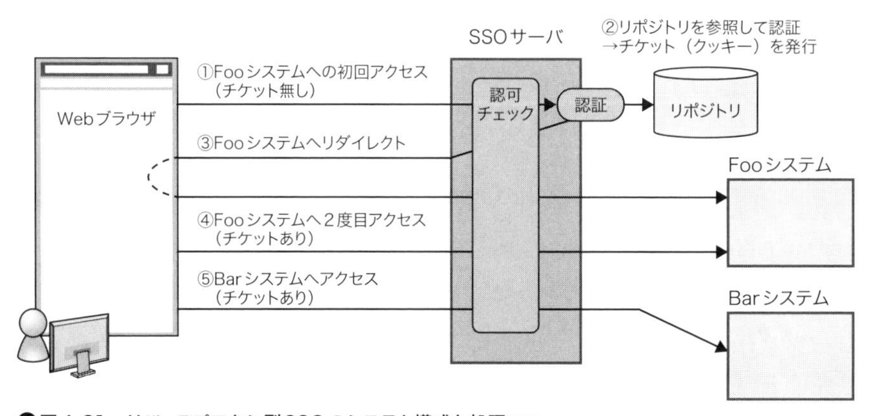

●図4-21 リバースプロキシ型SSOのシステム構成と処理フロー

なおログアウトは、他の方式と同様に、明示的に行うケースとタイムアウトのケースがあります。前者では、ユーザによるログアウトボタンからSSOサーバのログアウト機能を呼び出し、発行済みのチケットを無効化します。後者では、SSOサーバが持つ無操作タイムアウトによってチケットが無効化され、自動的にログアウトが行われます。

■エージェント型

エージェント型では、リバースプロキシ型のような特別なシステム構成を組む必要はありません。SSOサーバは独立したサーバとして配置し、各システムにはSSOサーバ製品によって提供されるエージェントを何らかの方法で組み込みます。各システムでは、クライアント（Webブラウザ）からのリクエストを受け付けると、組み込まれたエージェントがSSOサーバに問い合わせをすることによって認証（ログイン）を行い、認証OKとなるとチケットを発行してクッキーにセットします（この場合はクッキーはシステムごとに発行される）。以降のリクエストでは、エージェントがSSOサーバに問い合わせることによって、認可チェックを行ったり、ログアウトをしたりします。

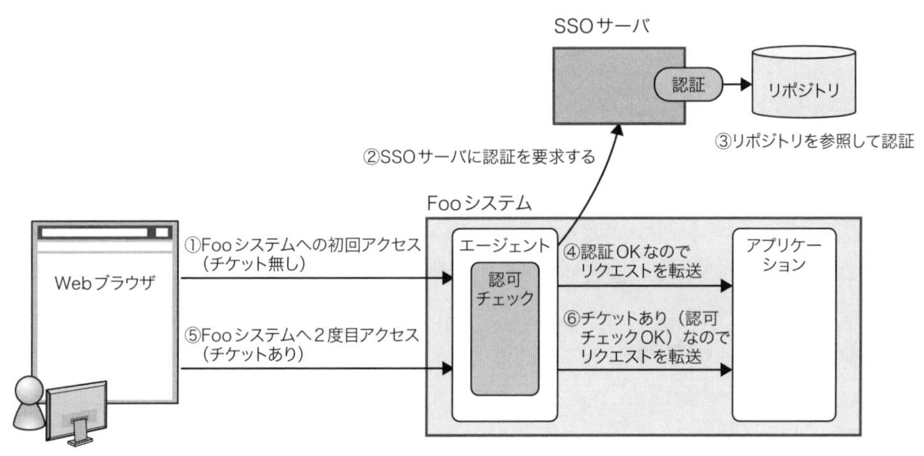

●図4-22　エージェント型SSOのシステム構成と処理フロー

■SSOサーバによる認証時のアプリケーションの対応

SSOサーバを導入すると、認証、認可チェック、ログイン状態の管理はSSOサーバが担いますが、アプリケーション側でも必要な対応があります。

SSOサーバもJava EEコンテナも、ともに無操作タイムアウトの機能を持っていますが、SSOサーバよりJava EEコンテナを先に無効化する必然性はないため、Java EEコンテナの無操作タイムアウト時間の方を長くするケースが一般的です。ただしこのままでは、仮にSSOサーバで無操作タイムアウトでログアウトが発生した場合に、セッション変数にログアウト前のデータが残存していることになり、不整合を引き起こす可能性があります。そこで、SSOサーバからチケットを何らかの方法（HTTPヘッダを使用するなど）でアプリケーションに引き渡してもらい、それをセッション変数に格納します。そしてリクエストのたびに、SSOサーバから引き渡されたチケットと、セッション変数に格納されたチケットが一致しているかをチェックします。不一致の場合は、無操作タイムアウトで一度ログアウトして再ログインしたケースが考えられるため、アプリケーションではセッション変数も一度廃棄し、新しく生成しなおすようにします。

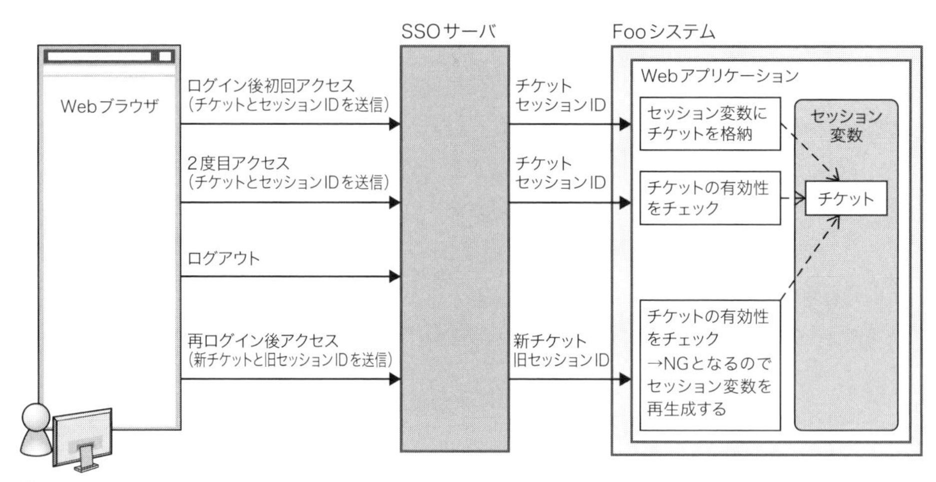

図4-23　SSOサーバとアプリケーション

またSSOサーバ製品によっては、ログアウトをアプリケーションに通知する機能を有しているものもあります。アプリケーションでSSOサーバからの通知を受けて、明示的にセッション変数を廃棄すれば、SSOサーバにおけるログイン状態との整合性を保つことができます。

4.6.6 権限チェックと人事情報

権限チェックとは、ユーザに対して、システム上の何らかの操作に対する権限が与えられているかどうかをチェックすることです。

権限チェックは、所属している部署や職務的なランク（一般社員、管理職、役員…）などユーザの人事的な属性に依存します。たとえばある一般社員であるユーザAは、自分が担当している取引の情報しか閲覧できませんが、部長であるユーザBは、自部署のすべての取引情報を閲覧することができるでしょう。また役員であるユーザCは、当該企業のすべての取引情報を参照できるかもしれません。取引情報と一口に言っても、「取引中」や「取引後」など業務上の状態も変化しますので、状態に合わせたチェックが必要です。

このように権限チェックとは、エンタープライズアプリケーションにおける「本質的な複雑さ」であり、ビジネスロジックとして機能要件を充足しなければなりません。

権限チェックのロジックを構築するためには、当該ユーザの人事的な属性を何らかの方法で取得する必要があります。アプリケーションが自ら人事情報をデータベースで管理しているケースであれば、特に難易度は高くありません。一方SSOサーバを利用してシングルサインオンを実現している場合は、人事情報はSSOサーバが管理するリポジトリに格納されているため、アプリケーションは何らかの方法でリポジトリから人事情報を取得する必要があります。

典型的なケースをいくつか紹介します。リバースプロキシ型のSSOサーバを導入するケースでは、HTTPヘッダなどに当該ユーザの人事情報をセットしてアプリケーションに引き渡すケースがあります。またSSOサーバが管理するリポジトリを、外部にAPIとして公開するケースもあるでしょう。アプリケーションから直接SQLやLDAPのAPIによってリポジトリにアクセスし、人事情報を取得するケースも考えられます。

いずれにしても導入したSSOサーバ製品の機能やシステム構成などによってケースバイケースとなるため本書ではこれ以上言及できませんが、トレードオフを見極めて最適な方式を選択する必要があります。

4.6.7 二重ログインチェック

1人のユーザが、2つのクライアント端末（HTTPセッションは異なる）から同時にログインすること（二重ログイン）を許容しない、という機能要件があるものとします。この要件を実現するためには、RDBの所定のテーブル（ログインテーブルとする）にユーザIDとセッションIDのペアを格納し、アプリケーションでリクエストのたびに、ユーザIDをキーにセッションIDが一致するかどうかをチェックするようにします。

あるクライアント端末からログインがあったときに、当該ユーザがすでに別の端末でログインしていた場合（ログインテーブルに当該ユーザのデータが存在しセッションIDが異なる）、通常は後勝ちとし、ログインテーブルの当該ユーザのデータを新しいセッションIDで上書きします。先にログインしていた端末では、後続のリクエストのチェックにおいてセッションIDが不一致になるため、セッション変数を無効化し、ログアウトします（SSOサーバを利用している場合はログアウト機能を呼び出す）（図4-24）。

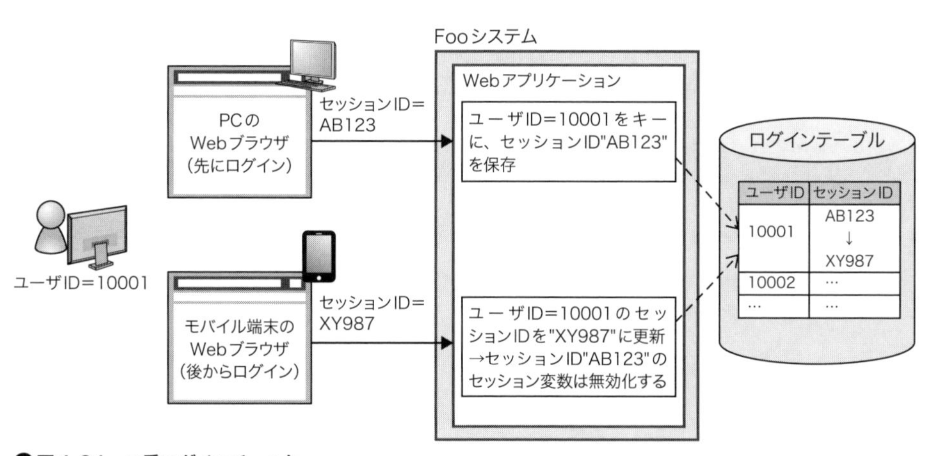

●図4-24　二重ログインチェック

4.7 ビュー設計パターン

4.7.1 ページレイアウト管理

Webアプリケーションが複数のWebページから構成される場合、レイアウトには一貫性が求められるケースが一般的でしょう。典型的なケースとしては、画面のヘッダ、サイドバーなどの論理領域の配置は、全画面での統一感が必要です。ただしそれぞれのWebページにレイアウトを定義してしまうと、あるWebページを修正したときに他のすべてのページを合わせて修正が必要になる可能性があり非効率です。もちろん、各Webページに共通的なCSSファイルをインポートすることである程度は吸収可能ですが、限界があります。

このような問題を解決するために、レイアウトを定義するための共通的なWebページを作成し、そのページに取り込む「断片」を画面ごとに切り替えるようにします。この方式は、Composite Viewパターン[PofEAA]と呼ばれています。Spring MVCやJSFなどの代表的なMVCフレームワークには、このパターンを実現するためのレイアウト管理機能が備わっていますが、ここではJSF（Facelets）の機能を紹介します。

以下に、共通的なレイアウトを設定するためのFaceletsページを示します。

◉コード4-25　共通的なレイアウトを設定するためのFaceletsページ

```
<html xmlns="http://www.w3.org/1999/xhtml" xml:lang="ja" ....>
<h:head>
<title><ui:insert name="title" /></title> // ❶
</h:head>
<h:body>
  <div id="container" style="width: 1200px; margin: auto">
    <div id="header" style="width: 100%; background-color: lightgreen">
      <ui:include src="/HeaderPage.xhtml" /> // ❷
    </div>
    <div id="sidebar" style="width: 30%; float: left; background-color: lightblue">
      <ui:include src="/SidebarPage.xhtml" /> // ❸
    </div>
    <div id="main" style="width: 70%; float: right;">
      <ui:insert name="main" /> // ❹
    </div>
  </div>
</h:body>
</html>
```

まず❶では、<ui:insert>タグにより、後述する個別ページにおいて画面タイトルをパラメータとして指定できるようにしています。Webページ全体は、CSSによってレイアウトを設定しています。CSSによるレイアウト設定については、13.5節でも紹介しています。画面のヘッダやサイドバーは、<ui:include>タグによって定義し❷❸、ヘッダ、サイドバーを表すページ断片を固定的に取り込んでいます。画面のメインとなる領域は<ui:insert>タグで指定し❹、個別ページで動的に切り替えられるようにします。

次に、このレイアウトページの設定情報を引き継ぐ、個別のFaceletsページの実装例を示します。

◉コード4-26　レイアウトページの設定情報を引き継ぐ個別のFaceletsページ

```
<ui:composition xmlns="http://www.w3.org/1999/xhtml" xml:lang="ja" // 5
    ........
    template="/LayoutPage.xhtml"> // 6
  <ui:param name="title" value="PersonInputPage" /> // 7
  <ui:define name="main"> // 8
    ........
  </ui:define>
</ui:composition>
```

個別のFaceletsページは、全体を<ui:composition>タグ5によって定義し、template属性6に参照するレイアウトページを指定します。また7のように<ui:param>タグを使用し、レイアウトページにおいてパラメータ化した値（ここでは"title"）を個別に指定します。<ui:define>タグ8には、メインとなる領域に埋め込まれるページ断片を実装しますが、この個別ページの大半の領域がこのタグの中に記述されます（図4-25）。

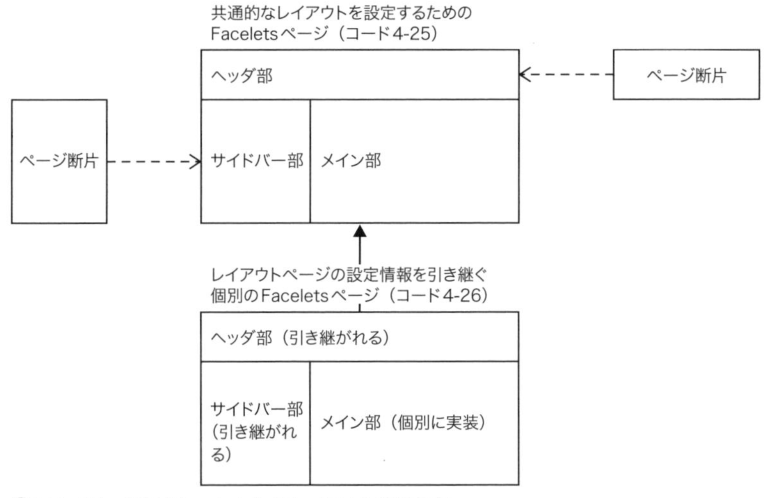

●図4-25　JSF（Facelets）のレイアウト管理機能

なおここではJSFにおけるレイアウト管理機能を紹介しましたが、Spring MVCでも同様なことを実現可能です。

4.7.2　ページ作成の効率化パターン

比較的規模が大きなWebアプリケーションでは、数多くのページを作成する必要があるため、ページ作成の効率化は大きな課題です。ページを効率的に作成するための方式には、以下のような方式があります。

①：コアタグまたはタグファイルによるページ再利用
②：レンダリング可否による切り替え
③：CSSによる切替

■コアタグまたはタグファイルによるページの再利用（方式①）

この方式は、共通的なページ断片やUI部品を独立したコンポーネントとして作成し、それをコアタグ（<c:import>タグ）でインポートしたりタグファイル化することによって各ページで再利用する、というものです。たとえば検索Aと検索Bという2つのユースケースがあり、検索結果を表すテーブルがまったく同じ領域となる場合にこの方式を利用するとよいでしょう（図4-26）。具体的な実現方法については、4.1.6項を参照ください。

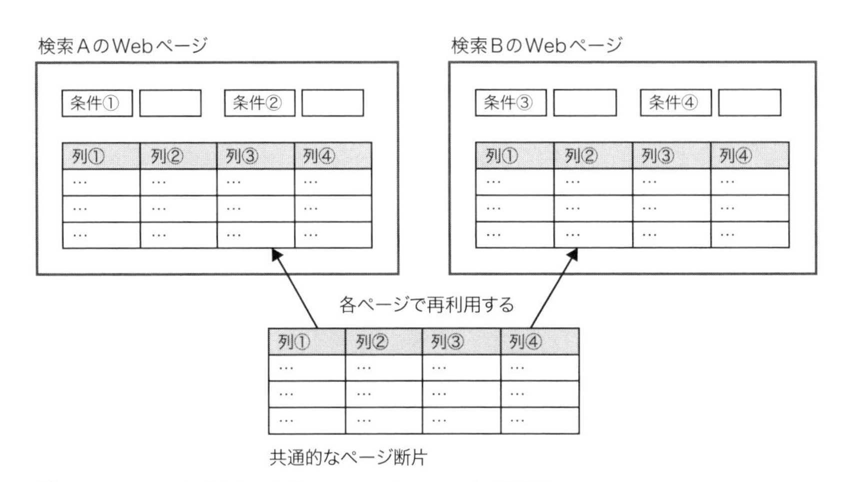

●図4-26　コアタグまたはタグファイルによるページの再利用

■レンダリング可否による切り替え（方式②）

この方式は、複数の画面において、大半の領域は同じだが部分的に異なる領域があるようなケース（たとえば「入力画面」と「編集画面」など）において適用します。ページとしてはあくまで1つとし、サーバサイドでユースケースを判定し、レンダリングする領域をユースケースに合わせて切り替えます。JSPの場合は、コアタグ（<c:if>タグや<c:choose>タグ）によってこのような切り替えを行います。これらのタグについては、4.1.5項の「コアタグによる条件分岐」を参照ください。

JSF（Facelets）の場合は、UIコンポーネントを表すHTMLタグにおいて、rendered属性（boolean型）にレンダリング可否を指定できます。また以下のように<h:panelGroup>タグを使うと、汎用的なdivタグやspanタグの出力可否をrendered属性によって切り替えることができます。

```
<h:panelGroup layout="block" rendered="#{ .... }">
```

```
    ........
</h:panelGroup>
```

■CSSによる切り替え（方式③）

この方式は、レンダリング可否による切り替え方式と同様に、似て非なる複数ページにおいて利用します。ページはあくまで1つとし、CSSのdisplay属性によってWebブラウザ上における出力可否を切り替えます。以下はJSPページにおいてEL式を利用し、CSSのdisplay属性の切り替えを行う例です。

```
<div ${person.personId == null ? 'style="display:none"' : ''}>
    <span>ID : ${person.personId}</span>
</div>
```

また出力可否ではなく、テキストフィールドなどの入力コンポーネントを動的に無効化することによって画面を切り替えるケースもあります。HTMLでは要素が無効化されると、表示はされるものの、テキストフィールドであれば入力不可に、セレクトメニューであれば選択不可になります。この方式は、たとえば「入力画面」と「参照画面」の切り替えなどで利用します。以下は、JSFにおいて、同一ページ内でユースケースによってテキストフィールドを動的に無効化する例です。

```
<h:inputText value="#{aBean.aName}" disabled="#{aBean.disable}" />
```

4.7.3 ウィンドウ制御

Webアプリケーションでは、ユーザがWebブラウザ内でタブによって複数ウィンドウを立ち上げたくなるケースが想定されます。たとえば過去に起案した稟議文書を参照しながら、新しい稟議文書を起案するようなケースがその典型です。ただしWebブラウザは通常、複数ウィンドウ（含むタブ）でクッキーを共有します。したがって複数画面から構成される対話形式のユースケースでは、Webブラウザとの会話情報を保持するためにセッション変数を利用すると、複数ウィンドウによる並行操作において、意図しないエラーやセッション情報の不整合を引き起こしてしまう可能性があります（図4-27）。

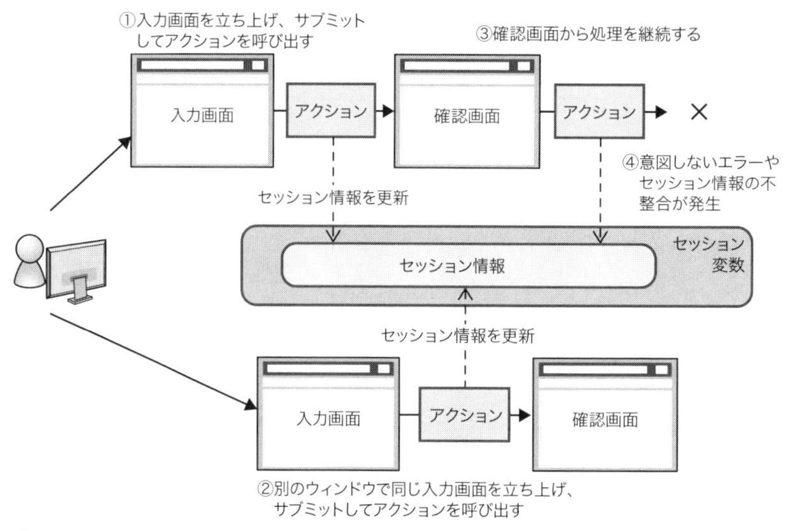

図4-27 複数ウィンドウの並行作業におけるセッション情報の不整合

このようなケースの対策には、以下のようなパターンがあります。それぞれのパターンについて、入力画面、確認画面、結果画面という3つの画面から構成されるWebアプリケーションを例に説明します。

①：シングルサブウィンドウ方式
②：マルチウィンドウ+不整合チェック方式
③：マルチウィンドウ+並行操作可能方式

■シングルサブウィンドウ方式（方式①）

この方式は、ユーザの利便性を割り切り、1つしかウィンドウを開けないように制御することでシステム的な整合性を優先するものです。具体的には、当該の画面をJavaScript（windowオブジェクトのopenメソッド）によって「同じ名前のサブウィンドウ」として立ち上げるようにすると、複数画面を同時に開くことを抑止できます。さらにサブウィンドウのアドレスバーをJavaScriptによって非表示にすると、アドレスバーにURLを直接入力することができなくなるため、より安全性は高まります。

ただし、この方式だけでウィンドウの二重起動を完全に防ぎきれるわけではないため、セッション情報に厳格な整合性が求められるアプリケーションでは、後述する別の方式を採用した方が望ましいでしょう。

■マルチウィンドウ+不整合チェック方式（方式②）

この方式は、複数のウィンドウを開くこと自体は許容しつつも、ユーザがどちらかのウィンドウで次の画面に進もうとしたタイミングで所定のチェックを行い、セッション情報の不整合を抑止するというものです。

具体的には図4-28のように、アクション（このアクションは並行操作が可能）においてランダムなIDを割り振り、それをセッション変数で管理します。そして各ウィンドウ（ページ）にも隠しフィールドとして当該のウィンドウIDを埋め込みます。ユーザが何らかの値を入力して次の画面に進もうとしたときに、送信されたウィンドウIDとセッションス変数に格納されたウィンドウIDの一致をチェックし、不一致の場合はエラーとします[※25]。セッション変数には、後から立ち上げたウィンドウのIDが格納されているため、2つのウィンドウは「後勝ち」となります。

この方式を利用すると、先に例として挙げた稟議文書のようなユースケースであれば、画面を2つ同時に開くことは可能なのでユーザ要件は充足できます。この方式によって、ユーザの操作に一定の制約を課すことにはなりますが、セッション情報の不整合は回避することが可能です。

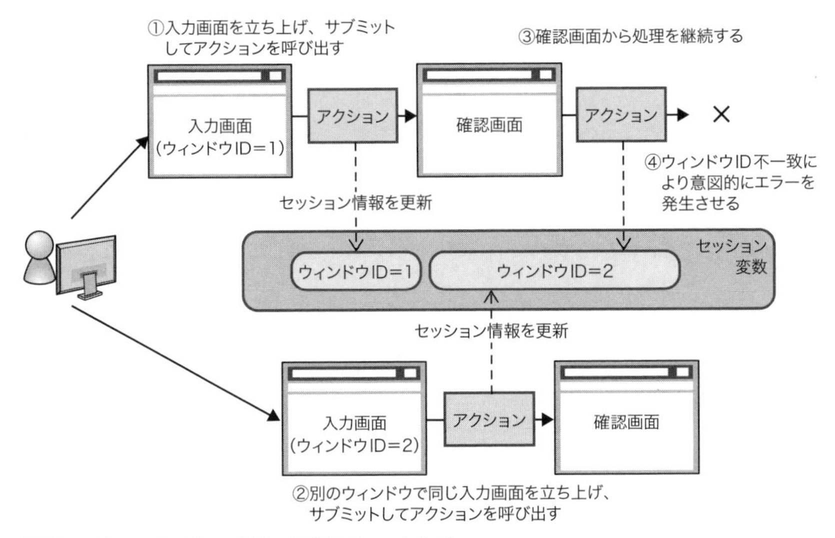

●図4-28　マルチウィンドウ+不整合チェック方式

■マルチウィンドウ+並行操作可能方式（方式③）

この方式は、複数のウィンドウを開くことを許容するだけではなく、セッション情報の不整合を引き起こすことなく、両方のウィンドウで並行して次の画面に進む操作を可能にするというものです。この方式を実現するためには、セッション変数（セッションスコープ）よりも小さい粒度のスコープが必要です。

MVCフレームワークには、このようなマルチウィンドウ方式をサポートしたものがあります。JSFでは、ビュースコープのCDI管理Beanはウィンドウ（タブ）ごとに生成されるため、複数ウィンドウを並行して操作してもデータの不整合は発生しません。またCDIによって提供されるカンバセーションスコープ（5.4.6項）を利用すると、カンバセーション（会話）ごとにデータが管理されるため、複数ウィンドウを立ち上げて同時に画面を操作することが可能です。

※25　4.8節で後述するワンタイムのトークンチェックでも同様のことが実現可能。

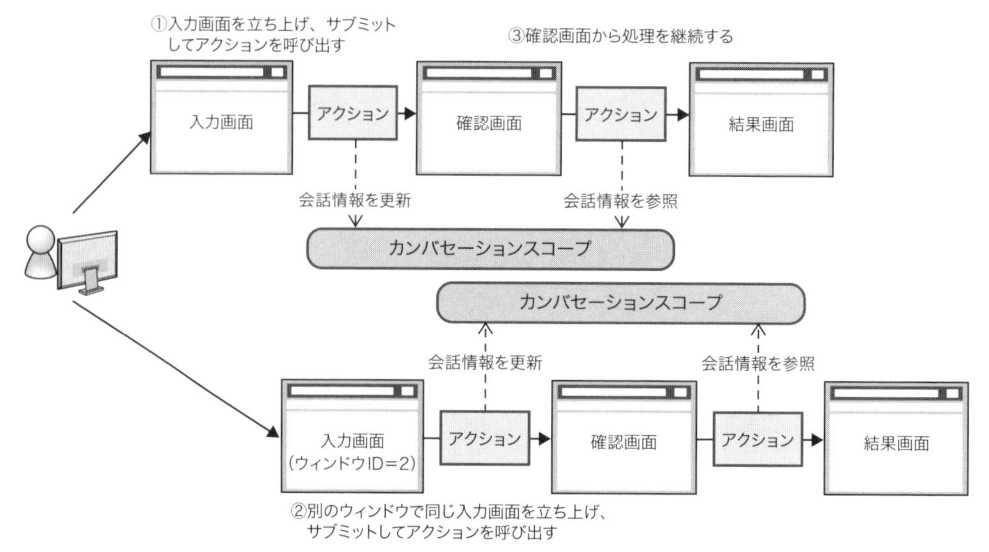

図4-29 カンバセーションスコープによるマルチウィンドウ操作

4.8 不正な更新リクエストの発生とその対策

4.8.1 不正な更新リクエストの発生

Webアプリケーションでは、ユーザの誤操作や悪意ある第三者の攻撃によって、不正な更新リクエストが発生する可能性があります。

■ユーザの誤操作による不正な更新リクエスト

ユーザが以下のような誤操作を行うと、入力値がサーバサイドに二重で送信されてしまいます。いずれもWebブラウザ固有の問題です。

更新処理を行った後、戻るボタンで前の画面に戻り、再びサブミットする

Webブラウザの戻るボタンを押下すると、遷移する1つ前の画面がWebブラウザのキャッシュから復元されて表示されます。参照系の画面であればこのような戻るボタンによるキャッシュは有効です。ただし更新処理を行った後に戻るボタンでキャッシュから画面を復元し、再びサブミットすると、更新リクエストが2回送信されるため、データの不整合が発生する可能性があります。

更新処理を行った後、結果画面で更新ボタンを押下する

Webブラウザの更新ボタンを押下すると、直前のリクエストが再度サーバサイドに送信されます。参照系の画面であればこのような更新ボタンによるリフレッシュは有効です。ただし更新処理を行った結果画面で更新ボタンを押下すると、同じ更新リクエストが2回送信されるため、データの不整合が発生する可能性があります。

■悪意ある第三者の攻撃による不正な更新リクエスト

Webアプリケーションへの攻撃には、クロスサイトスクリプティング攻撃（XSS攻撃）やクロスサイトリクエストフォージェリ攻撃（CSRF攻撃）などがあります。

XSS攻撃とは、攻撃者によって用意されたJavaScriptプログラムを標的となるWebサイトに送信させ、当該Webサイトの画面において当該プログラムを実行することによって、クッキーの搾取などを行う攻撃です。

CSRF攻撃は、比較的近年になって危険性が指摘され始めました。CSRF攻撃を受けると、Webアプリケーションのサーバーサイトの機能が、ユーザの意図に反して実行されます。たとえば掲示板アプリケーションなどに対する、悪意のある書き込みなどが典型的なケースです。このとき攻撃者はユーザのチケット（認証されたことの証明書）を搾取する必要はなく、ユーザの正規のチケットを使って、掲示板アプリケーションに対して攻撃を仕掛けます。この攻撃は、formタグのaction属性には同一生成元ポリシーのような制約はなく、任意のURLを指定できる特性を利用しています。攻撃者は、たとえば以下のようなWebページを用意します。

```
<body onload="document.forms[0].submit()">
........
<form action="http://foo.bar:8080/BBSServlet" method="POST">
  <input type="hidden" name="title" value="悪意のあるタイトル" />
  <input type="hidden" name="content" value="悪意のある投稿" />
  <input type="submit" />
</form>
```

このフォームは、正規の掲示板アプリケーションにおけるパラメータ名（"title"、"content"）をそのまま利用し、action属性には掲示板アプリケーションのURL（"http://foo.bar:8080/BBSServlet"）を指定しています。ユーザが掲示板アプリケーションにログインした状態（チケットを保持した状態）で、この悪意のあるサイトを訪問してしまうと、ユーザのWebブラウザにこのページが返され、オンロードイベントによって自動的にフォームの内容が掲示板アプリケーションに送信されます。掲示板アプリケーションにはユーザの正規のチケットが送信されるため認可チェックはOKとなり、パラメータ名も一致していることから悪意のある書き込みが実行されてしまいます（図4-30）。

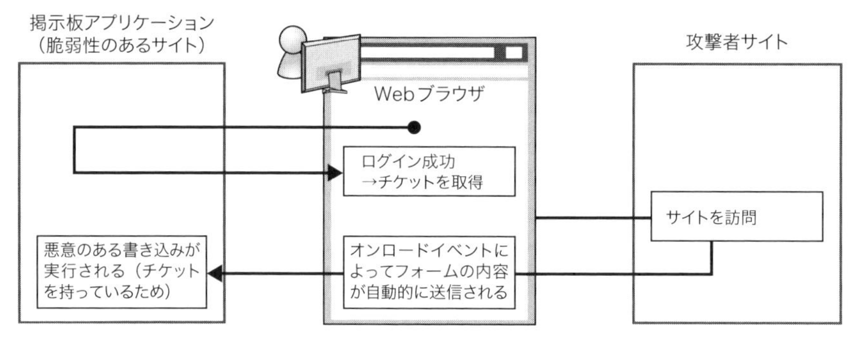

◎図4-30　CSRF攻撃

4.8.2 不正な更新リクエスト対策

4.8.1項で述べた不正な更新リクエストの対策には、以下のような方式があります。

・A：Webブラウザのキャッシュ無効化
・B：トークンチェック
・C：POST-REDIRECT-GETによる画面遷移（4.2.3項）
・D：カンバセーションスコープ（5.4.6項）
・E：サニタイジング

前述した不正な更新リクエストの種類と、それに対する有効な対策の組み合わせは、以下のような関係になります。

・更新処理を行った後、戻るボタンで前の画面に戻り、再びサブミットする … A、B、D
・更新処理を行った後、結果画面で更新ボタンを押下する … B、C、D
・クロスサイトスクリプティング攻撃（XSS攻撃） … E
・クロスサイトリクエストフォージェリ攻撃（CSRF攻撃） … B

■Webブラウザのキャッシュ無効化（A）

更新処理の入力となる画面において、Webブラウザのキャッシュを無効化することで、戻るボタンによる不正な更新リクエストを抑止できます。Webブラウザのキャッシュは、いくつかのHTTPヘッダを操作することによって無効化できることが知られています。

たとえばJSPページの場合は、以下のように実装します。

```
<% response.setHeader("Pragma", "no-cache");
   response.setHeader("Cache-Control", "no-cache");
   response.setDateHeader("Expires", 0);
%>
```

ただしキャッシュを無効化することで、特に静的コンテンツが多い画面ではその分応答時間が間延びしますので、むやみに無効化することは得策ではありません。またキャッシュは上記の方法で常に無効化できる保証はなく、Webブラウザの種類やバージョンにも依存しますので、実機で確認することが推奨されます。

■トークンチェック(B)

トークンチェックとは、サーバサイドにおいて、送信されたリクエストが適性であるかどうかをトークンと呼ばれる乱数によってチェックする方式です。具体的には、サーバサイドにおいてトークンを振り出し、Webページの隠しフィールド（<input type="hidden">タグ）にセットすると同時に、セッション変数にも格納します。次のリクエスト処理において、Webブラウザから送信されたトークンとセッション変数に格納されたトークンが一致しているかをチェックし、不一致だった場合にはエラーにします。

トークンには画面遷移のためのリクエスト単位※26に振り出しす方式と、HTTPセッション単位に振り出す方式があります。ここでは前者を取り上げ、それが戻るボタンによる不正な更新リクエストの対策としてどのように有効に作用するのか、処理フローを見ていきましょう。ここで例として取り上げるWebアプリケーションは、入力画面、確認画面、結果画面という３つの画面から構成されているものとします。

まず正常時の処理フローを、図4-31で説明します。

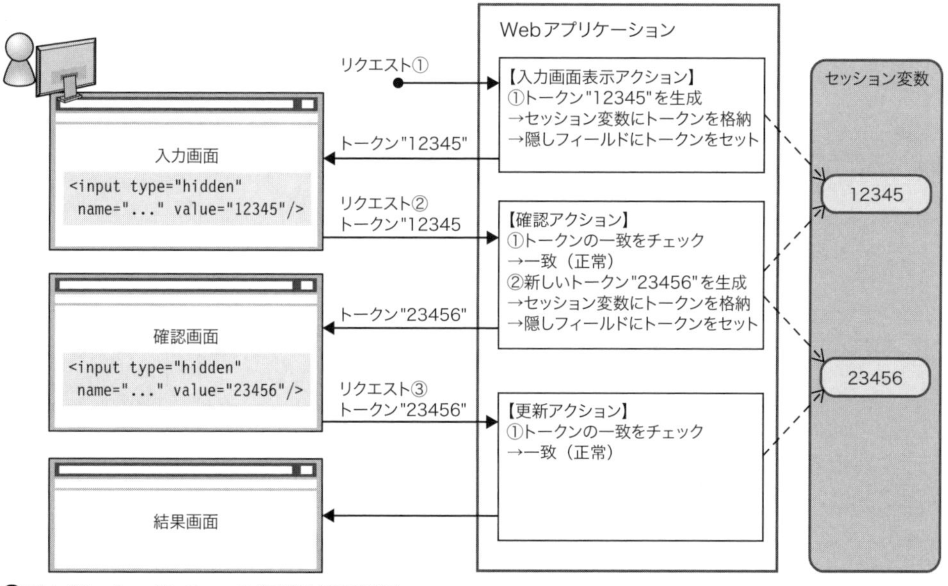

●図4-31　トークンチェック（正常な画面遷移）

最初に入力画面を表示するためのアクションを呼び出しますが、この処理の中で入力画面の隠し

※26　ここではあくまで画面遷移を伴うリクエストのみが対象。Ajaxリクエストは画面遷移しないため、戻るボタンや更新ボタンを考慮する必要がない。

フィールドにトークン"12345"をセットし、同時にセッション変数にも格納します。次に入力画面でユーザがサブミットすると、リクエスト②が送信されます。このときサーバサイドにおいて、Webブラウザから送られてくるトークンとセッション変数に格納したトークンが一致しているかをチェックします。ここでは2つの値が一致するため、リクエスト②は適性である（正しい画面遷移にもとづいて送信された）と見なされます。そして次の後続のリクエストに備えて、新しいトークン"23456"を振り出し、確認画面の隠しフィールドにセットすると同時にセッション変数にも格納します。

次に、確認画面に遷移した後に戻るボタンが押下された場合の処理フローを、図4-32で説明します。

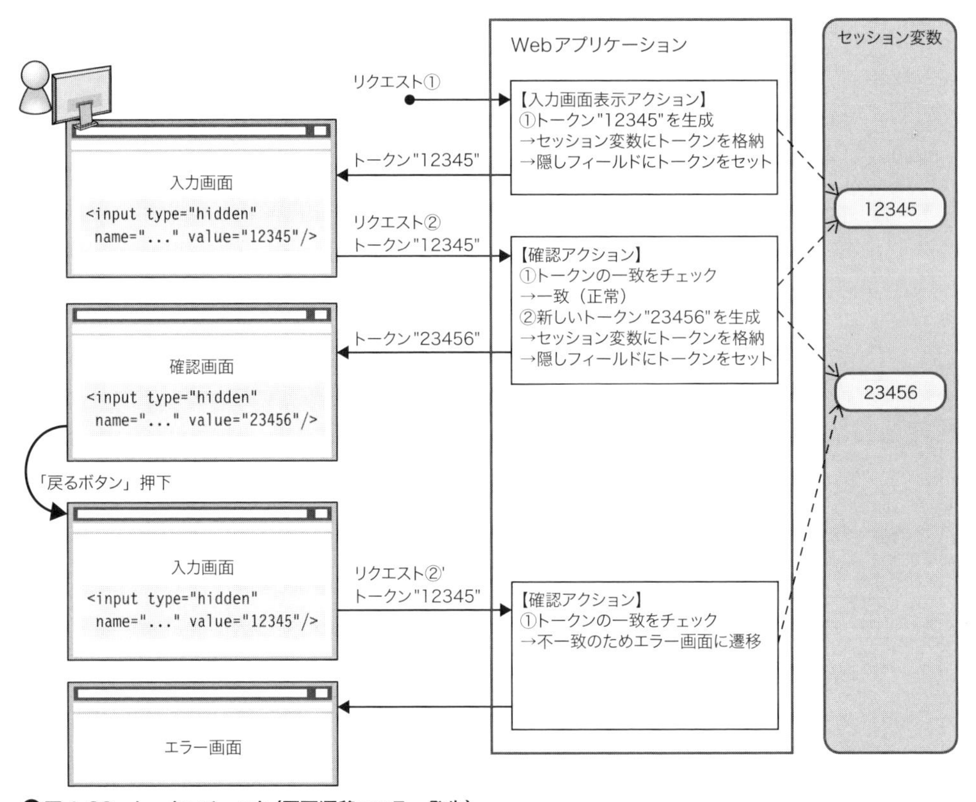

図4-32　トークンチェック（画面遷移でエラー発生）

確認画面が出力された後ユーザが戻るボタンを押下すると、Webブラウザ上にはキャッシュから復元された入力画面が表示されます。このWebページでは、隠しフィールドにセットされたトークンは"12345"になっています。次にユーザがサブミットすると、リクエスト②'でトークン"12345"がサーバサイドに送信されます。このときセッション変数のトークンはすでに"23456"に書き換わっており、2つの値は不一致となるため、リクエスト処理を中断しユーザにはエラー画面を返却します。

この対策によってユーザはWebブラウザの戻るボタンが使用できなくなるため、確認画面から入力画面に戻って再入力することを可能にするために、確認画面には「前ページへ戻る」ためのサブミットボタンを用意する必要があります。このボタンが押下されると、サーバサイドではトークンチェックが行われ、正しい画面遷移として入力画面に戻ります。

このようなリクエスト単位のトークンチェックは、戻るボタンだけではなく、更新ボタンの対策としても有効です。またCSRF攻撃を回避する手段にもなりえます。この攻撃を成功させるためには、毎回変わるトークンを攻撃者が取得し、それを自身のWebページに埋め込む必要があるため、事実上攻撃は不可能となるためです。前述したようにトークンの振り出し方には、画面遷移リクエスト単位とHTTPセッション単位の方式がありますが、CSRF攻撃の対策としてはHTTPセッション単位の振り出しでも十分な効果が見込めます。

トークンチェックは自前で実装することも可能ですが、MVCフレームワークを使用する場合は、フレームワークによって提供される機能をそのまま利用すると効率的です。たとえばSpring MVCやJSFでは、トークンチェックの機能が提供されています。ただしこれらのフレームワークによるトークンチェックでは、トークンがHTTPセッション単位に払い出されるためCSRF攻撃の対策としては有効ですが、戻るボタンや更新ボタンに対処するためには別の仕組みを導入する必要があります。

■サニタイジング (E)

XSS攻撃は、攻撃者によるJavaScriptプログラムが、標的となるWebサイト上で実行されてしまう点に脆弱性があります。そこで、JavaScriptの実行に必要ないくつかの特別な文字を、HTMLコードとして出力するときに以下のようにエスケープすることで、このような攻撃を回避します。このように入力値から危険な文字を抽出・置換することを、サニタイジング（無害化）と呼びます。

・< → <
・> → >
・" → "
・& → &

Webアプリケーションでは通常、何らかのテンプレートを利用して、入力値を含む動的なページを生成します。テンプレートの中で適切にサニタイジングを行えば、仮に攻撃者によってJavaScriptコードが入力されても、実行されることはありません。

テンプレートがJSPページの場合、サニタイジングをするためには、コアタグ（JSTL）の<c:out>タグを利用する方法と、ファンクションタグ（JSTL）のescapeXml関数を利用する方法があります。

前者では、以下のように<c:out>タグを利用し、escapeXml属性にtrueを指定します。

```
<c:out value="${someParam}" escapeXml="true" />
```

後者では、まずJSTLのファンクションタグを利用するために次のようにtaglibディレクティブを宣言し、

```
<%@ taglib uri="http://java.sun.com/jsp/jstl/functions" prefix="fn" %>
```

escapeXml関数に以下のように対象の変数を指定します。

```
${fn:escapeXml(someParam)}
```

なおテンプレートがFacelets（JSF）の場合は、デフォルトでサニタイジングが行われます。

第5章 インスタンスの生成や構造に関する設計パターン

5.1 インスタンスのライフサイクルに関する設計パターン

5.1.1 インスタンスのライフサイクル

Javaのインスタンスはnew演算子によって生成しますが、廃棄はJava VMに搭載されたGC（ガベージコレクション）によって自動的に行われます。Javaによるエンタープライズアプリケーションでは、インスタンスのライフサイクル管理（インスタンスをいつ生成しいつまで使用し続けるのか）は、重要な設計項目です。インスタンスのライフサイクル管理には、アプリケーション開発者が自ら意識して行う方法（5.1.3項で説明）と、CDIやEJBを利用してJava EEコンテナに任せる方法（5.1.4項で説明）があります。

5.1.2 マルチスレッド環境における留意点

マルチスレッド環境では、1つのインスタンスに対して複数スレッドから同時にアクセスされる可能性があります。Java EEなどのプラットフォームはマルチスレッド環境で動作しているため、インスタンスのライフサイクルを設計するときにこの点に留意する必要があります。ここではマルチスレッド環境において、1つのインスタンスに対して複数スレッドからの同時アクセスがあるとどういった問題が発生するのか、以下のスタンドアローン型アプリケーション（コード5-1～5-3）で説明します。

◉コード5-1　メインプログラム

```
public class ThreadMain {
    public static void main(String[] args) {
        ShareObject obj = new ShareObject();
        // ShareObjectに初期値として5を設定する
        obj.setValue(5);
        // スレッド1を生成し実行する
        Thread thread1 = new Thread(new RunnableTask(obj)); // ❶
        thread1.start();
        // スレッド2を生成し実行する
        Thread thread2 = new Thread(new RunnableTask(obj)); // ❷
        thread2.start();
    }
}
```

●コード5-2　スレッド（RunnableTask）

```
public class RunnableTask implements Runnable {
    ShareObject obj;
    public RunnableTask(ShareObject obj) {
        this.obj = obj;
    }
    public void run() {
        obj.calcTenTimes(); // 10倍する
    }
}
```

●コード5-3　共有インスタンス（ShareObject）

```
public class ShareObject {
    private int value; //❸
    public void setValue(int value) { .... }
    public int getValue() { .... }
    public void calcTenTimes() { //❹
        int x = value; //❺
        value = x * 10;
    }
}
```

メインプログラム（コード5-1）では、2つのスレッド（RunnableTaskクラス、コード5-2）を起動していますが、これら2つのスレッド（スレッド1とスレッド2）は、1つのインスタンス（ShareObject、コード5-3）を共有しています❶❷。仮にスレッド1とスレッド2が逐次に実行され、順番にShareObjectのcalcTenTimesメソッド❹が呼び出されると、最終的にShareObjectのvalueフィールド❸は500になるはずです。ところがスレッド1とスレッド2が並列に実行され、先に動作したスレッドがcalcTenTimesメソッド内における「ローカル変数xへの代入が終わったタイミング❺」でもう一つのスレッドに取って代わられると、最終的にShareObjectのvalueフィールドは50になってしまいます。このように複数のスレッドで1つのインスタンスを共有している場合、更新系のアクセスが同時に発生すると、状態が不正になる可能性があります（図5-1）。

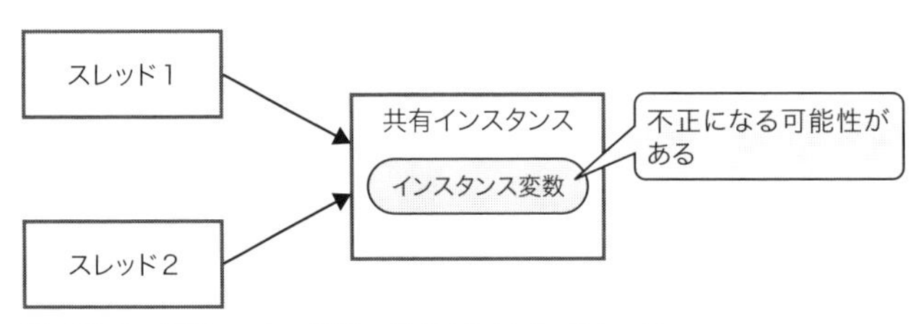

●図5-1　複数のスレッド間で共有されるインスタンス

したがってマルチスレッド環境では、複数のスレッド間で共有されるインスタンスについて、以下のいずれかの対策を施すことで不正な更新を回避する必要があります。

・状態（インスタンス変数）を持たないインスタンスにする
・「イミュータブルオブジェクト」にする
・状態（インスタンス変数）への更新処理をsynchronizedブロックで同期化する

このような対策が施されたインスタンスを「スレッドセーフである」と言います。

■イミュータブルオブジェクト

イミュータブルオブジェクト※27とは、一度生成するとそれ以降状態を変更できないインスタンスのことです。クラスを以下のように実装すると、イミュータブルオブジェクトにすることができます。

・すべてのインスタンス変数をprivateおよびfinalで修飾する
・すべてのインスタンス変数はコンストラクタで初期化する
・ゲッタは宣言するが、セッタは宣言しない

イミュータブルオブジェクトは更新されることがないため、複数のスレッド間で共有されることがあっても同期化する必要はありません。ただしイミュータブルオブジェクトには注意点があります。たとえば、あるイミュータブルな（つもりの）Fooインスタンスが、Barクラス型のbarフィールドを保持しているものとします。barフィールドがfinalキーワードで修飾されていても、barフィールドが参照するBarインスタンス内の状態は変更可能です。つまりゲッタによってBarインスタンスを取得すれば、Fooインスタンスの不可変性は崩れてしまいます。したがってFooインスタンスを厳密にイミュータブルにするためには、Fooインスタンスが参照型のインスタンス変数（ここではBarフィールド）を保持する場合、そのインスタンス変数の参照先インスタンスもイミュータブルにする必要があります。

たとえばC言語では構造体を渡すことで、「値渡し」でメソッドを呼び出すことができます。一方Javaではインスタンスはすべて参照なので、「参照の値渡し」と呼ばれます。参照の値渡しの場合、複数のクラスで1つの参照（インスタンス）を共有することになるため、あるクラスにおける状態の更新が、別のクラスで保持している参照にも影響を及ぼすことになります。このような問題を回避する方法として、インスタンスをイミュータブルにする方法が取られます。

5.1.3 アプリケーションによるライスサイクル管理

■リクエストのライフサイクルに結び付くインスタンス

HTTPリクエストの受信に端を発するリクエスト処理の中で、アプリケーションが生成したインスタンスのライフサイクルは、リクエスト（開始から終了まで）と同じになります。また生成したインスタンスをリクエストスコープ（HttpServletRequest内の汎用的なキー・バリュー形式の変数）に格納すると、リクエスト処理の中を持ち回ることが可能です。

※27 Javaでは、java.lang.String、プリミティブラッパークラス、java.math.BigDecimalなどはイミュータブルに設計されている。

当該のインスタンスには実行中のスレッドしかアクセスしないため、複数スレッドからの同時アクセスは発生しません。

なお一連のリクエスト処理が終了すると、当該インスタンスは次回以降のGCによって廃棄されます。

■HTTPセッションのライフサイクルに結び付くインスタンス

生成したインスタンスをセッションスコープ（HttpSession内の汎用的なキー・バリュー形式の変数）に格納すると、ライフサイクルをHTTPセッション（通常はログインからログアウトまで）に合わせることができます。ユーザとのHTTPセッションが継続中の間は、当該のインスタンスを参照したり更新したりすることが可能です。

なおユーザのログアウトや無操作タイムアウトによってHTTPセッションが無効化されると、当該インスタンスは次回以降のGC[※28]によって廃棄されます。

■Webアプリケーションのライフサイクルに結び付くインスタンス

生成したインスタンスをアプリケーションスコープ（ServletContext内の汎用的なキー・バリュー形式の変数）に格納すると、ライフサイクルをWebアプリケーション（開始から停止まで）に合わせることができます。Webアプリケーションが実行中の間は、当該のインスタンスを参照したり更新したりすることが可能です。

このインスタンスは、後述するシングルトンと同じようにWebアプリケーションにおける唯一無二のインスタンスとなるため、複数リクエスト（スレッド）から同時にアクセスされる可能性があります。したがって当該インスタンスへの更新がある場合は、不正な更新を回避するためにスレッドセーフにする必要があります。

なおWebアプリケーションが停止されると、当該インスタンスは次回以降のGCによって廃棄されます。

■シングルトン

シングルトンとはインスタンスの生成に関する一種のデザインパターンで、GoFのデザインパターンではSingletonパターンとして紹介されています。シングルトンとして生成されたインスタンスは、当該のJava VM内における唯一無二のインスタンスであることが保証されます[※29]。シングルトンとなるクラスは以下のように実装します。

●コード5-4　典型的なシングルトン

```
public class Singleton {
    private static Singleton instance = new Singleton(); // ❶
    public static Singleton getInstance() { // ❷
        return instance;
    }
```

※28　世代別GCアルゴリズムが採用されている場合、セッションスコープに格納されたインスタンスは「年齢」を重ねてOLD領域に移動されるため、フルGCによって廃棄されるケースが多い。

※29　厳密にはクラスローダごとに唯一のインスタンス。

```
    private Singleton() { .... }  //❸
    // フィールドやアクセサメソッド
    ........
}
```

シングルトンクラスを作成するには、いくつかの実装上の規約にしたがう必要があります。まずスタティックなフィールドとして自身の型を宣言し、直ちにインスタンスを生成して代入します❶。このようにすると、当該クラスがロードされたタイミングでインスタンスを生成して保持できます。また、生成されたインスタンスを返すためのスタティックなメソッドを宣言します❷。このメソッドには、"getInstance"という名前が慣例としてよく使われます。インスタンス生成時に必要な初期化処理は、コンストラクタ❸に実装します。このときインスタンスが1つだけであることを保証するために、アクセス修飾子をprivateにしてコンストラクタが外部から呼び出されないようにします。

このように実装すると、当該クラスがロードされたタイミングで一度だけインスタンスを生成し、自身が保持する唯一のインスタンスを、どこからでも（グローバルに）アクセスできるクラスを作成することが可能になります。

■シングルトンの使いどころと留意点

シングルトンは唯一のインスタンスのため、アプリケーション全体の共通的な属性を管理するために利用します。たとえば、初期化処理でフレームワークの設定ファイルを読み込んでプロパティに保持し、それをグローバルに参照するといった目的です。

シングルトンクラスではプロパティに対する更新も可能ですが、複数スレッドから同時にアクセスされる可能性があるため、適切に同期化する必要があります。注意しなければならないのは、シングルトンクラスが持つプロパティはいわゆる「グローバル変数」と呼ばれるものです。参照専用であれば問題はありませんが、更新を許容し、本来はメソッドの引数として渡されるべきデータの引き渡しのために使い始めると、アプリケーション全体の見通しが悪くなり（俗に言う「スパゲッティコード」化し）、保守性の低下を招く危険性があります。

シングルトンクラスは一見すると、スタティックなメンバのみを持つクラスと似ているかもしれません。実際に、実現できること自体はスタティックなメンバと大きな違いはありません。ただしシングルトンはあくまでもインスタンスです。インスタンスであるがゆえに、必要に応じて継承やポリモーフィズムといったオブジェクト指向言語の特徴を利用できます。またインスタンスだからこそ、メソッドへの引数や戻り値に指定することも可能です。このような点を加味すると、スタティックなメンバのみを持つクラスよりも、シングルトンクラスの方が柔軟性が高いと言えます。

ただしユーティリティメソッドの置き場所としてであれば、シングルトンクラスを選択する必然性は低くなります。ユーティリティメソッドとは、インスタンスの状態とは無関係な汎用的な手続きです。たとえば、URLのフルパスからドメイン名のみを切り出すような文字列操作や、半径から円周を求めるような算術演算などがわかりやすい例でしょう。ユーティリティメソッドは、スタティックなメンバとしてユーティリティクラスと呼ばれるクラスに集約するケースが一般的です。

■スレッドローカル

スレッドローカルとはスレッドごとに用意された専用のメモリ領域で、Javaではjava.lang.ThreadLocalクラスによって提供されます。生成したインスタンスをスレッドローカル上で保持すると、ライフサイクルを実行中のスレッドに合わせることができます。またアプリケーションの処理においては、スレッド内のどこからでも当該インスタンスを参照したり更新したりすることが可能です。たとえばスレッドローカル上において、汎用的な目的で使うマップ型変数を保持したい場合は、以下のようなクラスを作成します。

◉コード5-5　スレッドローカル上でマップ型変数を保持するクラス

```
public class ThreadLocalDataHolder {
    private static ThreadLocal<Map<String, Object>> context =
            new ThreadLocal<Map<String, Object>>(); // ❶
    public static ThreadLocal<Map<String, Object>> getContext() { // ❷
        return context;
    }
}
```

このように「ThreadLocal<Map<String, Object>>型」のインスタンスを生成し、それをスタティックな変数に格納します❶。このクラスにスタティックなgetContextメソッド❷を用意すると、実行中のスレッド内のどこからでも、この汎用的なマップ型変数にアクセスできるようになります。以下にスレッドローカル上のマップ型変数に値をセットするコードを示します。

```
ThreadLocal<Map<String, Object>> context = ThreadLocalDataHolder.getContext();
Map<String, Object> map = context.get(); // スレッドローカルからマップ型変数を取得する
if (map == null)  map = new HashMap<String, Object>();
map.put("personName", "John");
map.put("age", 35);
context.set(map); // スレッドローカルにマップ型変数をセットする
```

このようにThreadLocalのsetメソッドによって、総称型として指定したMap<String, Object>型のインスタンスをセットします。次にスレッドローカル上のマップ型変数から値を取得するコードを示します。

```
ThreadLocal<Map<String, Object>> context = ThreadLocalDataHolder.getContext();
Map<String, Object> map = context.get(); // スレッドローカルからマップ型変数を取得する
```

このようにThreadLocalのgetメソッドによって、同一のスレッド内であればどこからでもセットした変数を取得することができます。

■スレッドローカルの使いどころと留意点

スレッドローカルはとても便利なメモリ領域です。この領域には複数スレッドから同時にアクセスされることはないため、シングルトンのように同期化する必要もありません。ただし利用するにあたっては、

いくつかの留意点があります。

まずスレッドローカルのライフサイクルは実行中のスレッドと同じとなりますが、Java EEなどのプラットフォームでは実行スレッドがプーリングされており、リクエスト処理が終わるとJava EEコンテナが管理するプールに戻されます。したがって一度使用したスレッドローカル変数が、次のまったく異なるリクエスト処理で参照されることがないように、リクエスト処理の最後には確実にクリアする（null値をセットする）必要があります。通常は以下のように、リクエスト処理の入り口となるフィルタ内でtry～catch句で囲み、finally句でスレッドローカル変数をクリアします。

```
// スレッドローカル変数の宣言
ThreadLocal<Map<String, Object>> context = null;
try {
    // スレッドローカル変数を初期化
    context = ThreadLocalDataHolder.getContext();
    Map<String, Object> map = new HashMap<String, Object>();
    context.set(map);
    ........
    chain.doFilter(request, response);
    ........
} finally {
    // スレッドローカル変数にnullをセット
    if (context != null) context.set(null);
    ........
}
```

またスレッドローカルを、本来はメソッドの引数として渡されるべきデータの引き渡しのために多用しすぎると、シングルトンの留意点として言及したのと同様に、アプリケーション全体の見通しが悪くなり、保守性の低下を招く危険性があります。さらにJava EEなどのプラットフォームでは、一連のリクエスト処理が必ずしも同一のスレッドで完結するとは限りません。非同期呼び出しなどでスレッドが分割されるケースもあるでしょうし、プラットフォームの仕様次第ではコンポーネントの境界線においてスレッドが分割される可能性も考えられるため、これらの点に関しても考慮が必要です。

このようなスレッドローカルによって引き起こされる諸問題は、発生時に調査やトレースが困難であり、深刻な不具合となる可能性があります。スレッドローカルの利用は、上記のようなリスクを十分に理解した上で、慎重に選択する必要があるでしょう。

5.1.4 Java EEにおけるライフサイクル管理とCDI

■Java EEコンテナによるライフサイクル管理

Java EEでは、CDI（Contexts and Dependency Injection）、EJB（Enterprise JavaBeans）、サーブレット（4.1.1項）、WebSocket API（13.4.3項）、JAX-RS（20.3節）、JAX-WS（20.6節）などの仕様において、開発者が作成するクラスのライフサイクルは、Java EEコンテナによって管理されます。

この中から、ここでは主にCDIについて取り上げます。CDIとはJava EEにおいて中核をなすコンポーネントモデルで、ライフサイクル管理の他、DI（5.2節）、AOP（5.3節）、トランザクション管理（7.2節）といった多様な機能があります。開発者はPOJOを作成し、CDIの仕様で決められたアノテーションを付与するだけで、これらの機能の恩恵を受けることができます。なお本書では、CDIの仕様に則って作成されたPOJOのことを「CDI管理Bean」と呼称します。4.5節で説明したJSFにおけるバッキングBeanも、CDI管理Beanの一種です。

なおCDIとよく似た仕様にEJBがあります。EJBは主にビジネス層で利用されるコンポーネントモデルで、ライフサイクル管理、DI（5.2節）、AOP（5.3節）、トランザクション管理（7.2節）といった機能があります。ただしこれらの機能についてはCDIと重複しており、後発のCDIを利用するケースが主流になりつつあるため、本書での説明は割愛します。EJBにはこれらの機能の他に、非同期呼び出し（10.4.2項）、リモート呼び出し（20.4.2項）、メッセージ駆動Bean（21.5.2項）といった機能がありますが、これらの機能については引き続き利用されるケースは多いでしょう。

■CDIにおけるライフサイクル管理

CDIにおけるライフサイクルは、スコープ※30と呼ばれています。CDIでは、CDI管理Beanのスコープに合わせて表5-1のようなアノテーションが用意されています。開発者が作成したPOJOにこれらのアノテーションを付与すると、それぞれのスコープを持つCDI管理Beanにすることができます。

スコープ	アノテーション	説明
リクエストスコープ	@RequestScoped	リクエストのライフサイクル（HTTPリクエスト受信から応答まで）に結び付く
セッションスコープ	@SessionScoped	HTTPセッションのライフサイクル（通常はログインからログアウトまで）に結び付く
アプリケーションスコープ	@ApplicationScoped	Webアプリケーションのライフサイクル（開始から終了まで）に結び付く。シングルトンと同様に唯一無二にインスタンスとなる
カンバセーションスコープ	@ConversationScoped	アプリケーションからの指示によって、任意のタイミングでライフサイクルを開始したり終了したりすることができる。クライアントとの会話情報を効率的に管理するために利用する。Webブラウザのマルチウィンドウ対策としても有効（5.4.6項）
擬似スコープ	@Dependent	インジェクション先インスタンスのライフサイクルに準じる
ビュースコープ	@ViewScoped	JSF（バッキングBean）専用。対応するビューのライフサイクルに結び付く（4.5.1項）

◯表5-1　CDIにおけるスコープを表すアノテーション

CDI管理Beanは、付与したアノテーションのスコープにしたがって、Java EEコンテナによってライフサイクルが管理されます。またCDI管理Beanでは、後述するインジェクションという仕組みによって、別のCDI管理Beanをいつでも取得することができます。たとえばリクエストスコープを持つCDI管理Beanを取得すれば、従来は前述したスレッドローカルを利用していたデータの引き渡しを、効率的

※30　4.1.3項で取り上げた汎用的なキー・バリュー形式の変数も「スコープ」と呼ばれるが、ここではCDI管理Beanのライフサイクルを表す。

かつ安全に行うことができるようになります。

■CDIにおけるライフサイクルメソッド

ライフサイクルメソッドとは、インスタンスの生成や廃棄のタイミングでJava EEコンテナから呼び出されるメソッドです。CDIでは、@PostConstructアノテーションと@PreDestroyアノテーションによってライフサイクルメソッドを実装します。

@PostConstructアノテーションを付与したライフサイクルメソッドは、CDI管理Beanのインスタンスが生成され、インジェクションが行われた直後に呼び出されます。CDI管理Beanのコンストラクタは Java EEコンテナによって使用されるため、アプリケーションで何らかの初期化処理を行いたい場合はこのメソッドに実装します。また@PreDestroyアノテーションを付与したライフサイクルメソッドは、CDI管理Beanの破棄の直前に呼び出されます。このメソッドではリソースの解放処理などを行います。これらのライフサイクルメソッドの名前は任意ですが、戻り値はvoid型であること、引数無しであることなど、所定の条件を満たしている必要があります。

なおこれら2つのアノテーションは「Commonアノテーション」に属するもので、CDIとは独立した仕様になっています。CDI以外にも、EJB、サーブレット、JAX-RS、JAX-WSなど、Java EEコンテナがライフサイクルを管理するクラスの中であればどこでも使うことができます。

5.2 依存性解決のための設計パターンとDI

5.2.1 クラスからクラスの呼び出し方

エンタープライズアプリケーションは様々な責務を持った数多くのクラスから構成されますが、クラス同士をどのように結び付けるべきかという点について整理してみましょう。あるクラス（Foo）から別のクラス（Bar）を呼び出すためには、まず呼び出し先のインスタンス（Barインスタンス）を取得する必要がありますが、その方法には以下のような種類があります。

①：Barインスタンスを直接生成（new）する
②：Barを実装とインタフェースに分離し、ファクトリによってインスタンスを取得する
③：Barを実装とインタフェースに分離し、DIによってインスタンスを取得する

まずここでは①の方法を説明します。例として3つのクラス、HogeMain、Foo、Barがあり、HogeMain→Foo→Barという呼び出し関係があるものとします。以下にそれぞれのクラスのコードを示します。

●コード5-6　メインプログラム (HogeMain)

```
public class HogeMain {
    public static void main(String[] args) {
        // Fooインスタンスを生成する
```

```
        Foo foo = new Foo();
        // Fooのビジネスメソッドを呼び出す
        int result = foo.doBusiness(args[0].length());
        .........
    }
}
```

◉コード5-7　呼び出し元クラス（Foo）

```
public class Foo {
    // ビジネスメソッド
    public int doBusiness(int param) {
        // Barインスタンスを直接生成する ❶
        Bar bar = new Bar();
        // Barのビジネスメソッドを呼び出す ❷
        int result = bar.doBusiness(param);
        return result;
    }
}
```

◉コード5-8　呼び出し先クラス（Bar）

```
public class Bar {
    // ビジネスメソッド
    public int doBusiness(int param) {
        return param * param; // 引数を2乗して返す
    }
}
```

このコードにおけるFooからBarの呼び出し方に着目すると、FooはBarのインスタンスを直接生成し❶、取得した参照を経由してメソッドを呼び出しています❷。FooはBarへの呼び出しをハードコーディングしているため、Barに強く依存しています。FooとBarが機能的に強く結び付いていたり、同じ開発者が２つのクラスを実装している場合なら、これで特に問題はありません。ところがFooとBarがまったく別のチームで開発されているケースや、２つのクラスが別々のレイヤに配置されるケースでは、この呼び出し方では問題となる可能性があります。なぜなら呼び出し先であるBarの実装が終わらないと、呼び出し元であるFooはコンパイルすることさえできないからです。

5.2.2　インタフェースによる呼び出し方～ファクトリ利用

クラス同士の依存性を弱くするために、呼び出し先（Bar）の実装とインタフェースを分離して、実装よりも先に「Barの呼び出し方」、すなわちインタフェースを決めるようにします。呼び出し元のクラス（Foo）では、インタフェースさえあればコンパイルできるため、実装作業を並行して進めていくことができます。

インタフェースによる呼び出し方には、ファクトリを利用する方法とDIを利用する方法がありますが、ここでは前者を説明します。まずBarを実装（BarBean）とインタフェース（Bar）に分離します。そしてFooからは、ファクトリによってBarインスタンスを取得するようにします。

◉コード5-9　呼び出し元クラス（Foo）

```
public class Foo {
    // ビジネスメソッド
    public int doBusiness(int param) {
        // 呼び出し先をファクトリからBar型で取得する
        Bar bar = BarFactory.getInstance().getBar();
        // Barのビジネスメソッドを呼び出す
        int result = bar.doBusiness(param);
        return result;
    }
}
```

◉コード5-10　呼び出し先インタフェース（Bar）

```
public interface Bar {
    int doBusiness(int param);
}
```

◉コード5-11　呼び出し先クラス（BarBean）

```
public class BarBean implements Bar {
    // ビジネスメソッド
    public int doBusiness(int param) {
        return param * param; // 引数を2乗して返す
    }
}
```

◉コード5-12　ファクトリ（BarFactory）

```
public class BarFactory {
    public static BarFactory getInstance() {
        return new BarFactory();
    }
    public Bar getBar() {
        // BarBeanインスタンスを生成し、Bar型で返す
        Bar bar = new BarBean();
        return bar;
    }
}
```

　このように呼び出し先の実装とインタフェースを分離し、ファクトリによってインスタンスを取得するようにすると、呼び出し元から呼び出し先への依存性が弱まり、両者の実装作業を並行して進められるようになります。

5.2.3 インタフェースによる呼び出し方〜DIを利用

DI（Dependency Injection）とは、呼び出し先クラスの実装を外部から注入し、依存性を弱くするための一種のデザインパターンです。このパターンを説明するために、5.2.1項と同じように3つのクラス、HogeMain、Foo、Barを例として取り上げます。この3つのクラスにはHogeMain→Foo→Barという呼び出し関係がありますが、FooからBarへの呼び出しにDIを利用します。以下にHogeMain、Fooのコードを示します。Barについては前述した「ファクトリを利用する方法」と同じように実装（BarBean）とインタフェース（Bar）に分離しますが、いずれもコード5-10、コード5-11と同様のためここでは割愛します。

◉コード5-13　メインプログラム（HogeMain）

```
public class HogeMain {
    public static void main(String[] args) {
        // Fooの呼び出し先であるBarBeanのインスタンスを生成する ❶
        Bar bar = new BarBean();
        // Fooに呼び出し先クラスであるBarの実装をインジェクションする ❷
        Foo foo = new Foo(bar);
        // ビジネスメソッドを呼び出す
        int result = foo.doBusiness(args[0].length());
        ........
    }
}
```

◉コード5-14　呼び出し元クラス（Foo）

```
public class Foo {
    // 呼び出し先のインタフェース型フィールド ❸
    private Bar bar;
    // コンストラクタ ❹
    public Foo(Bar bar) { this.bar = bar; }
    // ビジネスメソッド
    public int doBusiness(int param) {
        // Barのビジネスメソッドを呼び出す
        int retVal = bar.doBusiness(param);
        // Barの結果を受けてビジネスロジックを実行する
        int result = retVal + retVal;
        return result;
    }
}
```

Fooには、呼び出し先クラスのインタフェース型のフィールド（Bar型のフィールド）❸と、そのフィールドを初期化するためのコンストラクタを追加します❹。このようにすると、HogeMainでFooインスタンスを生成するときに、Fooの呼び出し先であるBarのインスタンスを生成し❶、それをコンストラクタを通してBar型のフィールドに対してセット❷できるようになります。Fooの中で呼び出し先クラス（BarBean）の実装を直接生成するのではなく、外部（今回の例ではHogeMain）から与えられるようにするのです。つまり依存性（呼び出し先クラスの実装）を外部から注入するため、Dependency Injection（依存性の注入）と呼ばれるわけです。

5.3 AOP (Aspect Oriented Programming)

5.3.1 AOPの概要

■AOPとは

ここでは、AOPの概念や基本的な仕組みについて解説します。AOPとは、"Aspect Oriented Programming"（アスペクト指向プログラミング）の略称です。アスペクト指向はオブジェクト指向に取って代わるものではなく、オブジェクト指向と組み合わせて利用できます。オブジェクト指向の一種の課題を補う、補完的な位置付けにあると考えるのがよいでしょう。

AOPのメリットを理解するために「ログ出力」を例として取り上げます。「ログ出力」は汎用的な処理なので、ログを出力するためのコードは様々なシグニチャを持ったメソッドに柔軟に組み込む必要があります。オブジェクト指向では継承によってコードの再利用を図ることができますが、継承の場合はメソッド単位での再利用になるため、ログを出力するためのコードを継承によって再利用することは困難です。継承以外の再利用の方法として、「ログを出力するためのユーティリティ」を用意すれば、ログを出力するためのコードが複数のクラスに散在することは回避できるかもしれません。しかしその方法では、ログを出力したいクラスの中に、ログ出力ユーティリティを呼び出すためのコードを記述する必要が生じます。記述量自体は大きなものではないかもしれませんが、あらゆるクラス内にログを出力するためのコードを記述するのは実装負担も大きく、可読性も低下します。また将来的にそのクラス内でログを出力する要件がなくなったら、ユーティリティを呼び出すためのコードを削除しなければなりません。

AOPを利用すると、上記の「ログ出力」のような様々なクラス間で共有したい機能、言うなれば「横断的な関心事」を実現するためのコードが複数のクラス内に散在してしまうことを回避し、コードの重複を抑えることができます。つまり以下のように一見すると相反する2つの要件を、同時に充足できるようになるのです。

・複数のクラス間で、同じ機能を共有したい
・共有したい機能のコードの記述箇所は、1ヵ所にまとめたい

オブジェクト指向の継承ではスーパークラスからサブクラスへと縦方向に機能追加されるに対して、AOPでは各クラスを横断するように横方向に機能追加できます。そしてAOPでは、複数のクラス間で共有したい機能を、各クラスのコード上から完全に切り離すことができるようになります（図5-2）。ユーティリティのように、各クラスにおいて共有したい機能を呼び出すためのコードを記述する必要はありません。共有したい機能は、対象となるクラスに後から織り込むことができるのです。

エンタープライズアプリケーションにおいてAOPによって織り込む対象となる「横断的な関心事」には、ログ出力、トランザクション管理、例外ハンドリング、カスタムアノテーションによる独自インジェク

ション、メソッド引数に対する汎用的なバリデーションなどの処理が考えられます。

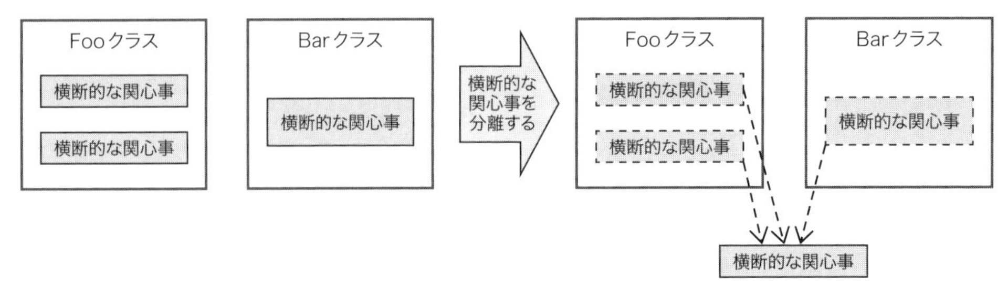

図5-2　様々なクラス間で共有したい機能をコード上から分離

■AOPの概念と用語の整理

ここでは、AOPを理解する上で必要となる用語を整理しておきましょう。

- ・アドバイス　…「複数のクラス間で共有したい機能」のこと。アドバイスには、ジョインポイントの前後にウィービングされるAroundアドバイス、ジョインポイントの前にウィービングされるBeforeアドバイス、そしてジョインポイントの後にウィービングされるAfterアドバイスがある
- ・ウィービング　… アドバイスをジョインポイントに織り込むこと
- ・ジョインポイント … アドバイスをウィービングする対象クラス内のポイントのこと。1つのクラス内には多数のジョインポイントが存在する
- ・ポイントカット　… 複数のジョインポイントを、特定の条件によって絞り込んでグループ化したもの。アドバイスをウィービングするときは、ポイントカットを指定する

図5-3はここで登場した用語・概念の関係を整理したイメージです。

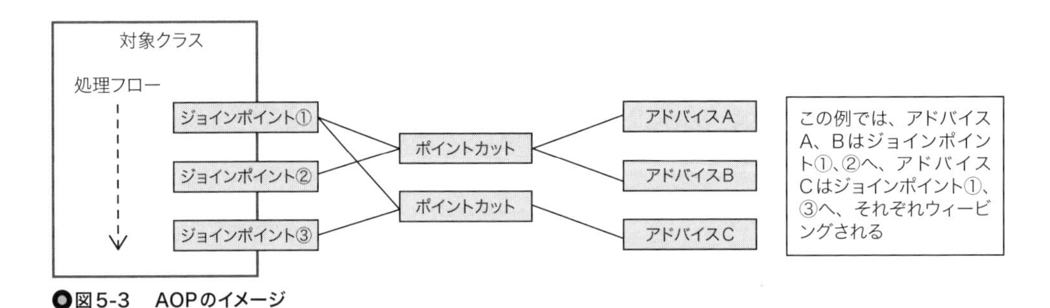

図5-3　AOPのイメージ

■ウィービングの方法とタイミング

アドバイス(複数のクラス間で共有したい機能)をジョインポイント(対象クラス内のポイント)にウィービングする(織り込む)方式には、静的ウィービングと動的ウィービングがあります。静的ウィービング

とは、コンパイル時に、アスペクト指向をサポートした特別なコンパイラによってウィービングする方式です。代表的なものに後述するAspectJがあります。一方動的ウィービングとは、実行時にウィービングする方式です。動的ウィービングはJava EEではインターセプタ（5.4.7項）によって実現可能です。またJava EEコンテナ内部の仕組みでも利用されており、CDIやEJBといったコンポーネントモデルの主要な機能は、動的ウィービングによって実現されています。

5.3.2 AspectJ

■AspectJとは

AspectJ※31は代表的なアスペクト指向開発フレームワークの一つで、静的ウィービングを行うためのコンパイラとランタイムライブラリとして提供されます。開発環境はEclipseのプラグインとしても用意されており、比較的容易に利用できます。AspectJを利用すると、コンパイル時に開発者によって作成されたアドバイスがウィービングされます。コンパイルされたバイトコードを動作させるために、特別な実行環境は必要ありません。またSpringフレームワークには、AspectJによってウィービングを行う機能が統合されています。

AspectJの最も効果的で現実的な利用方法は、ログ出力処理のウィービングです。特にデバッグログは本番環境では出力不要となるケースが多いため、ビルドの方法次第ではテスト環境ではデバッグログ出力処理を行い（ウィービングする）、本番環境では行わない（ウィービングしない）、といった具合に柔軟に切り替えることも可能です。その他の目的の候補としては例外ハンドリングなどが考えられますが、こういった制御を伴うロジックには後述するインターセプタの仕組みを利用するケースが一般的です。またトランザクション管理をウィービングすることも可能ですが、この場合はJava EEコンテナが持つ宣言的トランザクション管理機能（7.2節）をそのまま利用した方がよいでしょう。

AspectJでは様々な方法で柔軟にアドバイスをウィービングできますが、本書では最も典型的で利用頻度が高いと考えられる機能に絞って説明します。

■ポイントカット〜executionとcall

AspectJの代表的なポイントカットにexecutionとcallがあります。executionは呼び出し先のメソッドに対してアドバイスがウィービングされます。一方callはメソッド呼び出し元の「呼び出し文」に対してアドバイスがウィービングされます。たとえばFooからBarを呼び出す処理では、executionとcallとではアドバイスがウィービングされるポイントが図5-4のように異なります。

※31 https://eclipse.org/aspectj

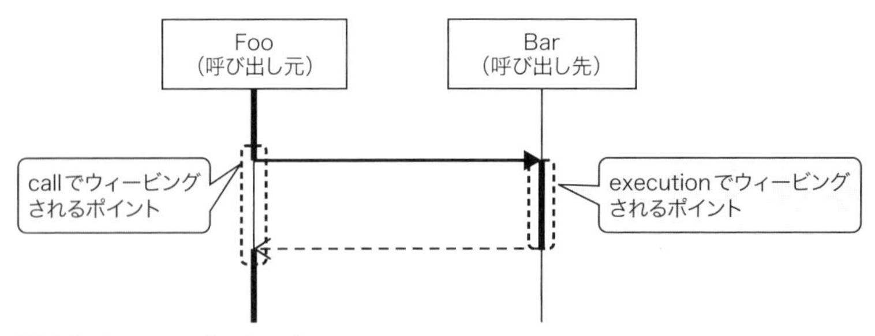

●図5-4　executionとcall

エンタープライズアプリケーションでAspectJを利用する場合、ほとんどのケースにおいて、ポイントカットとしてexecutionを選択すれば問題ないでしょう。

■AspectJによるアドバイスのウィービング

AspectJでは、アドバイスはクラスに@Aspectアノテーションを付与することによって作成します。アドバイスにはAroundアドバイス、Beforeアドバイス、Afterアドバイスといった種類がありますが、AspectJのAfterアドバイスはさらにいくつかに分類されます。アドバイスとしてウィービングされる処理はメソッドとして実装し、アドバイスの種類に応じて特定のアノテーションを付与します。AspectJにおけるアドバイスの種類とアノテーションを表5-2にまとめます。

アドバイス	アノテーション	説明
Aroundアドバイス	@Around	ジョインポイントの前後にウィービングされるアドバイス
Beforeアドバイス	@Before	ジョインポイントの前にウィービングされるアドバイス
Afterアドバイス	@After	ジョインポイントの後にウィービングされるアドバイス。ジョインポイントが正常終了時、例外発生時、いずれの場合もアドバイスは実行される
AfterReturningアドバイス	@AfterReturning	呼び出し先が正常終了した場合、その後に実行されるアドバイス
AfterThrowingアドバイス	@AfterThrowing	呼び出し先で例外が発生した場合、その後に実行されるアドバイス

●表5-2　AspectJにおけるアドバイスの種類とアノテーション

この中ではAroundアドバイスが最も汎用性が高いため、使用されるケースが多くなるでしょう。表5-2で示したそれぞれのアノテーションには、図5-5のようにポイントカットを指定します。

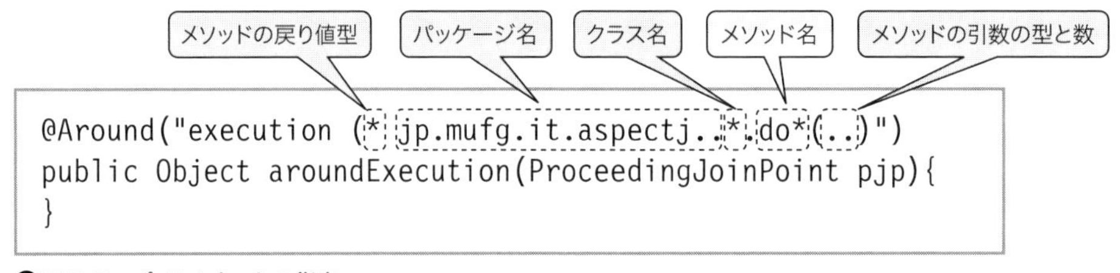

●図5-5　ポイントカットの指定

ポイントカットには前述したようにexecutionやcallなどを指定し、ジョインポイントすなわち「ウィービングされるメソッド」を、正規表現に近い特別な記法で表現します。具体的には、任意の1ヵ所に対しては"*"を、任意の複数箇所に対しては".."を指定します。たとえば「* jp.mufg.it.aspectj..*.do*(..)」であれば、「jp.mufg.it.aspectjで始まるパッケージ配下のすべてのクラスにある、doで始まるメソッド」がジョインポイントであることを表します。引数部分の".."は、対象となるメソッドの引数の組み合わせが任意であることを意味しています。ポイントカットの指定では、このような特別な記法によって複数のジョインポイントをグループ化します。

以下に、デバッグログを出力するためのアドバイスの実装例を示します。

◉コード5-15　デバッグログを出力するためのアドバイス

```
@Aspect // ❶
public class PersonAspect {
    @Around("execution (* jp.mufg.it.aspectj..*.*(..))") // ❷
    public Object aroundExecution(ProceedingJoinPoint pjp)
            throws Throwable { // ❸
        // 呼び出し先クラス名とメソッド名を取得し、出力する ❹
        Signature signature = pjp.getSignature();
        String className = signature.getDeclaringTypeName();
        String methodName = signature.getName();
        System.out.println("[ " + className + "#" +methodName + " ]");
        // 引数を取得し、出力する ❺
        Object[] args = pjp.getArgs();
        if (args != null) {
            for (Object arg : args) System.out.println("args ---> " + arg);
        }
        // ジョインポイントとなるメソッドを実際に呼び出し、戻り値を受け取る ❻
        Object retVal = pjp.proceed();
        // 戻り値を出力する ❼
        System.out.println("return ---> " + retVal);
        // 戻り値を返す ❽
        return retVal;
    }
}
```

前述したようにアドバイスとなるクラスには、@Aspectアノテーションを付与します❶。アドバイスの処理は、aroundExecutionメソッド❸のようなシグニチャを持つ任意のメソッドに実装します。デバッグログ出力は、ジョインポイントとなるメソッド呼び出しの「前後」にウィービングする必要があるため、Aroundアドバイスを利用します。Aroundアドバイスの場合、@Aroundアノテーションが必要です❷。このアノテーションに対して、ここではポイントカットとして"execution (* jp.mufg.it.aspectj..*.*(..))"を指定しているので、jp.mufg.it.aspectjで始まるパッケージ配下のすべてのメソッドがジョインポイントになります。

ウィービングされるアドバイスの処理は、引数として渡されるProceedingJoinPointのAPIを利用して処理を行います。ここではまず呼び出し先クラス名とメソッド名（すなわちジョインポイント）を取得し、出力しています❹。次にメソッドに渡された引数を取得し、同じく出力します❺。次にジョインポイントとなるメソッドを実際に呼び出し、戻り値を受け取ります❻。受け取った戻り値を出力し❼、最後に呼び出し元に返却します❽。

このようにAspectJを利用することによって、様々なクラスのメソッド（ジョインポイント）に、デバッグログの出力処理をウィービングできます（図5-6）。ジョインポイントとなるメソッドには、ログ出力のためのコードを一切記述する必要がない点がポイントです。

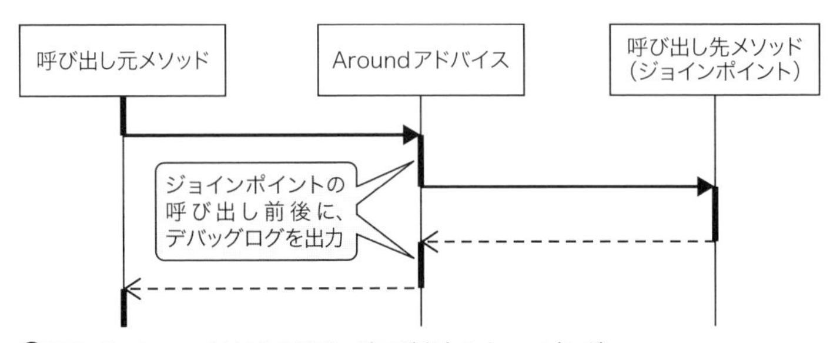

◎図5-6　AspectJによるデバッグログ出力のウィービング

以下に、様々な方法でポイントカットを設定する方法を示します（いずれもPersonクラス内とする）。

戻り値がvoid型のメソッド

```
@Around("execution (void jp.mufg.it.aspectj.Person.*(..))")
```

メソッド名がsetで始まるもの

```
@Around("execution (* jp.mufg.it.aspectj.Person.set*(..))")
```

メソッド名がsetまたはsayで始まるもの

```
@Around("execution (* jp.mufg.it.aspectj.Person.set*(..)) || "
        + "execution (* jp.mufg.it.aspectj.Person.say*(..))")
```

メソッド名がsetで始まるもの以外

```
@Around("execution (* jp.mufg.it.aspectj.Person.*(..)) && "
        + "!execution (* jp.mufg.it.aspectj.Person.set*(..))")
```

アクセス修飾子がpublicのメソッド

```
@Around("execution (public * jp.mufg.it.aspectj.Person.*(..))")
```

コンストラクタ

```
@Around("execution (jp.mufg.it.aspectj.Person.new(..))")
```

Markerアノテーションを付与したメソッド

```
@Around("execution (@jp.mufg.it.aspectj.Marker * *(..))")
```

このようにAspectJでは、アノテーションによってポイントカットを柔軟に設定できます。

5.4 DI×AOPコンテナとCDI

5.4.1 DI×AOPコンテナとしてのCDI

CDIには5.1.4項で説明したように、スコープを定義するアノテーションによって、CDI管理Beanのライフサイクルを管理する機能があります。「ライフサイクルを管理する」ということは、CDI管理Beanに対してDI（5.2節）やAOP（5.3節）を仕掛けることができる、ということを意味します。旧来よりDIとAOPを汎用的に利用するためのフレームワークは「DI×AOPコンテナ」と呼ばれていましたが、CDIの最も重要な役割の一つは、このDI×AOPコンテナの機能をJava EE標準として提供する点にあります。CDIが持つDI×AOPコンテナの機能によって、開発者が作成するコンポーネント同士を、疎に、かつタイプセーフに結合できるようになります。

■ Java EEコンテナ（CDI）によるDIの仕組み

CDIには、デザインパターンとしてのDIを汎用的に利用するための仕組みが導入されています。5.2.3項のHogeMain（コード5-13）の処理内容が、汎用化されたものと考えるとわかりやすいでしょう。

CDIによるDIでは、CDI管理Bean（Fooとする）に対して別のCDI管理Bean（Barとする）をインジェクションします。ここでFooを「インジェクション先」、Barを「インジェクション対象」と呼称します。このようにインジェクションができるのは、FooとBarはいずれも、Java EEコンテナによってライフサイクルが管理されているためです（図5-7）。

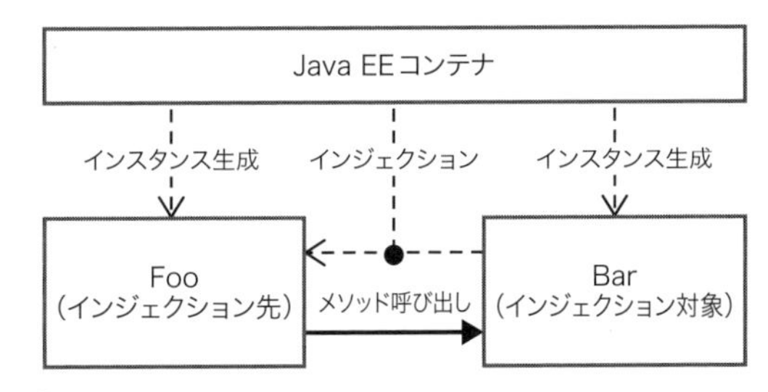

●図5-7　CDIによるインジェクション

CDIでは、@Injectアノテーションによってインジェクション先クラスのメンバ（フィールド、セッタ、コンストラクタ）を指定します。@Injectアノテーションをフィールドに付与すると、フィールドに対して直接インジェクションすることができます。これをフィールドインジェクションと呼びます。フィールドのアクセス修飾子はprivateであっても問題ありません。同様に@Injectアノテーションをメソッド（セッタ）やコンストラクタに付与すると、それぞれセッタやコンストラクタを通してインジェクションすることができます。それぞれセッタインジェクション、コンストラクタインジェクションと呼びます。

本書ではインジェクション先となるメンバを、「インジェクションポイント」と呼称します。なお本書の実装例では、すべてフィールドインジェクションを採用しています。

CDIによるDIの仕組みを具体例で説明します。3つのクラス、FugaServlet（サーブレット）、Foo

Bean（CDI管理Bean）、BarBean（CDI管理Bean）があり、FugaServlet→FooBean→BarBeanという呼び出し関係が成り立っているものとします。またFooBeanはFooインタフェースを、BarBeanはBarインタフェースを、それぞれimplementsしているものとします。これらのクラスにおいて、FugaServletからFooBeanへの呼び出しと、FooBeanからBarBeanへの呼び出しでDIを利用します。以下にそれぞれのクラスのコードを示します。

●コード5-16　サーブレット（FugaServlet）

```
@WebServlet("/FugaServlet")
public class FugaServlet extends HttpServlet {
    // インジェクションポイント
    @Inject // ❶
    private Foo foo;
    // doPostメソッド
    public void doPost(HttpServletRequest request, HttpServletResponse response)
            throws IOException, ServletException {
        // ビジネスメソッドを呼び出す ❷
        int answer = foo.doBusiness(3);
        // 結果を画面に出力する
        ........
    }
}
```

●コード5-17　CDI管理Bean（FooBean）

```
@Dependent // インジェクション先のライフサイクルに準じる ❸
public class FooBean implements Foo {
    // インジェクションポイント
    @Inject // ❹
    private Bar bar;
    // コンストラクタ
    public FooBean(Bar bar) { this.bar = bar; } // ❺
    // 引数無しのコンストラクタ
    public FooBean() {} // ❻
    // ビジネスメソッド ❼
    public int doBusiness(int param) {
        // Barのビジネスメソッドを呼び出す
        int retVal = bar.doBusiness(param);
        // Barの結果を受けてビジネスロジックを実行する
        int result = retVal + retVal;
        return result;
    }
}
```

●コード5-18　CDI管理Bean (BarBean)

```
@RequestScoped // 8
public class BarBean implements Bar {
    // ビジネスメソッド 9
    public int doBusiness(int param) {
        return param * param;
    }
}
```

まずFugaServlet（コード5-16）から見ていきましょう。このクラスでは、Fooインタフェース型のfooフィールドに@Injectアノテーションを付与しています1。このようにすると、Java EEコンテナによってFooインタフェースをimplementsするFooBeanが自動的に検出され、検出されたインスタンスがこのフィールドにインジェクションされます。doPostメソッドの中では、インジェクションによって取得したFooインスタンスに対してメソッドを呼び出しています2。

次にFooBean（コード5-17）です。このクラスには擬似スコープを表す@Dependentアノテーションを付与しています3ので、ライフサイクルはインジェクション先であるFugaServletに準じることになります。つまりFooBeanは、サーブレットと同じようにWebアプリケーション内で唯一のインスタンスということになります。

FooBeanでは、Barインタフェース型のbarフィールドに@Injectアノテーションを付与しています4。このようにすると、Java EEコンテナによってBarBeanインスタンスがインジェクションされます。またBar型フィールドを初期化するために、引数のあるコンストラクタ5を宣言しています。Java EEコンテナ上では、barフィールドにBarBeanインスタンスが直接インジェクションされるためこのコンストラクタが動作することはありませんが、単体テスト時にテストクラスからインスタンスをセットする（5.4.5項）ために用意しておきます。Java言語では、引数のあるコンストラクタを1つでも宣言すると、コンパイラはデフォルトコンストラクタ（引数無しのコンストラクタ）を自動的には生成しません。Java EEコンテナはインスタンスを生成するときに引数無しのコンストラクタを使用しますので、開発者が引数無しのコンストラクタ6を明示的に宣言しなければならない点に注意が必要です。なお@Injectアノテーションは、barフィールドではなく、引数のあるコンストラクタ5に付与することも可能です（コンストラクタインジェクション）が、その場合は引数無しのコンストラクタを明示する必要はありません。

FooBeanのビジネスメソッド7はFugaServletクラスから呼び出され、インジェクションによって取得したBarインスタンスに対して、さらにメソッドを呼び出しています。

最後にBarBean（コード5-18）ですが、@RequestScopedアノテーションを付与8していますので、このクラスのライフサイクルはリクエストスコープになります。このクラスのビジネスメソッド9はFooBeanから呼び出され所定の処理を行っています。

このようにCDIでは、自身が依存するクラスの実装をJava EEコンテナからインジェクションしてもらうことで、疎結合を保ったままで依存先クラスへの呼び出しを実現しています。

■実装クラスの直接的なインジェクション

コード5-17では、インジェクション対象をクラスとインタフェースに分け、インタフェース型のフィールドに対してインジェクションしていました。CDIでは特にインジェクション対象のインタフェースを用意しなくても、実装クラスを直接的にインジェクションすることができます。たとえばFooBeanに対して、BarBeanのインスタンスを直接インジェクションする場合、インジェクションポイントは以下のようになります。

```
@Inject
private BarBean bar;
```

FooBeanとBarBeanが機能的に密に結合しているようなケースでは、インタフェースを作らずに、実装クラスを直接インジェクションする方法でも問題ないでしょう。

■@Namedアノテーションによる実装クラスの明示

コード5-16〜5-18の例では、1つのインタフェースに対して実装クラスが1つしかないため、Java EEコンテナが自動的にインジェクション対象を特定できました。しかし1つのインタフェースに対して実装クラスが複数ある場合は、開発者はインジェクション対象となる実装クラスを明示しなければなりません。インジェクション対象の明示方法には、@Namedアノテーションを使う方法と、後述する限定子（@Qualifierアノテーション）を使う方法がありますが、ここではまず前者の方法を紹介します。

以下のように、Barインタフェースをimplementsするクラスが2つあったとします。

```
@RequestScoped
@Named("barBean1")
public class BarBean1 implements Bar { .... }

@RequestScoped
@Named("barBean2")
public class BarBean2 implements Bar { .... }
```

ここで、どちらのクラスがインジェクション対象なのかを明示するために、それぞれのクラスに対して@Namedアノテーションを付与して「名前」を付けます。次にFooBeanにおけるインジェクションポイントは、以下のようになります。

```
@Inject @Named("barBean1")
private Bar bar;
```

このようにインジェクションポイントに同じく@Namedアノテーションを付与し、インジェクション対象となるクラスに付けられた「名前」を指定します。名前が一致したクラス（この例ではBarBean1）が、インジェクション対象となります。

■限定子による実装クラスの明示

インジェクション対象を明示するためのもう一つの方法が、限定子の利用です。限定子によるインジェクションでは、@Namedアノテーションとは異なり、タイプセーフに実装クラスを明示できます。

以下に限定子の例を示します。

```
@Retention(RetentionPolicy.RUNTIME)
@Target({TYPE, METHOD, FIELD, PARAMETER})
@Qualifier
public @interface BarQualifier1 {}
```

限定子は独自のアノテーションとして作成し、@Qualifierアノテーションを指定します。このようにして作成した限定子（@BarQualifier1アノテーション）を、@Namedアノテーションの代わりにクラスに付与します。

```
@RequestScoped
@BarQualifier1
public class BarBean1 implements Bar { .... }
```

FooBeanにおけるインジェクションポイントは、以下のようになります。

```
@Inject @BarQualifier1
private Bar bar;
```

インジェクションポイントに@BarQualifier1アノテーションを付与します。このようにすると、@BarQualifier1アノテーションが付与されたクラス（この例ではBarBean1）を、インジェクション対象として明示することが可能になります。

5.4.2 DIによるリソースオブジェクトの取得

Java EEによるエンタープライズシステムでは、RDB、MOM（メッセージ指向ミドルウェア）、メールサーバといった外部リソースと接続したり、Java EEコンテナが内部的に管理しているリソースを利用したりするために必要な情報をJava EEコンテナに対して事前に登録します。このようにして登録されたオブジェクトを、本書では「リソースオブジェクト」と呼称します。リソースオブジェクトは通常、インフラ担当者がJava EEコンテナが提供する管理コマンドや設定ファイルによって登録します。またそのときにリソースオブジェクトを識別するために付けられる名前を「JNDI名」と呼びます。Java EEの主なリソースオブジェクトには、表5-3のような種類があります。

リソースオブジェクト	インタフェース	参照
データソース（データベースとの接続情報）	javax.sql.DataSource	7.2.1項
JMSコネクションファクトリ（MOMとの接続情報）	javax.jms.ConnectionFactory	21.2.1項
JMSのキュー	javax.jms.Queue	21.2.2項
JMSのトピック	javax.jms.Topic	21.2.3項
メールセッション（メールサーバとの接続情報）	javax.mail.Session	－
スレッドプール（Concurrency Utilities for Java EE）	javax.enterprise.concurrent. ManagedExecutorService	10.4.3項

◎表5-3　Java EEの主なリソースオブジェクト

■リソースオブジェクトの取得

アプリケーションはJNDI名をキーに、Java EEコンテナからリソースオブジェクトを取得します。リソースオブジェクトを取得する方法には、JNDIルックアップとDIがあります。JNDIルックアップの場合は、まずInitialContextを生成し、生成したInitialContextのlookupメソッドにJNDI名を指定して、リソースオブジェクトを取得します。以下にその例を示します。

```
Context context = new InitialContext();
DataSource ds = (DataSource)context.lookup("JNDI名");
```

DIの場合は、@Resourceアノテーションのlookup属性にJNDI名を指定して、リソースオブジェクトを取得します。以下にその例を示します。

```
@Resource(lookup = "JNDI名")
private DataSource ds;
```

JNDIルックアップよりもDIを利用する方が、アプリケーションのリソースオブジェクトへの依存性を弱めることができるため、5.4.5項で後述する単体テストを実施するときにも、環境に応じてリソースオブジェクトの入れ替えが容易になります。リソースオブジェクトの取得には、特別な事情がない限りはDIを利用した方がよいでしょう。

5.4.3　CDIによる高度なDIのメカニズム

■クライアントプロキシによるスコープ差異の吸収

CDIのDIには、インジェクション先とインジェクション対象のスコープの差異を吸収する仕組みが導入されています。例として、アプリケーションスコープのCDI管理Bean（FooBean）に対して、リクエストスコープのCDI管理Bean（BarBean）をインジェクションするケースを考えてみましょう。ここではインジェクション先をFooBean、インジェクション対象をBarBeanとします。従来のDIの手法では、インジェクションするときに実装クラス（FooBean、BarBeanの両方）のインスタンスを生成していたため、インジェクション先のスコープ（この場合はアプリケーションスコープ）に、全体のライフサイクルが引きずられていました。

CDIによるインジェクションでは、「クライアントプロキシ」という仕組みによってこの問題を解決しています（図5-8）。FooBeanに対して実際にインジェクションされるインスタンスは、BarBeanの「本体」ではなく「クライアントプロキシ」です。BarBeanの「本体」は、あくまでもそのインスタンスが持っているスコープ（この場合はリクエストスコープ）に合わせて生成されます。そしてFooBeanからBarBeanが呼び出されると、中継する「クライアントプロキシ」がリクエストスコープに所属するBarBean「本体」のインスタンスを検出し、それを呼び出します。

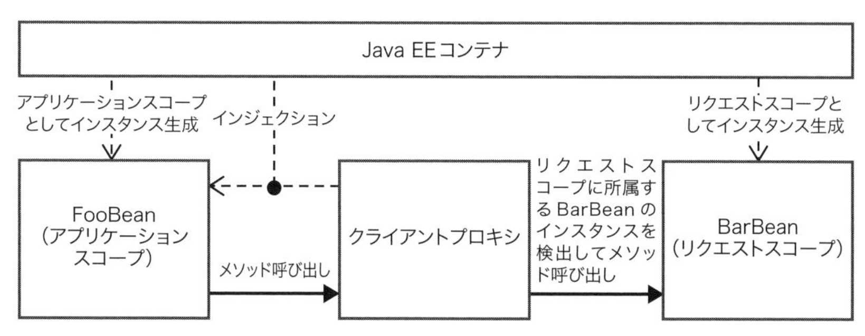

図5-8　クライアントプロキシ

DIとスレッドセーフ

Java EEのアプリケーションはマルチスレッド環境で動作しているため、5.1.2項で説明したような不正な更新が発生する可能性があります。コード5-3は「複数のスレッド間で共有されるインスタンス」ですが、これはJava EEのDIに置き換えると「インジェクション先」に相当します。またこのインスタンスのインスタンス変数は、Java EEのDIに置き換えると「インジェクション対象」に相当します。たとえばサーブレットのインスタンスは1つしか生成されませんが※32、この唯一のインスタンスには複数スレッドからの同時アクセスの可能性があるため、サーブレットのインスタンス変数に対してインジェクションする場合は、インジェクション対象のインスタンスをスレッドセーフにする必要があります（図5-9）。

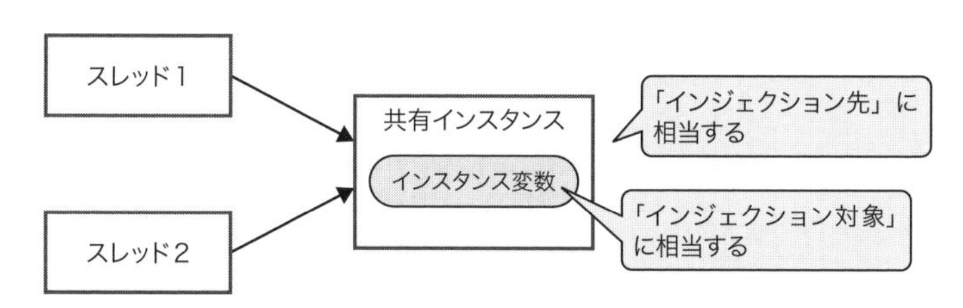

図5-9　Java EEのDIにおけるスレッド間共有インスタンス

実は前述したクライアントプロキシによるDIの仕組みは、スコープ差異の吸収に留まらず、このようなスレッドセーフに関する問題の解決にも役立っています。例として、サーブレット（FugaServlet）に対してリクエストスコープのCDI管理Bean（BarBean）をインジェクションするケースを考えます。

※32　厳密には、web.xmlのservlet要素に定義されたサーブレットクラスごとに1つのインスタンス。

FugaServletは複数スレッドから同時にアクセスされる可能性がありますが、インスタンス変数としてインジェクションされているのはBarBeanの「クライアントプロキシ」であり、「本体」はリクエストの都度生成されるため、複数スレッドから同時にアクセスされることがないのです。

CDIによるDIでは、この仕組みのおかげで、スレッドセーフに関する問題を意識する必要が少なくなりました。インジェクション対象のCDI管理Beanがリクエストスコープであるならば、インジェクション先のライフサイクルに関わらず常にスレッドセーフとなるのです。

ただし、仮にこの例においてBarBeanがアプリケーションスコープの場合は、BarBeanの「本体」そのものが複数スレッドから同時にアクセスされる可能性があります。このようなケースでは、適切に同期化をしないと不正な更新が発生する可能性があるため、注意が必要です。

5.4.4 ProducerによるDI

■ Producerとは

これまで説明してきたDIの仕組みでは、インジェクション対象となるのはCDI管理Beanであり、その特定はJava EEコンテナによって行われていました。ケースによっては、インジェクション対象となるCDI管理Beanを開発者が何らかの条件にしたがって決めたり、CDI管理Beanではない任意のインスタンスをインジェクションしたいことがあります。このようなケースではCDIによって提供されるProducerを利用します。Producerには、ProducerメソッドとProducerフィールドがあります。

■ Producerメソッド

Producerメソッドは、一種のファクトリメソッドとして機能します。インジェクションが実行されるタイミングでJava EEコンテナによって呼び出され、その戻り値がインジェクションされます。Producerメソッドには@Producesアノテーションを付与し、インジェクションポイントには通常のDIと同じように@Injectアノテーションを付与します。ProducerによるDIも通常のDIと同じように、インジェクション対象が1つしかない場合はJava EEコンテナが自動的に対象を特定しますが、複数の候補がある場合は@Namedアノテーションか限定子(@Qualifierアノテーション)によって明示する必要があります。以下に、ProducerメソッドによるDIのサンプルプログラムを示します。

●コード5-19 Producerメソッドを実装したCDI管理Bean(BarProducer)

```
@Dependent
public class BarProducer {
    @Produces @Named("bar") // ❶
    public static Bar getBar() {
        if (....) { // 動的に決まる何らかの値にしたがって分岐する ❷
            return new BarBean1();
        } else {
            return new BarBean2();
        }
    }
}
```

●コード5-20　インジェクション先CDI管理Bean（FooBean）

```
@Dependent
public class FooBean {
    // インジェクションポイント
    @Inject @Named("bar")
    private Bar bar; // ❸
    ........
}
```

BarProducerクラス（コード5-19）のgetBarメソッドがProducerメソッドとなるため、@Producesアノテーションを付与しています❶。getBarメソッド内では、動的に決まる何らかの値にしたがって、返すBarインスタンスの実装クラスを切り替えます❷。このメソッドから返されたBarインスタンスは、FooBean（コード5-20）のbarフィールド❸にインジェクションされます。

またProducerメソッドを利用すると、CDI管理Beanではない任意のインスタンスをインジェクション対象とすることもできます。たとえば任意のCDI管理BeanにProducerメソッドを以下のように定義すると、戻り値となるロガー※33のインスタンスをインジェクション対象にできます。

```
@Produces
public static Logger getLogger(InjectionPoint ip){
    return Logger.getLogger(ip.getMember().getDeclaringClass());
}
```

このロガーのインスタンスは、別のCDI管理Beanにおいて、以下のように@Injectアノテーションによってインジェクションすることができます。このようにすると、各CDI管理Beanにおけるロガーの取得方法を共通化できます。

```
@Inject
private Logger logger;
```

■Producerフィールド

Producerフィールドは、@Producesアノテーションが付与されたフィールドをインジェクション対象とするものです。たとえば任意のCDI管理BeanにProducerフィールドを以下のように定義すると、Java EEコンテナからインジェクションされたデータソース（DataSourceインタフェース）を、さらに別のCDI管理Beanへのインジェクション対象にできます。

```
@Produces @Resource(lookup = "JNDI名")
private DataSource ds;
```

このデータソースのインジェクションポイントは、以下のように@Injectアノテーション「のみ」の記

※33　Log4Jなどのライブラリによって提供されるロガーを想定。

述となります。このようにすると、様々なリソースオブジェクトのJNDI名を1つのCDI管理Beanに集約することができます。

```
@Inject
private DataSource ds;
```

5.4.5 テスト容易性の向上

■Java EEコンポーネントの単体テスト

Java EEによるエンタープライズアプリケーション開発では通常、単体テストはJUnit[※34]などのテスティングフレームワークを利用して、Java SE環境で実施します。CDI管理Beanだけではなく、EJBのクラス、エンティティクラス(JPA)、Webリソースクラス(JAX-RS)、サービス実装クラス(JAX-WS)など、Java EEの主要なコンポーネントはいずれもPOJOであるため、Java SE環境で動作させることができます。Java EEコンポーネントのメタ情報はアノテーションによって記述されますが、Java SE環境ではこれらは解釈されません(図5-10)。

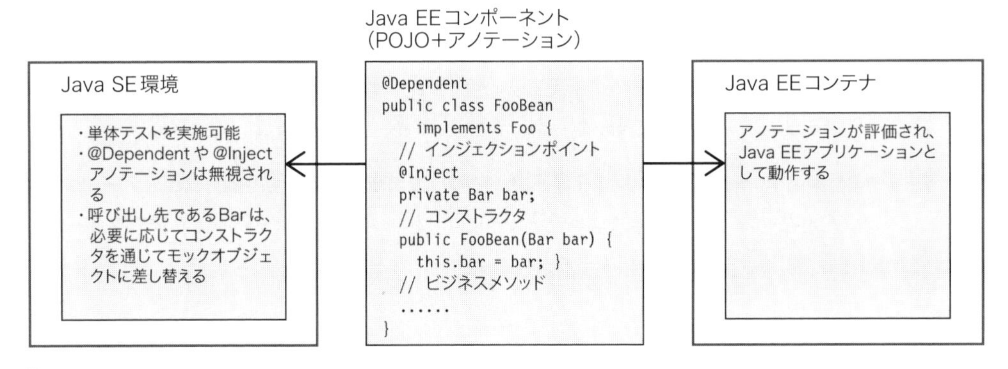

●図5-10 Java EEコンポーネントと実行環境

■DIとモックオブジェクト

ここでは5.4.1項で示した3つのクラスの中から、FooBean(コード5-17)を単体テストするための方法を説明します。DIを利用することによって、FooBeanからBarBeanへの依存性を弱めることはできましたが、FooBeanを単体テストする(Java SE環境で動作させる)ためには、何らかの方法でBarインスタンスを取得する必要があります。この問題を解決するために、モックオブジェクトを利用します。モックオブジェクトとは、「本物」のインスタンスの代わりに用意された「偽物」のインスタンスのことです。

まずBarBeanのモックオブジェクトとして、BarBeanと同じBarインタフェースをimplementsしたMockBarを用意します。

※34 http://junit.org

◉コード5-21　BarBeanのモックオブジェクト（MockBar）

```
public class MockBar implements Bar {
    // ビジネスメソッド
    public int doBusiness(int param) {
        // Fooが単体テストを実施しやすくなるように実装する
        // ここでは常に10を返す
        return 10;
    }
}
```

次に、FooBeanを対象とするJUnitのテストクラスを作成します。

◉コード5-22　FooBeanを対象とするJUnitのテストクラス

```
public class FooBeanTest {
    @Test
    public void testDoBusiness() throws Exception {
        // Barのモックオブジェクトを生成する ❶
        Bar bar = new MockBar();
        // Fooインスタンスを生成する ❷
        Foo foo = new FooBean(bar);
        // テスト対象メソッドを呼び出す ❸
        int answer = foo.doBusiness(3);
        // 結果を検証する
        TestCase.assertEquals(20, answer);
    }
}
```

このクラスのテストメソッドでは、まずFooBeanが依存しているBarのインスタンスを生成する必要がありますが、このときBarのモックオブジェクト（MockBar、コード5-21）を生成するようにします❶。そして生成したインスタンスを、FooBeanのコンストラクタに渡してFooインスタンスを生成します❷。これでFooBeanのbarフィールドに、MockBarのインスタンスがセットされたことになります。FooBeanではインタフェースであるBar型のインスタンスを受け取っているため、MockBarのインスタンスがセットされたとしても、そのように偽装されていることに気がつきません。この状態でテスト対象メソッドであるdoBusinessメソッドを呼び出す❸と、テストしやすいように偽装されたMockBar（偽物）が呼び出されるため、BarBean（本物）がなくても単体テストを実施できます。

このようにDIを利用すると、テストクラス上で依存先クラスの実装をモックオブジェクトに差し替えることが可能になるため、単体テストの容易性が大きく向上します。

■CDIの@Alternativeアノテーション

CDIでは、@Alternativeアノテーションを管理Beanに付与することによって、デプロイ時に柔軟にインジェクションする実装クラスを切り替えることができます。Java SE環境における単体テストにおけるモックオブジェクトへの差し替え方法は前述した通りですが、@Alternativeアノテーションを利用すると、Java EE環境における結合テストにおいても、モックオブジェクトへの差し替えが可能になります。例として、前述したモックオブジェクト（コード5-21）にCDI管理Beanであることを表すアノテーション（ここでは@RequestScoped）を付与し、同時に@Alternativeアノテーションも付与します。

```
@RequestScoped
@Alternative
public class MockBar implements Bar { .... }
```

次にCDIの設定ファイル（beans.xml）に、以下のようにモックオブジェクトのクラス名（FQCN）を記述します。

```
<alternatives>
  <class>jp.mufg.it.ee.cdi.mocking.MockBar</class>
</alternatives>
```

この設定ファイルを適用すると、インジェクションする実装クラスを定義したモックオブジェクトに差し替えることができます。ビルドを工夫して設定ファイルを入れ替えるようにするだけで、本番環境では「本物」(BarBean）を、テスト環境ではモックオブジェクト（MockBar）をインジェクションすることができるようになり、結合テストの柔軟な運用が可能になります。

5.4.6 カンバセーションスコープ

カンバセーションスコープとは、アプリケーションが任意のタイミングでスコープの開始と終了を指定できるスコープで、会話スコープとも呼ばれています。主に複数画面から構成される対話形式のWebアプリケーションにおいて、リクエストスコープよりも大きくセッションスコープよりも小さいスコープとして、クライアントとの会話情報を保持するために利用します。

カンバセーションスコープは、カンバセーションIDによって識別されます。カンバセーションIDはクッキー単位ではなくWebブラウザのウィンドウ単位で発行されるため、マルチウィンドウの対策としても有効です（4.7.3項)。またカンバセーションスコープはひとたび終了すると、当該のカンバセーションIDによるクライアントとの会話は継続できなくなるため、Webブラウザ上の戻るボタンや更新ボタン押下による不正な更新リクエスト対策としても効果があります（4.8.2項)。

4.5.1項では、JSFによるWebアプリケーションの例として「人員管理アプリケーション」を取り上げました。このWebアプリケーションでは「入力画面」→「確認画面」→「一覧表画面」と対話形式で画面が遷移し、それぞれの画面にはビュースコープを持つ3つのバッキングBean（コード4-17、コード4-19、コード4-21）が対応していました。これら3つのバッキングBeanを、カンバセーションスコープを持つ単一のバッキングBeanに置き換えると、コード5-23のようになります。このWebアプリケーションでは、入力が終わって「確認画面」に遷移するタイミングでカンバセーションを開始し、「確認画面」からデータの更新（人員の更新や追加）を行って「一覧表画面」に遷移するタイミングや、「戻る」ボタンによって「入力画面」に戻るタイミングでカンバセーションを終了するものとします。

◉コード5-23　カンバセーションスコープを持つバッキングBean

```
@ConversationScoped //❶
@Named("personConversation")
public class PersonConversationBean implements Serializable {
    // UIコンポーネントの値を保持するためのプロパティ
    ........
    // インジェクションポイント
    @Inject
    private PersonService personService;
    // インジェクションポイント
    @Inject
    private Conversation conversation; //❷
    // アクションメソッド（確認画面に遷移する）
    public String confirm() { //❸
        conversation.begin(); //❹
        return "PersonUpdatePage";
    }
    // アクションメソッド（人員を更新・追加する）
    public String updatePerson() { //❺
        if (person.getPersonId() != null) {
            personService.updatePerson(person);
        } else {
            personService.addPerson(person);
        }
        conversation.end(); //❻
        return "PersonTablePage";
    }
    // アクションメソッド（入力画面に戻る）
    public String back() { //❼
        conversation.end(); //❽
        return "PersonInputPage";
    }
    ........
}
```

このバッキングBean（CDI管理Bean）はカンバセーションスコープのため、@ConversationScopedアノテーションを付与します❶。そしてカンバセーションスコープの開始・終了をするために、Conversationをインジェクションによって取得します❷。

カンバセーションは、「確認画面」に遷移するためのアクションメソッドであるconfirmメソッド❸において開始します。開始するためには、インジェクションによって取得したConversationのbeginメソッドを呼び出します❹。このようにしてカンバセーションが開始されると、Java EEコンテナによってカンバセーションIDが発行され、当該のバッキングBeanのインスタンスが発行されたカンバセーションIDごとに管理されるようになります。仮にユーザが複数ウィンドウを立ち上げて並行して操作をしても、

confirmメソッド以降の処理（「確認画面」以降の処理）では、ウィンドウごとにカンバセーションIDが異なるため、データの不整合は発生しません。

カンバセーションは、データの更新（人員の更新や追加）を行うためのupdatePersonメソッド❺や、「入力画面」に戻るためのbackメソッド❼で終了します。カンバセーションを終了するためには、Conversationのendメソッドを呼び出します❻❽。

5.4.7 インターセプタによるAOP（動的ウィービング）

インターセプタとは、動的ウィービングによってAOPを実現するための仕組みとして、CDIやEJBの仕様で規定されたものです。インターセプタを利用すると、呼び出し元や呼び出し先クラスの実装をほとんど変更することなく、Aroundアドバイスとしてメソッド呼び出しの前後に任意の処理をウィービング（織り込む）ことが可能になります。

ここではFooBeanからBarBeanへの呼び出しにおいて、デバッグログを出力するためのインターセプタ（CDI）をウィービングする実装例を示します。ここでウィービングされる処理は、AspectJ（5.3.2項）のコード5-15とまったく同様です。

◉コード5-24　デバッグログを出力するためのインターセプタ

```
@Interceptor // ❶
public class LogInterceptor {
    // インターセプタメソッド
    @AroundInvoke // ❷
    public Object intercept(InvocationContext context) throws Exception { // ❸
        // 呼び出し先クラス名とメソッド名を取得し、出力する ❹
        String className =
                context.getMethod().getDeclaringClass().getSimpleName();
        String methodName = context.getMethod().getName();
        System.out.println("[ " + className + "#" +methodName + " ]");
        // 引数を取得し、出力する ❺
        Object[] params = context.getParameters();
        if (params != null) {
            for (Object param: params) System.out.println("param ---> " + param);
        }
        // 呼び出し対象のメソッドを実際に呼び出し、戻り値を受け取る ❻
        Object retVal = context.proceed();
        // 戻り値を出力する ❼
        System.out.println("return ---> " + retVal);
        // 戻り値を返す ❽
        return retVal;
    }
}
```

CDIのインターセプタは独立したクラスとして作成し、@Interceptorアノテーションを付与します❶。ウィービングされる処理は、interceptメソッド❸のようなシグニチャを持つ任意のメソッドに実装し、このメソッドに対して@AroundInvokeアノテーションを付与します❷。

interceptメソッドでは、引数として渡されるInvocationContextのAPIを利用して処理を行います。ここではまず呼び出し先クラス名とメソッド名を取得し、出力しています❹。次にメソッドに渡された引数を取得し、同じく出力します❺。次に呼び出されたメソッドを実際に呼び出し、戻り値を受け取ります❻。受け取った戻り値を出力し❼、最後に呼び出し元に返却します❽。

このようにして作成したインターセプタをBarBeanのメソッド呼び出しに適用するためには、BarBeanを以下のように修正します。

```
@RequestScoped
@Interceptors(LogInterceptor.class)
public class BarBean implements Bar { .... }
```

このようにBarBeanに@Interceptorsアノテーションを付与し、コード5-24で示したインターセプタのClassオブジェクトを指定します。この状態でBarBeanのメソッドを呼び出すと、指定したインターセプタが適用され、デバッグログが出力されます（図5-11）。なおこのインターセプタは、BarBean以外の任意のCDI管理Beanに対しても適用できます。

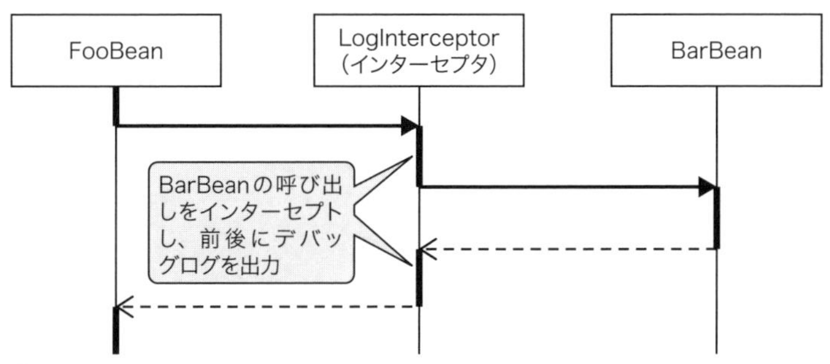

●図5-11　インターセプタによるデバッグログ出力のウィービング

5.5　下位レイヤから上位レイヤの呼び出し

3.1.1項では、ソフトウェアのレイヤ化について説明しました。レイヤ化とは、規模の大きなソフトウェアをいくつかの「層」に分割することを表します。レイヤ化には、"（上位）アプリケーション→フレームワーク→ミドルウェア→OS（下位）"といった具合に、ソフトウェア全体を階層構造化することを指す場合もあれば、"（上位）プレゼンテーション層→ビジネス層→インテグレーション層（下位）"といった具合に、アプリケーションを機能や責務に応じて分割することを指す場合もありますが、いずれにしてもレイヤ化の設計においては、下位レイヤから上位レイヤへの依存は極力回避しなければなりません。

しかしながらレイヤ化されたソフトウェアにおいて、下位レイヤから上位レイヤへの呼び出しが必要になる場合があります。フレームワークからアプリケーションを呼び出すケースが、その典型です。このようなときに以下のような設計パターンを利用すると、下位レイヤは上位レイヤに依存することなく、上位レイヤを呼び出すことが可能になります。

・①：Observerパターン　　　　… 5.5.1項
・②：Plugin Factoryパターン　… 5.5.2項

5.5.1 Observerパターン

■Observerパターンとは

Observerパターン[GoF]とは、何らかのイベントを監視し、イベントの発生を契機に特定の処理を行うためのデザインパターンです。

Observerパターンには、いくつかの責務を持ったクラスが登場しますが、まずはサブジェクトについて説明します。サブジェクトはイベントの発生元（監視対象）となるクラスで、イベントが発生すると、登録されたオブザーバ（後述）に対してイベントを一斉に通知します。

以下にサブジェクトの実装例を示します。ここではシングルトンとして実装しています。

●コード5-25　サブジェクト（Subject）

```
public class Subject {
    private static Subject subject = new Subject();
    public static Subject getInstance() {
        return subject;
    }
    private Subject() {}
    // フィールド（Observerを登録するためのコレクション）
    private List<Observer> observers = new ArrayList<Observer>();
    // Observerを登録する
    public synchronized void addObserver(Observer observer) { //❶
        observers.add(observer);
    }
    // イベントを一斉に通知する
    public synchronized void notifyObservers() { //❷
        Iterator<Observer> iterator = observers.iterator();
        while (iterator.hasNext()) {
            Observer observer = iterator.next();
            observer.onEvent("The event fired!"); //❸
        }
    }
}
```

addObserverメソッド❶は、後述するオブザーバを、プロパティとして保持するコレクションに登録するためのメソッドです。またnotifyObserversメソッド❷は、登録されたオブザーバをループ処理によって取り出し、個々のオブザーバのonEventメソッドを呼び出し❸てイベントを通知します。

次にオブザーバです。オブザーバは、サブジェクトで発生したイベントを受け取るためのインタフェースです。また具象オブザーバは、オブザーバを実装した具象クラスで、イベントを受け取って具体的な処理を行います。オブザーバは、リスナと呼ばれることもあります。

以下にオブザーバと具象オブザーバの実装例を示します。

◉コード5-26　オブザーバ（Observerインタフェース）

```
public interface Observer {
    void onEvent(String eventName); // 4
}
```

◉コード5-27　具象オブザーバ（ConcreteObserver1）

```
public class ConcreteObserver1 implements Observer {
    @Override
    public void onEvent(String eventName) { // 5
        // イベント発生時の処理
        ........
    }
}
```

まずObserverインタフェースでは、onEventメソッド4を定義します。

具象オブザーバであるConcreteObserver1クラスは、Observerインタフェースをimplementsし、onEventメソッドをオーバライドします5。

これでサブジェクトとオブザーバの準備ができましたので、Observerパターンにおける処理フローを見ていきましょう。Observerパターンの処理には、2つのフェーズがあります。まず最初のフェーズでは、このパターンの「利用者」が、以下のようにしてサブジェクトに複数の具象オブザーバのインスタンスを登録します（図5-12の第1フェーズ）。

```
Subject subject = Subject.getInstance();
subject.addObserver(new ConcreteObserver1()); // 1つ目の具象オブザーバ
subject.addObserver(new ConcreteObserver2()); // 2つ目の具象オブザーバ
```

次のフェーズでは、何らかの状態の変化を契機にサブジェクトのnotifyObserversメソッドを呼び出します。すると、登録された具象オブザーバに対してイベントが通知されます（図5-12の第2フェーズ）。

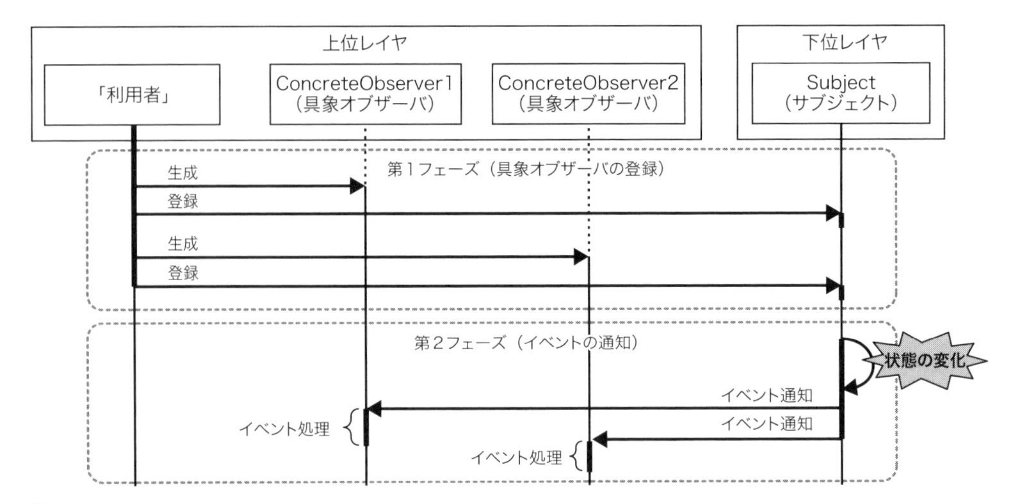

◎図5-12　Observerパターン

本来のObserverパターンは、汎用的なイベント通知の設計パターンですが、エンタープライズアプリケーションでは、フレームワークや共通ライブラリなどの下位レイヤから、具体的なユースケースを実装する上位レイヤへの呼び出しにこのパターンを適用すると効果的です。レイヤをObserverパターンの役割に当てはめると、サブジェクトとオブザーバ（インタフェース）が下位レイヤ、具象オブザーバと「利用者」が上位レイヤに相当します。上位レイヤにあたる「利用者」は、具体的なイベント処理を具象オブザーバとして実装し、下位レイヤにあたるサブジェクトに対して登録します。そして下位レイヤで何らかの状態の変化が発生すると、サブジェクトに登録された具象オブザーバに対して一斉にイベントが通知されます。このとき、下位レイヤであるサブジェクトはオブザーバ（インタフェース）で宣言されたメソッド（この例ではonEventメソッド）を呼び出しているだけであり、具体的なイベント処理の実装は意識しません。つまり下位レイヤから上位レイヤを、依存することなく呼び出していることになります。

なおJava EEでは、セッションリスナ（4.3.3項）などの機能において、Java EEコンテナ（下位レイヤ）からアプリケーション（上位レイヤ）への非依存での呼び出しに、このパターンを利用しています。またシングルページアプリケーションのMVxパターン（14.4.1項）でも、ビューがモデルを監視するために、このパターンを利用しています。

■CDIによるObserverパターン

CDIには、Observerパターンを汎用的に利用するための機能が備わっています。

まずサブジェクトは、CDI管理Beanとして実装します。以下にその例を示します。

◉コード5-28　サブジェクト（Subject）

```
@Dependant
public class Subject {
    // インジェクションポイント
```

```
    @Inject
    private Event<String> event; // ❶
    // イベントを通知する
    public void notifyObservers() { // ❷
        this.event.fire("The event fired!"); // ❸
        ........
    }
}
```

このCDI管理Beanでは、Eventクラス（CDIによって提供）のインスタンスを、インジェクションで取得しています❶。Eventは総称型になっており、任意の型を指定することができます。この型は、後述する具象オブザーバにおいて、イベントを受け取るメソッドの引数の型と合わせる必要があります。

サブジェクトとオブザーバの連携はCDIによって自動的に行われるため、オブザーバを登録するためのフィールドやメソッドを定義する必要はありません。notifyObserversメソッド❷は、イベントを通知するためのメソッドで、何らかの状態の変化を契機に呼び出すようにします。このメソッドでは、インジェクションによって取得したEventのfireメソッドを呼び出し❸、引数として総称型で指定した型（ここではString型）のインスタンスを渡しています。このようにすると、CDIの仕組みによってオブザーバに対してイベントが通知されます。

次にオブザーバです。CDIによるObserverパターンでは、オブザーバのためのインタフェースを用意する必要はなく、具象オブザーバをPOJOとして実装します。以下にその例を示します。

◉コード5-29　具象オブザーバ (ConcreteObserver1)

```
public class ConcreteObserver1 {
    public void onEvent(@Observes String eventName) { // ❹
        // イベント発生時の処理
        ........
    }
}
```

このように、任意のPOJOにイベントを引数として受け取るためのメソッド（メソッド名は任意）を定義し❹、引数には@Observesアノテーションを付与します。この例ではString型でイベントを受け取っていますが、この型はサブジェクトにおけるEventの総称型❺に合わせる必要があります。@Observesアノテーションが付与されたメソッドを持つクラスは、CDIによって自動的に具象オブザーバとして認識され、サブジェクトから通知されたイベントを受け取ることができます（図5-13）。

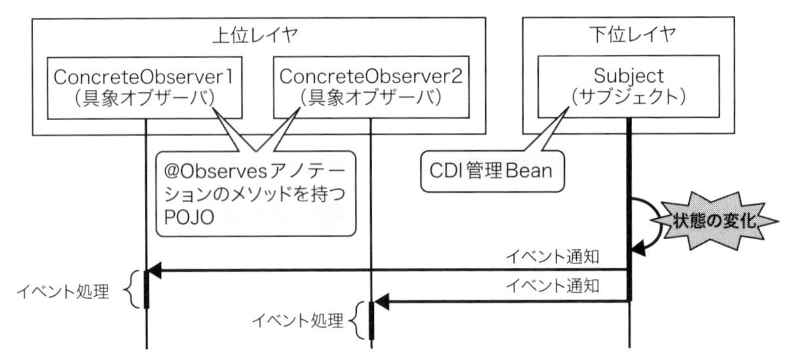

●図5-13　CDIによるObserverパターン

5.5.2 Plugin Factoryパターン

Plugin Factoryパターンは、PofEAAの中で紹介されているデザインパターンで、プラグインを実現するためのものです。プラグインとは、「後から追加可能な任意の処理」を表します。プラグインの特徴は、追加するときに、呼び出し元に変更を加える必要がない点にあります。

このパターンでは、まず以下のようなプラグインのインタフェースを用意します。

◉コード5-30　プラグインのインタフェース（Pluginインタフェース）

```
public interface Plugin {
    void doSomething();
}
```

具体的なプラグインは、上記インタフェースをimplementsして作成します。

◉コード5-31　具象プラグイン（FooPlugin）

```
public class FooPlugin implements Plugin {
    @Override
    public void doSomething() { .... }
}
```

◉コード5-32　具象プラグイン（BarPlugin）

```
public class BarPlugin implements Plugin {
    @Override
    public void doSomething() { .... }
}
```

このようにして作成した具象プラグインを管理するために、プラグインファクトリを作成します。以下にその実装例を示します。ここではシングルトンとして実装しています。

●コード5-33　プラグインファクトリ（PluginFactory）

```
public class PluginFactory {
    private static PluginFactory instance = new PluginFactory();
    public static PluginFactory getInstance() {
        return instance;
    }
    private PluginFactory() {}
    // フィールド（プラグインを登録するためのマップ型変数）❶
    private Map<String, Plugin> pluginMap;
    // プラグインを返す
    public Plugin getPlugin(String pluginName) throws Exception {
        synchronized (this) {
            if (pluginMap == null) {
                // リフレクションによって具象プラグインのインスタンスを生成し、
                // 名前を付けてマップ型変数に格納する
                pluginMap = new HashMap<String, Plugin>();
                Class<?> clazz1 = Class.forName("jp.mufg.it.plugin.FooPlugin"); //❷
                Plugin fooPlugin = (Plugin)clazz1.newInstance();
                pluginMap.put("foo", fooPlugin);
                Class<?> clazz2 = Class.forName("jp.mufg.it.plugin.BarPlugin"); //❸
                Plugin barPlugin = (Plugin)clazz2.newInstance();
                pluginMap.put("bar", barPlugin);
            }
        }
        return pluginMap.get(pluginName);
    }
}
```

このクラスには、まずプラグインに名前（プラグイン名）を付けて登録するためのマップ型変数❶を定義します。具象プラグインのインスタンスは、クラス名（文字列）からリフレクションによって生成し❷❸、ぞれぞれプラグイン名を付けてマップ型変数❶に登録します。通常、クラス名とプラグイン名はプロパティファイルやXMLファイルなどの設定ファイルに定義しますが、上記コードでは便宜上、直接Javaコード上に記述しています。

具象プラグインを呼び出すためには、まず以下のようにしてプラグインファクトリから、プラグイン名を引数に具象プラグインのインスタンスを取得します。各プラグインは、必ずPluginインタフェースをimplementsしているため、Plugin型で受け取ることができます。

```
PluginFactory pluginFactory = PluginFactory.getInstance();
Plugin plugin = pluginFactory.getPlugin(pluginName);
```

取得した具象プラグイン（Pluginインスタンス）のメソッドを以下のようにして呼び出すと、プラグインの具体的な処理が実行されます。

```
plugin.doSomething();
```

このようにPlugin Factoryパターンでは、リフレクションを利用することによって、設定ファイルへの記述を追加するだけで、呼び出し元の実装に手を加えることなく新しいプラグインを追加することができます。

エンタープライズアプリケーションでは、Observerパターンと同様に、下位レイヤから上位レイヤへの呼び出しが必要な場合にこのパターンを利用します。Observerパターンは、上位レイヤが、呼び出して欲しい処理をAPIによって下位レイヤに登録します。一方でPlugin Factoryパターンは、上位レイヤが、呼び出して欲しい処理を具象プラグインとして実装し、設定ファイルとリフレクションによって下位レイヤからの呼び出しを可能にします。

第6章　ビジネス層の設計パターン

6.1　ビジネス層の設計パターン

6.1.1　ビジネス層の概要

■ビジネス層とは

ビジネス層は、プレゼンテーション層やサービスインタフェース層から受け取った入力値をもとに、ビジネスロジックを実行するレイヤです。一連の手順にしたがって、ビジネスルールのチェックや既存データとの整合性のチェックなどを行います。またインテグレーション層（RDBアクセスや他システム連携）のために、入力値を適切に整形したり変換します。最終的にはビジネスロジックの結果をもとに出力データを生成し、プレゼンテーション層やサービスインタフェース層に返却します。

この章では、ビジネスロジックを構築するための様々な設計パターンを取り上げます。なおビジネス層の重要な役割の一つにトランザクション管理がありますが、これについては第7章で説明します。

■Domain ModelパターンとTransaction Scriptパターン

ビジネス層の設計パターンは大きく、Domain Modelパターン[PofEAA]とTransaction Scriptパターン[PofEAA]に分かれます。

Domain Modelパターンは、本来的なオブジェクト指向設計の原則にしたがい、1つのクラスの中に状態（フィールド）と振る舞い（メソッド）を実装するパターンです。このようにして作成したクラス（オブジェクト）を、ドメインオブジェクトと呼びます。ドメインとは、当該のエンタープライズアプリケーションが対象とする「業務領域」のことです※35。ドメインオブジェクトは、業務要件における「名詞」から抽出し、クラス図によってモデリングします。たとえば「ネットショップシステム」（後述のサンプルアプリケーション）に登場する「会員」や「取引」はドメインオブジェクトです。「会員」クラスは「氏名」や「クレジットカード番号」、「ポイント」などの状態を持ち、同時に「ポイントを加算する」といった振る舞いも保持します。またこのパターンでは、ドメインオブジェクト同士が関連や継承といった関係性を持ち、ポリモーフィズム（多態性）というオブジェクト指向設計の最大の利点を駆使して開発を行います。たとえば「一般会員」や「ゴールド会員」がある場合、「会員」としての共通的な属性はスーパークラスに実装し、「一般会員」や「ゴールド会員」ならではの属性はサブクラスに実装することになるでしょう。

一方Transaction Scriptパターンは、状態（フィールド）を保持するクラスと、振る舞い（メソッド）

※35　ビジネス層のことをドメイン層と呼ぶこともある。

を持つステートレスなクラスとを分離して別々に実装するパターンです。たとえば「ネットショップシステム」の場合は、「会員」クラスは「氏名」や「クレジットカード番号」、「ポイント」などの状態のみを持ちます。このクラスとは別にステートレスな「注文サービス」クラスを作成し、「注文する」メソッドの中に、「ポイントを加算する」といったビジネスロジックを実装します。このようにTransaction Scriptパターンでは状態と振る舞いを分離することから、オブジェクト指向設計が登場する以前に普及した「手続き型プログラミング」の設計思想を踏襲したパターンと言えるでしょう。

6.1.2 サンプルアプリケーション「ネットショップシステム」の業務要件

Domain ModelパターンおよびTransaction Scriptパターンの特徴を具体的に説明するために、サンプルアプリケーションとして「ネットショップシステム」を取り上げます。このシステムは、インターネット経由で商品を購買できるECサイト用のシステムで、以下のような要件があるものとします。

会員には「一般会員」と「ゴールド会員」がある

・「一般会員」は、1回の利用限度額が10万円である
・「ゴールド会員」は、1回の利用限度額が30万円で、ポイントが2倍加算される

ユースケースには「注文」と「返品」がある

・「注文」は、購入金額が5000円以上で送料は無料となる。5000円未満の場合は、遠隔地は1300円、それ以外は一律700円の送料を顧客が負担する
・「返品」は、購入金額に関わらず、「注文」と同様に遠隔地は1300円、それ以外は一律700円の送料（返送料）を顧客が負担する

この「ネットショップシステム」をDomain Modelパターン、Transaction Scriptパターン、それぞれで構築します。どちらのパターンでも上記要件を充足したシステムを構築することはできますが、両者には以下のような観点で違いがあり、トレードオフの関係になっています。

・要件から設計・実装への落とし込みのプロセスやその難易度
・共通的な処理の実現方法
・システムを構築した後の保守性や拡張性

次項以降では、上記の観点による両パターンの特徴を実装例にもとづいて説明します。

6.2 Transaction Scriptパターンによるビジネスロジック構築

6.2.1 Transaction Scriptパターンの処理フロー

Transaction Scriptパターンの全体的な処理フローを図6-1に示します。

プレゼンテーション層は、ユーザから受け付けた入力値をDTO（フィールド+アクセサのみを保持す

るクラス）としてオブジェクト化し、ビジネス層に渡します。Transaction Scriptパターンにおいて振る舞いを表すクラス（ビジネスロジックを実装するクラス）を、本書では「ビジネスクラス」と呼称します。Java EEによる実開発では、ビジネスクラスはCDI管理Beanとして実装し、メソッドの引数や戻り値にはDTOを使用します。ビジネスクラスは受け取ったDTOに対して様々な処理を行い、その後データアクセス層を呼び出します。Transaction Scriptパターンでは、データアクセス層にはTable Data Gatewayパターン（8.2.1項）を採用し、DAOを経由して対象テーブルへのアクセスを行うケースが一般的です。DAOはJava EEによる実開発ではCDI管理Beanとして実装し、メソッドの引数や戻り値にはDTOを使用します。DAOはビジネスクラスからDTOを受け取ったら、SQLを発行してDTOの値をテーブルに書き込みます。またDAOはテーブルから既存データを読み込み、DTOとしてオブジェクト化してビジネスクラスに返却します。ビジネスクラスでは取得したDTOに対して様々な処理を行い、プレゼンテーション層に返却します。プレゼンテーション層では受け取ったDTOをクライアント技術に適したフォーマットに変換し、ユーザに返却します。このようなTransaction Scriptパターンの処理フローは、「DTOを媒介としたパイプライン処理」と考えることができるでしょう。

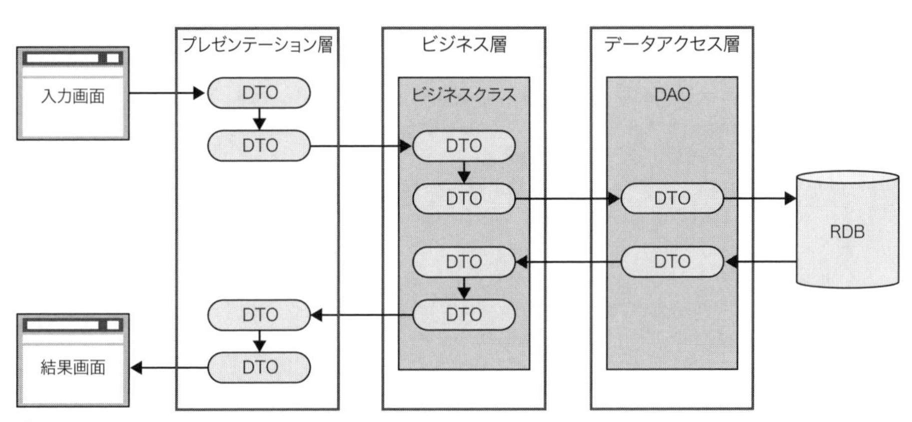

●図6-1　Transaction Scriptパターンの処理フロー

6.2.2　Transaction Scriptパターンにおけるサンプルアプリケーション構築

ここではサンプルアプリケーション「ネットショップシステム」を、Transaction Scriptパターンで構築します。以下に登場する主なクラスを示します。

ビジネスクラス

- OrderService　… 注文サービス（コード6-1）
- ReturnService　… 返品サービス（コード6-5）

DTO

- OrderTransactionDTO　… 注文取引DTO（コード6-2）
- OrderDetailDTO　… 注文詳細DTO（コード6-3）
- CustomerDTO　… 会員DTO（コード6-4）

・ProductDTO　　　　　… 商品DTO
・ReturnTransactionDTO … 返品取引DTO（コード6-6）

DAO

・CustomerDAO　　　　… 会員テーブルDAO
・OrderTransactionDAO … 注文取引テーブルDAO
・ReturnTransactionDAO … 返品取引テーブルDAO

■「注文サービス」

「注文サービス」を実現するために必要な主なクラスを、順に見ていきましょう。

●コード6-1　注文サービス (OrderService)

```
public class OrderService {
    // CustomerDAO（実際にはインジェクションで取得する想定）
    private CustomerDAO customerDAO;
    // OrderTransactionDAO（実際にはインジェクションで取得する想定）
    private OrderTransactionDAO orderTransactionDAO;
    // ビジネスメソッド（注文する）
    public void placeOrder(OrderTransactionDTO orderTransaction) // ❶
            throws BusinessException {
        // DAOを呼び出して会員DTOを取得する ❷
        Integer customerId = orderTransaction.getCustomerId();
        CustomerDTO customer = customerDAO.findCustomer(customerId);
        // 購入金額の限度額チェックを行う                                  ─┐
        if (customer.getCustomerType().equals(1)) {
            // 一般会員の場合は10万円超で限度額オーバー
            if (100000 < orderTransaction.getTotalPrice()) {
                throw new BusinessException("限度額オーバー");
            }
        } else if(customer.getCustomerType().equals(2)) {                 ❸
            // ゴールド会員の場合は30万円超で限度額オーバー
            if (300000 < orderTransaction.getTotalPrice()) {
                throw new BusinessException("限度額オーバー");
            }
        } else {
            // ありえない条件分岐（例外送出）
        }                                                                 ─┘
        // ポイントを計算して加算する                                      ─┐
        Integer point = orderTransaction.getTotalPrice() / 10;
        if (customer.getCustomerType().equals(1)) {
            // 一般会員の場合はポイントをそのまま加算する
            customer.setPoint(customer.getPoint() + point);                 ❹
        } else if(customer.getCustomerType().equals(2)) {
            // ゴールド会員の場合はポイントを2倍して加算する
            customer.setPoint(customer.getPoint() + point * 2);
        } else {
```

```
            // ありえない条件分岐（例外送出）
        }
        // DAOを呼び出してCUSTOMERテーブル(ポイントのみ)を更新する 5
        customerDAO.updatePoint(customer);
        // 送料を計算する
        // 購入金額が5000円以上かどうかを判定する
        if (5000 <= orderTransaction.getTotalPrice()) {
            // 購入金額が5000円以上だったら送料無料
            orderTransaction.setDeliveryCharge(0);
        } else {
            // 購入金額が5000円未満の場合に発生する送料を計算する 7
            // 遠隔地かどうかを判定
            if (Util.isRemoteLocation(customer.getAddress())) {          6
                // 遠隔地のケース
                orderTransaction.setDeliveryCharge(1300);
            } else {
                // 遠隔地以外のケース
                orderTransaction.setDeliveryCharge(700);
            }
        }
        // DAOを呼び出してORDER_TRANSACTIONテーブルに挿入する 8
        orderTransactionDAO.persist(orderTransaction);
    }
}
```

◉コード6-2　注文取引DTO (OrderTransactionDTO)

```
public class OrderTransactionDTO {
    // フィールド
    private Integer orderId; // 注文ID
    private Integer customerId; // 会員ID
    private Date orderDate; // 注文日
    private List<OrderDetailDTO> orderDetails; // 注文詳細のリスト
    private Integer totalPrice; // 総額
    private Integer deliveryCharge; // 送料
    // コンストラクタ
    ........
    // アクセサメソッド
    ........
}
```

◉コード6-3　OrderDetailDTO (注文詳細DTO)

```
public class OrderDetailDTO {
    // フィールド
    private Integer orderId; // 注文ID
    private Integer orderDetailId; // 注文詳細ID
    private Integer productId; // 商品ID
    private Integer count; // 注文数
```

```
    // コンストラクタ
    ........
    // アクセサメソッド
    ........
}
```

◉コード6-4　CustomerDTO（会員DTO）

```
public class CustomerDTO {
    // フィールド
    private Integer customerId; // 会員ID
    private String customerName; // 会員名
    private Integer customerType; // 会員種別
    private String address; // 住所
    private Integer point; // ポイント
    // コンストラクタ
    ........
    // アクセサメソッド
    ........
}
```

OrderServiceクラス（コード6-1）は状態を保持しないステートレスなクラスです。このクラスのplaceOrderメソッド❶には、「注文する」というユースケースの要件にしたがってビジネスロジックを実装します。このメソッドには、プレゼンテーション層から注文取引の入力値を保持するDTO（OrderTransactionDTO、コード6-2）が引数として渡されます。まずOrderTransactionDTOの値をもとに、CustomerDAOによってこの注文取引の会員を表すDTO（CustomerDTO、コード6-4）を取得します❷。Java EEによる実開発では、OrderServiceクラスもCustomerDAOもCDI管理Beanとなり、CustomerDAOのインスタンスはインジェクションによって取得することになりますが、ここではその処理は省略します。取得したCustomerDTOをもとに、会員の種別に応じて購入金額の限度額チェックを行います❸。次に会員の種別に応じて購入金額からポイントを計算し❹、CustomerDAOによってCUSTOMERテーブルのポイントを更新します❺。次に送料を計算します❻が、送料は購入金額が5000円未満の場合に、遠隔地かどうかによって値が変わります❼。最後に注文取引テーブルを更新して❽、処理を終えます。

■「返品サービス」

次に、「返品サービス」を実現するために必要な主なクラスについて説明します。

◉コード6-5　返品サービス（ReturnService）

```
public class ReturnService {
    // ReturnTransactionDAO（実際にはインジェクションで取得する想定）
    private ReturnTransactionDAO returnTransactionDAO;
    // ビジネスメソッド（返品する）
```

```
    public void returnProduct(ReturnTransactionDTO returnTransaction) { //❾
        // 会員を取得する
        CustomerDTO customer = ....;
        // 返品する商品を取得する
        ProductDTO product = ....;
        // 送料（返送料）を計算する                                          ┐
        // 遠隔地かどうかを判定                                              │
        if (Util.isRemoteLocation(customer.getAddress())) {                  │
            // 遠隔地のケース                                                │
            returnTransaction.setDeliveryCharge(1300);                       ├❿
        } else {                                                             │
            // 遠隔地以外のケース                                            │
            returnTransaction.setDeliveryCharge(700);                        │
        }                                                                    ┘
        // DAOを呼び出してRETURN_TRANSACTIONテーブルに挿入する
        returnTransactionDAO.persist(returnTransaction);
    }
}
```

◉コード6-6　返品取引DTO (ReturnTransactionDTO)

```
public class ReturnTransactionDTO {
    // フィールド
    private Integer returnId; // 返品ID
    private Integer customerId; // 会員ID
    private Date returnDate; // 返品日
    private Integer productId; // 返品対象の商品ID
    private Integer deliveryCharge; // 送料（返送料）
    private Integer originalOrderId; // 元となった注文ID
    // コンストラクタ
    ........
    // アクセサメソッド
    ........
}
```

ReturnServiceクラス（コード6-5）もOrderServiceクラスと同様に、状態を保持しないステートレスなクラスです。このクラスのreturnProductメソッド❾に、「返品する」というユースケースの要件にしたがってビジネスロジックを実装します。このメソッドには、プレゼンテーション層から返品取引の入力値を保持するDTO（ReturnTransactionDTO、コード6-6）が引数として渡されます。具体的なビジネスロジックの内容については、コード内に記載されたコメントを参照してください。

6.2.3 Transaction Scriptパターンの課題

6.2.2項で説明したサンプルアプリケーションをもとに、Transaction Scriptパターンの利点と課題を整理してみましょう。Transaction Scriptパターンは、ユースケースにしたがってビジネスロジックを構築していくシンプルな設計手法なため、わかりやすく、技術的な難易度が比較的低い点が大きな利点です。その一方で、以下のような課題がある点を認識する必要があります。

■ビジネスロジックの共通化

このサンプルアプリケーションでは、ユースケース「注文する」において購入金額が5000円以上の場合に発生する送料の計算ロジック❼と、ユースケース「返品する」における返送料の計算ロジック❿とでは、「遠隔地かどうかに応じて料金が決まる」という点で処理が同じでした。したがって、遠隔地かどうかの判定ロジックをユーティリティクラス（Utilクラス）にすることで、処理を共通化しています。ユーティリティクラスとは5.1.3項で取り上げたように、インスタンスの状態とは無関係な汎用的な手続きを1ヵ所にまとめたクラスで、状態を持ちません。ユーティリティクラスは汎用的である必要があり、様々なビジネスロジックから共通的に利用することが目的ですので、たとえばOrderTransactionDTOなど特定のDTOを渡すことはできません。

このようにTransaction Scriptパターンでは、同じようなビジネスロジックを共通化するための方式には、ユーティリティクラスを含めて以下のような戦略があります。

- 同一のクラス内の複数メソッドの間で同じような処理があった場合
  → 当該クラスのprivateメソッドに実装する
- 同一のDTOを引数に取るような比較的役割が近い複数クラス間で同じような処理があった場合
  → 当該の複数クラスのスーパークラスを作成し、そのメソッド（通常はprotected）に実装する
- 様々なユースケースの複数クラス間で同じような処理があった場合
  → ユーティリティクラスを作成し、そのメソッド（通常はpublic）に実装する

ただしアプリケーションの規模が大きくなればなるほど、同じようなビジネスロジックを見つけること自体が難しくなります。それらをどういった戦略でどのように共通化するのかという点についても、個々の開発者の裁量に委ねられてしまう傾向が出てきます。このようにTransaction Scriptパターンには、ビジネスロジックの共通化という点で課題があり、ややもすると「似て非なるロジック」が散在してしまう可能性があるため、十分な注意が必要です。

■ビジネスロジックのクラス分割方針

Transaction Scriptパターンでは、1つのユースケースがビジネスクラスの1つのメソッドに対応します。前述したサンプルアプリケーションでは、ユースケース「注文する」に対してはOrderServiceクラスのplaceOrderメソッドが、「返品する」に対してはReturnServiceクラスのreturnProductメソッドが、それぞれ対応しています。

基本的にビジネスロジック（振る舞い）はステートレスなクラスに実装するので、ビジネスメソッドの実装方針に技術的な制約はなく、たとえばplaceOrderメソッドとreturnProductメソッドを同じクラスに実装することも可能です。通常ビジネスロジックは、ビジネス的に「意味のあるまとまった単位」で分割することが一般的ですが、アプリケーション開発チームの担当割りに応じてクラスを分けるような

ケースも実際には多いでしょう。ただし論理的な整合性ではなく、開発チームの事情にもとづいてクラスを分割すると様々な歪みが生じる可能性があります。たとえば前述した「ビジネスロジックの共通化」を行う過程で、「このクラスとこのクラスは1つにまとめてしまった方がよいのでは?」といった迷いが生じてしまうこともあるでしょう。論理的な整合性を欠いているがゆえに、設計に一貫性がなくなってしまう可能性があるのです。

■機能拡張への対応

このサンプルアプリケーションに対して、新たな要件として「プラチナ会員」という種別が増えたとき、どのような対応が必要になるかを考えてみましょう。このアプリケーションの会員には「一般会員」、「ゴールド会員」があり、1回の利用限度額やポイントの加算方式に違いがありますが、「プラチナ会員」は「ゴールド会員」のさらに上位の位置付けとなるため、1回の利用限度額は100万円、ポイント加算は3倍計算になるものとします。

この要件に対応するためには、OrderServiceクラス(コード6-1)のplaceOrderメソッドの修正が必要です。具体的には注文金額の限度額チェック❸において、新しい会員種別である「プラチナ会員」であることを判別するために条件分岐(else if句)を追加します。またポイントを計算して加算する処理❹でも同様に、条件分岐(else if句)を追加する必要があります。このサンプルアプリケーションに限ると影響範囲は局所的かもしれませんが、実際の開発ではアプリケーション全体の中から同じように「会員種別に応じて条件分岐しているロジック」を注意深く見つけ出し、それぞれ対応する必要があります。

このようにTransaction Scriptパターンでは、機能拡張が必要なときに影響が広範囲に渡ってしまい、対応工数が膨らんでしまう可能性があります。拡張性の観点では、後述するDomain Modelパターンの方に優位性があると言えるでしょう。

6.3 Domain Modelパターンによるビジネスロジック構築

6.3.1 Domain Modelパターンの概要

本書では、Domain Modelパターンの解説にあたり書籍『Domain-Driven Design』(DDD、1.5節)のエッセンスを取り上げます。DDDでは、ドメインオブジェクトの構成要素には、Entity※36、Value Object、Domain Service※37の3つの種類があると定義されています。

■EntityとValue Object

業務要件における「名詞」から抽出されたドメインオブジェクトは、EntityかValue Objectのどちらかにマッピングされることになります。

Entityとは、「顧客」や「注文取引」など、同一性を持ち、何らかのID(識別子)によって識別され

※36 本書ではDDDにおけるエンティティを、一般的な意味として使われるエンティティと識別するために、Entityと英字表記にする。

※37 DDDでは単なる「Service」と呼ばれているが、一般的な意味として使われるServiceと識別するために、本書ではDomain Serviceと呼称する。

る概念を表すオブジェクトです。一方Value Objectとは、「金銭」や「色」など同一性を持たない概念を表すオブジェクトです。

ある名詞がEntityなのかValue Objectなのかは、アプリケーションの要件次第です。たとえば「ネットショップシステム」では、「住所」という概念は顧客の特性を表す一属性に過ぎないため、Value Objectになります。仮にAliceとFrank、2人の顧客の住所が同じ（家族のため）であったとしても、業務要件上は何ら問題はありません。一方、賃貸物件を管理するシステムの場合、「住所」という概念は業務の対象そのものであり、同一性を持つためEntityとなります。

Value Objectは状態を変更する必要がないため、イミュータブルオブジェクトとして実装することが一般的です。また再利用性向上のために、様々なEntityに埋め込む形で利用します。たとえば販売管理アプリケーションでは、「顧客」の他に「取引先」というEntityがあるものとします。「顧客」であっても「取引先」であっても「住所」という概念は同一であると考えられる場合、「住所」をValue Objectとして両Entityに埋め込んで再利用します。

なおJava EEにおける実開発では、EntityはJPAのエンティティクラス、Value ObjectはJPAのエンベッダブルクラスとして実装します。

■Domain Service

Domain Serviceとは、ドメインオブジェクトの構成要素のうち、何らかの振る舞いのみを表すオブジェクトで、通常はステートレスとなります※38。ドメインオブジェクトのモデリングでは、振る舞いは「名詞」に括り付けられ、EntityかValue Objectにメソッドとして実装されることになりますが、それが設計上不自然な場合はDomain Serviceとして独立させます。

たとえば金融機関の業務では、「入金する」や「出金する」は、「口座」という名詞（この場合はEntity）に属する振る舞いと考えるべきでしょう。それに対して「振替する」は2つの「口座」の間を資金が行き来しますので、「口座」という名詞の振る舞いにするよりは、独立したDomain Serviceとした方が自然です。無理に「口座」に「振替メソッド」を追加するのではなく、振替業務を表すクラスを作成し、その中に「振替メソッド」を実装するのです。ただしDomain Serviceを多用し、本来はEntityやValue Objectが持つべき振る舞いまでもDomain Serviceとして実装してしまうと、Domain Modelパターンの利点や特性が失われてしまうため、注意深く設計する必要があります。

なおJava EEにおける実開発では、Domain Serviceはリクエストスコープかアプリケーションスコープ（シングルトン）のCDI管理Beanとして実装します。

■Application Service

DDDでは、Domain Serviceとは別にApplication Serviceという概念があります。Application Serviceは、ビジネス層（ドメイン層）の前に位置付けられるアプリケーション層に配置されます。主に

※38　ステートレスであることはDomain Serviceの要件ではない。またDomain ServiceをCDI管理Beanとして実装する場合、インジェクション対象のCDI管理Beanをフィールドとして保持することになるが、この文脈ではそれをステートとは呼ばない。

トランザクションの制御（開始やコミット）など、業務要件とは直接関係のない共通的な処理を行うことが責務とされています。一方PofEAAでは、「サービス層」と呼ばれるレイヤがビジネス層（ドメイン層）の前に位置付けられています。このPofEAAのサービス層の役割は、DDDにおけるApplication Serviceとよく似ています。

なおJava EEによる実開発では、DDDにおけるApplication Service（PofEAAにおけるサービス層）は、Java EEコンテナやフレームワークによって機能提供されると考えた方がわかりやすいでしょう。

■Domain Modelパターンの全体的な処理フロー

ここでDomain Modelパターンの全体的な処理フローを概観してみましょう（図6-2）。

プレゼンテーション層は、ユーザから受け付けた入力値をDTOとしてオブジェクト化し、ビジネス層のDomain Serviceに渡します。Domain Modelパターンでは、データアクセス層にはData Mapperパターンを採用し、O-Rマッパ（Java EEの場合はJPA）を利用するケースが一般的です。Domain Serviceでは、O-RマッパによってEntityまたはValue Objectを生成したり操作したりします。DTOとしてDomain Serviceに渡されたユーザの入力値は、EntityまたはValue Objectにセットされ、O-Rマッパによって暗黙的にテーブルに書き込まれます。また既存のデータはO-Rマッパによって暗黙的にテーブルから読み込まれ、EntityまたはValue Objectに変換されます。Domain ServiceではEntityまたはValue Objectを受け取ったら、それらをDTOに変換してプレゼンテーション層に返却します。プレゼンテーション層では受け取ったDTOをクライアント技術に適したフォーマットに変換し、ユーザに返却します。

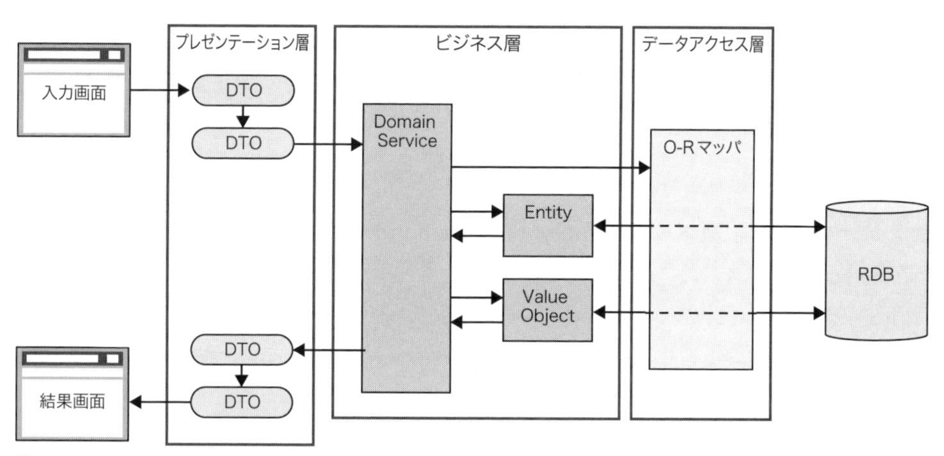

●図6-2　Domain Modelパターンの処理フロー

6.3.2 Domain Modelパターンにおけるサンプルアプリケーション構築

6.1.2項で取り上げたサンプルアプリケーション「ネットショップシステム」を、Domain Modelパターンで構築します。登場する主なクラスを以下に、またクラス図を図6-3に示します。

Entity

- Transaction … 取引（コード6-7）
- OrderTransaction … 注文取引（コード6-8）
- OrderDetail … 注文詳細
- ReturnTransaction … 返品取引（コード6-9）
- Customer … 会員（コード6-10）
- GeneralCustomer … 一般会員（コード6-11）
- GoldCustomer … ゴールド会員（コード6-12）

Domain Service

- OrderService … 注文サービス（コード6-13）
- ReturnService … 返品サービス（コード6-14）

状態のみを表すクラス（DTO）

- OrderTransactionDTO … 注文取引DTO
- OrderDetailDTO … 注文詳細DTO
- ReturnTransactionDTO … 返品取引DTO

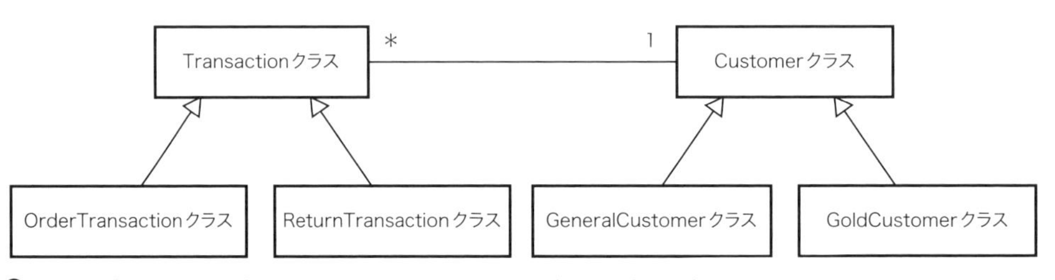

●図6-3 「ネットショップシステム」のDomain Modelパターンにおけるクラス図

■「取引」のEntity

ここでは「取引」を表す3つのEntity（Transactionクラス、OrderTransactionクラス、ReturnTransactionクラス）のコードを順に示します。なおJava EEによる実開発では、EntityはJPAのエンティティクラスとして実装するため、いずれのクラスにもJPAのアノテーションが必要となりますが、ここでは便宜上省略します。

◉コード6-7 「取引」を表すEntity（Transaction）

```
public abstract class Transaction {
    // フィールド
    private Integer transactionId; // 取引ID
    private Customer customer; // 会員
    private Date transactionDate; // 取引日
    private Integer deliveryCharge;  // 送料
    // コンストラクタ
    ........
```

```
    // アクセサメソッド
    ........
    // 送料計算を行うメソッド ❶
    public abstract void calcDeliveryCharge();
    // 遠隔地かどうかに応じて送料を返す（共通的なビジネスロジック） ❷
    protected Integer getDeliveryChargeByAddress() {
        if (Util.isRemoteLocation(customer.getAddress())) {
            // 遠隔地のケース
            return 1300;
        } else {
            // 遠隔地以外のケース
            return 700;
        }
    }
}
```

◉コード6-8 「注文取引」を表すEntity (OrderTransaction)

```
public class OrderTransaction extends Transaction {
    // フィールド
    private List<OrderDetail> orderDetails; // 注文詳細のリスト
    private Integer totalPrice; // 購入金額
    // コンストラクタ
    ........
    // アクセサメソッド
    ........
    // 送料計算を行うメソッド ❸
    @Override
    public void calcDeliveryCharge() {
        // 送料を計算する
        // 購入金額が5000円以上かどうかを判定する
        if (5000 <= totalPrice) {
            // 購入金額が5000円以上だったら送料無料
            setDeliveryCharge(0);
        } else {
            // 購入金額が5000円未満のケース
            // 遠隔地かどうかを判定の上でセット
            setDeliveryCharge(getDeliveryChargeByAddress());
        }
    }
}
```

◉コード6-9 「返品取引」を表すEntity (ReturnTransaction)

```
public class ReturnTransaction extends Transaction {
    // フィールド
    private Product product; // 返品対象の商品
    private OrderTransaction originalOrderTransaction; // 元となった注文
    // コンストラクタ
```

```
    ........
    // アクセサメソッド
    ........
    // 送料計算を行うメソッド❹
    @Override
    public void calcDeliveryCharge() {
        // 送料（返送料）を計算する
        // 遠隔地かどうかを判定の上でセット
        setDeliveryCharge(getDeliveryChargeByAddress());
    }
}
```

Transactionクラス（コード6-7）は「取引」を、OrderTransactionクラス（コード6-8）は「注文取引」を、そしてReturnTransactionクラス（コード6-9）は「返品取引」を、それぞれ表すEntityです。

Transactionクラスは、OrderTransactionクラスおよびReturnTransactionクラスの抽象スーパークラスになっており、各取引における共通的に必要な状態や振る舞いを保持します。送料計算というロジックに着目すると、「注文取引」と「返品取引」では「購入金額に応じて送料が無料になるかどうかが決まる」という点について要件が異なります。したがって送料計算の振る舞いは、Transactionクラスにおいて抽象メソッド（calcDeliveryChargeメソッド❶）として宣言し、それぞれの具象サブクラスにおいて要件に応じて実装します❸❹。ただし「計算される送料は遠隔地の場合は1300円、それ以外の場合は700円」というロジックは共通なため、このロジックについてはTransactionクラス側に実装し❷、OrderTransactionクラス、ReturnTransactionクラス、それぞれから共通的に呼び出せるようにしています。

このような送料計算は、Transaction Scriptパターンではどのように実装されていたでしょうか。Transaction Scriptパターンでは、遠隔地かどうかの判定をユーティリティクラスによって共通化していました。ただしOrderServiceクラス（コード6-1）における「購入金額が5000円未満の場合に発生する送料を計算する処理」❼と、ReturnServiceクラス（コード6-5）における「送料（返送料）を計算する処理」❿は、よく似ていますが、計算された送料をセットするDTOが異なるため、これ以上処理を共通化することはできません。

■「会員」のEntity

次に、「会員」を表す3つのEntity（Customerクラス、GeneralCustomerクラス、GoldCustomerクラス）のコードを示します。なおJava EEによる実開発では、EntityはJPAのエンティティクラスとして実装するため、いずれのクラスにもJPAのアノテーションが必要となりますが、ここでは便宜上省略します。

◉コード6-10 「会員」を表すEntity (Customer)

```
public abstract class Customer {
```

```
    // フィールド（状態）
    private Integer customerId; // 会員ID
    private String customerName; // 会員名
    private Integer customerType; // 会員種別
    private String address; // 住所
    private Integer point; // ポイント
    // コンストラクタ
    ........
    // アクセサメソッド
    ........
    // 購入金額の限度額チェックを行うメソッド❺
    public abstract void checkTotalPriceLimit(Integer totalPrice)
            throws BusinessException;
    // ポイントを計算して加算するメソッド❻
    public abstract void addPoint(Integer point);
}
```

◉コード6-11 「一般会員」を表すEntity (GeneralCustomer)

```
public class GeneralCustomer extends Customer {
    // コンストラクタ
    ........
    // 購入金額の限度額チェックを行うメソッド❼
    @Override
    public void checkTotalPriceLimit(Integer totalPrice) throws BusinessException {
        if (100000 < totalPrice) {
            throw new BusinessException("限度額オーバー");
        }
    }
    // ポイントを計算して加算するメソッド❽
    @Override
    public void addPoint(Integer point) {
        setPoint(point);
    }
}
```

◉コード6-12 「ゴールド会員」を表すEntity (GoldCustomer)

```
public class GoldCustomer extends Customer {
    // コンストラクタ
    ........
    // 購入金額の限度額チェックを行うメソッド❾
    @Override
    public void checkTotalPriceLimit(Integer totalPrice) throws BusinessException {
        if (300000 < totalPrice) {
            throw new BusinessException("限度額オーバー");
        }
    }
    // ポイントを計算して加算するメソッド❿
```

```
    @Override
    public void addPoint(Integer point) {
        setPoint(point * 2);
    }
}
```

Customerクラス（コード6-10）は「会員」を、GeneralCustomerクラス（コード6-11）は「一般会員」を、そしてGoldCustomerクラス（コード6-12）は「ゴールド会員」を、それぞれ表すEntityです。Customerクラスは、GeneralCustomerクラスおよびGoldCustomerクラスの抽象スーパークラスになっており、様々な会員にとって共通的な状態や振る舞いを保持します。購入金額の上限チェックは会員としての共通的な振る舞いですが、要件は会員種別ごとに異なります。したがって購入金額の上限チェックはCustomerクラスにおいて抽象メソッド（checkTotalPriceLimitメソッド❺）として宣言し、それぞれの具象クラスにおいて要件に応じて実装します❼❾。また同様に、ポイント加算は会員としての共通的な振る舞いですが、要件は会員種別ごとに異なるため、Customerクラスにおいて抽象メソッド（addPointメソッド❻）として宣言し、それぞれの具象クラスで要件に応じて実装します❽❿。

■Domain Service

次にDomain Serviceについて説明します。Java EEによる実開発では、Domain ServiceはCDI管理Beanとして実装するため、いずれのクラスにもCDIのアノテーションが必要となりますが、ここでは便宜上省略します。

まずは以下に、「注文サービス」を表すOrderServiceクラスのコードを示します。

●コード6-13 「注文サービス」というDomain Service (OrderService)

```
public class OrderService {
    //「注文する」メソッド
    public void placeOrder(OrderTransactionDTO orderTransactionDTO)
            throws BusinessException { // ⓫
        // エンティティマネージャによって「会員」を取得する ⓬
        Integer customerId = orderTransactionDTO.getCustomerId();
        Customer customer =
                entityManager.find(Customer.class, customerId);
        //「注文取引」を生成する ⓭
        OrderTransaction orderTransaction = new
                OrderTransaction(customer,
                orderTransactionDTO.getOrderDate(), ....);
        // 注文金額の限度額チェックを行う ⓮
        customer.checkTotalPriceLimit(orderTransactionDTO.
                getTotalPrice());
        // ポイントを計算して加算する ⓯
        Integer point = orderTransactionDTO.getTotalPrice() / 10;
        customer.addPoint(point);
```

```
        // 送料を計算する ⑯
        orderTransaction.calcDeliveryCharge();
        // エンティティマネージャによって「注文取引」を保存する ⑰
        entityManager.persist(orderTransaction);
    }
}
```

このクラスのplaceOrderメソッド⑪には、「注文サービス」というユースケースの要件にしたがってビジネスロジックを実装します。このメソッドには、プレゼンテーション層から注文取引の入力値を保持するOrderTransactionDTOが引数として渡されます。まずOrderTransactionDTOの値をもとに、エンティティマネージャによってこの「注文取引」の「会員」を表すCustomerクラス（コード6-10）のインスタンスを取得します⑫。エンティティマネージャとはJPA（O-Rマッパ）のコアとなる機能（第8章）ですが、この章では抽象的に「Domain Modelパターンにおいて Entityに対するCRUD操作の起点となる仕組み」と捉えれば問題ありません。ここで取得した抽象Customerの実体は、具象GeneralCustomerか具象GoldCustomerかのいずれかになります。どちらのクラスのインスタンスになるのかは、JPAの機能※39によって、テーブル上の会員種別カラムの値から自動的に決まります。次に「注文取引」を表すEntityであるOrderTransactionクラス（コード6-8）のインスタンスを、OrderTransactionDTOのデータをもとに生成します⑬。その後、会員種別に応じて購入金額の限度額チェックを行います⑭が、限度額チェックのロジックは取得したCusotmerインスタンスが保持しているため、Transaction Scriptパターンとは異なり条件分岐する必要がありません。さらに会員種別に応じて購入金額からポイントを計算してCustomerインスタンスを更新します⑮が、ここでもポイント計算のロジックはCustomerインスタンス自身が保持していますので、条件分岐は不要です。このようにして更新されたCustomerインスタンスのデータは、O-RマッパによってCUSTOMERテーブルに自動的に反映されます。次に送料を計算します⑯が、送料の計算ロジックはOrderTransactionクラスのcalcDeliveryChargeメソッドに実装されているため、ここではそれを呼び出すだけになります。最後にエンティティマネージャに対してOrderTransactionインスタンスを保存すると⑰、O-Rマッパによって新規データがORDER_TRANSACTIONテーブルに自動的に挿入されます。

このようなOrderServiceクラスの実装は、Transaction ScriptパターンにおけるOrderServiceクラス（コード6-1）と比較すると、その違いがより鮮明に理解できるでしょう。

次に、「返品サービス」を表すReturnServiceクラスのコードを示します。

◉コード6-14 「返品サービス」というDomain Service (ReturnService)

```
public class ReturnService {
    //「返品する」メソッド
    public void returnProduct(ReturnTransactionDTO returnTransactionDTO)
            throws BusinessException { // ⑱
```

※39 JPAには、特定のカラムの値に応じて、生成する具象エンティティクラスを切り替える仕組みがある。詳細は、8.9.1項参照。

```
        // エンティティマネージャによって「会員」を取得する
        Integer customerId = orderTransactionDTO.getCustomerId();
        Customer customer =
                entityManager.find(Customer.class, customerId);
        //「商品」を取得する
        Product product = …
        //「返品取引」を生成する
        Transaction returnTransaction = …
        // 返送料を計算する
        returnTransaction.calcDeliveryCharge();
        // エンティティマネージャによって「返品取引」を保存する
        entityManager.persist(returnTransaction);
    }
}
```

ReturnServiceクラスのreturnProductメソッド⑱には、「返品サービス」というユースケースの要件にしたがってビジネスロジックを実装します。このメソッドには、プレゼンテーション層から返品内容の状態を保持するDTO(ReturnTransactionDTO)が引数として渡されます。具体的なビジネスロジックの内容については、コード内に記載されたコメントを参照してください。

6.3.3 Domain Modelパターンの利点と課題

Domain Modelパターンの利点と課題は、Transaction Scriptパターンとトレードオフの関係にあります。Domain Modelパターンによって適切にビジネス層を構築するためには、オブジェクト指向開発やドメインモデリングのスキルが必要となるため、設計の難易度はTransaction Scriptパターンよりは高くなるでしょう。その一方でTransaction Scriptパターンにおけるいくつかの設計上の課題(6.2.3項)は、Domain Modelパターンで解決できます。

たとえば6.3.2で説明したサンプルアプリケーションに対して、新たな要件として「プラチナ会員」という種別が増えるケースを考えてみます。このアプリケーションの会員には「一般会員」、「ゴールド会員」があり、1回の利用限度額やポイントの加算方式に違いがありますが、「プラチナ会員」は「ゴールド会員」のさらに上位の位置付けとなるため、1回の利用限度額は100万円、ポイント加算は3倍加算されるものとします。この追加要件に対応するために、Transaction ScriptパターンではOrderServiceクラス(コード6-1)のplaceOrderメソッドをはじめ、アプリケーション全体の中から「会員種別に応じて条件分岐しているロジック」を注意深く見つけ出し、それぞれ個別に対応する必要がありました。一方でDomain Modelパターンでは、主な対応は「プラチナ会員」を表すクラスをCustomerクラスの具象サブクラスとして新規作成するだけです。会員種別によるロジックの違いは、すべて具象サブクラスのポリモーフィズムによって吸収されるためです。Domain ServiceであるOrderServiceクラス(コード6-13)では、会員種別に応じた具象サブクラスのインスタンス生成はO-Rマッパが行うため、一切修正を加える必要はありません。

このように適切に設計されたDomain Modelパターンでは、ドメインオブジェクトに必要な機能が凝集しているため、論理的な一貫性を保ちながら拡張することが可能です。この点は、Domain Modelパターンが Transaction Script パターンよりも秀でているポイントと言えるでしょう。

6.4 ビジネスロジックの効率的な構築

ここではビジネスロジックの構築において、高い拡張性や再利用性を確保するための様々な設計パターンを取り上げます。これらはいずれもオブジェクト指向設計の利点であるポリモーフィズムを活用していますので、Domain Modelパターンと親和性が高い設計パターンですが、Transaction Scriptパターンでも工夫次第では利用可能です。

6.4.1 条件分岐によるロジックの切り替え

ビジネスロジックの実装では、if文の条件によって処理を分岐させるケースが多々あります。ただし「if～else if～else～」が何層にも重なったり、それぞれのブロック内の処理が大きくなると、ロジックの見通しが悪くなり、生産性や保守性の低下を招く可能性があります。このような場合、Strategyパターン[GoF]の利用を検討します。Startegyパターンでは複数のロジックに共通的なインタフェースを定義し、個々のロジック（＝ストラテジ）は当該インタフェースを実装することによって実現します。このパターンでは、ストラテジはあくまでもそれを利用するプログラム（＝パターン利用者）が選択します。パターン利用者は、ひとたびストラテジを選択すれば、あとは共通的なインタフェースにしたがってストラテジを実行するだけです。

ここで6.1.2項、6.3.2項で取り上げたサンプルアプリケーション「ネットショップシステム」に、Strategyパターンを適用してみましょう。このアプリケーションのユースケース「注文」には、"購入金額が5000円以上で送料は無料となる。5000円未満の場合は、遠隔地は1300円、それ以外は一律700円の送料を顧客が負担する"という要件がありました。これを「通常の送料計算ストラテジ」と定義します。「通常の送料計算ストラテジ」は「一般会員」および「ゴールド会員」向けですが、新たに追加される「プラチナ会員」には送料を優遇し、"購入金額が2000円以上で送料は無料となる。2000円未満の場合は、遠隔地は1000円、それ以外は一律500円の送料を顧客が負担する"という要件を適用するものとします。これを「特別な送料計算ストラテジ」と定義します。

このように会員種別に応じて適用するストラテジが変わりますが、これをStrategyパターンで実装してみます。まずは「送料計算ストラテジ」のインタフェースを以下に示します。

◉コード6-15 「送料計算ストラテジ」のインタフェース

```
public interface DeliveryChargeStrategy {
    Integer calcDeliveryCharge();
}
```

次に、「通常の送料計算ストラテジ」と「特別な送料計算ストラテジ」の実装例をそれぞれ示します。

◉コード6-16 「通常の送料計算ストラテジ」

```
public class NormalDeliveryChargeStrategy implements DeliveryChargeStrategy {
    // フィールド（状態）
    private Integer totalPrice;
    private String address;
    // コンストラクタ
    ........
    // アクセサメソッド
    ........
    // 送料計算を行うメソッド
    @Override
    public Integer calcDeliveryCharge() {
        // トータル金額が5000円以上かどうかを判定する
        if (5000 <= totalPrice) {
            // トータル金額が5000円以上だったら送料無料
            return 0;
        } else {
            // トータル金額が5000円未満のケース
            // 沖縄・小笠原など遠隔地かどうかを判定の上でセット
            if (Util.isRemoteLocation(address)) {
                // 遠隔地のケース
                return 1300;
            } else {
                // 遠隔地以外のケース
                return 700;
            }
        }
    }
}
```

◉コード6-17 「特別な送料計算ストラテジ」

```
public class SpecialDeliveryChargeStrategy implements DeliveryChargeStrategy {
    // フィールド（状態）
    private Integer totalPrice;
    private String address;
    // コンストラクタ
    ........
    // アクセサメソッド
    ........
    // 送料計算を行うメソッド
    @Override
    public Integer calcDeliveryCharge() {
        // トータル金額が2000円以上かどうかを判定する
        if (2000 <= totalPrice) {
            // トータル金額が2000円以上だったら送料無料
            return 0;
        } else {
            // トータル金額が2000円未満のケース
```

```
            // 沖縄・小笠原など遠隔地かどうかを判定の上でセット
            if (Util.isRemoteLocation(address)) {
                // 遠隔地のケース
                return 1000;
            } else {
                // 遠隔地以外のケース
                return 500;
            }
        }
    }
}
```

このように個々のストラテジは、DeliveryChargeStrategyインタフェースをimplementsして作成します。最後に、このストラテジを利用するパターン利用者の実装例を示します。この例は、Domain Modelパターンにおける OrderServiceクラスのplaceOrderメソッド内の処理（コード6-13の⓬、⓭、⓰に相当）を置き換えたものです。

```
//「会員」を取得する
Integer customerId = orderTransactionDTO.getCustomerId();
AbstractCustomer customer = CustomerDAO.findCustomer(customerId);
// 送料計算アルゴリズムのストラテジを取得する
DeliveryChargeStrategy deliveryChargeStrategy = null;
switch(customer.getCustomerType()) {
case 1 :
    deliveryChargeStrategy = new NormalDeliveryChargeStrategy(
            orderTransactionDTO.getTotalPrice(), customer.getAddress());
    break;
case 2 :
    deliveryChargeStrategy = new NormalDeliveryChargeStrategy(
            orderTransactionDTO.getTotalPrice(), customer.getAddress());
    break;
case 3 :
    deliveryChargeStrategy = new SpecialDeliveryChargeStrategy(
            orderTransactionDTO.getTotalPrice(), customer.getAddress());
    break;
}
// 注文取引エンティティを生成する
OrderTransaction orderTransaction = new OrderTransaction(customer,
        orderTransactionDTO.getOrderDate(), orderDetailList,
        orderTransactionDTO.getTotalPrice(),
        customer.getAddress(), deliveryChargeStrategy);
// 送料を計算する
orderTransaction.calcDeliveryCharge();
```

この例では、まず会員種別を調べ、「一般会員」および「ゴールド会員」の場合は「通常の送料計算ストラテジ」を、「プラチナ会員」の場合は「特別な送料計算ストラテジ」を、それぞれ選択しています。

送料計算ロジックは、元々は取引を表す各エンティティ（コード6-7、6-8、6-9）の中に埋め込まれていましたが、この例ではストラテジとして分離し、コンストラクタで外から渡すようにしています。送料は、注文取引エンティティに外から渡されたストラテジに基づいて計算されます。

このようにStrategyパターンを利用すると、条件分岐が多い複雑なビジネスロジックの見通しが良くなり、拡張性や再利用性を高めることができるようになります。

6.4.2 エンティティのステート管理

エンタープライズアプリケーションでは、ある特定のドメインオブジェクトの振る舞いが、ビジネス的な状態によって変化するケースがあります。典型的な例として、申請文書をワークフローで回付して社内で意思決定をするための「申請文書アプリケーション」を取り上げます。このアプリケーションの要件は次のとおりです。まず申請文書には「作成中」、「承認待ち」、「承認済み」などの状態（以降ステートと呼ぶ）があるものとします。またこのアプリケーションには「申請」、「承認」といった操作（以降アクションと呼ぶ）があります。アクションは、ステートの種類によって実行できるもの、できないものが変わります。ユーザが申請文書を作成して「保存」すると、ステートは「作成中」になります。「作成中」ステートの申請文書に対しては、「編集」や「申請」といったアクションを実行できます。申請文書を上役に対して「申請」すると、ステートは「承認待ち」に遷移します。承認者である上役は、「承認待ち」ステートの申請文書に対して、「承認」や「否認」といったアクションが実行可能です。「承認」を実行するとステートは「承認済み」に遷移し、同じく「否認」を実行するとステートは「作成中」に戻ります（図6-4）。

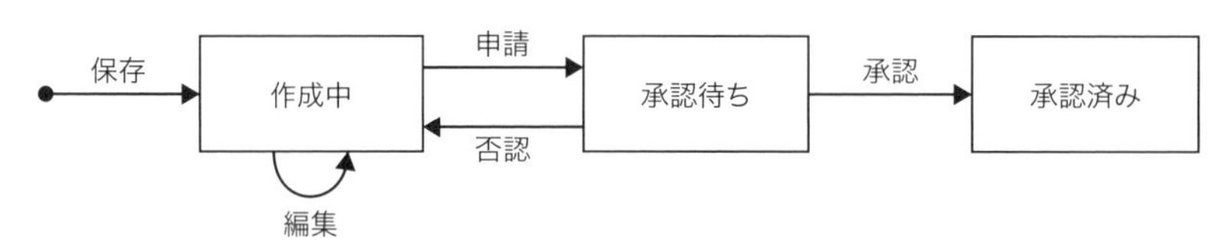

●図6-4 「申請文書アプリケーション」のワークフロー

このような要件を実現するための方法として、Stateパターン[GoF]の利用を検討します。Stateパターンでは、特定のエンティティ（前述した例では申請文書エンティティ）のステートを、ドメインオブジェクトとして設計します。様々なステートに共通的な振る舞いをインタフェースとして定義し、ステートによって変わる振る舞いを当該インタフェースを実装したクラスとして作成します。

ここで「申請文書アプリケーション」を、Stateパターンで構築してみましょう。以下に、ステート共通の振る舞いを表すインタフェースのコードを示します。

●コード6-18 ステート共通の振る舞いを表すインタフェース

```
public interface State {
    // アクションを実行するメソッド ❶
    State doAction(String actionName);
```

```
    // アクションを実行できるかチェックするメソッド❷
    boolean canDoAction(String actionName);
}
```

このインタフェースには、まずアクションを実行するためのdoActionメソッド❶を宣言します。このメソッドは引数として「アクション名」を受け取り、当該アクション実行後に遷移するステート自身を返します。またもう一つ、アクションの実行可否をチェックするためのcanDoActionメソッド❷も宣言します。このメソッドも引数として「アクション名」を受け取り、当該アクションの実行可否をboolean型で返します。このメソッドは、Webページにおけるボタン（「申請ボタン」、「承認ボタン」など）の表示・非表示の判定で使われることになります。

それぞれのステートを表すクラスは、Stateインタフェースをimplementsして作成します。以下に、「作成中」を表すUnderConstructionStateクラス、「承認待ち」を表すApprovalPendingStateクラス、「承認済み」を表すApprovedStateクラスのコードを、順に示します。

◉コード6-19 「作成中」を表すクラス（UnderConstructionState）

```
public class UnderConstructionState implements State {
    @Override
    public State doAction(String actionName) { // ❶
        if (actionName.equals("edit")) {
            // アクション「編集」時の処理
            ........
            return this;
        } else if (actionName.equals("apply")) {
            // アクション「申請」時の処理
            ........
            return new ApprovalPendingState();
        } else {
            throw new IllegalArgumentException();
        }
    }
    @Override
    public boolean canDoAction(String actionName) { // ❷
        if (actionName.equals("edit")) {
            return true;
        } else if (actionName.equals("apply")) {
            return true;
        } else {
            return false;
        }
    }
}
```

◉コード6-20 「承認待ち」を表すクラス（ApprovalPendingState）

```
public class ApprovalPendingState implements State {
    @Override
    public State doAction(String actionName) {
        if (actionName.equals("approve")) {
            // アクション「承認」時の処理
            ........
            return new ApprovedState();
        } else if (actionName.equals("reject")) {
            // アクション「否認」時の処理
            ........
            return new UnderConstructionState();
        } else {
            throw new IllegalArgumentException();
        }
    }
    @Override
    public boolean canDoAction(String actionName) { .... }
}
```

◉コード6-21 「承認済み」を表すクラス（ApprovedState）

```
public class ApprovedState implements State {
    @Override
    public State doAction(String actionName) {
        throw new IllegalArgumentException();
    }
    @Override
    public boolean canDoAction(String actionName) { .... }
}
```

次に、申請文書を表すクラス（Documentクラス）のコードを示します。

◉コード6-22 申請文書を表すクラス（Document）

```
public class Document {
    // フィールド
    private Integer documentId; // 申請文書ID
    private State state; // ステート
    // コンストラクタ
    ........
    // アクセサメソッド
    ........
}
```

Documentクラスは、フィールドとして申請文書のステートを表すStateインタフェースを保持します。

それではこのパターンを利用するプログラムのコードを見ていきましょう。まず申請文書を新規作成するコードは以下のようになります。

```
Document document = new Document(1, new UnderConstructionState());
```

これで当該文書のステートは「作成中」になりました。このとき、この申請文書エンティティが保持するStateインタフェースのcanDoActionメソッドによって、アクションの実行可否をチェックできます。たとえばこのメソッドに引数として"apply"を渡すと、UnderConstructionStateクラス（コード6-19）のcanDoActionメソッド❷が呼び出され、trueが返されます。

次に、当該文書を「申請」する（アクション名＝"apply"）ためのコードを示します。

```
// 申請文書エンティティを取得する
Document document = entityManager.find(Document.class, documentId);
// 申請する（ステートが変わる）
State nowState = document.getState();
State newState = nowState.doAction("apply");
// 新しいステートを、申請文書エンティティにセットする
document.setState(newState);
```

最後に、当該文書を「承認」する（アクション名＝"approve"）ためのコードを示します。

```
// 申請文書エンティティを取得する
Document document = entityManager.find(Document.class, documentId);
// 承認する（ステートが変わる）
State nowState = document.getState();
State newState = nowState.doAction("approve");
// 新しいステートを、申請文書エンティティにセットする
document.setState(newState);
```

このようにStateパターンを利用すると、エンティティの状態によって変化する振る舞いを１ヵ所に凝集できるため、高い拡張性や再利用性を確保できるようになります。

6.4.3 ビジネスルールのチェック

エンタープライズアプリケーションでは、ビジネスロジックの一環として、「ある一定のルールを満たしていること」をチェックすることが多々あります。たとえば「権限チェック」は、このようなケースの典型です。権限チェックとは、ユーザに対してシステム上の何らかの操作に関する権限が与えられているかどうかをチェックすることであり、通常は当該ユーザが所属している部署や職務的なランク（一般社員、管理職、役員…）など、人事的な属性に依存します。例として以下のようなルールが考えられます。

・ルール①：部署でチェック（特定の部署に所属していること）、例：営業部の社員のみが参照可能
・ルール②：職務ランクでチェックする（特定の職務ランク以上であること）、例：主任以上の社員の

みが参照可能

- ・ルール③：部署と職務ランクのAND条件でチェックする（特定の部署に所属しており、かつ、特定の職務ランク以上であること）、例：営業部であり、かつ、主任以上の社員のみが参照可能

このようなビジネス上のルールをドメインオブジェクトとして設計するパターンを、Specificationパターン[DDD]と呼びます。では実際に上記ルール①～③を、Specificationパターンで構築してみましょう。まずは各ルールに共通的な、権限チェックを実装するためのインタフェースを以下に示します。

◉コード6-23　権限チェックを実装するためのインタフェース

```
public interface UserSpec {
    boolean isSatisfiedBy(User user);
}
```

このインタフェースのisSatisfiedByメソッドには、対象となる社員（Userクラス）を渡します。そして権限チェックの結果がOKの場合にはtrueを、NGの場合にはfalseを返すように具象サブクラスで実装します。それぞれのルールを表すクラスは、このインタフェースをimplementsして作成します。

次に、ルール①（特定の部署に所属していること）を表すクラスを示します。

◉コード6-24　ルール①を表すクラス

```
public class DepartmentSpec implements UserSpec {
    // フィールド
    private String departmentName;
    // コンストラクタ
    public DepartmentSpec(String departmentName) {
        this.departmentName = departmentName;
    }
    // アクセサメソッド
    ........
    // 権限チェックを行うメソッド
    @Override
    public boolean isSatisfiedBy(User user) {
        if (user.getDepartmentName().equals(departmentName)) {
            return true;
        }
        return false;
    }
}
```

このクラスでは、コンストラクタで部署名をフィールドにセットします。isSatisfiedByメソッドでは、引数として渡されたユーザの人事情報（部署名）と部署名フィールドを突き合わせ、一致していた場合にtrueを返します。

次に、ルール②（特定の職務ランク以上であること）を表すクラスを示します。なおここでは職務ランクはコード値となっており、3：部長、2：主任、1：一般社員、とします。

◉コード6-25　ルール②を表すクラス

```
public class JobrankSpec implements UserSpec {
    // フィールド（状態）
    private Integer jobrank;
    // コンストラクタ
    public JobrankSpec(Integer jobrank) {
        this.jobrank = jobrank;
    }
    // アクセサメソッド
    ........
    // 権限チェックを行うメソッド
    @Override
    public boolean isSatisfiedBy(User user) {
        if(jobrank <= user.getJobrank()) {
            return true;
        }
        return false;
    }
}
```

このクラスでは、コンストラクタで職務ランクをフィールドにセットします。isSatisfiedByメソッドでは、引数として渡されたユーザの人事情報（職務ランク）と職務ランクフィールドを突き合わせ、"ルール上の職務ランク≦人事上の職務ランク"の関係が成り立った場合にtrueを返します。

次に、ルール③（特定の部署に所属しており、かつ、特定の職務ランク以上であること）を表すクラスを示します。

◉コード6-26　ルール③を表すクラス

```
public class DepartmentAndJobrankSpec implements UserSpec {
    // フィールド（状態）
    private String departmentName;
    private Integer jobrank;
    // コンストラクタ
    public DepartmentAndJobrankSpec(String departmentName, Integer jobrank) {
        this.departmentName = departmentName;
        this.jobrank = jobrank;
    }
    // アクセサメソッド
    ........
    // 権限チェックを行うメソッド
    @Override
    public boolean isSatisfiedBy(User user) {
        DepartmentSpec departmentSpec = new DepartmentSpec(departmentName);
```

```
        JobrankSpec jobrankSpec = new JobrankSpec(jobrank);
        if (departmentSpec.isSatisfiedBy(user) &&
                jobrankSpec.isSatisfiedBy(user)) {
            return true;
        }
        return false;
    }
}
```

ルール③は、ルール①とルール②のAND条件なため、内部的にそれぞれのルールを表すクラスを呼び出し、両者がともにOKの場合にtrueを返しています。

続いてこのようにして実装したルール①〜③を組み合わせ、ある特定のルールを構築します。通常、権限チェックでは複数のルールが適用可能で、その中で1つのルールでもOKとなった場合に当該の権限チェック自体もOKとします。ここでは、以下のように3つのルール（企画部であること、部長であること、人事部の主任以上であること）を作成し、リストに追加します。

```
// 企画部であること
UserSpec spec1 = new DepartmentSpec("PLAN");
// 部長であること
UserSpec spec2 = new JobrankSpec(3);
// 人事部の主任以上であること
UserSpec spec3 = new DepartmentAndJobrankSpec("HR", 2);
// 3つのルールをリストに追加する
List<UserSpec> userSpecList = new ArrayList<UserSpec>();
userSpecList.add(spec1);
userSpecList.add(spec2);
userSpecList.add(spec3);
```

このようにして作成されたルールのリストとユーザの人事情報から、権限チェックを行うための処理を、以下のような共通メソッドに実装します。

```
private boolean checkPermission(User user, List<UserSpec> userSpecList) {
    for (UserSpec spec : userSpecList) {
        if (spec.isSatisfiedBy(user)) {
            return true;
        }
    }
    return false;
}
```

このメソッド（checkPermissionメソッド）では、引数として渡されたリストに格納されたルールを、ループ処理によってユーザの人事情報と突き合わせ、1つでもOKだった場合にtrueを返します。

それではこのcheckPermissionメソッドによって、作成したルールに対する具体的な権限チェックを行ってみましょう。たとえば、ユーザがCarol（人事部の主任）の場合は以下のようになります。

```
User user = new User("HR", 2); // 人事部の主任
if (checkPermission(user, userSpecList)) { .... }
```

Carolは人事部の主任であるため、ルール①、②はNGですが、ルール③がOKとなり、この権限チェック自体もOKとなります。

次に、ユーザがAlice（営業部の部長）の場合です。

```
User user = new User("SALES", 3); // 営業部の部長
if (checkPermission(user, userSpecList)) { .... }
```

Aliceは営業部であるためルール①はNGですが、部長であるためルール②がOKとなり、この権限チェック自体もOKとなります。

最後に、Dave（営業部の主任）の権限チェックです。

```
User user = new User("SALES", 2); // 営業部の主任
if (checkPermission(user, userSpecList)) { .... }
```

Daveは営業部の主任であるため、ルール①、②、③、いずれもNGとなり、この権限チェック自体もNGとなります。

このようにSpecificationパターンを利用すると、ビジネスルールを1ヵ所に凝集することによって、ルールの追加に対する拡張性を確保したり、ルールの組み合わせに対する柔軟性を高めることが可能になります。

第7章 トランザクション管理とデータ整合性確保のための設計パターン

7.1 トランザクションとは

エンタープライズアプリケーションを構築する上で、トランザクション管理はなくてはならない非常に重要な仕組みです。ここでは、まずはトランザクションの概念について説明します。

7.1.1 エンタープライズアプリケーションで発生しうるデータの不整合

金融機関には「振り替え」という業務があります。これは、ある口座Xから資金を出金し、それを同じ顧客の別の口座Yに入金することによって、資金を移動する業務サービスです。この振り替えと呼ばれる一つの業務サービスの中には、「口座Xから資金を出金する」という処理と「出金した資金を口座Yに入金する」という2つの処理が含まれています。もし仮に「出金した資金を口座Yに入金する」処理中にサーバ障害やネットワーク障害が発生し、処理が異常終了してしまったらどうなるでしょうか。「口座Xからの資金の出金は完了しているが、口座Yへの入金は未済」という、つじつまの合わない状態のままデータが残存してしまうことになります（図7-1）。

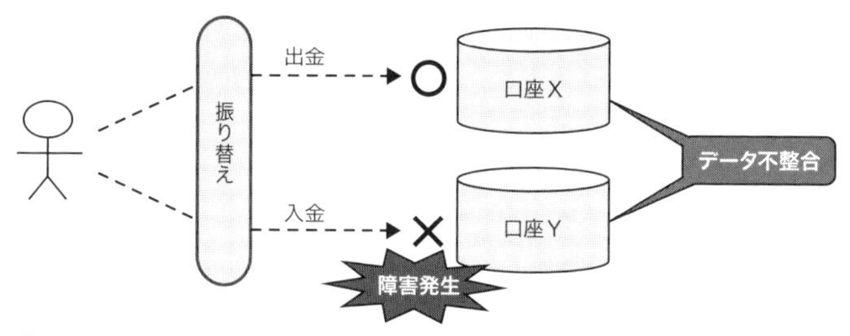

●図7-1 「振り替え」におけるデータ不整合

次に、金融機関における「振り込み」という業務を考えてみましょう。Carolはとある銀行に口座を持っており、残高が1,000円あるものとします。この口座にAliceが500円、振り込もうとしました。Aliceの振り込みによって、残高は1,500円に更新されることになります。ところが、Aliceの振り込み処理がまさに終わろうとする直前に、Bobが同じ口座に対して2,000円の振り込みを開始してしまったとします。このアプリケーションが適切に設計されていないと、Aliceの振り込みによって残高は1,500円に更新されますが、Bobの振り込み処理は、Aliceの振り込み処理によって残高が1,500円に変わったことに気が付くことができず、Carolの口座の残高を3,000円に更新してしまいます。つまり、Aliceの500円分の振り込みが失われてしまったことになります（図7-2）。

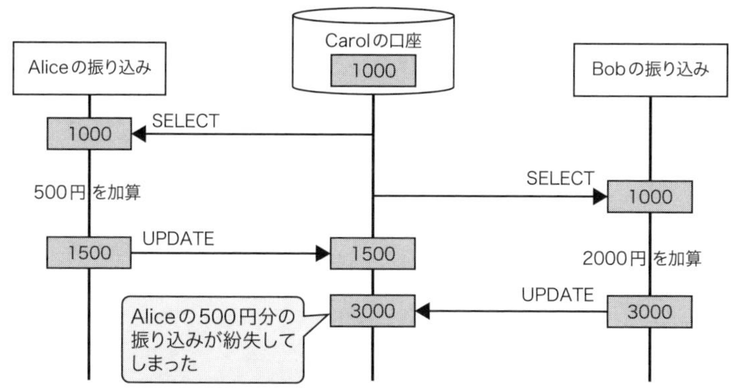

●図7-2 「振り込み」におけるデータ不整合

エンタープライズシステムでは、障害などによって業務処理が中断するようなことがあっても、データの整合性は絶対に確保しなければなりません。サーバ障害やネットワーク障害は、発生確率を下げることはできても、ゼロにすることはできないからです。またエンタープライズシステムでは、大量のオンライン業務処理が行われるため、同じデータに対する複数の更新処理が同じタイミングで行われるケースを考慮する必要があります。

7.1.2 トランザクションとは

トランザクションとは「ビジネス的に関連のある複数の処理を、1つの処理としてまとめたもの」であり、トランザクション管理とは「トランザクションの単位でデータの整合性を確保するための仕組み」のことです。

トランザクション管理を利用すると、「振り替え」の例のように障害によって処理が中断するようなことがあったとしても、また「振り込み」の例のように同じデータに対する複数の更新処理がまったく同じタイミングで行われるようなことがあったとしても、データの不整合を回避できます。データはエンタープライズシステムの根幹を成すものです。エンタープライズアプリケーションは、トランザクション管理の仕組みによってデータの整合性を担保する必要があるのです。

7.1.3 トランザクションの種類

トランザクションは大きく、ショートトランザクションとロングトランザクションに分類されます。ショートトランザクションとは、1つのオンライン処理によって成立する短時間のトランザクションです。ショートトランザクションは通常、ユーザのクリックなどの画面操作によって始まり、何らかの結果が表示されることによって終わります。

一方ロングトランザクションとは、複数のショートトランザクションから成立する長時間のトランザクションです。たとえば一般的なWebアプリケーションでは、以下の①〜④のように複数回のユーザ操作や画面遷移から1つの業務が成立するケースがありますが、これは一種のロングトランザクションです。

①：ユーザが照会を行う
②：照会結果が画面に表示される
③：ユーザは照会結果を踏まえて、当該データに何らかの更新を行う
④：データが更新され、正常終了したことが画面に表示される

またユーザの操作は1回でも、バックグラウンドで非同期にシステム間連携が行われるようなケースも、ロングトランザクションに含まれます。

7.1.4 トランザクションの特性

■トランザクション境界とビジネス層

1つのトランザクション（ショートトランザクション）の範囲を、「トランザクション境界」と呼びます。アプリケーションの設計ではトランザクション境界、すなわち処理シーケンスのどのポイントでトランザクションを開始し、どのポイントで終了するのか、決める必要があります。通常、トランザクション境界はビジネス層の中に配置されます。ビジネス層の中では、トランザクション境界が1つだけのケースや、複数のトランザクション境界があるケース、またはトランザクション境界がネストするケースなど、様々なケースがあります。このようなトランザクション境界の設計は、Java EEアプリケーションでは宣言的なアプローチによって実現します。詳細は7.2節で解説します。

■ACID特性

ACID特性とは、原子性（Atomicity）、一貫性（Consistency）、隔離性（Isolation）、耐久性（Durabirity）という、トランザクションに求められる4つの特性を表します。データベースは通常、これら4つの特性を実現するための機能を有しています。

本書ではACID特性の中から、アプリケーションの設計との関連性の深い原子性と隔離性について解説します。なお耐久性とは「一度書き込まれたデータは、どのようなシステム障害が発生しても失われないこと」を表し、主にデータベースのバックアップ・リストアによって実現します。インフラ担当者にとっては重要な設計項目ですが、通常はアプリケーションで意識することはありません。また一貫性とは「データに論理的な矛盾が発生しないこと」を表し、RDBの整合性制約（NOT NULL制約、主キー制約、一意制約、参照整合性制約、CHECK制約）によって実現します。一貫性はテーブル設計を行う上では重要なポイントの一つですが、本書のテーマはアプリケーションロジックのため説明は割愛します。

■トランザクションの原子性

トランザクションの原子性とは、「トランザクションは必ず『すべての処理が成功』か『すべての処理を最初の状態に戻す』のどちらかの状態で終了すること」を指します。トランザクションの原子性を実現

するためには、1つのトランザクション境界に含まれるすべての処理が成功した時点ではじめてトランザクションを成立させます。これをトランザクションのコミットと呼びます。逆に1つでも処理が失敗してしまった場合には、トランザクションを不成立と見なし、すべての処理をキャンセルし、何も行われなかった状態に戻します。これをトランザクションのロールバックと呼びます。

前述した「振り替え」の例では、「口座から資金を出金する」処理と「出金した資金を別の口座に入金する」処理は、同じトランザクション境界に入ります。「出金した資金を別の口座に入金する」処理が何らかの障害によって失敗してしまった場合は、その時点でトランザクションをロールバックし、「口座から資金を出金する」処理の方もキャンセルして元に戻せば、データの整合性が崩れることはありません。

■トランザクションの隔離性

トランザクションの隔離性とは、「複数のトランザクションを同時に実行しても、互いに影響を及ぼすことなく直列的に実行した結果と同じになること」を意味します。トランザクションの隔離性が確保されていないと、個々のトランザクションの実行結果が相互に干渉してしまい、データの不整合が発生してしまいます。隔離性は、データベースの更新ロック（悲観的ロック）やアプリケーションによる整合性チェック（楽観的ロック）、あるいはデータベースのシリアライゼーション機能などによって実現します。隔離性は並行性とトレードオフの関係にあるため、注意して設計する必要があります。詳細は7.3節で説明します。

7.2 Java EEにおけるRDBアクセスとトランザクション管理

ここでは、Java EEアプリケーションにおけるRDBアクセスの方法とトランザクション管理の設計パターンを説明します。

7.2.1 Java EEにおけるRDBアクセスの仕組み

■オンライン処理におけるRDBアクセスの課題と接続プール

一般的に、RDBとのコネクションの確立はコストの高い処理です。リクエストのたびに接続・切断を繰り返していたのでは、大量のオンライン処理が行われるエンタープライズシステムでは、パフォーマンス上問題になる可能性があります。それでは逆に、常時コネクションを確立したままにしておけばよいのでしょうか。バッチ処理のように、コネクションを常時使用し続けるケースではこれで問題ないかもしれませんが、オンライン処理では、処理全体の中に占めるRDBアクセスの割合は必ずしも高いとは限りません。コネクションはRDBのシステムリソースを消費するため、リソース効率の観点では、コネクションはなるべく「同時に使用する分だけ確立する」方が望ましいのです。

Java EEでは「接続プール」という仕組みによって、この課題の解決を図ります。Java EEコンテナは、起動時にあらかじめRDBとの接続を確立し、そのコネクションをメモリ上にプール（＝接続プール）します。そしてJava EEアプリケーションの実行スレッドから取得要求があると、接続プールからコネクションを「貸し出し」ます。使い終えたコネクションは、接続プールに「返却」されます。返却されたコネクションは、別の実行スレッドからの要求に応じて再利用されます。このようにJava EEでは接続プールの仕組みを利用することによって、コネクション確立にかかるコストの発生を抑止する（パフォーマンスの向上）と同時に、無駄なコネクションの確立を抑えてシステムリソースの効率化を図っています。

■データソースとコネクション

Java EE環境では、接続プールからコネクションを取り出すためにデータソース（DataSourceインタフェース）と呼ばれるリソースオブジェクト（5.4.2項）が必要です。データソースは、JNDIルックアップかDIによって取得します。Java EEアプリケーションは、取得したデータソースからコネクション（Connectionインタフェース）を取り出し、JDBC※40によってRDBにアクセスします。なお本書では、接続プール内におけるRDBとのコネクションの実体を「物理コネクション」、Java EEアプリケーションがデータソースから取り出したコネクションを「論理コネクション」と呼んでいます。

Java EEアプリケーションは、取得した論理コネクションを使い終えたらクローズする必要があります。ただし論理コネクションはクローズされても接続プールの中に返却されるだけであり、物理コネクションが切断されるわけではありません。プールに返却された論理コネクションは、別の実行スレッドからの要求に応じて再利用されます。

7.2.2 Javaアプリケーションにおけるトランザクション管理

トランザクションの原子性はRDBのトランザクション管理機能によって実現しますが、前述したとおりトランザクション境界を決めるのはあくまでもアプリケーションの役割です。トランザクション境界は、トランザクションの開始から、コミット（正常終了時）またはロールバック（異常終了時）までとなります。トランザクション境界の決め方は、スタンドアローン型アプリケーションとJava EEアプリケーションで異なります。

■スタンドアローン型アプリケーションの場合

Java SE環境で稼働するスタンドアローン型アプリケーションの場合、JDBCのAPIによってトランザクションの開始、コミット、ロールバックを制御します。JDBCではデフォルトがオートコミットになっており、ConnectionインタフェースのsetAutoCommitメソッドによってオートコミットを無効化すると、トランザクションが開始されます。ビジネスロジックを実行してRDBへの書き込みを行い、最終的にエラーや例外が発生しなかったら、commitメソッドによって明示的に当該トランザクションをコミットします。もしビジネスロジックを実行中に何らかのエラーや例外が発生したら、明示的にrollbackメソッドによって当該トランザクションをロールバックします。なおこのようなJDBCのAPIによるトランザクション管理を、本書では「JDBCトランザクション」と呼称します。

※40　JDBC（Java Database Connectivity）とは、RDBにアクセスするための共通的なインタフェースを規定したAPI。

■ Java EEアプリケーションの場合

Java EEアプリケーションの場合、Java EEコンテナに内蔵された「トランザクションマネージャ」と呼ばれる仕組みによってトランザクション管理を実現します。トランザクションマネージャに対するインタフェースをJTA（Java Transaction API)、トランザクションマネージャを利用したトランザクション管理を「JTAトランザクション」と呼びます。JTAトランザクションを利用すると、以下のようなことを実現することができます。

・明示的/宣言的トランザクション
・トランザクションとコネクションの関連付けの管理
・分散トランザクション

■ JTAによる明示的/宣言的トランザクション

JTAトランザクションの方式には「明示的トランザクション」と「宣言的トランザクション」があります。

明示的トランザクションとは、JDBCトランザクションと同じように、アプリケーションが明示的にトランザクションを制御（開始、コミット、ロールバック）するAPIを呼び出す方法です。

一方宣言的トランザクションとは、トランザクションの制御（開始、コミット、ロールバック）はJava EEコンテナに任せ、トランザクションに関する属性をアノテーションによって指定する方法です。アプリケーションの中では、トランザクションを制御するためのAPIを呼び出す必要はありません。Java EEコンテナがDI×AOPコンテナ（5.4節）として、ビジネス層のコンポーネント呼び出しをインターセプトし、トランザクションの制御コードを自動的に追加します。そしてビジネス層やデータアクセス層のコンポーネント（CDIやEJB）のメソッドが呼び出されると、自動的にトランザクションを開始します。当該コンポーネントが正常終了した場合にはトランザクションはコミットされ、異常終了（例外発生）した場合にはトランザクションはロールバックされます（図7-3)。

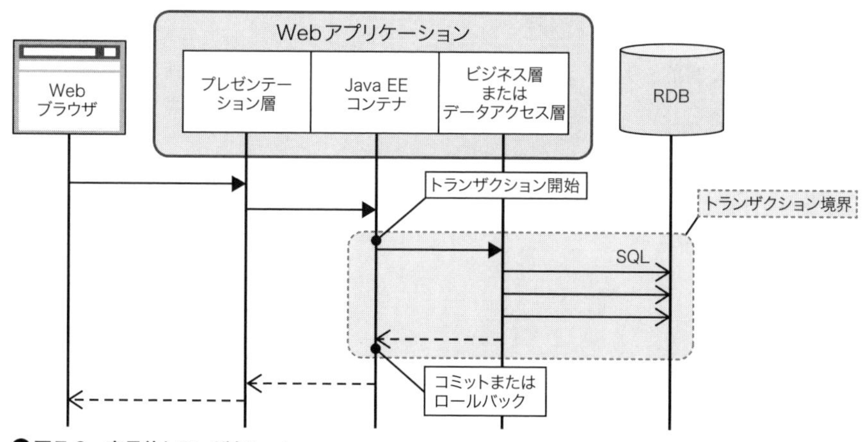

●図7-3　宣言的トランザクション

両者を比較すると、宣言的トランザクションの方が複雑なトランザクションの制御を容易に実現でき、保守性や拡張性の観点でも優位性が高いため、昨今では宣言的トランザクションを利用するケースが一般的です。

■JTAトランザクションとデータソース

1つのトランザクションは、原則として1つの(物理)コネクションによって成立します(後述する分散トランザクションを使用しない場合)。したがってJDBCトランザクションでは、複数のメソッドにまたがる形で1つのトランザクションを実現したい場合、一度取得したコネクションをメソッド間で持ち運ぶ必要がありました。一方JTAトランザクションはJDBCトランザクションとは異なり、データソースから取得した論理コネクションをメソッド間で持ち運ぶ必要がありません。JTAトランザクション境界内でデータソースを経由して論理コネクションを取得すると、当該のJTAトランザクションと、物理コネクションとの関連付けをデータソースが管理します。そしてそれ以降の処理では、同じJTAトランザクション境界内でデータソース経由で論理コネクションを取得すると、必ず同じ物理コネクションへの参照を持った論理コネクションが返されます。Java EEアプリケーションはこの仕組みによって、複数のメソッドやコンポーネントにまたがるトランザクションを、容易に実現することができます。

■JTAトランザクションに参加しないデータソース

ほとんどのJava EEコンテナ製品では、「JTAトランザクションに参加しないデータソース」を作成することができます。本書ではこれを「Non-JTAデータソース」と呼称します。Non-JTAデータソースから取得したコネクションはオートコミットモードになっているため、JTAトランザクション境界内であっても、そのトランザクションに参加しない(オートコミットされる)処理を行うことができます。

Non-JTAデータソースは、ユーザの操作履歴の書き込みなど、業務本体のコミット・ロールバックに関わらずに何らかの結果をRDBに記録したいケースで利用します。

7.2.3 CDIにおけるトランザクション管理

CDIやEJBでは、JTAの宣言的トランザクションを利用できますが、ここではCDIを取り上げます。

■宣言的トランザクション

CDIでは、管理Beanにアノテーションを付与することによって、宣言的トランザクションを利用できます。

◉コード7-1　宣言的トランザクションを利用したCDI管理Bean

```
@Dependent
@Transactional //❶
public class FooImpl {
    // インジェクションポイント
    @Resource(lookup = "jdbc/MySQLDS")
    private DataSource ds;
    // ビジネスメソッド
    public void doBusiness(int param) { //❷
        Connection conn = null;
        try {
            // BUSINESSテーブルを更新する
            conn = ds.getConnection();
            PreparedStatement pstmt = conn.prepareStatement(
                    "UPDATE BUSINESS SET COUNT = COUNT + ? ");
            pstmt.setInt(1, param);
            pstmt.executeUpdate();
        } catch (SQLException sqle) { .... }
        } finally {
            // リソースをクローズする
            ........
        }
    }
}
```

このようにCDI管理Beanに@Transactionalアノテーションを付与する❶と、このCDI管理Beanの任意のメソッド呼び出しをトランザクション境界に入れることができます。このクラスでは、doBusinessメソッド❷呼び出しの直前に（Java EEコンテナによって）トランザクションが開始され、このメソッドが正常に処理を終えると（Java EEコンテナによって）自動的にコミットされます。

例外発生時のJava EEコンテナの挙動は、例外の種類によって異なります。トランザクション対象のメソッドからチェック例外が送出された場合はトランザクションはコミットされ、非チェック例外が送出された場合はトランザクションはロールバックされます。ただしこのようなデフォルトのルールに関わりなく、同アノテーションのrollbackOn属性に例外クラスを指定することで、特定の例外を常にロールバック対象にすることもできます。またdontRollbackOn属性に例外クラスを指定することで、特定の例外を常にロールバック対象外にすることも可能です。

■トランザクション属性とその挙動

JTAの宣言的トランザクションでは、トランザクション属性によってきめの細かい制御を実現できます。トランザクション属性は、@TransactionalアノテーションのTxType列挙型で指定します。トランザクション属性には6つの種類がありますが、本書ではその中でも使用頻度が高い2つの属性を紹介します。

TxType.REQUIRED属性

- デフォルト（特に指定しない場合に適用される）
- 呼び出し元メソッドでトランザクションが開始されていない場合、対象メソッド実行前にトランザクション（Tx2）を開始し、対象メソッド実行後にコミットする（図7-4の左側）
- 呼び出し元メソッドがトランザクション境界（Tx1）内で実行されている場合、対象メソッドもTx1の中で実行される（図7-4の右側）

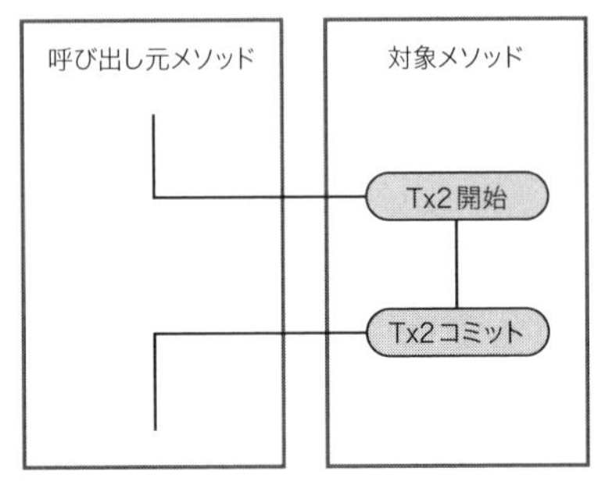

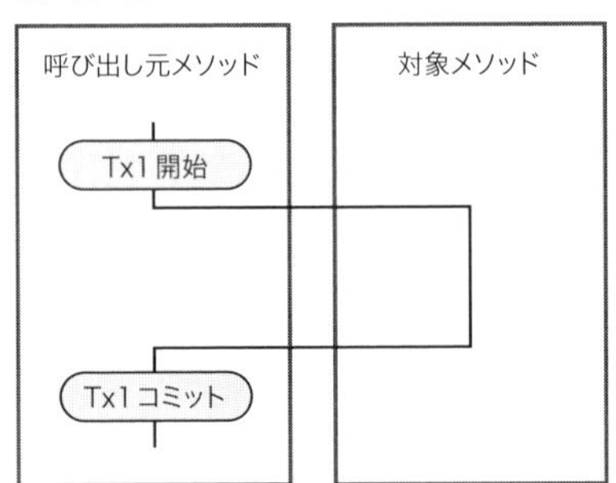

◎図7-4　TxType.REQUIRED

TxType.REQUIRES_NEW属性

- 呼び出し元メソッドでトランザクションが開始されていない場合、対象メソッド実行前にトランザクション（Tx2）を開始し、対象メソッド実行後にコミットする（図7-5の左側）
- 呼び出し元メソッドがトランザクション境界（Tx1）内で実行されている場合、呼び出し元のトランザクションは一時的に中断され、ネストされた新しいトランザクション（Tx2）が開始される。対象メソッドの実行後、Tx1が再開される（図7-5の右側）
- 呼び出し元メソッドとはトランザクションを明示的に分割したい場合に利用する

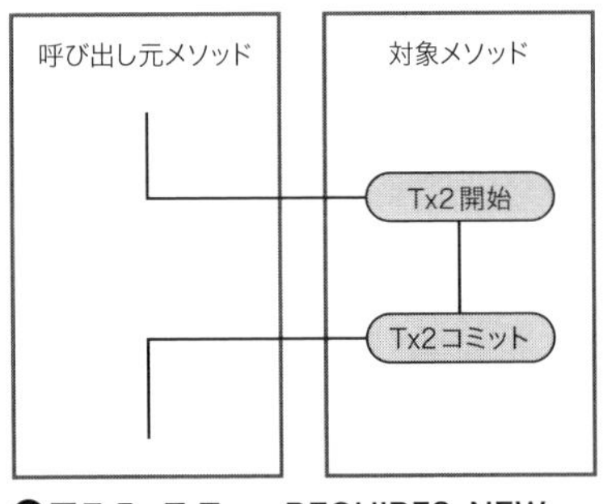

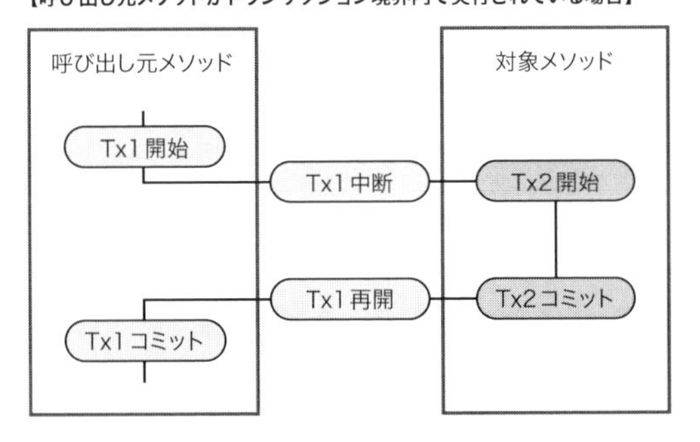

◎図7-5　TxType.REQUIRES_NEW

これらのトランザクション属性の挙動を、3つのCDI管理Beanからなるサンプルアプリケーションで説明します。

◉コード7-2　CDI管理Bean (FooBean)

```
@RequestScoped
@Transactional(TxType.REQUIRED) // ❶
public class FooBean {
    // インジェクションポイント
    @Inject
    private BarBean barBean;
    // インジェクションポイント
    @Inject
    private QuxBean quxBean;
    // ビジネスメソッド
    public void doBusiness(int param) {
        // BarBeanのビジネスメソッドを呼び出す
        barBean.doBusiness(param);
        // QuxBeanのビジネスメソッドを呼び出す
        quxBean.doBusiness(param);
    }
}
```

◉コード7-3　CDI管理Bean (BarBean)

```
@Dependent
@Transactional(TxType.REQUIRES_NEW) // ❷
public class BarBean {
    // インジェクションポイント
    @Resource(lookup = "jdbc/MySQLDS")
    private DataSource ds;
    // ビジネスメソッド
    public void doBusiness(int param) {
        Connection conn = null;
        try {
            // BUSINESSテーブルの主キーが"Bar"のローを更新する
            conn = ds.getConnection();
            PreparedStatement pstmt = conn.prepareStatement(
                    "UPDATE BUSINESS SET COUNT = COUNT + ? " +
                    "WHERE NAME = 'Bar'");
            pstmt.setInt(1, param);
            pstmt.executeUpdate();
        } catch (SQLException sqle) { .... }
        } finally {
            // リソースをクローズする
            ........
        }
    }
}
```

●コード7-4　CDI管理Bean (QuxBean)

```
@Dependent
@Transactional(TxType.REQUIRED) // ❸
public class QuxBean {
    // インジェクションポイント
    @Resource(lookup = "jdbc/MySQLDS")
    private DataSource ds;
    // ビジネスメソッド
    public void doBusiness(int param) {
        Connection conn = null;
        try {
            // BUSINESSテーブルの主キーが"Qux"のローを更新する
            conn = ds.getConnection();
            PreparedStatement pstmt = conn.prepareStatement(
                    "UPDATE BUSINESS SET COUNT = COUNT + ? " +
                    "WHERE NAME = 'Qux'");
            pstmt.setInt(1, param);
            pstmt.executeUpdate();
            // 引数が0未満の場合は、例外を送出する
            if (param < 0) {
                throw new RuntimeException("param is invalid");
            }
        } catch (SQLException sqle) { .... }
        } finally {
            // リソースをクローズする
            ........
        }
    }
}
```

このアプリケーションには、3つのCDI管理Beanが登場します。FooBean（コード7-2）がビジネス層の入り口となり、BarBean（コード7-3）とQuxBean（コード7-4）を順次呼び出しています。FooBeanのトランザクション属性はTxType.REQUIRED❶のため、このクラスのビジネスメソッドが呼び出されるとトランザクションが開始されます。またQuxBeanのトランザクション属性も同じくTxType.REQUIRED❸のため、このクラスのビジネスメソッド呼び出しは、呼び出し元であるFooBeanと同じトランザクション境界に属します。一方BarBeanのトランザクション属性にはTxType.REQUIRES_NEWを指定している❷ため、このクラスのビジネスメソッドを呼び出すと、元のトランザクションは一時的に中断され、ネストされた新しいトランザクションが開始されます。

たとえばこのアプリケーションにおいて、FooBeanのdoBusinessメソッドが引数0未満で呼び出されると、QuxBeanにおいて非チェック例外が発生します。このときQuxBeanの処理はロールバックされ、同じトランザクション境界に属するFooBeanの処理もロールバックされますが、BarBeanの処理は独立したトランザクションとしてコミットされます（図7-6）。

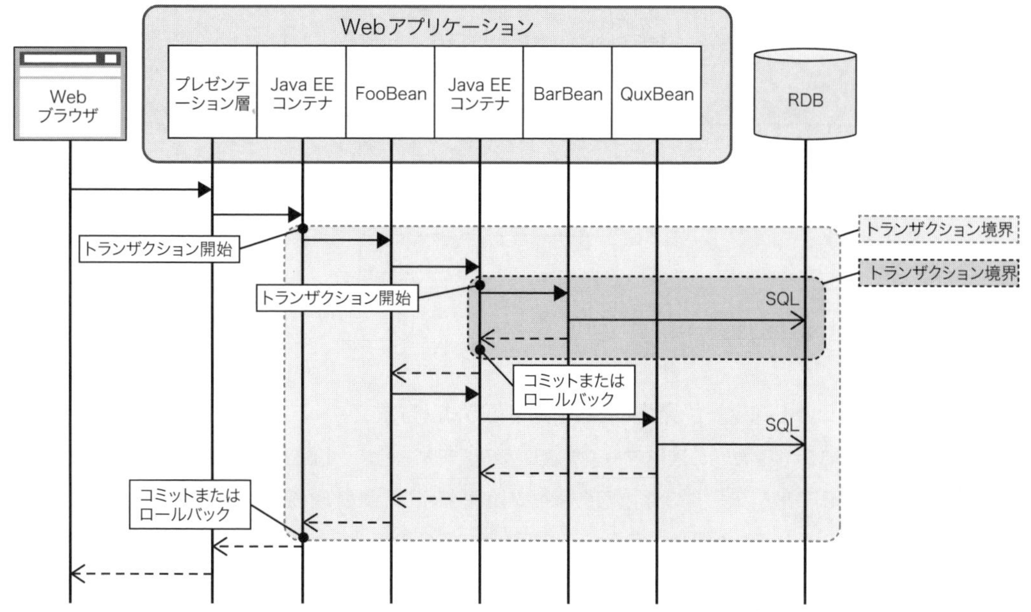

◎図7-6　サンプルアプリケーションにおけるトランザクション

7.2.4　一括更新の設計パターン

エンタープライズアプリケーションには、一度のユーザ操作で複数件のデータを一括更新するユースケースがあります。たとえば承認未済の取引データを一覧で表示し、チェックボックスを利用して、ユーザに対象のデータを複数件選択させる「一括承認」などはその典型です。このような一括更新の処理を実現するための方式には、いくつかのパターンがあります。

■一括で更新してコミットする方式（方式①）

これは1つのトランザクション境界において、ループ処理で複数件の取引データを繰り返し更新し、最後にコミットする方式です。

ここでは、対象の取引データの件数回のループ処理を行うCDI管理BeanをFooBean、FooBeanのループ処理から呼び出され個別の取引データを更新するCDI管理BeanをBarBeanとし、トランザクション属性は両者ともデフォルトのTxType.REQUIREDとします。

この方式ではすべての取引データの更新が1つのトランザクションになりますので、全件の更新が成立するか、全件の更新が不成立となるかのどちらかとなります（図7-7）。仮に対象の取引データが10件あった場合、最後の1件がエラーになったとしても、すべての取引データの更新がロールバックされます。

複数件の取引データを一度に更新することが要件の場合は、この方式を選択します。

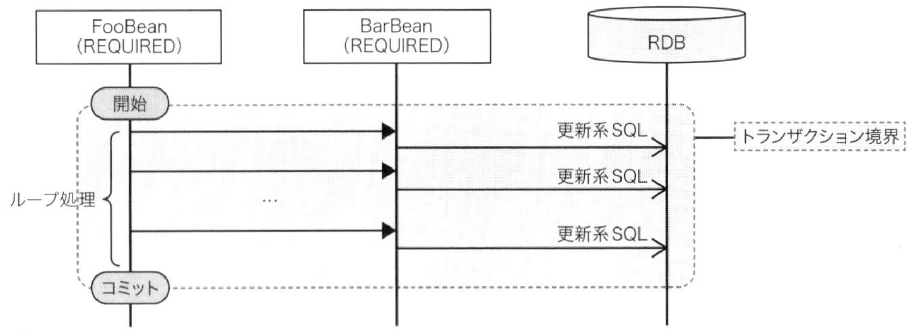

図7-7　一括で更新してコミットする

1件ごとにコミットしエラーが発生したら中断する方式（方式②）

これはループ処理で複数件の取引データを繰り返し更新するとき、1件ごとにコミットする方式です。

ここでは、対象の取引データの件数回のループ処理を行うCDI管理BeanをFooBean、FooBeanのループ処理から呼び出され個別の取引データを更新するCDI管理BeanをBarBeanとし、トランザクション属性はFooBeanはデフォルトのTxType.REQUIRED、BarBeanはトランザクションを分割するためにTxType.REQUIRES_NEWとします。

もし繰り返し行われるBarBean呼び出しにおいて例外が発生したら、当該の取引データはロールバックされます。エラーを検知したFooBeanはその時点で処理を中断（ループ処理から抜ける）し、後続のデータは処理しません（図7-8）。このときユーザには、すでに成立（コミット）した取引データと、エラーでロールバックもしくは未処理に終わった取引データの両者を、適切に識別できるように通知します。

個々の取引データの更新は独立しているものの、システム環境が原因のエラー等が発生したときに速やかに処理を中断したい場合は、この方式を選択します。

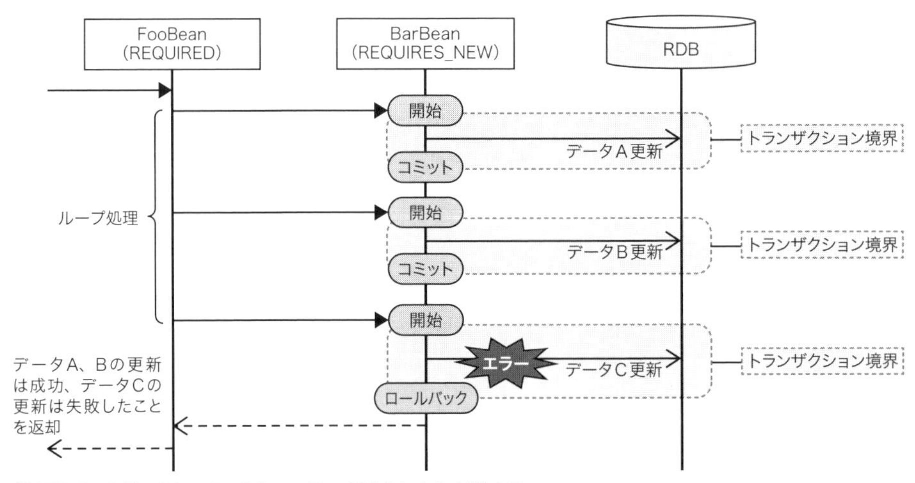

図7-8　1件ごとにコミットし、エラーが発生したら中断する

■1件ごとにコミットしエラーが発生しても最後まで処理する方式（方式③）

この方式はループ処理で複数件の取引データを繰り返し更新するとき、1件ごとにコミットする点は方式②と同様です。トランザクション属性もFooBeanがデフォルトのTxType.REQUIRED、BarBeanがTxType.REQUIRES_NEWである点も方式②と同様です。

もし繰り返し行われるBarBean呼び出しにおいて例外が発生したら、当該の取引データはロールバックされます。ここから先が方式②との相違点となりますが、エラーを検知したFooBeanでは、その時点で処理を中断することなく次の取引データへと処理を進めます。そして最後の取引データの更新まで処理を行い、最終的にユーザには、成立（コミット）した取引データと、エラーでロールバックした取引データの両者を、適切に識別できるように通知します。

個々の取引データの更新は独立しているものの、発生するエラーは個々の取引データに起因することが想定されるため、仮にエラーになっても中断する必要がないと判断できる場合は、この方式を選択します。

7.2.5　分散トランザクション

■分散トランザクション

分散トランザクションとは、グローバルトランザクションとも呼ばれ、複数システムに対する原子性を保証する仕組みです。分散トランザクションは、「DTPモデル」(Distributed Transaction Processing Model）というUNIXの標準化団体「X/Open」が制定した仕様にもとづいています。DTPモデルでは、分散トランザクションを構成するソフトウェアをアプリケーション、リソースマネージャ、トランザクションマネージャの3つに分類しています（図7-9)。リソースマネージャとは、トランザクション管理機能を備えたソフトウェアで、RDBやMOMなどが相当します。またトランザクションマネージャとは、複数のリソースマネージャ間におけるトランザクションをオーケストレーションするソフトウェアで、前述したようにJava EEコンテナにはこの機能が内蔵されています。

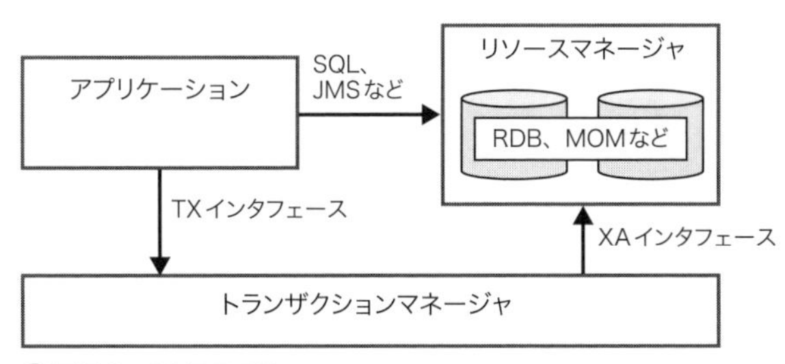

●図7-9　DTPモデル

■2フェーズコミット

分散トランザクションを実現するためには、「2フェーズコミット」と呼ばれる2段階のコミット処理を行う必要があります。ここでは、2フェーズコミットの仕組みについて解説します（図7-10）。

まず第1フェーズです。アプリケーションからコミット命令を受け取ったトランザクションマネージャは、トランザクションに参加しているすべてのリソースマネージャに対して準備命令を送ります。この命令を受けたリソースマネージャは、コミット予定の内容を確定させた後、準備が完了したことをトランザクションマネージャに伝えます。トランザクションマネージャは、すべてのリソースマネージャから準備完了の応答を受けた場合には第2フェーズへ進みますが、1つでも拒否の応答を受けた場合はすべてのリソースマネージャに対してロールバック命令を送ります。

次に第2フェーズですが、トランザクションマネージャがすべてのリソースマネージャに対してコミット命令を送り、分散トランザクションが完了します。

トランザクションマネージャは、トランザクションログ（ジャーナル）を残すことによって、どのようなタイミングで障害が発生しても、そのトランザクションに参加しているすべてのリソースマネージャ間の原子性を保証します。たとえば第1フェーズの途中で障害が発生した場合には、障害復旧後、トランザクションログから「第1フェーズが完了していないこと」がわかりますので、トランザクションマネージャはすべてのリソースマネージャに対してロールバック命令を送ります。また第2フェーズの途中で障害が発生した場合には、障害復旧後、トランザクションログから「第1フェーズまでは完了していること」がわかりますので、トランザクションマネージャはすべてのリソースマネージャに対してコミット命令を送ります。

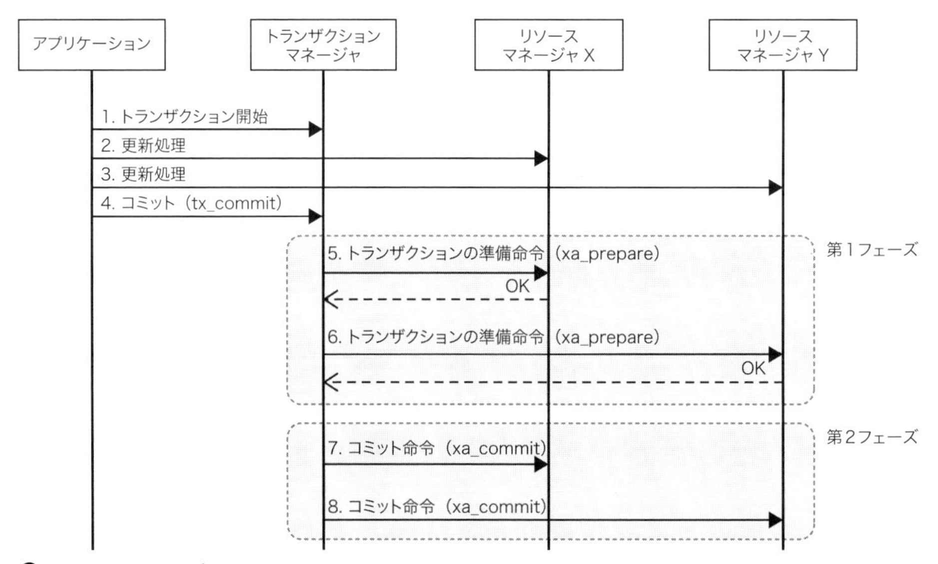

●図7-10　2フェーズコミット

■分散トランザクションとシステム構成

3ティア構成のオープンシステムでは、アプリケーションサーバは複数台構成、データベースサーバはHA（High Availability：高可用性）構成とするケースが一般的です。通常アプリケーションサーバはステートレスとなるため、取引量の増大に応じてスケールアウトが可能です。ただし分散トランザクションを利用すると、アプリケーションサーバ上のトランザクションマネージャ（Java EEコンテナ）が、トランザクションログを管理します。このログはトランザクションの決着に必要な資源としてデータと同様の「重み」を持つため、アプリケーションサーバもHA構成を組むなどしてアベイラビリティを高める必要が生じます。このように分散トランザクションを利用すると、システム構成もその影響を受けるため注意が必要です。

■Java EEにおける分散トランザクションの実現方法

Java EEで分散トランザクションを実現するためには、分散トランザクションに対応したコネクションファクトリをリソースオブジェクトとして用意し、アプリケーションの中でそれを利用する必要があります。ただし分散トランザクションの具体的な実装方法は本書の範囲を超えますので、必要に応じてJava EEサーバのマニュアル等を参照してください。

7.3 並行性と隔離性

7.3.1 並行性と隔離性

並行性とは、同一のデータに対して複数のユーザが同時に読み込みや書き込みを行うことができる特性を表します。並行性が高ければ高いほど、システム全体のスループットも高くなりますが、不適切なデータの読み込みや書き込みによって業務的に「つじつま」が合わなくなり、データの整合性が損なわれる可能性があります。

データの整合性を保証するためには、十分な隔離性を確保しなければなりません。隔離性とは、同一のデータに対して複数のユーザが同時に読み込みや書き込みを行っても、互いに影響を及ぼすことなく、直列的に実行した結果と同じになることを表します。このような意味から、隔離性を確保することを「直列化する」と言うこともあります。ただし隔離性を高くしようとすると、データの整合性は保たれますが、今度は逆に並行性が損なわれてスループットが低くなってしまう可能性があります。

このように並行性と隔離性は、トレードオフの関係にあります。通常エンタープライズアプリケーションではデータの整合性が優先されるため、どちらかというと並行性を犠牲にして、隔離性を確保するケースが多いでしょう。ただし気を付けなければならないのは、一口にデータの整合性と言っても、様々なレベル感があるという点です。7.1.1項の振り込みの例で説明した「更新の紛失」は絶対に避けなければなりません。ロングトランザクションでは、システム的には正しく処理が行われたとしても、時間的なズレに起因して、最終的にユーザの意図しない結果に終わることがあります。このような事象が業務的に許容されるかされないかについては、あくまでも要件次第です。エンタープライズアプリケーションの設計では、並行性と隔離性のバランスを見極めることが肝要です。

隔離性は、以下の方法によって適切なレベル感となるように制御します。

・ロック（悲観的ロック、楽観的ロック）
・データベースのアイソレーションレベル設定

前者については7.3.2項～7.3.6項で、後者については7.3.7項で詳細を説明します。

7.3.2 ロックの仕組みを利用した不整合の回避

ロックとは、複数トランザクションからの同一データに対する更新が競合したときに発生する、データ不整合を回避するための仕組みです。ロックには、RDBのロック機能を利用した悲観的ロックと、アプリケーションのロジックでチェックする楽観的ロックがあります。

■悲観的ロック

悲観的ロックとは、複数のトランザクションが同一のデータを更新するときに発生する不整合を、RDBのロック機能を利用することによって回避する手法です。PofEAAではPessimistic Offline Lockパターンとして紹介されています。7.1.1項では、Carolの口座に対してAliceとBobが同時に振り込むことによって、Aliceの振り込みが失われてしまった例を説明しました。この事象を、悲観的ロックを利用して回避する方法を示します（図7-11）。

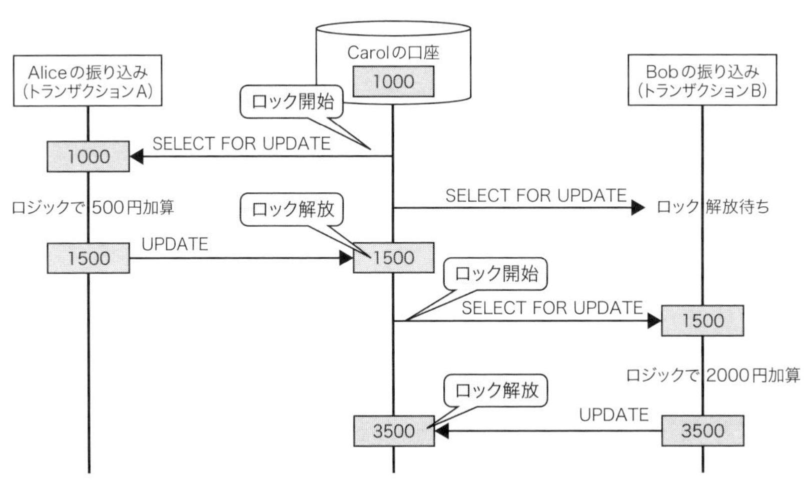

●図7-11　悲観的ロックによる不整合の回避

まずAliceがCarolの口座（当初は残高は1,000円）に対して、500円の振り込み（トランザクションAとする）を行おうとします。トランザクションAではいったん現在残高を参照する必要がありますが、そのときに当該データに対して更新ロックを取得します（SQLのSELECT FOR UPDATE文を利用）。次にトランザクションAの処理中に、Bobが同じ口座に対して2,000円の振り込み（トランザクションB

とする）を開始します。トランザクションBでも同じように現在残高を参照するときに更新ロックの取得を試みますが、まだトランザクションAが処理中のため、ロックを取得できずに待たされます。トランザクションAが正常終了すると、口座残高は1,500円に更新されてコミットされます。この時点でトランザクションAのロックが解放されるため、待たされていたトランザクションBの処理が再開されます。トランザクションBも正常終了すると、最終的にCarolの口座残高は1,000円＋500円＋2,000円で、正しく3,500円に更新されます。

なお悲観的ロックは、データアクセス層において実装します。データアクセス層の仕組みとして本書ではJPAとMyBatisを取り上げていますが、JPAにおける悲観的ロックの実装方法については8.3.5項を、MyBatisについては8.2.5項を、それぞれ参照してください。

■楽観的ロック

楽観的ロックとは、複数のトランザクションが同一のデータを更新するときに発生する不整合を、アプリケーションのロジックによって回避する手法です。PofEAAではOptimistic Offline Lockパターンとして紹介されています。この方式は、対象データの内容を更新時にチェックし、先に実行された別のトランザクションによってデータが更新されていた場合にはエラーとして、自らのトランザクションをロールバックします。更新時のチェックにはいくつかの方法がありますが、テーブルにバージョン番号や最終更新時間を表すカラムを定義し、その値が「自らが認識している値と一致しているか」をチェックするケースが一般的です。ここでもCarolの口座に対するAliceとBobの同時振り込みの例を用いて説明します（図7-12）。

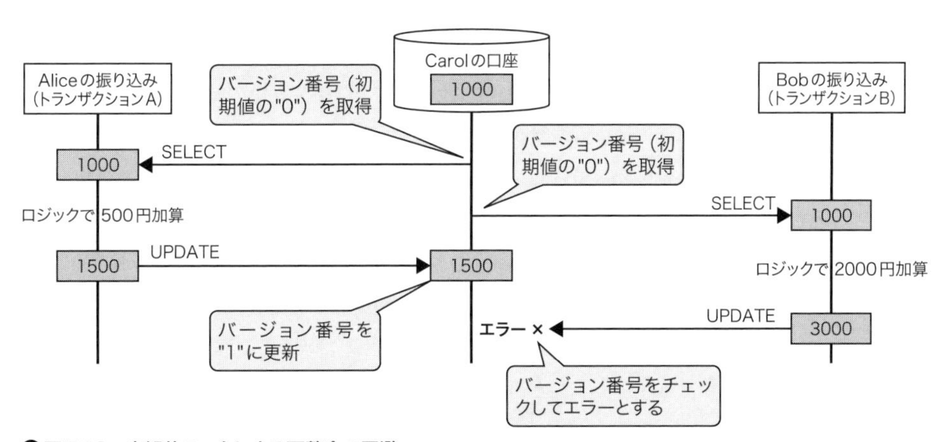

●図7-12　楽観的ロックによる不整合の回避

まずAliceがCarolの口座（当初は残高は1,000円）に対して、500円の振り込み（トランザクションAとする）を行おうとします。トランザクションAでは現在残高を参照するときにバージョン番号も合わせて取得します。ここでは当該データ（Carol口座データ）のバージョン番号は、初期値の"0"とします。次にトランザクションAの処理中に、Bobが同じ口座に対して2,000円の振り込み（トランザクションBとする）を開始します。トランザクションBでも同じように現在残高を参照するときに、バージョン番号（初期値の"0"）も合わせて取得します。トランザクションAが正常終了すると、口座残高は1,500円に更新されますが、このときにトランザクションAではバージョン番号を1つカウントアップして"1"に更新します。同時に実行中のトランザクションBでは口座残高を3,000円に更新しようとしますが、このときに当該データのバージョン番号が自らが認識している値である"0"であるかどうかをチェックします。

このとき、チェックの方法には注意が必要です。更新（UPDATE文）する直前にバージョン番号を読み込む（SELECT文）方法では、SELECT文を発行からUPDATE文を発行までの間に別のトランザクションが介入する恐れがあるため不適切です。したがってUPDATE文の条件に自分が認識しているバージョン番号を追加し、ヒット件数によってチェックしなければなりません。ここでは先に実行されたトランザクションAによってバージョン番号は"1"に更新されていますので、チェックの結果はエラーとなり、トランザクションBはロールバックします。ユーザであるBobにはエラーが発生したことを通知し、再入力を促します。

このように楽観的ロックでは、後から実行されたトランザクションをロールバックさせる（後負け）ことで、データの不整合を回避します。

なお楽観的ロックは、データアクセス層において実装します。データアクセス層の仕組みとして本書ではJPAとMyBatisを取り上げていますが、JPAにおける楽観的ロックの実装方法については8.3.5項を、MyBatisについては8.2.5項を、それぞれ参照してください。

■ロックの適材適所の使い分け

Carolの口座に対するAliceとBobの同時振り込みの例では、悲観的ロックでは（少しだけ待たされるものの）Bobの振り込みは正常終了しますが、楽観的ロックではBobの振り込みはエラーとなり再入力が必要となります。高競合の処理に楽観的ロックを適用すると、エラーが多発するユーザビリティの低いシステムになってしまうため注意が必要です。ただし悲観的ロックが有効なのは、あくまでも「口座残高」のように2つのトランザクションによる更新がマージ可能なデータに限られます。

たとえば映画館の「インターネット座席予約システム」において、同じ席をAlice、Bobの順に、ほとんど同時に申し込むケースを考えてみましょう。先に成立したAliceの座席予約（トランザクションA）を、後から申し込んだBobが上書きして予約してしまうと業務的に不正な状態となるため、悲観的ロックでは不整合を回避できません。口座残高とは異なり、座席予約はデータとしてマージできないためです。このようなケースでは、楽観的ロックが有効です。後から予約したBobの座席予約をバージョン番号のチェックによってエラーとし、先に成立したAliceの予約を優先させます（図7-13）。

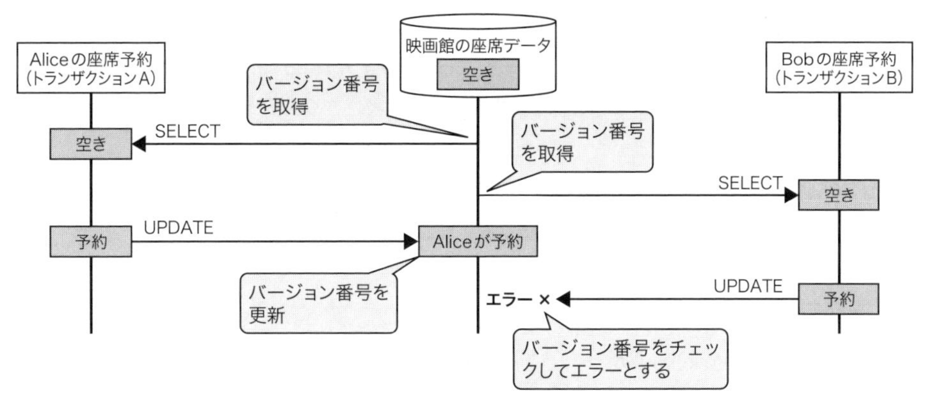

●図7-13 「インターネット座席予約システム」での楽観的ロック

7.3.3 悲観的ロックとデッドロック

悲観的ロックでは、RDBのロック機能を利用してトランザクションを直列化しますが、複数のデータに対して更新ロックをかける場合、デッドロックが発生しないように注意して設計する必要があります。デッドロックとは、同時に実行された2つのトランザクションのうち、トランザクションAはデータX→データYの順で更新ロックをかけ、もう一方のトランザクションBはデータY→データXの順で更新ロックをかけた場合に、お互いがロックの解放を待ち合って処理が中断してしまう事象です（図7-14）。

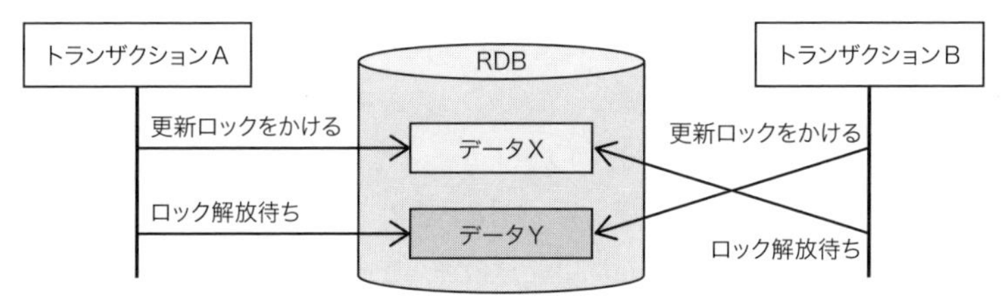

●図7-14 デッドロック

デッドロックの発生を抑止するためには、競合する可能性のあるすべてのトランザクション間で、複数データに対する更新ロック取得の順番を統一する必要があります。ただしビジネスロジックが複雑であったり、対象エンティティの数が多かったりすると、すべてのトランザクション間でデータ更新の順番を統一させることは現実的には難しくなることがあります。そのような場合の対策として、トランザクションの先頭で「業務的にルートとなるデータ」に更新ロックをかける方法があります。

たとえば「ネットショップシステム」では、あらゆる更新系トランザクションは「顧客単位に行われる」ものとします。このときトランザクションの先頭で「顧客マスターの対象顧客データに更新ロックをかける」というルールを決め、各トランザクションはそれに従うにようします。このようにすると、デッドロックの発生抑止を目的としたデータ更新の順番を意識する必要がなくなります。同一顧客に対する更新はトランザクションの先頭でロック解放待ちとなるため、他のトランザクションと競合することがあってもデッドロックが発生することはありません。

その他にも、アプリケーション全体で共有するデータ（バージョンテーブルなど）を用意し、トランザクションの先頭で更新ロックをかけるといった方法も考えられます。ただし、前述したように隔離性は並行性とトレードオフの関係にあります。デッドロックの発生を恐れるあまり、安易にロックの粒度を大きくし過ぎると、その分多くのトランザクションが直列化されて並行性が失われてしまいます。

悲観的ロックの設計にあたっては、デッドロックの発生を抑止すると同時に、並行性が必要以上に低下することがないように適切にロックの粒度を設計する必要があります。

7.3.4 悲観的ロックと主キー値の設計

■挿入同士の競合とRDBの制約違反

RDBへの挿入はデータが存在していない状態から始まるトランザクションなので、更新や削除といったトランザクションと競合することはありませんが、挿入と挿入が競合すると主キー値の重複が発生する可能性があります。主キー値の重複はRDBの主キー制約や一意制約によって抑止し、最終的なデータの整合性を担保します。ただし制約違反が発生するとユーザにはエラーを通知し、再入力をしてもらわなければなりません。またこれらの制約違反によるエラーコードはRDB製品によって異なるため、アプリケーションで適切にハンドリングするのは実装負担が大きくなります。このような理由から、仮に挿入同士が競合するようなことがあっても主キー値が重複することがないように、後述する方法でアプリケーションの設計として対策することが必要です。

■主キー値の設計方針

主キー値の重複を回避する方法を説明する前に、前提として、RDBの主キー値の設計方式には、自然キー（ナチュラルキー）を使うケースと、代理キー（サロゲートキー）を使うケースがある、という点を理解しておく必要があります。自然キーとは、エンティティの論理設計において業務的な意味を持つキーです。一方で代理キーとは、業務的な意味を持たない任意のキーを指します。自然キーの場合は、単一のカラムを主キーにする（単一主キー）こともあれば、複数カラムを主キーにする（複合主キー）こともあります。それに対して代理キーの場合は業務的な意味を持たないキーなので、通常は単一のカラムを主キーとします。それぞれの方式の例を図7-15に示します。

【「自然キー＆単一主キー」方式】

主キー

社員ID	社員名
10001	Alice
10002	Bob
10003	Carol
…	…

【「自然キー＆複合主キー」方式】

主キー（部署ID・社員ID）

部署ID	社員ID	社員名
4	102	Alice
1	101	Bob
2	101	Carol
…	…	…

【代理キー方式】

主キー（代理キー）／一意制約（部署ID・社員ID）

代理キー	部署ID	社員ID	社員名
1	4	102	Alice
2	1	101	Bob
3	2	101	Carol
…	…	…	…

●図7-15　主キー値の様々な例

複数の項目が業務的なキーとなるケースでは、「自然キー＆複合主キー」方式にするか、または代理キー方式にするか、どちらかを選択することになります。代理キー方式では、代理キーを格納するための新たなカラムを追加し、主キーに設定します。そして業務的なキー項目は、RDB上では主キーになりませんが、一意性を保証する必要があるため一意制約を設定します。代理キーはエンティティの論理設計上は必要のないキーですが、「自然キー＆複合主キー」に比べると、以下のような実装上の利点があります。

①：主キー検索が容易である（複合的なカラムによる条件指定が不要のため）
②：テーブル同士のジョインが容易である（外部キーが単一のため）
③：自然キーの設計が後から論理的に破綻しても（コード値の使い回しなど）、代理キーさえ使っておけばRDB上は一貫性を保てる

ただし代理キーには、考慮すべき点もあります。代理キーが追加されたことによりカラムが増えるため、その分ディスクやメモリといったリソースを消費します。主キー検索についても、ユーザがリンクをクリックするようなケースでは代理キーで直接検索ができるため効率的ですが、ユーザが業務的なキー（元来の自然キー）を直接入力して検索するユースケースがある場合は、結局は複合的な条件指定によるクエリは必要になります。また上記③の利点は、あくまでも論理設計の破綻を救済する措置であり、最初から設計に織り込むべきことではありません。このように代理キーの採用では、上記のようなトレードオフも考慮した上で方針を決める必要があります。

■主キー値の重複を回避する方法

挿入同士が競合したときに主キー値の重複が発生しないようにする方法には、以下のようなパターンがあります。

①：RDBの連番生成機能を使う
②：採番テーブルに悲観的ロックを適用する
③：「ルートエンティティ」に悲観的ロックを適用する

前述したように主キーの設計方針には、「自然キー＆単一主キー」、「自然キー＆複合主キー」、代理キーの3つの方式がありますが、この3つの方式と上記パターン①～③は直交した概念のため、別個に考える必要があります。特に代理キーの場合、通常は代理キーそのものは「①：RDBの連番生成機能」の方法で採番しますが、挿入が競合した時のデータ重複の問題がこれだけで解決するわけではありません。代理キー以外に本来的な業務キー（一意制約を設定）があり、それらのカラムついては値の重複が許容されないため、別の方法（上記②、③など）を検討する必要があります。

■RDBの連番生成機能を使う（方式①）

主要なRDB製品は、連番生成機能を提供しています。Oracle、DB2には、連番を生成するためのシーケンスと呼ばれる専用のオブジェクトがあります。またDB2、MySQL等のRDBには、データを挿入するときに連番を自動的にカラム値に設定するオートナンバリングと呼ばれる機能があります。オートナンバリングは、CREATE TABLE文でテーブルを作成するときに対象カラムに対して指定します※41。

※41　MySQLの場合は、"AUTO_INCREMENT"を指定する。

これらの機能によって生成される連番は、重複することはありません。時間的な順番と連番の大小関係や、歯抜けの発生を許容するかどうかなどについて、設定できます。主キーに代理キーを利用する場合、これらの機能を使うと効率的に採番できます。主キーが「自然キー&単一主キー」の場合もこの機能を使うことができますが、生成される値はあくまでもシステム的な通番のため、業務的に意味を持たせたい場合は、後述する採番テーブルを利用する必要があります。

■採番テーブルに悲観的ロックを適用する（方式②）

エンタープライズアプリケーションでは、主キー値に業務的に意味を持たせたいケースがあります。たとえばあるアプリケーションにおいて、"売り"と"買い"という取引区分があった場合、主キーとして"売り"には"S-999"という値（"999"の部分は001～999の範囲の数値）を、同じく"買い"には"B-999"という値を設定したいというケースがその典型です。また2016年度の取引であれば"2016-999"といった具合に、年度ごとに連番を振りたいというケースもあるでしょう。

このようなケースでは、前述したRDBの連番生成機能ではなく、連番を管理するための「採番テーブル」と呼ばれる専用のテーブルを用意し、そこから取得した値を主キーとして使用します。採番テーブルでは通常、同じ番号が重複して採番されることがないように悲観的ロックによって直列化します。トランザクションの中で採番テーブルからSELECT FOR UPDATE文で更新ロックをかけて最新の連番を取得し、1件カウントアップしたら、その値を業務のトランザクションの中でコミットするようにします。このようにすると連番としての一意性が保証されるだけではなく、値が歯抜けになることも回避できます。ただし採番テーブルに更新ロックを取得してからコミットするまでトランザクションが直列化されるため、採番の粒度が比較的大きい場合（前述したように年度ごとの採番など）は、並行性が大きく低下してしまう危険性があります。

これが問題となる場合は、業務本体のトランザクションの前に、別の単独のトランザクションによって採番をする、という方法があります。トランザクション管理にCDIを利用する場合は、単独のトランザクションはTxType.REQUIRES_NEW属性によって実現します。この方法では、その後の業務本体の処理でエラーが発生してトランザクションがロールバックした場合でも、一度採番した値は使われてしまうため主キー値が歯抜けになる可能性はありますが、並行性の低下は最小限に抑えることができます（図7-16）。

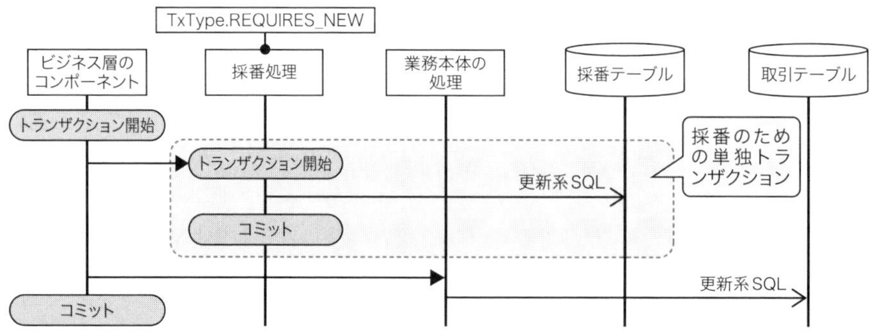

◎図7-16　単独トランザクションによる採番

■「ルートエンティティ」に悲観的ロックを適用する（方式③）

この方法は、挿入対象のエンティティそのものではなく、そのエンティティの「ルート」となるエンティティに更新ロックをかけることで、トランザクションを直列化するというものです。ルートエンティティとは、「業務的にまとまりのある複数のエンティティ」において「起点」となるエンティティを表します。このパターンの説明のために、例として「販売管理システム」を取り上げます。このシステムには、「売上テーブル」と「売上詳細テーブル」があり、1対Nの関連が成り立っているものとします。「売上テーブル」は「売上ID」が主キーとなり、「売上詳細テーブル」は「売上ID」と「売上詳細ID」の2つが複合主キーになっているものとします。売上IDは専用の採番テーブルにより値が決まります。一方で売上詳細IDは、1つの売上IDに対して、1、2、3と順番に番号が振られる（いわゆる枝番）ものとします。

ここで既存の売上データに、複数のユーザが同時に売上詳細データを追加するケースを考えてみましょう。売上詳細テーブルに対して2つのトランザクションが同時に挿入を試みます。たとえばすでに売上詳細IDが3まで採番されていたら、次は4を採番すればよい（最大値を検索して1加算する）わけですが、トランザクションが競合するとデータを挿入するときに主キー制約違反になる可能性があります。この問題の対策として、売上詳細IDのためにも採番テーブルを用意する方法も考えられますが、必ずしも効率的であるとは言えません。このようなときは、このエンティティ群におけるルートエンティティである売上エンティティに対して、更新ロックをかけるようにします。このようにすると、売上詳細エンティティへの挿入は完全に直列化されるため、新しい売上詳細ID（この例では4）を持つデータの挿入において、キー重複が発生することはありません（図7-17）。

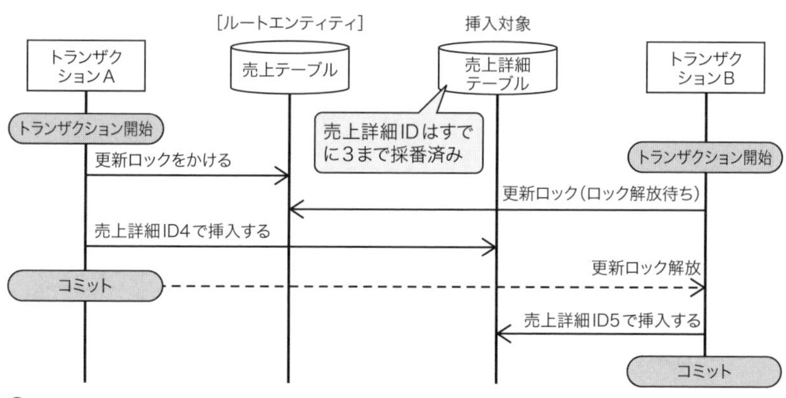

●図7-17 「ルートエンティティ」への悲観的ロック

7.3.5 楽観的ロックとロングトランザクション

■ロングトランザクションにおける楽観的ロックの利用

前述したように、トランザクションにはショートトランザクションとロングトランザクションがあります。ロングトランザクションでは、複数のユーザ操作や画面遷移にまたがって隔離性を確保する必要があるため、通常は楽観的ロックによって整合性を確保します。ロングトランザクションに悲観的ロックを適用することも技術的には可能ですが、長時間に渡って更新ロックを取得すると並行性が大きく低下するため、非現実的です。

たとえば映画館の「インターネット座席予約システム」において、同じ席をAlice、Bobの順に申し込むケースを再度考えてみましょう。ここではロングトランザクションを想定していますので、まずAlice、Bobはともに照会機能によって空いている座席を確認します。両者が照会をした時点ではまだ予約されていないため、当該の座席は空いている状態です。それを確認したAliceがまずこの席を予約し、先に取引が成立します。次に遅れることとして数秒後（数分後でも構いません）、Bobも同じ座席を予約しようとしますが、ここで楽観的ロックによってバージョン番号のチェックを行います。ロングトランザクションの場合は通常、チェックに使うバージョン番号は、セッションスコープに保持しておくことになるでしょう。Aliceの予約によってバージョン番号がカウントアップされ、Bobのセッションスコープに格納されたバージョン番号とは不一致となるため、このトランザクションはロールバックさせるようにします。そしてBobにはエラーを通知し、改めて別の座席を予約してもらうように再入力を促します。

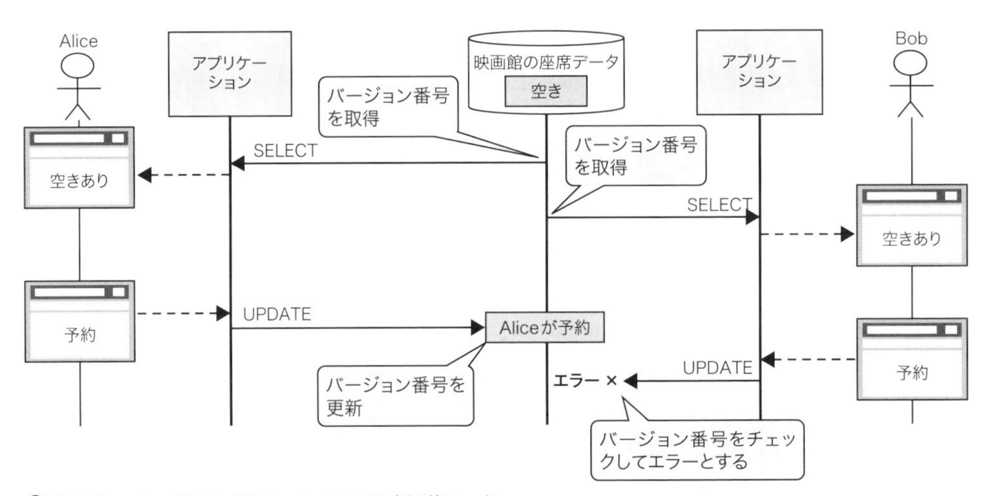

◎図7-18 ロングトランザクションにおける楽観的ロック

7.3.6 楽観的ロックによる「ユーザの意図しない結果」の回避方法

ロングトランザクションでは、システム的には正しく処理が行われたとしても、時間的なズレに起因して最終的にユーザの意図しない結果に終わることがあります。このような事象を回避するためには、アプリケーションとして設計の工夫が必要です。

ここでは題材として「発注管理システム」を取り上げます。このシステムには、「発注テーブル」と「発注詳細テーブル」があり、1対Nの関連が成り立っているものとします。「発注テーブル」は「発注ID」が主キーとなり、「発注詳細テーブル」は「発注ID」と「発注詳細ID」の2つが複合主キーになっているものとします。前提として、図7-19の伝票で表される発注エンティティがすでに存在しているものとします。

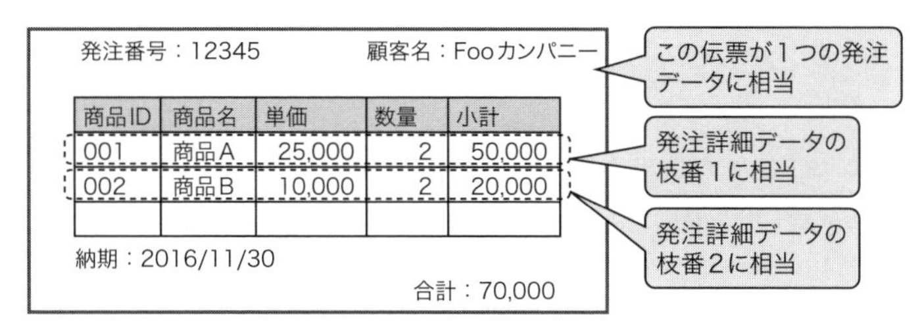

発注番号：12345　顧客名：Fooカンパニー

商品ID	商品名	単価	数量	小計
001	商品A	25,000	2	50,000
002	商品B	10,000	2	20,000

納期：2016/11/30

合計：70,000

●図7-19　発注エンティティ

この発注エンティティに対して、AliceとBobが同時に発注内容に関する変更を行うというケースを考えてみましょう。Aliceは商品Aを2個から3個に増やそうとします。一方で、Bobは商品Bを2個から3個に増やそうとします。Aliceの操作によって注文金額の合計は95,000円に、Bobの操作によって合計は80,000円になる想定でした（図7-20）。ところがAliceとBob、2人のロングトランザクションが競合したことによって、ユーザ（Alice、Bob）の意図に反して、合計は105,000円となってしまいました。仮に今回の発注の予算が100,000円しかなかったとすると、予算オーバーになってしまいます（図7-21）。

【Aliceの想定】

発注番号：12345　顧客名：Fooカンパニー

商品ID	商品名	単価	数量	小計
001	商品A	25,000	3	75,000
002	商品B	10,000	2	20,000

納期：2016/11/30

合計：95,000

【Bobの想定】

発注番号：12345　顧客名：Fooカンパニー

商品ID	商品名	単価	数量	小計
001	商品A	25,000	2	50,000
002	商品B	10,000	3	30,000

納期：2016/11/30

合計：80,000

●図7-20　AliceとBob、それぞれの想定

発注番号：12345　顧客名：Fooカンパニー

商品ID	商品名	単価	数量	小計
001	商品A	25,000	3	75,000
002	商品B	10,000	3	30,000

納期：2016/11/30

合計：105,000

●図7-21　AliceとBobのトランザクションの結果

この一連の業務処理は、システム上は特に問題はありませんが、必ずしもユーザ自身が意図した結果にならなかった点をどう考えるかがポイントです。もしこれが業務として非許容であるならば、楽観的ロックを利用して後から実行されたトランザクションをエラーにする必要があります。ただし、この例のように2つのトランザクションによる更新対象が別々のデータ（この例の場合は同一発注データへの関連を保持する発注詳細データの枝番1と枝番2）の場合は、少々工夫が必要です。具体的には、以下の2つの方法が考えられます。

①：ルートエンティティに対して楽観的ロックを適用する
②：共有エンティティに対して楽観的ロックを適用する

これらの方式はPofEAAでも紹介されており、①はRoot Optimistic Offline Lockパターン、②はShared Optimistic Offline Lockパターンと呼ばれています。まず①の方法から説明します。ルートエンティティとは、前述したように「業務的にまとまりのある複数のエンティティ」において「起点」となるエンティティを表します。発注詳細エンティティのルートに相当するのは発注エンティティになりますので、このエンティティに対してバージョン番号によるチェックを行います。つまり発注詳細エンティティに更新があった場合も、ルートである発注エンティティのバージョン番号をチェックし、自らが認識している値と不一致の場合はエラーにします。この例では、AliceとBobの操作のうち後に行われた方がエラーになります。

②の方法では、「業務的にまとまりのある複数のエンティティ」において共有されるエンティティとして専用のバージョンテーブルを用意します。そして発注詳細エンティティに更新があったら、バージョンテーブルの当該発注データに対するバージョン番号をチェックし、自らが認識している値と不一致の場合はエラーにするようにします。

このようにロングトランザクションでは、最終的にユーザの意図しない結果に終わることがありますが、楽観的ロックの応用パターンを適用することで、そのような事象を回避できます。ただしそれが業務上正しいかどうかは、あくまでも要件次第です。楽観的ロックを適用するとユーザの意図しない更新は回避できますが、その分エラーの発生頻度が高くなり並行性の低下を招く可能性がありますので、十分に留意して設計する必要があります。

7.3.7　不正な読み込みとアイソレーションレベル

あるデータを読み込もうとしたときに、同一データに対する別の書き込み（挿入、削除、更新）が競合すると、不正な読み込みが発生する可能性があります。RDBには、このような不正な読み込みを回避するための機能が備わっています。この機能はRDB製品によって挙動が異なるため注意が必要ですが、いずれの製品もアイソレーションレベルによって、「不正な読み込みの発生をどこまで許容するか」を設定します。前述したようにの隔離性と並行性（スループット）はトレードオフの関係にあります。したがって、アプリケーションの特性に応じて適切にアイソレーションレベルを設定することが重要です。

SQLの標準規格であるANSI/ISOでは、アイソレーションレベルとして、READ_UNCOMMITTED、

READ_COMMITTED、REPEATABLE_READ、SERIALIZABLEの4つが規定されています。アイソレーションレベルは、SQLのSET TRANSACTION ISOLATION LEVEL文によって設定します。JavaアプリケーションからJDBCでアイソレーションレベルを設定するためには、ConnectionのsetTransactionIsolationメソッドを使用します。Java EEアプリケーションでは、RDBとのコネクションはJava EEコンテナの接続プールから取得します（6.2節）が、接続プールにおいて生成されるコネクションのアイソレーションレベルは、Java EEコンテナの管理コンソールや設定ファイルで定義します。表7-1に、アイソレーションレベルと発生しうる不正な読み込みを示します。

アイソレーションレベル	不正な読み込み		
	ダーティリード	ノンリピータブルリード	ファントムリード
READ_UNCOMMITTED	発生する	発生する	発生する
READ_COMMITTED	発生しない	発生する	発生する
REPEATABLE_READ	発生しない	発生しない	発生する
SERIALIZABLE	発生しない	発生しない	発生しない

●表7-1　アイソレーションレベルと不正な読み込み

ここでは読み込み系のトランザクションAと、書き込み系トランザクションBの2つが、ほとんど同時に実行されたものとします。このようなケースにおいて、トランザクションAで発生しうる不正な読み込みにはどういった種類があるのか、順に説明します。

■不正な読み込み（1）～ダーティリード

ダーティリードとは、トランザクションAから、トランザクションBによるデータ更新の結果が直ちに（トランザクションBがコミットまたはロールバックする前の段階で）見えてしまう事象です。トランザクションAは、トランザクションBがロールバックするかもしれないデータを読み込んでしまいます（図7-22）。

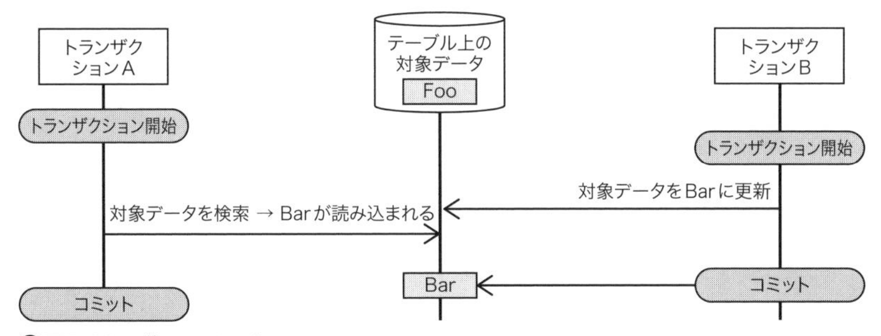

●図7-22　ダーティリード

ダーティリードを回避するためには、アイソレーションレベルをREAD_COMMITTED以上に設定する必要があります。ただしダーティリードを回避するための挙動はRDB製品によって異なります。一般的なRDBでは、トランザクションAにおいてデータを参照するときに共有ロックを取得しようとしますが、当該のデータがトランザクションBによって更新されていると更新ロックがかかっているため、ロック解放待ちとなります。一方OracleやDB2などのRDBでは、専用の領域※42に残されたトランザクションBの更新前データをトランザクションAに見せることで、高い並行性を保ちながらダーティリードの発生を回避しています。

■不正な読み込み (2) ～ノンリピータブルリード

ノンリピータブルリードとは、トランザクションAの中で検索処理を複数回実行したとき、トランザクションBで更新されたデータがトランザクションAの検索結果に変化を引き起こす事象です。1つのトランザクションの中で、同じデータを複数回読み込む処理をするアプリケーションで発生する可能性があります（図7-23）。

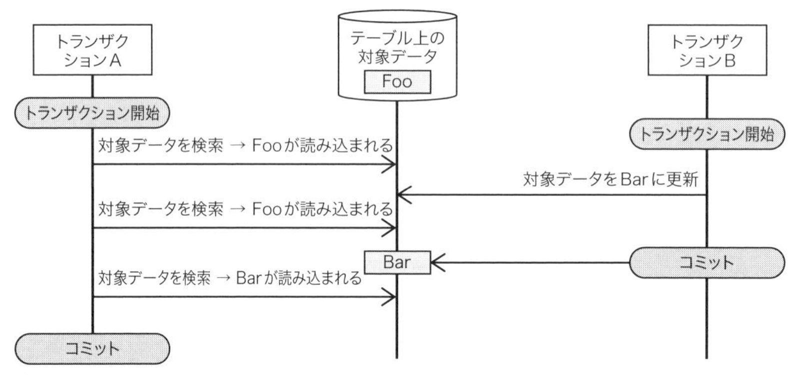

図7-23　ノンリピータブルリード

ノンリピータブルリードを回避するためには、検索対象のすべてのデータに更新ロックをかけるか、アイソレーションレベルをREPEATABLE_READ以上に設定する必要があります。REPEATABLE_READでは、明示的にロックをかけなくても読み込み対象のデータにロックがかかるため並行性は低下します。

■不正な読み込み (3) ～ファントムリード

ファントムリードとは、トランザクションAの中で検索処理（複数行ヒットする検索）を複数回実行したとき、トランザクションBで挿入または削除されたデータがトランザクションAの検索結果に変化を引き起こす事象です。ノンリピータブルリードと同じように、1つのトランザクションの中で、同じデータを複数回読み込む処理を行うアプリケーションで発生する可能性があります（図7-24）。

※42　Oracleの場合は、UNDO表領域と呼ばれる領域に更新前データが格納される。

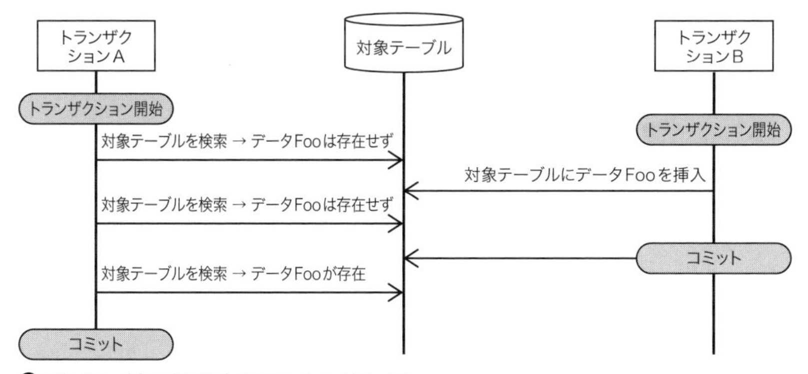

◎図7-24　挿入時に発生するファントムリード

ファントムリードを回避するためには、アイソレーションレベルをSERIALIZABLEに設定する必要があります。SERIALIZABLEでは、トランザクションAが開始した時点のデータを読み込むことが完全に保証されますが、読み込み対象のテーブル全体にロックがかかるため並行性は大きく低下します。

7.3.8　削除に関する競合

ここまで更新と更新の競合については7.3.2項〜7.3.6項で、読み込み系（参照）と書き込み系（更新・削除・挿入）との競合について7.3.7項で、それぞれどういった事象が発生し、どういった方法でデータ不整合を回避するかを説明してきました。ここでは削除に関するトランザクションが競合したときに発生する問題と、その回避策を説明します。

■削除と削除の競合

削除と削除のトランザクションが競合すると、後から行われた削除が「空振り」します。システム上は特に問題はありませんが、アプリケーションで検知する必要がある場合は、ヒット件数によるチェックを行います。

■削除と更新の競合

削除のトランザクションが先にコミットされ、更新のトランザクションが後から実行されるケースでは、更新が「空振り」します（バージョン番号や最終更新時間のチェックのあるなしに関わらず）。これをアプリケーションで検知する必要がある場合は、ヒット件数によるチェックを行います。

また更新のトランザクションが先にコミットされ、削除のトランザクションが後から実行されるケースでは、後から行われた削除をエラーにしたいという要件が考えられます（更新されたデータの削除は、ユーザの意図しない結果である可能性があるため）。このようなケースでは楽観的ロックを利用します。具体的には、DELETE文の条件にバージョン番号や最終更新時間などを含め、ヒット件数によるチェックを行います。

第8章 データアクセス層の設計パターン

8.1 データアクセス層の設計パターン

8.1.1 オブジェクトモデルとリレーショナルモデル

Javaアプリケーションでインスタンスとして保持されているデータは、メモリという揮発的な記憶装置上にのみ存在し、アプリケーションが終了すれば破棄されてしまいます。そのため、アプリケーションのライフスパンを超えてデータを保有し続けるためには、何らかの不揮発的なデータストアにデータを格納（永続化）する必要があります。データストアには様々な種類がありますが、エンタープライズシステムではほとんどの場合RDBを利用します。

Javaアプリケーションの世界（オブジェクトモデル）とRDBの世界（リレーショナルモデル）を比較すると、データモデルの設計において様々な違いがあることがわかります。

オブジェクトモデルでは、現実世界に即したデータモデルを構築します。エンティティはクラス（インスタンス）として表現し、モデリングにはクラス図を利用します。2つのクラスに関連がある場合は、フィールドとして別クラスへの参照を保持し、フィールド（またはゲッタ）を介してアクセスします。クラス間の関連に配列、コレクションまたはマップを利用することもできます。このようなオブジェクトモデルの構造を「グラフ構造」と呼びます。またオブジェクトモデルでは、継承の概念を実装できます。ただしオブジェクトモデルでは、検索や更新の効率性についてはあまり考慮されていません。

一方リレーショナルモデルでは、RDBの特性に合わせたデータモデルを構築します。エンティティはテーブルとして表現し、モデリングにはE-R図を利用します。リレーショナルモデルでは、主に正規化や非正規化といった方法を用いて、数学的な見地からRDBの検索や更新に最適なモデルを設計します。あるテーブルと別のテーブルを関連付ける場合は、外部キーによってジョインします。テーブル自体は表構造ですが、ジョインによって得られる結果セットも表構造です。またリレーショナルモデルでは、テーブル間の継承関係を実装することはできません。オブジェクトモデルでは配列やコレクションとして表現できるデータの繰り返しも、リレーショナルモデルではテーブルが入れ子構造となってしまうため、正規化によって排除されます。

これら2つのモデリング手法は、どちらもそれぞれの記憶装置（メモリ／データベース）や、役割（プログラム／永続化）に適したデータモデルを構築するための方法論であり、優劣はありません。このような両データモデルの設計思想の違い（関連エンティティへのアクセス方法の違い、継承実装の可否、繰り返しデータの扱い等）を、インピーダンスミスマッチと言います（図8-1）。Javaアプリケーションが扱うデータはオブジェクトモデルなので、RDBとの間でデータを読み書きするためには、インピーダンスミスマッチを何らかの方法で解消する必要があります。

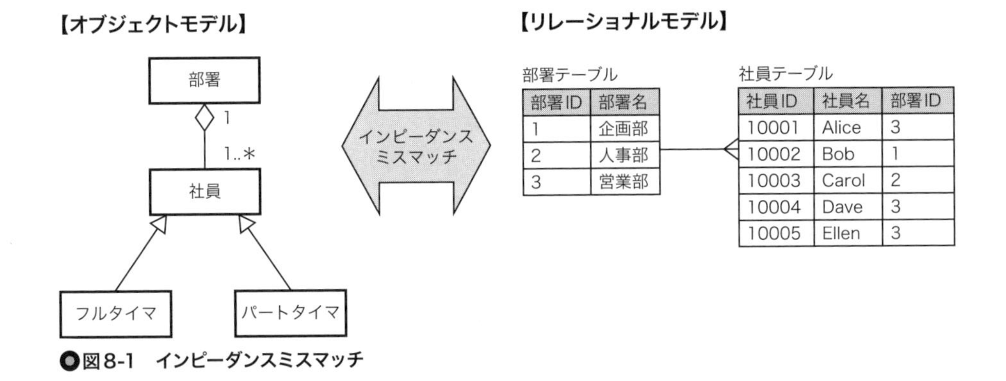

図8-1　インピーダンスミスマッチ

8.1.2　データアクセス層の設計パターン

データアクセス層の設計パターンは、PofEAAでは以下の4つに分類されています。

・Table Data Gatewayパターン
・Row Data Gatewayパターン
・Active Recordパターン
・Data Mapperパターン

本書では、この中からTable Data Gatewayパターン[※43]とData Mapperパターンを取り上げます。まず8.2節ではTable Data Gatewayパターンをテーマに、このパターンにおいてDAO作成を効率化するためのOSSフレームワークであるMyBatis[※44]の利用方法を説明します。またData Mapperパターンでは通常、O-Rマッパ[※45]と呼ばれる専用のフレームワークを利用します。O-Rマッパについては、Java EEで標準化されているJPA（Java Persistence API）を取り上げ、8.3節で詳細に解説します。

Data MapperパターンとTable Data Gatewayパターンには、「RDBの存在を意識するかどうか」という点でアーキテクチャの違いがあります。Table Data Gatewayパターンは、開発者はRDBを意識して自身でSQLを実装します。一方Data MapperパターンではRDBの存在は隠ぺいされ、基本的にSQLはO-Rマッパによって自動的に生成されます。RDBから読み込んだデータはメモリ上にコレクションとして保持され、メモリ上のコレクションと同期されます。

両パターンには、いくつかの観点でトレードオフがあります。

※43　Table Data Gatewayパターンは、伝統的なJava EEのパターンの一つである「DAOパターン」と酷似しているが、本書では混乱を避けるためにTable Data Gatewayパターンという呼び名で統一する。
※44　http://blog.mybatis.org
※45　O-RマッパはRDBアクセスのためのフレームワークを全般的に指す場合があるが、本書ではData Mapperパターンを実現するためのフレームワークに意味を限定する。

まず実装量の観点では、Data Mapperパターンの方がデータアクセス処理（SQL発行）が自動化されるため優位性があります。Data Mapperパターンを実現するためのフレームワークであるJPAには、インピーダンスミスマッチを吸収するための優れた機能があり、これらの機能を利用することで開発者はビジネスロジックの設計に専念できるようになるため、生産性を大きく向上させることが可能です。

設計の難易度の観点では、Table Data Gatewayパターンはシンプルでわかりやすい設計手法ですが、Data Mapperパターンでは開発者がメモリ上でのエンティティのライフサイクル（8.3.2項）を意識する必要があるため、比較的難易度が高くなる傾向があります。またData Mapperパターンでは基本的にRDBの存在は隠ぺいされますが、たとえば悲観的ロック（8.3.5項）をかけるときには直ちにSQLを発行する必要があったりと、RDBを完全に意識しなくてよいわけではない点も、難易度を高める一因となっています。

パフォーマンスチューニングの観点では、Table Data Gatewayパターンは開発者自身がSQLを記述するため、インデックス設計などチューニングをしやすいというメリットがあります。一方Data MapperパターンではSQLが自動的に生成されるため、特に大量データに対する検索では、O-Rマッパによって実際に生成されるSQLを確認しながらチューニングしなければならず、難易度が高くなる傾向があります。またData MapperパターンではRDB上のデータはO-Rマッパによって読み込まれますが、特に複数のエンティティに関連があるときには読み込み方を設計上で工夫しないと、「N＋1 SELECT問題」(8.7.6項）のようにパフォーマンス上の問題が発生する可能性があるため注意が必要です。ただしJPAの場合は、開発者がSQLを直接記述する「ネイティブクエリ」(8.7.5項）という機能がありますので、現実的な選択肢としてこの機能を活用することで、パフォーマンス上の諸問題の解消を図ることができます。

8.1.3　本書におけるデータモデル

この章ではサンプルのデータモデルとして「会社モデル」を取り上げますが、8.2節および8.3節の解説の中では、単一の「社員」のみが登場するエンティティモデルを使います。図8-2に、このモデルのクラス図とE-R図を示します。

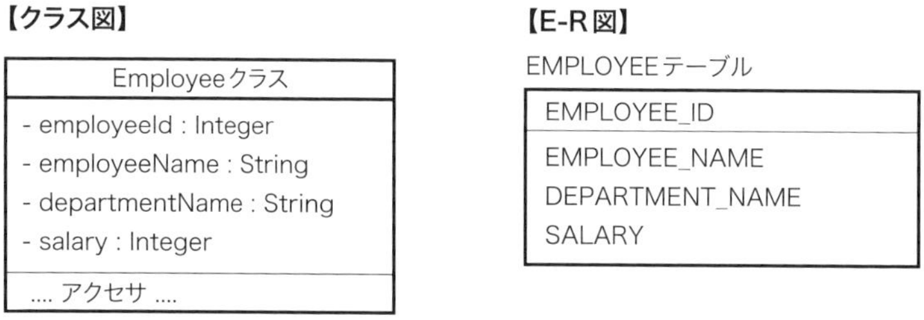

【クラス図】

Employeeクラス
- employeeId : Integer - employeeName : String - departmentName : String - salary : Integer
.... アクセサ ....

【E-R図】

EMPLOYEEテーブル

EMPLOYEE_ID
EMPLOYEE_NAME DEPARTMENT_NAME SALARY

◎図8-2　社員エンティティのクラス図とE-R図

8.2 Table Data GatewayパターンとMyBatis

8.2.1 Table Data Gatewayパターン

Table Data Gatewayパターンとは、1つのテーブルに対してDAOとDTOを1つずつ作成し、対象テーブルに対するアクセスを抽象化するものです。DAOは対象テーブルを操作（検索／挿入／削除／更新）するための振る舞いを持ちますが、状態は保持しません。対象テーブルの1データはDTOとして表現し、ビジネス層とDAOの橋渡しはDTOが担当します。なおPofEAAにおけるTable Data Gatewayパターンでは、厳密にはビジネス層とDAOの橋渡し役はDTOであると明言されてはいませんが（ResultSetを直接返す場合もある）、本書ではDTOを使用するものとします。

DAOの振る舞い（メソッド）には、読み込み系（検索）と書き込み系（挿入／削除／更新）があります。読み込み系のメソッドでは、ビジネス層から引数として渡されたDTOの値をもとにSQL文（SELECT文）を手動で組み立て、JDBCのAPIによってSQLを発行します。SQL発行によって得られた結果セットから、主キー検索の場合は単一のDTOに、複数条件検索で複数件ヒットする場合はDTOのコレクションにそれぞれ値を格納し、ビジネス層に返却します。

一方書き込み系のメソッドでは、同じようにビジネス層から引数として渡されたDTOの値をもとにSQL文（INSERT文／DELETE文／UPDATE文）を手動で組み立て、JDBCのAPIによってSQLを発行します。ビジネス層には何も返却しないか、または削除や更新の場合は必要に応じてヒット件数を返します。

このようにTable Data Gatewayパターンでは、あくまでもアプリケーション開発者が明示的にSQLを実装してRDBアクセスを行うため、インピーダンスミスマッチはアプリケーションの中で吸収する必要があります。

以下に、Table Data Gatewayパターンによる典型的なDAOの実装例を示します。

◉コード8-1 Table Data Gatewayパターンによる典型的なDAOの実装例

```
@Dependent
public class EmployeeDAO {
    @Resource(lookup = "jdbc/MySQLDS")
    private DataSource ds;
    // 主キーによる検索 1
    public Employee findEmployee(int employeeId) {
        Connection conn = null;
        PreparedStatement pstmt = null;
        ResultSet rset = null;
        try {
            conn = ds.getConnection();
            String sqlStr = "SELECT EMPLOYEE_ID, EMPLOYEE_NAME, "
                    + "DEPARTMENT_NAME, SALARY "
                    + "FROM EMPLOYEE WHERE EMPLOYEE_ID=?";
            pstmt = conn.prepareStatement(sqlStr);
            pstmt.setInt(1, employeeId);
            rset = pstmt.executeQuery();
```

```
            Employee employee = null;
            if (rset.next()) {
                employee = new Employee(employeeId,
                        rset.getString("EMPLOYEE_NAME"),
                        rset.getString("DEPARTMENT_NAME"),
                        rset.getInt("SALARY"));
            }
            return employee;
        } catch (SQLException sqle) { .... }
        } finally {
            // リソースをクローズする
            ........
        }
    }
    // 月給の範囲による検索メソッド ❷
    public List<Employee> findEmployeesBySalary(int lower, int upper) {
        Connection conn = null;
        PreparedStatement pstmt = null;
        ResultSet rset = null;
        try {
            conn = ds.getConnection();
            String sqlStr = "SELECT EMPLOYEE_ID, EMPLOYEE_NAME, "
                    + "DEPARTMENT_NAME, SALARY FROM EMPLOYEE "
                    + "WHERE ? <= SALARY AND SALARY <= ?";
            pstmt = conn.prepareStatement(sqlStr);
            pstmt.setInt(1, lower);
            pstmt.setInt(2, upper);
            rset = pstmt.executeQuery();
            List<Employee> resultList = new ArrayList<Employee>();
            while (rset.next()) {
                employee = new Employee(rset.getInt("EMPLOYEE_ID"),
                        rset.getString("EMPLOYEE_NAME"),
                        rset.getString("DEPARTMENT_NAME"),
                        rset.getInt("SALARY"));
                resultList.add(employee);
            }
            return resultList;
        } catch (SQLException sqle) { .... }
        } finally {
            // リソースをクローズする
            ........
        }
    }
    // 新規データ挿入メソッド ❸
    public void createEmployee(Employee employee) {
        Connection conn = null;
        PreparedStatement pstmt = null;
        try {
            String sqlStr = "INSERT INTO EMPLOYEE VALUES(?, ?, ?, ?)";
```

```
            pstmt = conn.prepareStatement(sqlStr);
            pstmt.setInt(1, employee.getEmployeeId());
            pstmt.setString(2, employee.getEmployeeName());
            pstmt.setString(3, employee.getDepartmentName());
            pstmt.setInt(4, employee.getSalary());
            pstmt.executeUpdate();
        } catch (SQLException sqle) { .... }
        } finally {
            // リソースをクローズする
            ........
        }
    }
}
```

Java EEでは通常、DAOはCDI管理Beanとして作成します。このDAOの対象は、単一の社員テーブル（EMPLOYEEテーブル）です。読み込み系メソッドとして、主キーによる検索を行うメソッド❶、月給の範囲による検索を行うメソッド❷の2つを、書き込み系のメソッドとして、新規データ挿入を行うメソッド❸を、それぞれ実装しています。

8.2.2 MyBatisの基本的な仕組み

■DAO作成の効率化とMyBatis

コード8-1で示したTable Data GatewayパターンによるDAOの開発は、必ずしも効率的とは言えません。各メソッドではJDBC特有の定型的な処理を実装する必要があります。たとえば検索の場合は、まずコネクションを取得して、ステートメントを生成してパラメータをセットの上でSQLを発行し、取得した結果セットからループ処理によって値を取り出してDTOに格納する、といった処理です。もちろん、例外のハンドリングやリソースのクローズなども必要です。その一方で非定型な処理、たとえばパラメータから動的にSQL文を生成したり、複数テーブルをジョインしたSQLの結果セットからDTOに値を格納したりする処理は比較的複雑な実装になることがあります。このようにTable Data GatewayパターンにおけるDAOの開発には、開発効率の観点で様々な課題がありました。

このような課題を解決するための方法として、本書ではOSSのRDBアクセスフレームワークであるMyBatisを紹介します。MyBatisを利用すると、DAOの開発を大幅に効率化できます。

■MyBatis設定ファイル

MyBatisを利用するためには、MyBatis設定ファイルを用意する必要があります。この設定ファイルには、MyBatisを利用するために必要な環境情報や設定情報を定義します。たとえば、Java SE環境で利用する場合はRDBアクセスに必要な環境情報を、Java EE環境で利用する場合はトランザクション管理方法やデータソースのJNDI名を定義します。以下は、Java EE環境におけるMyBatis設定ファイル※46の記述例です。

※46　名前は任意だが、本書ではmybatis-config.xmlとする。

```
<configuration>
  <environments default="development">
    <environment id="development">
      <transactionManager type="MANAGED" />
      <dataSource type="JNDI">
        <property name="data_source" value="jdbc/MySQLDS"/>
      </dataSource>
    </environment>
  </environments>
  <mappers>
    <!-- SQLマップファイル -->
    <mapper resource="mybatis-mapper.xml"/>
  </mappers>
</configuration>
```

■SQLマップファイル

MyBatisによるDAOでは、従来型DAOのようにJDBCのAPIによってSQLを指定するのではなく、SQLマップファイルと呼ばれる設定ファイルにSQLを記述します。具体的にはCRUD操作（検索／挿入／削除／更新）に合わせて<select>タグ、<insert>タグ、<delete>タグ、<update>タグ内にSQLを記述し、各SQLにはID（SQL-ID）を付与します。

```
<mapper namespace="....">
  <select id="selectEmployee" .... >
    <!-- SELECT文 -->
  </select>
  <insert id="insertEmployee" .... >
    <!-- INSERT文 -->
  </insert>
  <delete id="deleteEmployee" .... >
    <!-- DELETE文 -->
  </delete>
  <update id="updateEmployee" .... >
    <!-- UPDATE文 -->
  </update>
</mapper>
```

■SqlSession

アプリケーション（DAO）では以下のようにしてMyBatis設定ファイルを指定して、MyBatisが提供するSqlSessionのインスタンスを生成します。

```
InputStream is = Resources.getResourceAsStream("mybatis-config.xml");
SqlSessionFactory ssf = new SqlSessionFactoryBuilder().build(is);
SqlSession sqlSession = ssf.openSession();
```

SqlSessionは、専用のシングルトンクラスを用意して初期化のときに一度だけ生成して保持し、アプリケーションの任意の場所から取得できるようにするとよいでしょう。

アプリケーションでは、取得したSqlSessionに対して様々なCRUD操作のためのメソッドを呼び出します。このときSqlSessionの各メソッドには、SQL-IDと、パラメータとして変数（DTOなど）を渡します。SQL-IDと変数を受け取ったMyBatisは、SQLマップファイルに記述されたSQLに対してパラメータを埋め込みます。SQLマップファイルは一種のテンプレートになっており、パラメータとして渡された変数の値を埋め込むことでSQLを動的に生成します。SQLが検索（SELECT文）の場合は、MyBatisは結果セットを受け取り、あらかじめSQLマップファイルに定義された変数（DTO）にバインディングしてアプリケーションに返却します。

このようにMyBatisによるDAOはSqlSessionのメソッドを呼び出すことで、SQLマップファイルに記述されたSQLにパラメータ（DTOなど）を埋め込んで発行し、発行されたSQLの結果セットを格納したDTOを戻り値として受け取ることできます（図8-3）。

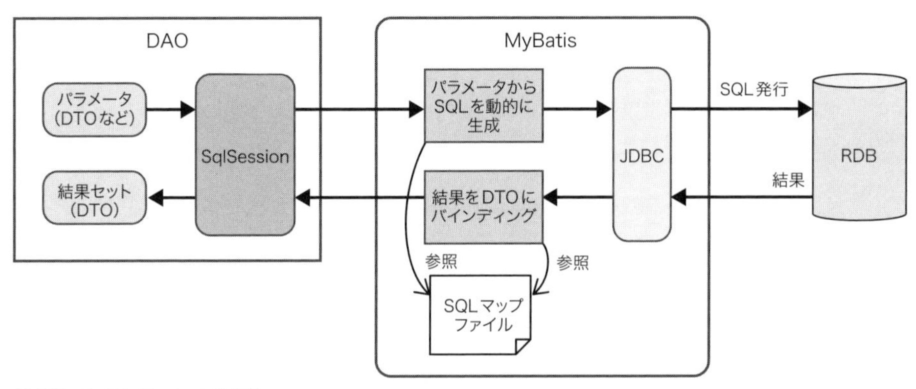

●図8-3　MyBatisの仕組み

8.2.3　MyBatisによるCRUD操作

■主キー検索

MyBatisとアプリケーションの間でやり取りされるパラメータと結果セットの型は、SQLマップファイルの各SQLに指定します。具体的には、パラメータについてはparameterType属性※47に、結果セットについてはresultType属性※48に、それぞれ指定します。

主キー検索の場合、パラメータとして単一の値を指定することになるので、parameterTypeには"int"や"string"といった型を指定します。渡されたパラメータは、SQL文の「#{プロパティ名}」によって指定された部分に埋め込まれます。ただしここでは単一パラメータなので、プロパティ名は任意となります。

※47　他の方法としてparameterMapを利用すると、パラメータとDTOのバインディングを、SQLマップファイル内に個別に定義することも可能。

※48　他の方法としてresultMapを利用すると、結果セットとDTOのバインディングを、SQLマップファイル内に個別に定義することも可能。

また主キー検索の結果セットについては、resultTypeに単一のデータを格納するためのDTOの型を指定します。結果セットを当該DTOに格納するとき、デフォルトではカラム名と名前が一致するプロパティが自動的に対応付けられます。ただしMyBatis設定ファイルに以下の設定を追加することで、アンダースコアによる区切られたカラム名を、キャメルケースによるプロパティ名に自動的に対応付けることが可能です（本書のサンプルではこのようになっています）。もちろん、カラム名とプロパティ名を明示的に対応付けることも可能です。

```
<settings>
  <setting name="mapUnderscoreToCamelCase" value="true" />
</settings>
```

以下に、主キー検索を行うためのSQL（<select>タグ）を示します。

```
<select id="selectEmployee"
  parameterType="int"
  resultType="jp.mufg.it.mybatis.company.dto.Employee">
  SELECT * FROM EMPLOYEE
  WHERE EMPLOYEE_ID = #{employeeId}
</select>
```

上記SQLに対して、DAOで以下のようにselectOneメソッドを呼び出すと、MyBatisによってSQLが発行され、結果セットとしてDTO（Employeeクラス型）を取得します。

```
Employee result = sqlSession.selectOne("selectEmployee", 10001);
```

なおこのSQLを発行した結果、ヒットするデータがなかった場合はnullが返されます。

このようなパラメータと結果セットとSQLマップファイルとの対応関係を、図8-4に示します。

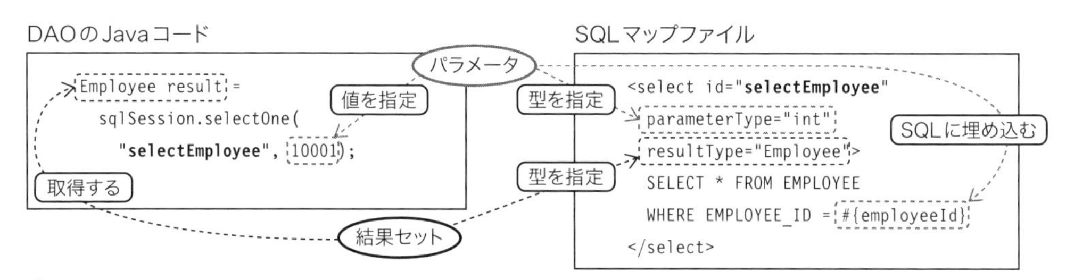

◎図8-4　パラメータと結果セットとSQLマップファイルとの対応関係

■主キー以外の条件による検索

主キー以外の条件による検索では、本来的には結果セットのためのDTOをそのままパラメータに流用できるケースがあります。たとえば「○○部に所属している、月給がXX以下の社員」を検索したい（パラメータは「部署名」と「月給」）場合、前述したEmployee（DTO）をパラメータに指定します。渡されたパラメータの値は、SQL文の「#{プロパティ名}」によって指定された部分に埋め込まれます。

以下に、DTOをパラメータにして検索を行うためのSQL（<select>タグ）を示します。

```
<select id="selectEmployees1"
  parameterType="jp.mufg.it.mybatis.company.dto.Employee"
  resultType="jp.mufg.it.mybatis.company.dto.Employee">
  <![CDATA[
  SELECT * FROM EMPLOYEE
  WHERE DEPARTMENT_NAME = #{departmentName}
  AND #{salary} <= SALARY
  ]]>
</select>
```

上記SQLに対して、DAOでは以下のようにselectListメソッドを呼び出し、結果セットとしてDTOのリストを取得します。

```
Employee param = new Employee(0, "", "営業部", 300000);
List<Employee> resultList = sqlSession.selectList("selectEmployees1", param);
```

この例ではパラメータが「部署名」と「月給」であったためEmployeeを利用できましたが、「月給が○○以上、XX以下の社員」を検索したい（パラメータは「月給の下限」と「月給の上限」）場合は、Employeeでは適合しません。このような場合は、必要な属性のみを保持するパラメータ用のDTOを新たに作成するか、またはマップ型変数をパラメータとして利用します。

以下に、マップ型変数をパラメータにして検索を行うためのSQL（<select>タグ）を示します。parameterTypeには"map"と指定します。

```
<select id="selectEmployees2"
  parameterType="map"
  resultType="jp.mufg.it.mybatis.company.dto.Employee">
  <![CDATA[
  SELECT * FROM EMPLOYEE
  WHERE #{lowerSalary} <= SALARY
  AND SALARY <= #{upperSalary}
  ]]>
</select>
```

上記SQLに対して、DAOでは以下のように、マップ型変数を引数に指定してselectListメソッドを呼び出します。

```
Map<String, Object> param = new HashMap<String, Object>();
param.put("lowerSalary", 300000);
param.put("upperSalary", 400000);
List<Employee> resultList = sqlSession.selectList("selectEmployees2", param);
```

なお主キー以外の条件による検索では、ヒットするデータがなかった場合は空のリストが返されます。

■挿入

挿入の場合、パラメータとして挿入するデータが格納されたDTOの型を定義します。渡されたパラメータの値は、検索と同じように、SQL文の「#{プロパティ名}」によって指定された部分に埋め込まれます。なおINSERT文やUPDATE文では、プロパティを指定するときに、「#{プロパティ名:JDBCデータ型}」といった書式でJDBCデータ型を明示できます。nullを書き込む場合や日付型プロパティをバインディングする場合は、このようにしてJDBCデータ型を指定します。

以下に、データを挿入するためのSQL（<insert>タグ）を示します。

```
<insert id="insertEmployee"
  parameterType="jp.mufg.it.mybatis.company.dto.Employee">
  INSERT INTO EMPLOYEE
  VALUES (#{employeeId}, #{employeeName}, #{departmentName}, #{salary})
</insert>
```

上記SQLに対して、DAOでは以下のようにinsertメソッドを呼び出します。

```
Employee param = new Employee(20001, "Frank", "企画部", 250000);
sqlSession.insert("insertEmployee", param);
```

■削除

削除には主キーによる一件削除と、主キー以外の条件による一括削除があります。主キーによる一件削除の場合、パラメータには単一の値を指定します。一方主キー以外の条件による一括削除の場合は、パラメータには指定する条件に応じて単一の値、DTO、マップ型変数などを指定します。

以下に、主キーによる一件削除を行うためのSQL（<delete>タグ）を示します。

```
<delete id="deleteEmployee"
  parameterType="int">
  DELETE FROM EMPLOYEE
  WHERE EMPLOYEE_ID = #{employeeId}
</delete>
```

上記SQLに対して、DAOでは以下のようにdeleteメソッドを呼び出します。

```
sqlSession.delete("deleteEmployee", 10001);
```

なおdeleteメソッドは戻り値としてヒット件数が返されるため、必要に応じて取得したヒット件数をハンドリングしたり、DAO呼び出しの戻り値としてビジネス層に返すことができます。

■更新

更新には主キーによる一件更新と、主キー以外の条件による一括更新があります。いずれの場合も、パラメータには指定する条件に応じて単一の値、DTO、マップ型変数などを指定します。

以下に、主キーによる一件更新を行うためのSQL（<update>タグ）を示します。この例では主キーと月給と2つのパラメータがあるため、DTOを指定しています。

```
<update id="updateEmployeeSalary"
  parameterType="jp.mufg.it.mybatis.company.dto.Employee">
  UPDATE EMPLOYEE
  SET SALARY = #{salary}
  WHERE EMPLOYEE_ID = #{employeeId}
</update>
```

上記SQLに対して、DAOでは以下のようにupdateメソッドを呼び出します。

```
Employee param = new Employee(10001, "", "", 500000);
sqlSession.update("updateEmployeeSalary", param);
```

なおupdateメソッドは戻り値としてヒット件数が返されるため、必要に応じて取得したヒット件数をハンドリングしたり、DAO呼び出しの戻り値としてビジネス層に返すことができます。

8.2.4 特別な型のバインディング

■列挙型

MyBatisでは、DTOの列挙型プロパティをパラメータや結果セットにバインディングできます。たとえば「職務タイプ」を表す列挙型として、以下のようなJobTypeを用意します。

```
public enum JobType {
    MANAGER, LEADER, CHIEF, ASSOCIATE;
}
```

ここではEmployeeクラス（DTO）にJobType型プロパティを追加し、またEMPLOYEEテーブルにJOB_TYPEカラム（varchar型）を追加するものとします。

テーブルへの書き込みでは、パラメータに指定された列挙型プロパティがMyBatisによって自動的に変換され、JOB_TYPEカラムに列挙型の名前（nameメソッド呼び出し結果のString型）が反映されます。たとえばプロパティ値がJobType.MANAGERの場合、JOB_TYPEカラムには文字列"MANAGER"が反映されます。またテーブルからの読み込みでは、JOB_TYPEカラムの値がMyBatisによって対応する列挙型の値に自動的に変換され、DTOのプロパティに格納されます。たとえばJOB_TYPEカラムの値が"MANAGER"の場合、DTOにおける列挙型はJobType.MANAGERとなります。

このように列挙型のバインディングでは、デフォルトで列挙型の名前が適用されますが、MyBatis設定ファイルに以下のような定義を追加することで、序数（ordinalメソッド呼び出し結果のint型）を適用することも可能です。

```
<typeHandlers>
  <typeHandler handler="org.apache.ibatis.type.EnumOrdinalTypeHandler"
               javaType="上記JobTypeのFQCN" />
</typeHandlers>
```

■BLOB型

MyBatisはRDBのBLOB型に対するバインディングをサポートしています。BLOB型はファイルやイメージなど、バイナリデータを格納するためのデータ型です。バインディングの対象となるプロパティは、byte[]型やInputStream型となります。素のJDBCでは、BLOB型のカラムへの読み込みや書き込みはとても複雑な実装が必要ですが、MyBatisでは容易に実現できるため非常に効率的です。

8.2.5 ロックによるデータ不整合の回避

■悲観的ロック

悲観的ロックとは、複数トランザクションが同一データを更新するときに発生する不整合を、RDBのロック機能を利用することによって回避する手法です（7.3節）。MyBatisでは、以下のようにSELECT FOR UPDATE文をSQLマップファイルに記述することによって、悲観的ロックを実現します。

```
<select id="selectEmployeeWithPessimisticLock"
  parameterType="int"
  resultType="jp.mufg.it.mybatis.company.dto.Employee">
  SELECT * FROM EMPLOYEE
  WHERE EMPLOYEE_ID = #{employeeId}
  FOR UPDATE
</select>
```

■楽観的ロック

楽観的ロックとは、複数トランザクションが同一データを更新するときに発生する不整合を、アプリケーションのロジックによって回避する手法です（7.3節）。チェックには、バージョン番号や最終更新時間を利用するケースが一般的ですが、ここではバージョン番号を利用します。バージョン番号によって楽観的ロックを行うためには、対象テーブルにバージョン番号を表す数値型のカラムを用意する必要があります。更新のSQLは以下のようになります。

```
<update id="updateEmployee"
  parameterType="jp.mufg.it.mybatis.company.dto.Employee">
  UPDATE EMPLOYEE
  SET EMPLOYEE_NAME = #{employeeName},
  DEPARTMENT_NAME = #{departmentName},
```

```
  SALARY = #{salary},
  VERSION = VERSION + 1
  WHERE EMPLOYEE_ID = #{employeeId}
  AND VERSION = #{version}
</update>
```

このSQLは、条件にバージョン番号が指定されている点と更新処理の中でバージョン番号を1つカウントアップしている点がポイントです。アプリケーション（DAO）では、以下のようにして上記SQLを呼び出します。

```
employee.setVersion(0L); // 自らが認識しているバージョン番号"0"をセットする
int hitCount = sqlSession.update("updateEmployee", employee);
if (hitCount != 1) {
    // 例外を送出してトランザクションをロールバックする
}
// トランザクションをコミットする
```

上記SQLを実行した後、updateメソッドから返されるヒット件数をチェックします。もしヒット件数が1件だった場合は、当該データのバージョン番号が自らが認識している値（ここでは"0"）と同一であることを意味しますのでトランザクションをコミットします。逆にヒット件数が1件以外の場合は、別のトランザクションによってデータが更新されたことになるため、例外を送出して自トランザクションをロールバックします。

8.2.6 RDBの連番生成機能の利用

主要なRDB製品は、連番生成機能を提供しています。連番生成機能には、オートナンバリング（DB2、MySQLなど）やシーケンス（Oracle、DB2）があります。アプリケーションの要件として、新規データを挿入したときに連番生成機能によって生成された番号を直ちに利用したいケースがありますが、MyBatisの<selectKey>タグを利用すると、生成された連番をデータ挿入直後に取得できます。

■オートナンバリング

SQLマップファイルの<insert>タグに以下のように<selectKey>タグを記述すると、生成された連番を、当該データを挿入した直後にDTOのkeyProperty属性で指定したプロパティ（ここではEmployeeインスタンスのemployeeIdプロパティ）にセットさせることができます。<selectKey>タグ内には、生成された連番を取得するためのRDB製品固有の関数[※49]を記述します。

```
<insert id="insertEmployeeWithMySQL"
  parameterType="jp.mufg.it.mybatis.company.dto.Employee">
  <selectKey keyProperty="employeeId" resultType="int" order="AFTER">
    SELECT LAST_INSERT_ID()
```

※49　この例ではMySQLが前提のため、LAST_INSERT_ID()関数を呼び出している。

```
  </selectKey>
  INSERT INTO EMPLOYEE(EMPLOYEE_NAME, DEPARTMENT_NAME, SALARY)
  VALUES (#{employeeName}, #{departmentName}, #{salary})
</insert>
```

アプリケーションでは、以下のようにしてデータを挿入します。

```
Employee param = new Employee("Frank", "企画部", 250000);
sqlSession.insert("insertEmployeeWithMySQL", param);
```

insertメソッド呼び出しの後、引数として渡したDTOには、オートナンバリングによって採番された社員IDがセットされています。

■シーケンス

SQLマップファイルの<insert>タグに以下のように<selectKey>タグを記述すると、シーケンスによって採番された社員IDを含むデータを挿入し、同時にその値をパラメータとして渡したEmployeeインスタンスのemployeeIdプロパティにセットさせることができます。なおここでは、社員IDを採番するためのシーケンスを、EMPLOYEE_SEQという名前ですでに作成済みであるものとします。

```
<insert id="insertEmployeeWithOracleSequence"
  parameterType="jp.mufg.it.mybatis.company.dto.Employee">
  <selectKey keyProperty="employeeId" resultType="int" order="AFTER">
    SELECT EMPLOYEE_SEQ.CURRVAL FROM DUAL
  </selectKey>
  INSERT INTO EMPLOYEE
  VALUES (EMPLOYEE_SEQ.NEXTVAL, #{employeeName}, #{departmentName},
    #{salary})
</insert>
```

なお<selectKey>タグを使わない別の方法もあります。まず挿入前に当該シーケンスから次の値（EMPLOYEE_SEQ.NEXTVAL）を取得し、取得した値を社員IDにセットした上で挿入しても、同様のことを実現できます。

8.2.7 GenericDAOパターン

MyBatisによるDAOでは、GenericDAOパターンを適用することによってさらに効率化できます。たとえば社員テーブルに対するDAO（EmployeeDAOとする）を考えてみましょう。このDAOの主キー検索のメソッドは、以下のようになります。

```
public Employee findEmployee(Integer param) {
    Employee result = sqlSession.selectOne("selectEmployee", param);
    return result;
```

```
}
```

一方、主キー以外の条件による検索メソッドは以下のようになります。

```
public List<Employee> findEmployees(Integer param) {
    List<Employee> resultList = sqlSession.selectList("selectEmployees", param);
    return resultList;
}
```

ここで、社員テーブルとは別に案件テーブルがあるものとします。このテーブルに対するDAO（ProjectDAOとする）の主キー検索メソッドは、以下のようになります。

```
public Project findProject(Integer param) {
    Project result = sqlSession.selectOne("selectProject", param);
    return result;
}
```

一方、主キー以外の条件による検索メソッドは以下のようになります。

```
public List<Project> findProjects(Integer param) {
    List<Project> resultList = sqlSession.selectList("selectProjects", param);
    return resultList;
}
```

各DAOのメソッド同士を比べてみると、社員テーブルに対する検索メソッドと案件テーブルに対する検索メソッドは、それぞれよく似ていることがわかります。EmployeeDAOとProjectDAOでは、従来型DAOではSQL文そのものが大きく異なりますが、MyBatisによるDAOではSQL文はSQLマップファイルに出されるため、両メソッドの違いは「戻り値の型」のみに限定されます。そこでEmployeeDAOとProjectDAOにおける両メソッドの違いを、総称型の型パラメータを利用して吸収してみましょう。すると、以下のような汎用的なDAOになります。

```
public <T> T find(String sqlId, Object param) {
    T result = sqlSession.selectOne(sqlId, param);
    return result;
}
public <T> List<T> findList(String sqlId, Object param) {
    List<T> resultList = sqlSession.selectList(sqlId, param);
    return resultList;
}
```

このように型パラメータによってDAOメソッドを汎用化する設計パターンを、Generic DAOパターンと呼びます。これは必ずしもMyBatisのためのパターンではありませんが、MyBatisではSQL文がメソッド外に記述されるため、このパターンとの親和性は非常に高い点が特徴です。

8.3 Data MapperパターンとJPA

8.3.1 Data Mapperパターン

Data Mapperパターンとは、Javaのオブジェクト（オブジェクトモデル）とRDBのデータ（リレーショナルモデル）の相互変換を行うための中間層を導入し、インピーダンスミスマッチの吸収を図る設計パターンです。昨今のエンタープライズシステムの開発では、この中間層にO-Rマッパと呼ばれるフレームワークを利用するケースが一般的です。O-Rマッパを利用すると、RDBの存在はアプリケーションから隠ぺいされます。アプリケーションがRDBから読み込んだデータは、メモリ上にコレクションとして保持されます。アプリケーションが当該コレクションに対して追加、削除、更新などの操作を行うと、O-Rマッパによって暗黙的にSQLが発行されてRDBと同期されます（図8-5）。

Data Mapperパターンは、ビジネス層ではDomain Modelパターンとの親和性が高いですが、工夫次第ではTransaction Scriptパターンと組み合わせることもできます。

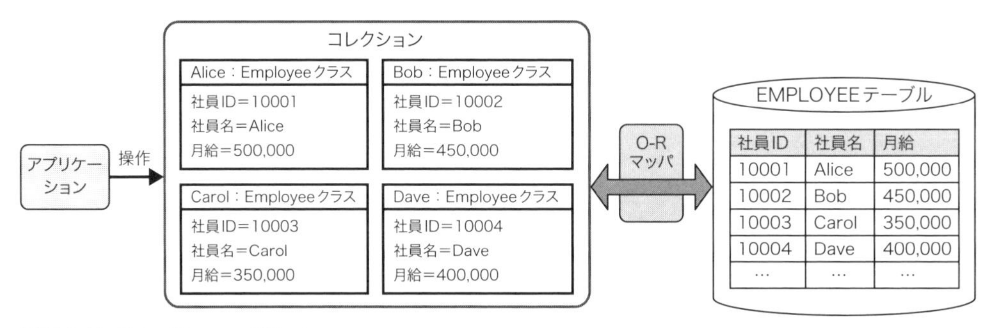

◎図8-5　Data Mapperパターン

8.3.2 JPAの基本的な仕組み

■JPAとは

Java EEではO-RマッパとしてJPA（Java Persistence API）が標準化されています。Java EEコンテナには、JPAの仕様を実装したO-Rマッパ（JPAプロバイダと呼称）が内蔵されています。アプリケーションがJPAプロバイダを通じてCRUD操作（検索／挿入／削除／更新）を行うと、JPAプロバイダによってRDB製品固有のSQLが発行されてRDBアクセスが行われます。なおJPAはJava EEコンテナがない環境（Java SE環境）でも単独で利用できますが、本書ではJava EE環境での利用を前提とします。

■永続化設定ファイル

JPAを利用するためには、永続化設定ファイル（persistence.xml）を用意する必要があります。この設定ファイルには、JPAプロバイダが必要とする環境情報や設定情報を定義します。たとえば、Java SE環境で利用する場合はRDBアクセスに必要な環境情報を、Java EE環境で利用する場合はトランザクション管理の種別やデータソースのJNDI名を定義します。以下に、Java EE環境における典型的な記述例を示します。

```
<persistence-unit name="MyPersistenceUnit"
    transaction-type="JTA">
  <jta-data-source>jdbc/MySQLDS</jta-data-source>
  <properties>
    ........
  </properties>
</persistence-unit>
```

なお<persistence-unit>タグで囲まれた設定情報の単位を永続化ユニット、同要素のname属性で指定された名前（上記例では"MyPersistenceUnit"）を永続化ユニット名と呼称します。永続化設定ファイルには、複数の永続化ユニットを定義することができます。

■エンティティクラス

JPAでは、エンティティを表すクラスをエンティティクラスと呼びます。エンティティクラスは、RDBの特定のテーブルに対してマッピングされます。またエンティティクラスから生成される個々のインスタンス（エンティティインスタンス）が、RDB上の個々のデータに対応します。6.3.1項で説明したDomain ModelパターンにおけるEntityは、JPAではエンティティクラスとなります。

図8-2のEMPLOYEEテーブルに対応するエンティティクラスを、以下に示します。

◉コード8-2　EMPLOYEEテーブルに対応するエンティティクラス（Employee）

```
@Entity // ❶
@Table(name = "EMPLOYEE") // ❷
public class Employee {
    // 社員ID
    @Id // ❸
    @Column(name = "EMPLOYEE_ID") // ❹
    private Integer employeeId;
    // 社員名
    @Column(name = "EMPLOYEE_NAME") // ❺
    private String employeeName;
    // 部署名
    @Column(name = "DEPARTMENT_NAME") // ❻
    private String departmentName;
    // 月給
    @Column(name = "SALARY") // ❼
    private Integer salary;
    // コンストラクタ
    ........
    // アクセサメソッド
    ........
}
```

エンティティクラスはPOJOとして作成し、O-Rマッピングのために必要なメタ情報はすべてアノテーションで指定します。

まず@Entityアノテーション❶ですが、このアノテーションをPOJOとして実装したクラスに付与することで、エンティティクラスにすることができます。

@Tableアノテーション❷は、エンティティクラスに付与します。name属性には、このエンティティクラスに対応するテーブル名を指定します。

@Columnアノテーション❹❺❻❼は、永続フィールド（またはそのゲッタ）に付与します。永続フィールドとは、対象テーブルのカラムとマッピングされるフィールドのことです。エンティティクラス内のフィールドはこのアノテーションを付与しなくてもデフォルトで永続フィールドと見なされますが、その場合、自動的にデフォルトのマッピングルール（永続フィールド名がそのままカラム名に対応するなど）が適用されます。永続フィールドにデフォルト以外の様々なマッピングルールを適用したい場合は、このアノテーションを付与する必要があります。このアノテーションのname属性には、マッピング対象となるカラム名を指定します。name属性を省略すると、永続フィールド名がそのままカラム名になります。

最後に@Idアノテーション❸ですが、このアノテーションは主キーとなる永続フィールド（主キーフィールド）に付与します。エンティティクラスには、必ずエンティティを一意に識別するための主キーフィールドが必要です。主キーフィールドは、対応するテーブルの主キーカラムにマッピングされます。主キーフィールドの値を書き換えることはできません（例外発生）。主キーフィールドは、単一のフィールドの場合（単一主キー）もあれば、複数のフィールドを組み合わせる場合（複合主キー、8.9.3項）の場合もあります。

以上のアノテーションによって、EmployeeクラスとEMPLOYEEテーブルは図8-6のようにマッピングされます。

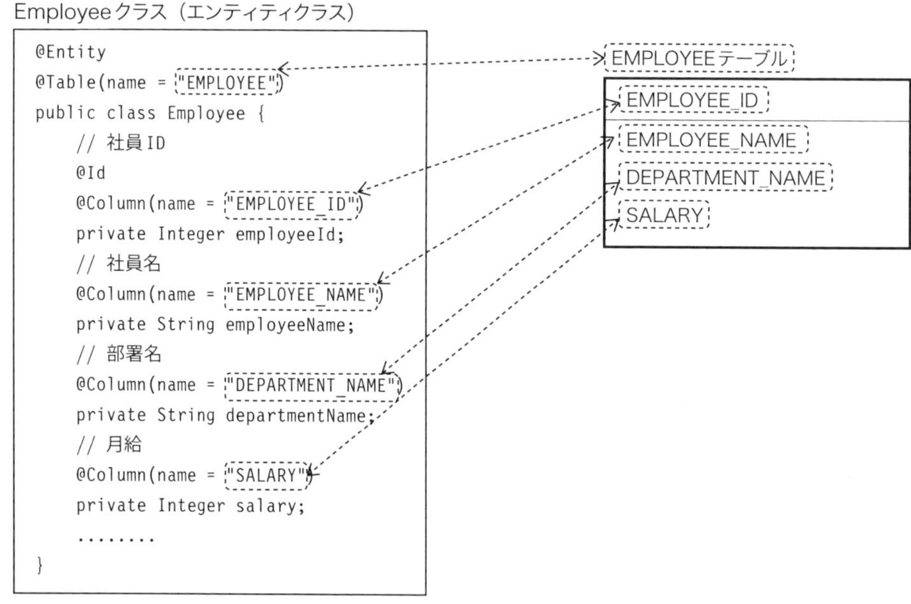

●図8-6　EmployeeクラスとEMPLOYEEテーブルのマッピング

■エンティティマネージャ

JPAにおいてエンティティ管理の要となる役割を担っているのが、エンティティマネージャ（EntityManagerインタフェース）です。エンティティマネージャは、メモリ上に読み込まれたエンティティインスタンスのコレクションに対するCRUD操作の起点となります。エンティティマネージャはJava EEコンテナによって管理されており、アプリケーションは主にDIによって取得します。以下に、DIによってエンティティマネージャを取得する例を示します。

```
@PersistenceContext(unitName = "MyPersistenceUnit")
private EntityManager entityManager;
```

このようにエンティティマネージャに@PersistenceContextアノテーションを付与し、unitName属性に永続化ユニット名を指定するとインジェクションすることができます。JPAを利用すると、アプリケーションはJDBCのAPIを使う必要はなく、エンティティマネージャを通じてエンティティインスタンスを操作するだけで、JPAプロバイダによって透過的にRDBへのアクセスが行われます。

■永続化コンテキスト

エンティティマネージャによって管理されるエンティティインスタンスのコレクションを、永続化コンテキストと呼びます。永続化コンテキストで管理される個々のエンティティインスタンスは、テーブル上のデータと同期しています。また永続化コンテキスト内ではエンティティインスタンスは一意性を持っており、テーブルの1つのデータを表すエンティティインスタンスは常に1つしか存在しないことが保証されます。

■エンティティマネージャとトランザクション

JPAによってRDBへの書き込み（挿入、削除、更新）を行うためには、エンティティマネージャはトランザクションに参加する必要があります。Java EE環境では通常、JTAトランザクション（7.2.2項）に参加します※50。典型的な例としては、@Transactionalアノテーション（7.2.3項）を付与されたCDI管理Beanの中でエンティティマネージャを取得すると、取得したエンティティマネージャは自動的にJTAトランザクションに参加します。またJTAトランザクションが終了すると、エンティティマネージャは自動的にクローズされます。

■エンティティインスタンスの状態遷移

エンティティインスタンスには、ライフサイクルに応じて4つの状態があります（図8-7）。

※50　永続化設定ファイルにおいて、<persistence-unit>タグのtransaction-type属性に"JTA"と指定する。

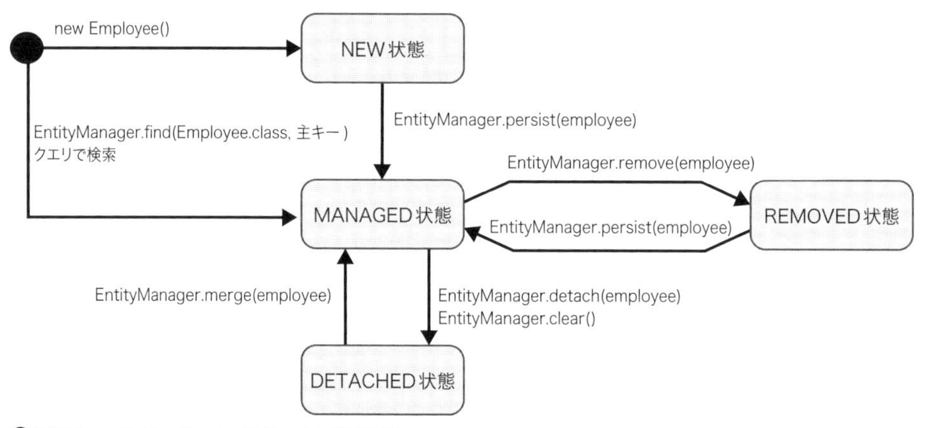

◎図8-7　エンティティインスタンスの状態遷移

まずMANAGED状態は、エンティティインスタンスが永続化コンテキスト内で管理されている状態を指します。この状態におけるエンティティインスタンスは、テーブル上のデータと同期しています。

NEW状態は、アプリケーションの中でエンティティインスタンスを生成（new）したばかりで、まだ永続化コンテキストに関連付けられていない状態です。

DETACHED状態は、何らかの操作によって、MANAGED状態だったエンティティインスタンスが永続化コンテキストから切り離された状態です。

REMOVED状態は、エンティティインスタンスが永続化コンテキストに関連付いてはいるものの、いずれは削除されることが決まっている「削除予約状態」です。

エンティティマネージャの状態を遷移させる各操作については、8.3.3項で詳細に説明します。

■JPAにおけるSQL発行タイミング

JPAプロバイダがSQLを発行し、エンティティインスタンスの値をRDBに反映させることをフラッシュと言います。フラッシュによってRDBと同期されるのは、MANAGED状態のエンティティインスタンスに限られます。

フラッシュは、JPAプロバイダが自動的に行うケースと、アプリケーションが明示的に行うケースがあります。通常JPAプロバイダは、エンティティインスタンスを操作するたびにSQLを発行するのではなく、エンティティインスタンスへの書き換えを記録しておき、トランザクションのコミットのタイミングでまとめてフラッシュします。このようにした方がSQLの発行回数が少なくなり、パフォーマンスの観点で有利なためです。

ただし、アプリケーションが処理フローの中で明示的にフラッシュをしなければならないケースがあります。たとえば悲観的ロック（更新ロック）によってトランザクションを直列化するケースでは、更新ロックのためのSQL（SELECT FOR UPDATE文）を直ちに発行しないと適切に直列化できません。またアプリケーションによってはJPAと「JPA以外のRDBアクセス（従来型DAOなど）」とを併用するケースがありますが、同一のトランザクション境界内で両者を使う場合、JPAから「JPA以外のRDBアクセス」に制御が切り替わる前にいったんフラッシュをしないと、データの整合性が確保できなくなる可能性があります。

8.3.3 エンティティ操作のパターン

■主キー検索

主キー検索を行うためには、エンティティマネージャのfindメソッドを使用します。以下に、findメソッドによってEMPLOYEEテーブルから主キー検索するためのコードを示します。

```
Employee employee = entityManager.find(Employee.class, 10001);
```

findメソッドには、検索対象となるエンティティクラスのClassオブジェクトと、主キー値を表す変数を引数として渡します。JPAプロバイダは以下のSELECT文※51を発行し、得られた結果セットの値をエンティティインスタンスにセットして戻り値として返します。

```
SELECT EMPLOYEE_ID, EMPLOYEE_NAME, DEPARTMENT_NAME, SALARY
FROM EMPLOYEE
WHERE (EMPLOYEE_ID = ?)
```

主キー検索では、ヒットするデータは必ず1件となるため、単一のインスタンスが結果として返ります。このようにして取得したエンティティインスタンスの各フィールドには、@Columnアノテーションで指定したカラムの値がセットされています。

■挿入

新規データを挿入するためには、エンティティマネージャのpersistメソッドを使用します。以下に、persistメソッドによってEMPLOYEEテーブルに新規データを挿入するためのコードを示します。

```
Employee employee = new Employee(20001, "Frank", "企画部", 250000);
entityManager.persist(employee);
```

persistメソッドに、新しく生成したエンティティインスタンス（NEW状態）を渡すと、エンティティインスタンスはMANAGED状態となります。この操作を行うと、次のフラッシュのタイミングでJPAプロバイダによって以下のINSERT文が発行され、新規データがテーブルに挿入されます。

```
INSERT INTO EMPLOYEE (EMPLOYEE_ID, EMPLOYEE_NAME, DEPARTMENT_NAME, SALARY)
VALUES (?, ?, ?, ?)
```

※51　本書では、EclipseLink（JPAプロバイダの一つ）によるSQL文を記載する。

■一件削除

削除には主キーによる一件削除と、主キー以外の条件による一括削除がありますが、ここでは一件削除の方法を説明します。1件のデータを削除するためには、エンティティマネージャのremoveメソッドを使用します。以下に、removeメソッドによってEMPLOYEEテーブルからデータを削除するためのコードを示します。

```
Employee employee = entityManager.find(Employee.class, 10001);
entityManager.remove(employee);
```

まずfindメソッドによって、削除対象のエンティティインスタンスを取得します。この時点でエンティティインスタンスは、MANAGED状態になっています。次に、取得したエンティティインスタンスを引数にremoveメソッドを呼び出すと、エンティティインスタンスはREMOVED状態となります。この操作を行うと、次のフラッシュのタイミングでJPAプロバイダによって以下のDELETE文が発行され、テーブル上から削除されます。

```
DELETE FROM EMPLOYEE WHERE (EMPLOYEE_ID = ?)
```

■一件更新

更新には永続フィールド書き換えによる一件更新と、条件指定による一括更新があります。ここでは永続フィールド書き換えによって一件更新する方法を説明します。以下に、EMPLOYEEテーブルのデータを一件更新するためのコードを示します。

```
Employee employee = entityManager.find(Employee.class, 10001);
employee.setSalary(employee.getSalary() + 10000);
```

まずfindメソッドによって、更新対象のエンティティインスタンスを取得します。この時点でエンティティインスタンスは、MANAGED状態になっています。次に、このエンティティインスタンスの永続フィールドの値を書き換えます（この例では月給を1万円増額）。この操作を行うと、次のフラッシュのタイミングでJPAプロバイダによって以下のUPDATE文が発行され、テーブル上のデータが更新されます。

```
UPDATE EMPLOYEE SET SALARY = ? WHERE (EMPLOYEE_ID = ?)
```

■再読み込み

エンティティインスタンスの値をRDBから再読み込み（リフレッシュ）するためには、エンティティマネージャのrefreshメソッドを使用します。このメソッドにエンティティインスタンス（MANAGED状態）を引数として渡すと、それまでに行われたエンティティインスタンスへの書き換えはクリアされ、最新のテーブルの値でエンティティインスタンスが上書きされます。

■フラッシュ（SQL発行）

前述したようにフラッシュ（SQL発行）のタイミングはJPAプロバイダによって決められます（基本的にはトランザクションがコミットされるタイミング）が、エンティティマネージャのflushメソッドを呼び出すと、アプリケーションで明示的にフラッシュすることができます。

■切り離し

エンティティインスタンスが永続化コンテキストから切り離されると、MANAGED状態からDETACHED状態へと遷移します。前述したようにJTAトランザクションが終了するとエンティティマネージャは自動的にクローズされますが、このときに永続化コンテキスト内のエンティティインスタンスはすべてDETACHED状態になるため注意が必要です。たとえばプレゼンテーション層は通常、トランザクション境界の外に位置付けられます。プレゼンテーション層にエンティティインスタンスをそのまま返すことは可能ですが、すでにDETACHED状態となっているため、値を書き換えてもRDBと同期されることはありません。

またアプリケーションで以下の操作をすることによって、明示的にエンティティインスタンスを切り離すこともできます。

- ・エンティティマネージャのdetachメソッドを呼び出し、個々のエンティティインスタンスを切り離す
- ・エンティティマネージャのclearメソッドを呼び出し、永続化コンテキストをクリアする

■マージ

マージとは、DETACHED状態のエンティティインスタンスを再びMANAGED状態に戻すことです。エンティティマネージャのmergeメソッドにDETACHED状態のエンティティインスタンスを渡すことで、マージを行います[※52]。この操作によってMANAGED状態になったエンティティインスタンスは、次のフラッシュのタイミングでRDBと同期されるため、データがテーブル上に存在する場合は更新（UPDATE文が発行）され、テーブル上に存在しない場合は挿入（INSERT文が発行）されます。

この操作は、エンティティインスタンスをプレゼンテーション層との間でやり取りするときに便利です。たとえば、プレゼンテーション層に返却したことによってDETACHED状態となったエンティティインスタンスを、いったんHTTPセッションに格納したとします。次のリクエストでこのインスタンスをHTTPセッションから取り出し、永続フィールドを書き換えた上で、引数として再びトランザクション境界内のCDI管理Beanに渡します。そしてCDI管理Beanの中で当該のエンティティインスタンスに対してマージを行うと、プレゼンテーション層で書き換えた値をRDBに反映させることができます。

■条件指定による検索・削除・更新

JPAで条件指定による検索や一括削除、一括更新を行うためには、JPQLまたはクライテリアのどち

※52　mergeメソッド呼び出しでは、引数として渡したエンティティインスタンスのコピーがMANAGED状態になって返される（引数は依然としてDETACHED状態のまま）。

らかを利用する必要があります。JPQLについては8.7節にて、クライテリアについては8.8節にて、それぞれ解説します。

8.3.4 特別な型のマッピング

■列挙型

JPAでは、列挙型の永続フィールドをマッピングすることができます。ここでEMPLOYEEテーブルにJOB_TYPEカラム（varchar型）を追加し、コード8-2で示したEmployeeに職務タイプを表すJobType列挙型の永続フィールドを追加するものとします。

永続フィールドを列挙型にする場合、当該の永続フィールド（またはそのゲッタ）に@Enumeratedアノテーションを付与します。

```
@Column(name = "JOB_TYPE")
@Enumerated(EnumType.STRING)
private JobType jobType;
```

@Enumeratedアノテーションの属性には、EnumType列挙型を指定します。EnumType.STRINGを指定すると、テーブルへの書き込みでJOB_TYPEカラムに列挙型の名前（nameメソッド呼び出し結果のString型）が反映されます。たとえばこの永続フィールドがJobType.MANAGERの場合、JOB_TYPEカラムには文字列"MANAGER"が反映されます。またテーブルからの読み込みでは、JOB_TYPEカラムの値から対応する列挙型に変換されます。たとえばJOB_TYPEカラムの値が"MANAGER"の場合、この永続フィールドにはJobType.MANAGERがセットされます。

@Enumeratedアノテーションの属性にEnumType.ORDINALを指定すると、列挙型の序数（ordinalメソッド呼び出し結果のint型）を適用することも可能です。

■LOB型

JPAは、RDBのBLOB型やCLOB型のカラムに対するマッピングをサポートしています。BLOB型はファイルやイメージなど、バイナリデータを格納するためのデータ型です。BLOB型にマッピングする場合、対応なる永続フィールドは、byte[]型やシリアライズ可能な任意のクラス型となります。またCLOB型は巨大なテキストデータを格納するためのデータ型です。CLOB型にマッピングする場合、対応なる永続フィールドはString型となります。

JPAでは、当該の永続フィールド（またはそのゲッタ）に@Lobアノテーションを付与するだけで、永続フィールドをBLOB型やCLOB型のカラムにマッピングさせることができます。素のJDBCでは、BLOB型やCLOB型のカラムへの読み込みや書き込みは極めて複雑な実装が必要ですが、JPAを利用すると非常に効率的に実現できます。

8.3.5 ロックによるデータ不整合の回避

■悲観的ロック

悲観的ロックとは、複数トランザクションが同一データを更新するときに発生する不整合を、RDBのロック機能を利用することによって回避する手法です（7.3節）。JPAでは、エンティティマネージャのfindメソッドにLockModeType列挙型でロックモードを指定することで、悲観的ロックを実現できます。ロックモードにはいくつかの種類がありますが、更新ロックをかける場合はLockModeType.PESSIMISTIC_WRITEを指定します。たとえば特定のデータにSELECT FOR UPDATE文によって更新ロックをかける場合は、findメソッドを以下のように呼び出します。

```
Employee employee = entityManager.find(Employee.class, 10001,
        LockModeType.PESSIMISTIC_WRITE);
```

なお悲観的ロックでは、findメソッドを上記のように呼び出した後、明示的にフラッシュすることによってSELECT FOR UPDATE文を直ちに発行しないと適切にトランザクションを直列化できないため、注意が必要です。

■楽観的ロック

楽観的ロックとは、複数トランザクションが同一データを更新するときに発生する不整合を、アプリケーションのロジックによって回避する手法です（7.3節）。チェックには、バージョン番号や最終更新時間を利用するケースが一般的です。JPAではどちらの方法もサポートしていますが、ここではバージョン番号を利用するものとします。

バージョン番号によって楽観的ロックを行うためには、対象テーブルにバージョン番号を表す数値型のカラムを用意する必要があります。エンティティクラスには、そのカラムとマッピングされる数値型の永続フィールド（通常はint型やlong型）を用意し、以下のように@Versionアノテーションを付与します。

```
@Column(name = "VERSION")
@Version
private long version;
```

このようにすると、JPAプロバイダは、SQLを発行してデータを更新するときに自動的にバージョン番号をカウントアップします。このとき、もしデータを更新する時点でバージョン番号が書き換わっていた場合は、他のトランザクションによって書き換えられたものと見なし、JPAプロバイダはOptimisticLockException例外を発生させます。JTAトランザクションの境界内で例外が発生すると、トランザクションは自動的にロールバックされます。JPAの楽観的ロックは、バージョン番号のカウントアップやチェックをJPAプロバイダが自動的に行うため非常に効率的です。

ただしこのようなJPAによる楽観的ロックが有効なのは、当該テーブルを更新するすべてのトランザクションがJPAによる楽観的ロックで統一されている場合に限ります。JPA以外の方式が混在する場合は、データの整合性は保証されないため注意が必要です。

8.3.6 RDBの連番生成機能の利用

JPAはRDBの連番生成機能をサポートしています。連番生成機能には、オートナンバリング（DB2、MySQLなど）やシーケンス（Oracle、DB2）があります。

■オートナンバリング

RDBのオートナンバリングを利用する場合は、主キーフィールド（またはそのゲッタ）に@GeneratedValueアノテーションを付与し、strategy属性にGenerationType列挙型のGenerationType.IDENTITYを指定します。

```
@Id
@GeneratedValue(strategy = GenerationType.IDENTITY)
@Column(name = "EMPLOYEE_ID")
private Integer employeeId;
```

アプリケーションでは、以下のようにしてデータを挿入します。

```
Employee employee = new Employee("Frank", "企画部", 280000);
entityManager.persist(employee);
```

persistメソッド呼び出した後に明示的にフラッシュすると、引数として渡したエンティティインスタンスに、オートナンバリングによって採番された社員IDをセットさせることができます。

■シーケンス

シーケンスを利用する場合は、主キーフィールド（またはそのゲッタ）に@GeneratedValueアノテーションを付与し、strategy属性にGenerationType列挙型のGenerationType.SEQUENCEを、generator属性には対応するジェネレータ名をそれぞれ指定します。また@SequenceGeneratorアノテーションを付与し、name属性にはこのジェネレータ名を、sequenceName属性にはRDBにおいて作成したシーケンス名を、それぞれ指定します。

```
@Id
@GeneratedValue(strategy = GenerationType.SEQUENCE,
        generator = "EMPLOYEE_ID_GEN")
@SequenceGenerator(name = "EMPLOYEE_ID_GEN",
        sequenceName = "EMPLOYEE_SEQ")
@Column(name = "EMPLOYEE_ID")
private Integer employeeId;
```

アプリケーションでは、以下のようにしてデータを挿入します。

```
Employee employee = new Employee("Frank", "企画部", 250000);
entityManager.persist(employee);
```

このようにすると、まずJPAプロバイダは当該シーケンスから次の値を取り出し、データを挿入すると同時にエンティティインスタンスにセットします。したがってpersistメソッド呼び出しの後、当該のエンティティインスタンスには、シーケンスによって採番された社員IDがセットされています。

8.4 エンティティと関連（MyBatis、JPA共通）

この節では、複数のエンティティ間に関連があるケースを考えます。このようなケースにおいて、エンティティ間の関連を保ったままどのようにRDBからの読み込みや書き込みを行うのか、その方法を説明します。

8.4.1 関連の概念

■関連におけるモデリングの違い

オブジェクトモデルとリレーショナルモデルでは、複数エンティティ間に関連がある場合、モデリングの考え方が異なります。ここでは例として、「社員」と「部署」からなる「会社モデル」を取り上げます。「社員」と「部署」の間には関連があり、"1つの「部署」には複数の「社員」が所属できるが、1人の「社員」は1つの「部署」にしか所属できない"ものとします。

まずオブジェクトモデルです。このモデルをクラス図で表すと図8-8のようになります。「社員」を表すEmployeeクラスをコード8-3に、「部署」を表すDepartmentクラスをコード8-4に、それぞれ示します。まず「社員」は「部署」に所属しているため、Employeeクラスではフィールドとして Departmentクラスへの参照を保持します。また「部署」には「社員」が所属しているため、Departmentクラスでは同じようにフィールドとしてEmployeeクラスへの参照を保持しますが、1つの「部署」には複数の「社員」が所属しているため、この場合のフィールドはEmployeeクラスのコレクションとなります。このようにEmployeeクラスとDepartmentクラスは、フィールドとしてお互いの参照を保持することによって、フィールド（またはゲッタ）を介して関連先エンティティにアクセスすることが可能です。

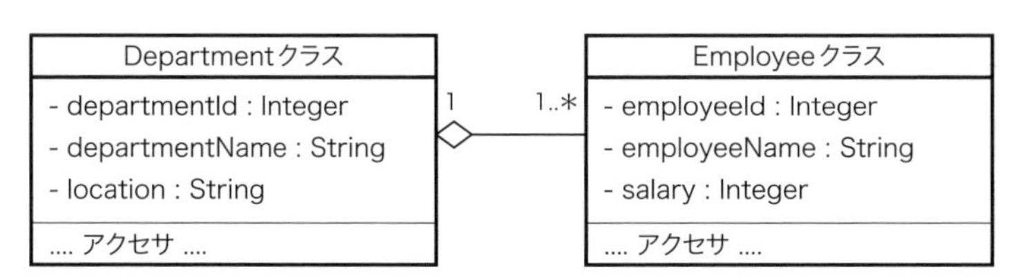

●図8-8 「会社モデル」のオブジェクトモデル

◉コード8-3 「社員」を表すクラス（Employee）

```
public class Employee {
    // フィールド（状態）
    private Integer employeeId; // 社員ID
    private String employeeName; // 社員名
    private Department department; // 部署
    private Integer salary; // 月給
    // コンストラクタ
    ........
    // アクセサメソッド
    ........
}
```

◉コード8-4 「部署」を表すクラス（Department）

```
public class Department {
    // フィールド（状態）
    private Integer departmentId; // 部署ID
    private String departmentName; // 部署名
    private String location;  // 所在地
    private List<Employee> employees = new ArrayList<Employee>(); // 社員
    // コンストラクタ
    ........
    // アクセサメソッド
    ........
}
```

次にリレーショナルモデルをE-R図で表すと、図8-9のようになります。EMPLOYEEテーブルはDEPARTMENTテーブルとの関連を表すために外部キー（DEPARTMENT_IDカラム）を保持しますが、DEPARTMENTテーブルには「社員」に関するカラムは登場しません（繰り返しは正規化によって排除されるため）。EMPLOYEEテーブルとDEPARTMENTテーブルを関連付ける場合は、外部キーによってジョインします。

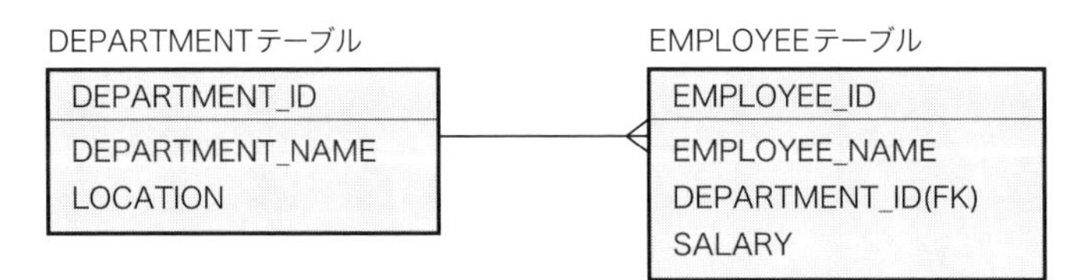

◉図8-9 「会社モデル」のリレーショナルモデル

■関連における多重度

オブジェクトモデルでは、参照を保持することによって関連先エンティティにアクセスしますが、そのときに保持する参照の数を多重度と言います。多重度は、「自エンティティの数-to-関連先エンティティの数」という形式で表現します。組み合わせのパターンから、以下の4つの種類があります。

・One-to-One　　… 自分がOneで相手もOne（1対1）
・Many-to-One　 … 自分がManyで相手がOne（多対1）
・One-to-Many　 … 自分がOneで相手がMany（1対多）
・Many-to-Many … 自分がManyで相手もMany（多対多）

本書ではこの中から、最も典型的なパターンであるMany-to-OneとOne-to-Manyを取り上げます。この両者は視点が違うだけであり表裏一体です。たとえば「社員」が「部署」への参照を保持している場合、「社員」から見た「部署」はMany-to-Oneとなります。また「部署」が「社員」への参照をコレクションとして保持している場合、「部署」から見た「社員」はOne-to-Manyとなります。

8.4.2 関連のある複数エンティティの読み込み方式

関連のある複数エンティティの読み込み方には、「どのような構造を持つオブジェクトに読み込むか」という観点で以下の2つのパターンがあります。

①：オブジェクトモデルに読み込むパターン
②：フラットなモデルに読み込むパターン

■オブジェクトモデルに読み込むパターン（パターン①）

これは関連のある複数テーブル上にあるデータを、グラフ構造を持つオブジェクトモデルに読み込むパターンです。ここでは既出の「会社モデル」を取り上げ、EMPLOYEEテーブルとDEPARTMENTテーブル上にあるデータを、グラフ構造を持つEmployeeインスタンスとDepartmentインスタンスに読み込むケースを考えてみましょう。

たとえばアプリケーションがAlice（社員）のデータを取得したい場合、AliceのデータをEmployeeインスタンス（Many側）に読み込み、Aliceが所属する営業部のデータを、当該Employeeインスタンスが参照を保持するDepartmentインスタンス（One側）に読み込みます。またアプリケーションが営業部（部署）のデータを取得したい場合は、営業部のデータをDepartmentインスタンス（One側）に読み込み、営業部に所属する社員（Alice、Dave、Ellen）のデータを、当該Departmentインスタンスがコレクションとして参照を保持するEmployeeインスタンス（Many側）に読み込みます。

データアクセス層のパターンとしてData Mapperパターンを採用する場合は、基本的にこのような方法で関連のある複数テーブルを読み込みます。またTable Data Gatewayパターンであっても、テーブルを表すDTO同士が関連を持つように設計すれば、この方法を取り入れることができます。なお本書で取り上げているMyBatisおよびJPAは、このように関連エンティティをオブジェクトモデルに読み込むことができます（MyBatisについては8.5.2項、JPAについては8.6.2項）。

■オブジェクトモデルに読み込むパターンにおけるのSQL発行方式

オブジェクトモデルに読み込むパターンでは、SQLの発行方式に関していくつかのサブパターンがあります。

まず「どのようなSQL（SELECT文）を発行するか」という観点があり、これにはジョインセレクトとネストセレクトという2つの方式があります。ジョインセレクトとは、ジョインのSQLによって関連のあるエンティティを一度に読み込む方式です。またネストセレクトとは、SQLを2回に分け、最初のSQLで1つのエンティティを読み込み、取得した外部キーの値を使って2度目のSQLを発行して関連先エンティティを読み込む方式です。

また別の切り口として、「関連先エンティティをいつ読み込むか（フェッチタイプ）」という観点があり、これにはイーガーフェッチとレイジーフェッチという2つの方式があります。イーガーフェッチとは、関連先エンティティを直ちに読み込む（熱心な読み込み）方式です。一方レイジーフェッチとは、必要になったときに後から読み込む（怠惰な読み込み）方式です。

この2つの考え方（どのようなSQLを発行するか、関連先エンティティをいつ読み込むか）を組み合わせると、以下の3パターンがあることになります。

①：ジョインセレクト＋イーガーフェッチ
②：ネストセレクト＋イーガーフェッチ
③：ネストセレクト＋レイジーフェッチ

ジョインセレクトの場合は必然的にイーガーフェッチになるため、ジョインセレクト＋レイジーフェッチという組み合わせはありません。ネストセレクトの場合は、最初のSQLを発行した直後に2度目のSQLを発行し、関連先エンティティを「熱心に」読み込む（②）こともできますし、2度目のSQLは必要に迫られたとき発行し、関連先エンティティを「怠惰に」読み込む（③）ことも可能です。

なおMyBatisでは、SQLマップファイルの記述によって①、②、③を使い分けることが可能です(8.5.2項)。またJPAでは、関連を表すアノテーションに属性としてフェッチタイプを指定できます(8.6.2項)。

■オブジェクトモデルに読み込むパターンの具体例

ここでは既出の「会社モデル」を取り上げ、オブジェクトモデルに読み込む処理を、図を用いて具体的に説明します。

まず図8-10は、ジョインセレクトによって、Many側であるAlice（社員）のデータを取得する処理を表しています。

次に図8-11は、同じくジョインセレクトによって、One側である営業部（部署）のデータを取得する処理です。

次に図8-12は、ネストセレクトによって、Many側であるAlice（社員）のデータを取得する処理です。フェッチタイプの違いによって、2度目のSQLで関連先エンティティ（部署）を読み込むタイミングが変わってきます。

最後に図8-13は、同じくネストセレクトによって、One側である営業部（部署）のデータを取得する処理です。フェッチタイプの違いによって、2度目のSQLで関連先エンティティ（社員）を読み込むタイミングが変わってきます。

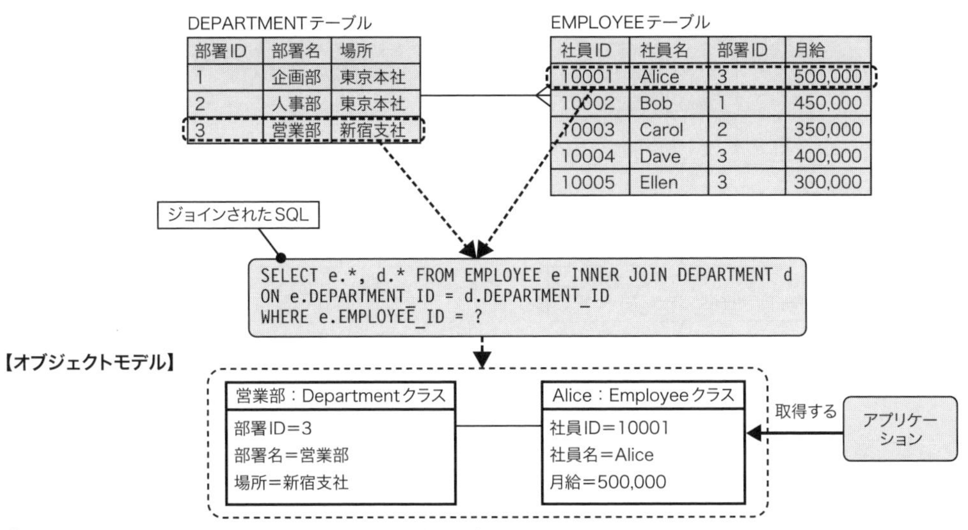

●図8-10　ジョインセレクトによるMany側データの取得

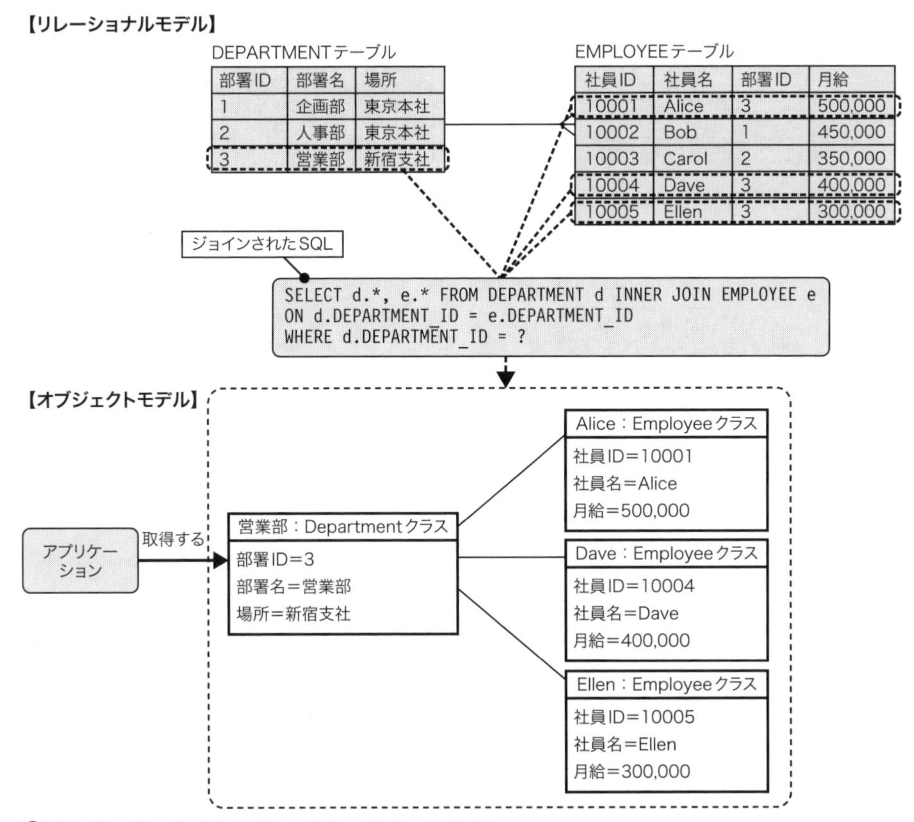

●図8-11　ジョインセレクトによるOne側データの取得

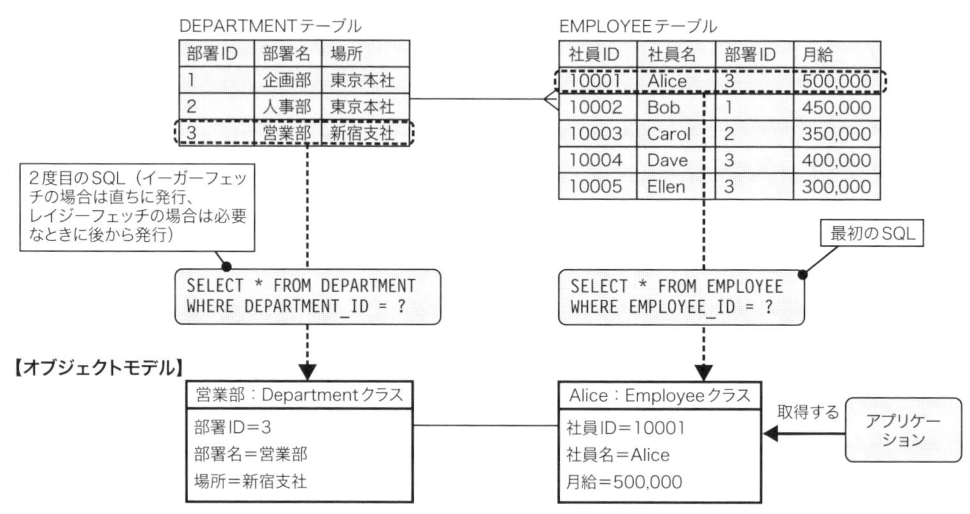

図8-12　ネストセレクトによるMany側データの取得

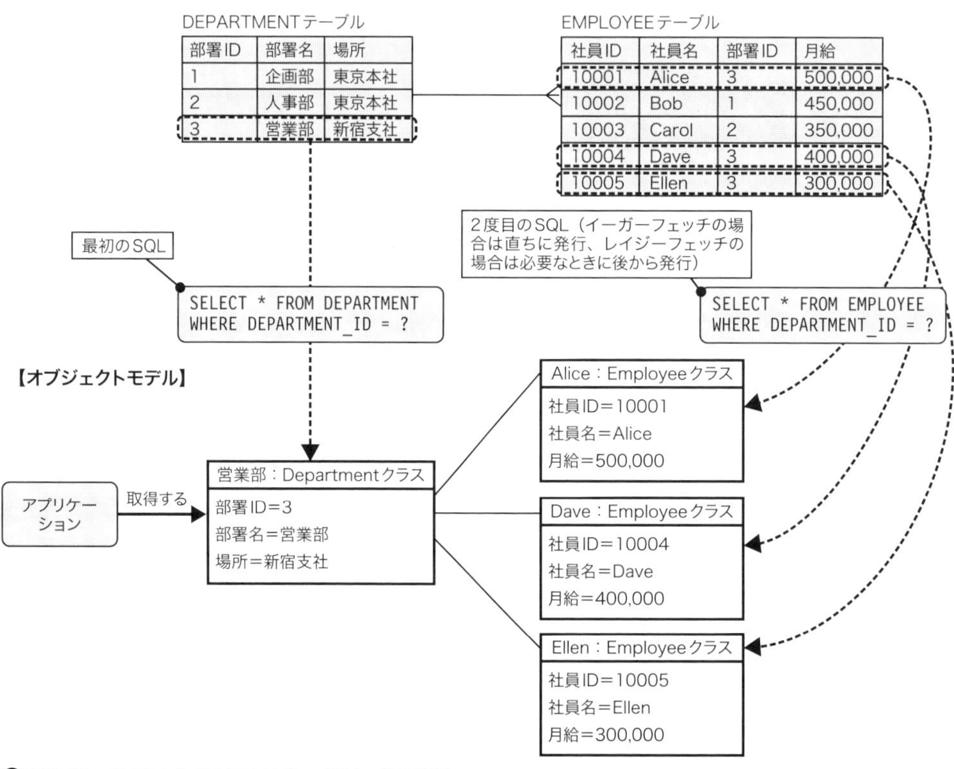

図8-13　ネストセレクトによるOne側データの取得

■フェッチタイプの使い分け

イーガーフェッチとレイジーフェッチは、どのように使い分けるべきでしょうか。イーガーフェッチでは、関連先エンティティのデータをすべて読み込んでしまうため、特にOne側エンティティへの適用には注意が必要です。たとえば1つDepartmentインスタンス（One側）を取得しただけで、必要であるかどうかに関わらず、その部署に所属する全社員のEmployeeインスタンス（Many側）も同時に読み込んでしまうため、メモリリソースを無駄に消費してしまう可能性があります。このように「無駄なデータを読み込まない」という観点から、特にOne側エンティティからMany側エンティティに対するフェッチタイプには、レイジーフェッチを適用する方が得策です。ただしレイジーフェッチを適用すると、「N＋1 SELECT問題」という別の問題が発生する可能性があるため注意が必要です。この問題については8.7.6項で後述します。

■フラットなモデルに読み込むパターン（パターン②）

これは関連のある複数テーブルをジョインすることによって得られた結果セットを、表構造のままフラットなモデルに読み込むパターンです。ここでも前述した「会社モデル」を例に考えてみましょう。この方式では、EMPLOYEEテーブルとDEPARTMENTテーブルをジョインした結果セットを格納するために、新しいクラス（ここではEmpDeptクラスとする）が必要です。

たとえばアプリケーションが検索によってAliceのデータを読み込む場合は、両テーブルをジョインし、Aliceに関するデータと営業部に関するデータを読み込み、EmpDeptインスタンスとして取得します（図8-14）。

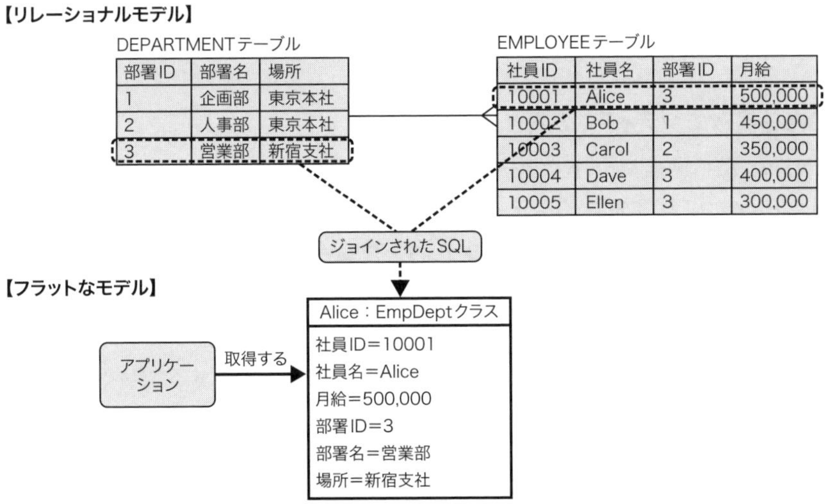

【リレーショナルモデル】

DEPARTMENTテーブル

部署ID	部署名	場所
1	企画部	東京本社
2	人事部	東京本社
3	営業部	新宿支社

EMPLOYEEテーブル

社員ID	社員名	部署ID	月給
10001	Alice	3	500,000
10002	Bob	1	450,000
10003	Carol	2	350,000
10004	Dave	3	400,000
10005	Ellen	3	300,000

ジョインされたSQL

【フラットなモデル】

アプリケーション
取得する

Alice：EmpDeptクラス
社員ID＝10001
社員名＝Alice
月給＝500,000
部署ID＝3
部署名＝営業部
場所＝新宿支社

●図8-14　フラットなモデルに読み込むケース1

またアプリケーションが検索によって営業部のデータを読み込む場合は、両テーブルをジョインし、営業部に関するデータとそこに所属する社員（Alice、Dave、Ellen）に関するデータを読み込み、

EmpDeptインスタンスのコレクションとして取得します（図8-15）。

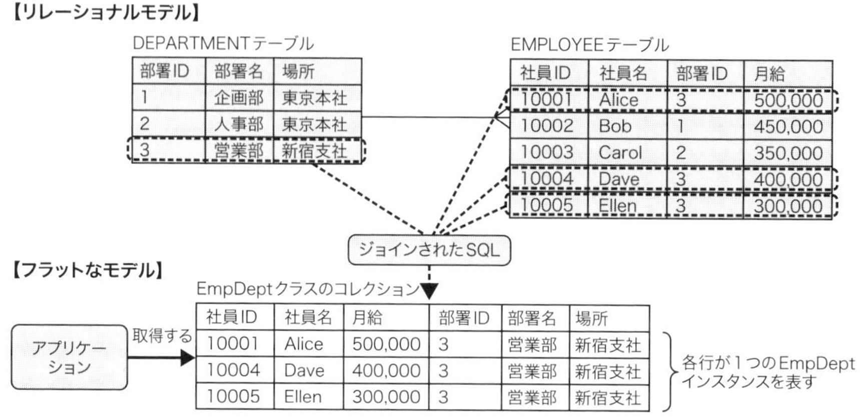

●図8-15　フラットなモデルに読み込むケース2

この方式による関連エンティティの読み込みは、取得したフラットなモデルをそのままプレゼンテーション層に返却するユースケース（「一覧照会」などテーブル形式での出力）には適合性が高いでしょう。ただしそれ以外のケースでは、取得した結果がオブジェクトモデルではないため、ビジネス層での処理が必要以上に複雑になる可能性があります。

MyBatisでは、このような関連エンティティの読み込み方をサポートしています（8.5.1項）。またJPAでもこの方式で関連エンティティを読み込むことは可能です。JPQLのコンストラクタ式（8.7.3項）や、ネイティブクエリの実行結果を結果クラスとして受け取る方法（8.7.5項）が、このパターンに該当します。

8.4.3 関連のある複数エンティティの書き込み方式

オブジェクトモデルの値を、関連のある複数テーブルに対して書き込むためには、2つの方式があります。1つ目は、自エンティティと関連先エンティティの書き込みをそれぞれ個別に行う方式です。もう一つは、自エンティティを書き込んだときに、関連先エンティティにも芋づる式に波及させる方式です。このようにあるエンティティに対する操作を関連先エンティティに芋づる式に波及させることを、「カスケード」と言います。

たとえばアプリケーションが営業部のデータをDEPARTMENTテーブルに挿入するときに、カスケードによって営業部に所属する社員（Alice、Dave、Ellen）のデータもEMPLOYEEテーブルに芋づる式に挿入するケースを考えます。まず営業部を表すDepartmentインスタンスを生成し、コレクション型の関連フィールドにAlice、Dave、Ellenを表すEmployeeインスタンスを追加します。このようにインスタンスを生成した状態で、まず営業部を表すDepartmentインスタンスを挿入します。カスケードを有効にすると、営業部に所属するAlice、Dave、Ellenのデータも芋づる式に挿入されます（図8-16）。

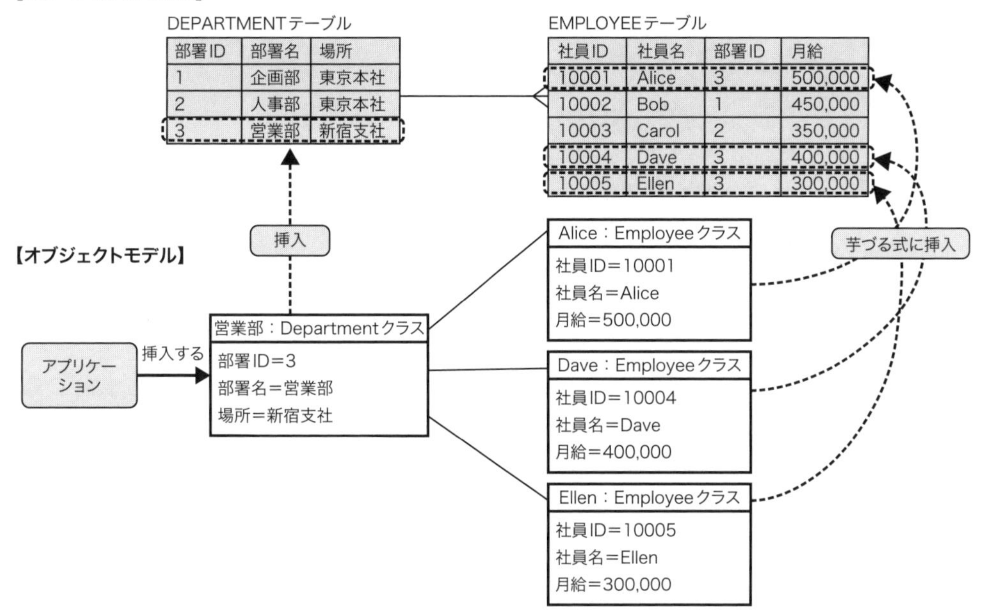

図8-16　カスケードによる挿入

なおJPAはカスケードをサポートしており、関連を表すアノテーションにカスケードタイプを指定できます。

8.5 MyBatisにおける関連エンティティの操作

8.5.1 フラットなモデルへの読み込み

MyBatisでは、8.4.1項で取り上げた、関連のある複数テーブルをフラットなモデルに読み込むパターンをサポートしています。このパターンでは、両テーブルをジョインした結果セットが表構造のままフラットなDTOに読み込まれます。

コード8-5　ジョインした結果セットを読み込むフラットなDTO (EmpDept)

```
public class EmpDept {
    // フィールド（状態）
    private Integer employeeId;
    private String employeeName;
    private String departmentName;
    ........
    // コンストラクタ
    ........
    // アクセサメソッド
    ........
}
```

SQLマップファイルには、以下のようなSQLを定義します。

```
<select id="selectEmpDept"
  parameterType="int"
  resultType="jp.mufg.it.mybatis.company.dto.EmpDept">
  SELECT
  e.EMPLOYEE_ID     AS employeeId,
  e.EMPLOYEE_NAME   AS employeeName,
  d.DEPARTMENT_NAME AS departmentName,
  ........
  FROM EMPLOYEE e INNER JOIN DEPARTMENT d
  ON e.DEPARTMENT_ID = d.DEPARTMENT_ID
  WHERE e.EMPLOYEE_ID = #{employeeId}
</select>
```

アプリケーションから上記SQLを呼び出すと、両テーブルをジョインしたSQLが発行され、それぞれのテーブルのカラム値がEmpDeptインスタンスの所定のプロパティに格納されて返されます。

8.5.2 オブジェクトモデルへの読み込み

MyBatisは、8.4.2項で取り上げた、関連のある複数テーブルをオブジェクトモデルに読み込むパターンをサポートしています。このパターンはさらに3つの方式に分類されます。それぞれの方式による読み込み方を順に説明します。

■ジョインセレクト+イーガーフェッチ

関連のある複数テーブル上にあるデータを、ジョインセレクト+イーガーフェッチでオブジェクトモデルに読み込む方法を説明します。ここでは取得対象を部署エンティティ、関連先を社員エンティティとします。以下に、SQLマップファイルにおけるSQLを示します。

```
<select id="selectDepartment" // ❶
  parameterType="int"
  resultMap="DepartmentResult"> // ❷
  SELECT d.*, e.*
  FROM DEPARTMENT d INNER JOIN EMPLOYEE e
  ON d.DEPARTMENT_ID = e.DEPARTMENT_ID
  WHERE d.DEPARTMENT_ID = #{departmentId}
</select>

<resultMap id="DepartmentResult" // ❸
  type="jp.mufg.it.mybatis.company.dto.Department">
  <id property="departmentId" column="DEPARTMENT_ID" />
  <result property="departmentName" column="DEPARTMENT_NAME" />
  <result property="location" column="LOCATION" />
  <collection property="employees" resultMap="EmployeeResult" /> // ❹
</resultMap>
```

```
<resultMap id="EmployeeResult" //❺
  type="jp.mufg.it.mybatis.company.dto.Employee">
  <id property="employeeId" column="EMPLOYEE_ID" />
  <result property="employeeName" column="EMPLOYEE_NAME" />
  <result property="salary" column="SALARY" />
  <association property="department" resultMap="DepartmentResult" /> //❻
</resultMap>
```

まず<select>タグ❶で、両テーブルをジョインして読み込むSELECT文を記述します。このSQLによって得られる結果セットのバインディングには、resultMapを利用します。<select>タグのresultMap属性❷に"DepartmentResult"を指定し、"DepartmentResult"を独立した<resultMap>タグ❸として記述します。このタグの記述にしたがって、DEPARTMENTテーブルのカラム値がDepartmentインスタンスに格納されます。

Departmentインスタンスへのプロパティのバインディングでは、入れ子の<collection>タグ❹にEmployeeコレクション型の関連フィールド（"employees"）を設定します。このタグのresultMap属性には、さらに別のresultMapである"EmployeeResult"を指定し、"EmployeeResult"を独立した<resultMap>タグ❺として記述します。このタグの記述にしたがって、EMPLOYEEテーブルのカラム値がEmployeeインスタンスに格納されます。

Employeeインスタンスへのプロパティのバインディングでは、入れ子の<association>タグ❻に関連フィールド（"department"）を設定します。

このように2つのテーブルをジョインしたSQLと、それぞれのテーブルに対するresultMapを定義して双方の関連先エンティティを設定すると、ジョインセレクト＋イーガーフェッチによる読み込みを実現できます。

アプリケーションは上記SQLを以下のように呼び出すと、当該部署のデータが格納されたDepartmentインスタンスが返されます。

```
Department department = sqlSession.selectOne("selectDepartment", 3);
```

このDepartmentインスタンスのgetEmployeesメソッドを呼び出すと、当該部署に所属する社員のデータが格納されたEmployeeインスタンスのコレクションを取得できます。

■ネストセレクト＋イーガーフェッチ

関連のある複数テーブル上にあるデータを、ネストセレクト＋イーガーフェッチでオブジェクトモデルに読み込む方法を説明します。ここでも取得対象を部署エンティティ、関連先を社員エンティティとします。以下に、SQLマップファイルにおけるSQLを示します。

```
<select id="selectDepartment" //❶
  parameterType="int"
```

```
  resultMap="DepartmentResult"> // ❷
  SELECT * FROM DEPARTMENT WHERE DEPARTMENT_ID = #{departmentId}
</select>

<select id="selectEmployeeByDepartmentId" // ❸
  parameterType="int"
  resultMap="EmployeeResult"> // ❹
  SELECT * FROM EMPLOYEE WHERE DEPARTMENT_ID = #{departmentId}
</select>

<resultMap id="DepartmentResult" // ❺
  type="jp.mufg.it.mybatis.company.dto.Department">
  <id property="departmentId" column="DEPARTMENT_ID" />
  <collection property="employees" column="DEPARTMENT_ID"
    select="selectEmployeeByDepartmentId" /> // ❻
</resultMap>

<resultMap id="EmployeeResult" // ❼
  type="jp.mufg.it.mybatis.company.dto.Employee">
  <association property="department" column="DEPARTMENT_ID"
    select="selectDepartment" /> // ❽
</resultMap>
```

ここではネストセレクトなので、最初のSQLで対象エンティティ（部署）を読み込み、取得した外部キーの値によって二度目のSQLを発行し、関連先エンティティ（社員）を読み込みます。

まず最初のSQLとして、<select>タグ❶に、DEPARTMENTテーブルに対するSELECT文を記述します。このSQLによって得られる結果セットのバインディングには、resultMapを利用します。<select>タグのresultMap属性❷に"DepartmentResult"を指定し、"DepartmentResult"を独立した<resultMap>タグ❺として記述します。このタグの記述にしたがって、DEPARTMENTテーブルのカラム値がDepartmentインスタンスに格納されます。

次に2度目のSQLです。Departmentインスタンスへのプロパティのバインディングでは、入れ子の<collection>タグ❻にEmployeeコレクション型の関連フィールド（"employees"）を設定します。そしてこのタグのselect属性に、2度目の読み込みを行うためのSELECT文である"selectEmployeeByDepartmentId"を指定し、"selectEmployeeByDepartmentId"を独立した<select>タグ❸として定義します。このタグに記述されたSELECT文が、ネストされた（2度目の）SQLとなります。このSQLによって得られる結果セットのバインディングでは、resultMap属性❹として"EmployeeResult"を指定し、"EmployeeResult"を独立した<resultMap>タグ❼として記述します。Employeeインスタンスへのプロパティのバインディングでは、入れ子の<association>タグ❽に関連フィールド（"department"）を設定します。

このように2つテーブルを読み込むためのSQLと、それぞれのテーブルに対するresultMapを定義して双方の関連先エンティティを設定すると、ネストセレクト＋イーガーフェッチによる読み込みを実現できます。

アプリケーションは上記SQLを以下のように呼び出すと、当該部署のデータが格納されたDepartmentインスタンスが返されます。

```
Department department = sqlSession.selectOne("selectDepartment", 3);
```

このDepartmentインスタンスのgetEmployeesメソッドを呼び出すと、当該部署に所属する社員を表すEmployeeインスタンスのコレクションを取得できます。

■ネストセレクト+レイジーフェッチ

関連のある複数テーブル上にあるデータを、ネストセレクト+レイジーフェッチでオブジェクトモデルに読み込む方法を説明します。ここでも取得対象を部署エンティティ、関連先を社員エンティティとします。

MyBatisのネストセレクトでは、イーガーフェッチがデフォルトになっています。レイジーフェッチに切り替えるためには、<resultMap>タグの記述において、関連フィールドを設定する<collection>タグや<association>タグにfetchType属性を追加して、"lazy"を指定します。

```
<collection property="employees" column="DEPARTMENT_ID"
    select="selectEmployeeByDepartmentId" fetchType="lazy" />
```

このようにSQLマップファイルを作成し、以下のようにしてアプリケーションから呼び出しと、まず最初のSQLが発行されてDEPARTMENTテーブルが読み込まれ、Departmentインスタンスが返されます。

```
Department department = sqlSession.selectOne("selectDepartment", 3);
```

次にこのDepartmentインスタンスからgetEmployeesメソッドを呼び出し、コレクション内の個々のEmployeeインスタンスにアクセスしようとすると、その時点で2度目のSQLが発行されてEMPLOYEEテーブルが読み込まれます。

8.6 JPAにおける関連エンティティの操作

8.6.1 関連のメタ情報定義

JPAでは、複数エンティティ間の関連についてもアノテーションでメタ情報を定義します。ここでも例として、「社員」と「部署」からなる「会社モデル」を取り上げます。それぞれのエンティティクラスはコード8-3、8-4を、テーブルのレイアウトは図8-9を参照してください。2つのエンティティの多重度は、「社員」から見た「部署」はMany-to-Oneとなり、「部署」から見た「社員」はOne-to-Manyとなります。

■Many側からOne側への関連

まずMany側からOne側への関連、すなわち社員エンティティ（Employeeクラス）から部署エンティティ（Departmentクラス）への関連についてです。Employeeクラスにおける、Departmentクラスへの参照を保持するdepartmentフィールドは、以下のようになります。

```
@ManyToOne(targetEntity = Department.class)
@JoinColumn(name = "DEPARTMENT_ID",
        referencedColumnName = "DEPARTMENT_ID")
private Department department;
```

EmployeeクラスからDepartmentクラスへの関連はMany-to-Oneとなるため、このフィールド（またはそのゲッタ）には@ManyToOneアノテーションを付与します。このアノテーションのtargetEntity属性には、関連先エンティティクラス（Departmentクラス）のClassオブジェクトを指定します。

また社員エンティティは、テーブル（EMPLOYEEテーブル）では外部キーを保持する側になるため、@JoinColumnアノテーションが必要です。このアノテーションを、@ManyToOneアノテーションと同様に関連フィールド（またはそのゲッタ）に付与し、name属性には対象テーブル（EMPLOYEEテーブル）における外部キーのカラム名を指定し、referencedColumnName属性にはジョイン先テーブル（DEPARTMENTテーブル）における参照先カラム名を指定します。

■One側からMany側への関連

次にOne側からMany側への関連、すなわち部署エンティティ（Departmentクラス）から社員エンティティ（Employeeクラス）への関連についてです。Departmentクラスにおける、Employeeクラスへの参照を保持するemployeesフィールドは、以下のようになります。

```
@OneToMany(targetEntity = Employee.class,
        mappedBy = "department")
private List<Employee> employees;
```

DepartmentクラスからEmployeeクラスへの関連はOne-to-Manyとなるため、このフィールド（またはそのゲッタ）には@OneToManyアノテーションを付与します。このアノテーションのtargetEntity属性には、関連先エンティティクラス（Employeeクラス）のClassオブジェクトを指定します。またこのアノテーションのmappedBy属性には、関連先エンティティ（Employeeクラス）において、自クラス（Departmentクラス）への参照を保持するフィールド名（"department"）を文字列で指定します。

8.6.2 オブジェクトモデルへの読み込み

JPAは、8.4.2項で取り上げた、関連のある複数テーブルをオブジェクトモデルに読み込むパターンをサポートしています。オブジェクトモデルへの読み込みには、①ジョインセレクト＋イーガーフェッチ、②ネストセレクト＋イーガーフェッチ、③ネストセレクト＋レイジーフェッチという３つの方式があります。

JPAでは、イーガーフェッチを適用したときにSQLがジョインセレクトになるかネストセレクトになるかは、JPAプロバイダの実装に依存します。したがってJPAでは、イーガーフェッチ（①、②）かレイジーフェッチ（③）のどちらかのみを選択することになります。なおここでは、対象は社員エンティティと部署エンティティとして、8.6.1項のようにアノテーションが付与されているものとします。

■イーガーフェッチ

まずイーガーフェッチによる読み込みです。ここでは取得対象を社員エンティティ、関連先を部署エンティティとします。自エンティティから関連先エンティティをイーガーフェッチで読み込むためには、関連を表すアノテーション（この場合は@ManyToOne）のfetch属性に、FetchType列挙型の"EAGER"を指定します。

たとえば以下のように、社員エンティティに対して主キー検索をするものとします。

```
Employee employee = entityManager.find(Employee.class, 10001);
```

イーガーフェッチを適用しているため、この処理によって自エンティティ（Employeeインスタンス）だけではなく、関連先エンティティ（Departmentインスタンス）も同時に読み込まれます。したがって、以下のようにして関連フィールド（またはそのゲッタ）によってDepartmentインスタンスにアクセスすると、当該社員が所属する部署エンティティの値を取り出すことができます。

```
Department department = employee.getDepartment();
```

なお@ManyToOneアノテーションでは、デフォルトのフェッチタイプはイーガーフェッチになっています。

■レイジーフェッチ

次にレイジーフェッチによる読み込みです。ここでは取得対象を部署エンティティ、関連先を社員エンティティとします。自エンティティから関連先エンティティをイーガーフェッチで読み込むためには、関連を表すアノテーション（この場合は@OneToMany）のfetch属性に、FetchType列挙型の"LAZY"を指定します。

たとえば以下のように、部署エンティティに対して主キー検索をするものとします。

```
Department department = entityManager.find(Department.class, 3);
```

この処理によって一度目のSQLが発行され、まず自エンティティ（Departmentインスタンス）を取得します。次に以下のようにして、関連フィールド（またはそのゲッタ）によって関連先エンティティ（Employeeインスタンス）にアクセスすると、この時点で2度目のSQLが発行され、当該部署に所属する社員エンティティの値を取り出すことができます。

```
List<Employee> employeeList = department.getEmployees();
```

なお@OneToManyアノテーションでは、デフォルトのフェッチタイプはレイジーフェッチになっています。

8.6.3 オブジェクトモデルからの書き込み

ここではオブジェクトモデルの値を、関連のある複数テーブルに対して書き込む方法を説明します。8.4.3項で説明したように、オブジェクトモデルからの書き込みでは、カスケードするかしないかを選択します。

自エンティティから関連先エンティティへの書き込みをカスケードしない場合は、アプリケーションでそれぞれのエンティティを個別に書き込みます。カスケードする場合は、関連を表すアノテーションのcascade属性に、CascadeType列挙型でカスケードする操作を指定します。CascadeType列挙型には、"ALL"（すべての操作）、"PERSIST"（挿入）、"REMOVE"（削除）、"MERGE"（マージ）などの値があります。

ここでDepartmentクラスにおいて、@OneToManyアノテーションのcascade属性にCascadeType.PERSISTを指定するものとします。このようにすると、部署エンティティに新しいデータを挿入しようとすると、JPAプロバイダによって関連先である社員エンティティも芋づる式に挿入されます。

たとえば以下のように、部署エンティティと社員エンティティのオブジェクトモデルを生成します。

```
Department department = new Department(3, "営業部", "新宿支社");
Employee emp1 = new Employee(10001, "Alice", department,  500000);
Employee emp2 = new Employee(10004, "Dave", department,  400000);
Employee emp3 = new Employee(10005, "Ellen", department,  300000);
department.getEmployees().add(emp1);
department.getEmployees().add(emp2);
department.getEmployees().add(emp3);
```

次に以下のようにして、エンティティマネージャのpersistメソッドに生成したDepartmentインスタンスを渡すと、まず営業部のデータがDEPARTMENTテーブルに挿入され、連続してこの部署に所属するAlice、Dave、Ellenを表すデータがEMPLOYEEテーブルに挿入されます。

```
entityManager.persist(department);
```

8.7 JPAにおけるクエリ

8.7.1 JPAにおけるクエリ

■JPQLとは

JPAでは、JPQL（Java Persistence Query Language）と呼ばれるクエリ言語がサポートされています。JPQLを利用すると、エンティティマネージャによるAPI（8.3.3項）では実現できなかったCRUD操作、たとえば主キー以外の条件による複雑な検索や、集合関数を利用した検索、条件指定による一括削除や一括更新などを実現できるようになります。JPQLは抽象度の高いクエリ言語であり、RDB製品固有のSQL仕様はJPAプロバイダによって隠ぺいされます。またJPAでは、必要に応じてRDB製品固有のSQL（ネイティブクエリ）を直接記述することもできます。

■JPQLの実行方法と結果の受け取り方

ここでは、JPQLの実行方法と結果の受け取り方について説明します。以下に、JPQLによって社員エンティティから「月給が30万円以上、40万円以下」という条件で検索し、結果を受け取るためのコードを示します。

```
Query query = entityManager.createQuery( //❶
        "SELECT e FROM Employee AS e " + //❷
        "WHERE :lowerSalary <= e.salary " + //❸
        "AND e.salary <= :upperSalary") //❹
        .setParameter("lowerSalary", 300000) //❺
        .setParameter("upperSalary", 400000); //❻
List<Employee> resultList = query.getResultList(); //❼
```

JPQLを利用するためには、まずQueryを作成します。Queryは、エンティティマネージャのcreateQueryメソッドにJPQL（文字列）を渡すことによって作成します❶。

JPQLの文法はSQLによく似ています。まずSELECT句❷は、抽象スキーマの識別子のみを記述するか、または「識別子.永続フィールド名」といった形で永続フィールドをカンマで区切って記述します。

FROM句❸には抽象スキーマ名と識別子を記述します。抽象スキーマ名とはエンティティクラスの論理的な名前で、デフォルトではエンティティクラスのクラス名（除くパッケージ）が採用されますが、@Entityアノテーションのname属性で明示的に指定することも可能です。識別子とはJPQL内で抽象スキーマを特定するためのエイリアスで、抽象スキーマ名の後ろにAS（省略可能）を付けて指定します。JPQLにおけるエンティティクラスとテーブルの関係を、図8-17に示します。

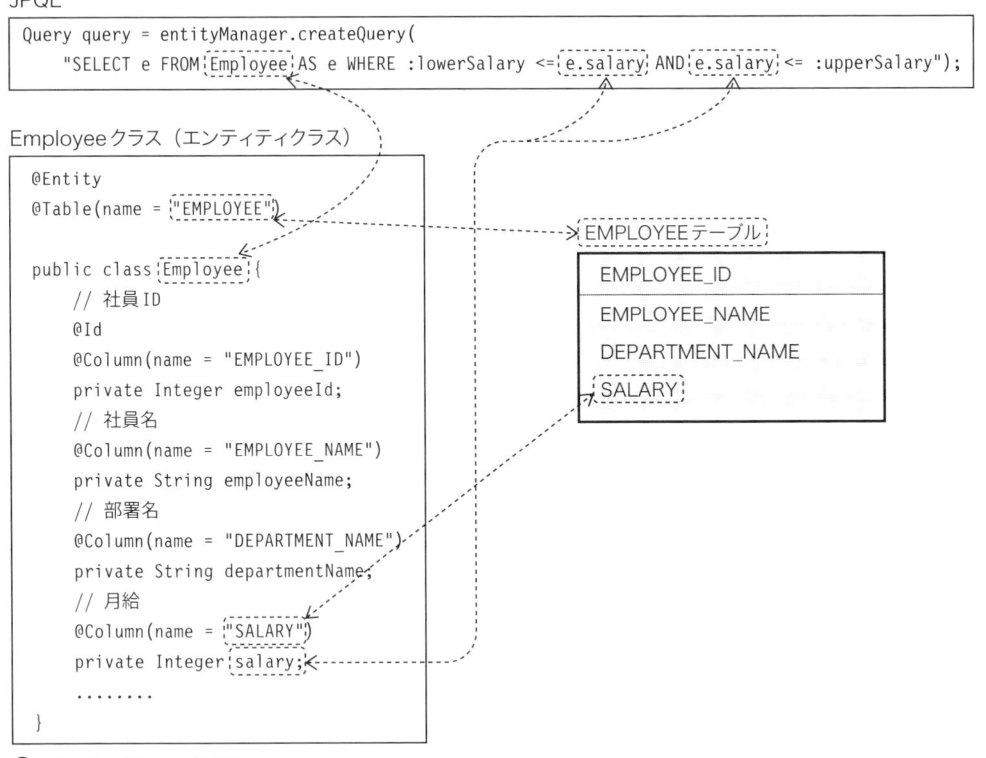

◎図8-17　JPQLの仕組み

JPQLのWHERE句には、永続フィールド名によって条件式を記述します。条件式に使える演算子は、算術演算子（+、-、*、/）、論理演算子（AND、OR、NOT）、関係演算子（=、<>、<、>、<=、>=）などで、基本的には通常のSQLと同様です。またパラメータは、名前または位置（?1、?2…）によって埋め込む場所を指定しますが、上記例では名前によって場所を指定しています❸❹。

このようにして作成したQueryに対して、setParameterメソッドによって名前または位置を指定し、JPQLの外部から値を設定します。上記例では月給の下限と上限に値を設定し❺❻、「月給が30万円以上、40万円以下の社員」を検索するようにしています。

Queryを作成したら、getSingleResultメソッドかgetResultListメソッドを呼び出すと、JPAプロバイダによってクエリが実行されてその結果が返されます。getSingleResultメソッドは、クエリの実行結果が単一であることがわかっている場合に使用します。クエリを実行し、想定通りに1件だけヒットした場合は単一の結果が返されますが、複数件ヒットしたりヒットするデータがなかった場合は例外が発生します。またgetResultListメソッドは、クエリの実行結果が複数件になる場合に使用します。通常は結果セットが格納されたリストが返されますが、ヒットするデータがなかった場合は空のリストが返されます。上記例ではgetResultListメソッドによってクエリを実行し、検索にヒットした社員を表すEmployeeインスタンスのリストを受け取っています❼。

getSingleResultメソッドやgetResultListメソッドは、JPQLのSELECT句におけるカラムの記述方法によって、受け取るインスタンスが変わります。上記例のように、SELECT句に識別子を1つだけ記述した場合は、クエリの実行結果は単一のエンティティインスタンス（getSingleResultのとき）か、エンティティインスタンスのリスト（getResultListのとき）になります。

また"SELECT e.employeeName FROM Employee AS e"のようにSELECT句に永続フィールドを1つだけ記述すると、クエリの実行結果は単一の永続フィールド型か、永続フィールド型のリストになります。"SELECT e.employeeName, e.salary FROM Employee AS e"のようにSELECT句に永続フィールドを複数記述すると、各カラムの値がObject型配列の要素に格納されて返されます。つまりクエリの実行結果は単一のObject型配列か、Object型配列のリストになります。

■集約関数とグルーピング

JPQLには、SQLと同じようにCOUNT、SUM、AVG、MAX、MINといった集約関数が用意されています。以下にCOUNT関数を利用し、データ件数を取得する例を示します。

```
Query query = entityManager.createQuery(
        "SELECT COUNT(e) FROM Employee e");
Long result = (Long)query.getSingleResult();
```

またJPQLでは、GROUP BY句によって集約関数の結果をグルーピングできます。GROUP BY句には、グルーピングのキーとなる永続フィールドを指定します（カンマ区切りで複数指定可）。以下の例では、社員エンティティを対象に、部署名（departmentName）でグルーピングし、部署ごとに所属する社員数を集計してその結果をリスト（Object型配列のリスト）として取得しています。

```
Query query = entityManager.createQuery(
        "SELECT e.departmentName, COUNT(e) " +
        "FROM Employee AS e " +
        "GROUP BY e.departmentName");
List resultList = query.getResultList();
```

■ソート

JPQLでは、SQLと同じようにORDER BY句によって検索結果をソートできます。ORDER BY句の中に、ソートのキーとなる永続フィールドを指定します（カンマ区切りで複数指定可）。また永続フィールドごとに、ソート順を指定することもできます（ASC（デフォルト）またはDESC）。

以下の例では、社員エンティティを検索し、実行結果のリストを部署名（departmentName）、月給（salary）の順にソートして取得します。部署名は昇順ですが、月給は降順となります。

```
Query query = entityManager.createQuery(
        "SELECT e FROM Employee AS e " +
        "ORDER BY e.departmentName, e.salary DESC");
List<Employee> resultList = query.getResultList();
```

■重複排除

JPQLでは、SQLと同じようにDISTINCT演算子によって、結果から重複を取り除くことができます。以下にその例を示します。

```
Query query = em.createQuery(
        "SELECT DISTINCT e.departmentName FROM Employee AS e");
List<String> resultList = query.getResultList();
```

8.7.2 JPQLと関連エンティティ

ここでは、JPQLによって、関連のある複数エンティティ（社員エンティティと部署エンティティ）に対してクエリを実行する方法を説明します。

■インナージョイン（内部ジョイン）

JPQLのインナージョインは、SQLと同じ考え方です。以下に、社員エンティティと部署エンティティをインナージョインするコードを示します。

```
Query query = entityManager.createQuery(
        "SELECT e.employeeId, e.employeeName, d.departmentName " +
        "FROM Employee AS e INNER JOIN e.department AS d " +
        "WHERE d.departmentId = :departmentId")
        .setParameter("departmentId", 3);
```

まずSELECT句には、それぞれのエンティティの識別子のみか、識別子を付与した永続フィールド名を記述します。またFROM句には、INNER JOIN演算子を記述します。このときINNER JOIN演算子の左側には、関連先エンティティへの参照を保持している側のエンティティクラスを記述します。ここでは社員エンティティ（Employeeクラス）は部署エンティティ（Departmentクラス）への参照を保持しているものとしますので、左側にEmployeeクラスを記述し、右側にはEmployeeクラスにおいて参照を保持している永続フィールド（"department"）を記述します。もし部署エンティティも社員エンティティへの参照を保持しているのであれば、FROM句に左右エンティティを逆にして"FROM Department AS d INNER JOIN d.employees AS e"と記述しても、クエリの実行結果は同じになります。

■アウタージョイン（外部ジョイン）

JPQLのアウタージョインは、SQLと同じ考え方です。以下に、社員エンティティと部署エンティティをアウタージョインするコードを示します。

```
Query query = entityManager.createQuery(
        "SELECT e.employeeId, e.employeeName, d.departmentName " +
        "FROM Employee AS e LEFT OUTER JOIN e.department AS d");
```

インナージョインと同じように、SELECT句には、それぞれのエンティティの識別子のみか、識別子を付与した永続フィールド名を記述します。FROM句にはLEFT OUTER JOIN演算子を記述しますが、JPQLのアウタージョインでは左側のエンティティクラスを基準としますので、左側エンティティについてはすべてのデータが結果に含まれます。上記例では、departmentフィールドがnullのEmployeeインスタンス（どの部署にも所属していない社員）も、実行結果に含まれることになります。

■フェッチジョイン

フェッチジョインとは、基本的な考え方はインナージョインと同じですが、実行結果はどちらか一方のエンティティクラスのみとなる点が異なります。以下に、社員エンティティと部署エンティティをフェッチジョインするコードを示します。

```
Query query = em.createQuery(
        "SELECT e FROM Employee AS e JOIN FETCH e.department " +
        "WHERE e.employeeId = :employeeId")
        .setParameter("employeeId", 10001);
List<Employee> resultList = query.getResultList();
```

SELECT句には、どちらかのエンティティの識別子（上記コードでは"e"）を記述します。またFROM句にはJOIN FETCH演算子を記述します。このときJOIN FETCH演算子の左側には、インナージョインと同じように、関連先エンティティへの参照を保持している側のエンティティクラスを記述し、右側には左側エンティティクラスにおいて参照を保持している永続フィールドを記述します。ただし識別子を付与するのは、左側エンティティクラスのみとなります（インナージョインとの相違点）。

フェッチジョインでは、アプリケーションが取得するのはどちらか一方のエンティティインスタンスです。ただし実際にはジョインのSQLが発行されて両テーブルを読み込んでいるため、取得したエンティティインスタンスのグラフ構造においては、参照を保持するエンティティインスタンスにもデータがセットされています。この機能は、8.7.6項で解説する「レイジーフェッチの課題」を解決するための一つの有効な方法です。

8.7.3　JPQLのその他の機能

■クエリのページング

JPAでは、JPQLとQueryのAPIによってクエリのページングを実現できます。クエリのページングとは、ソートされた結果セットから、オフセット（開始位置）と件数によって特定のデータを絞り込むことです。以下にそのコードを示します。

```
Query query = entityManager.createQuery(
        "SELECT e FROM Employee AS e " +
        "ORDER BY e.salary DESC")
```

```
        .setFirstResult(4)
        .setMaxResults(10);
List<Employee> resultList = query.getResultList();
```

まずJPQLでソート検索を行い、Queryを作成します。作成したQueryに対して、setFirstResultメソッドでオフセット（0から始まる数値）を、setMaxResultsメソッドで件数をそれぞれ指定し、データを絞り込みます。このコードでは、まず月給で降順にソートし、5番目から10人分のデータに絞り込んで、Employeeインスタンスのリストとして取得しています。JPAプロバイダはこのとき、RDB製品固有のSQLを発行してページングを行います。ページングのためのSQLはRDB製品によって仕様に差異がありますが、JPAでは共通的な手順で実現できます。

■コンストラクタ式

8.4.2項で説明したように、関連のある複数エンティティの読み込み方には「オブジェクトモデルに読み込むパターン」と「フラットなモデルに読み込むパターン」があります。JPAは前者が基本形になりますが、コンストラクタ式を利用すると後者の読み込み方を実現することもできます。

コンストラクタ式は、JPQLのSELECT句の中に「NEW DTOクラス名(永続フィールド名, 永続フィールド名, …)」という形式で記述します。このように記述したJPQLを実行すると、読み込んだカラム値が、指定されたDTOのコンストラクタに渡される形でインスタンスが生成されます。指定するDTOはエンティティクラスである必要はありません。

```
Query query = em.createQuery(
            "SELECT NEW jp.mufg.it.ee.jpa.company.entity.EmpDept" +
            "(e.employeeId, e.employeeName, d.departmentName, ....) " +
            "FROM Employee AS e INNER JOIN e.department AS d " +
            "WHERE e.employeeId = :employeeId")
           .setParameter("employeeId", 10001);
EmpDept empDept = (EmpDept)query.getSingleResult();
```

JPQLには、社員エンティティと部署エンティティをジョインするクエリを記述します。両エンティティをジョインして読み込むため、指定したDTOは、両エンティティから読み込んだカラムにマッピングされるフィールドを保持している必要があります。このJPQLを実行すると、指定したDTO（EmpDeptクラス）が生成されて返されます。なお上記コードにおけるEmpDeptクラスは、コード8-5と同様です。

8.7.4　一括の書き込み操作

■一括削除

ある条件にもとづいて複数のデータを一括削除するためには、JPQLでDELETE句を記述します。以下に、EMPLOYEEテーブルから「月給が40万円以上の社員」を一括削除するためのコードを示します。

```
Query query = em.createQuery(
```

```
        "DELETE FROM Employee AS e " +
        "WHERE :salary <= e.salary")
        .setParameter("salary", 400000);
int hitCount = query.executeUpdate();
```

DELETE句を記述したJPQLを実行するためには、QueryのexecuteUpdateメソッドを呼び出します。このメソッドの戻り値には、ヒットしたデータの件数が返されます。

■一括更新

ある条件にもとづいて複数のデータを一括更新するためには、JPQLでUPDATE句を記述します。以下に、EMPLOYEEテーブルに対して「月給が30万円以下の社員の月給を、一括で2千円増やす」ためのコードを示します。

```
Query query = em.createQuery(
        "UPDATE Employee AS e " +
        "SET e.salary = e.salary + :increase " +
        "WHERE e.salary <= :salary")
        .setParameter("increase", 2000)
        .setParameter("salary", 300000);
int hitCount = query.executeUpdate();
```

UPDATE句を記述したJPQLを実行するためには、QueryのexecuteUpdateメソッドを呼び出します。このメソッドの戻り値には、ヒットしたデータの件数が返されます。

■一括書き込みの注意点

一括書き込み（一括削除・一括更新）とエンティティインスタンスに対するCRUD操作を同一のトランザクション境界内で行う場合は、データの不整合が発生する可能性があるため注意が必要です。一括書き込みを行っても、永続化コンテキスト内のエンティティインスタンスには、その実行結果が反映されないためです。

```
Employee employee = entityManager.find(Employee.class, 10001); // ❶
Query query = entityManager.createQuery(
        "UPDATE Employee AS e " +
        "SET e.salary = e.salary + 3000");
query.executeUpdate(); // ❷
employee.setSalary(employee.getSalary() + 10000); // ❸
```

上記例では、まずfindメソッドにより社員ID10001のEmployeeインスタンス（月給は50万円とする）を取得します❶。次に一括更新により全社員の月給を一括で更新（3千円増額）します❷が、この更新はすでに取得済みのエンティティインスタンスには反映されません。したがってEmployeeインスタンスに対して月給を1万円増額する❸と、トランザクションのコミットによって当該社員の月給は51万円に更新され、3千円の更新が失われてしまいます。

同じトランザクション境界内で一括の書き込み操作とエンティティインスタンスを同時に使用する場合は、この問題を回避するために、エンティティインスタンスを取得する前に一括書き込みを行うか、一括書き込みを行った❷後に、エンティティインスタンスを再読み込み（エンティティマネージャのrefreshメソッド呼び出し）する必要があります。

8.7.5 ネイティブクエリ

■ネイティブクエリとは

JPQLは抽象化されたクエリ言語であり、RDB製品によって異なるSQL仕様を意識する必要がない点は大きな利点の一つです。ただし場合によっては、精度の高いSQLチューニングを行いたいケースや、RDB製品固有の機能や関数を利用したいケースなど、RDB製品固有のSQLを直接記述したいケースがあります。JPAではこのような場合、JPQLの代わりにネイティブクエリを利用します。

■ネイティブクエリの実行方法と結果の受け取り方

ここでは、ネイティブクエリの実行方法と結果の受け取り方について説明します。以下に、社員エンティティと部署エンティティをネイティブクエリによってジョインするコードを示します。

```
Query query = entityManager.createNativeQuery( //❶
        "SELECT e.EMPLOYEE_ID AS E_EMPLOYEE_ID, " +
        "e.EMPLOYEE_NAME AS E_EMPLOYEE_NAME, " +
        "d.DEPARTMENT_NAME AS D_DEPARTMENT_NAME " +
        "FROM EMPLOYEE e, DEPARTMENT d " +
        "WHERE e.DEPARTMENT_ID = d.DEPARTMENT_ID " +
        "AND e.EMPLOYEE_ID = ?1",
        EmployeeResult.class) //❷
        .setParameter(1, 10001); //❸
List<EmployeeResult> resultList = query.getResultList(); //❹
```

ネイティブクエリを利用するためには、まずJPQLと同じようにQueryを作成します。Queryは、エンティティマネージャのcreateNativeQueryメソッドに、RDB製品固有のSQLを渡すことによって作成します❶。作成したQueryに対して、setParameterメソッドによってパラメータを設定します❸※53。ネイティブクエリの実行結果を受け取るにはいくつかの方法がありますが、特定のエンティティクラスとして受け取る方法が一般的です。このようなネイティブクエリの実行結果を受け取るためのエンティティクラスを、本書では「結果クラス」と呼称します。結果クラスを利用するためには、createNativeQueryメソッドの第2引数に、結果クラスのClassオブジェクトを指定します❷。このようにしてネイティブクエリを実行すると、指定した結果クラス（ここではEmployeeResultクラス）に結果が格納されて返されます❹。以下に、結果クラス（EmployeeResultクラス）のコードを示します。

※53　ネイティブクエリでは、パラメータは位置（?1、?2…）によって埋め込む場所を指定する。

◉コード8-6　結果クラス（EmployeeResult）

```
@Entity
public class EmployeeResult {
    // 社員ID
    @Id
    @Column(name = "E_EMPLOYEE_ID")
    private Integer employeeId;
    // 社員名
    @Column(name = "E_EMPLOYEE_NAME")
    private String employeeName;
    // 部署名
    @Column(name = "D_DEPARTMENT_NAME")
    private String departmentName;
    ........
    // アクセサメソッド
    ........
}
```

結果クラスには、通常のエンティティクラスと同じように@Entityアノテーションと@Idアノテーションが必要です。またデフォルトのマッピングルール（カラム名＝永続フィールド名）が適用できない場合は、@Columnアノテーションによってカラムと永続フィールドのマッピングを定義します。@Columnアノテーションのname属性には、SQL文の中で"AS"によって指定したカラムのエイリアスを指定できます。

なお上記例のように、ネイティブクエリによって、関連のある複数エンティティから読み込んだデータを結果クラスとして受け取る方法は、「フラットなモデルに読み込むパターン」（8.4.2項）に相当します。もう一つの方式である「オブジェクトモデルに読み込むパターン」も、「結果セットマッピング」と呼ばれる機能を利用すれば実現可能ですが、本書では割愛します。

8.7.6　レイジーフェッチの問題と解決方法

ここでは、会社モデル（社員エンティティと部署エンティティ）を例として取り上げ、関連のある複数エンティティの読み込みに、レイジーフェッチ（8.4.2項）を採用した場合の課題とその解決方法を説明します。関連のある複数エンティティをオブジェクトモデルとして読み込む場合、関連先エンティティを読み込むタイミング（フェッチタイプ）には、イーガーフェッチ（熱心に読み込む）とレイジーフェッチ（必要なときに後から読み込む）がある点は前述した通りです。「無駄なデータを読み込まない」という観点からは、特にOne側エンティティ（部署エンティティ）からMany側エンティティ（社員エンティティ）に対するフェッチタイプには、レイジーフェッチを適用する方が得策です。ただしレイジーフェッチを適用すると、「N＋1 SELECT問題」という別の問題が発生する可能性が生じるため、注意が必要です。

たとえば以下のようなJPQLで、部署エンティティ（One側）からすべての部署データを読み込むとします。

```
Query query = entityManager.createQuery("SELECT d FROM Department AS d");
List<Department> departmentList = query.getResultList();
```

関連先である社員エンティティ（Many側）へのフェッチタイプにレイジーフェッチを適用すると、この処理によって、まずはDEPARTMENTテーブルに対するSELECT文（ジョインなし）が1回発行されます。次に以下のようなループ処理で、取得したすべての部署から所属する社員の名前を取り出します。

```
for (Department department: departmentList) {
    List<Employee> employeeList = department.getEmployees();
    for (Employee employee: employeeList) {
        String employeeName = employee.getEmployeeName();
        ........
    }
}
```

このようにすると、後から社員テーブルに対するSELECT文が部署の数だけ発行されます。つまり部署の数がN件だとすると、最初にDEPARTMENTテーブルに対して1回、後からEMPLOYEEテーブルに対してN回のSELECT文が発行されることになります。このようにOne側エンティティ（複数件あり）に対してループ処理を行うと、ループの都度Many側エンティティに対してSELECT文が発行され、合計してN＋1回のSELECT文が発行されることから、この事象は「N＋1 SELECT問題」と呼ばれています。「N＋1 SELECT問題」は、パフォーマンスに深刻な影響を与える可能性があります。

JPAにおいて、この問題の対策として有効なのがフェッチジョインの利用です。上記コードを、フェッチジョインを利用して以下のように修正します。

```
Query query = entityManager.createQuery(
        "SELECT DISTINCT d FROM Department AS d JOIN FETCH d.employees");
List<Department> departmentList = query.getResultList();
```

このようにすると、発行されるのは両エンティティをジョインしたSELECT文1回のみとなるため、パフォーマンスの問題は発生しません。

JPAでは、関連先エンティティに対するフェッチタイプはアノテーションによって指定します（8.6.2項）が、One側からMany側へのフェッチタイプにはレイジーフェッチを採用するケースが多いでしょう（@OneToManyアノテーションのデフォルトはレイジーフェッチ）。ただしこの例のように「N＋1 SELECT問題」が発生する可能性がある場合は、フェッチジョインを利用して特定の読み込み処理だけを一時的にイーガーフェッチ+ジョインセレクトにすることで、この問題を回避します。

8.8 動的クエリ（MyBatis、JPA共通）

8.8.1 動的クエリとは

MyBatisでは、SQLマップファイルにクエリを直接記述します。一方JPAでは、エンティティクラスを対象にJPQLによってクエリを記述します。MyBatisもJPAも、実行時にパラメータをクエリにバインディングすることはできますが、クエリ自体はあくまでも静的に定義されたものとなります。

エンタープライズアプリケーションには、条件に応じてクエリ自体を動的に切り替えるような「非定型検索」が必要となるケースがあります。このようなケースを静的クエリで実現することは不可能ではありませんが、必ずしも開発効率や保守性が高い方法とは言えません。

ここで、「社員管理アプリケーション」を例として考えてみましょう。このアプリケーションには部署と月給（下限）という2つの条件で社員を検索するユースケースがあるものとします。ユーザは、画面上のフィールドへの入力によって、検索条件として部署と月給をどのように組み合わせることもできます。たとえば「営業部」に所属する「月給30万円以上」の社員を検索することもできれば、「営業部」に所属する全社員を検索したり（月給フィールドはブランク）、全部署から「月給30万円以上」の社員を検索する（部署フィールドはブランク）ことも可能です。

このような非定型検索をJPQLで実現しようとすると、以下のように文字列連結をするための複雑なコードが必要です。

```
// departmentIdは部署ID、salaryは月給（下限）を表す
Query query = null;
String sql = "SELECT e FROM Employee AS e ";
if (departmentId != null && salary != null) {
    sql += "WHERE e.department.departmentId = :departmentId AND "
            + ":salary <= e.salary";
    query = entityManager.createQuery(sql);
    query.setParameter("departmentId", departmentId)
            .setParameter("salary", salary);
} else if (departmentId != null) {
    sql += "WHERE e.department.departmentId = :departmentId";
    query = entityManager.createQuery(sql);
    query.setParameter("departmentId", departmentId);
} else if (salary != null) {
    ........
}
```

非定型検索を行うためには、ユーザが指定した条件のみに絞られたWHERE句に作るために、パラメータのnullチェックをしながらJPQL文を組み立てる必要があります。スペースやカンマ、ANDやORといった論理演算子の数や位置にも留意しなければなりません。検索条件のパラメータ数が増えれば、このコードはさらに複雑になることでしょう。

このような静的クエリの課題は、動的クエリを導入することによって解決できます。動的クエリとは、検索条件に応じて柔軟にSQLを組み立てる仕組みです。MyBatisは動的クエリをサポートしています。

またJPAでも、クライテリアという機能によって動的クエリを実現できます。

8.8.2 MyBatisにおける動的クエリ

MyBatisには、パラメータの値にしたがって動的にSQL文を組み立てる仕組みがあります。この仕組みは、JSPなどプレゼンテーション層におけるテンプレートによく似ています。以下に、SQLマップファイルにおけるSQLコードを示します。このSQLには部署ID、月給下限、月給上限という3つの検索条件があります。

```
<select id="selectDynamicEmployees"
  resultType="jp.mufg.it.mybatis.company.dto.Employee">
  SELECT * FROM EMPLOYEE
  <where>
    <if test="departmentId != null">
      AND DEPARTMENT_ID = #{departmentId}
    </if>
    <if test="lowerSalary != null">
      <![CDATA[AND #{lowerSalary} <= SALARY]]>
    </if>
    <if test="upperSalary != null">
      <![CDATA[AND SALARY <= #{upperSalary}]]>
    </if>
  </where>
</select>
```

このように<select>タグ内に<where>タグを記述します。そして<if>タグのtest属性に式言語で条件を指定することによって、パラメータの値にしたがってWHERE句を動的に切り替えることができます。このとき論理演算子（AND、OR）の数や位置の制御は、MyBatisに任せることができます。

アプリケーションでは、departmentId（部署ID）、lowerSalary（月給下限）、upperSalary（月給上限）という3つのプロパティを持つDTO（EmployeeParamクラス）を作成します。上記SQLを呼び出すときには、DTOに対して以下のようにパラメータをセットします。

```
// 営業部（部署ID3）に所属している社員（月給の条件なし）
EmployeeParam param = new EmployeeParam(3, null, null);
// 営業部（部署ID3）に所属している月給が30万円以上の社員
EmployeeParam param = new EmployeeParam(3, 300000, null);
// 営業部（部署ID3）に所属している月給が30万円以上、40万円以下の社員
EmployeeParam param = new EmployeeParam(3, 300000, 400000);
// 月給が30万円以上、40万円以下の社員（全部署）
EmployeeParam param = new EmployeeParam(null, 300000, 400000);
```

8.8.3 クライテリア（JPA）と動的クエリ

JPAには、APIによってクエリを構築するクライテリアと呼ばれる仕組みがあります。JPQLは文字列でクエリを構築しますが、それに対してクライテリアはAPIによってクエリを構築するため、タイプセーフ

である点が大きな特徴です。

■複数条件検索

クライテリアを利用して複数条件検索のクエリを構築するためのコードを、以下に示します。

```
// CriteriaBuilderを取得する
CriteriaBuilder cb = entityManager.getCriteriaBuilder(); // ❶
// CriteriaQueryを取得する
CriteriaQuery<Employee> cq = cb.createQuery(Employee.class); // ❷
// Root（ルートエンティティ）を取得する
Root<Employee> employee = cq.from(Employee.class); // ❸
// Predicate（検索条件）を構築する
Predicate condition = cb.conjunction(); // ❹
condition = cb.and(condition, cb.equal(
        employee.get("department").get("departmentId"), 1)); // ❺
condition = cb.and(condition, cb.ge(
        employee.get("salary"), 300000)); // ❻
// CriteriaQueryにルートエンティティと検索条件を設定する
cq.select(employee).where(condition); // ❼
// クエリを実行して結果を取得する
List<Employee> resultList = entityManager.createQuery(cq).getResultList(); // ❽
```

クライテリアのAPIは、このコードに記述された一連の手続き（❶→❽）にしたがって順番に呼び出していきます。クライテリアのAPIで起点となるオブジェクトがCriteriaBuilderです。エンティティマネージャからCriteriaBuilderを取得し❶、取得したCriteriaBuilderからCriteriaQueryを生成し❷、さらにCriteriaQueryからRoot（ルートエンティティ）を取得します❸。

次に検索条件の構築です。まずCriteriaBuilderのconjunctionメソッド❹によって、Predicate（検索条件）を取得します。CriteriaBuilderには、andメソッド、orメソッドといった論理演算子を表すメソッドや、equalメソッド（等号）、notEqualgeメソッド（不等号）、geメソッド（以上）、betweenメソッド（範囲）といった関係演算子を表すメソッドが定義されていますので、それらを使ってPredicateに条件を追加します。ここでは「部署ID＝1であること」をまず追加し❺、次にAND条件で「月給が30万円以上であること」を追加しています❻。

このようにして検索条件を構築したら、続いてCriteriaQueryにルートエンティティと検索条件を設定します❼。最後にCriteriaQueryからQueryを生成し、エンティティマネージャによってクエリを実行します❽。

■動的クエリ

クライテリアはAPIによって検索条件を構築していくため、if文による分岐ロジックと組み合わせることで、動的クエリを実現できます。以下に、8.8.2項で示したMyBatisによる動的クエリと同様の処理を、クライテリアによって実現するためのコードを示します。

```
// CriteriaBuilderを取得する
CriteriaBuilder cb = entityManager.getCriteriaBuilder();
// CriteriaQueryを取得する
CriteriaQuery<Employee> cq = cb.createQuery(Employee.class);
// Root（ルートエンティティ）を取得する
Root<Employee> employee = cq.from(Employee.class);
// パラメータにしたがって動的にPredicate（検索条件）を構築する
Predicate condition = cb.conjunction();
if (departmentId != null)
    condition = cb.and(condition, cb.equal(
            employee.get("department").get("departmentId"), departmentId)); //❶
if (lower != null)
    condition = cb.and(condition, cb.ge(
            employee.get("salary"), lower)); //❷
if (upper != null)
    condition = cb.and(condition, cb.le(
            employee.get("salary"), upper)); //❸
// CriteriaQueryにルートエンティティと検索条件を設定する
cq.select(employee).where(condition);
// クエリを実行して結果を取得する
List<Employee> resultList = entityManager.createQuery(cq).getResultList();
```

この処理は部署名、月給下限、月給上限という3つの検索条件からなる動的クエリです。departmentId（部署ID）、lowerSalary（月給下限）、upperSalary（月給上限）という3つの変数に対してnullチェックを行い、nullでない場合に限って検索条件を追加します❶❷❸。

8.9 JPAの高度な機能

8.9.1 エンティティクラスの継承

オブジェクトモデルの設計では、クラス同士が継承関係になることがあります。ここでは、JPAにおいてエンティティクラス間に継承があった場合に、それらをテーブルにマッピングする方式について説明します。この方式には以下の3つのパターンがあります。

- Single Table Inheritanceパターン
- Class Table Inheritanceパターン
- Concrete Table Inheritanceパターン

この項で説明に用いるオブジェクトモデルでは、社員をフルタイマとパートタイマに分けています（図8-18）。社員エンティティがEmployeeクラス、フルタイマエンティティがFulltimerクラス、パートタイマエンティティがParttimerクラスにそれぞれ対応し、各エンティティクラス間には継承関係があるものとします。

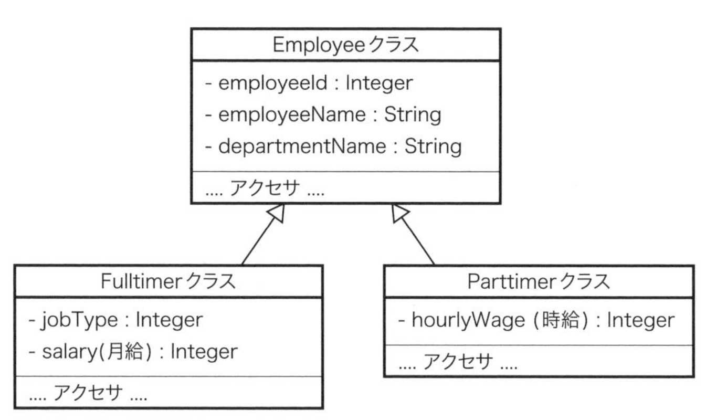

◉図8-18　継承関係のオブジェクトモデル

■Single Table Inheritanceパターン

このパターンは、継承関係にある複数エンティティクラスの属性を、1つのテーブルにマッピングするものです。この例では、フルタイマとパートタイマの全属性を1つのEMPLOYEEテーブルにマッピングします。EMPLOYEEテーブルには社員としての共通的な属性、フルタイマとしての属性、パートタイマとして属性が混在します。

このパターンは他のパターンに比べてシンプルで、テーブルのジョインも発生しないためパフォーマンスの観点では有利です。ただし複数エンティティの「和集合的」なテーブルとなるため、必然的にNULLが格納されるカラムが多くなります。またフルタイマとしてはNULLを許容できないカラムであっても、パートタイマを加味するとNOT NULL制約を設定できないケースがあるなど、テーブル設計上でも考慮が必要です。

図8-19に両テーブルのE-R図を示します。フルタイマとパートタイマの識別はEMPLOYEE_TYPEカラムで行うものとします。このカラムの値が"1"の場合はフルタイマ、"2"の場合はパートタイマとなります。

EMPLOYEEテーブル

EMPLOYEE_ID
EMPLOYEE_TYPE
EMPLOYEE_NAME
DEPARTMENT_NAME
JOB_TYPE
SALARY
HOURLY_WAGE

◉図8-19　E-R図(Single Table Inheritanceパターン)

次にエンティティクラスです。以下にスーパークラス(Employeeクラス)のコードを示します。

```
@Entity
@Table(name = "EMPLOYEE")
@Inheritance(strategy = InheritanceType.SINGLE_TABLE)
@DiscriminatorColumn(name = "EMPLOYEE_TYPE",
        discriminatorType = DiscriminatorType.STRING)
public abstract class Employee implements { .... }
```

このようにスーパークラスであるEmployeeクラスに対しては、@Inheritanceアノテーションを付与します。このアノテーションのstrategy属性には、適用する継承パターンをInheritanceType列挙型で指定します。Single Table Inheritanceパターンの場合は、InheritanceType.SINGLE_TABLEとなります。またこのクラスには、合わせて@DiscriminatorColumnアノテーションも必要です。このアノテーションは、サブクラスであるFulltimerクラスとParttimerクラスを識別するためのもので、name属性には両者を識別するためのカラム名を指定します。またdiscriminatorType属性には、識別タイプをDiscriminatorType列挙型で指定します。DiscriminatorType列挙型には、INTEGER（数値型）、STRING（文字列）などがありますが、ここではSTRINGを指定しています。

続いて、サブクラスであるFulltimerクラスおよびParttimerクラスのコードを示します。

```
@Entity
@DiscriminatorValue(value = "1")
public class Fulltimer extends Employee { .... }

@Entity
@DiscriminatorValue(value = "2")
public class Parttimer extends Employee { .... }
```

サブクラスには@DiscriminatorValueアノテーションを付与し、どういった値（@DiscriminatorColumnアノテーションで指定したEMPLOYEE_TYPEカラムの値）によってサブクラスが識別されるのかを指定します。フルタイマ（Fulltimerクラス）の場合は"1"を、パートタイマ（Parttimerクラス）の場合は"2"を、それぞれ指定します。

■Class Table Inheritanceパターン

このパターンは、スーパークラス、サブクラスの単位に1つのテーブルをマッピングするものです。この例では、社員としての共通的な属性はEMPLOYEEテーブル、フルタイマとしての属性はFULLTIMERテーブル、パートタイマとしての属性はPARTTIMERテーブルで、それぞれ保持します。

このパターンは、エンティティクラスの継承関係を同じ主キーを持つ複数のテーブルで表現しようとするもので、オブジェクトモデルに近いテーブル構造を持ちます。Single Table Inheritanceパターンの課題であったNOT NULL制約に関する考慮も不要です。ただし他のパターンに比べると、テーブルのジョインが必要な分だけパフォーマンスの観点では劣後する可能性があります。

図8-20に両テーブルのE-R図を示します。EMPLOYEEテーブルでは、フルタイマとパートタイマの

識別はEMPLOYEE_TYPEカラムで行うものとします。このカラムの値が"1"の場合はフルタイマ、"2"の場合はパートタイマとなります。EMPLOYEEテーブルとFULLTIMERテーブル、またはEMPLOYEEテーブルとPARTTIMERテーブルは、主キー同士でジョインします。

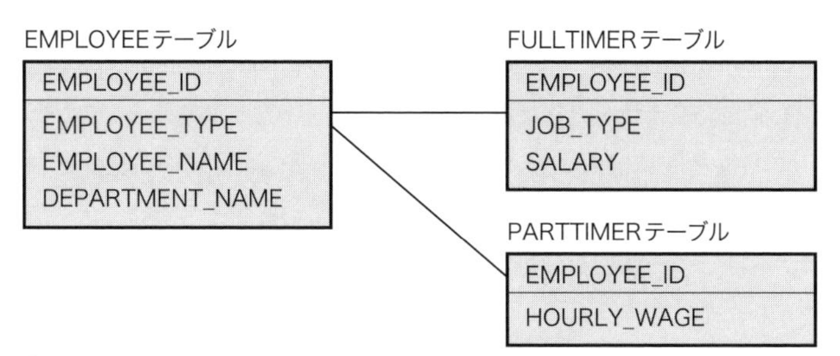

●図8-20　E-R図（Class Table Inheritanceパターン）

次にエンティティクラスです。以下にスーパークラス（Employeeクラス）のコードを示します。

```
@Entity
@Table(name = "EMPLOYEE")
@Inheritance(strategy = InheritanceType.JOINED)
@DiscriminatorColumn(name = "EMPLOYEE_TYPE",
        discriminatorType = DiscriminatorType.STRING)
public class Employee { .... }
```

Employeeクラスには@Inheritanceアノテーションを付与し、strategy属性にInheritanceType.JOINEDを指定します。

続いて、サブクラスであるFulltimerクラスおよびParttimerクラスのコードを示します。

```
@Entity
@Table(name = "FULLTIMER")
@DiscriminatorValue(value = "1")
public class Fulltimer extends Employee { .... }

@Entity
@Table(name = "PARTTIMER")
@DiscriminatorValue(value = "2")
public class Parttimer extends Employee { .... }
```

Single Table Inheritanceパターンと異なり、サブクラスもテーブルとマッピングされるため、@Tableアノテーションが必要です。またSingle Table Inheritanceパターンと同様に、サブクラスには@DiscriminatorValueアノテーションを付与し、どういった値によってサブクラスが識別されるのかを指定します。

■Concrete Table Inheritanceパターン

このパターンは、具象サブクラスごとに1つのテーブルにマッピングするものです。この例では、FULLTIMERテーブルは社員としての共通的な属性とフルタイマとしての属性を保持し、PARTTIMERテーブルは社員としての共通的な属性とパートタイマとしての属性を保持します。

このパターンでは、Single Table Inheritanceパターンの課題であったNOT NULL制約に関する考慮は不要です。テーブルのジョインも必要ありません。ただしフルタイマとパートタイマのテーブルが分かれることによって、両エンティティから横断的に検索したい場合はアプリケーション側での工夫が必要です。またフルタイマとパートタイマのキー（社員ID）を同じ体系で管理しているケースでは、テーブルが分かれているために、主キー制約によって一意性を保証できないという課題があります。

図8-21に両テーブルのE-R図を示します。

FULLTIMERテーブル

EMPLOYEE_ID
EMPLOYEE_NAME DEPARTMENT_NAME JOB_TYPE SALARY

PARTTIMERテーブル

EMPLOYEE_ID
EMPLOYEE_NAME DEPARTMENT_NAME HOURLY_WAGE

●図8-21　E-R図（Concrete Table Inheritanceパターン）

次にエンティティクラスです。スーパークラスであるEmployeeクラスでは、@Inheritanceアノテーションのstrategy属性に、InheritanceType.TABLE_PER_CLASSを指定する点が他のパターンと異なる点です。またスーパークラスに直接マッピングされるテーブルはないため、@Tableアノテーションは不要です。

8.9.2　エンティティクラスの委譲

■エンベッダブルクラスとは

オブジェクトモデルの設計では、クラス同士が委譲関係になることがあります。JPAでは、エンベッダブルクラスによって委譲関係を表現します。エンベッダブルクラスとは、あるエンティティクラスにフィールドとして埋め込まれ、処理を委譲できる特別なエンティティクラスです。エンベッダブルクラスの永続フィールドは、エンティティクラスと同様に特定のテーブルに対してマッピングされますが、エンベッダブルクラスは主キーを保持しないため単独で使用することはできません。エンベッダブルクラスは、様々なエンティティクラスに埋め込まれることによって再利用されます。6.3.1項で説明したDomain ModelパターンにおけるValue Object[※54]は様々なEntityに埋め込まれますが、JPAではエンベッダブルクラスとして実装することになります。

この項では、オブジェクトモデルとして社員エンティティと住所エンティティの2つを取り上げます。そ

※54　Value Objectは状態を変更する必要がないため、本質的にはイミュータブルにすることが望ましいが、本書執筆時点（Java EE7前提）では、JPAの仕様の制約で、エンベッダブルクラスをイミュータブルにすることはできない。

して住所エンティティを表すAddressクラスをエンベッダブルクラスとし、社員エンティティを表すEmployeeクラスに埋め込まれるものとします。両クラスは単一の社員テーブル（EMPLOYEEテーブル）に対してマッピングされます。図8-22にこのモデルのクラス図とE-R図を示します。

【クラス図】

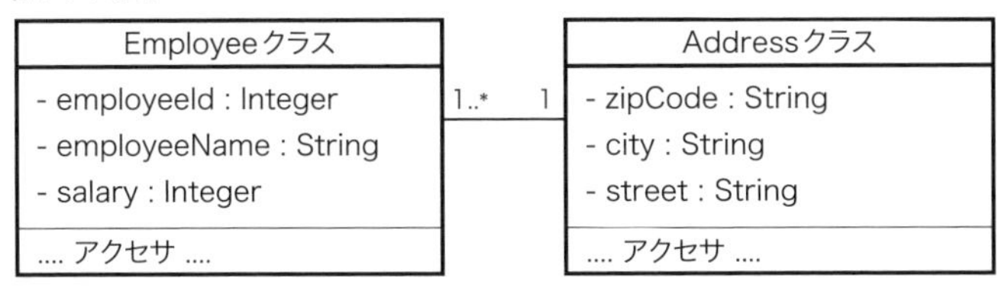

【E-R図】

EMPLOYEEテーブル

EMPLOYEE_ID
EMPLOYEE_ID
EMPLOYEE_NAME
DEPARTMENT_NAME
JOB_TYPE
SALARY
ZIP_CODE
CITY
STREET

●図8-22　社員エンティティと住所エンティティのクラス図とE-R図

以下に、エンベッダブルクラス（Addressクラス）のコードを示します。

◉コード8-7　エンベッダブルクラス（Address）

```
@Embeddable // ❶
public class Address {
    // 郵便番号
    @Column(name = "ZIP_CODE")
    private String zipCode;
    // 市町村
    @Column(name = "CITY")
    private String city;
    // 番地
    @Column(name = "STREET")
    private String street;
    ........
    // アクセサメソッド
    ........
}
```

エンベッダブルクラスには、@Embeddableアノテーションを付与します❶。このクラスは、EMPLOYEEテーブルにおいて住所を表す3つのカラム（ZIP_CODEカラム、CITYカラム、STREETカラム）にマッピングされる永続フィールドを持っており、@Columnアノテーションでマッピングを指定しますが、主キーは存在しないため@Idアノテーションは記述しません。

次に、エンベッダブルクラスが埋め込まれるエンティティクラス（Employeeクラス）のコードを示します。

●コード8-8　エンベッダブルクラスが埋め込まれるクラス（Employee）

```
@Entity
@Table(name = "EMPLOYEE")
public class Employee {
    // 社員ID
    @Id
    @Column(name = "EMPLOYEE_ID")
    private Integer employeeId;
    // 社員名
    @Column(name = "EMPLOYEE_NAME")
    private String employeeName;
    ........
    // 住所（エンベッダブルクラス）
    @Embedded //❷
    private Address address;
    // アクセサメソッド
    ........
}
```

エンティティクラスにエンベッダブルクラスを埋め込むためには、対象となるフィールド（またはそのゲッタ）に@Embeddedアノテーションを付与します❷。

■エンベッダブルクラスにおける属性のオーバーライド

エンベッダブルクラスは様々なエンティティクラスに埋め込まれることによって再利用されますが、埋め込まれるエンティティクラスによっては、マッピングされるテーブルのカラム名が異なるケースが考えられます。たとえば社員エンティティと同様に部署エンティティにも「住所」という概念があるものの、マッピングされるDEPARTMENTテーブルにおける住所を表すカラム名が、EMPLOYEEテーブルとは異なっているようなケースです。エンベッダブルクラスでは、埋め込まれるエンティティクラスに応じてマッピングのメタ情報を上書きすることで、このようなケースに対応できます。

以下に、DEPARTMENTテーブルとマッピングされるエンティティクラス（Departmentクラス）のコードを示します。

●コード8-9　エンティティクラス（Department）

```
@Entity
@Table(name = "DEPARTMENT")
public class Department {
    ........
    // 住所（エンベッダブルクラス）
    @Embedded
    @AttributeOverrides(value = { //❸
        @AttributeOverride(name = "zipCode",
            column = @Column(name = "POSTAL_CODE")),
        @AttributeOverride(name = "city",
```

```
            column = @Column(name = "TOWN"))
        }
    )
    private Address address;
    // アクセサメソッド
    ........
}
```

このクラスには、コード8-7で示したAddressクラスを埋め込んでいます。ただしDEPARTMENTテーブルは住所を表すカラム名がEMPLOYEEテーブルとは異なるため、@AttributeOverrideアノテーション❸によってAddressクラスの@Columnアノテーションを上書きし、zipCodeフィールドのマッピング先のカラム名を"POSTAL_CODE"に、またcityフィールドのマッピング先のカラム名を"TOWN"に、それぞれ変更しています。このように@AttributeOverrideアノテーションでマッピングに関するメタ情報を上書きすることによって、同一の概念を表すエンベッダブルクラスを、様々なエンティティクラスで再利用することが可能になります。

8.9.3 複合主キー

■エンベッダブルクラスによる複合主キー

テーブルの設計では、単一のカラムを主キーにする(単一主キー)こともあれば、複数カラムを主キーにする(複合主キー)こともあります(7.3.4項)。オブジェクトモデルでは、単一のフィールドで一意性を保証するケースが一般的ですが、エンティティクラスでは、テーブルが複合主キーの場合はテーブルに合わせて「複数フィールドの組み合わせ」で一意性を保証します。JPAにおいて複合主キーを実現するには、「主キークラス」と呼ばれる専用のクラスを使う方法と、前述したエンベッダブルクラスを使う方法がありますが、本書では後者の方法を紹介します。どちらの方法でも機能的な差異はありません。

例として1つの部署の中でのみ社員IDがユニークとなるケースを考えてみましょう。「企画部」の中に社員ID1、2、3、…の社員がいて、同じように「営業部」にも社員ID1、2、3…の社員がいるというようなケースです。

まず、主キーを表すエンベッダブルクラス(EmployeePKクラス)のコードを示します。

◉コード8-10 主キーを表すエンベッダブルクラス(EmployeePK)

```
@Embeddable // ❶
public class EmployeePK {
    // 部署名
    @Column(name = "DEPARTMENT_NAME")
    private String departmentName;
    // 社員ID
    @Column(name = "EMPLOYEE_ID")
    private Integer employeeId;
    // コンストラクタ
```

```
    ........
    // アクセサメソッド
    ........
    // 一意性を保証するためにequalsメソッドを実装する
    public boolean equals(Object obj) { .... } // ❷
    // equalsメソッドに合わせてhashCodeメソッドも実装する
    public int hashCode() { .... } // ❸
}
```

このクラスはエンベッダブルクラスなので、@Embeddableアノテーションを付与します❶。またRDB上で一意なデータは、メモリ上でも一意である必要があります。単一主キーの場合は主キーとなる型（String型、Integer型など）の等価条件によって一意性が保証されますが、複合主キーの場合は開発者自身がequalsメソッド❷とhashCodeメソッド❸を実装することで、主キー値が永続化コンテキスト内で一意となることを保証する必要があります。

次に、このエンベッダブルクラスが埋め込まれるエンティティクラス（Employeeクラス）のコードを示します。

◉コード8-11　エンベッダブルクラスが埋め込まれるエンティティクラス（Employee）

```
@Entity
@Table(name = "EMPLOYEE")
public class Employee {
    // 社員ID（エンベッダブルクラス）
    @EmbeddedId // ❹
    private EmployeePK employeePk;
    // 社員名
    private String employeeName;
    ........
    // コンストラクタ
    ........
    // アクセサメソッド
    ........
}
```

エンティティクラスにエンベッダブルクラスを主キーとして埋め込むためには、対象となるフィールド（またはそのゲッタ）に@EmbeddedIdアノテーションを付与します❹。

エンティティマネージャのfindメソッドによって主キー検索を行う場合は、以下のように引数にエンベッダブルクラスのインスタンスを渡します。

```
Employee employee =
        entityManager.find(Employee.class, new EmployeePK("営業部", 1));
```

■複合主キーとエンティティの関連

前述した例は、社員テーブルという1つのテーブル内に複数のキーが存在しているケースでした。ここで、社員エンティティと部署エンティティが関連を持っているケースにおける複合主キーについて考えてみましょう。社員テーブル（EMPLOYEEテーブル）では部署ID（DEPARTMENT_ID）と社員ID（EMPLOYEE_ID）が複合主キーとなっており、同時に部署IDは部署テーブル（DEPARTMENTテーブル）への外部キーになっているものとします。このようなケースでは、主キーとなるエンベッダブルクラス（EmployeePKクラス）には部署IDを表すdepartmentIdフィールドが必要となり、社員ID（employeeIdフィールド）とともに複合主キーを形成します。

◉コード8-12　主キーを表すエンベッダブルクラス（EmployeePK）

```
@Embeddable
public class EmployeePK {
    // 部署ID
    @Column(name = "DEPARTMENT_ID")
    private Integer departmentId;
    // 社員ID
    @Column(name = "EMPLOYEE_ID")
    private Integer employeeId;
    // コンストラクタ
    ........
    // アクセサメソッド
    ........
}
```

次に、このエンベッダブルクラスが埋め込まれるエンティティクラス（Employeeクラス）のコードを示します。

◉コード8-13　エンベッダブルクラスが埋め込まれるエンティティクラス（Employee）

```
@Entity
@Table(name = "EMPLOYEE")
public class Employee {
    // 社員ID（エンベッダブルクラス）
    @EmbeddedId
    private EmployeePK employeePk; //❺
    // 社員名
    private String employeeName;
    // 部署
    @ManyToOne(targetEntity = Department.class)
    @JoinColumn(name = "DEPARTMENT_ID",
            referencedColumnName = "DEPARTMENT_ID",
            insertable = false,  updatable = false)
    private Department department; //❻
    ........
    // コンストラクタ
```

```
    .........
    // アクセサメソッド
    .........
}
```

このクラスのemployeePKフィールド（埋め込まれたエンベッダブルクラスへの参照）❺と、departmentフィールド（関連先であるDepartmentクラスへの参照）❻は、内包するフィールド（departmentId）が、いずれも同じテーブルの同じカラム（EMPLOYEEテーブルのDEPARTMENT_IDカラム）に対してマッピングされることになります。このように2つの永続フィールドが1つのカラムにマッピングされると、どちらのフィールドをテーブルと同期させるべきかJPAプロバイダは判断できません。そこでどちらかのフィールドを選択し（この場合はdepartmentフィールド❻）、そこに付与されたアノテーションのinsertable属性およびupdatable属性にfalseを設定することで、読み込み専用にする必要があります。

第9章　検証と例外のための設計パターン

9.1　検証

9.1.1　検証の種類

検証とは、本書では「何らかのチェックによってエラーを検出すること」を表す用語として使用します。検証には入力値の形式チェック、ビジネスルールのチェック、既存データとの整合性チェックなどの種類があります。また楽観的ロック（7.3.2項）やRDBの整合性制約も、広い意味で検証の一環と考えられます。

■入力値の形式チェック

ユーザが画面に入力した値に対する形式チェックは、アプリケーションに求められる重要な要件の一つです。このチェックには、単項目チェックと相関チェックがあります。

単項目チェックは1つの入力値に対するチェックで、以下のようなものがあります。

- 必須チェック（nullまたは空文字ではないこと）
- 文字列長チェック（文字列の長さが所定の範囲内であること）
- フォーマットチェック（日付やメールアドレスなど）
- 数値範囲チェック（"0～100の範囲内であること"など）※55
- 列挙値チェック（"血液型はO、A、B、ABのいずれかであること"など）

一方相関チェック※56は、複数の入力値の組み合わせからその整合性をチェックするもので、以下のようなものがあります。

- 大小関係チェック（"開始日と終了日が両方入力されていた場合の大小関係チェック"など）
- 条件付必須チェック（"売買区分が売りのときは必須であること"など）

※55　たとえば「酒類の購入ができるのは20歳以上であること」は、数値範囲チェックではなく「ビジネスルールのチェック」に相当する。

※56　複雑な相関チェックについては、「入力値の形式チェック」というよりは「ビジネスルールのチェック」と見なし、ビジネス層のロジックで実現した方が望ましいケースがある。

■ビジネスルールのチェック

ビジネスルールのチェックの代表は、権限チェック（4.6.6項）です。権限チェックとは、ユーザに対して、システム上の何らかの操作に対する権限が与えられているかどうかをチェックすることです。他にもビジネスルールのチェックには、アプリケーションの機能要件として以下のようなものが考えられます。

・期限超えなどの日付チェック
・残高不足のチェック
・貸出の極度オーバーチェック

■既存データとの整合性チェック

新しい業務取引によって生じたデータを書き込むときに、既存データとの間で不整合が発生するケースがあります。たとえばある売上取引を確定しようとしたところ、ステータスがすでに「取消済み」になっていたケースや、ある売上取引に商品を追加しようとしたところ、当該商品が商品マスターに存在していなかったようなケースがこれにあたります。これらの事象はアプリケーションの不良や、何らかのデータ不備によって引き起こされます。

このような事象が発生すると、必然的に何らかのロジック（条件分岐ロジックなど）によってエラーが検知され、アプリケーションは異常終了します。ただしアプリケーションで明示的にチェックを行わないと異常を検知できない場合（不正なデータがそのまま書き込まれてしまう場合）は、既存データとの整合性を明示的にチェックすることによって、このような問題を回避する必要があります。

9.1.2 検証の戦略

ここでは、Webアプリケーションの各レイヤにおける典型的な検証の戦略を取り上げます。図9-1には更新系の業務取引を想定した処理シーケンスと、検証を行うべきポイント①〜⑧を示します。

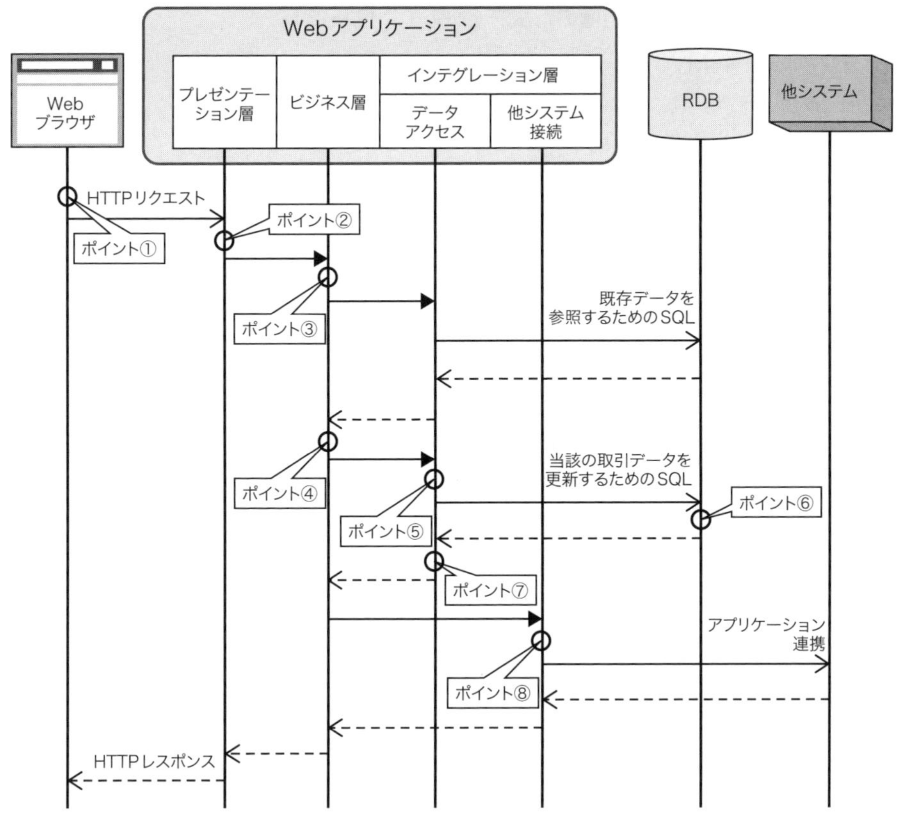

●図9-1　Webアプリケーションの処理シーケンスと検証ポイント

図9-1の処理シーケンス内における各ポイントでどのような検証を行うべきか、順に説明します。それぞれの検証の説明では、発生するエラーの原因、エラーを想定しうるかどうか、エラー発生時の処理という3つの共通項目についても言及します。

■JavaScriptによる「入力値の形式チェック」（ポイント①）

クライアントサイドでは、JavaScriptによって「入力値の形式チェック」を行うケースが一般的です（13.3.1項）。また比較的複雑なチェックを行う場合は、Ajaxを利用することもあります。このチェックは、サーバサイドの入り口（プレゼンテーション層）でも「入力値の形式チェック」を行う（検証ポイント②）場合は必ずしも必須ではありませんが、ユーザの利便性・操作性向上のために必要に応じてチェックを行います。

・発生するエラーの原因　　　　　… ユーザの入力ミスや操作ミス
・エラーの発生を想定するかどうか … する
・エラー発生時の処理　　　　　　… エラーとして終了（システム的には正常終了）

■プレゼンテーション層における「入力値の形式チェック」（ポイント②）

プレゼンテーション層では、MVCフレームワークのバリデーション（4.4節、4.5節）などを用いて「入力値の形式チェック」を行います。

・発生するエラーの原因　　　　　… ユーザの入力ミスや操作ミス、不正入力（改ざん）
・エラーの発生を想定するかどうか … する
・エラー発生時の処理　　　　　　… エラーとして終了（システム的には正常終了）

■ビジネス層における「入力値の形式チェック」（ポイント③）

ビジネス層では様々な検証を行いますが、その中の一つが「入力値の形式チェック」です。すでにプレゼンテーション層でも同じチェックをしている（ポイント②）ため、ビジネス層における同チェックは必ずしも必須ではありません。ただしビジネス層としての独立性を高める（プレゼンテーション層への依存を極小化する）ためには、このレイヤでもチェックをすることが望ましいでしょう。

・発生するエラーの原因　　　　　… ユーザの入力ミスや操作ミス、不正入力（改ざん）
・エラーの発生を想定するかどうか … しない
・エラー発生時の処理　　　　　　… 異常終了（例外を送出）

■ビジネス層における「ビジネスルールのチェック」（ポイント③）

ビジネス層で最も重要な検証は、「ビジネスルールのチェック」です。

・発生するエラーの原因　　　　　… ビジネスルール違反
・エラーの発生を想定するかどうか … する
・エラー発生時の処理　　　　　　… 正常終了（エラーコードを返す）かまたは異常終了（例外を送出）

■ビジネス層における「既存データとの整合性チェック」（ポイント④）

RDB上の既存データ（マスタ系テーブルなど）を参照したら、ビジネス層ではその結果をもとに、必要に応じて「既存データとの整合性チェック」を行います。

・発生するエラーの原因　　　　　… アプリケーションの不良や何らかのデータ不備
・エラーの発生を想定するかどうか … しない
・エラー発生時の処理　　　　　　… 異常終了（例外を送出）

■インテグレーション層における「入力値の形式チェック」（ポイント⑤、⑧）

インテグレーション層における「入力値の形式チェック」は、アプリケーションの処理シーケンスにおいて他のレイヤでも行う（ポイント②、③）ため、必ずしも必須ではありません。ただしレイヤとしての独立性を高める（他レイヤへの依存を極小化する）ために、このレイヤでも改めてチェックを行うことがあります。

・発生するエラーの原因　　　　　… ユーザの入力ミスや操作ミス、不正入力（改ざん）
・エラーの発生を想定するかどうか … しない
・エラー発生時の処理　　　　　　… 異常終了（例外を送出）

■RDBにおける整合性制約による検証（ポイント⑥）

RDBの整合性制約（NOT NULL制約、主キー制約、一意制約、参照整合性制約、CHECK制約）を利用すると、データの書き込みに対してRDBの機能で様々な検証を行うことができます。この機能によってデータの最終的な一貫性を担保できます。RDBへのデータ書き込みは、システム移行時のデータ切替や、システム運用時のデータ修正など、アプリケーションのロジックを経由しないで行われるケースがあります。そういったケースに備える意味でも、整合性制約を利用したデータの検証は有効な戦略です。ただしアプリケーションの設計方針としては、RDBの整合性制約に頼ることなく、あくまでもロジックによって整合性を確保する方が望ましいでしょう。

・発生するエラーの原因　　　　　… データ不備など
・エラーの発生を想定するかどうか … しない
・エラー発生時の処理　　　　　　… 異常終了（例外を送出）

■インテグレーション層（データアクセス層）における楽観的ロック（ポイント⑦）

データアクセス層では、RDBに対してデータの更新を行う場合、必要に応じて楽観的ロックによるチェックを行います。

・発生するエラーの原因　　　　　… 並行処理された別トランザクションによる同一データ書き込み
・エラーの発生を想定するかどうか … する
・エラー発生時の処理　　　　　　… 異常終了（例外を送出）

9.2 エラーと例外

例外はエラーの検出やハンドリングのための仕組みとして、Javaなど多くの開発言語に言語仕様として備わっています。Javaでは例外はクラスとして表現します。例外クラスは、チェック例外（呼び出し元で例外の捕捉がコンパイラによって強制される例外）と非チェック例外（例外の捕捉がコンパイラによって強制されない例外）に分類されます。チェック例外のクラスはjava.lang.Exceptionのサブクラスとなり、非チェック例外のクラスはjava.lang.RuntimeExceptionのサブクラスとなります。

例外クラスは、Java VMやJava EEコンテナもしくはフレームワークによって定義されたものの他に、アプリケーションとして作成することもあります。このような例外クラスを、本書ではアプリケーション例外と呼称します。

エンタープライズアプリケーションでは、エラーの検出やハンドリングに例外をどのように利用するのかという点は、重要な設計項目です。本書では、主にビジネス層以降で発生するエラーを想定内エラーと想定外エラーに分類し、それぞれの特徴や例外の利用方針を整理します。

9.2.1 想定内エラー

想定内エラーとは、「ビジネスルールのチェック」におけるエラーや楽観的ロックにおけるエラーなど、業務上想定しうるエラーのことです。アプリケーションはこういったエラーを検出したら、当該ロジック内においてリカバリするか、呼び出し元にアプリケーション例外を送出します。

想定内エラーによって送出されるアプリケーション例外は、チェック例外とするケースが一般的です。ただし想定内エラーであったとしても、呼び出し元に例外の捕捉を強制させたくない場合は、非チェック例外にするケースもあります。想定内エラーにおけるアプリケーション例外をどちらの種類（チェック例外、非チェック例外）にするべきかは議論が分かれるところですが、プロジェクト内では方針を統一した方がよいでしょう。

Java EEコンテナはアプリケーション例外を受け取ると、例外クラスの種類に応じてトランザクションをコミットまたはロールバックします（図9-2）。デフォルトでは、チェック例外の場合はトランザクションはコミットされ、非チェック例外の場合はトランザクションはロールバックされますが、例外クラスの種類と無関係に、例外クラスごとにきめ細かく設定することも可能です（7.2.3項）。

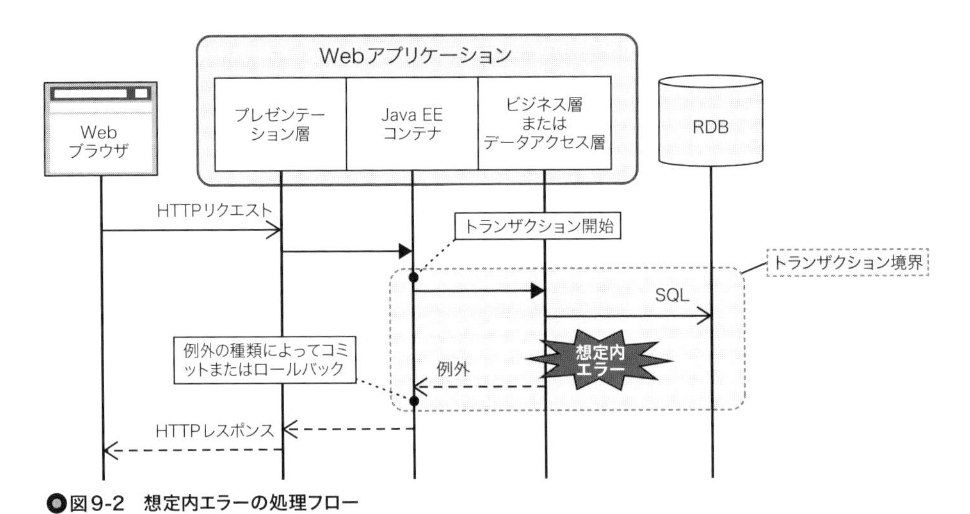

●図9-2　想定内エラーの処理フロー

9.2.2 想定外エラー

想定外エラーとは業務上想定外のエラーのことですが、本書ではさらに想定外業務エラー、システムエラー、インフラ起因エラーの3つに分類しています。いずれのエラーが発生した場合も、非チェック例外を送出することによって、Java EEコンテナにトランザクションをロールバックさせます。アプリケーションでは最終的に送出された例外をプレゼンテーション層（フィルタなど）で捕捉し、ユーザにエラー画面を返したり、エラーログを出力したりします。また、このようなエラーが発生すると、業務取引の継続が困難になるケースがあります。そのような場合は、HTTPセッションをクリアし、ユーザには再ログインを促します（図9-3）。

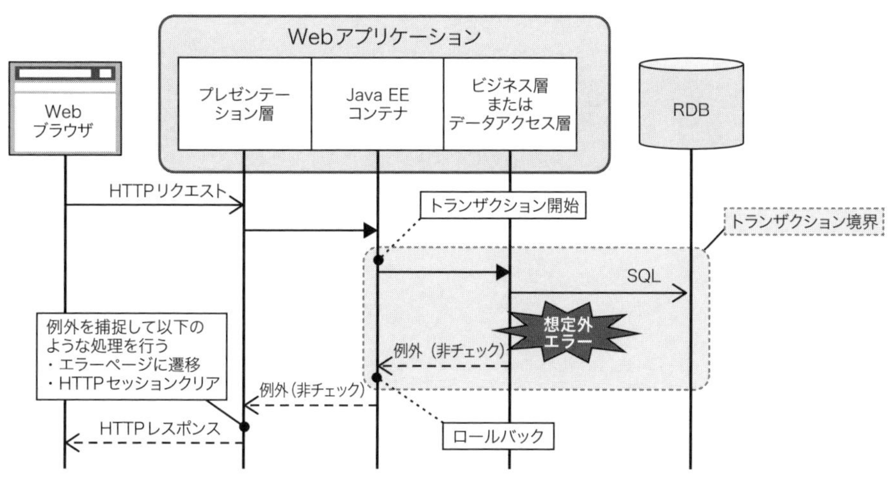

図9-3　想定外エラーの処理フロー

■想定外業務エラー

想定外業務エラーとは、「既存データとの整合性チェック」におけるエラーやありえない条件分岐など、業務上想定しえないエラーのことです。アプリケーションはこういったエラーを検出したら、通常は当該ロジックにおけるリカバリは困難なため、呼び出し元にアプリケーション例外（非チェック例外）を送出します。

■システムエラー

システムエラーとは、プログラム不良（null参照やゼロ割りなど）など業務上想定しえない事象に起因して、ランタイム（Java VM）によって検出されるエラーを指します。このとき発生する例外は非チェック例外となります。

■インフラ起因エラー

インフラ起因エラーとは、外部のシステム環境（OS、データベース、ネットワーク）の障害に起因して、ランタイム（Java VM）、Java EEコンテナ、JDBCドライバなどが検出するエラーを指します。このとき発生する例外は、java.io.IOExceptionやjava.sql.SQLExceptionのサブクラスで、チェック例外となります。

アプリケーションでファイルとの入出力、ネットワークとの入出力、RDBとの接続を行う場合は、これらの例外を捕捉してリソースのクローズなどを行わなければなりません。ただし通常はこれ以上のリカバリは困難なため、アプリケーション例外（非チェック例外）にチェーンして再送出するケースが多いでしょう。なおJPAを利用する場合は、RDBとの接続で環境に起因したエラーが発生するとJPAプロバイダから例外が送出されますが、これらは非チェック例外なためアプリケーションでの捕捉は必須ではありません。

第10章 非同期呼び出しと並列処理のための設計パターン

10.1 スレッドによる非同期呼び出しと並列処理

10.1.1 スレッドによる非同期呼び出し

ここではスレッドを利用したメソッドの非同期呼び出しの方法を紹介します。非同期呼び出しとは第2章で説明したように、メソッドを呼び出したときにその応答を待機しない呼び出し方です。本書では、非同期に呼び出される処理を「非同期タスク」と呼称します。非同期タスクは、呼び出し元となったスレッド（メインスレッド）とは別のスレッドで実行されます。

■Runnableインタフェースによる非同期タスク

Javaでは非同期タスクはjava.lang.Threadクラスを継承して作成するか、java.lang.Runnableインタフェースをimplementsして作成しますが、本書では後者の方法を取り上げます。

◉コード10-1 Runnableインタフェースによる非同期タスク

```
public class RunnableTask implements Runnable {
    private String param;
    public RunnableTask(String param) { //❶
        this.param = param;
    }
    public void run() { //❷
        ........
    }
}
```

非同期タスクの具体的な処理は、runメソッド❷に実装します。runメソッドは引数を取ることができないため、非同期タスクに何らかのパラメータを渡したい場合、当該クラスのコンストラクタ❶によってフィールドにセットします。

この非同期タスクは、以下のようにしてメインスレッドから呼び出します。

```
Thread thread = new Thread(new RunnableTask("Foo")); //❶
thread.start(); //❷
// メインスレッド側の続きの処理を行う
........
```

作成した非同期タスク（RunnableTaskクラス）を指定してThreadのインスタンスを生成し❶、startメソッドを呼び出す❷と、RunnableTaskクラスのrunメソッドが実行されます[※57]。ここでstartメソッドは応答を待たないため、メインスレッド側では直ちに続きの処理を行うことができます。ただしメインスレッドでは、基本的に非同期タスクの実行結果を受け取ることはできません[※58]。このようなメインスレッドと非同期タスクの関係をシーケンス図に表すと、図10-1のようになります。

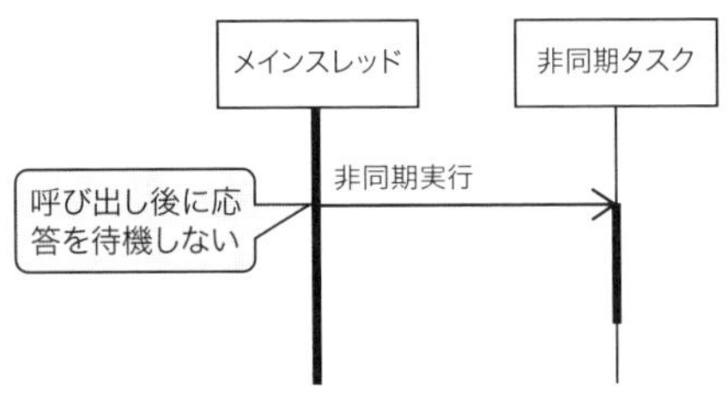

◉図10-1　非同期タスクのシーケンス図（Runnable利用）

■Callableインタフェースによる非同期タスク

非同期タスクを作成するもう一つの方法が、java.util.concurrent.Callableインタフェースをimplementsして作成する方法です。Runnableを利用する方法とは異なり、この方法ではメインスレッド側で非同期タスクの実行結果を取得することが可能です。

◉コード10-2　Callableインタフェースによる非同期タスク

```
public class CallableTask implements Callable<Integer> { // ❶
    private String param;
    public CallableTask(String param) {
        this.param = param;
    }
    public Integer call() throws Exception { // ❷
        // 非同期に処理を行い、その結果をInteger型で返す
        ........
        return result;
    }
}
```

非同期タスクの具体的な処理は、callメソッド❷に実装します。callメソッドは、総称型として指定❶した任意の型を戻り値に取ることができます。

この非同期タスクは、以下のようにしてメインスレッドから呼び出します。

※57　厳密にはstartメソッド呼び出し直後に非同期タスクが実行されるとは限らない。開発者がタイミングを制御することはできない。

※58　メインスレッドで非同期タスクの実行結果を受け取るために、非同期タスク内に結果を表すフィールドを用意して実行時にそれを更新し、メインスレッドでスレッドの終了を待機してからそのフィールドの値を取得する方法があるが、このような場合は後述するCallableインタフェースを利用する方が望ましい。

```
// ExecutorServiceを取得する
ExecutorService executor = Executors.newSingleThreadExecutor(); // ❶
// Callableな非同期タスクを生成する
CallableTask task = new CallableTask("Foo");
// 非同期タスクを実行する
Future<Integer> future = executor.submit(task); // ❷
// メインスレッド側の続きの処理を行う
........
try {
    // 非同期タスクの実行結果を受け取る
    Integer result = future.get(); // ❸
    ........
} catch(InterruptedException ie) { .... }
} catch(ExecutionException ee) { .... }
} finally {
    executor.shutdown(); // ❹
}
```

Callableを利用して作成した非同期タスクを実行するには、java.util.concurrent.ExecutorServiceを利用します。まずExecutorServiceのインスタンスを取得❶し、submitメソッドに非同期タスクを渡します❷。このメソッドによって非同期タスクが実行されますが、submitメソッド呼び出しには直ちにjava.util.concurrent.Future<T>型の戻り値が返されます。Futureとはその名のとおり、未来に何らかの値を非同期タスクから取り出すためのインタフェースです。メインスレッドにおいて、適当なタイミングでFutureのgetメソッドを呼び出す❸と非同期タスクの実行終了との待ち合わせが行われ、callメソッドから返されるT型の戻り値を受け取ることができます。もしcallメソッド内で何らかの例外が発生した場合、ここで捕捉することも可能です。最後にExecutorServiceのshutdownメソッドを呼び出し❹て処理を終えます。

なおExecutorServiceは、スレッドプールや待ち合わせのためにも利用しますが、詳細は10.1.2項で取り上げます。

このようなメインスレッドと非同期タスクの関係をシーケンス図に表すと、図10-2のようになります。

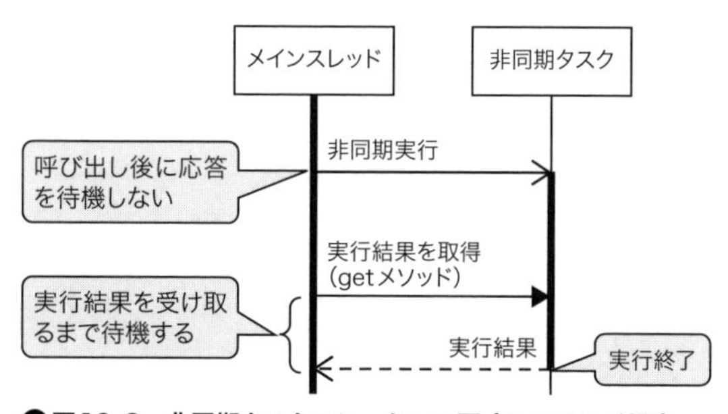

●図10-2　非同期タスクのシーケンス図（Callable利用）

10.1.2 Executorフレームワークによる並列処理

■Executorフレームワークの仕組み

エンタープライズアプリケーションでは、大きなタスクを分割し、それぞれを複数のスレッド（マルチスレッド）で並列処理することでスループットを高めたいケースがあります。マルチスレッドでタスクを並列処理させるためには、以下に挙げるような2つの仕組みが必要です。

1つ目はスレッドプールです。スレッドの生成には一定のコストがかかるため、タスクを実行するたびに生成するのではなく、ある一定数のスレッドを事前に生成して「使い回し」するようにすると、リソースの使用効率を高めることができます。またスレッドは一定のリソースを消費するため、プール化して生成数の上限を設定することにより、リソースの枯渇を回避できるという利点もあります。Java EEコンテナはマルチスレッドでリクエストを処理しますが、まさにこういったメカニズムが導入されています。

もう一つはスレッドの効率的な待ち合わせ機能です。複数のスレッドにタスクを並列処理させたら、すべてのスレッドの実行終了を待ってから次の処理に進みたいケース（並列処理したタスクの実行結果を集約したいケースなど）があります。これを実現するためには、並列に動作するスレッドを効率的に待ち合わせるための機能が必要になります。

Java SEの「Concurrency Utilities」として提供されるExecutorフレームワークには、上記2つ（スレッドプールと待ち合わせ）を実現するための高度な仕組みが備わっています。この項では、このようなExecutorフレームワークを利用して並列処理を実現するための方式を説明します。

■Executorフレームワークを利用した並列処理（Runnableな非同期タスク）

Executorフレームワークを利用すると、スレッドプールの仕組みによって複数のRunnableな非同期タスクを効率的に実行できます。以下に、コード10-1に既出のRunnableな非同期タスクをExecutorフレームワークによって並列処理させるための実装例を示します。

```
// 大きさ2のスレッドプールを持つExecutorServiceを生成する
ExecutorService executor = Executors.newFixedThreadPool(2); // ❶
// Runnableな非同期タスクを3つ生成する ❷
RunnableTask task1 = new RunnableTask("Foo");
RunnableTask task2 = new RunnableTask("Bar");
RunnableTask task3 = new RunnableTask("Qux");
// 生成したRunnableな非同期タスクを実行する
executor.submit(task1); // ❸
executor.submit(task2); // ❹
executor.submit(task3); // ❺
// ExecutorServiceを終了する
executor.shutdown();
```

まずjava.util.concurrent.ExecutorsのnewFixedThreadPoolメソッドを呼び出す❶ことによって、大きさが固定のスレッドプールを持つExecutorServiceを生成します。ここではプールの大きさは2としています。ExecutorServiceは10.1.1項でも登場しましたが、Executorフレームワークの中核となる役割を担います。次にRunnableな非同期タスクを3つ生成します❷。ExecutorServiceのsubmitメソッドに生成した3つの非同期タスクを渡す❸❹❺と、プールされたスレッドによってそれらを実行できます。ただしここでは、プール上には2つのスレッドしか存在していないため、❺の開始は、❸または❹のどちらかの非同期タスク実行が終わるまで待たされることになります。

さらにExecutorServiceを利用すると、複数のRunnableな非同期タスクの実行終了を効率的に待ち合わせることができます。以下に、同じくコード10-1のRunnableな非同期タスクをExecutor Serviceで並列処理し、それをメインスレッド側で待ち合わせるための実装例を示します。

```
// 大きさ3のスレッドプールを持つExecutorServiceを生成する
ExecutorService executor = Executors.newFixedThreadPool(2);
// Runnableな非同期タスクを3つ生成する
RunnableTask task1 = new RunnableTask("Foo");
RunnableTask task2 = new RunnableTask("Bar");
RunnableTask task3 = new RunnableTask("Qux");
try {
    // 非同期タスクtask1とtask2を実行する ❻
    Future<?> future1 = executor.submit(task1);
    Future<?> future2 = executor.submit(task2);
    // task1とtask2の実行が終わるまで待ち合わせをする
    future1.get(); // ❼
    future2.get(); // ❽
    // 非同期タスクtask3を実行する
    executor.submit(task3); // ❾
} catch(InterruptedException ie) { .... }
} catch(ExecutionException ee) { .... }
} finally {
    executor.shutdown();
}
```

ここではまず、生成した3つのRunnableな非同期タスクのうち、task1とtask2をそれぞれ実行します❻。submitメソッドは、Future<?>型の戻り値を受け取ることができます。ここで返されたFuture型の戻り値のgetメソッドを呼び出すことで、メインスレッド側でtask1とtask2の終了を待ち合わせることができます❼❽。仮にtask1が10秒、task2が15秒かかる処理だとすると、❼の呼び出しで約10秒応答を待機し、次に❽の呼び出しに進むと残りの約5秒応答を待機します。逆にtask1が15秒、task2が10秒かかる処理だとすると、❼の呼び出しで約15秒応答を待機しますが、❽に処理が進んだ時点でtask2はすでに終了しているため、❽の呼び出しは直ちに応答されます。いずれにしても最大で15秒の待機でtask1とtask2の処理を終え、待ち合わせをした上でtask3の実行❾に進むことになります。

このようなメインスレッドと非同期タスクの関係をシーケンス図に表すと、図10-3のようになります。

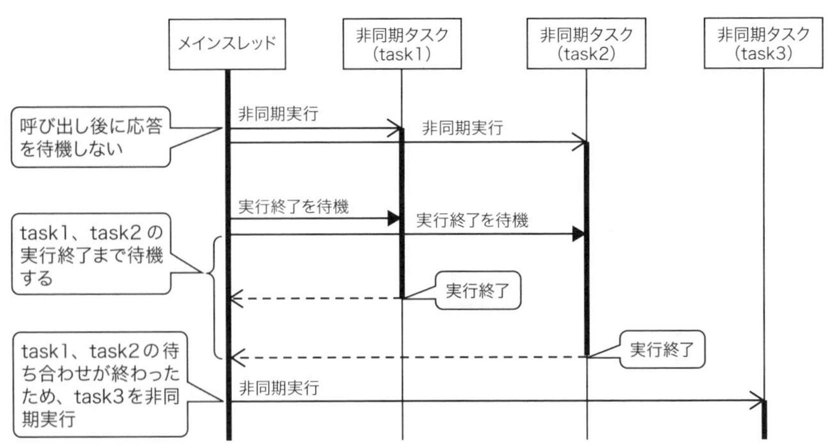

◉図10-3　Runnableな非同期タスクのシーケンス図（ExecutorService利用）

■Executorフレームワークを利用した並列処理（Callableな非同期タスク）

Callableな非同期タスクについても、ExecutorServiceによってスレッドプールを利用したりスレッドの待ち合わせを効率的に実現することが可能です。以下に、コード10-2のCallableな非同期タスクをExecutorServiceで並列処理し、それをメインスレッド側で待ち合わせるための実装例を示します。

```
// 大きさ3のスレッドプールを持つExecutorServiceを生成する
ExecutorService executor = Executors.newFixedThreadPool(3);
// Callableな非同期タスクを3つ生成する
CallableTask task1 = new CallableTask("Foo");
CallableTask task2 = new CallableTask("Bar");
CallableTask task3 = new CallableTask("Qux");
try {
    // 非同期タスクtask1とtask2を実行する
    Future<Integer> future1 = executor.submit(task1);
    Future<Integer> future2 = executor.submit(task2);
    // task1とtask2の実行が終わるまで待ち合わせ、結果を受け取る 1
    Integer result1 = future1.get();
    Integer result2 = future2.get();
    // 非同期タスクtask3を実行する
    Future<Integer> future3 = executor.submit(task3);
    // task3の実行が終わるまで待ち合わせ、結果を受け取る
    Integer result3 = future3.get();
} catch(InterruptedException ie) { .... }
} catch(ExecutionException ee) { .... }
} finally {
    executor.shutdown();
}
```

このコードを既出の「Runnableな非同期タスクを並列処理する例」と比べると、実行する非同期タスクがRunnableかCallableかだけの違いであり、それ以外の処理は同様です。Callableな非同期タ

スクを実行しているため、Futureのgetメソッド呼び出しによって、待ち合わせをすると同時に非同期タスクの実行結果を受け取ることが可能です❶。

このようなメインスレッドと非同期タスクの関係をシーケンス図に表すと、図10-4のようになります。

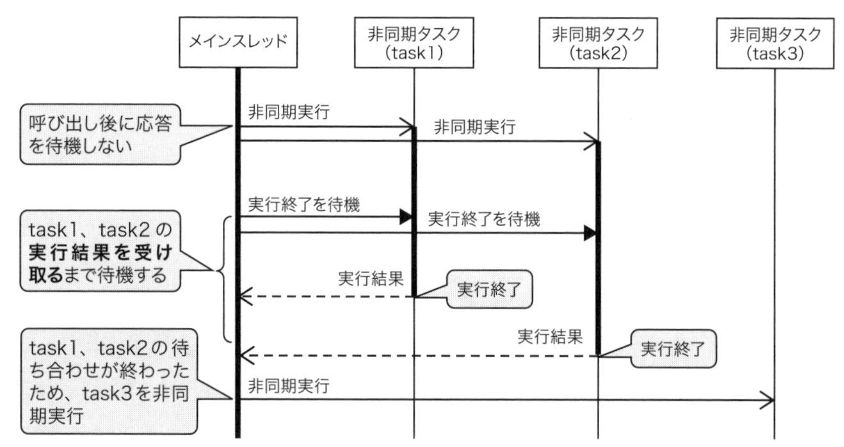

●図10-4　Callableな非同期タスクのシーケンス図（ExecutorService利用）

ExecutorServiceを利用すると、すべての非同期タスクの待ち合わせと実行結果の受け取りを、一度に行うことも可能です。以下にその実装例を示します。

```
// 大きさ3のスレッドプールを持つExecutorServiceを生成する
ExecutorService executor = Executors.newFixedThreadPool(3);
// Callableな非同期タスクを3つ生成する
CallableTask task1 = new CallableTask("Foo");
CallableTask task2 = new CallableTask("Bar");
CallableTask task3 = new CallableTask("Qux");
// リストを生成して3つのCallableな非同期タスクを格納する ❶
List<CallableTask> taskList = new ArrayList<CallableTask>();
taskList.add(task1);
taskList.add(task2);
taskList.add(task3);
try {
    // 3つの非同期タスクを一度に実行し、終了まで待機する
    List<Future<Integer>> futureList = executor.invokeAll(taskList); // ❷
    for (Future<Integer> future : futureList) { // ❸
        Integer result = future.get();
        // 受け取った実行結果をもとに後続の処理を行う
        ........
    }
} catch(InterruptedException ie) { .... }
} catch(ExecutionException ee) { .... }
} finally {
    executor.shutdown();
}
```

まずリストを生成して３つのCallableな非同期タスクを格納します❶。そしてそのリストをExecutorServiceのinvokeAllメソッドに渡す❷と、非同期タスクが一度に実行され、それらすべてが終了するまで待機します。すべての非同期タスクが終了すると、その結果をFutureのリストで受け取ります。この時点ですでに3つの非同期タスクは終了していますので、返されたFutureのリストをfor文❸でループ処理し、その中でgetメソッドを呼び出すと、それぞれの非同期タスクの実行結果を取り出すことができます。

10.2　ストリームAPIとラムダ式によるパイプライン処理

10.2節ではコレクションをストリームAPIによってパイプライン的に処理して、最終的に求めている結果を取得する方法を説明します。

ストリームのパイプライン処理には、中間操作と終端操作があります。中間操作は既存のストリームを加工して新しいストリームをパイプライン的に生成する操作で、その代表はフィルタ（ストリームの各要素を特定の条件で絞り込む操作）とマップ（ストリームの各要素を個々に整形や変換する操作）です。中間操作を行うと、ストリーム自身が戻り値として返されるため、連続して中間操作を行うことができます。

一方終端操作はストリームから特定の値を取り出す操作で、リダクション（折り畳み）を行います。リダクションとは、あるキーによって値を集約したり、ストリーム内の要素の個数、合計値、平均値、最小値、最大値などを計算する操作です。終端操作を行うと、返される値はストリーム以外のデータとなるため、一連のパイプラインは終了となります。

なおこの節では、「売上取引のコレクションから特定商品の売上個数を集計する処理」を例として取り上げます。以下に、売上取引を表すクラスのコードを示します。

◉コード10-3　売上取引クラス

```
public class Sales {
    private final Integer salesId; // 売上ID
    private final String productId; // 商品ID
    private final Integer salesCount; // 売上個数
    // コンストラクタ
    public Sales(Integer salesId, String productId, Integer salesCount) { .... }
    // ゲッタ
    public Integer getSalesId() { .... }
    public String getProductId()  { .... }
    public Integer getSalesCount()  { .... }
}
```

Salesクラスは、売上ID、商品ID、売上個数という３つのプロパティを持つDTOで、売上取引を表します。この節では、このクラスの大きなコレクションがあることを前提に説明を行います。まずは「売上取引のコレクションから特定商品の売上個数を集計する処理」を、for文によるループ処理で実装する例を示します。

```
List<Sales> salesList = SalesListHolder.getSalesList(); // コレクションを取得
long sum = 0L;
for (Sales s : salesList) {
    if (s.getProductId().startsWith("A")) { // 商品区分が"A"の場合
        sum = sum + s.getSalesCount();
    }
}
```

このコード自体に特別な問題はありませんが、for文の中で行っている「商品区分が"A"かどうかを判定した上で売上個数を変数sumに加算する処理」を並列化できるでしょうか。仮にこのタスクを複数のスレッドで並列化しようとすると、タスクの外側の変数sumに対する複数タスクからの同時更新によって、データ不整合が発生する可能性があります。データ不整合を回避するためには、変数sumへの更新を同期化する必要があり、並列化の利点が失われてしまいます。このようにfor文によるループ処理では、並列化によるスループットの向上には限界があるのです。

10.2.1 ストリームAPIによるパイプライン処理

ストリームAPIとは、Java 8から導入されたコレクションを並列処理するためのAPIです。ストリームAPIには、コレクションに対する中間操作と終端操作のためのAPIが用意されています。以下に、既出の「商品区分が"A"かどうかを判定した上で売上個数を変数sumに加算する処理」を、ストリームAPIによって実装する例を示します。

```
List<Sales> salesList = SalesListHolder.getSalesList(); // コレクションを取得
long sum = salesList.parallelStream() //❶
        .filter(new Predicate<Sales>() { //❷
            public boolean test(Sales s) {
                return s.getProductId().startsWith("A");
            }
        })
        .mapToInt(new ToIntFunction<Sales>() { //❸
            public int applyAsInt(Sales s) {
                return s.getSalesCount();
            }
        })
        .sum(); //❹
```

コレクションに対してparallelStreamメソッドを呼び出す❶と、複数スレッドで並列処理するための並列ストリームに変換されます。並列ストリーム化されたコレクションに対して何らかの操作を行うと、スレッドが暗黙的に生成されるため、開発者が並列処理を意識する必要はありません。

ここでは生成された並列ストリームに対して2つの中間操作を行います。1つ目はフィルタによる条件の絞り込みです。filterメソッドに「Predicateインタフェースを実装した無名クラス」を渡す❷と、この無名クラスの内容が並列に処理され、商品区分が"A"の商品への絞り込みが行われます。ここでfilterメソッドはストリームを返すため、パイプライン的に続きの中間操作を行うことができます。2つ目の中間操作がマップによる要素の変換です。mapToIntメソッドに「ToIntFunctionインタフェースを実装した無名クラス」を渡す❸と、この無名クラスの内容が並列に処理され、売上個数を持つストリーム(たとえば"10, 5, 13…"といったストリーム)に変換されます。

最後に終端操作です。sumメソッド❹を呼び出すと、売上個数を表すストリームに対してリダクションが行われ、合計値が返されます。

なおストリームAPIでは、厳密には中間操作の時点では直ちに処理を行わず、終端操作が行われてパイプラインが終端となった時点ではじめて、一連のパイプライン処理を実行します。これを遅延評価と言います。遅延評価によって、中間操作を行うたびに次の中間操作まで待ち合わせをする必要がなくなる(上記例では❷がすべて完了するまで❸を待つ必要がない)ため、処理を効率化できます。

10.2.2 ラムダ式の利用

■ラムダ式とは

10.2.1項で説明したストリームAPIによる実装は、並列化という利点はあるものの、for文によるループと比べると実装量が大きい点が難点です。そこでこの課題を解決するために、ラムダ式を利用します。ラムダ式とはストリームAPIと同様にJava 8から導入された拡張構文で、関数型インタフェースの実装を簡素化するために使用します。関数型インタフェースとは、「メソッドを1つだけ持つインタフェース」のことで、たとえば以下のようなものを指します。

```
public interface CalcFunction {
    int calc(int x, int y);
}
```

従来の手法では、このインタフェースをimplementsしたクラスを作成するか、以下のように無名クラスによってインスタンスを生成する必要がありました。

```
CalcFunction calc = new CalcFunction(){
    @Override
    public int calc(int x, int y) {
        return x + y;
    }
};
int result = calc.calc(10, 20);
```

上記と同じ処理にラムダ式を適用すると、以下のように大幅に実装量を削減できます。

```
CalcFunction calc = (int x, int y) -> {return x + y;};
int result = calc.calc(10, 20);
```

■ラムダ式によるパイプライン処理

10.2.1項の「商品区分が"A"かどうかを判定した上で売上個数を変数sumに加算するタスク」を行うコードでは、PredicateインタフェースやToIntFunctionインタフェースを利用していましたが、これらはメソッドを1つしかとらない関数型インタフェースのため、以下のようにラムダ式に置き換えることができます。

```
List<Sales> salesList = SalesListHolder.getSalesList(); // コレクションを取得
long sum = salesList.parallelStream()
        .filter(s -> s.getProductId().startsWith("A")) // ❶
        .mapToInt(s -> s.getSalesCount()) // ❷
        .sum(); // ❸
```

まずfilterメソッドにラムダ式を渡し❶、商品区分が"A"の商品に絞り込みます。次にmapToIntメソッドにラムダ式を渡し❷、売上個数のコレクションを生成します。最後にsumメソッドを呼び出す❸ことによって、合計値を取得できます。

このようにストリームAPIにラムダ式を組み合わせて実装すると、for文によるループ処理と比べても遜色がないくらいにコード量は削減され、かつ並列処理の恩恵を受けることができます。ストリームAPIとラムダ式を組み合わせるパターンは、大きなコレクションを操作するケースにおいて、従来のfor文によるループ処理に変わる選択肢となりうるでしょう。

ラムダ式をfor文によるループ処理と比べると、アーキテクチャの観点でも利点があります。それは、タスクの実行を何らかのフレームワークに任せることができる、という点です。for文によるループ処理では、ループ内からループ外の変数への加算があるため、ループ内の処理をフレームワークに委譲することは困難です。その点ラムダ式による方式では、ラムダ式として実装されたタスクを特定のAPI（この例ではストリームAPIのfilterメソッドなど）に渡すことができます。つまり、タスクをどのように実行するか（たとえば並列処理するなど）をフレームワークに委譲できるため、応用範囲が広がるのです。

10.3 コレクションを並列処理するための設計パターン

10.3.1 コレクションに対する操作

10.3節では、10.1節で取り上げたExecutorフレームワークや、10.2節で取り上げたストリームAPIとラムダ式のパターンも含めて、コレクションを並列処理するための設計パターンを解説します。ここでは「売上取引のコレクションから特定商品の売上個数を"商品IDごと"に集計する処理」を例として取り上げます。商品IDは"A-XXX"のように「商品区分-枝番」といった体系を持つものとし、集計する商品の区分は"A"に限定。商品IDに含まれる"-"は、この処理の中で取り除くものとします（図10-5）。またコレクションの要素である売上取引（Salesクラス）は、売上ID、商品ID、売上個数という3つのプロパティを持つDTOで、コード10-3と同様のクラスとなります。

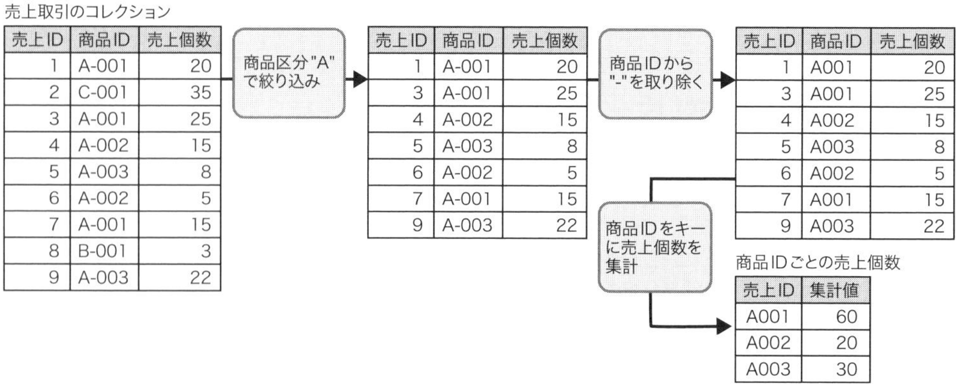

売上取引のコレクション

売上ID	商品ID	売上個数
1	A-001	20
2	C-001	35
3	A-001	25
4	A-002	15
5	A-003	8
6	A-002	5
7	A-001	15
8	B-001	3
9	A-003	22

商品区分"A"で絞り込み

売上ID	商品ID	売上個数
1	A-001	20
3	A-001	25
4	A-002	15
5	A-003	8
6	A-002	5
7	A-001	15
9	A-003	22

商品IDから"-"を取り除く

売上ID	商品ID	売上個数
1	A001	20
3	A001	25
4	A002	15
5	A003	8
6	A002	5
7	A001	15
9	A003	22

商品IDをキーに売上個数を集計

商品IDごとの売上個数

売上ID	集計値
A001	60
A002	20
A003	30

●図10-5 「特定商品の売上個数を商品IDごとに集計する処理」

この処理を実現するための設計パターンには、以下のようなものがあります。

①：Executorフレームワークを利用するパターン（10.3.2項）
②：Fork/Joinフレームワークを利用するパターン（10.3.3項）
③：ストリームAPIとラムダ式を利用するパターン（10.3.4項）

なお同様の例を、第18章（ビッグデータにおける分散並列バッチ処理）の以下のバッチ処理でも取り上げています。それぞれを比較すると、アーキテクチャの理解がより深まるでしょう。

・MapReduceフレームワークによる分散並列バッチ処理（18.1.3項）
・Hiveによる分散並列バッチ（18.2.2項）
・Sparkによる分散並列バッチ処理（18.3.3項）

10.3.2 Executorフレームワークを利用するパターン

ここでは10.1.2項で取り上げたExecutorフレームワークによって、「売上取引のコレクションから特定商品の売上個数を"商品IDごと"に集計する処理」を実現する方法を解説します。前述したようにExecutorフレームワークを利用すると、複数スレッドによってCallableな非同期タスクを並列処理させることができます。

以下にメインスレッドの実装例を示します。

●コード10-4 Executorフレームワークによるメインスレッド

```
public class ExecutorFrameworkMain {
    public static void main(String[] args) {
        // 大きさ4のスレッドプールを持つExecutorServiceを生成する
        ExecutorService executor = Executors.newFixedThreadPool(4); // ❶
        // コレクションを取得しユーティリティで4個に分割する
```

```
        List<Sales> salesList = SalesListHolder.getSalesList();
        List<List<Sales>> splitedListList = splitList(salesList, 4); //❷
        // 非同期タスクのリストを生成する❸
        List<Callable<Map<String, Integer>>> taskList =
                new ArrayList<Callable<Map<String, Integer>>>();
        for (List<Sales> splitedList : splitedListList) {
            taskList.add(new SalesTask(splitedList, "A"));
        }
        try {
            // リストに格納された4つの非同期タスクを一度に実行して終了まで待機
            List<Future<Map<String, Integer>>> futureList =
                executor.invokeAll(taskList); //❹
            // 受け取ったFutureのリストをユーティリティで統合する
            Map<String, Integer> resultMap = combineFutureList(futureList); //❺
            // 受け取った実行結果をもとに後続の処理を行う
            ........
        } catch(InterruptedException ie) { .... }
        } catch(ExecutionException ee) { .... }
        } finally {
            executor.shutdown();
        }
    }
}
```

次に、このメインスレッドで生成されるCallableな非同期タスクのコードを示します。

◉コード10-5　Callableな非同期タスク

```
public class SalesTask implements Callable<Map<String, Integer>> {
    private List<Sales> salesList; // 処理対象となるコレクション
    private String productType; // 絞り込み対象となる商品区分
    // コンストラクタ
    public SalesTask(List<Sales> salesList, String productType) { .... }
    // 非同期タスクを実行するメソッド
    @Override
    public Map<String, Integer> call() throws Exception { //❻
        Map<String, Integer> resultMap = new HashMap<String, Integer>();
        for (Sales s : salesList) {
            if (s.getProductId().startsWith(productType)) { //❼
                String pid = s.getProductId().replace("-", ""); //❽
                // マップ型変数に「商品IDごとの売上個数」を加算する       ┐
                Integer sum = resultMap.get(pid);                        │
                if (sum != null) {                                       │
                    resultMap.put(pid, sum + s.getSalesCount());         ├❾
                } else {                                                 │
                    resultMap.put(pid, s.getSalesCount());               │
                }                                                        ┘
            }
```

```
        }
        return resultMap;
    }
}
```

ここでは多重度4で並列処理したいため、まず大きさ4のスレッドプールを持つExecutorServiceを生成し❶、処理対象のコレクションを4個に分割します❷。コレクションの分割には自作のユーティリティメソッドを利用していますが、その内容はここでは割愛します。

次に分割されたコレクションを処理対象とする4個の非同期タスクを生成して、リスト（taskList変数）に格納します❸。このようにして作った非同期タスクのリストを引数に、ExecutorServiceのinvokeAllメソッドを呼び出し❹、4個の非同期タスクを一度に実行して終了まで待機します。invokeAllメソッド呼び出しによって、非同期タスク（SalesTaskクラス）のcallメソッド❻が呼び出されます。このメソッド内では自らが保持するコレクションをfor文でループし、個々の要素を商品区分"A"で絞り込み❼、商品IDに含まれる"-"を取り除きます❽。そして❾の部分で「商品IDごとの売上個数」を表すマップ型変数に加算して集計を行い、最後にそのマップ型変数を返します。invokeAllメソッドの戻り値は、この「商品IDごとの売上個数」（マップ型変数）を持つFutureのリストとなりますので、"List<Future<Map<String, Integer>>>型"となります。

戻り値として返されたFutureリストには、それぞれの非同期タスクの処理で行われた集計結果が含まれていますので、それらを1つに統合する❺必要があります。ここではFutureリストの統合にも自作のユーティリティメソッドを利用していますが、その内容はここでは割愛します。最終的にFutureリストを統合すると、目的としていた「商品IDごとの売上個数」を持つマップ型変数を取得できます。

取得したマップ型変数には、たとえば以下のように「商品IDと売上個数」が格納されています。

```
A001, 60
A002, 20
A003, 30
........
```

このようなExecutorフレームワークによるコレクション操作のイメージを、図10-6に示します。

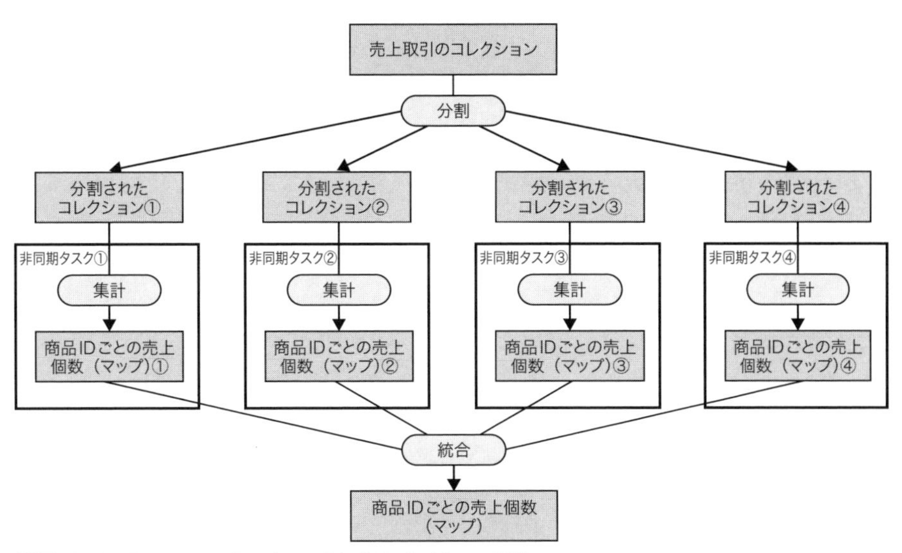

●図10-6　Executorフレームワークによるコレクション操作

Executorフレームワークによるコレクション操作の特徴は、それぞれの非同期タスクに渡すコレクションの分割は、あくまでもメインスレッド側で実施しないといけないという点です。フレームワークの機能によって非同期タスクを並列処理することは可能ですが、各タスクの中で集約処理を実装した上で、メインスレッド側でも各非同期タスクの結果を受け取った後、それらの集約処理を実装する必要があります。

10.3.3　Fork/Joinフレームワークを利用するパターン

ここではFork/Joinフレームワークによって、「売上取引のコレクションから特定商品の売上個数を"商品IDごと"に集計する処理」を実現する方法を解説します。Fork/JoinフレームワークはExecutorフレームワークをベースとしており、より高度な並列処理の仕組みを提供します。

以下にメインスレッドの実装例を示します。

◉コード10-6　Fork/Joinフレームワークによるメインスレッド

```
public class ForkJoinFrameworkMain {
    public static void main(String[] args) {
        List<Sales> salesList = SalesListHolder.getSalesList(); // コレクションを取得
        ForkJoinPool pool = new ForkJoinPool(); // ❶
        Map<String, Integer> resultMap =
                pool.invoke(new SalesTask(salesList, "A")); // ❷
    }
}
```

まずFork/Joinフレームワークのためのjava.util.concurrent.ForkJoinPoolを生成します❶。そして生成したForkJoinPoolのinvokeメソッドに非同期タスクを渡すと、渡された非同期タスクがFork/

Joinフレームワークによって並列で実行されます。Fork/Joinフレームワークでは、コレクションの分割や結果の統合はすべて非同期タスク内に実装します。

　次に、このメインスレッドで生成される非同期タスクのコードを示します。

◉コード10-7　非同期タスク（Fork/Joinフレームワーク）

```
public class SalesTask extends RecursiveTask<Map<String, Integer>> { // ❶
    private static final int THRESHOLD = 10; // 閾値 ❷
    private List<Sales> salesList; // 処理対象となるコレクション
    private String productType;  // 絞り込み対象となる商品区分
    // コンストラクタ
    public SalesTask(List<Sales> salesList, String targetProductType) { .... }
    // 非同期タスクを実行するメソッド
    @Override
    protected Map<String, Integer> compute() { // ❸
        if (salesList.size() < THRESHOLD) { // ❹
            // 以降はコレクションのサイズが閾値未満の場合の処理
            Map<String, Integer> resultMap = new HashMap<String, Integer>();
            for (Sales s : salesList) {
                if (s.getProductId().startsWith(productType)) {
                    String pid = s.getProductId().replace("-", "");
                    // マップ型変数に「商品IDごとの売上個数」を加算する
                    Integer count = resultMap.get(pid);
                    if (count != null) {                                          ❺
                        resultMap.put(pid, count + s.getSalesCount());
                    } else {
                        resultMap.put(pid, s.getSalesCount());
                    }
                }
            }
            return resultMap;
        } else {
            // 以降はコレクションのサイズが閾値以上の場合の処理
            // コレクションを半分に分割して2つのサブコレクションを生成する ❼
            int m = this.salesList.size() / 2;
            List<Sales> salesList1 = salesList.subList(0, m);
            List<Sales> salesList2 = salesList.subList(m, salesList.size());
            // 非同期タスク1と2を生成し、それぞれ実行する ❽
            SalesTask task1 = new SalesTask(salesList1, productType);
            task1.fork();
            SalesTask task2 = new SalesTask(salesList2, productType);      ❻
            task2.fork();
            // 2つの非同期タスクを待ち合わせ、実行結果を受け取る ❾
            Map<String, Integer> resultMap1 = task1.join();
            Map<String, Integer> resultMap2 = task2.join();
            // 2つの非同期タスクの実行結果を統合する ❿
            for (String key : resultMap2.keySet()) {
                Integer value = resultMap1.get(key);
                if (value != null) {
```

```
                    resultMap1.put(key, value + resultMap2.get(key));
                } else {
                    resultMap1.put(key, resultMap2.get(key));
                }
            }
            return resultMap1;
        }
    }
}
```

Fork/Joinフレームワークでは、非同期タスクはjava.util.concurrent.RecursiveTaskクラスを継承して作成します❶。非同期タスクの具体的な処理は、computeメソッド❸に実装します。computeメソッドでは、処理対象のコレクションの大きさを、定数として宣言した閾値❷と比較し❹、閾値未満の場合は計算処理を行います❺。ここでの処理内容はコード10-5のcallメソッドとまったく同じのため、説明は割愛します。コレクションのサイズが閾値以上の場合❻は、コレクションを2つに分割します❼。そして分割されたコレクションを処理対象とする自身と同じ非同期タスクを2つ生成して、forkメソッドによってそれぞれを別のスレッドで実行します❽。この結果、新しく生成された非同期タスクのcomputeメソッド❸が再帰的に呼び出されます。computeメソッドでは再びコレクション（すでに分割されている）の大きさと閾値を比較し、その結果にしたがって計算処理を行うか、または再びコレクションを分割して非同期タスクを再帰的に呼び出すかを決定します。

再帰的に呼び出した非同期タスクは、joinメソッド❾によってを呼び出し元タスクで待ち合わせることができます。このときjoinメソッドからは、分割した非同期タスクの実行結果が返されます。このようにして最終的には処理を分割したすべての非同期タスクを待ち合わせ、その実行結果を統合する❿ことで、目的としていた「商品IDごとの売上個数」を持つマップ型変数を取得します。

Fork/Joinフレームワークの特徴は、非同期タスクの中で必要に応じてタスクを分割（Fork）して計算処理を並列で行い、最終的にはそれらの実行結果を統合（Join）して目的とする結果を得ようとする点にあります。

このようなFork/Joinフレームワークによるコレクション操作のイメージを、図10-7に示します。

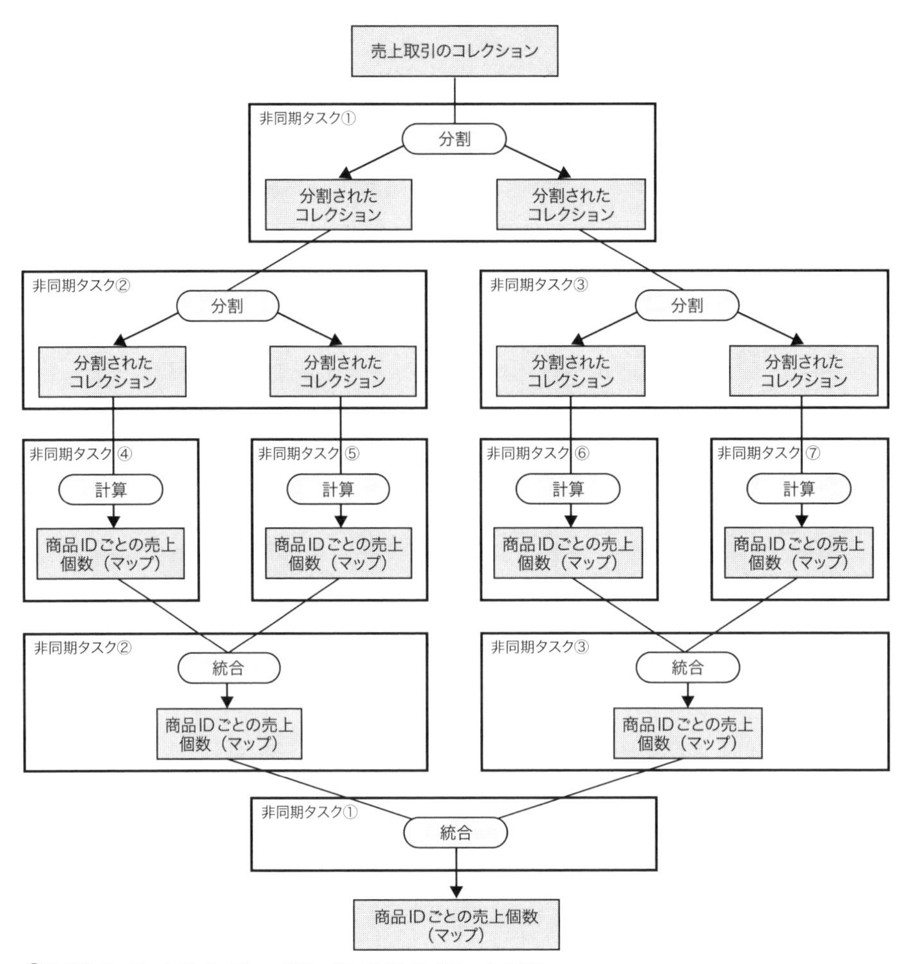

◎図10-7　Fork/Joinフレームワークによるコレクション操作

10.3.4　ストリームAPIとラムダ式を利用するパターン

ここでは10.2.2項で説明したストリームAPIとラムダ式によるパイプライン処理によって、「売上取引のコレクションから特定商品の売上個数を"商品IDごと"に集計する処理」を実現する方法を解説します。このパターンでは、既出のパターンにおける非同期タスクに相当する処理はラムダ式によって表現されるため、メインスレッドだけの実装となります。

◉コード10-8　ストリームAPIによるメインスレッド

```
public class StreamMain {
    public static void main(String[] args) {
        List<Sales> salesList = SalesListHolder.getSalesList(); // コレクションを取得
        Map<String, Integer> resultMap = salesList.parallelStream() // ❶
                .filter(s -> s.getProductId().startsWith("A")) // ❷
                .map(s -> { // ❸
```

```
                String pid = s.getProductId().replace("-", "");
                return new Sales(s.getSalesId(), pid, s.getSalesCount());
                })
            .collect( //❹
                Collectors.groupingBy( //❺
                        Sales::getProductId,  //❻
                        Collectors.summingInt(Sales::getSalesCount)));  //❼
    }
}
```

ストリームのパイプライン処理には中間操作と終端操作があり、中間操作の代表がフィルタとマップ、終端操作とはリダクション（折り畳み）であることは前述のとおりです。

まずコレクションに対してparallelStreamメソッドを呼び出して❶、並列ストリーム化します。ExecutorフレームワークやFork/Joinフレームワークのように、自らコレクションを分割する必要はありません。

次に生成された並列ストリームに対して中間操作を行います。まずfilterメソッドにラムダ式を渡して❷、商品区分が"A"の商品に絞り込みます。続いてmapメソッドにラムダ式を渡して❸、商品IDから"-"を取り除いた新しい並列ストリームを生成します。

最後に終端操作として、リダクションを行います。ここではCollectorsクラスのgroupingByメソッド❺により、商品ID❻をキー、売上個数❼を値としてグループ分けし、その結果をcollectメソッド❹によって折り畳みます。ExecutorフレームワークやFork/Joinフレームワークのように、自ら結果を集約する必要はありません。

このようにストリームAPIとラムダ式を利用すると、ExecutorフレームワークやFork/Joinフレームワークと同じ処理を、はるかに少ない実装量で実現できます。Java SE 8が利用できる環境では、積極的に利用するとよいでしょう。

10.4　エンタープライズアプリケーションにおける非同期処理と並列処理

10.4.1　非同期サーブレット

サーブレットとは4.1.1項で紹介したように、基本的にはクライアントからの要求に対して何らかの処理を行い、その結果を同期的に応答するアプリケーションです。非同期サーブレットを利用すると、タスクをクライアントへの応答と切り離して非同期に実行できます。

◉コード10-9　シンプルな非同期サーブレット

```
@WebServlet(urlPatterns = "/AsyncServlet", asyncSupported = true) //❶
public class AsyncServlet extends HttpServlet {
    public void doGet(HttpServletRequest request, HttpServletResponse response)
            throws ServletException, IOException {
        response.setContentType("text/html; charset=UTF-8");
        PrintWriter out = response.getWriter();
```

```
        ........
        // AsyncContextを取得する
        AsyncContext aContext = request.startAsync(); //❷
        // AsyncContextをセットアップする
        aContext.addListener(new AsyncListenerImpl()); //❸
        aContext.setTimeout(10000); //❹
        // 別スレッドで非同期タスクを実行する
        aContext.start(new RunnableTask(aContext)); //❺
        ........
    }
}
```

サーブレットにおいて非同期タスクを実行可能にするためには、@WebServletアノテーションのasyncSupported属性にtrueを指定します❶。非同期タスクを実行するには、まずHttpServletRequestのstartAsyncメソッドによってAsyncContextを取得します❷。取得したAsyncContextに、非同期タスクが終了したときにコールバックされるリスナ（AsyncListenerImplクラスのインスタンス）を登録します❸。このリスナは、AsyncListenerをimplementsしたクラスとして作成します（後述）。また、タスクの実行にタイマを設定する❹こともできます。そしてAsyncContextのstartメソッドにRunnableインタフェースを実装したタスクを渡す❺と、このサーブレットによる要求応答の処理と切り離して、タスクを非同期に実行できます。ただしサーブレットはタスクの実行と切り離してユーザに応答を返すため、非同期タスクの実行結果をユーザに返すためには、サーバプッシュ（13.4節）を利用するなど何らかの工夫が必要になります。

前述した非同期タスクが終了したときにコールバックされるリスナのコードを、以下に示します。

◉コード10-10　非同期タスクが終了したときにコールバックされるリスナ

```
public class AsyncListenerImpl implements AsyncListener {
    @Override
    public void onStartAsync(AsyncEvent event) throws IOException { .... } //❶
    @Override
    public void onComplete(AsyncEvent event) throws IOException { .... } //❷
    @Override
    public void onError(AsyncEvent event) throws IOException { .... } //❸
    @Override
    public void onTimeout(AsyncEvent event) throws IOException { .... } //❹
}
```

リスナには、非同期タスクが開始したとき❶、終了したとき❷、エラーが発生したとき❸、タイムアウトが発生したとき❹に呼び出される処理を、それぞれ実装できます。

10.4.2 EJB非同期呼び出し

EJBにはいくつかの種類のコンポーネントがありますが、セッションBeanはその代表であり、主にビジネスロジックを実装するために利用します。セッションBeanのビジネスメソッドは通常は同期呼び出しですが、非同期に呼び出すことも可能です。

●コード10-11　セッションBeanの非同期呼び出し

```
@Stateless // ❶
public class AsyncService {
    // ビジネスメソッド
    @Asynchronous // ❷
    public <T> Future<Integer> execute(String param) { // ❸
        // 何らかのビジネスロジックによってInteger型の結果を得る
        Integer result = ....;
        // ビジネスロジックの実行結果を返す
        return new AsyncResult<Integer>(result); // ❹
    }
}
```

セッションBeanのコンポーネントは、POJOに@Statelessアノテーション❶を付与して作成します※59。

セッションBeanのビジネスメソッドに@Asynchronousアノテーションを付与する❷と、当該メソッドを非同期に呼び出すことが可能になります。ここではexecuteメソッド❸を呼び出すと、メソッド内の処理は非同期に実行され、呼び出し元には直ちにFuture<Integer>が返されます。呼び出し元では、受け取ったFutureに対してgetメソッドを呼び出すと、executeメソッドの実行結果を後からInteger型で受け取ることができます。executeメソッド内でビジネスロジックが終了したら、その実行結果を含むAsyncResult（Futureインタフェースをimplementsしている）のインスタンスを生成し、それを戻り値として返します❹。

このようにEJBを利用すると、比較的容易に非同期呼び出しを実現することが可能です。

10.4.3 Concurrency Utilities for Java EE

10.3節ではコレクションを並列処理するための設計パターンとして、Executorフレームワークを利用するパターン、Fork/Joinフレームワークを利用するパターン、ストリームAPIとラムダ式を利用するパターンの3つを取り上げました。いずれも暗黙的にスレッドが生成されますが、Java EE環境ではスレッドはJava EEコンテナによって管理されるため、これらのパターンを利用することはできません※60。ただし「Concurrency Utilities for Java EE」を利用すると、ExecutorフレームワークをJava EE環境で利用することが可能になります。

※59　@StatelessアノテーションによるセッションBeanは、厳密にはステートレスセッションBeanと呼ばれる。本書では取り上げないが、その他にステートフルセッションBeanやシングルトンセッションBeanなどがある。

※60　動作する可能性はあるが、非同期タスクの中ではJava EEコンテナによって提供される機能が保証されない。

以下は、10.3節で取り上げた「売上取引のコレクションから特定商品の売上個数を商品IDごとに集計する処理」をCDI管理Beanで実現する例です。

●コード10-12　Concurrency Utilities for Java EEを利用したCDI管理Bean

```
@RequestScoped
public class ExecutorSalesService {
    // インジェクションポイント（リソースオブジェクト）
    @Resource(lookup = "concurrent/MyExecutorService") // ❶
    private ManagedExecutorService mes;
    // ビジネスメソッド
    public void execute(String productType) { // ❷
        // コレクションを取得しユーティリティで4個に分割する
        ........
        // 分割されたコレクションから非同期タスクのリストを生成する
        ........
        try {
            // リストに格納された4個の非同期タスクを一度に実行し、終了まで待機する
            List<Future<Map<String, Integer>>> futureList =
                    mes.invokeAll(taskList); // ❸
            // 受け取ったFutureのリストをユーティリティで統合する
            ........
    }
    ........
}
```

まず@Resourceアノテーション❶によって、ManagedExecutorServiceをインジェクションします。ManagedExecutorServiceは、Java EEコンテナがスレッドプールを管理するためのリソースオブジェクトで、Java EEコンテナ製品に固有の方法でアプリケーション実行前に登録が必要です（7.2節）。

ビジネスメソッド（executeメソッド❷）の内容は、コード10-4と基本的に同様の処理となります。コード10-4ではExecutorServiceを自分で生成していますが、ここではインジェクションされたManagedExecutorServiceのメソッドを呼び出している点が異なります❸。

このようにConcurrency Utilities for Java EEを利用すると、管理されたスレッドによる並列処理を、Java EEコンテナ上で実行することができます。

第11章 その他のアーキテクチャパターン

11.1 静的データの取り扱いに関する設計パターン

エンタープライズアプリケーションには、ユーザの操作によって変更されることのない静的なデータがあります。具体的には、アプリケーションが利用するコード値、設定値、メッセージ（画面に表示する文言）などです。これらのデータはソースコード上に直接記述することもあれば、何らかのテキストファイルに記述することもあります。また静的なデータであっても、あえてデータストアとしてRDBを選択することもあります。この節では、このような静的なデータをどのように取り扱う（記述、保存、利用）べきか、という点を取り上げます。

静的データの取り扱いには、以下の3つの方式があります。

①：列挙型としてソースコードに直接記述する方式（11.1.1項）
②：テキストファイルから読み込む方式（11.1.2項）
③：テーブル（RDB）から読み込む方式（11.1.3項）

11.1.1 列挙型としてソースコードに直接記述する方式

■列挙型によるコード値の表現

この方式は、コード値などの静的データを列挙型としてソースコードに直接記述するものです。列挙型は、主として何らかの制御（条件分岐など）のための静的データを定義するために利用します。たとえば、以下のような「職務ランク」に関するコード値（キー＝値）があるものとします。

0＝MANAGER、1＝LEADER、2＝CHIEF、3＝ASSOCIATE

このとき、以下のような列挙型を作り、職務ランクのコード値を表現します。

```
public enum JobType {
    MANAGER, LEADER, CHIEF, ASSOCIATE;
}
```

Javaの列挙型では、各値の「名前」（上記例では"MANAGER"など）はnameメソッドで取得します。また列挙型の各値には順番に0、1、2…という「序数」が自動的に設定されますが、「序数」は

ordinalメソッドで取得します。

たとえば「もしユーザの職務ランクがLEADERよりも上位の場合は…」といった職務ランクによる条件分岐は、以下のようなコードになるでしょう。

```
if (user.getRank() <= JobType.LEADER.ordinal()) { .... }
```

列挙型には、コード値を直接記述するケース（上記例ではif文の右辺に"1"を記述）に比べて、以下のような利点があります。

・コードの可読性が高まる
・コードの保守性が高まる（コード値が変わっても必要な修正は列挙型のみ）
・コードの堅牢性が高まる（タイプセーフ）

■定数に対する列挙型の優位性

Javaでは、言語仕様として列挙型がサポートされる以前は、コード値は定数で表現するケースが一般的でした。定数は通常、専用の定数クラスを作成し、その中に以下のようにfinalキーワードを付けて定義します。

```
public static final Integer MANAGER = 0;
public static final Integer LEADER = 1;
........
```

定数を利用しても、可読性や保守性の観点では列挙型と同じ恩恵に与ることができます。ただし定数よりも列挙型の方が、2つの観点で優位性があります。

1つ目は、コードの堅牢性の観点です。たとえば、この職務ランクというコード値を引数にとるメソッドを考えてみましょう。このメソッドの引数に定数を利用する場合、引数のデータ型はInteger型となります。このときコンパイラによってデータ型はチェックできますが、値の有効性まではチェックできません（存在しないコード値"4"を渡すことができてしまう）。一方で列挙型を利用すると、メソッドの引数はJobType型となり、コンパイラによって値の有効性までチェックできます。また条件分岐にコード値を利用するときも、定数の場合はすべての値（この例では0、1、2、3の4つ）に対する条件分岐が実装されているか、チェックできません。一方列挙型の場合は、switch文と組み合わせることで、すべての値に対する条件分岐が実装されているかをコンパイラでチェックできます。

もう一つは、ループ処理の実装の容易性の観点です。この例で取り上げた職務ランクのように連続性のあるコード値は、ループ処理が必要になるケースが多いでしょう。職務ランクを定数によって定義するとループ処理の実装は困難ですが、列挙型ではvaluesメソッドによって値の配列を取得できるため、for文を容易に実装できます。

■複数属性を持つコード値と列挙型

前述した職務ランクのように、コード値はキーと属性が1：1になる（0＝MANAGERなど）ことが多いですが、1つのキーに対して複数の属性が必要になるケースもあります。たとえばWebページ上で職務ランクを選択するセレクトボックスを出力するときは、各値は日本語表記で"マネージャ"といった具合に表示した方が望ましいでしょう。このような場合、職務ランクを表す列挙型を以下のように作成します。

```
public enum JobType {
    MANAGER("マネージャ"),
    LEADER("リーダー"),
    CHIEF("チーフ"),
    ASSOCIATE("アソシエイト");
    private final String jobName;  // 日本語表記を保持するフィールド
    JobType(String jobName) { // コンストラクタ
        this.jobName = jobName;
    }
    public String toString() {
        return jobName;
    }
}
```

列挙型には、クラスと同じようにフィールド、コンストラクタ、メソッドを追加することが可能です。たとえばこの例では、"JobType.MANAGER.toString()"を呼び出すと、コンストラクタでセットされた"マネージャ"が返されます。このように列挙型を拡張すると「名前」、「序数」に加えて独自の属性を追加したり、その属性を利用した様々な振る舞いを定義できます。

11.1.2 テキストファイルから読み込む方式

この方式は、静的データをソースコード上に直接記述するのではなく、テキストファイル（プロパティファイル、フラットファイル、XMLファイルなど）に記述し、それをアプリケーションで読み込んで使用するというものです。ソースコード上に記述しないため、稼働環境に応じて静的データのみを容易に切り替えることができます。また本番環境へのリリース後に値の修正の頻度が高い場合には、保守性を高めることができます。ただしこの方式は、後からデータを修正することがあっても、アプリケーションのテストを都度実施する必要がない場合に限った方が得策です。たとえば前述した職務ランクのように、静的データの修正（新しい職務を追加するなど）がロジックに直接的な影響を及ぼす可能性がある場合は、列挙型を利用した方がコードの堅牢性の面で有利です。

■プロパティファイル

プロパティファイルとは、「キー＝値」形式で記述するテキストファイルです。アプリケーションでは、プロパティファイルを読み込んでキー・バリュー形式のオブジェクト（java.util.Propertiesなど）に展開し、それをシングルトンインスタンスから取得可能にすることが多いでしょう。

プロパティファイルは、列挙型の例で紹介した職務ランクのように、連続性のあるコード値を記述する用途には向いていません。アプリケーションの特定の処理の実行可否を決めるためのフラグや、何らかの限界値を定義する目的で利用するケースが一般的です。また画面に表示するメッセージ※61についても、ソースコードに直接記述するのではなく、プロパティファイルに集約すると保守性が高まります。Webアプリケーションを国際化する場合も、読み込むプロパティファイルを切り替えることによって、出力するメッセージを様々なロケール（同一言語の地域）に対応させることが可能となります。

以下にプロパティファイルの記述例を示します。

```
# Eメールによる通知機能を使うかどうかを決めるフラグ
useEmail = true
# 1ページの最大表示件数
viewMaxCount = 1000
# エラーメッセージ
error.message.0001 = 残高不足です
```

■フラットファイル

フラットファイルとは、CSV形式などのテーブル構造を持ったテキストファイルです。バッチ処理の場合は入出力データストアとしてフラットファイルを利用することがあります（16.1.1項）が、オンライン処理の場合は静的なデータ（複数の属性を持つコード値など）を定義する目的で利用します。アプリケーションでは、フラットファイルから読み込んだデータ1行を1つのDTOインスタンスにセットし、それらをコレクションとして扱うケースが多いでしょう。

以下にフラットファイルによる静的データの記述例を示します。

```
0, "MANAGER", "マネージャ"
1, "LEADER", "リーダー"
2, "CHIEF", "チーフ"
3, "ASSOCIATE", "アソシエイト"
```

■XMLファイル

XMLファイルは、きわめて汎用性が高いフォーマットです。プロパティファイルのような用途（実行可否フラグ、限界値、メッセージなど）にも、フラットファイルのような用途（コード値など）にも、利用できます。XMLのデータには構造性を持たせることができるため、プロパティファイルやフラットファイルよりも表現力が高い点が特徴です。

Javaによるアプリケーションでは、XMLファイルを読み込んでメモリ上のオブジェクトに取り込むためには、以下のような方法があります。

・XMLファイルを読み込み、DOM、SAXなどのAPI（JAXP）や、サードパーティ製ライブラリによっ

※61　日本語を記述する場合は、native2asciiというツールを使って事前にUnicodeエスケープする必要がある。

てXMLの要素・属性にアクセスする

・XMLスキーマを作成し、事前にスキーマコンパイル。JAXBによって読み込んだXMLファイルをJavaオブジェクトに自動的にバインディングする

詳細は本書では割愛しますが、いずれの方法もプロパティファイルやフラットファイルに比べると実装負担は大きくなります。XMLファイルの利用にあたっては、XMLならではの豊かな表現力と、読み込み処理の実装負担のトレードオフを評価した上で方針を決める必要があります。

11.1.3 テーブル(RDB)から読み込む方式

この方式は、静的データをRDBのテーブルに保存しておき、それをアプリケーションで読み込んで使用するというものです。静的データはユーザの操作によって変更されることのないデータですので、その意味においてはRDBを利用する必然性はありません。ただしテキストファイルに記述する方式と比べると、運用性の観点でいくつかの利点があります。

まず第一に、オンラインサービスを止めることなく、システムの運用作業によってデータの変更ができる点があります。テキストファイルだと、変更したデータを反映するためにはアプリケーションの再デプロイやミドルウェアの再起動によるファイルの読み込みが必要になる場合がありますが、そういった作業は必要ありません。

またもう一つは、RDBの機能を利用することでデータのメンテナンス作業が容易になるという点です。特にデータ件数が大きくなる場合、SQLによってデータの一括更新ができたり、主キー値の一意性が保証されたりすることで、運用性が向上します。

この方式で考慮すべき点としてRDBアクセスに伴う実装負担増が挙げられますが、それが大きな問題とならない場合は、必要に応じてこの方式を選択するとよいでしょう。

11.2 その他のプレゼンテーション層の設計パターン

11.2.1 ファイルアップロード・ダウンロード

Webアプリケーションでは、WebブラウザにおいてPDFやEXCELなどのファイルを選択し、サーバサイドにアップロードしたいケースがあります。またそのようにしてアップロードされたファイルをダウンロードして閲覧したい、というケースもあります。ここではファイルアップロード・ダウンロードを行うためのサーバサイドの設計パターンを解説します。なおファイルをアップロードするためのWebページにおける設計パターンについては、13.3.6項を参照してください。

■ファイルアップロード

Webページにおいて選択されたファイルは、サブミットされると、他の入力値と一緒にサーバサイドに送信されます。このとき、HTTPのcontent-typeヘッダにはマルチパート("multipart/form-data")という特別なMIMEタイプが設定されます。マルチパートのHTTPリクエストは、バウンダリ文

字列によって区切られた個々のパートの中に、フォームに入力された値（テキスト）と選択されたファイル（バイナリ）が混在する形になります。サーブレットAPIには、このようなマルチパートのHTTPリクエストを適切に処理するための機能が備わっています。以下はアップロードしたファイルを受け取り、RDBに格納するためのサーブレットの実装例です。

●コード11-1　アップロードされたファイルを処理するサーブレット

```
@WebServlet("/FileUploadServlet")
@MultipartConfig(maxFileSize = 10 * 1024) // ❶
public class FileUploadServlet extends HttpServlet {
    public void doPost(HttpServletRequest request, HttpServletResponse response)
            throws ServletException, IOException {
        for(Part part: request.getParts()){ // ❷
            String fileName = part.getSubmittedFileName(); // ❸
            String contentType = part.getContentType(); // ❹
            // ファイルを読み込んでByteArrayOutputStreamに出力する        ┐
            BufferedInputStream bis = null;                               │
            ByteArrayOutputStream baos = null;                            │
            try {                                                         │
                bis = new BufferedInputStream(part.getInputStream());     │
                baos = new ByteArrayOutputStream();                       │
                byte[] buf = new byte[50];                                │
                int size;                                                 │
                while ((size = bis.read(buf, 0, buf.length)) != -1) {     ├❺
                    baos.write(buf, 0, size);                             │
                }                                                         │
            } catch(IOException ioe) {                                    │
                // 例外処理                                               │
            } finally {                                                   │
                // リソースのクローズ処理                                 │
            }                                                             ┘
            // ファイル本体（バイナリデータ）を取得する ❻
            byte[] file = baos.toByteArray();
            // 取得したファイルと付属情報をRDBに保存する
            ........
        }
    }
}
```

サーブレットでマルチパートを処理するためには、デプロイ記述子（web.xml）にmultipart-config要素を定義するか、サーブレットに@MultipartConfigアノテーションを付与する❶必要がありますが、ここでは後者の方法を採用しています。このアノテーションにはアップロードされるファイルに関する様々な属性を設定できますが、ここではmaxFileSize属性によってサイズの上限値を10kバイトに指定しています※62。

※62　上限値を超過すると、Java EEコンテナによってIllegalStateException例外が送出される。

サーブレットのdoPostメソッド内では、まずHttpServletRequestのgetPartsメソッドを呼び出してPartのコレクションを取得し❷、for文によるループ処理をしています。Partは、マルチパートのHTTPリクエストに含まれる個々のパート（入力値やファイル）を表すインタフェースです。ここでは、ファイルのみが複数個同時にアップロードされる前提で処理しています※63。Partからは、アップロードされたファイル本体や付属情報（ファイル名、サイズなど）を取得できます。まずgetSubmittedFileNameメソッド❸でファイル名を取得し、続いてgetContentTypeメソッド❹で当該ファイルのMIMEタイプを取得しています。ファイル名とMIMEタイプは、ファイル本体（バイナリデータ）の付属情報としてRDBに一緒に格納します。これらの付属情報は、当該ファイルをダウンロードするときに必要となるためです。次にアップロードされたファイルをメモリ上に展開し❺、byte型配列（バイナリデータ）の形式に変換します❻。

このようにしてファイル本体と付属情報を取得したら、次にRDB上のFILE_STOREテーブルに挿入します。このテーブルはアップロードされたファイルを保存するためのもので、カラムとしてファイルID、ファイル名、MIMEタイプ、ファイル本体を持つものとします。この処理は通常、サーブレットではなくビジネス層やデータアクセス層で行います。ファイル本体と付属情報は、以下のようにJDBCによって挿入します。

```
PreparedStatement pstmt = conn.prepareStatement(
      "INSERT INTO FILE_STORE(FILE_NAME, CONTENT_TYPE, FILE) VALUES(?, ?, ?)");
pstmt.setString(1, fileName);
pstmt.setString(2, contentType);
pstmt.setBytes(3, file);
pstmt.execute();
```

このテーブルの主キーであるファイルIDは、自動採番されるものとします。ファイル本体はバイナリデータなのでBLOB型のカラムに格納しますが、JDBCのAPIではsetBytesメソッドでデータをセットします。なおここでは紙面の都合上、リソースのクローズ処理は省略しています。

このような一連のファイルアップロードの処理フローを、図11-1に示します。

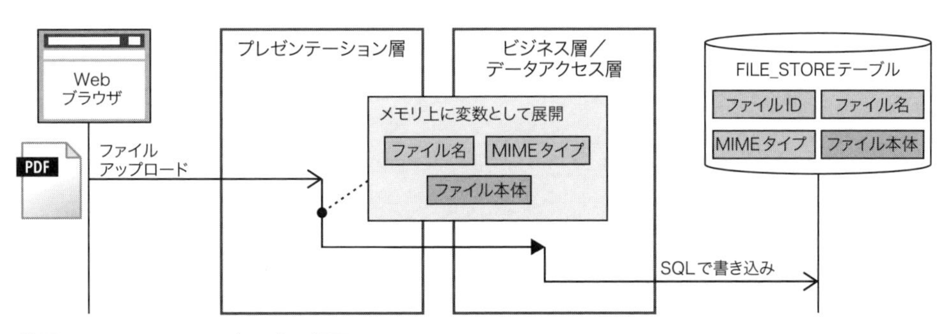

●図11-1　ファイルアップロードの処理フロー

※63　マルチパートリクエストの中に入力値（テキスト）が混在する場合は、個々のPartのMIMEタイプが、入力値を表す"application/x-www-form-urlencoded"ではないことをチェックする必要がある。

■ファイルダウンロード

ファイルダウンロードは、FILE_STOREテーブルに格納されたアップロード済みファイルを一覧する画面を用意し、ユーザにファイルを選択させることで行うケースが多いでしょう。このとき選択されたファイルIDは、プレゼンテーション層を経由してビジネス層やデータアクセス層に渡され、FILE_STOREテーブルからの検索でキーとなります。引き渡されたファイルIDから、以下のようにJDBCによってファイル本体と付属情報を取得します。

```
PreparedStatement pstmt = conn.prepareStatement(
    "SELECT FILE_NAME, CONTENT_TYPE, FILE FROM FILE_STORE WHERE FILE_ID = ?");
pstmt.setInt(1, fileId);
ResultSet rset = pstmt.executeQuery();
rset.next();
String fileName = rset.getString(1);
String contentType = rset.getString(2);
byte[] file = rset.getBytes(3);
```

このようにしてFILE_STOREテーブルから取得したファイル名、MIMEタイプ、ファイル本体（バイナリデータ）を、呼び出し元のプレゼンテーション層に返却します。次にプレゼンテーション層では、これら3つの情報をもとに、以下のようにしてWebブラウザにファイルを返却（ダウンロード）します。この処理はサーブレットはもちろん、Spring MVCやJSFのようなMVCフレームワークの中で行うことも可能です。

```
// ファイル名をURLエンコードする
String downloadFileName = URLEncoder.encode(fileName, "UTF-8"); // ❶
// HTTPヘッダにファイル名を設定する
response.setHeader("Content-Disposition", "attachment; filename="
        + downloadFileName); // ❷
// HTTPヘッダにMIMEタイプを設定する
response.setContentType(contentType); // ❸
// ファイル本体をServletOutputStreamに出力する                      ┐
ByteArrayInputStream bais = null;                                  │
ServletOutputStream sos = null;                                    │
try {                                                              │
    bais = new ByteArrayInputStream(file);                         │
    sos = response.getOutputStream();                              │
    byte[] buf = new byte[50];                                     │
    int size;                                                      │
    while ((size = bais.read(buf, 0, buf.length)) != -1) {         ├❹
        sos.write(buf, 0, size);                                   │
    }                                                              │
} catch( .... ) {                                                  │
    // 例外処理                                                     │
} finally {                                                        │
    // リソースのクローズ処理                                          │
}                                                                  ┘
```

まずファイル名ですが、これはWebブラウザでダウンロードしたファイルを保存するときに使用されます。ここでWebブラウザで適切にファイル名が認識されるように（文字化けしないように）、❶のようにしてURLエンコードする必要があります※64。URLエンコードしたファイル名は、Content-Dispositionヘッダ（attachment属性）に❷のように設定します。

次にMIMEタイプをContent-Typeヘッダに設定します❸。Webブラウザは通常、ファイルの拡張子やContent-Typeヘッダに設定されたMIMEタイプを参照することで、ダウンロード時に起動するアプリケーションを特定します。たとえばMIMEタイプが"application/pdf"ならば、PDFファイルを閲覧するための標準的なアプリケーションが起動されます。

最後にビジネス層から受け取ったファイル本体をServletOutputStreamに書き込んで❹、ダウンロードの処理は終了となります。

このような一連のファイルダウンロードの処理フローを、図11-2に示します。

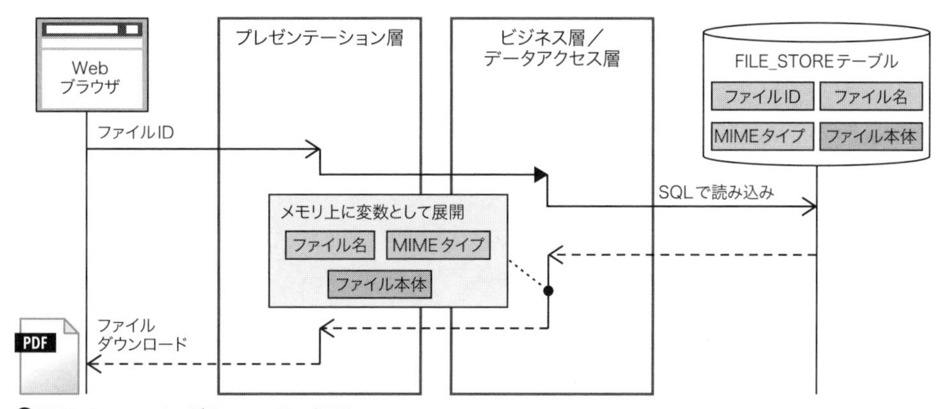

●図11-2　ファイルダウンロードの処理フロー

11.2.2 入出力ストリームを利用した効率的なアップロードとダウンロード

入出力ストリームとは、データをメモリの外部（ネットワーク、ファイル、データベースなど）から読み込んだり書き込んだりするときに、ポインタの役割を果たすインタフェースです。入出力ストリームを利用すると、アップロードされたファイルをRDBに書き込んだり、RDBに格納されたファイルをダウンロードしたりするときに、メモリの使用量を極小化できます。

■入出力ストリームによるアップロード

11.2.1項で説明したアップロードの処理を、入出力ストリームによって効率化してみましょう。コード11-1のファイル読み込み処理❺を、以下のように修正します。ファイルを読み込んでメモリ展開するのではなく、あくまでもWebブラウザからの入力ストリーム（ネットワークからの入力ストリーム）を取得するだけに留めます。

※64　URLエンコードの処理ではUnsupportedEncodingException例外をハンドリングする必要があるが、ここでは紙面の都合で省略する。

```
InputStream is = part.getInputStream();
```

ビジネス層以降のコンポーネントでは、この入力ストリームからファイルを読み込んで、FILE_STOREテーブルに書き込みます。テーブル書き込みの実装方法はRDB製品によって若干の差異がありますが、通常は以下のようにして先にファイル本体"以外"のカラムを挿入します。

```
PreparedStatement pstmt = conn.prepareStatement(
        "INSERT INTO FILE_STORE(FILE_NAME, CONTENT_TYPE) VALUES(?, ?)");
pstmt.setString(1, fileName);
pstmt.setString(2, contentType);
pstmt.execute();
```

次に挿入されたデータに対して、入力ストリームを指定してファイル本体を更新します。

```
PreparedStatement pstmt = conn.prepareStatement(
        "UPDATE FILE_STORE SET FILE = ? WHERE FILE_ID = ?");
pstmt.setBinaryStream(1, is); // isは入力ストリーム
pstmt.setInt(2, fileId);
pstmt.executeUpdate();
```

このようにすると、Webブラウザからの入力ストリームをRDBへの出力ストリームにダイレクトに接続できるため、最小限のメモリしか使わずにファイルをアップロードできます。

このような一連のファイルアップロードの処理フローを、図11-3に示します。

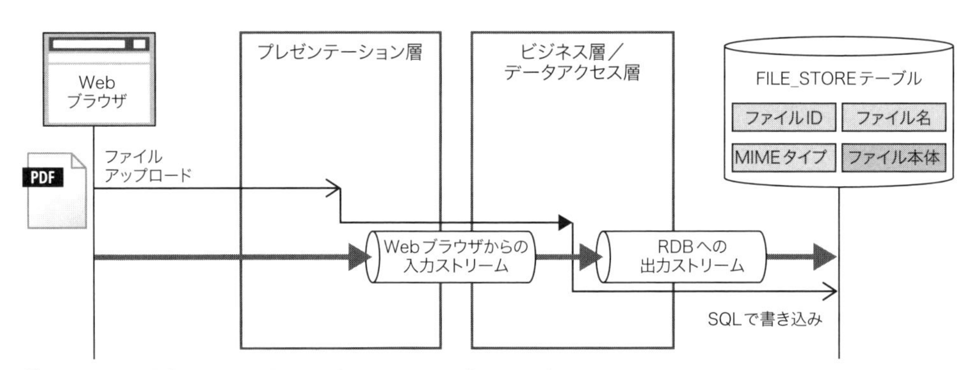

●図11-3　入出力ストリームを利用したファイルアップロードの処理フロー

■入出力ストリームによるファイルダウンロード

ここでは、11.2.1項で説明したダウンロードの処理を、入出力ストリームによって効率化します。まずビジネス層以降のコンポーネントにおいて、FILE_STOREテーブルからファイル名とMIMEタイプを取得します。

```
PreparedStatement pstmt = conn.prepareStatement(
        "SELECT FILE_NAME, CONTENT_TYPE FROM FILE_STORE WHERE FILE_ID = ?");
pstmt.setInt(1, fileId);
ResultSet rset = pstmt.executeQuery();
rset.next();
String fileName = rset.getInt(1);
String contentType = rset.getString(2)
```

続いて以下のようにして、RDBからファイル本体を読み込むための入力ストリームを取得します。

```
PreparedStatement pstmt = conn.prepareStatement(
        "SELECT FILE FROM FILE_STORE WHERE FILE_ID = ?");
 pstmt.setInt(1, fileId);
 ResultSet rset = pstmt.executeQuery();
 rset.next();
 InputStream is = rset.getBlob(1).getBinaryStream(); // 入力ストリームを取得
```

このようにして取得したファイル名、MIMEタイプ、ファイル本体（入力ストリーム）を、呼び出し元のプレゼンテーション層に返却します。そしてプレゼンテーション層（サーブレットやJSFのバッキングBeanなど）では、以下のようにしてファイルをWebブラウザに返却（ダウンロード）します。

```
BufferedInputStream bis = null;
ServletOutputStream sos = null;
response.setHeader("Content-Disposition", "attachment; filename="
        + encodeDownloadFileName(fileName));
response.setContentType(contentType);
try {
    bis = new BufferedInputStream(is); // isは入力ストリーム
    sos = response.getOutputStream();
    byte[] buf = new byte[50];
    int size;
    while ((size = bis.read(buf, 0, buf.length)) != -1) {
        sos.write(buf, 0, size);
    }
} catch( .... ) {
    // 例外処理
} finally {
    // リソースのクローズ処理
}
```

RDBとの入力ストリームからバッファ（ここでは50バイト）を利用して少しずつデータを読み込み、Webブラウザへの出力ストリーム（ServletOutputStream）に順次書き込みを行います。このようにストリーム同士を直結することで、最小限のメモリしか使わずにファイルをダウンロードできます。

ただしこの処理では、ServletOutputStreamへの書き込むが終わるまで、RDBとの入力ストリームをクローズすることはできません。通常ビジネス層はトランザクション境界内に位置付けられ、処理を終えるとコネクションはクローズされます。したがってJDBCによってFILE_STOREテーブルからデータを取得するための処理は、ビジネス層ではなくプレゼンテーション層に配置するなど、何らかの工夫が必要になる点に注意が必要です。

このような一連のファイルダウンロードの処理フローを、図11-4に示します。

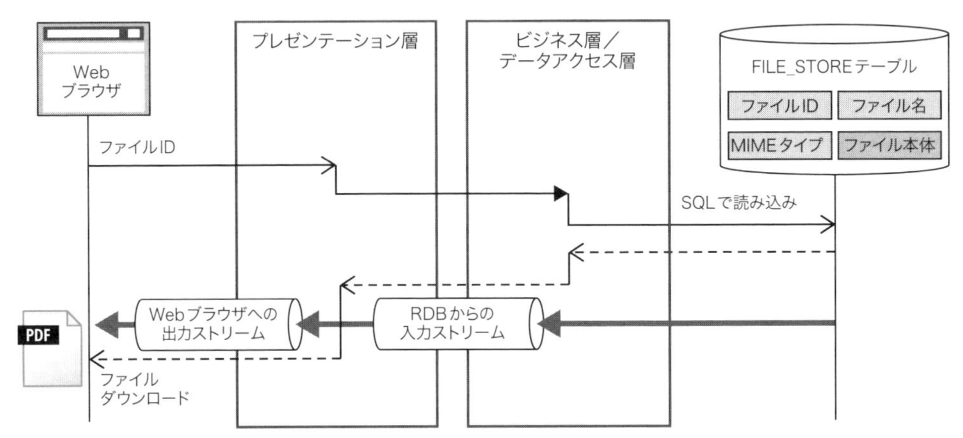

●図11-4　入出力ストリームを利用したファイルダウンロードの処理フロー

11.2.3　巨大な結果セットの画面出力

エンタープライズアプリケーションには、ユーザによって指定された条件でRDBを検索し、条件に該当する結果セットを一覧形式で画面で照会するというユースケースがあります。このようなユースケースを、ここでは「一覧照会」と呼称します。一覧照会では、指定された検索条件次第では十分な絞り込みができず、大量のデータがヒットしてしまう可能性があります。ヒットした大量のデータを何も手を加えることなく一度にWebブラウザに表示しようとすると、パフォーマンスの深刻な劣化や、メモリやネットワークといったリソースを大きく消費してしまう危険性があります。

ここでは一覧照会で大量データがヒットするケースにおいて、ユーザの操作性やリソースへの影響を極小化するための設計パターンを説明します。

■ヒット件数超過エラー方式

この方式は、指定された条件でRDBに対してクエリを発行する前に、まず同条件で"SELECT COUNT(*)"によってヒット件数を取得します。取得したヒット件数が一定の件数を超過した場合にはエラーを返し、ユーザに条件の追加による再検索を促すというものです。この方式は実装負担も大きくはないため、有力な選択肢の一つとなりうるでしょう。

■ページごと表示+ページングクエリ方式

この方式は、検索でヒットしたすべての結果セットを一度に表示するのではなく、何らかのキーでソートした上で、数ページに分けて表示するというものです。この方式のためには、まずヒット件数を取得し、それを事前に決められた1ページの表示件数で割り、全体で何ページになるのかを計算する必要があります。たとえばヒット件数が350件、1ページの表示件数が100件だとすると、ページ数は4となります。そして、各ページのオフセット（開始位置）もこの時点で算出します。この例では1ページ目は1件目から、2ページ目は101件目から、3ページ目は201件目から、4ページ目は301件目から最後までということになります。

このようにオフセットとヒット件数を指定して結果セットを取得するためには、クエリのページングを利用します。クエリのページングとは、ソートされた結果セットから、オフセットと件数によって特定のデータを絞り込むこと（JPAの場合は8.7.3項）で、RDB製品によって仕様に差異があります。たとえばMySQLにおいて、1件目（オフセット）から100件（ヒット件数）を取得したい（この例における1ページ目に相当）場合は、以下のようなクエリになります。

```
SELECT * FROM SALES LIMIT 0, 100 ※65
```

このようなクエリを発行し、取得した結果をWebブラウザで表示します。このとき、Webブラウザにはページ番号も合わせて表示します（図11-5）。このような照会結果に対して、たとえばユーザが「3ページ」へのリンクをクリックすると、オフセットを201件目とした上で改めてページングクエリを発行し、3ページ目に相当する結果セットを表示します。

この方式は、後述する「ページごと表示＋セッション変数利用方式」と比べると、ページ切り替えのたびにクエリを発行する必要がありますが、メモリの使用を抑止できます。またこの方法では、毎回クエリが発行されるため、ユーザが当該の照会機能を使っている間にデータの追加や削除が行われると、同じ「3ページ」であっても異なる結果が返される可能性がある点には注意が必要です（これが正しいかどうかは要件次第です）。

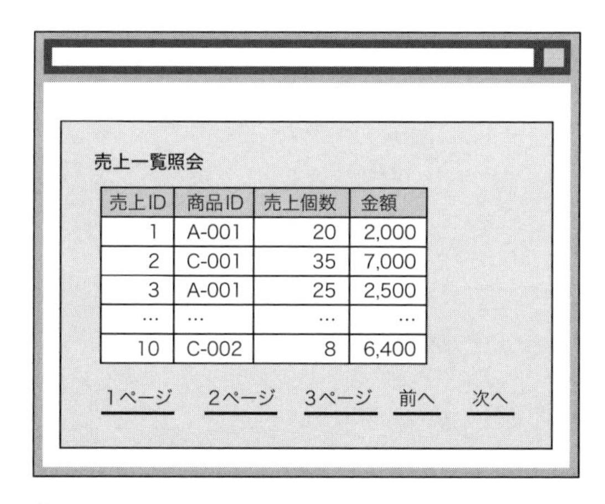

●図11-5　ページごと表示＋ページングクエリ方式

※65　オフセットの1件目の指定は「0」となる。

■ページごと表示+セッション変数利用方式

この方式は「ページごと表示+ページングクエリ方式」と同じように改ページは行いますが、データの取得方法が異なります。ページングクエリによってページ切り替えのたびにクエリを発行するのではなく、ユーザが検索をした時点で、一度だけクエリを発行して結果セットを取得し、ページごとに分割してコレクション型変数としてセッション変数に格納します。ページ切り替えは、セッション変数のコレクションから必要な結果セットを取り出すことで行います。この方法はクエリの発行回数は一度だけとなりますが、メモリを大量に消費する可能性があるため注意が必要です。またこの方法では、一度クエリを発行したら、ユーザが当該の照会機能を使っている間にデータの追加や削除が行われても、その内容は照会結果には反映されません（これが正しいかどうかは要件次第です）。

Part 3

クライアントサイドの設計パターン

第12章 クライアントサイドのアーキテクチャ概要

12.1 クライアントサイドのアーキテクチャの変遷

クライアントサイドとサーバサイドの機能配置は、コンピュータシステムの歴史上、行ったり来たりを繰り返しています。

■メインフレームからクライアント・サーバ型システムへ（1970年代〜1990年代）

1970年代、当時主流だったメインフレームではロジックはすべてサーバサイドに集約され、クライアントサイドはテキストの表示のみを行う「ダム端末」が利用されていました。その後1980年代から始まったオープンシステムへのダウンサイジングによって、OSとしてUNIXを採用したクライアント・サーバ型システム（いわゆる「クラサバ」）が主流となります。このシステムではクライアント端末は「ワークステーション」と呼ばれ、X Window Systemによってリッチで操作性の高いUIを実現していました。しかしながら、クライアントサイドへのアプリケーションの配布やバージョン管理などの保守コストの増大が、新たな課題として浮上しました。

■Webアプリケーションの登場（1990年代後半〜）

1990年代後半からは、PCが安価になったことを受け、エンタープライズシステムのクライアント端末としてWindowsを搭載したPCを利用するケースが急増します。このような背景の中、PCにインストールされたWebブラウザ上でアプリケーションを稼働させる「Webアプリケーション」が登場しました。Webアプリケーションは、従来のクライアント・サーバ型システムの保守コスト増大の課題を解決するためのアーキテクチャとして世の中を席巻します。しかしこの当時のWebアプリケーションはクライアントサイドにはロジックを配置しなかったため、ユーザの操作性や利便性は置き去りにされました。Webブラウザは元来は文書を閲覧するためのツールにすぎず、アプリケーションのプラットフォームではなかったためです。

■RIAの台頭（2000年代前半〜）

2000年代の前半から、Webブラウザ上で高い操作性・利便性を実現するために、RIA（リッチインターネットアプリケーション）と呼ばれる技術が台頭します。その筆頭がAdobe社のFlash（Flex）ですが、Microsoft社も対抗してSilverlightを市場に投入します。RIAの特徴は、Webブラウザに特定のプラグインを組み込むことによってリッチなUIを実現する点にあります。ただしこれらの技術はいずれも、ベンダ主導で開発されたプロプライエタリ色の強いものでした。

■DHTMLとAjax（2000年代中旬～）

DHTMLとは「Dynamic HTML」の略で、インタラクティブなWebページを動的に作成する技術のことです。DHTMLはRIAが登場する前から実現可能でしたが、あまり注目されることはありませんでした。その後、2005年にGoogle社によってサービスが始まった「Google Map」が火付け役となってJavaScriptに再び脚光が集まります。Google Mapでは、Ajaxと呼ばれる技術によって高い操作性や利便性を実現しています。

Ajaxとは「Asynchronous JavaScript＋XML」の略で、DHTMLにサーバサイドとの非同期通信を組み合わせたアーキテクチャです。Ajax自体は必ずしも新しい技術ではありませんでしたが、JavaScriptが元来持っていた様々な機能を駆使して、ベンダ固有のRIAに引けを取らない高い操作性とリッチなUIを提供した点に、その価値がありました。

■HTML5の登場とモダンブラウザの普及（2010年以降～今日）

Ajaxの登場以降も、しばらくはRIAとAjax（JavaScript）の勢力は拮抗した状態が続きました。しかし2010年にApple社からFlashのランタイムをiOSに搭載しないことがアナウンスされると、RIAに対する敬遠のムードが強まります。その一方、HTMLの新しいバージョン「HTML5」の仕様が徐々に明らかになり[※1]、Webアプリケーションに大きな変革をもたらす技術として期待が高まります。そしてHTML5とそれをサポートしたモダンブラウザが普及し始めると、時代は大きくHTML5とJavaScriptを中心としたオープン系技術へと傾いていきました。

12.2 HTML5を中心としたクライアントサイドの新しいアプリケーションアーキテクチャ

HTML5にはマークアップ言語としてのHTMLの拡張はもちろんのこと、JavaScriptやCSS（CSS3）の新しい仕様も含まれているため、「Webアプリケーションのクライアントサイドにおける新しいプラットフォーム仕様の総称」と言うことができます。現在ではHTML5をサポートしたモダンブラウザが世の中に浸透したこともあり、HTML5を利用する環境は整ったと言えるでしょう。

HTML5の登場は、Webアプリケーションの開発に以下のような効果をもたらしました。

■互換性の改善

従来は仕様の詳細度が低く、Webブラウザによって細かい挙動が異なるケースがあったため、Webアプリケーションの開発ではブラウザバリエーションのテストは不可欠でした。HTML5では、Webブラウザ間の互換性が最大限保たれるように仕様の曖昧さが排除されたため、こういった負担が軽減される可能性があります。

※1　HTML5は2014年にW3Cで正式勧告された。

■表現力の向上

従来の仕様では、Webアプリケーションで最もよく利用する入力フォームの表現力が乏しかったため、リッチなUIを実現するためには様々なJavaScriptライブラリを取り込む必要がありました。HTML5ではカレンダー、スピナー（数値入力）、プログレスバーなどの新しいリッチな入力フォームが仕様に追加されたため、表現力が大きく向上しました。

■機能性の向上

従来の仕様では、サーバからリアルタイムにデータをクライアントにプッシュすること（サーバプッシュ）ができなかったため、特別な方法を駆使して疑似的にサーバプッシュを実現する必要がありました。HTML5ではJavaScriptの機能としてWebSocketが提供されたため、サーバプッシュを効率的に実現することが可能になりました。

また従来の仕様では、クライアントサイド（Webブラウザ）のローカルディスクにデータを保存できなかったため、Webブラウザを起動するたびにすべてのデータをサーバサイドからダウンロードする必要がありました。HTML5ではローカルディスクにデータを保存するための様々な仕組み（Web Storage、Indexed Database）が導入されたため、たとえば静的なデータをローカルディスクに保存することでパフォーマンスの向上を図るなど、アプリケーション設計のバリエーションが広がりました。

■マルチデバイスへの対応

従来の仕様では、画面の大きさの異なる様々なデバイスに対して、ページレイアウトを柔軟に変更できなかったため、Webブラウザ、タブレット、スマートフォンなどのデバイスごとにWebページを作成する必要がありました。HTML5ではCSS3の機能としてメディアクエリが提供されたため、ワンソースのWebページを、各デバイスの画面サイズに応じて自動的にレイアウトさせることが可能になりました。このようなWebページの設計は「レスポンシブWebデザイン」と呼ばれています。

本書では、HTML5をベースにしたクライアントサイドの新しいアプリケーションアーキテクチャとして、以下の3つ取り上げます。

①：サーバプッシュ技術の「WebSocket」（13.4.3項）
②：レスポンシブWebデザインのための「メディアクエリ」（13.5節）
③：クライアントサイドにおける新しいアプリケーションアーキテクチャである「シングルページアプリケーション」（第14章）

第13章 Webページの設計パターン

13.1 DHTMLとAjax

Webアプリケーションでは、サーバサイドで動的に生成されたWebページがクライアント端末のWebブラウザ上で動作しますが、WebページにDHTMLやAjaxといった技術を適用すると、ユーザの操作性や利便性を向上させることができます。

■ DHTMLとは

DHTMLとは、Webブラウザ上で発生するクリック、文字の入力、マウスの移動などのイベントをJavaScriptプログラムで監視し、それを契機にDOMツリーを動的に書き換える処理を指します。DOMツリーとは、HTMLの要素をツリー構造化したものです。DOMツリーが書き換わると、それに応じて画面も書き換わります。

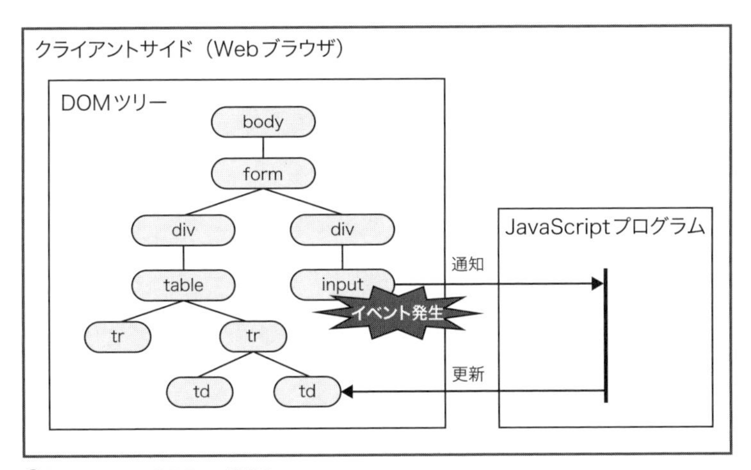

●図13-1 DHTMLの仕組み

■ Ajaxとは

Ajaxとは、DHTMLにサーバサイドとの連携を組み合わせた技術です。Webブラウザ上（DOMツリー上）で発生するイベントをJavaScriptプログラムで監視し、それを契機にサーバサイドとHTTP通信を行います。サーバサイドから応答メッセージを受信したら、その内容にしたがってDOMツリーを動的に書き換え、画面を部分的に再描画します。サーバサイドとの連携にはJavaScriptの組み込みオブジェクトであるXMLHttpRequest（XHR）を利用しますが、Asynchronousという名前がついているようにサーバサイドとのHTTP通信は非同期に行われるため、ユーザの操作性を損なうことはありません。

Ajax通信では、JavaScriptプログラムからの要求メッセージには、URLエンコード、XML、JSONなどのフォーマットを、サーバサイドからの応答メッセージには、XMLやJSONなどのフォーマットを使うことができます。Ajaxの"X"は元来はXMLの"X"ですが、実際に最もよく使われるメッセージフォーマットは、XMLではなくJSONです。その理由は、JSONは「JavaScriptのオブジェクトリテラル表現」なので、受け取ったメッセージを所定の関数（JSON.parsel関数）に渡すだけでJavaScriptオブジェクトを生成できるため、XMLに比べると実装負担が少ないからです。

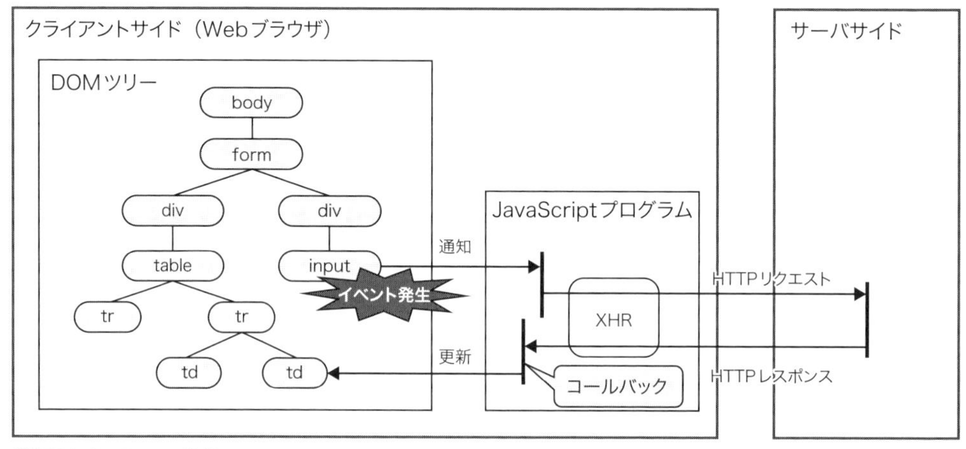

◯図13-2　Ajaxの仕組み

13.2　DHTML＋AjaxによるWebページの作成

13.2.1　jQueryの利用

■jQueryの基本

jQuery※2は、Webページ上でのJavaScriptプログラムの作成を効率化するためのライブラリとして、広く世の中に普及しています。ここではjQueryの基本的な使い方を紹介します。

以下に、jQueryを利用した「電卓」の例を示します。

◉コード13-1　jQueryを利用した「電卓」

```
<html lang="ja">
<head>
  <meta http-equiv="content-type" content="text/html; charset=UTF-8" />
  <script type="text/javascript" src="./js/lib/jquery.js"></script>
  <script type="text/javascript">
    jQuery(function($) { //❶
```

※2　https://jquery.com

```
    $('#calc_button').on('click', function(event) { //❷
      var param1 = parseFloat($('#param1').val()); //❸
      var param2 = parseFloat($('#param2').val()); //❹
      var result = param1 + param2;
      $('#answer').val(result);
    });
  });
  </script>
</head>
<body>
  <form id="myForm" action="#">
    <input type="text" id="param1"><span>+</span><input type="text" id="param2">
    <button id="calcButton">=</button>
    <input type="text" id="answer">
  </form>
</body>
</html>
```

jQueryでは、"jQuery(function($) {…})"[※3]という関数❶に、WebページがダウンロードされDOMツリー構築後に呼び出される処理を実装します。この関数の中に、特定の要素でイベントが発生したときに呼び出されるイベントハンドラを実装します。コード13-1では、id属性が#calc_buttonの要素におけるclickイベントに対するイベントハンドラを実装しています❷。

jQueryでは、セレクタと呼ばれるCSSライクな記法によってDOMツリーに効率的にアクセスできます❷❸❹。この統一的で簡明な記法こそ、jQueryがこれほどまでに大きな支持を得ている要因と言えるでしょう。

■jQueryによるAjax通信

jQueryはAjax通信のライブラリとしてもよく利用されます。通常Ajax通信はXMLHttpRequestオブジェクトを介して行いますが、jQueryには様々なAjax関数が用意されており、これらを利用すると効率的にAjax通信を実装することが可能です。

以下に、jQueryの$.ajax関数を利用したAjax通信の実装例を示します。

```
$.ajax({
  url: 'http://localhost:8080/person-service/persons', //❶
  type: 'POST', //❷
  data: JSON.stringify(person), //❸
  contentType: 'application/json; charset=UTF-8', //❹
  dataType: 'json', //❺
  success: function(response) { //❻
    ........
  }
```

※3　"$(document).ready(function() {…})"と記述することも可能。

```
});
```

この関数では、Ajax通信に必要なURL❶、HTTPメソッド❷、パラメータ❸、コンテントタイプ❹などを所定のプロパティに指定します。Ajax通信は非同期に行われますが、サーバサイドから正常に応答を受けたときに呼び出されるコールバック関数❻を、successプロパティに指定します。コールバック関数は、サーバサイドから返送された応答メッセージを指定されたフォーマット❺でパースし、引数として受け取ることができます。ここでは'json'を指定していますので、JSON形式の応答メッセージがJavaScriptオブジェクトに変換され、コールバック関数に渡されます。

13.2.2 テンプレートの利用

jQueryを利用するとDOMツリーへのアクセスを効率化できますが、JavaScriptコードの中にマークアップ言語の記述が混在すると、保守性の観点で課題が生じます。

例として、jQueryによって人員データを表すテーブル（#personTable）に行を追加するファンクションを示します。

```
function addRowToPersonTable(person) {
  $('#personTable tbody').append('<tr></tr>');
  $('#personTable tbody tr:last').append('<td>' + person.personId + '</td>');
  $('#personTable tbody tr:last').append('<td>' + person.personName + '</td>');
  $('#personTable tbody tr:last').append('<td>' + person.age + '</td>');
  if (person.gender === 'male') {
    $('#personTable tbody tr:last').append('<td>男性</td>');
  } else if (person.gender === 'female') {
    $('#personTable tbody tr:last').append('<td>女性</td>');
  }
  ........
}
```

このファンクションは、引数として渡されたpersonを表す行をテーブルの最終行に追加しています。

ここでテンプレートを導入することで、このメソッドの簡略化を図ってみましょう。Webページにおけるテンプレートは、JSPなどサーバサイドと同様の仕組みで、HTMLなどのマークアップ言語に対してJavaScriptの変数をデータとして埋め込むことを可能にします。JavaScriptにおけるテンプレートライブラリには様々なものがありますが、本書ではその中でも比較的知名度が高くよく使われているUnderscore.js※4を利用します。

まず以下のような、テーブルの1行を表すテンプレートを用意します。

```
<script type="text/template" id="row-tmpl">
  <tr>
    <td><%- personId %></td>
```

※4　http://underscorejs.org

```
    <td><%- personName %></td>
    <td><%- age %></td>
    <td><%- gender !== '' ? gender === 'male' ? '男性' : '女性': '' %></td>
    ........
  </tr>
</script>
```

Underscore.jsでは、「<%- プロパティ名 %>」または「<%= プロパティ名 %>」という記法でプロパティを埋め込みますが、前者はエスケープ処理が行われるため、通常は前者の記法（<%- プロパティ名 %>）を利用する方がよいでしょう。

前述したaddRowToPersonTableファンクションを、このテンプレートを利用して書き換えると以下のようになります。

```
function addRowToPersonTable(person) {
  var template = $('#row-tmpl').text(); // ❶
  var compiled = _.template(template); // ❷
  $('#personTable tbody').append(compiled(person)); // ❸
}
```

まず用意したテンプレートを取得します❶。次に取得したテンプレートをコンパイルします❷。そしてコンパイルされたテンプレートにpersonの属性を埋め込み、その結果をテーブルの最終行に追加します❸。

このようにDOMツリーを更新する処理にテンプレートを利用すると、JavaScriptコードとHTMLコードが分離されるため、開発の容易性や保守性が向上します。テンプレートの技術は、シングルページアプリケーション（第14章）を実現するためのいくつかのパターンにおいても活用します。

13.2.3 WebアプリケーションにDHTML＋Ajaxを適用する場合の注意点

第4章で説明したように、Webアプリケーションは通常、サーバサイドのMVCフレームワークとテンプレートによってWebページを動的に生成します。したがって生成されたWebページに、さらにJavaScriptによってDHTML＋Ajaxの機能を追加する場合、サーバサイドのテンプレートによって動的に生成されるHTMLコードと、そこに埋め込まれるJavaScriptコードが、適切に連動するように実装しなければなりません。JavaScriptコードでDOMツリーの操作（id属性、name属性、value属性などの取得）を行うときも、「サーバサイドのテンプレートで動的に生成されるDOMツリー」を意識しながら実装する必要があります。

JSFなどのMVCフレームワークでは、どのようなDOMツリーが生成されるのかはフレームワークによって隠蔽されてしまい、開発者が制御できないため注意が必要です。このような点からJSFでは、開発者が独自にJavaScriptによってDHTML＋Ajaxを追加することが容易ではありません。ただしJSFでは、「HTMLフレンドリー」なビューを作成する方法によって、このような問題を回避できます（4.5.2項）。

13.3 Webページの操作性・利便性を向上させるための設計パターン

ここではjQueryやUnderscore.jsを利用してDHTMLやAjaxを実現し、操作性・利便性の高いWebページを作成するための典型的な設計パターンを紹介します。

13.3.1 検証のパターン

エンタープライズアプリケーションにおける検証の全体像ついては第9章で説明していますが、この中からここではWebページにおける検証を取り上げます。

■ JavaScriptで検証を行う方式

これはWebブラウザに入力されたデータの形式を、JavaScriptのロジックによってチェックするものです。データ形式チェックには単項目チェックと相関チェックがありますが、それぞれの具体的なケースについては、9.1.1項を参照ください。

チェックを行うタイミングは、テキストフィールドから次の入力項目へのフォーカスの移動（blurイベント）や、セレクトメニューにおける選択（changeイベント）のように、1つの入力項目へのイベント発生が契機となるケースが多いでしょう。チェックの結果エラーとなった場合はそれをユーザに通知し、再入力を促します。

以下に、Webページ上で単項目チェックを行う実装例を示します。

```
$('#age').on('blur', function(event) {
  var age = $('#age').val();
  if (age === null || age === '' || isNaN(age) || age < 20 || 50 < age) {
    $('#message').html('年齢には20歳以上、50歳以下の数値を入力してください');
  } else {
    $('#message').empty();
  }
});
```

この例のように、バリデーションはjQueryのイベントハンドラに実装するケースが多いでしょう。ここでは「年齢」(#age) からフォーカスが移動したときに数値範囲チェックを行い、不備があった場合にはエラーメッセージを表示しています。

■ Ajaxで検証を行う方式

Ajaxによる検証は、比較的複雑なチェックを行いたいときに利用します。この方式は、フォーカスの移動やセレクトメニューの選択などのイベント発生を契機にチェックを行う点は「JavaScriptで検証を行う方式」と同様ですが、その後Ajax通信でサーバサイドのロジックを呼び出しチェックを行う点が異なります。

13.3.2 テーブルソートの設計パターン

テーブルソートとは、一覧照会などのユースケースにおいて、一度画面にレンダリングしたテーブル（表）をある特定の列をキーにソートして再描画する処理のことです。ソートのキーとなる列は、ユーザにテーブルのヘッダ（一番上の行）上の要素をクリックして指定させるケースが多いでしょう。また一度目のクリックでは昇順に、2度目のクリックでは降順にソートするなど、クリック回数によってソート順を入れ替えるケースもあります。

ID	名前	年齢▲▼
1	Alice	25
2	Bob	35
3	Carol	30

テーブルのヘッダ上の要素をクリックすると、その列でソートされる。クリックのたびに昇順・降順が入れ替わる。

●図13-3　テーブルソート

テーブルソートのパターンには、Webページでソートする方式と、Ajaxによってサーバサイドでソートする方式があります。

■ JavaScriptでソートする方式

この方式は、テーブル表示の元となったデータを配列として変数に格納しておき、イベント発生を契機にその配列をJavaScriptの関数によってソートし、テーブルを再描画するものです。

以下に実装例を示します。

```
$('#ageColumn').on('click', function(event) {
  if (ageSortedByAsc) { // 昇順かどうかを表すboolean型変数
    ageSortedByAsc = false; // 次回に備えて昇順→降順を入れ替える
    // 昇順のソートを行う
    persons.sort(function(left, right) {
      return left.age == right.age ? 0 : (left.age < right.age ? -1 : 1);
    });
  } else {
    // 降順のソートを行う
    ........
  }
  $('#personTable tbody').empty();
  $.each(persons, function(index, person) {
    addRowToPersonTable(person); // テーブルにpersonの属性値からなる行を追加
  })
});
```

なおjQueryプラグインであるtablesorter[※5]を利用すると、さらに効率的にテーブルソートを実現可能です。

※5　http://tablesorter.com

■ Ajaxでソートする方式

この方式では、テーブル表示の元となったデータのソートはサーバサイドで行います。Webページでは、イベントの発生を契機にAjax通信によってサーバサイドのソート処理を呼び出し、その結果をテーブルに再描画します。

以下に実装例を示します。

```
$('#ageColumn').on('click', function(event) {
  $.ajax({ // Ajax通信でサーバサイドのソート処理を呼び出す
    url: 'http://localhost:8080/person_service/persons',
    type: 'GET',
    data: { ageSortedByAsc: ageSortedByAsc }, // 昇順・降順を表す値をクエリ文字列にセット
    success: function(response) {
      $('#personTable tbody').empty();
      $.each(response, function(index, person) {
        addRowToPersonTable(person); // テーブルにpersonの属性値からなる行を追加
        if (ageSortedByAsc) ageSortedByAsc = false;
        else ageSortedByAsc = true;
      })
    }
  });
});
```

サーバサイドにおけるデータのソートには、2つの方法があります。一つは呼び出されるたびにRDBにアクセスし、SQLによってソートしてその結果をWebページに返すというものです。もう一つは初回（一覧検索実行時）にRDBアクセスしてその結果をセッション変数に格納し、呼び出しがある都度セッション変数に格納されたデータをソートしてWebページに返すというものです。

前者の方がメモリの使用効率は高くなりますが、その分SQLの発行回数が増えることになります。後者はその逆で、SQL発行回数は抑えられますがメモリの使用量は増加します。どちらの方法を採用するかは、このようなトレードオフを踏まえた上で決める必要があります。

13.3.3 セレクトボックス連動の設計パターン

画面上に複数のセレクトボックスを配置し、それを連動させる処理を行いたいケースがあります。たとえばユーザに多くの社員の中から1人を選択させたい場合、セレクトボックスが1つしかないとユーザの操作性は必ずしも高くはありません。

このような場合、セレクトボックスを2つ配置し、まず1つ目のセレクトボックスで部署を選択させ、選択した部署に応じて2つ目のセレクトボックスを動的に切り替えてその部署に所属している社員の中から選択させた方が、ユーザの操作性は高まります。このようにセレクトボックスを連動させるためのパターンとしては、Ajaxを利用する方式が一般的です。

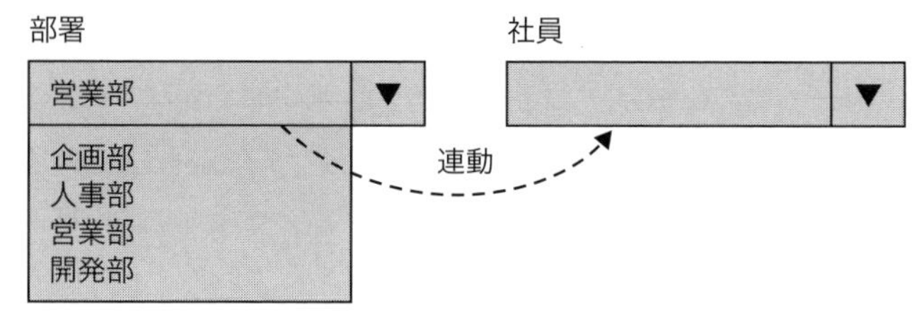

●図13-4 セレクトボックス連動

■Ajaxで連動する方式

この方式は、まずWebページがロードされた時点で1つ目のセレクトボックスのみを表示します。そしてユーザが1つ目のセレクトボックスで何らかの値を選択したら、そのイベント（changeイベント）を契機に、選択された値をパラメータとしてAjax通信でサーバサイドと連携します。ここでサーバサイドでは、受け取ったパラメータをもとに2つ目のセレクトボックスに必要なデータを絞り込み、Webページに返します。Webページでは受け取った結果をもとに2つ目のセレクトボックスを表示します。

以下は、前述したように部署と社員によるセレクトボックス連動の実装例です。

◉コード13-2 セレクトボックス連動

```
jQuery(function($) {
  $.ajax({
    // 部署データを取得し、1つ目のセレクトボックスを表示する
    ........
  });
  // 1つ目のセレクトボックスで部署が選択されたときに呼び出されるイベントハンドラ
  $('#department').on('change', function(event) {
    event.preventDefault();
    var department = $(this).val();
    $.ajax({
      url : 'http://localhost:8080/employee_service/employees',
      type : 'GET',
      data : { department: department },
      success : function(response) {
        $('#employee').empty();
        // テンプレート（Underscore.js）を利用して2つ目のセレクトボックスを表示する
        var template = '<option value="<%- value %>"><%- label %></option>';
        var compiled = _.template(template);
        _.each(response, function(item) {
          $('#employee').append(compiled(item));
        });
      }
    });
  });
  ........
});
```

■Webページ内で連動する方式

この方式では、Webページをロードするときにあらかじめ2つ目のセレクトボックスに必要なデータをすべて読み込んで、JavaScriptのオブジェクトとしてキャッシュします。そしてユーザが1つ目のセレクトボックスで何らかの値を選択したら、そのイベントを契機に事前に読み込んだデータの中から必要なデータを抽出し、2つ目のセレクトボックスを表示します。

この方式は2つ目のセレクトボックスの表示のためにすべてのデータをWebブラウザのキャッシュに読み込むため、データの規模が大きい場合は注意が必要です。

HTML5で導入されたWeb Storageを利用すると、初回（Webページロード時）に一度だけデータを読み込んで、ローカルディスクに保存できますので、リソースの使用効率を高めることが可能です。もちろん、ローカルディスクに保存したデータをどのようにリフレッシュするのか、といった設計上の課題はありますが、マスターデータのように更新頻度が低いデータであれば、Web Storageの利用は検討に値するでしょう。

13.3.4 入力値を送信するときに確認を行う設計パターン

ユーザがWebページを操作しているときに、まだ入力中であるにもかかわらず、誤ってサーバへの送信ボタンを押下してしまう可能性があります。このようなユーザの誤操作を回避するためには、サーバに送信する前にユーザに確認を促す処理を組み込んだ方が親切です。

またユーザが入力した値がビジネスルールに抵触することはなくても、入力値が通常時とは乖離する「異例な状態」になることがあります。たとえば1つの注文書で一度に購入する金額が通常よりも極端に大きいような場合などがこれにあたります。

このようなケースでは、それがユーザが意図したものかどうか、確認を促すような仕組みを導入した方がユーザの操作性は高まります。ここではこのように、ユーザがWebページ上で入力を完了して値を送信するときに、確認を促す仕組みを実現するための方式を紹介します。

■Webブラウザのダイアログを利用する方式

この方式は、入力値をサーバに（フォームのサブミットやAjax通信によって）送信する直前に、JavaScriptの組み込み関数（Windowオブジェクトのconfirmメソッドなど）によってWebブラウザのダイアログを表示させるものです。主にユーザの誤操作によるデータ送信を防ぐために利用します。

■モーダルウィンドウを利用する方式

モーダルウィンドウとは、Webページ上はDOMツリー上に存在していながらも通常は非表示になっており、何らかのイベントを契機に表示される特別な要素を指します。この要素が表示されたとき、それ以外の部分を暗い色で覆ってしまうことで一種のサブウィンドウのように見えるのが特徴です。モーダルウィンドウの用途は幅広く、使い方次第ではユーザの操作性・利便性の向上に大きく寄与します。

ここでは、モーダルウィンドウによって入力値をサーバサイドに送信する前の最終確認を行い、必要に応じてユーザに追加でコメントを入力させるための処理を紹介します。

モーダルウィンドウ自体はDOMツリー上に存在する単なるdiv要素ですが、表示・非表示の切り替えを容易にするために以下のようにフォームを実装します。

◉コード13-3　モーダルウィンドウを利用して確認を行うページ

```
<form id="myForm" action="#">
  <!-- モーダルウィンドウのベース❶ -->
  <div id="modalBase" class="modalBase">
    <!-- ウィンドウ部分❷ -->
    <div id="confirmBlock" class="modalWindow">
      <div>コメント</div>
      <input type="text" id="comment" size="20" />
      <button id="sendButton">サーバ送信</button>
    </div>
  </div>
  <!-- モーダルウィンドウ以外の部分 -->
  <div id="inputBlock">
    <input type="text" id="param1" size="10">
    <span>+</span>
    <input type="text" id="param2" size="10">
    <button id="calcButton">計算</button>
    <span id="answer"></span>
  </div>
</form>
```

モーダルウィンドウはベースとなる要素❶と、その下位のウィンドウ部分になる要素❷に分割します。それぞれの要素に対して適用するCSSクラスは、以下のようになります。

◉コード13-4　モーダルウィンドウのためのCSS

```
.modalBase {
  visibility: hidden; /* デフォルトでは非表示 */
  width: 100%;
  position: absolute;
  z-index: 10;
  top: 0;  left: 0;  right: 0;  bottom: 0;
  margin: auto;
  background-color: rgba(0, 0, 0, 0.6); /* ベース部分の背景は黒で透明度60% */
}
.modalWindow {
  width: 300px;
  position: relative;
  margin: 10% auto;
  padding: 10px 10px 10px 10px;
  background: #fff; /* ウィンドウ部分の背景は白 */
}
```

次にこのフォームに対して、以下のように２つのイベントハンドラを実装します。

●コード13-5　モーダルウィンドウのためのJavaScriptコード

```
jQuery(function($) {
  $('#calcButton').on('click', function(event) { //❸
    $('#modalBase').css('visibility', 'visible');
  });
  $('#sendButton').on('click', function(event) { //❹
    // フォームのサブミットまたはAjax通信を行う
    ........
  });
});
```

モーダルウィンドウはWebページがロードされた時点では非表示ですが、「計算」ボタンのイベントハンドラ❸において、CSSのvisibilityを切り替えることで表示させます。ここで、適用されるCSSクラスの作用によってモーダルウィンドウのベース部分は全体が暗いトーンになり、ウィンドウ部分のみが浮かび上がって表示されます（図13-5）。

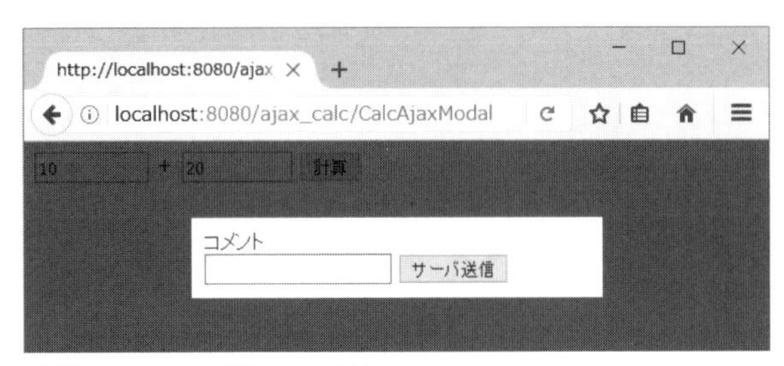

●図13-5　モーダルウィンドウ

このモーダルウィンドウ内にはテキストフィールドがあり、「コメント」を入力できます。「サーバ送信」ボタンのイベントハンドラ❹において、フォームのサブミットやAjax通信によって入力値をサーバサイドに送信しますが、モーダルウィンドウに入力した「コメント」もフォームの中に含まれているため、他の入力値と同様にサーバサイドに送信できます。

■サーバサイドでチェック後にWebページで警告を出す方式

この方式はまず入力値をAjaxでサーバサイドに送信し、ビジネスロジック本体を実行する前にチェックを行い、入力値が異例な状態であることが判明した場合にWebページで警告を発するというものです。

Webページにおける Ajax通信部分の実装例を以下に示します。

```
$.ajax({
  ........
  success : function(response) {
    if (response.warning == 'on') {
```

```
        // サーバサイドより警告フラグがオンで返却があった場合の処理
        if(confirm("結果が10000を超えますがよいですか？")){
          $('#warning').val('on'); // 再送信のために警告フラグをオンにする
          $('#calcButton').click(); // 再度クリックしてそのまま処理を続行
        }
      } else {
        // サーバサイドでビジネスロジックが実行された場合の処理
        $('#answer').text(response.answer);
        $('#warning').val('off'); // 警告フラグをオフに戻す
      }
    }
});
```

Webページには、警告の有無を表すフラグをフォーム上に隠しフィールド（#warning）として用意しておきます。最初のAjax通信ではこの警告フラグが"off"のため警告は出ませんが、サーバサイドでチェックが行われ異例な状態であることが検知されると、本体のビジネスロジックを実行することなく警告フラグのみがWebページに返却されるようにします。Webページでは警告フラグが立つとconfirm関数によってダイアログが表示され、処理の続行可否をユーザに確認させることができます。

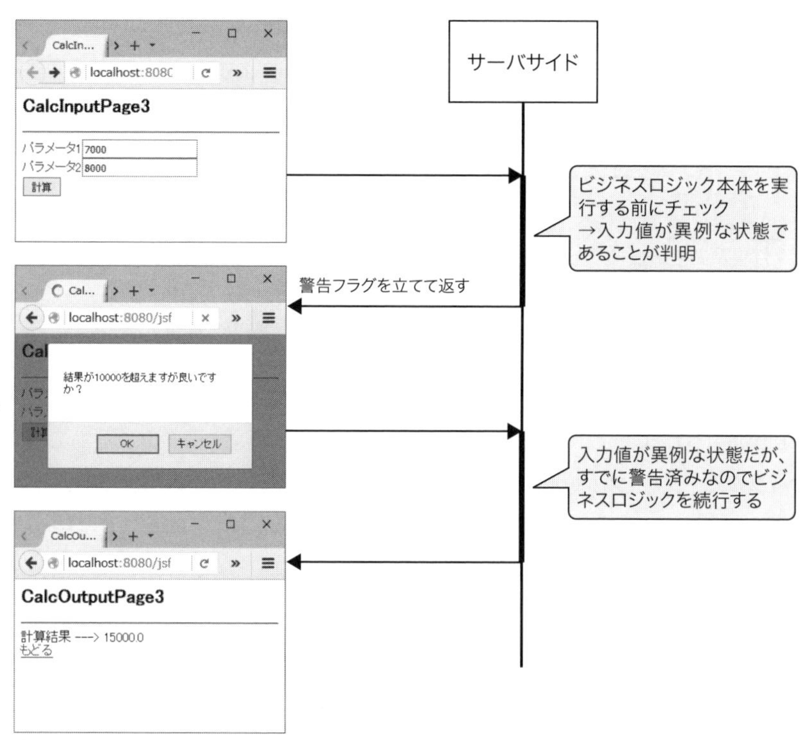

●図13-6 サーバサイドでチェック後にWebページで警告

13.3.5 入力フィールドを動的に追加する設計パターン

Webページには通常、入力フィールドは静的に配置されていますが、データによっては入力フィールドを動的に追加したいケースがあります。たとえばWebページに「注文書」の内容を入力する場合、注文する商品の入力フィールドが固定的に配置されているよりも、まず商品A、次に商品B、さらに商品C…といった具合に、注文する商品が増えるにしたがって動的に入力フィールドが追加された方が、ユーザの操作性は高くなります。

ここではこのように、ユーザが複数のデータを入力するケースにおいて、入力フィールドを動的に追加するための設計パターンを取り上げます。

■別ページに遷移する方式

この方式はデータを追加するためのWebページを別途作成し、ユーザがデータを追加する時点で「追加」ボタン押下等を契機に画面遷移を行い、入力が完了したら元のページに遷移する、というものです。データ追加のためのWebページで入力されたデータは、サーバサイドのセッション変数を介して元のページと共有します。

この方式は実装はシンプルですが、データを追加しようとするたびに画面遷移が行われ、ユーザは元のページを参照しながらデータの追加ができないため、操作性の観点では必ずしも望ましい方式とは言えません。

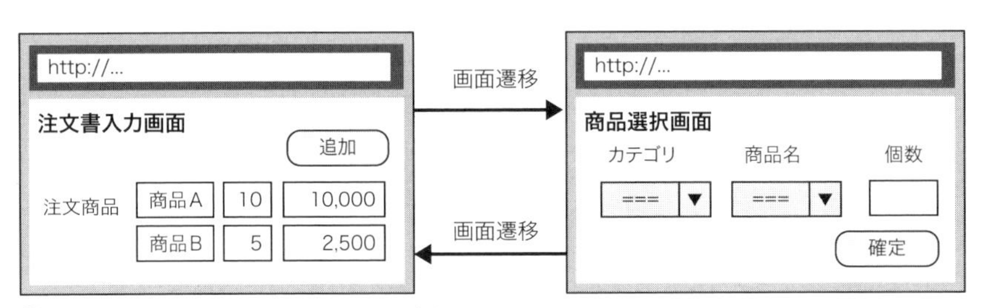

●図13-7　別ページで入力フィールドを追加

■DHTMLで項目を追加する方式

この方式は当該データの入力フィールドをまず1つだけ配置し、1つ目のデータが入力された時点でDHTMLによって2つ目の入力フィールドを動的に追加する、というものです。簡易的なデータの入力であれば十分に実用的な方式です。

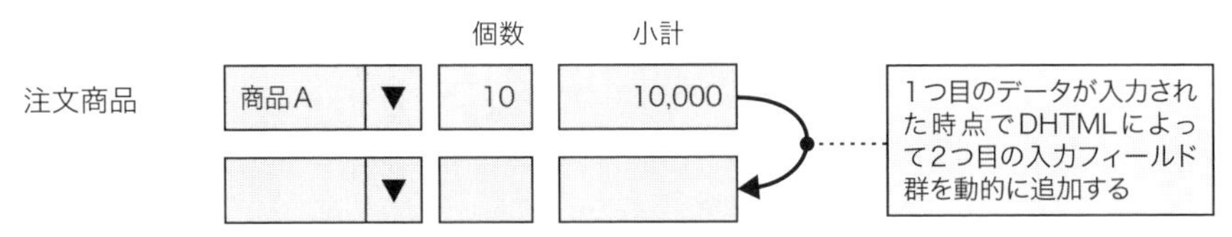

●図13-8　DHTMLで入力フィールドを追加

■モーダルウィンドウを利用する方式

この方式は当該データ入力のための専用のモーダルウィンドウを作成し、ユーザがデータを追加する時点で「追加」ボタン押下等を契機にモーダルウィンドウを表示し、入力が完了したら閉じる、というものです。

モーダルウィンドウは同一ページ内のDOMツリーの一要素にすぎませんので、DOMツリーを操作するだけでデータ連携を実現できます。また、入力するデータを検索しやすくするための機能をモーダルウィンドウ内に追加するなど、「DHTMLで項目を追加する方式」よりも手厚い入力サポートを行うことができます。ここでは「人員管理アプリケーション」を例として取り上げます（図13-9）。

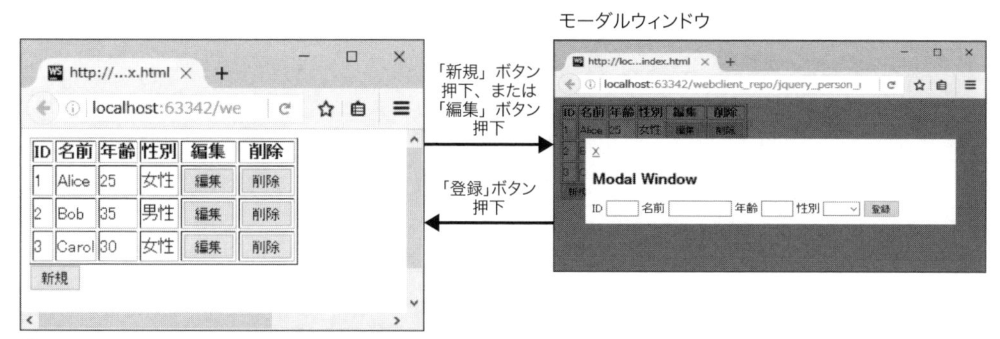

◉図13-9　モーダルウィンドウで入力フィールドを追加

モーダルウィンドウによって「人員」を動的に追加するための例を示します。まずHTMLコードは以下のようになります。

◉コード13-6　「人員」を動的に追加するためのモーダルウィンドウ

```
<!-- モーダルウィンドウのベース -->
<div id="modalBase" class="modalBase">
  <!-- ウィンドウ部分 -->
  <div id="inputFormBlock" class="modalWindow">
    <a id="closeModal" href="#">X</a>
    <h2>Modal Window</h2>
    <form id="inputForm" action="#">
      <label for="personId">ID</label>
      <input type="text" id="personId" size="3" readonly="true"/>
      <label for="personName">名前</label>
      <input type="text" id="personName" size="10"/>
      ........
      <button id="registerButton">登録</button>
    </form>
  </div>
</div>
<!-- 人員テーブル -->
<div id="tableFormBlock">
  <form id="tableForm" action="#">
```

```
    <table id="personTable" border="1">
      ........
      <tbody>
      </tbody>
    </table>
    <button id="openModal">新規</button>
  </form>
</div>
```

次にJavaScriptのコードを示します。

◉コード13-7 「人員」を動的に追加するためのJavaScriptのコード

```
jQuery(function($) {
  ........
  $('#openModal').on('click', function(event) { // ❶
    event.preventDefault();
    // モーダルウィンドウを開く
    $('#modalBase').css('visibility', 'visible');
  });
  $('#personTable').on('click', 'button[name="edit"]', function(event) { // ❷
    // モーダルウィンドウにデータを連携する
    ........
    // モーダルウィンドウを開く
    $('#modalBase').css('visibility', 'visible');
  });
  $('#registerButton').on('click', function(event) { // ❸
    // モーダルウィンドウに入力されたデータを人員テーブルに追加または上書きする
    ........
    // モーダルウィンドウを閉じる
    $('#modalBase').css('visibility', 'hidden');
  });
  $('#closeModal').on('click', function(event) { // ❹
    event.preventDefault();
    // モーダルウィンドウを閉じる
    $('#modalBase').css('visibility', 'hidden');
  });
});
```

ユーザは人員を追加したい場合「新規」ボタンを押下すると、イベントハンドラ❶によってモーダルウィンドウが開きます。また既存の人員データを編集したい場合は「編集」ボタンを押下すると、イベントハンドラ❷によってモーダルウィンドウが開き、当該の人員データがモーダルウィンドウに反映されます。

ユーザがモーダルウィンドウへの人員データの入力を完了し、「登録」ボタンを押下すると、イベントハンドラ❸が呼び出されます。このハンドラの中で、新規の場合は人員テーブルに新規データが追加され、編集の場合は人員テーブルの既存データが上書きされ、その後モーダルウィンドウは自動的に閉じられます。

ユーザが「X」ボタンをクリックした場合は、イベントハンドラ❹によって、データは処理されることなくモーダルウィンドウは閉じられます。

■サブウィンドウを利用する方式

この方式は当該データ入力のための専用のサブウィンドウを作成し、ユーザがデータを追加する時点で何らかのボタン押下を契機にサブウィンドウを開き、入力が完了したら自動的に閉じる、というものです。

元のウィンドウ（親ウィンドウ）とサブウィンドウの間ではデータ連携が必要になりますが、そのための方法には主に2つがあります。一つは「別ページに遷移する方式」と同じようにサーバサイドのセッション変数を介して行うというものです。親ウィンドウとサブウィンドウは同一のクッキーを持つため、サーバサイドでセッション変数は共有されます。

もう一つはウィンドウ同士でデータ連携を行うというものです。この方式の方がサーバサイドへの影響は少なくなりますが、ウィンドウ同士でデータ連携をするためには比較的複雑な実装が必要です。

ここでも「人員管理アプリケーション」を例として取り上げます。親ウィンドウとサブウィンドウのデータ連携は、ウィンドウ同士で行うものとします（図13-10）。

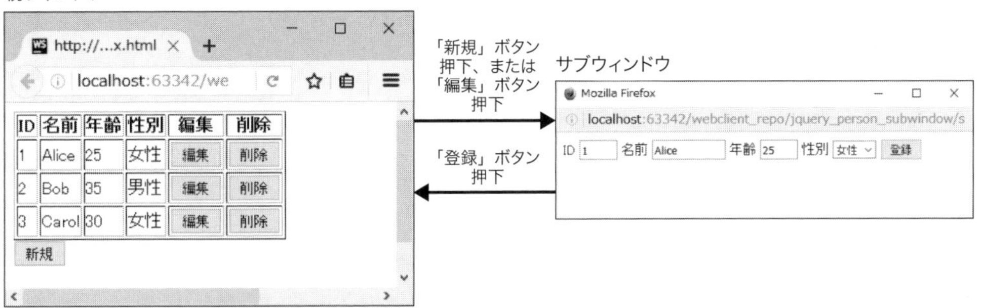

●図13-10　サブウィンドウで入力フィールドを追加

まず「新規」ボタンが押下されたときの処理を説明します。以下のイベントハンドラが呼び出され、Webブラウザ上で新規のサブウィンドウが開きます。

```
$('#openSubWindow').on('click', function(event) {
  ........
  var subWindow = window.open('./subWindow.html', 'subWindow',
      'width=500, height=100, toolbar=no, menubar=no, scrollbars=no');
});
```

このようにサブウィンドウは、windowオブジェクトのopenメソッドによって開きます。ここでは特に親ウィンドウからサブウィンドウへのデータ連携は必要ありません。なお上記コードはウィンドウの大きさ（width、height）を指定していますが、指定しないと新しいタブとしてウィンドウが開きます。また上記コードではウィンドウ名（"subWindow"）を指定していますが、このようにすると親ウィンドウから何度サブウィンドウを開いても、１つのウィンドウしか開かないようにすることができます。

次に「編集」ボタンが押下されたときの処理です。この場合は、サブウィンドウに選択された人員データを表示する必要があるため、親ウィンドウからのデータ連携が必要です。「編集」ボタン押下のイベントハンドラを以下に示します。

```
$('#personTable').on('click', 'button[name="edit"]', function(event) {
  ........
  var queryString = $.param(person);
  var url = './subWindow.html?' + queryString;
  var subWindow = window.open(url, 'subWindow',
      'width=500, height=100, toolbar=no, menubar=no, scrollbars=no');
});
```

親ウィンドウからサブウィンドウへのデータ連携は、サブウィンドウのURLにクエリ文字列を付与することで行います。サブウィンドウ側ではクエリ文字列として連携されたデータをパースし、自身の入力フィールドにデータをセットする必要があります。

次にサブウィンドウ側で「登録」ボタンが押下されたときの処理を説明します。今度はサブウィンドウに入力された人員データを親ウィンドウの「人員テーブル」に反映する必要があるため、サブウィンドウからのデータ連携が必要です。

「登録」ボタン押下のイベントハンドラを以下に示します。

```
$('#registerButton').on('click', function(event) {
  event.preventDefault();
  var personId = $('#personId').val();
  var personName = $('#personName').val();
  var age = $('#age').val();
  var gender = $('#gender').val();
  var person = {personId: personId, personName: personName, age: age, gender: gender};
  if (personId === '') {
    window.opener.addRowToPersonTable(person); //「新規」ボタン押下のときは追加
  } else {
    window.opener.updateRowToPersonTable(person); //「編集」ボタン押下のときは上書き
  }
  window.close();
});
```

サブウィンドウは、自らを開いた親ウィンドウへの参照をwindowオブジェクトのopenerプロパティに保持しています。サブウィンドウで入力されたデータは、このopenerプロパティを介して直接親ウィンドウのメソッドに引数として渡すことができます。

このように「サブウィンドウを利用する方式」は全般的に実装が複雑になる傾向があり、「モーダルウィンドウを利用する方式」の方が有利な点が多いため、採用するには慎重な検討が必要となるでしょう。

13.3.6 ファイルアップロードの設計パターン

Webアプリケーションでは、WebブラウザにおいてPDFやEXCELなどのファイルを選択し、サーバサイドにアップロードしたいケースがあります。

Webブラウザでユーザにファイルを選択させるには、HTMLのファイル選択ボックス（<input type="file">タグ）を利用します。ファイル選択ボックスのmultiple属性に"multiple"を指定すると、一度に複数のファイルを選択させることも可能です。

ここでは、ユーザがファイル選択ボックスによって選択したファイルを、サーバサイドにアップロードするための設計パターンを紹介します。なおサーバサイドにおいてアップロードされたファイルを処理するための設計パターンについては11.2.1～11.2.2項で取り上げていますので、適宜参照してください。

■フォームのサブミットでアップロードする方式

この方式は選択されたファイルを、フォームのサブミットを契機に他の入力値と一緒にサーバサイドにアップロードするものです。実装も容易であり、一般的によく利用されています。フォームのコンテントタイプ（<form>タグのenctype属性）には、ファイルが他の入力値と同一のHTTPリクエストで混在可能となるように、マルチパート（"multipart/form-data"）を指定する必要があります。

■Ajaxでアップロードする方式

この方式はファイルの選択を契機にAjaxでサーバサイドにアップロードするものです。送信するデータは「フォームのサブミットでアップロードする方式」とは異なり、選択されたファイルのみとなります。

この方式を実現するための実装例を、以下に示します。

```
$('#fileChooseBox').on('change', function(event) {
  event.preventDefault();
  var formData = new FormData(); //❶
  var files = this.files;
  $.each(files, function(i, file) {
    formData.append('file', file); //❷
  });
  $.ajax({
    url: '/servlet_upload/FileUploadServlet',
    type: 'POST',
    data: formData, //❸
    contentType: false, //❹
    processData: false,
    success: function(response) {
      $.each(files, function(i, file) {
        $('#result').append("<div>完了 ---> " + file.name + "</div>");
      });
  ........
});
```

ファイルアップロードは、ファイル選択ボックス（#fileChooseBox）の選択（changeイベント）のイベントハンドラに実装します。Ajaxでファイルをアップロードするためには、HTML5で導入された組み込みオブジェクトFormDataを利用します。まずFormDataのインスタンスを生成し❶、ファイル選択ボックスで選択されたファイル（複数の可能性あり）を順次追加します❷。次にjQueryの$.ajax関数によってAjax通信を行います。dataプロパティには生成したFormDataインスタンスを指定します❸。またFormDataを利用する場合は、contentTypeプロパティにはfalseを指定します❹。

■複数ファイルを添付する方法

添付するファイルが複数あり、いくつ添付するかを事前に決められないケースでは、前述したようにファイル選択ボックスのmultiple属性に"multiple"を指定することで、一度に複数のファイルを選択することが可能になります。ただし、この方法ではあくまでも1つのフォルダ内からしか複数ファイルを選択できませんので、ユーザの利便性は必ずしも高くはありません。

このようなケースでは、「13.3.5 入力フィールドを動的に追加するパターン」によってファイル選択ボックスを動的に追加可能にするとよいでしょう。アップロードの方式は、フォームのサブミットでもAjaxでもどちらでも問題ありません。

13.3.7 複数サブミットを抑止する設計パターン

ユーザが一度フォームをサブミットした後、サーバサイドで当該のリクエスト処理が何らかの理由で間延びすると、同じページから何度でもサブミットボタンを押下できてしまいます。このような誤操作が行われると、同じリクエストが複数回送信されるため、データの不整合が発生する可能性があります。

この問題の対策として、jQueryによって以下のようにイベントハンドラを実装します。

```
$('#myForm').on('submit', function() {
  $('button[type="submit"]').attr('disabled', true);
});
```

ここでは、"myForm"というIDのフォームに、<button>タグでサブミットボタンが配置されているものとします。このように実装すると、フォームのサブミットを契機にサブミットボタンが無効化されユーザはボタンを押下できなくなるため、複数サブミットを抑止できます。

13.4 サーバプッシュ

従来のクライアント・サーバ型のシステムでは実現できていたにも関わらず、Webアプリケーション化によって実現が困難になった機能の一つに、サーバサイドからWebページへのリアルタイムな通知があります。これをサーバプッシュと呼びます。WebアプリケーションではWebページとサーバサイドの連携プロトコルには通常HTTPを使いますが、HTTPは同期型のプロトコルのため、サーバプッシュを実現するためには何らかの工夫が必要となります。

ここでは、サーバプッシュを実現するための設計パターンを3つ紹介します。あくまでもHTTPの利用を前提とし、設計上の工夫によってサーバプッシュを実現するのがポーリング方式とロングポーリング方式。HTTPとは異なる新しい通信プロトコルを利用して、効率的にサーバプッシュを実現するのがWebSocket方式となります。

13.4.1 ポーリング方式

この方式では、WebブラウザからAjaxを利用して定期的にHTTPで問い合わせを行い、サーバサイドでイベントが発生していた場合に、それを応答メッセージとして返送します。

この方式はWebページ、サーバサイド、いずれも比較的シンプルな仕組みで実現できる点がメリットです。ただしポーリングという処理の特性上、イベントをリアルタイムにWebページに通知することはできません。また一定間隔でWebページからの問い合わせのリクエストが発生しますので、リソースの観点でも効率的ではありません。リアルタイム性を高めるためにはポーリングの間隔を短くする必要があり、リソース使用効率はさらに悪化します。

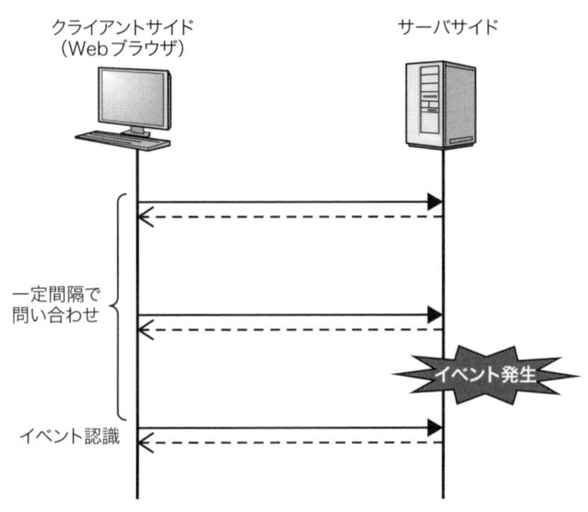

●図13-11 ポーリング方式

13.4.2 ロングポーリング方式

ロングポーリングは別名「Comet」と呼ばれています。WebブラウザからAjaxによって送信されたHTTPリクエストをサーバサイドで受信したら、そのコネクションを「繋ぎっぱなし」にします。そしてサーバサイドでイベントが発生したら、「繋ぎっぱなし」にしたコネクションを利用してWebブラウザにイベントを返送します。

このようにすることで、イベントをリアルタイムにWebブラウザに通知することが可能になります。サーバサイドでは、イベントをHTTPレスポンスとしてWebブラウザに返送した後、すべてのWebブラウザからのコネクションをいったん切断します。Webブラウザ側はイベントの通知を受けたら、次のイベントに備えて直ちに次のHTTPリクエストを送信し、再び「繋ぎっぱなし」の状態を作ります。

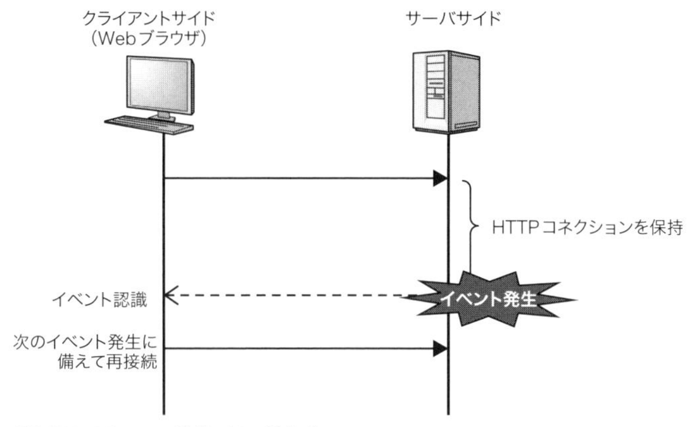

◎図13-12　ロングポーリング方式

この方式も、ポーリング方式と同様に特別な仕組みを導入することなく実現可能ですが、コネクションを「繋ぎっぱなし」にしてイベント発生時に通知するためには、サーバサイドではHTTPリクエストを受け付けるスレッド一つひとつがWebブラウザとの接続を保持し続ける必要があるため、リソースへの影響は相応に高くなります。クライアント数の増大に伴って、サーバサイドで深刻なリソース不足に陥るリスクを考慮する必要があります。

非同期サーブレット（10.4.1項）を利用すると、「Webブラウザからの接続を受け付けるスレッド」と、「Webブラウザとの接続を保持するスレッド」を分離することが可能になるため、リソースへの影響を最小限に抑えながらロングポーリングを実現することが可能になります。

ここで、ロングポーリングによって複数Webブラウザ間で「チャット」を行うアプリケーションを例として取り上げます。まずは、WebページのHTMLコードとJavaScriptプログラムを以下に示します。

◉コード13-8　ロングポーリング方式チャットのHTMLコード

```
<body>
  <input type="button" id="connectButton" value="接続" />
  <div>
    <input type="text" id="message" />
    <input type="button" id="sendButton" value="送信" />
  </div>
  <div id="messages"></div>
</body>
```

◉コード13-9　ロングポーリング方式チャットのJavaScriptプログラム

```
jQuery(function($) {
  //「接続」ボタンのイベントハンドラ
  $('#connectButton').click(function(event) { // ❶
    connect();
  });
  function connect() { // ❷
    $.ajax({
```

```
      url : '/servlet_chat/ConnectServlet',
      type : 'GET',
      success : function(response) {
        $('#messages').append(response + "<br />");
      },
      // メッセージが配信されるたびに接続が終了するため、直ちに再接続を行う
      complete: connect // ❸
    });
  }
  //「送信」ボタンのイベントハンドラ
  $('#sendButton').click(function(event) { // ❹
    $.ajax({
      url : '/servlet_chat/MessageReceiveServlet',
      type : 'POST',
      data : { message: $('#message').val() }
    });
    $('#message').val('');
  });
});
```

「接続」ボタン押下時のイベントハンドラ❶においてconnectメソッド❷を呼び出し、Ajax通信によってサーバサイドとHTTPの接続を確立します。「送信」ボタン押下時のイベントハンドラ❹では、ユーザが入力したメッセージをAjax通信によってサーバサイド（後述するMessageReceiveServletクラス）に送信します。サーバサイドから各Webブラウザにメッセージが配信されると、当該のメッセージが画面に表示されます。このとき接続がいったん終了してしまうため、Ajax通信の接続終了コールバック関数（completeプロパティに指定）において、直ちにconnectメソッドを呼び出す❸ことで、次のメッセージに備えて再接続を行います。

次にサーバサイドです。まず各Webブラウザと接続を確立するためのサーブレットは、以下のように実装します。

◉コード13-10　Webブラウザと接続を確立する非同期サーブレット（ConnectServlet）

```
@WebServlet(urlPatterns = "/ConnectServlet", asyncSupported = true) // ❺
public class ConnectServlet extends HttpServlet {
    public void doGet(HttpServletRequest request, HttpServletResponse response)
            throws ServletException, IOException {
        // AsyncContextを取得する
        AsyncContext aContext = request.startAsync(); // ❻
        // AsyncContextをセットアップする
        aContext.addListener(new AsyncListenerImpl()); // ❼
        aContext.setTimeout(100000); // タイムアウト値
        // MessageManagerにAsyncContextインスタンスを登録する
        MessageManager manager = MessageManager.getInstance();
        manager.addContext(aContext); // ❽
    }
```

```
    class AsyncListenerImpl implements AsyncListener { // ❾
        ........
        // タイムアウト発生時に呼び出される
        @Override
        public void onTimeout(AsyncEvent event) throws IOException {
            // 元のサーブレットにディスパッチする
            AsyncContext aContext = event.getAsyncContext();
            aContext.complete();
            aContext.dispatch(getServletContext(), "/ConnectServlet");
        }
    }
}
```

サーブレットでは@WebServletアノテーションのasyncSupported属性にtrueを指定する❺と、非同期実行が可能になります。非同期タスクを実行するためには、まずAsyncContextを取得します❻。AsyncContextは「Webブラウザとの接続を保持するスレッド」として、「Webブラウザからの接続を受け付けるスレッド」とは切り離して動作させることができます。次に取得したAsyncContextに、非同期タスクが終了したときにコールバックされるリスナを登録します❼。リスナはAsyncListenerインタフェースをimplementsして作成します❾。そしてAsyncContextを、後述するMessageManagerクラス（複数のWebブラウザとの接続を管理するシングルトン）に引き渡します❽。これで「Webブラウザとの接続」を保持する非同期タスクが、このサーブレットとは別のシングルトンで管理され始めます。

続いて、Webブラウザからメッセージを受け付けるためのサーブレットのコードを示します。

◉コード13-11　メッセージを受け付けるサーブレット（MessageReceiveServlet）

```
@WebServlet("/MessageReceiveServlet")
public class MessageReceiveServlet extends HttpServlet {
    public void doPost(HttpServletRequest request, HttpServletResponse response)
            throws ServletException, IOException {
        MessageManager manager = MessageManager.getInstance();
        String message = request.getParameter("message"); // ❿
        if (message != null) {
            manager.pushMessage(message); // ⓫
        }
    }
}
```

このクラスは同期型の通常のサーブレットです。Webブラウザから送信されたメッセージを取り出し❿、それをMessageManagerクラスに通知します⓫。

最後に複数の「Webブラウザとの接続」を管理し、受け付けたメッセージを一斉に配信するクラス（MessageManagerクラス）のコードを示します。

◉コード13-12　「Webブラウザとの接続」を管理するクラス (MessageManager)

```
public class MessageManager {
    // シングルトン実装
    private static MessageManager instance = new MessageManager();
    ........
    // チャットに参加中のWebブラウザとの接続（AsyncContext）を保持するセット型変数
    private Set<AsyncContext> contextSet = Collections.synchronizedSet(
            new HashSet<AsyncContext>()); //⓬
    // AsyncContextを登録する
    public void addContext(AsyncContext aContext) { //⓭
        contextSet.add(aContext);
    }
    // メッセージを配信する
    public void pushMessage(String message) { //⓮
        synchronized(contextSet) {
            Iterator<AsyncContext> i = contextSet.iterator();
            while (i.hasNext()) { //⓯
                AsyncContext aContext = i.next();
                ServletResponse response = aContext.getResponse();
                response.setContentType("text/plain; charset=UTF-8");
                try {
                    // Webブラウザにメッセージを配信する
                    PrintWriter out = response.getWriter();
                    out.println(message);
                    out.flush(); //⓰
                } catch(IOException ioe) {
                    i.remove();
                } finally {
                    // AsyncContext（Webブラウザとの接続）をいったん終了する
                    aContext.complete(); //⓱
                }
            }
        }
        // 再接続に備えてすべてのAsyncContextをクリアする
        contextSet.clear();
    }
}
```

このクラスは、シングルトンとして実装しています。新たなWebブラウザから接続があるたびに（チャットへの参加があるたびに）、ConnectServletクラスからaddContextメソッド⓭が呼び出され、「Webブラウザとの接続」を表すAsyncContextのインスタンスがセット型変数⓬に登録されます。また新しいメッセージが送信されると、MessagePushServletクラスからpushMessageメソッド⓮が呼び出されます。このメソッドでは、登録されたすべてのAsyncContextインスタンスを取り出し、ループ処理⓯によって各Webブラウザにメッセージを配信します⓰。配信が終わったら、次のメッセージに備えてWebブラウザとの接続はいったん終了します⓱。

13.4.3 WebSocket方式

前述したポーリング方式やロングポーリング方式はあくまでもHTTPの利用が前提になりますが、HTTPは本来はサーバプッシュのための技術ではないため、以下のような課題があります。

・リアルタイム性が低い（ポーリング方式）
・リソースの使用効率が低い（ポーリング方式、ロングポーリング方式）

このような課題を解消し、効率的にサーバプッシュを実現するために生まれたのがWebSocketという新しいプロトコルです。

WebSocketはHTML5の一つの機能として仕様が策定されました。WebSocketでWebページとサーバサイドの通信を行うためには、HTML5に準拠したWebブラウザがHTML5をサポートしている必要があるため注意が必要ですが、昨今のモダンブラウザは軒並みHTML5をサポートしていますので、WebSocketを利用しやすい環境は整備されつつあります。

WebSocketではまずHTTPで通信を開始し、Protocal Switchingによって WebSocketに移行します。WebSocketはHTTPに比べるとヘッダサイズが小さいためネットワーク帯域への影響は小さく、大量のトラフィックを処理するのに適している点が利点です。

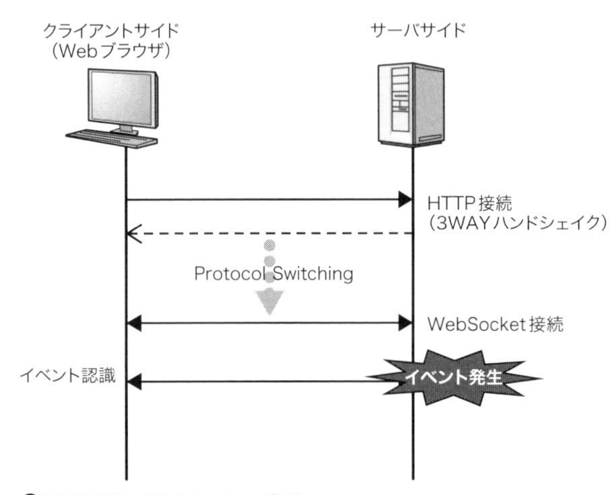

●図13-13　WebSocket方式

以下に、ロングポーリング方式で取り上げたのとまったく同じチャットアプリケーションを、WebSocketによって実現する実装例を示します。まずはWebページのコードを以下に示します。HTMLコードはコード13-8と同様となるため省略します。

◉コード13-13　WebSocket方式チャットのJavaScriptプログラム

```
jQuery(function($) {
  var ws = null; // WebSocketインスタンスを代入する変数
```

```
  //「接続」ボタンのイベントハンドラ
  $('#connectButton').on('click', function(event) { //❶
    // WebSocketの接続を確立する。
    ws = new WebSocket('ws://localhost:8080/websocket_chat_server/chat'); //❷
    // メッセージ受信時のイベントハンドラを定義する
    ws.onmessage = function(message) { //❸
      $('#messages').append('<div>' + message.data + '</div>');
    }
    // エラー発生時のイベントハンドラを定義する
    ws.onerror = function(event) { .... }
  });
  //「送信」ボタンのイベントハンドラ
  $('#sendButton').click(function(event) { //❹
    ws.send($('#message').val());
    $('#message').val('');
  });
});
```

「接続」ボタン押下時のイベントハンドラ❶において、WebSocketのインスタンスを生成することでサーバサイドとの接続を確立します❷。「送信」ボタン押下時のイベントハンドラ❹では、このユーザが入力したメッセージをWebSocketによってサーバサイドに送信します。サーバサイドからメッセージが配信されると、メッセージ受信時のコールバック関数（WebSocketオブジェクトのonmessageプロパティ）が呼び出されます❸。このコールバック関数において、配信されたメッセージを画面に表示します。

次にサーバサイドです。Java EEにはWebSocketのエンドポイントを作成するためのAPI（WebSocket API）があるため、これを利用します。

◉コード13-14　チャットのWebSocketエンドポイントクラス

```
@ServerEndpoint("/chat") //❺
public class ChatServerEndpoint {
    private static Set<Session> sessionSet = Collections.synchronizedSet(
            new HashSet<Session>()); //❻
    // WebSocketの接続を確立する
    @OnOpen
    public void onOpen(Session session) { //❼
        sessionSet.add(session);
    }
    // WebSocketのメッセージを受信する
    @OnMessage
    public void onMessage(String message, Session session) //❽
            throws IOException {
        for (Session eachSession : sessionSet) {
            eachSession.getBasicRemote().sendText(message); //❾
        }
    }
```

```
    // WebSocketの接続を終了する
    @OnClose
    public void onClose(Session session) {
        sessionSet.remove(session);
    }
}
```

Java EEでは、WebSocketのエンドポイントクラスは、POJOに対して@ServerEndpointアノテーションを付与する❺ことで作成します（属性にはこのエンドポイントクラスのパスを指定）。

Webブラウザからの WebSocketの接続要求があると、@OnOpenアノテーションを付与したメソッド❼が呼び出され、Webブラウザとの接続情報を表すSessionが渡されます。このメソッドでは、セット型変数（sessionSet❻）に当該Webブラウザとの接続を登録します。Webブラウザからメッセージ送信があると、@OnMessageアノテーションを付与したメソッド❽が呼び出され、メッセージが文字列として渡されます。このメソッドでは、sessionSet変数からすべてのWebブラウザとの接続情報を取り出し、ループ処理によって各Webブラウザにメッセージを配信します❾。

このようにWebSocketを利用すると、リアルタイムなサーバプッシュを、ロングポーリングよりも効率的に実装することが可能になります。サーバプッシュを実現するためのパターンとしては、システム環境の制約が特にない限りは、今後はWebSocketを利用するのが得策でしょう。

13.5 CSSによるWebページのレイアウト設計パターン

CSSは、Webページの見た目（フォント、色、行間、余白など）やレイアウトを定義するための仕組みです。HTMLの中に見た目やレイアウトに関する記述を埋め込むこともできますが、HTMLは本来の目的であるマークアップ（データの構造化）に特化し、見た目やレイアウトはCSSに分けて記述した方が、Webページの保守性が高まります。CSSには数多くの機能がありますが、本書ではアプリケーション設計の観点から、CSSを活用したWebページのレイアウト設計を取り上げます。

ここでは図13-14のように、全体（#container）がサイドバー（#sidebar）とメイン部（#main）から構成されるWebページを取り上げ、そのレイアウト設計のためのパターンを紹介します。

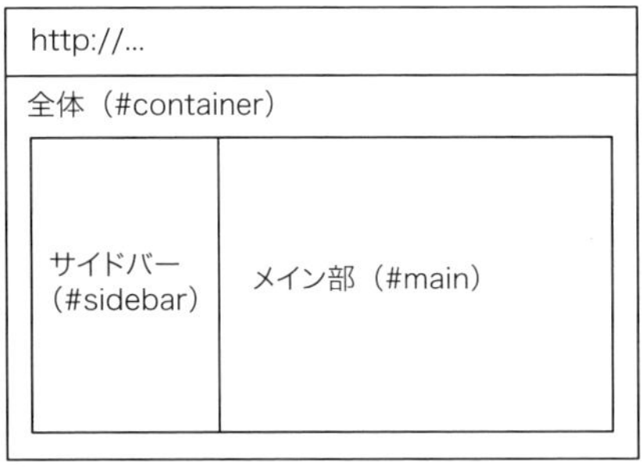

●図13-14　Webページ全体のレイアウト

■固定的なレイアウト方式

これは、スクリーンサイズの大きさに関わらず常にレイアウトを固定化する方式です。クライアント端末のスクリーンサイズを事前に決めることができるケースでは、この方式を採用することが多いでしょう。

◉コード13-15　固定的なレイアウトのためのCSSコード

```
#container {
  width: 1024px; ❶
  float: left;
  ........
}
#sidebar {
  width: 200px; ❷
  float: left;
  ........
}
#main {
  width: 824px; ❸
  float: left;
  ........
}
```

このCSSの適用によって、Webページ全体の幅は1024ピクセル❶に、サイドバーの幅は200ピクセル❷に、メイン部の幅は824ピクセル❸にそれぞれ固定されます。PCの解像度がいくつであろうとも、またWebページのウィンドウサイズをユーザが変えても、これらの幅は常に固定化されています。

■流動的なレイアウト方式

これは、スクリーンサイズに応じて流動的にレイアウトが変わる方式です。クライアント端末のスクリーンサイズを事前に決めることができないケースで採用します。

◉コード13-16　流動的なレイアウトのためのCSSコード

```
#container {
  width: 100%;
  float: left;
  ........
}
#sidebar {
  width: 15%; ❶
  float: left;
  overflow: hidden; ❷
  ........
}
#main {
  width: 85%; ❸
  float: left;
```

```
  ........
}
```

サイドバーの幅を15%❶に、メイン部の幅を85%❸に指定していますので、PCの解像度やWebページのウィンドウサイズ変更に応じて流動的に幅が変化します。ただしこれだけでは、Webページの幅が小さいときにサイドバーの文字がメイン部にはみ出してしまいますので、サイドバーのoverflow属性にhiddenを指定する❷ことで、メイン部の下に回り込むようにしています。

■固定的と流動的の組み合わせ方式

これは、固定的なレイアウトと流動的なレイアウトを組み合わせた方式です。流動的レイアウトでは、サイドバーが全体の幅に応じて変化してしまいますが、サイドバーのみは固定的にしたいというニーズが考えられます。このようにWebページの一部のブロックは固定的にし、それ以外の部分を流動的にしたいケースでこの方式を利用します。

ここで新たにメイン部（#main）の外側に、コンテント部（#content）を定義します（図13-15）。

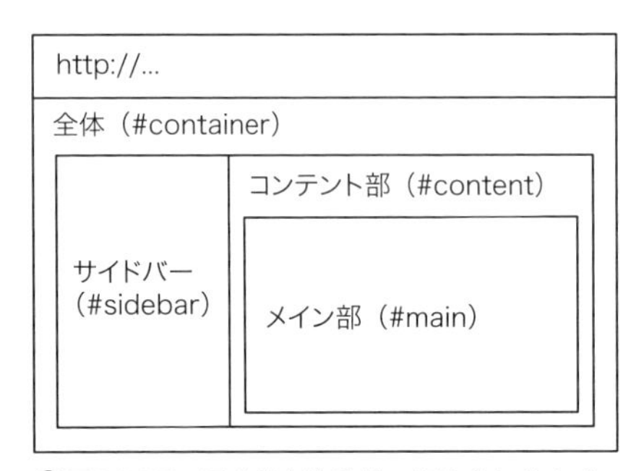

●図13-15　固定的と流動的の組み合わせ方式

◉コード13-17　サイドバーのみを固定的にして、コンテント部を流動的にするCSSコード

```
#container {
  width: 100%; ❶
  float: left;
  ........
}
#sidebar {
  width: 200px;
  float: left; ❷
  margin-right: -200px; ❸
  ........
}
#content {
  width: 100%; ❹
  float: right; ❺
  ........
}
```

```
#main {
  margin-left: 200px; ❻
  ........
}
```

この方式は、CSSの特性を活かして少々複雑な実装によって実現します。まずコンテント部についてはwidth属性に100%❹、float属性にright❺を指定し、サイドバーについてはfloat属性にleft❷、margin-right属性に-200ピクセル❸を指定します。このようにすると全体はコンテント部で覆われますが、左に位置するサイドバーの右マージンがマイナスになっていることから、サイドバーが200ピクセル分（自身の幅と同一）だけコンテント部側にはみ出して表示されます。さらにメイン部を工夫し、margin-left属性に200ピクセル❻（サイドバーの幅と同じ）を指定することで、サイドバーとメイン部が重複しないようにします。

このようにすると、このWebページ全体は流動的なためメイン部はWebページの大きさに応じて変化しますが、サイドバーは固定的なためWebページの大きさの影響を受けません。

さらにメイン部のレイアウトを、Webページの幅（ピクセル）に応じて固定的にすることもできます。❶を以下のように修正すると、

```
  max-width: 1280px;
  min-width: 960px;
```

960ピクセルから1280ピクセルの範囲ではメイン部は固定化、この範囲を超えたときにはじめて流動的に大きさを変えるようにすることができます。

■レスポンシブなレイアウト方式

クライアント端末として様々なスクリーンサイズが想定される場合、「固定的と流動的の組み合わせ方式」を採用することで、ある程度はレイアウトを柔軟に切り替えることができますが、限界があります。

HTML5（CSS3）の一機能として導入されたメディアクエリを使うと、スクリーンサイズに応じて適用するCSSを動的に切り替えることができます。このようにメディアクエリを利用した柔軟なレイアウトを、「レスポンシブWebデザイン」と呼びます。

◉コード13-18　メディアクエリによってCSSを切り替えるコード

```
@media screen and (min-width: 1024px) { ❶
  #container {
    width: 1024px;
    ........
  }
  #sidebar {
    width: 200px;
    ........
```

```
  }
  #main {
    width: 824px;
    .........
  }
}

@media screen and (min-width: 800px) and (max-width: 1023px) { ❷
  #container {
    width: 800px;
    .........
  }
  #sidebar {
    width: 120px;
    .........
  }
  .........
}
```

まず❶のように記述すると、メディアタイプがスクリーン（クライアント端末の画面）であり※6、サイズが1024ピクセル以上のときに適用されるCSSを指定できます。Webブラウザは自身のスクリーンサイズを認識しており、自動的に適用するCSSを切り替えます。また❷では同じように、スクリーンサイズが800ピクセル以上1023ピクセル以下のときに適用されるCSSを指定しています。

なおメディアクエリは、以下のように<link>タグでCSSファイルを取り込むときに指定することも可能です。

```
<link rel="stylesheet" href="foo.css" media="screen and (min-width: 1024px)">
```

■マルチデバイス向けWebアプリケーションのレイアウト

昨今のエンタープライズシステムは、PCだけではなくタブレットやスマートフォンなど、スクリーンサイズ（解像度）が異なる様々なデバイスを、クライアント端末として利用するケースが増えつつあります。

このようなケースに対応するために、従来のWebアプリケーションでは、デバイスの種類ごとにWebページやCSSファイルを作成し、リクエスト処理のときにユーザの実際のデバイスを判定（HTTPヘッダのUser-Agentを利用）して切り替える方式を採用してきました。その点、前述したレスポンシブWebデザインを適用すると、様々なスクリーンサイズに対応したWebページやCSSファイルをワンソースで管理できるため、保守性の向上が期待できます。ただしこのときスクリーンサイズに応じて大幅にUIを切り替えてしまうと、ワンソースであることの利点が損なわれてしまうため、レスポンシブWebデザインである以上、なるべく共通的なUIの比率を高くした方が得策です。逆にそうすることによってUIに対する要求が実現できない場合は、レスポンシブWebデザインをあきらめざるをえないケースもあ

※6　Webページにおいてよく利用するその他のメディアタイプには、"print"（プリンタ）などがある。

るでしょう。

　このようにマルチデバイスへの対応が求められるWebアプリケーションでは、レスポンシブWebデザインによってWebページをワンソース化するか、または従来のようにデバイスの種類ごとにWebページを作成するかという点について、UIに対する要件とアプリケーションの保守性とのトレードオフを適切に見極めた上で、選択する必要があります。

第14章 シングルページアプリケーションの設計パターン

14.1 シングルページアプリケーションと従来型Webアプリケーション

サーバサイドで稼働し、クライアントとしてWebブラウザを利用するアプリケーションを、後述するシングルページアプリケーションと明確に区別するために、この章では「従来型Webアプリケーション」と呼称します。従来型Webアプリケーションの最も特徴的な点は、サーバサイドで処理を行い、その結果を含むWebページを動的に生成する点にあります。生成されたWebページがWebブラウザに返却されると、画面遷移が行われます。第13章で取り上げたように、従来型WebアプリケーションにDHTMLやAjaxの技術を取り込むとユーザの操作性・利便性を高めることができますが、これらの処理はあくまでも補完的な位置付けであり、大半のビジネスロジックはサーバサイドに配置されます。

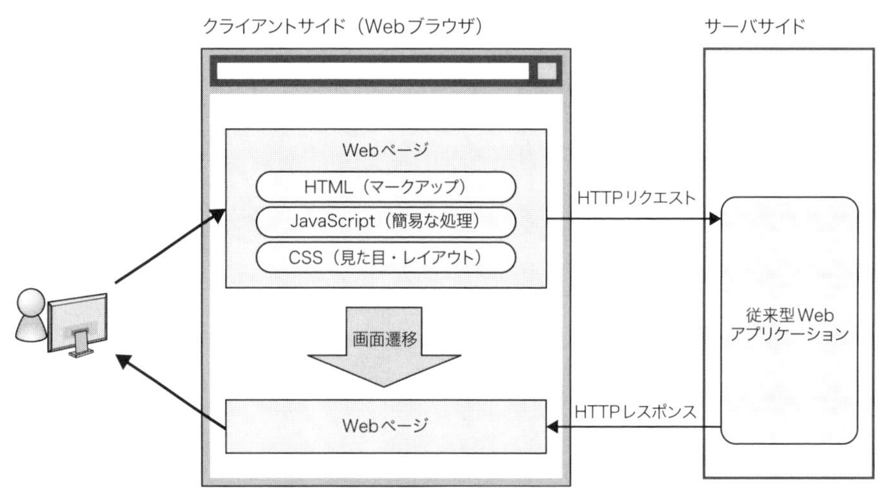

◎図14-1　従来型Webアプリケーション

それに対してシングルページアプリケーション（Single Page Application、以降"SPA"）とは、その名のとおり単一のWebページによって実現されるアプリケーションです。Webページを初回にダウンロードしたら、それ以降は基本的には画面遷移を行いません。

SPAはWebブラウザというプラットフォーム上で動作するため、画面のマークアップ言語としてHTMLを、プレゼンテーションロジックの記述言語としてJavaScriptを、UIのデザインや装飾のためにCSSを、それぞれ利用します。

SPAはクライアントサイドで独立したアプリケーションとして動作しますが、必要に応じてサーバサイドのサービスアプリケーション（3.2.2項）とAjaxで連携します。このときサーバサイドのサービスアプリケーションは、RESTサービスとして構築するケースが一般的です。従来型Webアプリケーションとは異なり、クライアントサイドとサーバサイドは独立したアプリケーション同士の連携（アプリケーション連携）となるため、両者は疎結合になります。

SPAの処理フローは、従来型Webアプリケーションと同様に「ユーザからの入力→ビジネスロジック→ユーザへの結果の出力」という流れになりますが、ビジネスロジックを実行するときに必要に応じてサービスアプリケーションを呼び出し、その結果にもとづいて画面を書き換えます。

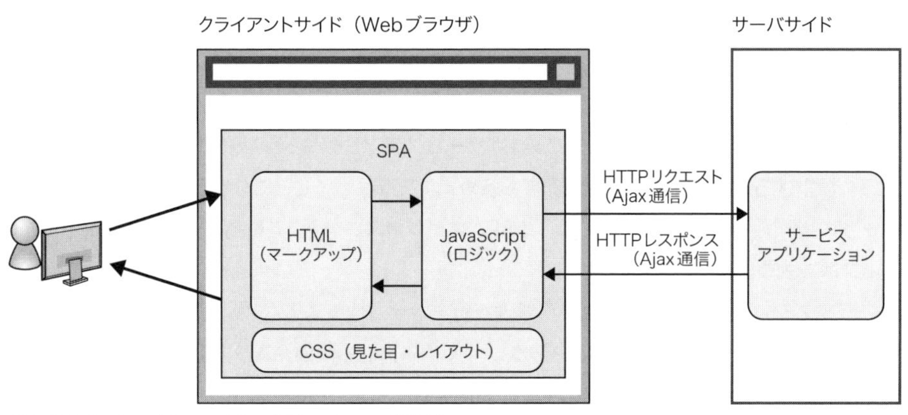

●図14-2　シングルページアプリケーション（SPA）

14.2　SPAの設計パターン

14.2.1　SPAの機能配置

SPAでは、クライアントサイド（SPA）とサーバサイド（サービスアプリケーション）のどちらにどのようにビジネスロジックを配置するのかという点について、戦略を決める必要があります。

■ビジネスロジックをクライアントサイドに集約する戦略

1つ目の戦略は、ビジネスロジックをクライアントサイドに集約するというものです。これは元来からある2ティア構成（クライアント端末とデータベースサーバ）のシステムに近い機能配置となります。2ティア構成のシステムでは、クライアントサイドで稼働するアプリケーションが直接SQLを発行してRDBにアクセスをしますが、SPAではプログラムがJavaScriptとなるためSQLの発行は困難です。

そこでサービスアプリケーション（サーバサイド）がRDBへのCRUD操作をRESTサービス（20.2節）として公開し、SPAはRESTサービスを通してRDBを操作します。この考え方では、サーバサイドに配置されるのはREST呼び出しとSQLを相互に変換するだけの機能となり、クライアントサイドに大半のビジネスロジックが配置されることになります。

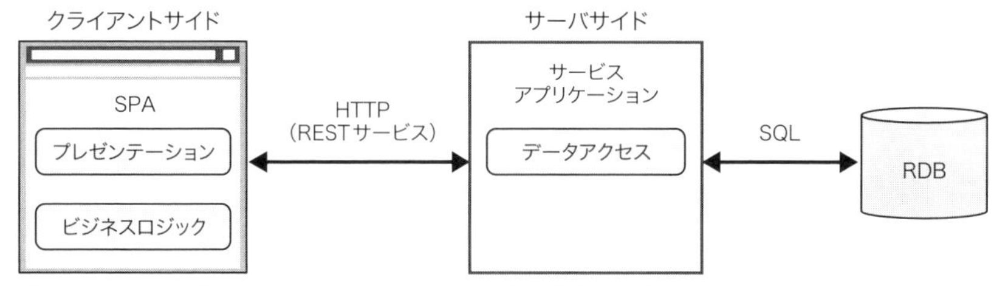

◎図14-3　ビジネスロジックをクライアントサイドに集約する戦略

■ビジネスロジックを分散して配置する戦略

もう一つの戦略は、サーバサイドにおけるビジネス層やインテグレーション層は従来型Webアプリケーションと同様に開発し、従来型Webアプリケーションのプレゼンテーション層に相当する機能を中心にSPA（クライアントサイド）に機能配置する、というものです。

SPA（クライアントサイド）のビジネスロジックはサービスアプリケーション（サーバサイド）と重複感がないように設計することになるため、比較的「薄め」に実装されることになります。ただしパフォーマンスやユーザの操作性の観点で、必要に応じてSPAにビジネスロジックを配置するケースもあります。バリデーションはまさにその典型です。

エンタープライズシステムでは、複雑な業務処理を行ったり、他システムと連携するケースが多いため、必然的にサーバサイドのビジネス層のロジックが「厚め」になる傾向があります。エンタープライズシステムにSPAを適用する場合、このような機能配置になるケースが多くなるでしょう。

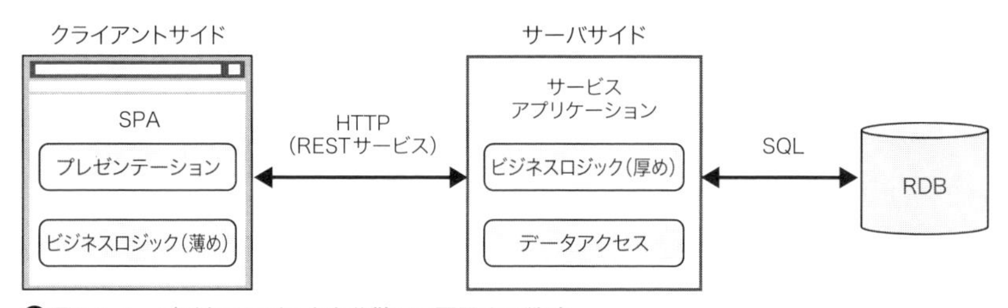

◎図14-4　ビジネスロジックを分散して配置する戦略

14.2.2　SPAのコンポーネント設計パターン

SPAには、MVxパターン（14.4節）やMVVMパターン（14.5節）など、コンポーネント化を目的としたいくつかの設計パターンがあります。まずそれらの設計パターンの前に、比較のためにjQueryのみを用いてSPAを構築するケース（14.3節）を説明します。

ここでは、題材として「人員管理アプリケーション」を取り上げます。このアプリケーションは、人員に関する基本的なCRUD操作を行うためのものです。基本的な処理はすべてクライアントサイドに配置し、画面遷移は行いません。人員に関するCRUD操作を行うときは、サーバサイドとRESTサービスで連携します。画面は、以下のように編集領域とテーブル領域に分かれています。

◉図14-5 「人員管理アプリケーション」の画面

14.3 jQueryのみで構築するケース

■「人員管理アプリケーション」における新規人員の登録処理

では「人員管理アプリケーション」をjQueryのみで構築するケースを見ていきましょう。まず、新規の人員を登録するための処理（画面上部の編集領域にデータを入力し「登録」ボタンを押下したときの処理）を説明します。

◉コード14-1 「人員管理アプリケーション」のJavaScriptプログラム

```
<script type="text/javascript">
  // DOMツリー構築後に呼び出されるjQuery関数
  jQuery(function($) {
    ........
    $('#register').on('click', function(event) { //❶
      // 編集領域の入力値をpersonにセットする
      var personId = $('#personId').val(); //❷
      var personName = $('#personName').val(); //❸
      var age = $('#age').val(); //❹
      var gender = $('#gender').val(); //❺
     var person = {personId: personId, personName: personName, age: age, gender: gender};
      // 新規人員の登録か既存人員の更新かに処理を分岐
      if ($('#personId').val() == '') { //❻
        $.ajax({ //❼
          url: 'http://localhost:8080/person_service/persons',
          type: 'POST',
          data: JSON.stringify(person),
          contentType: 'application/json; charset=UTF-8',
          success: function(response) { //❽
            // 編集領域に入力された人員データをテーブルに追加する
            addRowToPersonTable(response);
            // 編集領域の入力値をクリアする
            $('#personId').val('');  $('#personName').val('');
            $('#age').val(''); $('#gender').val('');
```

```
          }
        });
      } else {
        $.ajax({........});
      }
    });
    ........
  });
</script>
```

このプログラムでは、イベントハンドラ❶によってid属性が#registerの要素に対するclickイベントを監視しています。そしてclickイベントが発動すると、編集領域のid属性が#personId（人員ID）、#personName（名前）、#age（年齢）、#gender（性別）の要素値を取り出し、それぞれ変数に代入します❷❸❹❺。

次に人員IDの有無によって、新規人員の登録か既存人員の更新かに処理を分岐します❻。ここでは、新規人員の登録の処理（IDなし）を見ていきます。まずjQueryの$.ajax関数を呼び出し、Ajax通信によってサーバサイドと連携します❼。Ajax通信が正常終了すると、successプロパティに指定されたコールバック関数❽が呼び出され、サーバサイドから返された人員データ（サーバサイドで採番されたIDを含む）がオブジェクトとして渡されます。この関数の中では、サーバサイドから返された人員データを、addRowToPersonTableファンクション（13.2.2項の同名ファンクションと同じ）にそのまま渡し、画面下部のテーブルに行として追加します。

「人員管理アプリケーション」における既存人員の編集処理

次に、既存人員のデータを編集するための処理（画面下部のテーブル領域で「編集」ボタンを押下したときの処理）を説明します。「編集」ボタンを押下時に呼び出されるイベントハンドラは、以下のようなコードになります。

```
$('#personTable').on('click', 'button[name="edit"]', function(event) {
  var row = $(this).parent().parent(); //❶
  var person = {};
  person.personId = row.children('td:first').text(); //❷
  person.personName = row.children('td:eq(1)').text();
  person.age = row.children('td:eq(2)').text();
  // 男性か女性かを判定して変数person.genderに値を代入する
  ........
  // 編集領域のDOMツリーを更新する
  $('#personId').val(person.personId);
  $('#personName').val(person.personName);
  $('#age').val(person.age);
  $('#gender').val(person.gender);
});
```

このイベントハンドラによって、押下された人員のID、名前などの属性が、画面上部の編集領域に反映されます。それでは、どのようにして選択された人員のIDや名前を取り出しているのか、説明します。

jQueryのイベントハンドラでは、クリックされた要素（ここでは「編集」ボタン）がthisとして渡されるので、それを起点としてDOMツリーを渡り歩いていきます。まず「編集」ボタンの親のさらに親をたどって、当該の人員を表す行、すなわちtr要素を取り出しそれをrow変数に代入します❶。次にその行における1つ目の子要素、すなわち1列目に相当するtd要素のテキストを抽出し、それを押下された人員のIDとして取り出します❷。同じように名前、年齢、性別などのデータも抽出し変数に代入し、最後にその値によって編集領域のDOMツリーを更新しています。

jQueryのみによるアプリケーションの本質的な課題は、「HTML要素をツリー構造化したもの」であるDOMツリーを、「データを保持するための領域」としても併用している点にあります。すなわちビジネスロジックの中で必要なデータを取り出したり、画面に反映させたりするために、セレクタを駆使してDOMツリーを「渡り歩く」必要があるのです。

この処理は、規模が小さいアプリケーションであれば大きな問題にはならないかもしれませんが、上記のようにDOMツリーがある程度大きくなったり処理が複雑になったりすると、難解なコードを記述せざるをえなくなり、保守性の低下を招く可能性があります。

14.4 MVxパターンのフレームワークを利用するパターン

14.4.1 MVxパターンの特徴

MVxパターンとは、MVCパターンやMVPパターンなどコンセプトが比較的よく似ている設計パターンの総称で、SPAを構造化するためのものです。JavaScriptによるSPAではMVxパターンをサポートした有用なフレームワークが多々ありますが、その説明の前にまずは古典的なMVCパターン、MVPパターンの特徴を見ていきましょう。いずれもグラフィカルなUI（GUI）を提供するクライアントサイドのアプリケーションが対象であり、必ずしもSPAのための設計パターンではありませんが、その設計思想を理解しておくことは重要です。

■MVCパターン

ここで取り上げるMVCパターンは、クライアントサイドにおけるGUIアプリケーションのための設計パターンであり、サーバサイドにおけるMVCパターン（4.4節、4.5節）とは異なります。クライアントサイドにおけるMVCパターンの歴史は古く、その起源は1970年代の「Smalltalk-80」にまで遡ります。当時のMVCパターンは、GUIアプリケーションの拡張性・再利用性の向上を目的としたものでしたが、「プレゼンテーションとビジネスロジックを分離する」という基本的なコンセプトはすでに確立されていました。

MVCパターンでは、アプリケーション全体をM（モデル）、V（ビュー）、C（コントローラ）という3つの責務を持ったコンポーネントに分割します（図14-6）。モデルがビジネス的なデータの保持とロジックを担当し、ビューがプレゼンテーションを担当します。

モデルとビューの関係は、ビューがObserverパターン（5.5.1項）によってモデルのイベントを監視し、イベント発生時にはモデルのデータを受け取って自らの表示を書き換えます。Observerパターンの適用によりモデルはビューに依存しなくなります。

一方コントローラは、ビューに状態変化があったときにビューから呼び出されます。コントローラはモデルへの参照を保持していますので、必要に応じてモデルを操作します。

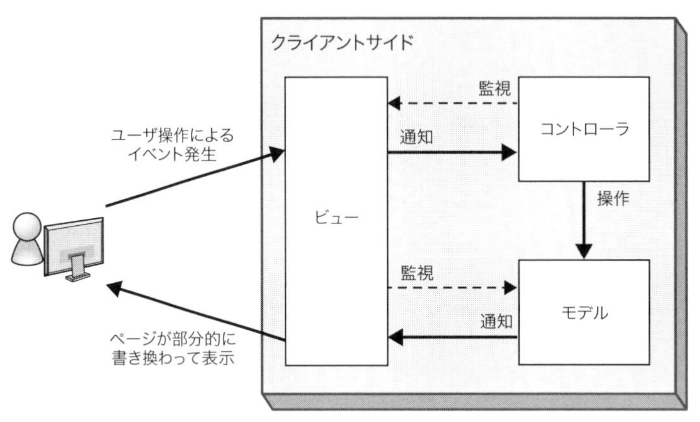

◎図14-6　MVCパターン

■MVPパターン

MVPパターンはMVCパターンから派生したもので、1990年代初頭に登場しました。M（モデル）、V（ビュー）という概念はMVCパターンと同様ですが、コントローラの代わりにP（プレゼンター）というコンポーネントが登場します。MVCパターンとMVPパターンの違いは、前者ではモデルのイベントをビューが監視していたのに対して、後者ではモデルのイベントをビューではなくプレゼンターが監視するという点です。プレゼンターはモデルからイベントの通知を受け取ると、ビューの状態を変化させます（図14-7）。

MVPパターンではビューがモデルを直接監視することはなく、インタフェースのみをプレゼンターに開示しますので、各コンポーネントの独立性が高くなり、単体テストの面で優位性があると言われています。

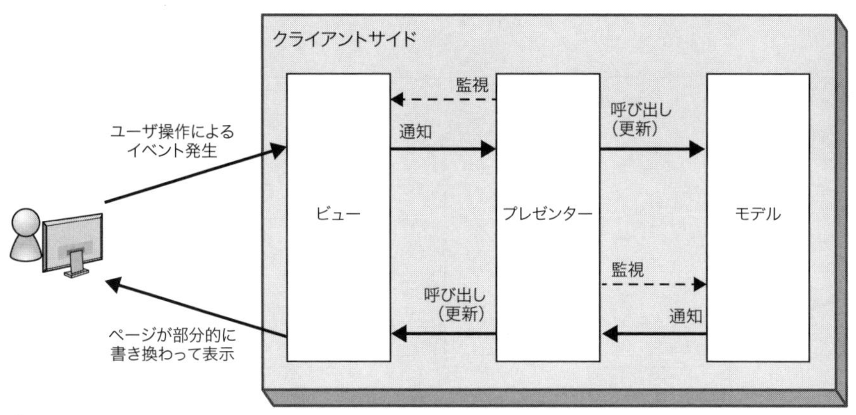

●図14-7　MVPパターン

14.4.2 Backbone.jsによるMVxパターン

SPAをMVxパターンで開発するときには通常、JavaScriptフレームワークを利用します。MVxパターンをサポートするJavaScriptフレームワークにはいくつかの種類がありますが、フレームワークごとにアーキテクチャが微妙に異なっており、厳密な意味では古典的なMVCパターンやMVPパターンとは若干の違いがあります。

MVxパターンをサポートするフレームワークの中でもBackbone.jsは、もっとも典型的なものの一つです。Backbone.jsはMVxパターンを実現するための基本的な機能提供に留まっており、単独で利用するとアプリケーションは冗長な実装が必要になるため、実開発ではBackbone.jsのアドオンであるMarionette.jsを併用することが多いでしょう。

本書では、MVxパターンをサポートするフレームワークとしてBackbone.jsと、そのアドオンであるMarionette.jsを取り上げます。Backbone.jsがMVCパターンなのかMVPパターンなのか、という点については様々な議論がありますが、どちらかに分類することは意味のあることではありません。Backbone.jsが両パターンからエッセンスを抽出した上で、SPA向けに適切に設計されたフレームワークであることを理解しておけば十分ですが、ここでは説明の都合上MVCパターンに属するものとします。

それではBackbone.jsを前提に、モデル、ビュー、コントローラの順に、それぞれのコンポーネントの特徴を説明します。

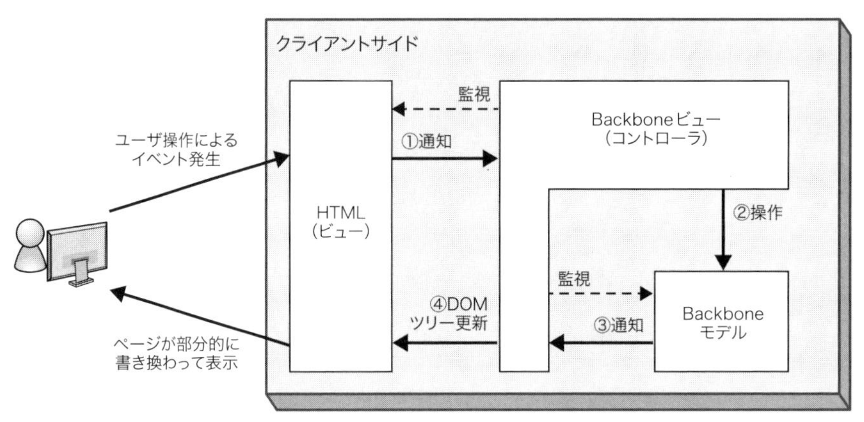

図14-8　Backbone.jsによるMVxパターン

■モデル

MVxパターンにおけるモデルは、他の設計パターンにおけるモデルの役割と同様に、ビジネス的なデータの保持とロジックを担当します。モデル自体はプラットフォームに依存しない概念ですが、Backbone.jsによるアプリケーションでは、フレームワークが提供するオブジェクトを継承したJavaScriptオブジェクトとして実装します。

Backbone.jsにおけるモデルには、「単一のモデル」と「モデルのコレクション」という２つの概念があります。本書では前者を「Backboneモデル」、後者を「Backboneコレクション」と呼称します。

BackboneコレクションはBackboneモデルの集合を表します。Backboneコレクションが必要な理由は、一つにはBackboneモデルの集合をコレクションとして管理することで、テーブルなど繰り返し構造を持ったビューの実装を簡易化できる点にあります。また前述したようにモデルで発生するイベントは監視の対象となりますが、Backboneコレクションがあることで、コレクションに対して発生する追加、削除などのイベントを監視できるようになります。

■ビュー

MVxパターンにおけるビューは、画面上でユーザが対話するインタフェースを担当します。ビューは、UIを提供するプラットフォームに依存した概念です。SPAではプラットフォームはWebブラウザとなりますので、ビューはHTMLやCSSとして実装することになります。Backbone.jsでは通常、HTMLコードの生成にテンプレートライブラリ（Underscore.jsなど）を利用しますので、ビューは「特定のテンプレートライブラリの記法にしたがって記述されたHTMLコード」となります。

MVCパターンではビューには、「モデルのイベントを監視する」という役割があります。Backbone.jsでは、「Backboneビュー」というコンポーネントがモデルのイベントを監視するため、ビューの役割の一翼を担っていると考えることができます。

■コントローラ

Backbone.jsでは、(少々わかりにくいことに)「Backboneビュー」[※7]と呼ばれるコンポーネントがコントローラの役割を担います。SPAにも「入力」→「ビジネスロジック」→「出力」という処理フローがありますので、そのフローに沿って、コントローラであるBackboneビューの動きを見ていきましょう。

まず「入力」です。BackboneビューはDOMツリー上のイベントを監視できますので、ユーザから何らかの入力があるとBackboneビューが呼び出されます(図14-8①)。

次に「ビジネスロジック」です。BackboneビューはBackboneモデルへの参照を保持しており、Backboneモデルを操作できます(図14-8②)。モデルを操作すると、何らかのイベントが発生します。Backboneモデルには様々な組み込みイベントが用意されていますが、任意のイベントを明示的に発生させることも可能です。

最後に「出力」です。Backboneビューは、Backboneモデルで発生するイベントを監視しています。MVCパターンではモデルの監視はビューの責務となりますので、この点においてはBackboneビューはビューの役割も兼ねていることになります。Backboneビューは、Backboneモデルでイベントが発生するとその通知を受け(図14-8③)、テンプレートライブラリを利用してHTMLコードを生成しDOMツリーを更新します(図14-8④)。

Backboneビューは、基本的に1つのビュー(テンプレート)に対して1つ作成します。ビューは、小さいアプリケーションであれば画面全体で1つになることもありますが、レンダリングの単位でもあるので適切に分割します。タブで領域を切り替えたり、後述するルーティングによって画面全体を切り替えたりする場合も、その単位でビューとBackboneビューを作成します。

なおBackboneビューはBackbone.jsが提供するBackbone.Viewオブジェクトを継承して作成しますが、実装量を軽減するために、本書のサンプルではMarionette.jsの機能を利用します。

14.4.3 Backbone.jsによる「人員管理アプリケーション」

「人員管理アプリケーション」をBackbone.jsによって構築するケースを説明します。

■ビュー

まずビューです。Backbone.jsでは、1つの画面を複数の領域に分割し、領域の単位にビューを作成します。ビューはレンダリングの単位でもあるため、画面の規模に応じて適切に分割します。このアプリケーションには編集領域のビュー、テーブル領域の個々の行を表すビュー、テーブル領域のテーブル全体を表すビューの3つがありますので、それぞれについてUnderscore.jsによるテンプレートを作成します。

※7 本書ではBackbone.jsにおいてビューとコントローラを兼ねるコンポーネントのことを、MVxパターンにおける役割としての「ビュー」と識別するために「Backboneビュー」という呼び方で統一する。

◉コード14-2　編集領域のビュー

```
<script type="text/template" id="inputForm-tmpl">
  <form id="inputForm">
    <label for="personId">ID</label>
    <input type="text" id="personId" value="<%- personId %>" size="3"
        readonly="true" />
    <label for="personName">名前</label>
    <input type="text" id="personName" value="<%- personName %>" size="10" />
    <label for="age">年齢</label>
    <input type="text" id="age" value="<%- age %>" size="3" />
    <label for="gender">性別</label>
    <select id="gender" name="gender">
      <option value=""></option>
      <option value="male"
          <%- gender === 'male' ? "selected" : "" %>>男性</option>
      <option value="female"
          <%- gender === 'female' ? "selected" : "" %>>女性</option>
    </select>
    <button id="register">登録</button>
  </form>
</script>
```

◉コード14-3　テーブル領域の個々の行のビュー

```
<script type="text/template" id="row-tmpl">
  <td><%- personId %></td>
  <td><%- personName %></td>
  <td><%- age %></td>
  <td><%- gender !== '' ? gender === 'male' ? '男性' : '女性': '' %></td>
  <td><button type="button" name="editButton">編集</button></td>
  <td><button type="button" name="removeButton">削除</button></td>
</script>
```

◉コード14-4　テーブル領域のテーブル全体のビュー

```
<script type="text/template" id="tableForm-tmpl">
  <form id="tableForm">
    <table id="personTable" border="1">
      <thead>........</thead>
      <tbody id="tbodyContainer">
      </tbody>
    </table>
  </form>
</script>
```

■モデル

このアプリケーションには2つのモデルがあります。一つは「単一のモデル」(Backboneモデル)であるPersonで、一人の「人員」を表します。もう一つは「モデルのコレクション」(Backboneコレクション）であるPersonListで、Personの集合を表します。

◉コード14-5　Backboneモデル（Person）

```
var Person = Backbone.Model.extend({
  idAttribute: 'personId', // ❶
  defaults: { // ❷
    personName: '', age: '', gender: ''
  },
  urlRoot: 'http://localhost:8080/person_service/persons' // ❸
});
```

◉コード14-6　Backboneコレクション（PersonList）

```
var PersonList = Backbone.Collection.extend({
  model: Person, // ❹
  url: 'http://localhost:8080/person_service/persons' // ❺
});
```

Personは単一のモデル（Backboneモデル）なので、Backbone.Modelオブジェクトを継承※8して作成します。BackboneモデルにはIDという概念があり、モデルの一意性を管理するために使います。PersonはPersonListの中で集合の要素として扱われますので、IDを使用する必要があります。モデルのID※9となるプロパティはデフォルトで決められています（idプロパティ）が、上記のようにidAttributeプロパティにIDとなるプロパティ名を明示することもできます❶。またdefaultsプロパティ❷には、ID以外のプロパティの初期値を指定します。

次に、PersonListはモデルのコレクション（Backboneコレクション）なので、Backbone.Collectionオブジェクトを継承して作成します。このとき、modelプロパティにコレクションの要素となるBackboneモデルを指定します❹。

BackboneモデルやBackboneコレクションには、サーバサイドのRESTサービス（20.2節）との自動連携機能が備わっています。モデルに対して読み込み（fetchメソッド）、保存（saveメソッド）、削除（destroyメソッド）などのCRUD操作を行うと、Ajax通信によって自動的にサーバサイドと連携が行われます※10。BackboneモデルのurlRootプロパティ❸※11や、BackboneコレクションのurlプロパティSには、連携するRESTサービスのURLを指定します。

※8　Backbone.jsが提供するオブジェクトのextendメソッド呼び出しによって、プロトタイプ継承する。

※9　モデルにIDという一意性を管理するための属性があるのはBackbone.jsに限った話ではなく、言語やフレームワークを問わずに共通的な概念である。

※10　Ajax通信をするときに必要なURL、HTTPメソッド、メッセージフォーマットなどの属性はデフォルトで決まっており、RESTfulサービス（20.2節）の設計思想に則ったものとなる。ただしAjax通信を行う上で必要な属性や送信する値を明示することも可能。

※11　urlRootはBackboneモデルでのみ有効なプロパティ。RESTサービスを呼び出すとき、必要に応じてこのURLに対してモデルのIDが自動的に付与される（PUTメソッドの場合など）。

■コントローラ

Backboneビュー（コントローラ）とビューは1：1の関係となりますので、ビューの種類に応じて3つのBackboneビューが必要です。具体的には以下の例のように、「編集領域のビュー」に対応するBackboneビューとしてInputFormViewを、「テーブル領域の個々の行を表すビュー」に対応するBackboneビューとしてRowViewを、「テーブル領域のテーブル全体を表すビュー」に対応するBackboneビューとしてTableFormViewを、それぞれ作成します。

●コード14-7　Backboneビュー（InputFormView）

```
var MyApp = MyApp || {};
var InputFormView = Marionette.ItemView.extend({
  template: '#inputForm-tmpl', //❻
  initialize: function() { //❼
    MyApp.App.vent.on('edit', function(personRow) { //❽
      this.model.set(personRow.toJSON());
      this.render();
    }, this);
  },
  events: { //❾
    'submit #inputForm': 'registerPerson'
  },
  modelEvents: { //❿
    sync: 'saved'
  },
  registerPerson: function(event) {  //⓫
    event.preventDefault(); // フォームのデフォルトイベントを抑止する
    // Personインスタンス（Backboneモデル）に入力値をセットする⓬
    this.model.set({personName: this.$('#personName').val()});
    this.model.set({age: this.$('#age').val()});
    this.model.set({gender: this.$('#gender').val()});
    // Personインスタンス（Backboneモデル）を保存する
    this.model.save(); //⓭
  },
  saved: function() { //⓮
    // PersonListインスタンスにPersonインスタンスのコピーを追加する
    this.collection.add(this.model.clone(), {merge: true});
    this.model.set({personName: '', age: '', gender: ''});//初期値をセットし直す
    this.model.unset('personId'); // undefinedに戻す
    this.render(); // 編集領域をクリアする
  },
  templateHelpers: function() { //⓯
    return { personId: this.model.isNew() ? '' : this.model.get('personId') };
  }
});
```

◉コード14-8　Backboneビュー（RowView）

```
var MyApp = MyApp || {};
var RowView = Marionette.ItemView.extend({
  tagName: 'tr',
  template: '#row-tmpl',
  events: { // ⑯
    'click button[name="editButton"]': 'editRow',
    'click button[name="removeButton"]': 'removeRow'
  },
  editRow: function(event) { // 選択された行の編集 ⑰
    MyApp.App.vent.trigger('edit', this.model);
  },
  removeRow: function(event) { // 選択された行の削除
    this.model.destroy();
  }
});
```

◉コード14-9　Backboneビュー（TableFormView）

```
var MyApp = MyApp || {};
var TableFormView = Marionette.CompositeView.extend({
  template: '#tableForm-tmpl',
  childView: RowView, // ⑱
  childViewContainer: '#tbodyContainer',
  initialize: function() {
    this.listenTo(this.collection, 'change', this.render); // ⑲
  }
});
```

まずInputFormView（コード14-7）から見ていきましょう。これは編集領域を表す単一のBackboneビューなので、Marionette.ItemViewオブジェクトを継承して作成します。前述したようにBackboneビュー（コントローラ）には、対応するビュー（テンプレート）が1つと、参照を保持するモデル（1つまたは複数）があります。対応するビューは、templateプロパティ❻にid属性を指定します。モデルについては、InputFormViewは2つのモデル（Person、PersonList）への参照を保持しています。

Backboneビューでは通常、初期化メソッド❼の中で、自身のプロパティとしてモデルへの参照を保持するようにセットします。ただしプロパティ名が"model"、"collection"の場合はこの処理を省略することができます。この例では、後述するコード14-10の中で、InputFormViewのインスタンスを以下のように生成しているため省略が可能です。

```
var inputFormView = new InputFormView({
  model: personInput, collection: personList
});
```

ここで、InputFormViewの中で利用しているテンプレートヘルパという機能について説明します。前述したようにBackboneモデルにはIDという概念があり、Personの場合はpersonIdプロパティがそれにあたります。InputFormViewでは、参照を保持するPersonのプロパティをもとにビュー（コード14-2）をレンダリングしていますが、personIdプロパティは常に存在するとは限らない（初期表示や新規人員の登録のときはpersonIdプロパティは存在しない）ため、レンダリングでエラーが発生しないように何らかの対策が必要です。そこで、フレームワークが提供するテンプレートヘルパを利用します。templateHelpersプロパティを⓯のように定義すると、Personモデルが新規かどうか（personIdプロパティが存在するかどうか）によって、エラーを発生させることなく、personIdの表示・非表示を切り替えることができます。

次にRowView（コード14-8）です。これはテーブルの個々の行を表す単一のBackboneビューなので、Marionette.ItemViewオブジェクトを継承して作成します。

最後にTableFormView（コード14-9）です。これは複数の行（子ビュー）から構成される複合的なBackboneビューなので、Marionette.CompositeViewオブジェクトを継承して作成します。childViewプロパティ⓲には、子ビューに相当するBackboneビュー（RowView）を指定します。

ビュー、モデル、コントローラが出そろったところで、それぞれの対応関係を図14-9に示します。

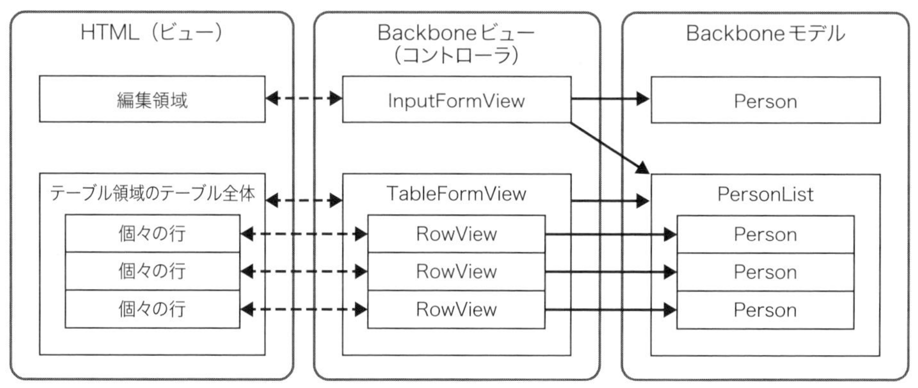

●図14-9　ビュー、モデル、コントローラの対応関係

■イベントハンドリング〜新規人員の登録

画面上部の編集領域に新規人員をデータを入力し、「登録」ボタンを押下したときの処理について説明します。InputFormViewには、eventsプロパティ❾があります。このプロパティには、当該のビューで発生するイベントと呼び出されるイベントハンドラを定義します。ここでは、「登録」ボタンが押下される（id属性が#inputFormの要素でsubmitイベントが発生する）と、registerPersonメソッド⓫が呼び出されるように定義しています。

registerPersonメソッドの中では、編集領域の入力値をjQueryのセレクタで取り出し、参照を保持するPersonインスタンス（Backboneモデル）にセットしています⓬。次に入力値がセットされたPersonインスタンスを、saveメソッドによって保存します⓭。

Backboneモデルのsaveメソッドが呼び出されると、フレームワークによってAjax通信が行われ、サーバサイドのRESTサービスと自動的に連携されます。このときフレームワークは、BackboneモデルのID（コード14-5の❶でidAttributeで指定されたpersonIdプロパティ）の有無によって、新規データの挿入か既存データの更新かを自動的に判定します。前者の場合はPOSTメソッドで、後者の場合はPUTメソッドでRESTサービスを呼び出します（図14-10）。このユースケース（新規人員の登録）ではpersonIdは存在していないため、新規データの挿入と判定され、POSTメソッドによるRESTサービス呼び出しが行われます。

このときサーバサイドでは、PersonのID（personId）を新たに採番し、新規データとしてRDBに挿入することになるでしょう。サーバサイドで採番されたpersonIdの値は、Ajax通信後にテーブル領域に表示するために、クライアントサイドのSPAでも必要です。そこでサーバサイドのRESTサービスは、personIdがセットされたPersonオブジェクト（JSON形式）を応答するようにします。フレームワークは受け取ったデータを当該モデルに自動的に反映しますので、saveメソッドによるAjax通信が終了すると、Personインスタンスにはサーバサイドで生成されたID（personIdプロパティ）がセットされています。

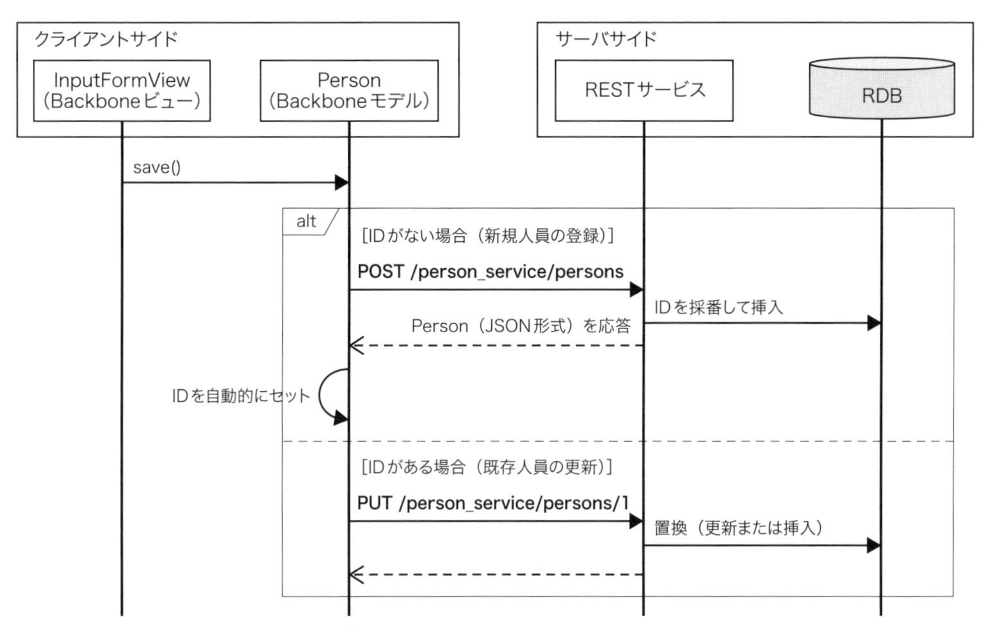

◉図14-10　Backboneモデルのsaveメソッド呼び出し時の処理

saveメソッドでは非同期にサーバサイドと通信が行われるため、正常終了時の処理をイベントハンドラとして実装します。saveメソッドの引数にイベントハンドラを記述することも可能ですが、Backbone.jsではsaveメソッドが正常終了するとsyncイベントが発生するため、ここではそれを利用します。モデルで発生するイベントは、modelEventsプロパティ❿に集約して定義します。ここではsyncイベントが発生すると、savedメソッド⓮が呼び出されるように定義しています。

savedメソッド⓮では、まず新規人員のデータを画面下部のテーブルの一番下の行に追加するため、Personインスタンスを PersonListインスタンスにマージ※12します。PersonListはPersonの集合を表すBackboneコレクションで、画面上ではテーブル領域に対応します。続いてPersonインスタンスのプロパティに初期値をセット（personIdプロパティは削除）し、編集領域をクリアして次の入力に備えます。

次にテーブルのレンダリングを行います。そのためにはTableFormViewが、自身が参照を保持するPersonListインスタンス（Backboneコレクション）のイベントを監視する必要があります。ここではlistenToメソッド⓳によってPersonListインスタンスのchangeイベント※13を監視し、changeイベントの発生を契機にrenderメソッドを呼び出すようにしています。このようにBackboneビューのrenderメソッドを呼び出すと、継承元であるMarionetteビューのrenderメソッドが呼び出され、参照を保持するモデルのデータをもとに、テンプレートによってHTMLコードが生成されます。この処理では、継承元であるMarionette.CompositeViewオブジェクトのrenderメソッドによって、内包するBackboneビュー（子ビュー）のrenderメソッドが再帰的に呼び出されます。Marionette.CompositeViewオブジェクトを使うと、テーブルなどの繰り返し構造を持ったビューをレンダリングする処理を効率的に実装することができます（図14-11）。

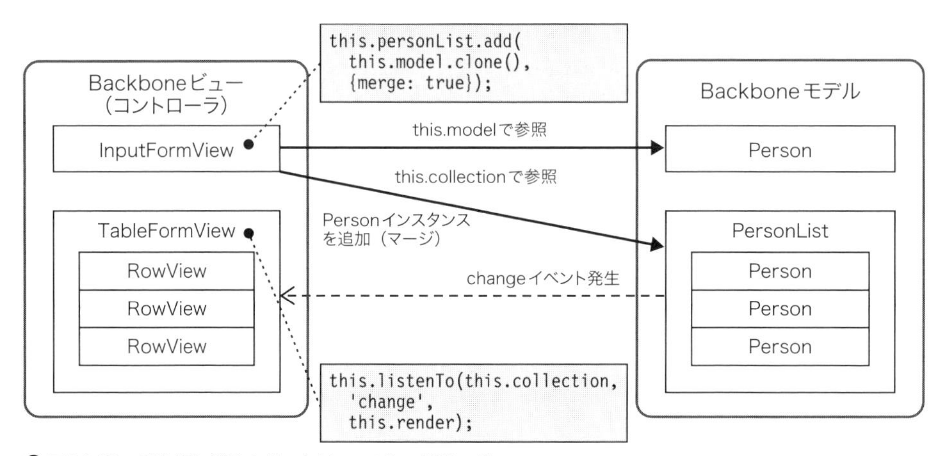

◎図14-11　繰り返し構造を持ったビューのレンダリング

■イベントハンドリング～既存人員の編集と更新

ここでは既存人員のデータを編集し、更新する処理について説明します。画面下部のテーブル領域で「編集」ボタンを押下すると、選択された人員データが編集領域に表示されます。このようにあるビューで発生したイベントを契機に、他のビューを再レンダリングする処理を実現するためには、どのような方法が考えられるでしょうか。このケースでは、編集領域を表すInputFormView（Backboneビュー）が、PersonListに内包された個々のPersonインスタンス（Backboneモデル）を監視しているわけで

※12　Backboneコレクションでは、addメソッドで要素を追加するときに第2引数に"merge: true"を指定すると、IDが一致している場合には同一要素と見なしてコレクションの中でマージすることができる。
※13　Backboneコレクションに要素をマージすると、（addイベントではなく）changeイベントが発生する。

はないため、モデルからイベント連携を受けることは困難です。もちろん、イベントの発生元であるRowView（Backboneビュー）の中で、jQueryのセレクタによって他のビュー（編集領域）を直接書き換えることは技術的には可能ですが、このようにするとビューとビューが密結合になり、MVxパターンによってコンポーネントを分割する意味が半減してしまいます。

このようなケースでは、後述するApplicationオブジェクトを仲介者として、BackboneビューからBackboneビューへのイベント連携を行います。RowViewでは、「編集」ボタン（#editButton）が押下されると、eventsプロパティ⓰の定義にしたがってeditRowメソッド⓱が呼び出されます。editRowメソッドでは、Applicationオブジェクトのventプロパティのtriggerメソッドを呼び出すことによって、"edit"イベントを発生させます。この"edit"イベントは、InputFormViewにおいて、Applicationオブジェクトのventプロパティのonメソッド❽によって監視されています。このイベントが発生すると、まず受け取った人員データ（Personインスタンス）で自身のモデルを更新し、renderメソッドを呼び出して編集領域のビューをレンダリングします（図14-12）。

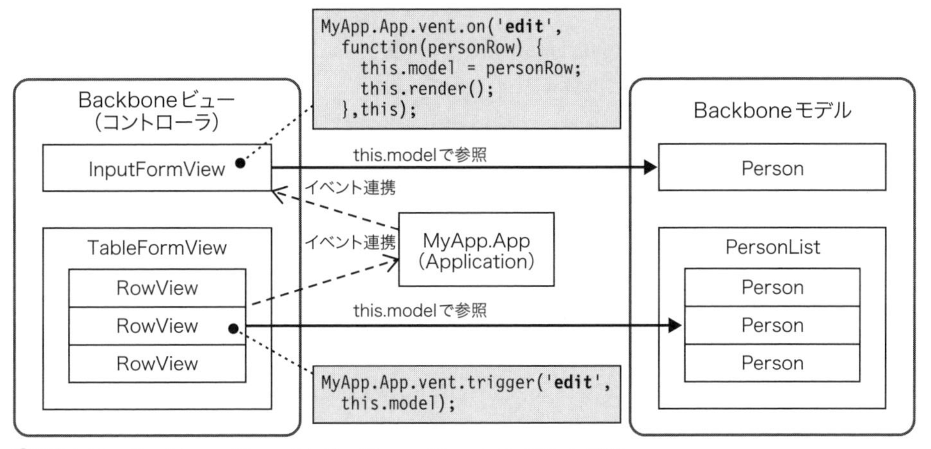

●図14-12　BackboneビューからBackboneビューへのイベント連携

ユーザによる編集作業が終わり「登録」ボタンが押下されると、前述したようにregisterPersonメソッド⓫が呼び出されます。このケースでは新規人員の登録とは異なり、PersonモデルのID（コード14-5の❶でidAttributeで指定されたpersonIdプロパティ）がRowViewから引き継がれてセットされています。したがってregisterPersonメソッド内のsaveメソッド呼び出し⓭では、フレームワークによって既存データの更新と判定され、PUTメソッドによるRESTサービス呼び出しが行われます。

■モデル、ビュー、コントローラ以外の処理

最後に、DOMツリー構築後に呼び出されるjQuery関数を以下に示します。

◉コード14-10　DOMツリー構築後に呼び出されるjQuery関数

```
jQuery(function($) {
```

```
  MyApp.App = new Marionette.Application(); //⓴
  // Regionを登録する
  MyApp.App.addRegions({ //㉑
    'inputFormRegion': '#inputFormBlock',
    'tableFormRegion': '#tableFormBlock'
  });
  // 初期化メソッド㉒
  MyApp.App.addInitializer(function() {
    // Backboneモデルのインスタンスを生成する
    var personInput = new Person();
    var personList = new PersonList();
    // Backboneビューのインスタンスを生成する
    var inputFormView = new InputFormView({
      model: personInput, collection: personList
    });
    var tableFormView = new TableFormView({collection: personList});
    ........
    // 編集領域をレンダリングする
    MyApp.App.inputFormRegion.show(inputFormView); //㉓
    // 初期データを取得し、テーブル領域をレンダリングする
    personList.fetch(); //㉔
    MyApp.App.tableFormRegion.show(tableFormView); //㉕
  });
  MyApp.App.start(); //㉖
});
```

このjQuery関数はこのSPAで最初に呼び出される部分で、Backbone.js（＋Marionette.js）の様々な仕組みを利用するための準備を行います。

まずApplicationオブジェクトのインスタンスを生成します。ApplicationはMarionette.jsのコアとなるオブジェクトで、前述したようにイベント連携などの目的で利用します。このオブジェクトは、様々なコンポーネントから参照できるようにグローバルな領域に格納します⓴。

次に生成したApplicationに対して、Regionを登録します㉑。Regionは画面上の表示領域に対して、ビューを切り替える仕組みを提供するオブジェクトです。Marionette.jsのSPAでは、レンダリングする表示領域の単位にRegionを定義します。ここではinputFormRegionという名前で#inputFormBlock領域（編集領域）を、tableFormRegionという名前で#tableFormBlock領域（テーブル領域）を、それぞれRegionとして定義しています。

Applicationオブジェクトの初期化を行うためのaddInitializerメソッド㉒を見ていきましょう。このメソッドでは、まずBackboneモデルのインスタンスを生成し、それを引数にBackboneビューのインスタンスを生成します。次に編集領域の初期表示を行うために、対象となるRegionのshowメソッドにBackboneビュー（inputFormView）を渡します㉓。このようにすると、渡されたBackboneビューのrenderメソッドが呼び出され、対象の領域がレンダリングされます。続いてPersonList（Backboneコレクション）のfetchメソッドを呼び出し㉔、テーブル領域に表示する初期データをサーバサイドから取得します。Backboneコレクションのfetchメソッドは、Ajax通信によってサーバサイド

のRESTサービスと自動的に連携し、コレクションの要素となるデータを取得します。fetchメソッドの呼び出しが終わったら、テーブル領域を表すRegionのshowメソッドにBackboneビュー（tableFormView）を渡して、対象の領域をレンダリングします㉕。fetchメソッドによるAjax通信は非同期に行われますが、Marionette.CompositeViewオブジェクトは自身が参照を保持するBackboneコレクションを監視しており、Ajax通信の正常終了を契機に取得したデータが（後から）ビューに反映されるため、開発者は非同期であることを意識する必要はありません。このようにRegionを利用すると、ビューを効率的にレンダリングすることが可能になります。Regionは後述するルーティング（14.6.4項）の処理でも利用します。

最後にApplicationのstartメソッドを呼び出して、このSPAを開始します㉖。

14.5 MVVMパターンのフレームワークを利用するパターン

14.5.1 MVVMパターンとKnockout.js

MVVMパターンは、MVxパターンと同様に、SPAを構造化する設計パターンの一つです。MVVMパターンでは、アプリケーション全体をM（モデル）、V（ビュー）、VM（ビューモデル）という3つの責務を持ったコンポーネントに分割します（図14-13）。

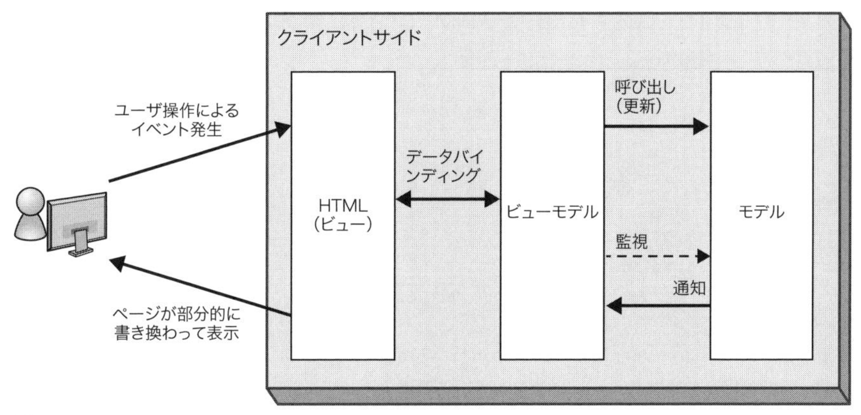

●図14-13　MVVMパターン

SPAをMVVMパターンで開発するときには通常、MVVMパターンを実現するためのJavaScriptフレームワークを利用します。本書では、MVVMパターンのフレームワークの中から、最も典型的な機能を持つKnockout.jsを取り上げます。Knockout.jsを前提に、ビュー、モデル、ビューモデルの順にそれぞれのコンポーネントの特徴を見ていきましょう。

■ビュー

MVVMパターンにおけるビューは、画面上でユーザが対話するインタフェースを担当します。前述したようにビューはUIを提供するプラットフォームに依存した概念ですが、SPAではプラットフォームは

Webブラウザとなりますので、ビューはHTMLやCSSとして実装します。

■モデル

MVVMパターンにおけるモデルは、他の設計パターンにおけるモデルの役割と同様に、ビジネス的なデータの保持とロジックを担当します。モデル自体はプラットフォームに依存しない概念ですが、Knockout.jsによるSPAではJavaScriptオブジェクトとして実装します。

■ビューモデル

MVVMパターンにおけるビューモデルは、UIの状態保持やイベントハンドラなどのロジックを実現するための特別なモデルであり、MVVMパターンの最も特徴的なコンポーネントです。Knockout.jsによるSPAでは、ビューモデルとして実装されたJavaScriptオブジェクトが、フレームワークの機能によってビューと双方向にデータバインディングされます。

14.5.2 Knockout.jsによる「人員管理アプリケーション」

「人員管理アプリケーション」をKnockout.jsによって構築するケースを説明します。

■ビューとビューモデル

以下に、このアプリケーションを構成するビュー（HTMLコード）、初期化処理のためのJavaScriptプログラム、およびビューモデルのコードを順に示します。

◉コード14-11　ビュー（HTMLコード）

```
<!-- 編集領域 -->
<div id="inputFormBlock">
  <form id="inputForm" action="#">
    <label for="personId">ID</label>
    <input type="text" id="personId" data-bind="value: personId"/> // ❶
    <label for="personName">名前</label>
    <input type="text" id="personName" data-bind="value: personName"/> // ❷
    <label for="age">年齢</label>
    <input type="text" id="age" size="3" data-bind="value: age"/> // ❸
    <label for="gender">性別</label>
    <select id="gender" name="gender" data-bind="value: gender"> // ❹
      ........
    </select>
    <button type="button" id="registerButton" data-bind="click: register">登録
    </button> // ❺
  </form>
</div>
<!-- テーブル領域 -->
<div id="tableFormBlock">
  <form id="tableForm" action="#">
    <table id="personTable" border="1">
```

```
      <thead>........</thead>
      <tbody data-bind="foreach: persons"> // 6
      <tr>
        <td data-bind="text: personId"></td>
        <td data-bind="text: personName"></td>
        <td data-bind="text: age"></td>
        <td data-bind="text: gender !== '' ? gender === 'male' ?
            '男性' : '女性': ''"></td>
        <td>
          <button type="button" data-bind="click: $parent.edit">編集</button> // 7
        </td>
        <td>
          <button type="button" data-bind="click: $parent.remove">削除</button>
        </td>
      </tr>
      </tbody>
    </table>
  </form>
</div>
```

◉コード14-12　初期化処理のためのJavaScriptコード

```
jQuery(function($) {
  $.ajax({ // 8
    url: 'http://localhost:8080/person_service/persons',
    type: 'GET',
    success: function(response) { // Ajax通信正常終了時のイベントハンドラ
      var personViewModel = new PersonViewModel(response); // 9
      ko.applyBindings(personViewModel); // 10
    }
  });
});
```

◉コード14-13　ビューモデル（PersonViewModel）

```
function PersonViewModel(persons) {
  var self = this;
  self.personId = ko.observable(''); // 11
  self.personName = ko.observable(''); // 12
  self.age = ko.observable(''); // 13
  self.gender = ko.observable(''); // 14
  self.persons = ko.observableArray(persons); // 15
  // イベントハンドラ
  self.register = function() { // 16
    // 編集領域の入力値からモデルを生成する
    var person = { // 17
      personId: self.personId(),
      personName: self.personName(),
      age: self.age(),
      gender: self.gender()
```

```
    };
    if (self.personId() == '') { //新規人員の登録か既存人員の更新かを判定する ⓲
      // 新規人員の登録
      // Ajax通信（POSTメソッド）によるRESTサービス呼び出し
      $.ajax({ // ⓳
        url: 'http://localhost:8080/person_service/persons',
        type: 'POST',
        data: JSON.stringify(person),
        contentType: 'application/json; charset=UTF-8',
        success: function(response) { // Ajax通信正常終了時のイベントハンドラ
          person.personId = response.personId; // ⓴
          self.persons.push(person); // ㉑
          clearPerson(); // 編集領域の入力値をクリアする
        }
      });
    } else {
      // 既存人員の更新
      // Ajax通信（PUTメソッド）によるRESTサービス呼び出し
      $.ajax({ // ㉒
        url: 'http://localhost:8080/person_service/persons/' + self.personId(),
        type: 'PUT',
        data: JSON.stringify(person),
        contentType: 'application/json; charset=UTF-8',
        success: function(response) { // Ajax通信正常終了時のイベントハンドラ
          // self.personsに編集済みの既存人員をマージしてソートする
          ........
          clearPerson(); // 編集領域の入力値をクリアする
        }
      });
    }
    // 編集領域の入力値をクリアするファンクション
    function clearPerson() {
      self.personId(''); self.personName(''); self.age(''); self.gender('');
    }
  };
  ........
  //「編集」ボタンを押下したときのイベントハンドラ
  self.edit = function(person) { // ㉓
    self.personId(person.personId);
    self.personName(person.personName);
    self.age(person.age);
    self.gender(person.gender);
  };
  //「削除」ボタンを押下したときのイベントハンドラ
  self.removeRow = function(person) {
    ........
  };
}
```

まずビュー（コード14-11）から見ていきましょう。編集領域では、各入力項目にdata-bind属性を定義しています❶❷❸❹。これはKnockout.jsが提供する特別な属性で、ビューモデルのプロパティとのデータバインディングの対象であることを表します。また「登録」ボタンにもdata-bind属性を定義しています❺。このようにすると、このボタンがクリックされたときに、後述するregisterメソッド⓰をイベントハンドラとして呼び出すことができます。テーブル領域では、行の繰り返し構造を表現するためにdata-bind属性に"foreach"を使用しています❻。このように記述すると、後述するビューモデルにおいてデータバインディングの対象として指定されたpersonsプロパティ（コレクション）から、順番に個々の要素（person）が取り出され、ループ処理が行われます。ループ処理の中では、取り出された要素が各行にバインディングされてレンダリングされます。また「編集」ボタンに対してもdata-bind属性を定義しています❼が、この処理については後述します。

次に、DOMツリー構築後に行われる初期化処理（コード14-12）について説明します。ここではAjax通信によってサーバサイドからpersonのコレクション（モデル）を取得しています❽。Knockout.jsはデータバインディングに特化したフレームワークであり、Backbone.jsのようなサーバサイドのRESTサービスとの連携機能は持っていないため、ここではjQueryの$.ajax関数を利用してAjax通信を行っています。Ajax通信が正常終了したら、取得したpersonのコレクションを引数として、ビューモデル（PersonViewModel、コード14-13）のインスタンスを生成します❾。そして、生成したPersonViewModelのインスタンスをko.applyBindingsメソッドに渡す❿ことで、データバインディングを有効にします。このときko.applyBindingsメソッドの第2引数に、このビューモデルとバインディングされるビューの対象領域を指定することも可能です。

最後に、Knockout.jsによるSPAでは中心的な役割を果たすビューモデル（PersonViewModel、コード14-13）について説明します。ビューモデルは、コンストラクタ関数として宣言します。ビューモデルにおける変数koは、Knockout.jsが提供する特別なオブジェクトです。このオブジェクトのobservableメソッドの戻り値を、ビューモデル自身のプロパティに代入する⓫⓬⓭⓮ことによって、これらのプロパティとビュー（編集領域における各入力項目❶❷❸❹）との間におけるデータバインディングを定義します（図14-14）。

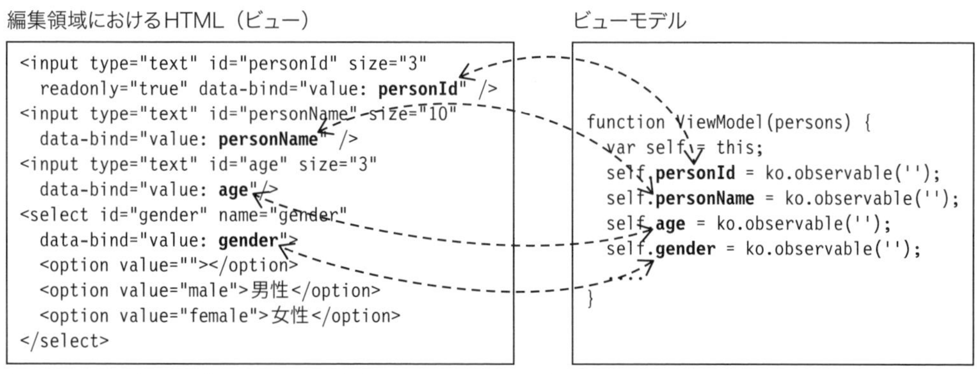

●図14-14　ビューとビューモデルの双方向データバインディング

このようにビューとビューモデルの間で双方向にデータバインディングを行う点が、Knockout.jsの最大の特徴です。

続いてko.observableArrayメソッドに、サーバサイドから取得したpersonのコレクションを初期値として渡します⓯。そしてこのメソッドの戻り値をビューモデルのpersonsプロパティに代入すると、このプロパティをデータバインディングの対象にすることができます。personsプロパティが内包する個々のpersonは、前述したようにdata-bind属性の"foreach"❻によって取り出され、ループ処理の中で行としてレンダリングされます。

■イベントハンドリング

ここではビューモデル（PersonViewModel、コード14-13）において、イベントハンドリングがどのように行われるか見ていきましょう。

まず、ユーザが画面上部の編集領域に新規人員をデータを入力し、「登録」ボタンを押下したときの処理について説明します。「登録」ボタンが押下されると、ビュー（コード14-11）のdata-bind属性❺によって、registerメソッド⓰がイベントハンドラとして呼び出されます。registerメソッドでは、まず編集領域の入力値から新規のpersonインスタンス（モデル）を生成します⓱。Knockout.jsでは（Backbone.jsのように）新規人員の登録か既存人員の更新かをフレームワークが自動的に判定するわけではないので、編集領域におけるID（self.personId）の有無によって両者の判定を行います⓲。新規人員の登録の場合は、jQueryの$.ajax関数を利用し、POSTメソッドによってRESTサービスを呼び出します⓳。Ajax通信が正常終了したら、RESTサービスの応答として返されたID（サーバサイドで採番）をpersonにセットします⓴。そしてIDがセットされたpersonを、personsプロパティに追加します㉑。このようにすると、personsプロパティはデータバインディングの対象なため、自動的に新しい行がテーブルに追加されます。最後に、次の入力に備えて編集領域の各入力項目をクリアして、処理を終えます。なお既存人員の更新の場合は、同じくjQueryの$.ajax関数を利用し、PUTメソッドによってRESTサービスを呼び出します㉒。

続いて、テーブル領域における「編集」ボタン押下によって、選択された人員データが編集領域に表示されるまでの処理について説明します。テーブルの各行の「編集」ボタンには、"$parent.edit"という値を持つdata-bind属性が指定されています❼。Knockout.jsには、バインディングコンテキストと呼ばれる特別な変数が用意されており、対象となるビューモデルの中を渡り歩くことができます。$parentという変数はバインディングコンテキストの一種で、現コンテキストの１つ親へのパスを表しますが、ここでは各行の親はビューモデルであるPersonViewModelそのものとなります。したがって"$parent.edit"と指定することによって、「編集」ボタンが押下されたときに、イベントハンドラとしてPersonViewModelのeditメソッド㉓を呼び出すことが可能になります。editメソッドには、「編集」ボタンが押下された行に対応するpersonが引数として渡されるため、その値をビューモデルのプロパティ（データバインディング対象）に代入すると、選択された人員データが自動的に編集領域に表示されます。

14.6 SPAのルーティング

14.6.1 ルーティングとは

SPAには従来型Webアプリケーションのような画面遷移という概念がないため、基本的にはURLは書き換わりません。URLが書き換わらないと、Webブラウザの戻るボタンや進むボタンが使用できなかったり、特定の画面をブックマークできなかったりと、ユーザの操作性や利便性が低下します。

SPAにおけるルーティングは、この課題を解決するための仕組みです。具体的には、ボタンやリンクのクリックなど何らかのイベントの発生に伴ってビューを切り替えるときに、それに応じてURLを書き換える機能です。ビューの切り替えは、同じ画面の中で部分的に行うケースもあれば、タブによって切り替えるケース、場合によっては画面全体を切り替えるケースも含まれます（もちろんSPAなので、サーバサイドからページをロードするわけではありません）。

ビューの切り替えに応じてURLを書き換えることの目的は2点あります。一点目はWebブラウザの戻るボタンや進むボタンによって当該ビューを再現可能にすること。もう一点は、書き換わったURLをブックマークしたりメールなどに添付し、そのURLからビューを復元できるようにすることです。これはコンシューマ向けのWebアプリケーションであればSEO対策にもつながります。

ルーティングという機能自体はMVxパターンやMVVMパターンとは独立した概念になりますが、SPAを構築するために必要不可欠な機能です。ルーティングを実現する方法には、大きく2つのパターンがあります。

①：ハッシュフラグメントを使うパターン（14.6.2項）
②：History APIを使うパターン（14.6.3項）

14.6.2 ハッシュフラグメントを利用するパターン

ハッシュフラグメントとはURLにおける「#」よりも後ろの部分を指します。任意のイベントが発生したときにURLにハッシュフラグメントを付与すると、Webブラウザの戻るボタン、進むボタンが使用できるようになります。Webブラウザは通常、URLが書き換わると新しいURLにアクセスしてリソースの取得を試みますが、ハッシュフラグメントのみが書き換わった場合はアクセスは行われません。

ハッシュフラグメント自体はWebブラウザにおけるJavaScriptの標準的な機能であり、特定のフレームワークに依存したものではありません。以下に、URLにハッシュフラグメントを付与するための実装例を示します。

●コード14-14　URLにハッシュフラグメントを付与するJavaScriptプログラム

```
jQuery(function($) {
  $('#fooLink').on('click', function(event) {
    location.hash = '#fooHash'; // ❶
  });
});
$(window).on('hashchange', function(event) { // ❷
```

```
    ........
});
```

ここではid要素#fooLinkがクリックされたときに行われる処理を、jQueryのイベントハンドラとして実装しています。locationオブジェクトのhashプロパティにハッシュフラグメント（ここでは#fooHash）を代入する❶と、現在のURLに当該のハッシュフラグメントが付与されます。

なおhashプロパティが書き換わるとhashchangeイベントが発生しますので、必要に応じてイベントハンドラを実装することもできます❷。

14.6.3 History APIを利用するパターン

History APIとはWebブラウザの履歴に明示的にURLを追加するための仕組みで、HTML5から導入されました。任意のイベントが発生したときにHistory APIによってWebブラウザの履歴にURLを追加し、戻るボタン押下時に発生するイベントをハンドリングすることで、戻るボタンや進むボタンが使用できるようになります。Webブラウザは通常、URLが書き換わると新しいURLにアクセスしてリソースの取得を試みますが、History API呼び出しでは当該URLへのアクセスは行われません。

History APIは、windowオブジェクトが保持するhistoryオブジェクトによって提供されます。以下に、History APIを利用してWebブラウザの履歴にURLを追加するための実装例を示します。

◉コード14-15 History APIによって履歴を追加するJavaScriptプログラム

```
jQuery(function($) {
  $('#fooButton').on('click', function(event) {
    showView('foo');
    history.pushState('foo', null, './fooPath'); // ❶
  });
  ........
  $(window).on('popstate', function(event) { // ❷
    var viewName = event.originalEvent.state; // ❸
    showView(viewName);
  });
  function showView(viewName) {
    // ビューをレンダリングする
    ........
  }
});
```

ここではid要素#fooButtonがクリックされたときに行われる処理を、jQueryのイベントハンドラとして実装しています。historyオブジェクトのpushStateメソッドを呼び出す❶と、任意のURL（ここでは"/fooPath"）をWebブラウザの履歴に追加できます。

また戻るボタンが押下されるとpopstateイベントが発生しますので、それに対応するためのイベントハンドラを実装します❷。このイベントハンドラには、イベント内容を表す変数が渡されるため、その変数のstateプロパティから、pushStateメソッド呼び出し時に指定した任意のオブジェクト（第1引数で渡した値）を取得できます❸。ここで取得した値をもとに、戻るボタン押下時にレンダリングするビューを特定できます。

14.6.4　Backbone.jsにおけるルーティング

ここでは、MVxパターンのフレームワークであるBackbone.jsに備わっているルーティング機能（Backboneルータ）を紹介します。Backboneルータを利用すると、より効率的にルーティングの処理を実装することが可能になります。

■ハッシュフラグメント方式

Backboneルータではハッシュフラグメント、History API、いずれの方法でもルーティングを実現することが可能ですが、まずはハッシュフラグメントを使った実装例を以下に示します。

◉コード14-16　ハッシュフラグメントを使ったBackboneルータ

```
var MyRouter = Backbone.Router.extend({ //❶
  routes: { //❷
    '': 'showFooView',
    'fooHash': 'showFooView',
    'barHash': 'showBarView'
  },
  initialize: function() { //❸
    this.fooView = new FooView();
    this.barView = new BarView();
  },
  showFooView : function() { //❹
    this.fooView.render();
  },
  showBarView : function() { //❺
    this.barView.render();
  }
});
var FooView = Marionette.ItemView.extend({
  el: '#targetBlock',  template: '#foo-tmpl'
});
var BarView = Marionette.ItemView.extend({
  el: '#targetBlock', template: '#bar-tmpl'
});
jQuery(function($) {
  new MyRouter();
  Backbone.history.start();
});
```

◉コード14-17　ビュー（HTMLコード）

```
<body>
<div id="sidebar">
  <div><a href="#fooHash" id="foo_link">Foo</a></div> //❻
  <div><a href="#barHash" id="bar_link">Bar</a></div> //❼
</div>
<div id="targetBlock"></div> //❽
</body>
```

このWebページには2つのリンクがあり、リンクをクリックするとルーティングによって画面が切り替わります。具体的には、リンク"Foo"❻をクリックすると、ターゲット領域❽にfooViewがレンダリングされ、同じくリンク"Bar"❼をクリックすると、barViewがレンダリングされる、というものです

Backboneルータは、Backbone.Routerオブジェクトを継承して作成します❶。Backboneルータはhashchangeイベントを監視します。リンク❻❼のクリックなどによってハッシュフラグメントが書き換わりhashchangeイベントが発生すると、Backboneルータはroutesプロパティ❷の定義にしたがってメソッドを呼び出します。ここではハッシュフラグメントがない場合や"#fooHash"の場合にはshowFooViewメソッド❹を呼び出し、fooViewをレンダリングします。また"#barHash"の場合にはshowBarViewメソッド❺を呼び出し、barViewをレンダリングします。

なお上記実装例にはありませんが、routesプロパティに「'person/:id' : 'editPerson'」といった記法で":"を付けて変数を記述すると、イベントハンドラとして指定した関数（この例ではeditPerson）に、URLのidの位置に指定された文字列を渡すことが可能です。このようなビューの切り替え処理は、前述したMarionette.jsのRegionを使うと、さらに効率的に実装できます。

ハッシュフラグメント方式によるルーティングは、たとえば一覧画面と編集画面が分かれているようなSPAで有効です。一覧画面でユーザが各行の「編集」ボタンを押下し、編集画面に切り替えたり、編集画面で「更新」ボタンを押下し一覧画面に戻るような処理に適しています（図14-15）。

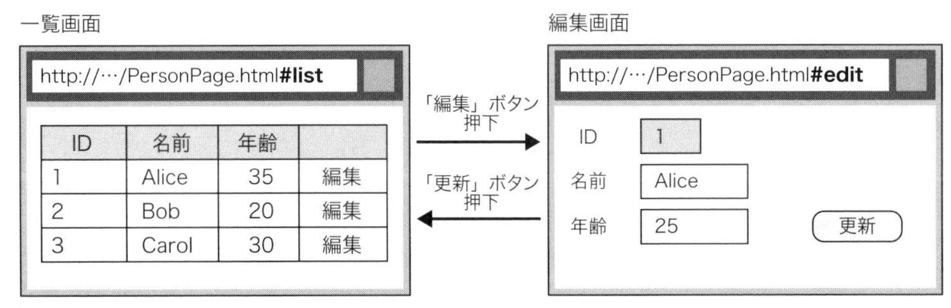

●図14-15　ハッシュフラグメント方式によるルーティング

ただしこの処理では、ビューを切り替えるたびに切り替え元のビューは廃棄されてしまうため、「タブ切り替え」のように切り替え元の画面でユーザの入力情報を保持しておきたいケースには不適切です。

このようなケースでは複数のビューを切り替える（レンダリング⇔廃棄）のではなく、最初からレンダ

リングしておき、jQueryのAPIによって表示・非表示を切り替える方式が望ましいでしょう。そのためにはまず初期化のための関数❸を以下のように修正し、初期化時にすべてのビューをレンダリングします。

```
initialize: function() {
  this.fooView = new FooView(); this.fooView.render();
  this.barView = new BarView(); this.barView.render();
}
```

そしてshowFooViewメソッド❹を以下のように修正し、同じくshowBarViewメソッド❺にはこれと逆の処理を実装します。

```
showFooView : function() {
  this.fooView.$el.show();
  this.barView.$el.hide();
}
```

このようにすればユーザには1つのビューしか見えていませんが、すべてのビューは初期化時にレンダリングされて廃棄されることはないため、表示・非表示を切り替えても入力情報が失われることはありません。

■History API方式

Backbone.jsでは、History APIによってルーティングを実現することもできます※14。この方式では、ビューの切り替えをAjax通信で行うことが前提となっており、ルーティングによってURLを書き換えると自動的に当該URLに対するAjax通信が行われますので、通信完了後に呼び出されるコールバック関数の中でビューの切り替えを行うように実装します。

■ルーティングとブックマーカビリティ

Backbone.jsでは、ハッシュタグが付与されたURLをブックマークすることができます。ハッシュタグが付与されたURLにダイレクトにアクセスすると、Backboneルータによってルーティングが行われ、対象となるビューが表示されます。

またHistory APIによって切り替わったURLをブックマークすることも可能です。ただしHistory APIによって切り替わったURLは、ハッシュタグとは異なりそのままサーバサイドに送信されるため、サーバサイドのWebアプリケーションで工夫が必要です。当該URLにアクセスがあった場合、そのリクエストによって表示させたいページ全体をクライアントサイドに返す必要があります。たとえば「人員管理アプリケーション」において、"?personId=10001"というクエリ文字列を付与したURLをブックマーク可能にするためには、このURLにダイレクトにアクセスがあった場合に、IDが10001の人員データを表

※14　Backboneルータでは、Backbone.historyのstartメソッド呼び出しにおいて引数に"pushState: true"を指定すると、History APIを使ったルーティングに切り替えることができる。

すWebページを返すように、サーバサイドのWebアプリケーションを構築する必要があります。

14.7 SPAの設計パターン総括

■アーキテクチャ設計パターンの選定について

この章では、jQueryによるSPA開発の課題を取り上げ、その解決策としてBackbone.jsによるMVxパターンと、Knockout.jsによるMVVMパターンを紹介しました。小規模なアプリケーションであれば、これらのパターンは過剰な実装に思えるかもしれませんが、SPAではクライアントサイドの規模がある程度大きくなることが想定されるため、これらのパターンを採用して適切にコンポーネント分割を行わないと、生産性や保守性の観点で課題が生じる可能性があります。

MVxパターンとMVVMパターンのどちらを採用するべきかについては、一概に決められません。構築するSPAの特性や規模に応じて、以下のような観点から適切なパターンを選択するとよいでしょう。

・MVVMパターンではデータバインディングが双方向に自動的に行われるため、JavaScriptとHTMLの結合を効率的に実装できる反面、デバックが困難になる可能性がある
・MVxパターンではJavaScriptとHTMLの結合を自分で実装する必要があるが、各コンポーネントの結合部分も含めてトレースは比較的容易
・「人員管理アプリケーション」のように小規模〜中規模のSPAであれば、実装量で単純に比較するとMVVMパターンの方に優位性がある
・規模が大きなSPAを複数メンバーで並行して開発するようなケースでは、より明確にコンポーネント分割を強制されるMVxパターンの方が、生産性・保守性の面で上回る可能性がある

■新しいフレームワークへの対応について

SPAのためのフレームワークとして、本書ではBackbone.jsとKnockout.jsを紹介しました。これらのフレームワークには依然として一定の優位性はあるものの、本書執筆時点では、すでに一世代前のフレームワークになっている点は否定できません。フロントエンドの技術エリアは「流行り廃り」が激しく、昨今ではAngularJSやReact.jsといったさらに新しいフレームワークが登場し、覇権争いを繰り広げています。最新のフレームワークに追随することは重要ですが、その一方でエンタープライズシステムではアーキテクチャの長寿命化は大きなテーマの一つであり、闇雲に最新を追い求めることは賢明とは言えません。

読者の皆様には、本書で紹介したクライアントサイドにおける普遍的な処理方式（テンプレート、イベント連携、データバインディング、ルーティングなど）を理解した上で、自らの判断で最適なフレームワークを選択してほしいと考えています。

Part 4

バッチ処理の設計パターン

第15章 バッチ処理の概要

15.1 バッチ処理の必然性

バッチ処理には大きくオフラインバッチとオンラインバッチがあります（第２章）が、単に「バッチ処理」と呼んだ場合は、一般的にオフラインバッチを指します。オフラインバッチが必要な理由には、２つの観点があります。

１つ目は、システムリソースの観点です。オンラインで１件ずつデータを処理するよりも、蓄積されたデータをバッチで一括処理した方がリソースの使用効率が高く、パフォーマンスが向上するケースがあります。またユーザへのサービス提供時間が日中時間帯に限定されるシステムであれば、夜間時間帯の遊休リソースを活用し、業務の一部をバッチ処理化することで、システム全体の負荷を平準化することが可能です。この観点におけるバッチ処理は、機能要件的にはオンライン処理との違いはないため、システムリソース的な制約さえなければオンライン化することが可能です。

もう一つは、機能要件の観点です。すなわち、何らかのビジネス的な静止点（「日締め」「月末」「期末」など）に対して処理を行うことが機能要件になっている、というものです。この観点におけるバッチ処理は、データを蓄積して一括処理すること自体が要件なため、オンライン化することはできません。

15.2 バッチ処理における基幹系システム・情報系システム

■基幹系システム・情報系システムの分類

エンタープライズシステムは、その特性から大きく「基幹系システム」と「情報系システム」に分類されます。基幹系システムとは一般的に「企業が業務を遂行するためのシステム」を指し、具体的には「販売管理システム」や「財務会計システム」などがあります。情報系システムには様々な定義がありますが、本書では「経営の意思決定や営業活動を支援するためのシステム」を指すものとします。

基幹系システムでは通常、データは自システムが管理するデータストアに永続化します。データは業務遂行のために必要な分があれば事足りるので、比較的新しいデータのみを保管し、経年データは定期的に削除するケースが多いでしょう。

一方で情報系システムはその目的から、複数のソースシステムからデータを収集し、１つのデータストアに蓄積します。データは意思決定や営業活動を支援するために必要なため、経年データも可能な限り残すケースが多いでしょう。情報系システムのデータストアの規模は、必然的に基幹系システムよりは大きくなる傾向があります。

■基幹系システムのバッチ処理

基幹系システムにおけるバッチ処理の主な目的は、自システムのデータストアに蓄積されたデータを一括更新することにあります。そのときにユーザ向けに帳票を作成したり、必要に応じて他システムに更新結果を連携することもあるでしょう。

バッチ処理によるデータ一括更新の例を、「販売管理システム」を題材に考えてみましょう。このシステムには、「在庫データ更新処理（当日の売上データから商品ごとに売上個数を集計し、在庫データから減算する処理）」があるものとします。この処理は先に述べた2つの観点（システムリソースの観点と機能要件の観点）では、システムリソースの観点に相当します。この処理をオンライン化することも可能ですが、システムリソースの制約から夜間にバッチで処理する方が望ましいケースが考えられます。

もう一つこのシステムには、「支店別売上データ更新処理（当日の売上データから支店ごと売上高を集計し、支店別売上データを更新する処理）」があるものとします。この処理は機能要件の観点によるバッチ処理です。支店別売上データは「業務終了後」という静止点に対して作成することが要件となっているため、この処理をオンライン化することはできません。

ユーザはこのようにして行われたバッチ処理の結果を、当該システムが提供する照会機能や帳票によって参照します。

■情報系システムのバッチ処理

情報系システムにおけるバッチ処理の目的は、ソースシステムからデータを収集して一元的に蓄積し、意思決定や営業活動を支援するための分析処理を行い、その結果をユーザに活用してもらうためのインタフェースを提供することにあります。

情報系システムの全体像を、図15-1に示します。

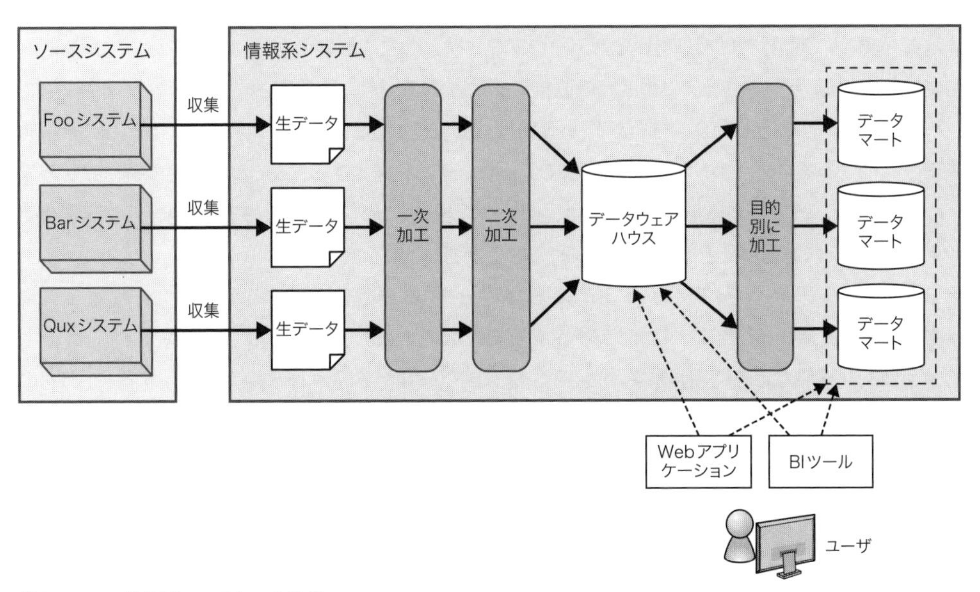

●図15-1　情報系システムの全体像

ソースシステムから収集したデータを一元的に蓄積するためのデータストアを、データウェアハウスと呼びます。またデータウェアハウスから抽出したデータを、分析や業務の目的に応じて加工して構築したデータストアを、データマートと呼びます。データウェアハウスが企業全体の一元的なデータベースであるのに対して、データマートは部署別に構築するケースが多いでしょう。

データウェアハウスの構築では、ソースシステムから収集したデータをバッチ処理によって加工してから蓄積します。

加工は2つのフェーズで行われます。最初のフェーズは、ソースシステムと文字コードの違いがある場合にそれを変換したり、ファイルのフォーマットを変換（固定長フォーマットからCSVなどの可変長フォーマットへの変換など）したりする処理（一次加工）です。ただしこの処理は、ソースシステムとデータウェアハウスが同じプラットフォームの場合（Linux同士の場合など）は特に必要ありません。

次のフェーズは、ソースシステムによってコード体系がバラバラだった場合に統一したり、データに「表記ゆれ」がある場合に補正したりして、「分析に使えるデータ」に加工する処理（二次加工）です。このような処理は「データクレンジング」とも呼ばれます。クレンジングは「名寄せ」をするための前提条件ともなります。名寄せとは、元来は金融機関において各種取引口座を一元的に管理することを表していましたが、昨今ではそこから転じて、データベースに登録されているエンティティ（顧客や企業など）を、特定のキー（顧客名や企業名など）をもとに同一のデータとして統合することを表します。

データマートの構築では、データウェアハウスに蓄積されたデータを、バッチ処理によって分析の目的に応じて加工します。具体的にはデータを整形したり、特定のキーで集約したり、並び替えたり、データ同士を連結したりして、データマートとして別のデータストアに出力します。たとえば「販売管理システム」を取り上げると、「当月と前年同月を比べて売上高が伸びた顧客を上位順に出力する処理」などが考えられます。

ただし、データウェアハウスに直接アクセスして分析処理を行うことも可能なため、データマートの構築は常に必要というわけではありません。データマート構築の主な目的の一つは、パフォーマンス要件の実現にあります。データウェアハウスへの直接アクセスでは、データ規模や分析処理の複雑さ次第では、サーバの負荷が高騰したり、分析処理が長時間化したりするといったパフォーマンス上の問題が発生する可能性があるため、事前にバッチ処理でデータマートを構築することでこの問題の解決を図ります。このようにデータマート構築にあたっては、データ規模や分析処理の複雑さとパフォーマンス要件とのバランスを適切に見極めた上で、方針を決める必要があります。

データウェアハウスやデータマートに格納されたデータをユーザに提供するためのインタフェースには、主に2つの種類があります。1つはデータ参照のためのWebアプリケーションを構築するというもので、定型的な検索などで利用します。もう1つは「BIツール」と呼ばれる製品を導入するというものです。BIツールからは、データウェアハウスやデータマートに対してSQLでアクセスできるため、非定型的な検索に適しています。またBIツールを利用すると、データの可視化やレポート作成を効率的に行ったり、「データマイニング」と呼ばれるさらに高度な分析を行うことも可能です。

第16章 オフラインバッチアプリケーションの設計パターン

16.1 オフラインバッチの共通的な設計上の要点

16.1.1 バッチ処理のデータストア

エンタープライズシステムのバッチ処理のデータストアには、主にデータベース（RDB）やファイルシステムを利用します。データストアには入力と出力があります。

バッチ処理の入力データストアは、オンライン処理の結果に対するバッチ処理の場合は必然的にRDBになります。他システムから入力ファイルを受け取るケースでは、当該ファイルを格納したファイルシステムが入力データストアになります。

バッチ処理の出力データストアも、入力と同様にRDBとなるケースが多くなります。ただし既存データを更新する必要がない処理（新しいデータを既存データに追加したり既存データと丸ごと入れ替えたりする処理）では、バッチ処理の結果をファイルとして出力するケースもあるでしょう。他システムに対してバッチ処理の結果を転送するケースでも、直接ファイルに出力するケースがあります。

このようにバッチ処理の入出力データストアには、目的や用途に応じてRDBかファイルシステムを利用します。ファイルシステムの場合、ファイル形式としてはCSV形式などのフラットファイル（可変長または固定長）や、XML形式などの構造性を持ったファイルを利用します。

16.1.2 ジョブと順序制御

業務的に意味のある1つのバッチ処理を、ジョブと言います。第15章で例として取り上げた「販売管理システム」であれば、業務終了後に行われる「在庫データ更新処理」や「支店別売上データ更新処理」などは、それぞれが1つのジョブです。エンタープライズシステムの夜間バッチ処理は通常、数多くのジョブから構成されます。「販売管理システム」の夜間バッチ処理であれば、「在庫データ更新処理」や「支店別売上データ更新処理」をはじめ様々なジョブが想定されます。

ジョブとジョブには、依存関係があるケースとないケースがあります（図16-1）。たとえばあるジョブAの出力データがジョブBの入力データになるようなケースでは、ジョブAが終了してからでないとジョブBを実行できません。これをジョブの逐次実行と呼びます。一方、依存関係がない2つのジョブは並列に実行することが可能です。これをジョブの並列実行と呼びます。

逐次処理

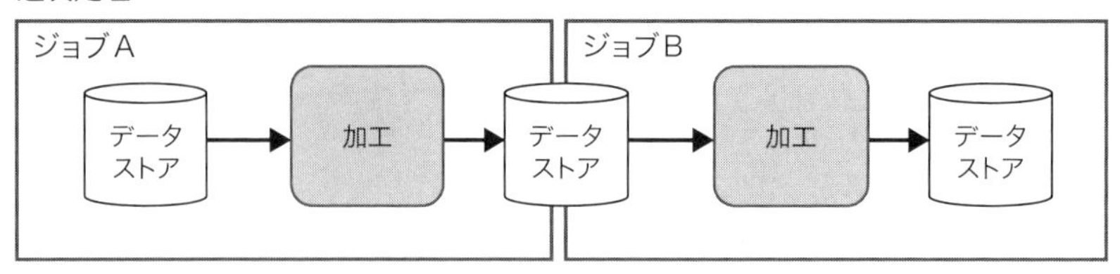

並列処理

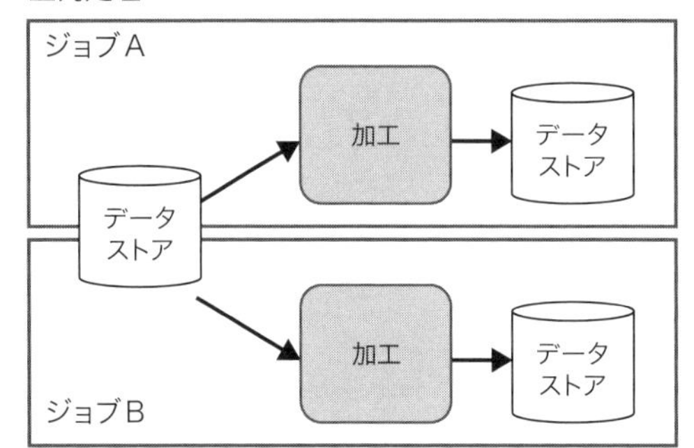

●図16-1　ジョブの逐次実行と並列実行

このようにジョブの実行順序は、依存関係を踏まえた上で決める必要があります※1。エンタープライズシステムでは、このようなジョブの順序制御は「ジョブ管理ツール」と呼ばれる専用のソフトウェアを利用することが一般的です。ジョブ管理ツールを利用すると、決められた時刻や周期でジョブを自動起動させたり、「他システムからのファイル転送完了」など特定のイベントを契機にジョブを起動させることもできます。

16.1.3　バッチ処理におけるトランザクション管理

バッチ処理のデータストアとしてRDBを利用する場合、2つの観点でトランザクション管理を設計する必要があります。

1つ目は、スループットやシステムリソースへの影響の観点です。RDBを利用するバッチ処理では、大量のデータに対して一度にコミットすることもできれば、1件ごとにコミットすることも可能です。大量のデータに対して一度にコミットした方がスループットが高くなる可能性がありますが、一度にコミットするということは、それだけRDBの更新ロックを長時間確保することを意味します。大量データ更新による更新ロックの長時間確保は、RDBの特定のリソース（ロールバック用領域）を大量に消費する可能性があるため、注意が必要です。万が一バッチ処理の途中でRDBにシステム障害が発生して処理が中断した場合、更新データが大きいとロールバックが長時間化する恐れがあります。また大量データを一度にコミットしようとすると、進捗状況（どのデータまで更新されたのか）を把握することができないため、処理が間延びしたときに、システム障害（RDBのハングなど）と見なして強制的に処理を中断するべきかどうかの判断も難しくなります。

※1　このようにして決められた一連のジョブのグループを、「ジョブネット」と呼ぶことがある。

2つ目は、オンライン処理と同じようにデータ不整合回避の観点です。オフラインバッチはオンライン処理とは競合しませんが、並列実行されたジョブ同士が同じデータを更新するケースを考慮する必要があります。このようなケースでは、相互のジョブへの影響を考慮してトランザクションの粒度を決める必要がありますが、通常はあまり大きな更新ロックを取得しない方がよいでしょう。

16.1.4　バッチ処理リラン時の制御

バッチ処理の途中で何らかのシステム障害が発生して処理が中断した場合、当該のバッチ処理を再び実行（リラン）し、処理未済のデータへの更新を続行する必要があります。このとき、リランによって同じ処理が2回実行されることがあっても、すでに一度更新が完了したデータへの二重更新が発生しないように、アプリケーションのロジックで制御する必要があります。もちろん、何度実行しても同じ値に更新される処理であれば考慮は不要ですが、たとえば「在庫データ更新処理（当日の売上データから商品ごとに売上個数を集計し、在庫データから減算する処理）」の場合は、同じ処理が2回実行されると減算が2回行われてしまい、データ不正が発生します。このようなケースでは、売上データに「在庫テーブル更新フラグ」を用意し、処理対象のデータを特定する条件に「更新フラグが立っていないこと」を追加の上、減算処理と同期を取ってこのフラグを立てるようにします。このようにすれば、同じ処理が2回実行されてもロジックによって更新が「空振り」しますので、データ不正は発生しません。

16.1.5　入力データの検証とエラーハンドリング

バッチ処理の入力データがオンライン処理によって蓄積されている場合、通常はオンライン処理の検証ロジックによって信頼性（ビジネスルール上問題ない）が保証されていますので、バッチ処理の中であえて検証を行う必要はありません。ただし他システムから受領したファイルや、ユーザがアップロードしたファイルが入力データになる場合など、データの信頼性が不十分なケースでは、バッチ処理の中で検証を実装する必要があります。

検証の実装は、アプリケーションの中でビジネスロジックとして構築するケースが一般的ですが、RDBの整合性制約（一意性制約、参照整合性制約など）を併用すると効率的です。

検証の結果エラーとなった場合、そのハンドリングにはいくつかの選択肢があります。たとえば1件でもエラーが発生した場合に、それを致命的なエラーと捉えてバッチ処理全体を中断する考え方があります。この場合、エラーの原因を特定して何らかのリカバリをしない限り、後続の処理は継続できません。それとは逆に、エラーが発生しても当該データをスキップして、処理を先進めするという考え方もあります。ただしこのときは、当該データのキー情報やエラー事由の記録を残し、それをユーザに何らかの形で照会する手段を提供した上で、業務的なリカバリをしてもらう必要があります。またはその中間の考え方で、エラーの件数に許容値を設定してそれを超過した場合に初めて処理を中断するようにしたり、エラーの原因に応じて先進めするか中断するかを制御することもあります。いずれにしても、バッチ処理の機能要件やデータ特性に合わせて、適切にエラーハンドリングをすることが肝要です。

16.1.6 バッチ処理におけるパフォーマンス向上

バッチ処理では、パフォーマンス（スループット）はもっとも重要な非機能要件の一つです。特に夜間のオフラインバッチでは、オンライン処理と競合しない前提のため、バッチ処理が長時間化すると、日中業務（オンラインサービス）の運用に影響を及ぼす可能性があります。バッチ処理全体のスループットを向上させるためには、大きく2つの方法があります。

1つ目はジョブの並列化です。依存関係のない複数のジョブを並列実行することでバッチ処理全体のスループットの向上を図ります。

2つ目はデータの並列化です。1つのジョブでデータを1件ずつ読み込みながらで逐次処理するのではなく、同一のデータストアから複数のジョブでデータを読み込んで並列に処理するのです。ただしこの方式ではデータの順序性は保証されず、追い抜きが発生する可能性あるため注意が必要です。データ並列化を実現するための方式には、ハッシュによる並列化やレンジによる並列化がありますが、いずれもRDBのパーティション分割機能を併用することで、さらに高速化を図ることができます。

■ハッシュによる並列化

入力データのキーとなる何らかの数値データを並列数で除算し、その余りにもとづいて並列処理を行う、というものです（図16-2)。たとえば並列数を3にしたい場合、0、1、2を引数にバッチアプリケーションを3多重で起動します。起動されたアプリケーションの中では、入力データのキーを多重度（3）で除算し、引数（0、1、2）と余りが一致するという条件で自らが処理対象とするデータを特定します。

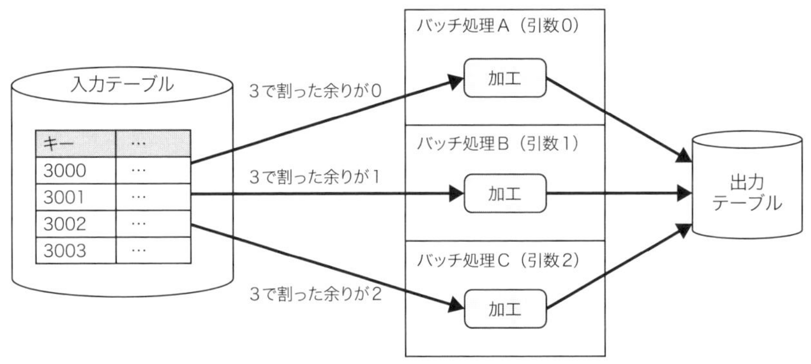

●図16-2 ハッシュによる並列化

■レンジによる並列化

入力データのキーとなる何らかの数値データに対して、並列数に応じてレンジを設定し、レンジごとに処理を行う、というものです。たとえばキーが0から300の範囲にあるデータを並列数3で処理したい場合、バッチアプリケーションを3多重で起動し、それぞれにキー値のレンジを0〜100、101〜200、201〜300といった具合に割り当てます。起動されたアプリケーションの中では、自らが認識するレンジによって処理対象とするデータを特定します。

16.2 バッチ処理（オフラインバッチ）の設計パターン

■バッチ処理の設計パターン分類

バッチ処理（オフラインバッチ）のパターンには、以下のようなものがあります。

①：SQLでバッチ処理を行うパターン（16.3節、16.4節）

②：スタンドアローン型アプリケーションでバッチ処理を行うパターン（16.5節）

③：バッチフレームワークを利用するパターン（16.6節）

④：ETLツールを利用するパターン（16.7節）

それぞれのパターンの詳細については後述しますが、大きくはSQL型（①）、アプリケーション型（②、③）、ツール型（④）に分類されます。

■この章で題材として取り上げるシステムについて

この章では「販売管理システム」を題材として取り上げます。「販売管理システム」のテーブルには、売上取引テーブル、売上詳細テーブル、在庫テーブルなど、業務取引が発生するたびにデータが書き込まれるイベント系テーブルと、顧客テーブル、商品テーブルなど、事前にデータがセットアップされていることが前提となるマスター系テーブルがあります。このシステムのE-R図を、図16-3に示します。

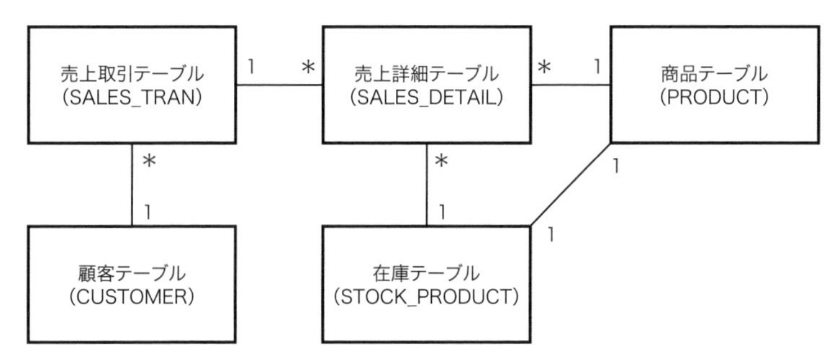

●図16-3 「販売管理システム」のE-R図

以下に主要なテーブルのDDLを示します。なお本書のサンプルSQLは、RDB製品としてMySQLを利用する前提になっています。製品によってSQLの実装には若干の違いがある点に注意が必要ですが、本書の趣旨である設計パターンを理解する上では支障はありません。

◉コード16-1 「販売管理システム」の主要なテーブルのDDL

```
// 売上取引テーブル
CREATE TABLE SALES_TRAN (
SALES_ID         INT PRIMARY KEY, -- 売上ID
SALES_DATE       DATE NOT NULL,   -- 売上日付
BRANCH_ID        INT NOT NULL,    -- 支店ID
```

```
CUSTOMER_ID       INT NOT NULL,    -- 顧客ID
UPDATE_STOCK_FLAG INT NOT NULL     -- 在庫テーブル更新フラグ
);

// 売上詳細テーブル
CREATE TABLE SALES_DETAIL (
SALES_ID        INT,          -- 売上ID
SALES_DETAIL_ID INT,          -- 売上詳細ID
PRODUCT_ID      INT NOT NULL, -- 商品ID
PRODUCT_PRICE   INT NOT NULL, -- 商品価格
SALES_COUNT     INT NOT NULL  -- 個数
);

// 在庫テーブル
CREATE TABLE STOCK_PRODUCT (
PRODUCT_ID INT PRIMARY KEY, -- 商品ID
QUANTITY   INT              -- 残り個数
);

// 顧客テーブル
CREATE TABLE CUSTOMER (
BRANCH_ID     INT NOT NULL,         -- 支店ID
CUSTOMER_ID   INT NOT NULL,         -- 顧客ID
CUSTOMER_NAME VARCHAR(30) NOT NULL, -- 顧客名
........
);
```

■SQL型とアプリケーション型の選択

バッチ処理をSQL型にするのかアプリケーション型にするのかは、アーキテクチャ上の重要な選択となります。

SQLはデータを操作するための言語なので、指定された条件によってデータを絞り込む処理には適していますが、複雑なビジネスロジックを記述する言語として利用するには様々な課題があります。まずSQL内では変数を宣言できないため、計算経過などの中間的な状態を保持することが困難です（16.3.1項で紹介するストアードプロシージャを利用すれば変数を宣言可能）。データの値によって条件分岐を行うような処理も、必ずしも得意ではありません（16.4.2項で紹介するCASE句を利用すればある程度の条件分岐は記述可能）。またSQLは機能に応じてモジュール分割したり、共通処理を一ヵ所にまとめることも難しいため、ある程度規模が大きくなると保守性の低下を招く可能性があります。

その一方で、分析系のバッチ処理に多い集約（サマライズ）、並び替え（ソート）、連結（マッチング）といったデータ加工は、アプリケーション型で実装するのは非効率です。たとえば集約であれば、ループ処理を行いながらキーごとにメモリ上で計算を行うことになります。また並び替えについても、メモリ上のコレクションをソートすることは可能ですが、すべての入力データをメモリに読み込むことは現実的ではないため、複雑な実装が必要になります。連結についてもいくつかのアルゴリズムがありますが、

前処理としてデータの並び替えが必要となるため、必然的に難易度は高くなります。その点、これらのデータ加工は、SQLであれば効率的に実装することが可能です（集約であれば集約関数、並び替えはORDER BY句、連結であればジョイン）。

SQL型かアプリケーション型かの選択は、このような両者の特性を理解した上で判断する必要があります。

16.3 SQLでバッチ処理を行うパターン（1）更新系

ここではSQLでバッチ処理を行うパターンのうち、データ書き込みを伴うものについて説明します。このパターンは、システムの分類上は基幹系システムによく見られる類のものです。

16.3.1 SQLによるデータ一括更新

例として「販売管理システム」の「在庫データ更新処理（当日の売上データから商品ごとに売上個数を集計し、在庫データから減算する処理）」を取り上げます。SQLによってデータの一括更新を行うパターンは、「1つのデータセットに対して一度に更新する方式」と「カーソルを利用して1件ずつ更新する方式」に分類できます。

■1つのデータセットに対して一度に更新する方式

まずは前者の方式から見ていきましょう。

◉コード16-2 「在庫データ更新処理」を行うためのSQLコード

```
UPDATE STOCK_PRODUCT SP
INNER JOIN (SALES_TRAN ST INNER JOIN SALES_DETAIL SD ON ST.SALES_ID = SD.SALES_ID)
ON SP.PRODUCT_ID = SD.PRODUCT_ID ❶
SET SP.QUANTITY = SP.QUANTITY - SD.SALES_COUNT, ❷
ST.UPDATE_STOCK_FLAG = 1 ❸
WHERE ST.SALES_DATE = '2015-01-06' ❹
AND ST.UPDATE_STOCK_FLAG = 0; ❺
```

このSQLでは、売上取引テーブル、売上詳細テーブル、在庫テーブルの3つのテーブルをジョイン❶し、指定された売上日付（ここでは"2015年1月6日"）で絞り込んだ❹上でデータセットを作っています。この1つのデータセットに対して、商品ごとに売上個数を在庫テーブルから減算する処理❷を一度に行っています。また前述したようにシステム障害等でこの処理がリランされることがあっても、ロジックによって更新が空振りするように制御を行っています。具体的には更新されたデータには「在庫テーブル更新フラグ」を立て❸、また更新対象データの絞り込みの条件に「在庫テーブル更新フラグ」が立っていないこと❺を追加しています。

このパターンは、後述する「カーソルを利用して1件ずつ更新するパターン」よりも実装量は比較的小さくなります。また絞り込んだデータセットに一度にコミットをかけるため、スループットの観点でも有利でしょう。ただし大量のデータセットを更新して一度にコミットをかけると、16.1.3項で説明したようにシステムリソースへの影響が大きいため注意が必要です。

このパターンのもう一つの注意点は、エラーハンドリングです。16.1.5項で示したように、入力データの信頼性が低い場合は、バッチ処理の中でエラーハンドリングを行う必要がありますが、この方式では複数テーブルをジョインして一度に更新を行うため、たとえばテーブル同士に何らかの不整合があったとしても、処理対象から外れてしまうだけです。このような不整合をエラーとしてハンドリングするためには、更新件数のチェックなど何らかの工夫が必要になります。

■カーソルを利用して1件ずつ更新する方式

次に「カーソルを利用して1件ずつ更新する方式」です。ここでは通常のSQLよりも複雑な処理が必要となるため、ストアードプロシージャとしてプログラムを作成しています。

◉コード16-3 「在庫データ更新処理」を行うためのストアードプロシージャ

```
DELIMITER //
CREATE PROCEDURE UPDATE_STOCK_PRODUCT(IN param_date DATE)
BEGIN
-- 変数を宣言する
DECLARE var_sales_id INT DEFAULT 0;
DECLARE done INT DEFAULT 0;
DECLARE loop_count INT DEFAULT 0;
-- カーソルを宣言する                                          ┐
DECLARE my_cur CURSOR FOR                                     │
SELECT SALES_ID FROM SALES_TRAN WHERE SALES_DATE = param_date ├❶
AND UPDATE_STOCK_FLAG = 0;                                    ┘
-- カーソルをオープンする
OPEN my_cur; ❷
-- ループから抜けるためのハンドラを定義する
DECLARE CONTINUE HANDLER FOR NOT FOUND SET done = 1;
-- トランザクションを開始する
START TRANSACTION; ❸
-- ループ処理を開始する
my_cur_loop : LOOP ❹
  -- ループカウンタに1加算する
  SET loop_count = loop_count + 1;
  -- カーソルをFETCHする
  FETCH my_cur INTO var_sales_id; ❺
  -- STOCK_PRODUCTテーブル更新する                                                   ┐
  UPDATE STOCK_PRODUCT SP                                                           │
  INNER JOIN (SALES_TRAN ST INNER JOIN SALES_DETAIL SD ON ST.SALES_ID = SD.SALES_ID) │
  ON SP.PRODUCT_ID = SD.PRODUCT_ID                                                  ├❻
  SET SP.QUANTITY = SP.QUANTITY - SD.SALES_COUNT, ST.UPDATE_STOCK_FLAG = 1          │
  WHERE ST.SALES_ID = var_sales_id;                                                 ┘
  -- 10件ごとにトランザクションをコミットし、新しいトランザクションを開始する
  IF loop_count % 10 = 0 THEN ❼
    COMMIT;
```

```
      START TRANSACTION;
    END IF;
    -- 最終データを処理したらトランザクションをコミットし、ループ処理から抜ける
    IF done = 1 THEN
      COMMIT;
      LEAVE my_cur_loop;
    END IF;
  END LOOP my_cur_loop;
  -- カーソルを閉じる
  CLOSE my_cur;
  END
  //
```

ストアードプロシージャとはRDBに対する一連の処理をプログラムとして記述し、RDBに登録することで呼び出しを可能にする機能です。ストアードプロシージャを使うと、通常のプログラムと同じようにSQL内で変数を定義し、その変数を使って条件分岐をしたりループ処理を行ったりすることができます。RDB製品によって実装に違いはあります※2が、ほとんどの製品で同じような処理を実現可能です。

このストアードプロシージャの処理の流れを見ていくと、まずカーソルを宣言して対象データを絞り込み、次にループ処理の中でカーソルから値を1件ずつ取り出しながら更新処理を行っています。カーソルとはSELECT文によって特定される結果セットへのポインタを保持し、それを移動することによって一括処理を実現するための仕組みです。ここでは、このストアードプロシージャ呼び出し時に引数として渡される日付（変数param_date）で売上取引データを絞り込み、その売上IDを取得するようにカーソルを宣言しています❶。次にカーソルをオープンする❷と、宣言したSQLの実行結果がカーソルmy_curにセットされます。

次にループ処理❹です。このループ処理の中ではカーソルから値をフェッチし❺、取り出した値（売上ID）を使って1件ずつ処理を行います。在庫テーブルは❻のUPDATE文によって更新しますが、対象データは取得した売上IDによって絞り込んでいます。このプログラムでは数件分のデータをまとめてコミットするようにていますが、❼のようにループカウンタと組み合わせて使うことで、❸で開始したトランザクションのコミット件数を制御することが可能です。更新処理のコミットの粒度をどのようにするかは、16.1.3項で説明した観点（スループットやシステムリソースへの影響の観点とデータ不整合回避の観点）から判断をすることになりますが、ここでは10件単位にコミットするようにしています。

このパターンは前述した「1つのデータセットに対して一度に更新するパターン」と比べると、実装量はいくぶん大きくなります。また、対象となるデータに数件ごとにコミットをかけるため、スループットの単純比較では下回る可能性があります。ただしこの方式は数件ごとにコミットするため、RDBのシステムリソースへの影響は比較的小さくなります。また上記サンプルでは実装していませんが、この方式ではデータ1件ごとに整合性をチェックし、必要に応じてエラーハンドリングを組み込むことも比較的容易です。

※2　たとえばOracleの場合は、PL/SQLという言語でストアードプロシージャを作成する。

16.3.2 SQLによるデータ差分更新

あるテーブルのデータを、すべて新しいデータに入れ替えたいケースがあります。たとえば自システムで持っている「顧客テーブル」は読み取り専用であり、更新は他システムで行われるものとします。このとき他システムで行われた更新を自システムに反映するためには、日次でファイル転送によって全量データを受領し、入れ替えを行う必要があります。「顧客テーブル」のようなマスター系テーブルは、企業全体でマスターを共通化し、データを一ヵ所に集約することが理想的ではありますが、現実的にはシステムごとにマスター系テーブルを保有し、ファイル転送によってデータ連携するケースも少なくありません。

他システムから受領した新データと自システムのデータを入れ替えるには、どのような方式が考えられるでしょうか。もちろん当該テーブルのデータをすべて削除し、受領したファイルからロードし直せば入れ替えは可能ですが、特にマスター系テーブルの場合、ロード中はオンラインサービスを続行することはできません。

そこで、受領した新データを既存テーブルと構成がまったく同じ別のテーブルにいったんロードし、SQLによって差分更新を行うと、このような課題を解決できます。ここでは「販売管理システム」における顧客テーブルを例として取り上げ、差分更新を行う方式を説明します。差分更新は、既存データの変更、新規データの追加、既存データの削除の3つに分類され、それぞれ別々のSQLによって実現します。なおここでは既存の顧客テーブルを"CUSTOMER"、新しいデータがロードされた顧客テーブルを"CUSTOMER_NEW"とします。

まず既存データ変更のためのSQLは、以下のようになります。

```
UPDATE CUSTOMER c1 INNER JOIN CUSTOMER_NEW c2
ON c1.CUSTOMER_ID = c2.CUSTOMER_ID
SET c1.ADDRESS = c2.ADDRESS
WHERE c1.LAST_UPDATE_TIME < c2.LAST_UPDATE_TIME;
```

このSQLでは既存テーブル、新テーブルをジョインし、最終更新時間が新しいデータについて、新テーブルの値で既存テーブルの住所（ADDRESSカラム）を更新しています。住所以外にも変更となるカラムがある場合は、SET句を追加すれば対応可能です。

次に新規データ追加のためのSQLは、以下のようになります。

```
INSERT INTO CUSTOMER
SELECT * FROM CUSTOMER_NEW c2
WHERE NOT EXISTS
(SELECT * FROM CUSTOMER c1 WHERE c1.CUSTOMER_ID = c2.CUSTOMER_ID);
```

このSQLでは、サブクエリによって「新テーブルには存在するが既存テーブルには存在しないデータ」を特定し、そのデータを新テーブルから既存テーブルに挿入しています。

最後に既存データ削除のSQLは、以下のようになります。

```
DELETE FROM CUSTOMER
```

```
WHERE NOT EXISTS
(SELECT * FROM CUSTOMER_NEW
  WHERE CUSTOMER.CUSTOMER_ID = CUSTOMER_NEW.CUSTOMER_ID);
```

新規データの追加とは逆に、このSQLでは、サブクエリによって「新テーブルには存在しないが既存テーブルには存在するデータ」を特定し、そのデータを既存テーブルから削除※3しています。

16.4 SQLでバッチ処理を行うパターン(2) 分析処理系

ここではSQLによるバッチ処理のうち、主にデータ読み込みによって分析処理を行うパターンについて説明します。このパターンは情報系システムによく見られる類のものです。

分析対象データが格納されているデータストアはRDBであることが前提になりますが、フラットファイルやXMLファイルであっても、RDBに対して事前にデータをインポートし事後にデータをエクスポートすれば、このパターンを利用することができます。

分析のためのバッチ処理は通常、①データ抽出、②データ加工、③データロードという3つのフェーズから成り立ちますが、この中におけるデータ加工には以下のような種類があり、それぞれSQLで実現できます。

1) 選択 → SELECT句
2) 整形・変換 → 変換関数
3) 集約 → COUNT、SUM、AVG、MIN、MAX
4) 並び替え(ソート) → ORDER BY句
5) 連結(マッチング) → ジョイン

このうち「2) 整形・変換」には、具体的には以下のような処理が含まれます。

- 文字列整形 … YYYYMMDD → YYYY/MM/DD
- 文字列分割 … 斉藤 賢哉 → 斉藤, 賢哉
- 文字列結合 … 斉藤, 賢哉 → 斉藤 賢哉
- 「表記ゆれ」の統一 … 斎藤賢哉・斉藤賢哉 → 斉藤賢哉
- コード変換 … 1 → MALE、2 → FEMALE

文字列整形、文字列分割、文字列結合であればSQLの変換関数で処理可能ですが、「表記ゆれ」の統一やコード変換などの要件がある場合は、SQLでの実装には限界があるため、アプリケーション型を選択する必要があるでしょう。

※3 MySQL 5.5では、DELETE文にエイリアスを指定できない。

16.4.1 SQLによる分析処理の設計パターン

情報系システムにおけるデータマート構築など、SQLによって分析処理を行うケースを、具体例をもとに説明します。ここでは既出の「販売管理システム」を題材として、「当月と前年同月を比べて売上高が伸びた顧客を上位順に出力する処理」を取り上げます。これは比較的複雑な分析処理となりますが、この要件を実現するための典型的な方式を紹介します。

■ビューを利用する方式

この方式は、「当月の顧客ごとの売上高」と「前年同月の顧客ごとの売上高」を表すビュー（データベースビュー）をそれぞれ定義し、それらのビューを顧客IDでジョインし、売上高の差分を求めてソートして出力するというものです。以下にそのSQLコードを示します。

◉コード16-4　当月の顧客ごとの売上高を表すビューを定義するDDL

```
CREATE VIEW THIS_SALES
AS SELECT ST.CUSTOMER_ID, SUM(SD.PRODUCT_PRICE * SD.SALES_COUNT) AS SALES_AMOUNT
FROM SALES_TRAN ST INNER JOIN SALES_DETAIL SD
ON ST.SALES_ID = SD.SALES_ID
WHERE DATE_FORMAT(ST.SALES_DATE, '%Y%m') = '201501'
GROUP BY ST.CUSTOMER_ID;
```

◉コード16-5　前年同月の顧客ごとの売上高を表すビューを定義するSQL

```
CREATE VIEW PREV_SALES
AS SELECT ST.CUSTOMER_ID, SUM(SD.PRODUCT_PRICE * SD.SALES_COUNT) AS SALES_AMOUNT
FROM SALES_TRAN ST INNER JOIN SALES_DETAIL SD
ON ST.SALES_ID = SD.SALES_ID
WHERE DATE_FORMAT(ST.SALES_DATE, '%Y%m') = '201401'
GROUP BY ST.CUSTOMER_ID;
```

◉コード16-6　ビュー同士をジョインし売上高の差分を求めてソートして出力するSQL

```
SELECT THIS_SALES.CUSTOMER_ID, THIS_SALES.SALES_AMOUNT, PREV_SALES.SALES_AMOUNT,
THIS_SALES.SALES_AMOUNT - PREV_SALES.SALES_AMOUNT AS SALES_AMOUNT_DIFF
FROM THIS_SALES INNER JOIN PREV_SALES
ON THIS_SALES.CUSTOMER_ID = PREV_SALES.CUSTOMER_ID
ORDER BY SALES_AMOUNT_DIFF DESC;
```

まずコード16-4では、売上日付を当月（2015年1月）と条件指定した上で、顧客IDをキーにしてSUM関数で売上高を合算し、その結果セットをビューとして定義しています。

コード16-5も同様に、売上日付を前年同月（2014年1月）と条件指定した上で、顧客IDをキーにしてSUM関数で売上高を合算し、その結果セットをビューとして定義しています。

最後にコード16-6のSQLでは、ビュー同士を顧客IDでジョインし、売上高の差分を求めてソートして出力しています。このSQLを実行すると、「第1カラムが顧客ID、第2カラムが当月の売上高、第3カラムが前年同月の売上高、第4カラムが前年同月と当月との売上高の差分」という結果が得られます（図16-4）。

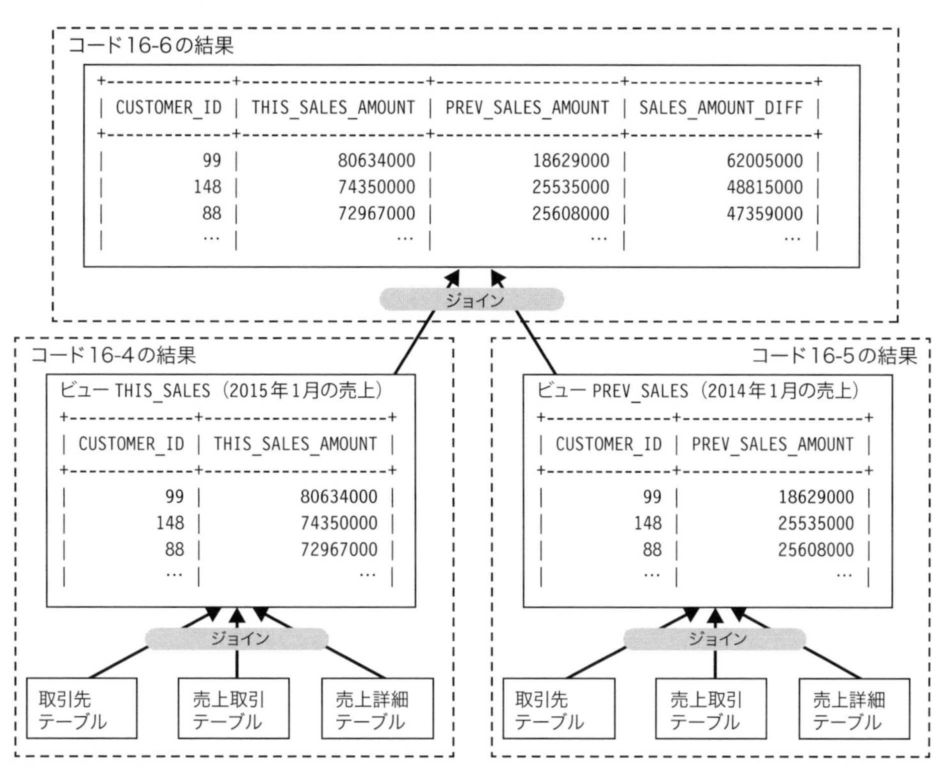

◉図16-4　ビューを利用した分析処理

■中間テーブルを利用する方式

この方式では、まずSQLによって「当月の顧客ごとの売上高」と「前年同月の顧客ごとの売上高」を求め、それぞれの結果セットを中間テーブルに出力します。そしてそれらの中間テーブル同士を顧客IDでジョインし、売上高の差分を求めてソートして出力します。ビューと異なり実際にデータが中間テーブルに出力されますのでディスク容量は消費しますが、一度作成した中間テーブルを様々な分析処理で再利用する可能性がある場合は効率的です。中間テーブルはRDB製品が提供する「一時テーブル」を利用して作成するケースが多いでしょう。

この場合のSQLは、コード16-4～16-5のCREATE VIEW文がCREATE TEMPORARY TABLE文に変わるだけですので、ここでは割愛します。

■一度のSQLで多段ジョインする方式

この方式では、1つのSQLの中で「当月の顧客ごとの売上高」と「前年同月の顧客ごとの売上高」を求め、その結果セット同士を顧客IDでジョインし、売上高の差分を求めてソートして出力するというものです。これを1つのSQLで実現するためには多段のジョインが必要となりますが、ビューを定義する必要はありません。そのSQLコードをコード16-7（次ページ）に示します。

このSQLを実行すると、前述した「ビューを利用する方式」や「中間テーブルを利用する方式」とまったく同じ結果が得られます。A部分が「当月の顧客ごとの売上高」を求める部分で、B部分が「前年同月の顧客ごとの売上高」となり、A部分とB部分をさらにジョインすることで売上高の差分を求めています（図16-5）。

●コード16-7　多段ジョインのSQLコード

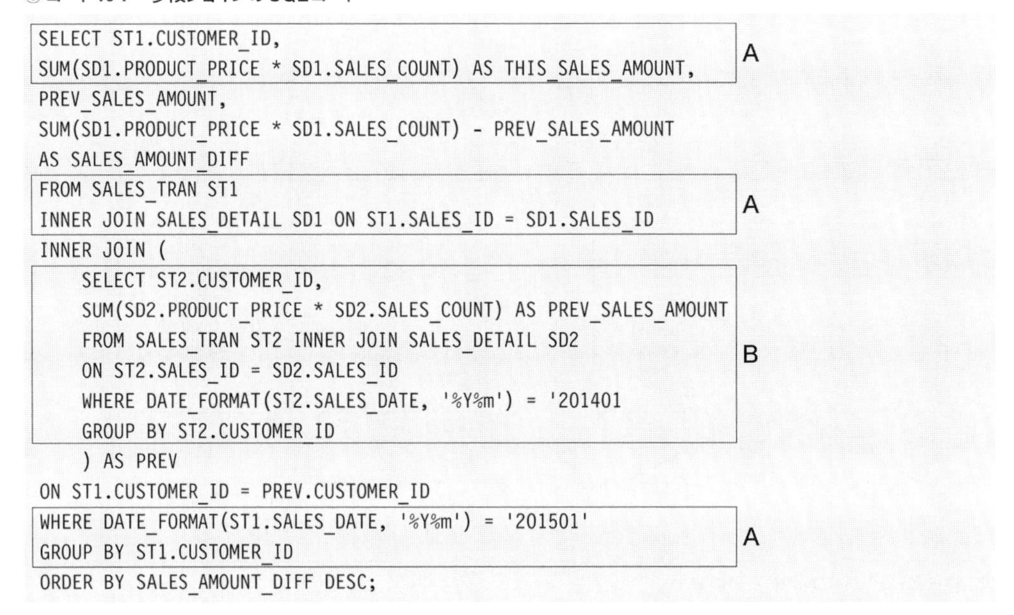

```
SELECT ST1.CUSTOMER_ID,
SUM(SD1.PRODUCT_PRICE * SD1.SALES_COUNT) AS THIS_SALES_AMOUNT,       A
PREV_SALES_AMOUNT,
SUM(SD1.PRODUCT_PRICE * SD1.SALES_COUNT) - PREV_SALES_AMOUNT
AS SALES_AMOUNT_DIFF
FROM SALES_TRAN ST1
INNER JOIN SALES_DETAIL SD1 ON ST1.SALES_ID = SD1.SALES_ID           A
INNER JOIN (
    SELECT ST2.CUSTOMER_ID,
    SUM(SD2.PRODUCT_PRICE * SD2.SALES_COUNT) AS PREV_SALES_AMOUNT
    FROM SALES_TRAN ST2 INNER JOIN SALES_DETAIL SD2
    ON ST2.SALES_ID = SD2.SALES_ID                                   B
    WHERE DATE_FORMAT(ST2.SALES_DATE, '%Y%m') = '201401
    GROUP BY ST2.CUSTOMER_ID
    ) AS PREV
ON ST1.CUSTOMER_ID = PREV.CUSTOMER_ID
WHERE DATE_FORMAT(ST1.SALES_DATE, '%Y%m') = '201501'
GROUP BY ST1.CUSTOMER_ID                                             A
ORDER BY SALES_AMOUNT_DIFF DESC;
```

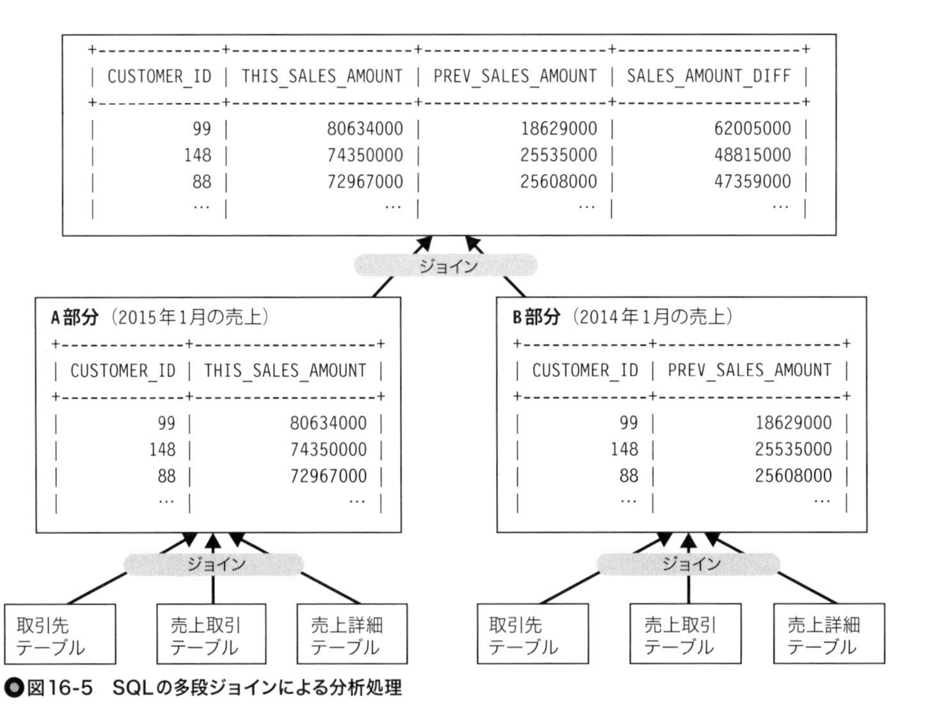

●図16-5　SQLの多段ジョインによる分析処理

■分析結果のローディング

前述した分析処理のSQLによって出力されたデータは、最終的にはデータマートとして提供される何らかのテーブルにロードするケースが多いでしょう。そのためにはいくつかの方法があります。データマートが（抽出元であるデータウェアハウスと）同じRDB上にある場合は、分析のためのSELECT文にINSERT INTO文を組み合わせることで、結果を直接ロードできます。またデータマートが他のRDB上にある場合は、SELECT文にINSERT INTO文を組み合わせて一時テーブルに出力し、各RDB製品のユーティリティを使ってデータをいったんエクスポートします。そしてエクスポートしたファイルを、同じくユーティリティによってデータマートのRDBにインポートします。

16.4.2　SQLによる条件分岐

前述したようにSQLは条件分岐を行う処理には必ずしも適していないため、ロジックがある程度複雑になるバッチ処理には、分析処理であってもアプリケーション型のパターン（16.5節、16.6節）を適用する方が得策です。ただしSQLでもCASE句を利用することで、簡易的な条件分岐を実現することは可能です。

ここでは支店ごとの売上個数の合計値を、曜日（月～金）ごとに計算する処理をSQLで記述する例を取り上げます。

まず条件分岐をしない場合は、以下のようなSQLになります。

```
SELECT BRANCH_ID, WEEKDAY(SALES_DATE), COUNT(*) FROM SALES_TRAN
GROUP BY BRANCH_ID, WEEKDAY(SALES_DATE);
```

このSQLを実行すると、以下のように「1つの支店と曜日」の組み合わせに対する売上個数の合計値が、縦方向に並ぶ形で出力されます。

```
+-----------+---------------------+----------+
| BRANCH_ID | WEEKDAY(SALES_DATE) | COUNT(*) |
+-----------+---------------------+----------+
|         1 |                   0 |    28723 |
|         1 |                   1 |    29170 |
|         1 |                   2 |    28787 |
:         : :                   : :        : :
|         5 |                   3 |     6891 |
|         5 |                   4 |     7043 |
+-----------+---------------------+----------+
```

次に、CASE句によって条件分岐をするSQLコードを示します。

```
SELECT BRANCH_ID,
SUM(CASE WHEN WEEKDAY(SALES_DATE) = 0 THEN 1 ELSE 0 END) AS MONDAY,
SUM(CASE WHEN WEEKDAY(SALES_DATE) = 1 THEN 1 ELSE 0 END) AS TUESDAY,
........
```

```
SUM(CASE WHEN WEEKDAY(SALES_DATE) = 4 THEN 1 ELSE 0 END) AS FRIDAY
FROM SALES_TRAN
GROUP BY BRANCH_ID;
```

CASE句を利用すると、指定されたカラムの値によって条件分岐をすることが可能です。ここでは曜日（月～金）によって条件分岐を行い、それぞれ別のカラムに集約関数の計算結果を出力しています。このSQLを実行すると、以下のように「1つの支店」に対する売上個数の合計値が、曜日をカラムとして横方向に並ぶ形で出力されます。

```
+-----------+--------+---------+-----------+----------+--------+
| BRANCH_ID | MONDAY | TUESDAY | WEDNESDAY | THURSDAY | FRIDAY |
+-----------+--------+---------+-----------+----------+--------+
|         1 |  28723 |   29170 |     28787 |    28390 |  28247 |
|         2 |  14395 |   14445 |     14525 |    14301 |  13868 |
|         3 |  21506 |   21606 |     21547 |    21297 |  21055 |
|         4 |  28539 |   28691 |     28757 |    28458 |  28066 |
|         5 |   7193 |    7135 |      7365 |     6891 |   7043 |
+-----------+--------+---------+-----------+----------+--------+
```

16.5 スタンドアローン型アプリケーションでバッチ処理を行うパターン

このパターンは、SQL以外の言語（Javaやスクリプト言語など）でスタンドアローン型アプリケーションを作成し、バッチ処理を行うものです。

16.5.1 スタンドアローン型アプリケーションによるバッチ処理の実装例

ここでも他のパターンと同様に、「販売管理システム」の「在庫データ更新処理」を例として取り上げます。以下のコードはJavaによるスタンドアローン型アプリケーションで、JDBCによってRDBにアクセスしてバッチ処理を行います。

◉コード16-8 「在庫データ更新処理」のためのJavaアプリケーション

```
public class JdbcBatchMain {
    public static void main(String[] args) {
        // RDB情報（JDBCドライバ、URL、ユーザ、パスワード）を取得する
        ........
        // JDBCドライバをロードする
        ........
        Connection conn = null;  PreparedStatement pstmt1 = null;
        PreparedStatement pstmt2 = null;  ResultSet rset = null;
        try {
            // RDBに接続しコネクションを取得する
            conn = DriverManager.getConnection(url, user, password);
            // トランザクション管理を有効にする
            conn.setAutoCommit(false);
```

```
        // 対象データを絞り込むためのステートメントを生成する
        pstmt1 = conn.prepareStatement(
                "SELECT SALES_ID FROM SALES_TRAN " +
                "WHERE SALES_DATE = ? AND UPDATE_STOCK_FLAG = 0");
        pstmt1.setDate(1, Date.valueOf(args[0]));
        // SQLを発行し、結果セットを取得する
        rset = pstmt1.executeQuery();
        // 更新用のプリペアードステートメントを生成する
        pstmt2 = conn.prepareStatement(
                "UPDATE STOCK_PRODUCT SP " +
                "INNER JOIN (SALES_TRAN ST INNER JOIN SALES_DETAIL SD " +
                "ON ST.SALES_ID = SD.SALES_ID) " +
                "ON SP.PRODUCT_ID = SD.PRODUCT_ID " +
                "SET SP.QUANTITY = SP.QUANTITY - SD.SALES_COUNT, " +
                "ST.UPDATE_STOCK_FLAG = 1 " +
                "WHERE ST.SALES_ID = ?");
        int loopCount = 0; // ループカウンタ
        // 結果セットによるループ処理
        while (rset.next()) {
            loopCount++;
            Integer salesId = rset.getInt(1);
            pstmt2.setInt(1, salesId);
            pstmt2.addBatch();
            // 10件ごとにSQLを発行の上でコミットする
            // 次のトランザクションは自動的に開始される
            if (loopCount % 10 == 0) {
                pstmt2.executeBatch();
                conn.commit();
            }
        }
        // ループ処理終了時点で未済のSQLを発行の上でコミットする
        pstmt2.executeBatch();
        conn.commit();
    } catch (SQLException sqle) { .... }
    } finally {
        // リソースをクローズする
        ........
    }
  }
}
```

このアプリケーションの処理の流れを見ていくと、まずSELECT文を発行して対象データの結果セットを取得し、次に結果セットのループ処理の中で値を1件ずつ取り出しながら更新処理を行っています。この流れはコード16-3で説明したSQLによる「カーソルを利用して1件ずつ更新するパターン」とよく似ています。

これまでのパターンと同様に、更新対象データの絞り込みの条件に「在庫テーブル更新フラグ」が立っ

ていないことが含まれているため、二重起動によって不正な更新が発生しないようにガードしています。またこのプログラムでは処理の効率化のために、10件ごとにまとめてSQLを発行した上で、トランザクションをコミットするようにしています。

16.5.2 スタンドアローン型アプリケーションによるバッチ処理のトレードオフ

スタンドアローン型アプリケーションでバッチ処理を行うパターンのトレードオフは、SQLによる「カーソルを利用して1件ずつ更新するパターン」と同様です。ただし「カーソルを利用して1件ずつ更新するパターン」と比べると、実装がJavaである分だけ、より複雑なビジネスロジックを組み込むことができます。その一方、情報系システムのバッチ処理に多い集約、並び替え、連結などのデータ加工処理が求められる場合は、それをJavaコードで実装するのは効率性の面で課題があるため、前述したようにSQLの機能を利用した方が有利なケースが多いでしょう※4。

16.6 バッチフレームワークを利用するパターン

16.6.1 バッチフレームワークとJava Batch

このパターンは、Java EEコンテナ上でバッチフレームワークを利用したアプリケーションを稼働させるパターンです。Javaベースのバッチフレームワークには OSSのSpring Batchや、Java EE標準のJava Batchなどがありますが、ここではJava Batchを取り上げます。なおJava Batchには豊富な機能があるため、本書では代表的な機能の紹介に留めます。

Java Batchを利用すると、バッチ処理で必要となる以下のような共通的な処理を、容易に実現することが可能になります。

ジョブの順序制御

XML形式の設定ファイルにジョブの順序制御を定義できます。ジョブとジョブを逐次に実行したり、分岐して並列で実行したり、分岐したジョブを合流（待ち合わせ）させることができます。またどのジョブがどこまで実行されたのかをJava EEコンテナがリポジトリで管理するため、システム障害の発生等によってジョブをリランするとき、中断したジョブから再開できます。

チェックポイントによる制御

後述するChunk方式を利用すると、まとまった単位でデータを書き込み、トランザクションをコミットします。ここで「どのデータまで書き込みをしたか」の位置情報を、Java EEコンテナがチェックポイントとして管理するため、システム障害の発生等によってジョブをリランするとき、処理未済のデータから再開できます。

※4 スタンドアローン型アプリケーションの中でデータを1件ずつ取り出し、集約や並べ替えを行うことも可能だが、データ規模が大きい場合は大量のメモリを消費するため注意が必要。そのようなケースでは、集約や並べ替えの処理はSQLに任せ、スタンドアローン型アプリケーションからそのSQLを発行して、実行結果を受け取るという方法もある。

エラーハンドリング

何らかのエラーが発生した場合に、エラーの種類に応じて処理の中断かスキップ（先進め）かを制御したり、エラーの件数に上限値を設定し、それを超過した場合に初めて処理を中断するように制御できます。エラーハンドリングの方式についても、所定の設定ファイルに定義します。

Java Batchでは、一般的なバッチ処理の概念と同じように業務的に意味のある1つのバッチ処理を「ジョブ」と呼びます。1つのジョブは複数の「ステップ」から構成されます。ステップの実装方式にはChunk方式とBatchlet方式の2種類がありますが、ここではChunk方式を取り上げます。

Chunk方式では、1つのステップはデータの読み込みを行うItemReader、データの加工を行うItemProcessor、データの書き込みを行うItemWriterという3つの役割を持ったコンポーネントから構成されます。アプリケーションは、フレームワークが提供するインタフェースをimplementsして、それぞれのコンポーネントを作成します。この方式では「Chunk」と呼ばれるまとまった単位（デフォルト10件）でデータを書き込むことで、処理の効率化を図ります。データストアがRDBであれば、トランザクションはこの単位で一度にコミットします。

16.6.2 Java Batchによる実装例

ここでも他のパターンと同様に、「販売管理システム」の「在庫データ更新処理」を例として取り上げます。Java Batchでは、認定ファイルが必要です。以下に、このジョブ（sales-batch-job）の設定ファイルを示します。

◉コード16-9 ジョブ（sales-batch-job）の設定ファイル

```
<?xml version="1.0" encoding="UTF-8"?>
<job id="sales-batch-job"
     xmlns="http://xmlns.jcp.org/xml/ns/javaee" version="1.0">
  <properties>
    <property name="input_file" value="SALES_TRAN.csv" />
  </properties>
  <step id="first-step">
    <chunk item-count="5">
      <reader    ref="salesItemReader" />
      <processor ref="salesItemProcessor" />
      <writer    ref="salesItemWriter" />
    </chunk>
  </step>
</job>
```

このようにJava Batchの設定ファイルには、Chunkの単位や、ItemReader、ItemProcessor、ItemWriter、それぞれの実クラスへの参照を定義します。

次にItemReaderのコードを示します。

◉コード16-10　データの読み込みを行うItemReader

```
public class SalesItemReader implements ItemReader {
    //データソースをインジェクション
    @Resource(lookup = "jdbc/MySQLSalesDS")
    private DataSource ds;
    // ジョブコンテキストをインジェクション
    @Inject
    private JobContext context;
    // JDBCインタフェース
    private Connection conn;
    private PreparedStatement pstmt;
    private ResultSet rset; // ❶
    // リソース（入力データストア）をオープンする
    public void open(Serializable checkpoint) throws Exception { // ❷
        Connection conn = ds.getConnection();
        pstmt = conn.prepareStatement(
                "SELECT SALES_ID FROM SALES_TRAN " +
                "WHERE SALES_DATE = ? " +
                "AND UPDATE_STOCK_FLAG = 0");
        String salesDate = context.getProperties().getProperty("salesDate");
        pstmt.setDate(1, Date.valueOf(salesDate));
        rset = pstmt.executeQuery();
    }
    // データを読み込む
    public Object readItem() throws Exception { // ❸
        if (! rset.next()) return null;
        Integer salesId = rset.getInt(1);
        return salesId;
    }
    // リソースをクローズする
    public void close() throws Exception {
    ........
    }
    ........
}
```

ItemReaderをはじめとするJava Batchの各クラスはJava EEコンテナ上で稼働しますので、コンテナが持つ各種機能の恩恵を受けることができます。ここでは、データソースとバッチコンテキストをそれぞれDIによって取得しています。

ItemReaderでは、まずopenメソッド❷でリソースをオープンします。この例ではデータストアがRDBなので、データソースからコネクションを取得し、JDBCのAPIによってクエリを発行します。クエリの結果として得られる結果セット（ResultSet）は、あらかじめ用意しておいたフィールド❶に格納します。この例ではデータストアがRDBですが、ファイルシステムの場合はjava.io.BufferedReaderなどを利用することになります。またこの処理では、クエリの条件に「売上日付」を指定する必要がありますが、外部からの引数は、バッチコンテキストを経由して受け渡しを行うことが可能です。openメソッドはステップの最初に一度だけ呼び出されるため、このようにリソースをオープンする処理を実装します。これはSQLバッチによるカーソルのオープンによく似ています。次にreadItemメソッド❸で、すでに取得済みのResultSetからデータを1件読み込み、それを返却します。このメソッドで返却したデータが、次フェーズでデータの加工処理を担当するItemProcessorに渡されます。

続いてItemProcessorです。このクラスではprocessItemメソッドを実装し、ItemReaderによって読み込まれたデータを加工して返却します。ただしここでは特に加工は行わないためItemProcessorのコードは割愛します。このようにして実装されたItemReaderのreadItemメソッドとItemProcessorのprocessItemメソッドが、1Chunkの単位となる件数回、繰り返し呼び出されます。

最後に、ItemWriterのコードを示します。

◉コード16-11　データの書き込みを行うItemWriter

```
public class SalesItemWriter implements ItemWriter {
    //データソースをインジェクション
    @Resource(lookup = "jdbc/MySQLSalesDS")
    private DataSource ds;
    // JDBCインタフェース
    private Connection conn;
    private PreparedStatement pstmt;
    // データを書き込む
    public void writeItems(List<Object> items) throws Exception { //❹
        Connection conn = ds.getConnection();
        for (Object obj : items) {
            Integer salesId = (Integer)obj;
            pstmt = conn.prepareStatement(
                    "UPDATE STOCK_PRODUCT SP " +
                    "INNER JOIN (SALES_TRAN ST INNER JOIN SALES_DETAIL SD " +
                    "ON ST.SALES_ID = SD.SALES_ID) " +
                    "ON SP.PRODUCT_ID = SD.PRODUCT_ID " +
                    "SET SP.QUANTITY = SP.QUANTITY - SD.SALES_COUNT, " +
                    "ST.UPDATE_STOCK_FLAG = 1 " +
                    "WHERE ST.SALES_ID = ?");
            pstmt.setInt(1, salesId);
            pstmt.executeUpdate();
        }
        conn.commit(); // トランザクションをコミット
        conn.close();
    }
    // リソースをクローズする
    public void close() throws Exception { .... }
    ........
}
```

ItemWriterのwriterItemsメソッド❹には、ItemProcessorによって加工されたデータが、1Chunkの単位でまとめて渡されます。ここでは、ItemReaderと同じようにデータソースからコネクションを取得し、ループ処理の中で1件ずつクエリを発行してデータの更新を行っています。そしてすべてのデータ更新が終わったら、トランザクションをコミットします。

このステップのシーケンス図を図16-6に示します。

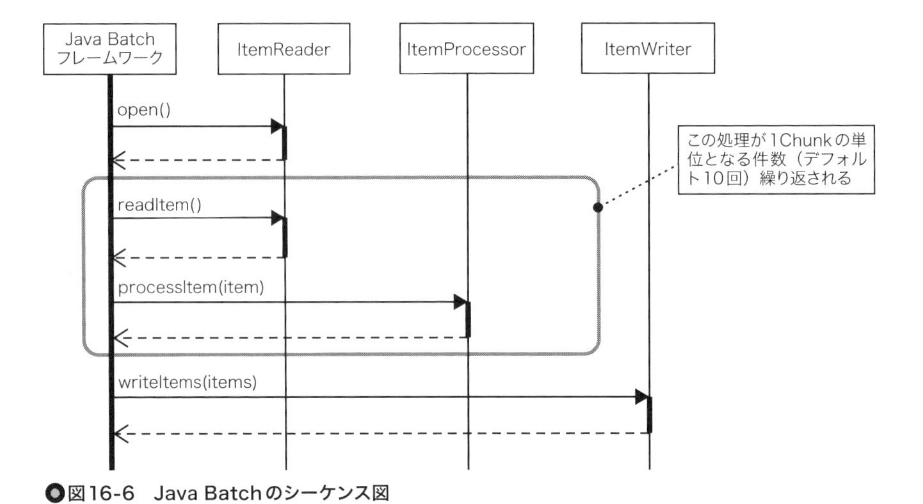

◎図16-6　Java Batchのシーケンス図

このようにして作成したジョブ（sales-batch-job）は、以下のように起動します。

```
JobOperator jobOperator = BatchRuntime.getJobOperator();
long executionId = jobOperator.start("sales-batch-job", null);
```

16.6.3　Java Batchのトレードオフ

Java Batchの利点として、まず前述したようなバッチ処理の共通機能（ジョブの実行制御、チェックポイントによる制御、エラーハンドリング）を、各アプリケーションで実装する必要がなくなる点が挙げられます。またデータソースのインジェクションのように、Java EEコンテナが持っている機能の恩恵を受けることができます。前述したスタンドアローン型アプリケーションではデータの読み込み、加工、書き込みという3つの処理を1つのクラスに詰め込んでいましたが、Java Batchでは3つの役割を持ったクラスに分割され、各クラスの呼び出しはコンテナによって制御されるため、特に規模が大きく複雑なバッチ処理において保守性や再利用性を高めることが可能です。

その一方、情報系システムのバッチ処理に多い集約、並び替え、連結などのデータ加工処理が求められる場合は、スタンドアローン型アプリケーションと同様に、SQLによるバッチ処理の方に優位性があるでしょう。

16.7 ETLツールを利用するパターン

16.7.1 ETLツールとは

ETLツールとは、GUIによってバッチ処理を効率的に開発することを目的としたツールで、OSSのものから商用製品まで様々な種類があります。「ETL」とは、バッチ処理に共通的な以下の処理の頭文字を表しています。

・Extract … データストアからデータを抽出（入力）
・Transform … 抽出したデータを加工
・Load … 加工したデータを、データストアにロード（出力）

ETLツールは、GUIによる操作でジョブを作成します。入出力となるデータストアとしては主要なRDB製品をはじめ、様々な形式のファイルを（CSVファイル、XMLファイル、EXCELファイルなど）扱うことができる点が特徴です。入出力データのメタデータを定義（RDBの場合はメタデータは自動的に読み込み可能）し、そのメタデータを利用してExtract（入力）、Transform（加工）、Load（出力）のそれぞれの処理をGUIによって構築します。また製品によっては、テスト支援機能やデータ項目変更時の影響範囲を特定する機能を持ったものもあり、それらを活用することで生産性の向上を図ることができます。

ETLツールは、基幹系システムのバッチ処理に求められるような複雑なビジネスロジックを伴う更新系の処理には、必ずしも適しているとは言えません。どちらかというと情報系システムのバッチ処理に多いような、集約（サマライズ）、並び替え（ソート）、連結（マッチング）などのデータ加工を行う処理に向いています。ETLツールによるバッチ処理の特性は、SQLによるバッチ処理と同様です。ETLツールを利用すると、SQLによるバッチ処理と同じ機能を持ったジョブを、GUIによって効率的に作成できます。

またETLツールでは、作成したジョブからSQLコードを生成し、すべての処理をRDB上でSQLバッチとして動かすこともできます。この処理は、テーブルからテーブルへの入出力が行われた後、RDB上でSQLによって加工が行われるため、TとLの順番を逆にして「ELT」と呼ばれます。

16.7.2 ETLツールの優位性と考慮点

ETLツールによるバッチ処理を、SQLによるバッチ処理と比較すると、以下のような点で優位性があります。

・ETLツールは、様々な形式のファイルを入出力データストアにすることができる
・製品によっては、加工を行う過程でJavaなど他の言語で実装された外部プログラムを呼び出したり、入出力先としてSOAPやRESTによるサービスをインタフェースとすることが可能
・複数の入力データストアからデータを読み込んで、同一のキーで連結（ジョイン）したい場合、

SQLではそれら（テーブル）が同一のRDBインスタンス上にある必要があるが、ETLツールでは異なるRDBインスタンスにあるテーブルやファイルなども連結対象にできる

ETLツールにはこのような優位性がありますが、その反面、導入に伴うコストや開発者のツールへの習熟が必要となります。また基本的に製品間の互換性はないため、保守フェーズ以降も一度導入した製品を使い続ける必要がある点には注意が必要です。そういった点を考慮しても、対象のバッチ処理がETLツールへの適合性が高く、コストに見合う十分な生産性効果が見込める場合は、ETLツールはバッチ処理の有力な選択肢となりうるでしょう。

なお本書では、バッチ処理の設計パターンの一つとしてETLツールを紹介しましたが、製品によって利用方法が異なるため詳細は割愛します。

第17章 オンラインバッチとディレード オンラインの設計パターン

17.1 オンラインバッチ

17.1.1 オンラインバッチとは

オンラインバッチ処理とは、オンライン処理と同様の仕組みでバッチ処理を実現することです。オンライン処理のようにリアルタイムに処理を行うわけではなく、いったん処理対象のデータをRDB上のテーブルに蓄積します。その後、何らかのトリガー（ジョブ管理ツールによる時刻起動など）によって蓄積されたデータを読み込んで、一括で処理します。

■オンラインバッチのアーキテクチャ

オンラインバッチのアーキテクチャには、表17-1のような方式があります。オンラインバッチは通常、バッチクライアントとバッチアプリケーションという2つのコンポーネントから構成されます。バッチクライアントは、当該オンラインバッチのキッカーとして、ジョブ管理ツールなどから起動されます。バッチクライアントは、RDBに蓄積されたデータから処理対象データを特定し、バッチアプリケーションに連携（アプリケーション連携）します。一方バッチアプリケーションは、Java EEコンテナにデプロイされて常駐しており、バッチクライアントから処理対象データを受け取って処理を実行します。

ID	方式名	バッチクライアント	連携方法	バッチアプリケーション
①	HTTP連携方式	スタンドアローン型アプリケーション	HTTP通信	Java EEベース（サーブレットで要求を受け付け）
②	EJBリモート呼び出し方式	スタンドアローン型アプリケーション	EJBリモート呼び出し	Java EEベース（セッションBeanで要求を受け付け）
③	EJBタイマーサービス方式	Java EEベース（セッションBean）	アプリケーション連携は不要	Java EEベース（セッションBeanで処理）

●表17-1 オンラインバッチのアーキテクチャ

これらの方式の中では、以下のような観点でHTTP連携方式（①）に優位性があります。

- バッチクライアント、バッチアプリケーションがいずれも比較的容易に実装できる
- バッチアプリケーションはJava EEベースのため、オンライン処理とアーキテクチャを共通化できる
- バッチクライアントの起動・停止などの運用性が高い

・HTTP通信のため、複数件のメッセージを並列処理するときに負荷分散を容易に実現できる（スケーラビリティが高い）

バッチアプリケーションの設計上の注意点は、オンライン処理との同居が可能となるように、複数のクライアントが同時に1つのデータにアクセスする可能性を考慮し、適切にトランザクション管理を行う必要がある点です。

オンラインバッチの対象となるデータは、バッチクライアントが起動された瞬間に蓄積されていたデータのみを対象とするケースや、要件によっては、起動後に追加されたデータも処理対象にするケースがあります。前者のケースでは、起動直後にSQLによって処理対象データを特定し、その中からデータを順次処理していきます。後者のケースでは、SQLによって「次の1件」を取り出しては処理を行い、それを「次の1件」がなくなるまで繰り返します（なくなった時点で処理終了）。

17.1.2 オンラインバッチの具体例

オンラインバッチ処理の典型的な利用目的は、ユーザへのサービス提供時間を少しでも長くすることです。ここで具体的な例を2つ紹介します。

■オフラインバッチ処理中のデータ入力受け付け

日中のオンラインサービスが終わり、日締めのバッチ処理（オフラインバッチ）が始まると、それが終了するまで業務のイベント系テーブルへの更新はできなくなります。このような状況でも、業務テーブルへの更新を伴うユースケースでユーザからの入力を受け付けられるようにするために、オンラインバッチを利用します。日締めのバッチ処理実行中、ユーザからの入力データは、オンラインバッチ用のテーブルにいったん蓄積します。そして日締めのバッチ処理が終了次第、オンラインバッチ処理を起動し、蓄積されたデータを一括して処理します。ここで重要なのは、オンラインバッチ処理がオンライン処理と同居が可能ということです。日締めのバッチ処理が終了すると、オンラインサービスが開始（これを「開局」と呼ぶ）されますが、オンラインバッチ処理はオンライン処理と同じ仕組みのため、オンラインサービスと同時に動いても支障をきたすことはありません（図17-1）。

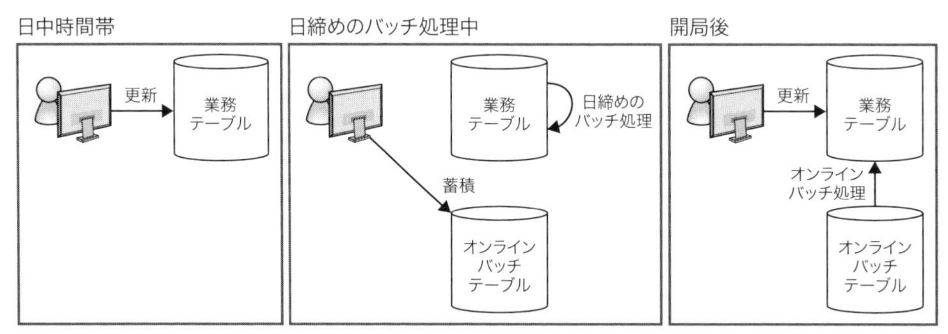

●図17-1 オフラインバッチ処理中のデータ入力受け付け

■他システムがオンライン処理停止中のデータ入力受け付け

たとえば24時間稼働のフロントエンドシステムと、夜間はオンライン処理が停止するバックエンドシステムがあるものとします。両者はシステム間連携しており、フロントエンドシステムでユーザが入力したデータを受け付けると、そのデータをバックエンドシステムに送信することで業務が成立します。バックエンドシステムは夜間はデータを受信できませんが、フロントエンドシステムにおいてユーザにデータの入力を可能にするために、オンラインバッチを利用します。夜間のユーザからの入力データは、バックエンドシステムに送信する代わりにオンラインバッチ用のテーブルに蓄積します。そして翌朝にバックエンドシステムのオンライン処理が開始（開局）されると、それをトリガー※5にオンラインバッチ処理を起動し、蓄積されたデータを読み込んでバックエンドシステムに送信します。バックエンドシステムの開局に伴って、オンラインバッチ処理によるデータ送信と、ユーザによる入力を契機としたリアルタイムなデータ送信が同時に行われますが、オンラインバッチ処理であるがゆえに問題は発生しません（図17-2）。

日中時間帯

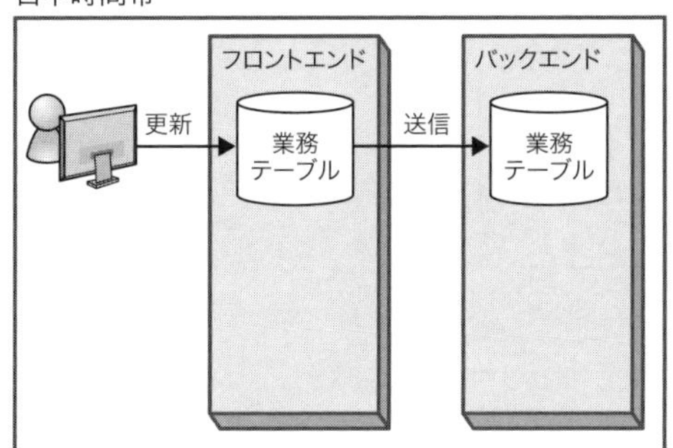

夜間時間帯

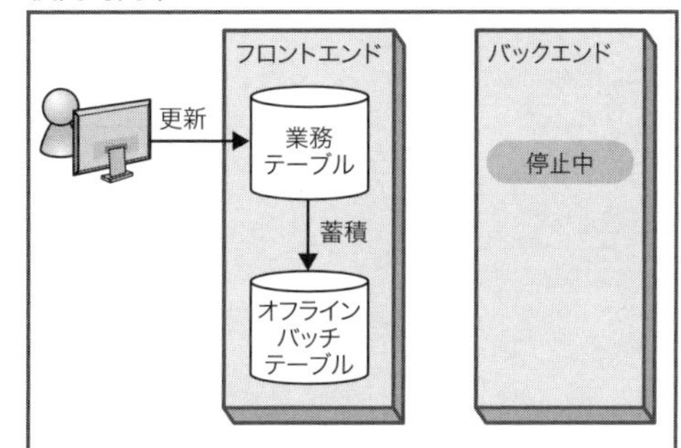

開局後

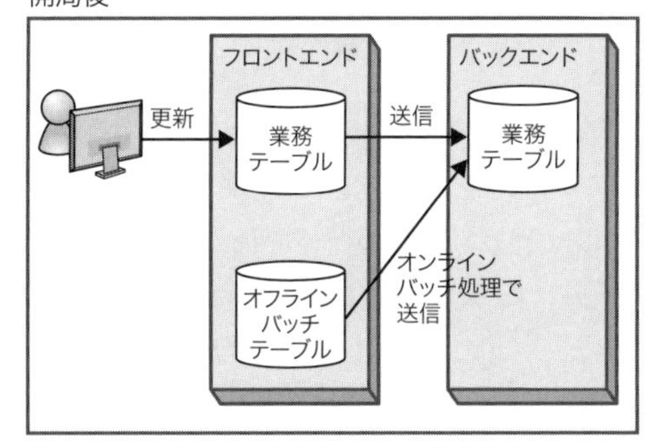

●図17-2　他システムがオンライン処理停止中のデータ入力受け付け

■オンラインバッチにおけるデータ処理の順序性

オンラインバッチの具体的な利用例を2つ取り上げましたが、いずれのケースも共通の課題があります。それはオンライン処理が「開局」すると、蓄積されたデータに対するオンラインバッチ処理とオンラインによるリアルタイムな処理が同時に行われますが、その両者の間で時間的な順序性を保つのが難し

※5　フロントエンドシステムで、バックエンドシステムから開局通知を受信するなど。

く、追い抜きが発生する可能性があるという点です。たとえば朝7時にオンラインが開局し、前日の夜間に蓄積されたデータがオンラインバッチによって順次処理されるものとします。仮に8時の時点ですべてのデータが処理されていないとすると、前日23時に書き込まれた取引データよりも、翌朝8時以降に行われた取引データの方が先に処理されてしまう可能性があるのです。このような時間の順序性を厳格に保とうとすると、オンラインバッチ用テーブルのデータを先に処理する必要がありますが、すべてのデータの処理が終わるまでオンラインサービスを開局できないのであれば、オンラインバッチを利用する意味は半減します。

ここでデータの順序性に関する機能要件を整理してみます。たとえば夜間23時（オンライン停止中）に投入されたA社の取引データと、翌朝8時（オンライン開局後）に投入されたB社の取引データは、時間的に先に投入されたA社の取引データを、先に処理する必要があるとは限りません。逆に両者が同じA社に対する取引データだとしたら、業務的な不整合を引き起こす可能性があるため追い抜きは許容されず、時間的な順序性を保たなければならないケースが多いでしょう（図17-3）。

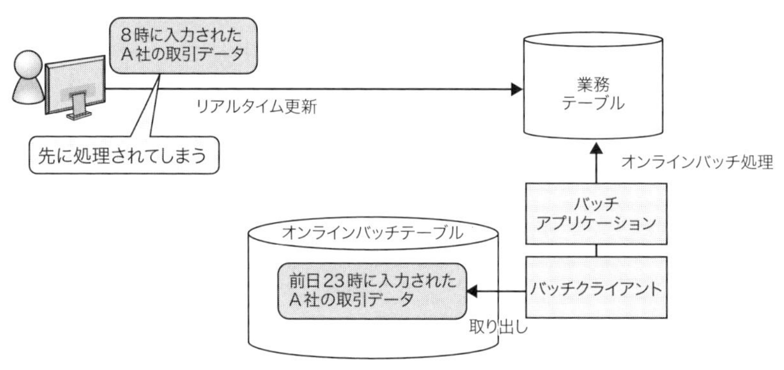

◎図17-3　オンラインバッチにおいて業務的な不整合を引き起こすケース

このようにオンラインバッチにおけるデータ処理の順序性には、追い抜きが許容されるケースとされないケースがあります。この例のように同じA社に対する2つの取引データ（オンライン停止中の夜間23時に投入された取引データとオンライン開局後の翌朝8時に投入された取引データ）同士の追い抜きが許容されないケースでは、追い抜きを回避するためにロジックの工夫が必要です。オンライン開局後であっても、A社のデータを処理する際にオンラインバッチ用テーブルの中にA社のデータが残存しているかどうかをチェックし、残存しているようであればリアルタイムに処理は行わず、オンラインバッチ用テーブルに追加で書き込みます。ここでデータを取り出すバッチクライアントは、起動後に追加されたデータも処理対象にするように実装する必要があります。このようにすると、A社の取引データのリアルタイム性は損なわれますが、追い抜きを抑止することは可能となります（図17-4）。

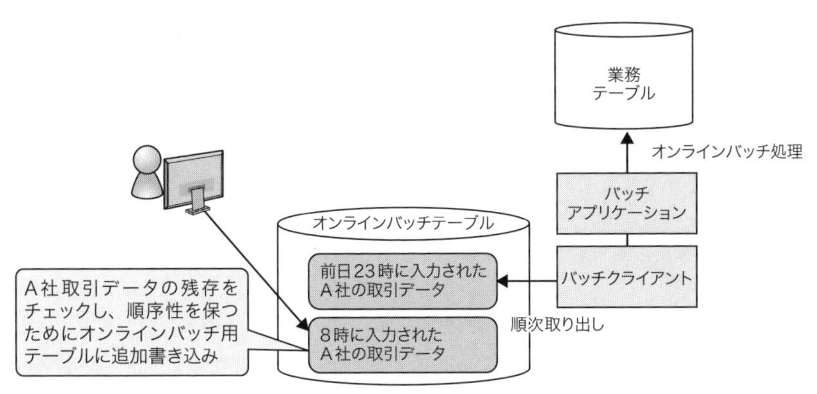

図17-4　オンラインバッチにおけるデータ追い抜きを抑止

17.2　ディレードオンライン処理

17.2.1　ディレードオンライン処理とは

ディレードオンライン処理はオンライン処理の一種ですが、通常のオンライン処理とは異なり非同期にプログラム呼び出しが行われるため、ユーザはアプリケーションの処理終了を待機する必要がありません。画面には「処理を受け付けた」といった文言を表示し、その裏側で非同期に処理を行います。したがって比較的負荷の高い処理や、他システムとの連携処理をディレードオンライン化することで、ユーザの操作性を高めることができます（図17-5）。

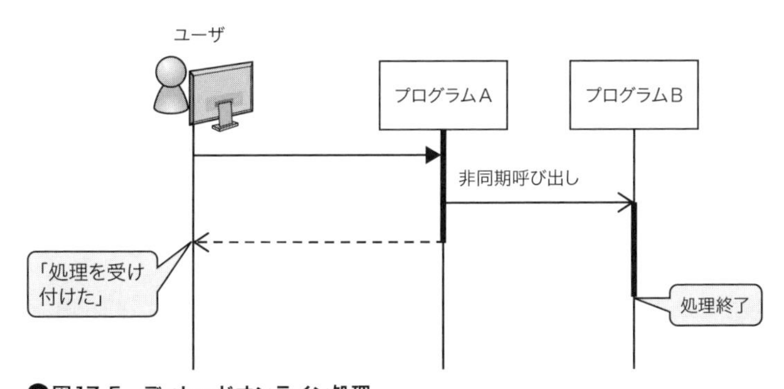

図17-5　ディレードオンライン処理

ただし非同期に行われた処理の結果をユーザに通知するためには、以下のような仕組みが必要です。

- 処理が終わり次第、サーバプッシュの仕組みによって結果をユーザに通知する
- ディレードオンライン処理の結果を照会する機能を提供し、ユーザ自身に確認させる

ディレードオンライン処理を実現するための方式には、スレッド分割方式（第9章）とメッセージキュー

イング方式があります。スレッド分割方式は比較的容易に実現できますが、受け付けた処理が永続化されるわけではないため、システム障害によって処理が失われる可能性があります。一方メッセージキューイング方式は、受け付けた処理がメッセージとして永続化されるため、システム障害が発生しても処理は継続可能ですが、実現するためにはそのための仕組みを構築する必要があります。

17.2.2 メッセージキューイングによるディレードオンライン処理

メッセージキューイングによるディレードオンライン処理を実現するには、「プロデューサ」、「キューオブザーバ」、「コンシューマ」といったアプリケーションが必要です。プロデューサがメッセージをキューに書き込みます。メッセージのキューへの書き込みが成功したら、ここから先の処理でシステム障害が発生して中断することがあっても、最終的には受け付けたメッセージは必ず処理されます。キューオブザーバがキューを常時監視し、メッセージの書き込みを検知すると直ちにコンシューマに通知します。通知を受けたコンシューマが、当該のメッセージに対するビジネスロジックを実行します。ビジネスロジックが正常に終了すると、コンシューマはメッセージを削除(またはステータス更新)します(図17-6)。

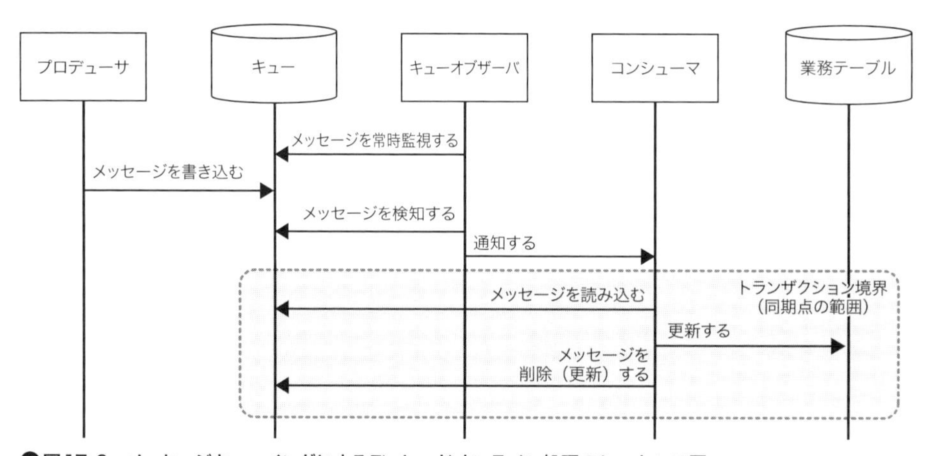

◎図17-6 メッセージキューイングによるディレードオンライン処理のシーケンス図

メッセージキューイングを実現するための1つの方法として、オンライン処理で利用しているRDB上に専用のテーブルを作成し、それをキューとして利用するというものがあります(17.2.3項)。この方法では新たに専用のミドルウェアを導入する必要はありませんが、キューオブザーバなどの仕組みを独自に構築する必要があります。

また別の方法として、メッセージキューイング専用のミドルウェアであるMOM(メッセージ指向ミドルウェア:Message-Oriented Middleware)を利用するというものがあります。MOMはシステム間連携の目的で利用することもありますが、1つのシステム内においてディレードオンライン処理のために利用することもできます。MOMを利用すると導入のための構築コストや運用コストが発生しますが、キューオブザーバに相当する機能はMOMに内包されています。

17.2.3 RDBによるメッセージキューイング

RDBによるメッセージキューイングは、エンタープライズシステムでディレードオンライン処理を実現するための一つの有効な方式です。商用のフレームワークとして提供されることもありますが、当該システム固有の仕様を追加したくなるケースが多いため、必ずしも商用製品がフィットするとは限りません。ここでは、RDBによるメッセージキューイングを独自に作り込むケースを前提に、典型的な設計を深く掘り下げて説明します。

■メッセージテーブル

RDBメッセージキューイング方式では、キューとして使用するテーブルが必要です。このテーブルは通常、以下のようなカラムを持ちます。

- メッセージID … 主キー
- 業務データ … 非同期に処理したい業務データ
- ステータス … このメッセージのステータス("処理未済"、"処理中"、"処理済み")
- 最終更新時間 … ソートするためのキー

■プロデューサのメッセージ書き込み

プロデューサは何らかのビジネスロジックを実行し、ディレードオンライン処理のためにメッセージをメッセージテーブルに書き込みます。このときステータスは"処理未済"とし、FIFO(First In First Out)を実現するために最終更新時間を適切にセットします。また非同期に処理したい業務データは、BLOB型などのカラムに、オブジェクトをシリアライズしてセットします。

■キューオブザーバとコンシューマの処理方式

RDBメッセージキューイング方式におけるキューオブザーバとコンシューマのアーキテクチャは、17.1.1項で取り上げたオンラインバッチとよく似ています。表17-1に当てはめると、キューオブザーバがバッチクライアントに、コンシューマがバッチアプリケーションにそれぞれ相当します。RDBメッセージキューイング方式ではキューオブザーバのプロセスは常駐するのに対して、オンラインバッチではバッチクライアントはバッチ開始時に起動される点が、両者の相違点です。

RDBメッセージキューイング方式でもオンラインバッチと同様に、HTTP連携方式(表17-1の①)に優位性があるため、本書でもこの方式を取り上げます。この方式では、キューオブザーバはスタンドアローン型アプリケーションとして作成し、HTTP通信によってJava EEコンテナにデプロイされたコンシューマを呼び出します。キューコンシューマの起動・停止などの運用性も高く、取引量に応じたスケーラビリティを確保することもできます。

ただしHTTP連携方式では、キューオブザーバとコンシューマは別々のプロセスとなるため、アプリケーション連携が必要です。キューオブザーバおよびコンシューマからのRDBへの書き込みを同一のトランザクション境界に入れることはできないため、どのようにしてデータの整合性を確保するかが設計上のポイントとなります。通常のアプリケーション連携では、リクエスタ（連携元）とプロバイダ（連携先）の間でデータの整合性を確保するためには様々な仕組みや工夫が必要です（20.7節）が、RDBメッセージキューイング方式では、キューオブザーバ（リクエスタ）とコンシューマ（プロバイダ）が同一のシステム上にあることが前提となり、両者が同一のメッセージテーブルにアクセスできるため、それを利用します。詳細は「キューオブザーバとコンシューマ間のデータ整合性の確保」にて後述します。

HTTP連携方式以外の選択肢として、EJBリモート呼び出し（表17-1の②、20.4.2項）を利用することも可能です。EJBリモート呼び出しでは通信プロトコルがRMI over IIOPとなるため、並列処理するときに適切に負荷分散を実現できるか、使用する負荷分散装置の仕様を確認した方がよいでしょう。

また本書では取り上げませんが、EJBタイマーサービス（表17-1の③）を利用することもできます。この方式ではキューオブザーバとコンシューマの連携は不要となり、キューオブザーバとコンシューマを同一のトランザクション境界に入れることができます。EJBタイマーサービスでは、キューオブザーバの運用（起動・停止など）をどこまで柔軟に制御できるかがJava EEコンテナ製品に依存するため注意が必要ですが、運用性の面で問題がなければ、有力な選択肢となりうるでしょう。

■キューオブザーバによるキュー監視

キューオブザーバは常駐プロセスとして起動し、SQLによって定期的にメッセージテーブルにアクセスして処理対象のメッセージを監視します。メッセージテーブルはデータをFIFOで処理する必要があるため、SQLによって最終更新時間でソートした上で行数指定※6を行い、次に処理するべき先頭のメッセージを特定します。

メッセージを読み込む処理には、1件ずつ逐次に処理する方式と、複数件を並列に処理する方式があります。1件ずつ逐次に処理する方式はシングルスレッドとなるため、キューオブザーバの実装はシンプルになります。またメッセージは逐次処理され、古いメッセージから順に処理されるため順序性が保証されます（図17-7）。

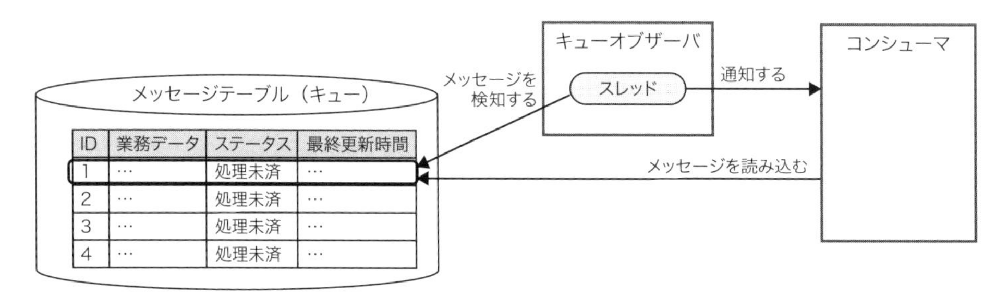

◎図17-7　キューオブザーバによるメッセージ読み込み（逐次処理）

一方複数件のメッセージを並列に処理する場合は、Executorパターン（10.1.2項）などを適用してキューオブザーバをマルチスレッド化する必要があります。読み込まれたメッセージは並列処理され、新しいメッセージが先に処理される可能性があるため順序性は保証されませんが、コンシューマを複数の

※6　SQLによる行数指定の方法はRDB製品によって異なる。たとえばMySQLの場合はLIMIT句を使用する。

サーバに配置し、負荷分散することによってスループットを高めることができます（図17-8）。

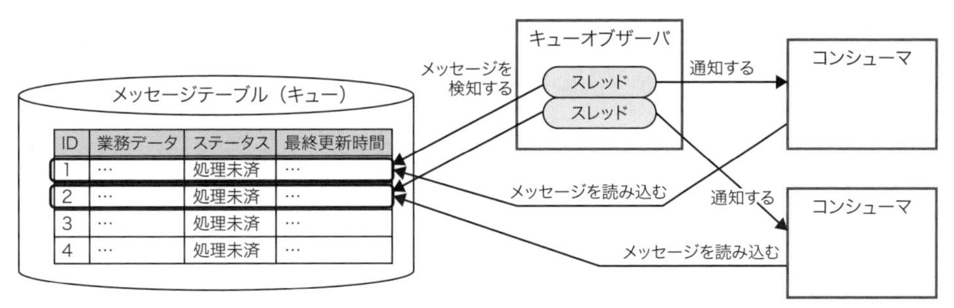

◉図17-8　キューオブザーバによるメッセージ読み込み（並列処理）

この方式では複数のスレッドが同じメッセージを読み込んでしまうことがないように、トランザクション管理によるロジックの工夫が必要です。具体的には、先頭の1件（ステータスは"処理未済"）のメッセージを読み込む際にロックをかけ、メッセージのステータスを"処理中"に更新していったんコミットします。もし別のスレッドが同じメッセージを同時に読み込もうとするとロック解放待ちとなり、ロックが解放された時点では当該メッセージのステータスはすでに"処理中"に更新されているため、別のスレッドによって読み込まれることはありません。

■キューオブザーバとコンシューマの処理フロー

キューオブザーバはSQLによって先頭のメッセージを特定したら、HTTP通信によってコンシューマを呼び出し、メッセージIDを送信します。キューオブザーバとコンシューマは同一のメッセージテーブルにアクセスできるため、送信が必要なデータはメッセージIDのみとなります。コンシューマではメッセージテーブルにアクセスし、受け取ったメッセージIDによって業務データを復元（デシリアライズ）します。そして通常のオンライン処理と同じように、ビジネスロジックを実行します。このときコンシューマ同士（並列処理の場合）で、または通常のリアルタイムなオンライン処理との間で、同一データに対するアクセスがあっても不整合が発生しないように、適切にトランザクション管理を行う必要があります。ビジネスロジック（業務テーブルへの更新）が正常に終了したら、当該メッセージのステータスを"処理済み"に更新します。ここで業務テーブルへの更新とメッセージのステータス更新は、いずれもRDBへの更新のため、同一のトランザクション境界に入れることが可能です。この点は、RDBメッセージキューイング方式が、MOMによるメッセージキューイング方式よりも秀でている点の一つです。更新が正常終了したら、キューオブザーバにHTTPレスポンスを返却します。

■キューオブザーバとコンシューマ間のデータ整合性の確保

前述したようにHTTP連携方式は、キューオブザーバとコンシューマは別々のプロセスであり、それぞれのRDB書き込みを同一のトランザクション境界に入れることができないため、どのようにしてデータの整合性を確保するかという点が設計上のポイントとなります。両者は同一のメッセージテーブルにアクセスできるため、それを利用して整合性を確保します。

ここでコンシューマで何らかの異常が発生し、処理が長時間化しHTTPタイムアウトが発生した場合に、どのようにしてデータの整合性を最終的に確保するべきか、その方法について考えてみましょう。HTTPタイムアウトが発生するとキューオブザーバにはエラーが返却されますが、その時点でコンシューマのビジネスロジックがどのような状態（正常終了、処理中、異常終了）なのかをキューオブザーバで判断することはできません（図17-9)。

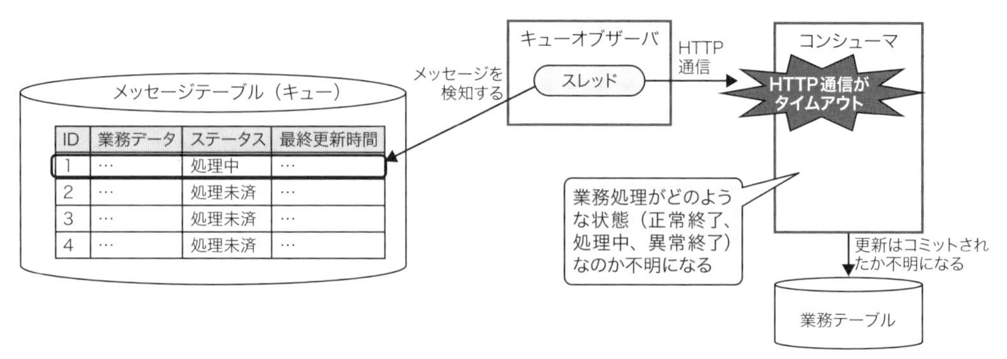

◎図17-9　HTTPタイムアウト発生による処理不明

このようなエラーリターンがあった場合、キューオブザーバは仕掛中のメッセージを二重処理することなく、適切に未処理のメッセージから再開しなければなりません。

典型的なリカバリの設計としては、エラーリターンを受けた後、まずステータスが"処理中"のメッセージを"処理未済"に更新するSQLを発行してから、キューオブザーバによるメッセージ読み込みを再開するようにします。このとき、先に行われたコンシューマの業務処理が正常終了していた場合は、当該メッセージのステータスは"処理済み"となっているはずなので、"処理未済"への更新SQLは空振りし、次の"処理未済"のメッセージから読み込みが再開されます。異常終了していた場合は、当該メッセージのステータスは（ロールバックして）"処理中"のままになるため、SQLによってステータスが"処理未済"に更新された上で、読み込みが再開されます。仮にこのとき、コンシューマの業務処理が依然として処理中の場合は、コンシューマがステータスを"処理済み"に更新するトランザクションを実行中のため、"処理未済"への更新SQLはロック解放待ちとなります。その後コンシューマが正常終了するか異常終了するかはこの時点ではわかりませんが、トランザクションが決着した時点で適切にステータス更新が行われるので、メッセージの処理漏れや二重処理は発生しません※7。

このようにメッセージに3つのステータス（"処理未済"、"処理中"、"処理済み"）を定義し、それらを適切にハンドリングすることで、システム的な異常が発生した場合でも、同一のトランザクションに参加できないキューオブザーバとコンシューマの間で、処理の不整合（処理漏れまたは二重処理）を回避できます。

※7　仮に"処理中"のステータスを定義せず、"処理未済"、"処理済み"の2種類であったとしても、コンシューマにおいてビジネスロジックを実行するときにメッセージのステータスが"処理未済"であることを条件に追加すれば、二重処理の回避は可能となる。ただしリカバリ処理の容易性・安全性や、並列処理における「奪い合いの回避」など、"処理中"のステータスを定義した方が有利になるケースが多い。

第18章 ビッグデータ技術による分散並列バッチ処理

18.1 Hadoopによる分散並列バッチ処理の設計

18.1.1 Apache Hadoopとは

近年、Google、Facebookなどのインターネット業界を牽引してきた有力企業は、テラバイトからペタバイトにも及ぶ超大量データを扱うようになりました。これらの大量データは従来のデータ処理基盤の中心であったRDBが想定する規模を超えており、「ビッグデータ」と言われています。

Apache Hadoop（以降Hadoop）※8は、このようなビッグデータに対するバッチ処理のパフォーマンスを高めるためのデータ処理基盤で、OSSとして開発されています。Hadoopを利用するためのシステム環境は、複数ノードによるクラスタ構成となります。後述するMapReduceフレームワークにしたがってアプリケーションを実装すれば、ミドルウェアが自動的に複数のノードに分散して並列に処理を実行します。データ量が増大した場合は、クラスタにノードを追加するだけでスループットを高めること（スケールアウト）が可能です。HadoopはCSVファイルなどの構造化データを処理することもできますが、RDBでは扱えないような非構造データ（Webサーバのアクセスログや画像・音声データなど）を処理できる点に特徴があります。昨今ではインターネット企業に留まらず、比較的データの規模が大きなエンタープライズシステムのバッチ処理に、Hadoopを適用する事例が増えています。なお本書では、分散並列バッチ処理の設計パターンの一つとしてHadoopを取り上げますが、Hadoopのより詳細な設定方法や利用方法については対象外となります。

18.1.2 Hadoopのアーキテクチャ

Hadoopは「HDFS（Hadoop Distributed File System）」という専用のデータストアと、「MapReduce」というプログラミングモデルをサポートしたフレームワークから構成されます。またHadoopではクラスタ上でのリソース管理のために、「YARN（Yet Another Resource Negotiator）」と呼ばれるミドルウェアを利用します。Hadoopのクラスタを構成するノードには、クラスタ全体を制御するためのマスターノードと、分散並列処理を実行するためのスレーブノードがあり、それぞれ協調して動作します。

※8　http://hadoop.apache.org

■HDFS

バッチ処理のデータストアには、前述したようにRDBやファイルシステムなどがありますが、Hadoopでは分散並列処理のための専用ファイルシステムであるHDFSを利用します。HDFSはクラスタ構成を組んだ複数ノードに跨る形でフォーマットされます。

HDFSにファイルを保存すると、論理的にはどのノードからも保存されたファイルにアクセスが可能ですが、物理的には一定サイズのデータブロックに分割された上で自動的に分散配置されます。HDFSには「複製係数」というパラメータ（デフォルト3）があり、ディスク障害によるデータ消失に備えて、データブロックは複製係数にしたがって複数のノードにコピーされます。大量データに対するバッチ処理では、データの読み込み・書き込みのためのディスクI/Oがボトルネックになるケースが多いのですが、HadoopはHDFSをデータストアとして利用することでディスクI/Oを分散し、この問題の解決を図ります。

HDFSに保存されたファイルのメタデータは、マスターノードで稼働するNameNodeプロセスによって管理されます。またHDFS上のデータブロックは、スレーブノードで稼働するDataNodeプロセスによって読み書きが行われます（図18-1）。

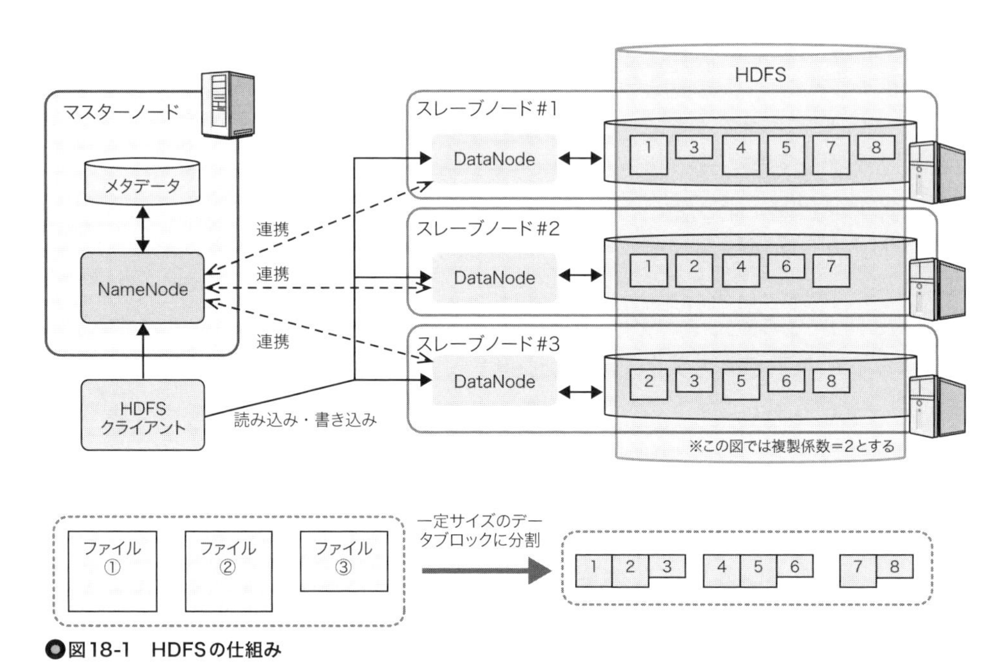

●図18-1　HDFSの仕組み

HDFSでは既存データの更新やトランザクション管理は実現できないため、Hadoopによるバッチ処理は、新規データの追加や既存データを丸ごと入れ替える処理が対象となります。

■YARN

YARNは、Hadoopクラスタを構成する各ノードにおいてシステムリソース（CPU、メモリ）を効率的に管理するためのミドルウェアで、Hadoop v2から導入されました。

YARNはマスターノードで稼働するResourceManagerと、スレーブノードで稼働するNodeManagerから構成されます。ResourceManagerは一種のスケジューラとして、リソース全体の管理を行います。NodeManagerはResourceManagerから指示を受け、「コンテナ」という単位でリソースを管理します。

Hadoopアプリケーションが YARN環境に投入されると、リソースに余裕のあるスレーブノードで、ApplicationMaster(AM)と呼ばれるプロセスがResourceManagerによって起動されます。ApplicationMasterは、ResourceManagerと割り当て可能なリソースの調整を行い、NodeManagerによって割り当てられたコンテナ上でHadoopアプリケーションを実行します（図18-2)。

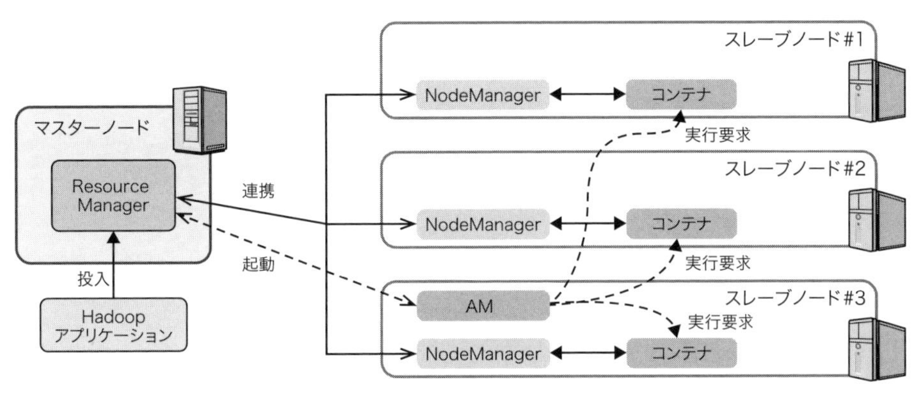

●図18-2　YARNの仕組み

YARNは必ずしもHadoopアプリケーション（MapReduce）専用というわけではなく、ApplicationMasterの実装を切り替えることで他のフレームワークでも利用できます。後述するSparkでも、分散並列処理を行うときのリソース管理のために、YARNを使うことができます。

■MapReduceフレームワーク

MapReduceフレームワークは、データの加工をMapフェーズ、Shuffleフェーズ、Reduceフェーズに分割し、複数のノードで分散並列して処理を行うためのものです。Hadoopアプリケーションはこのフレームワークにしたがって、Mapフェーズに相当する処理とReduceフェーズに相当する処理を実装します。

ここで「売上取引データから特定商品の売上個数を商品IDごとに集計するバッチ処理」を題材として取り上げます。商品IDは"A-XXX"のように「商品区分-枝番」といった体系を持つものとし、集計する商品の区分は"A"に限定。商品IDに含まれる"-"は、このバッチ処理の中で取り除くものとします（18.2節以降でも同様の例を扱います)。ノードは3台構成とします。このバッチ処理の入力となる「売上データ」は売上ID、商品ID、売上個数の順からなるCSV形式で、事前にHDFSに保存されているものとします。

①Mapフェーズ

Hadoopアプリケーションを実行すると、MapReduceフレームワークによって、HDFSから各ノードのローカルに配置されたデータブロックが読み込まれ、レコードごとにアプリケーションのMapperクラスが呼び出されます。Mapperクラスには、読み込んだデータを絞り込んだり整形したりする処理を実装し、後行程で集約するときのキーと値のペアを、フレームワークのコンテキストに書き込みます。

②Shuffleフェーズ

次にフレームワークによって、Mapperクラスから渡された中間データ（キーと値のペア）がネットワーク経由でシャッフルされます。結果として同一キーを持つ中間データが1つのノードに集められ、それらの中間データが同じキーによってソートされた上で、グルーピングされます。

③Reduceフェーズ

最後に、Shuffleフェーズで集められたデータ（1つのキーとグルーピングされた複数の値）ごとに、Reducerクラスが呼び出されます。Reducerクラスには、グルーピングされた複数の値に対する集約処理（個数を数える、平均値を求めるなど）を実装し、キーと集約処理結果のペアを、フレームワークのコンテキストに書き込みます。Reducerクラスから渡されたキーと集約処理結果のペアは、MapReduceフレームワークによってHDFSに書き込まれます。

このようなMapReduceフレームワークの仕組みを、図18-3に示します。

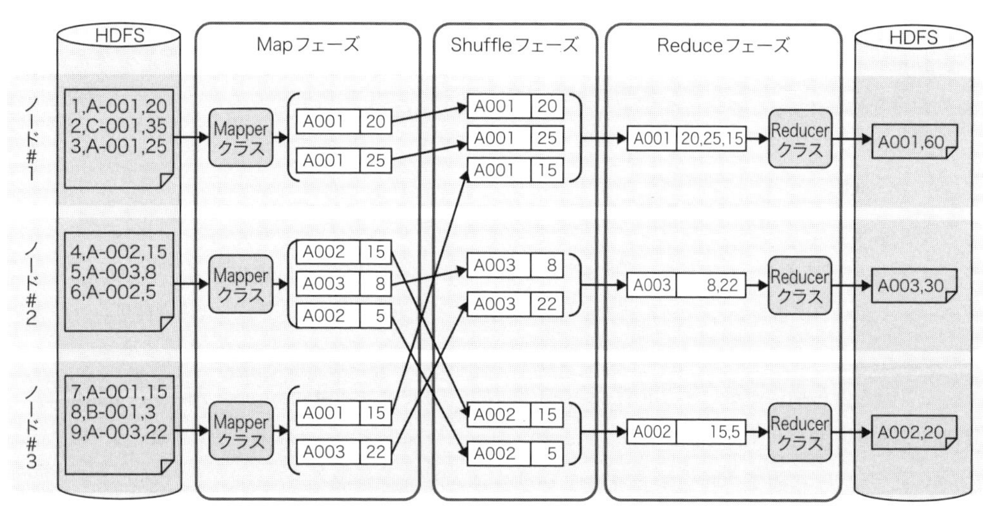

●図18-3　MapReduceフレームワークの仕組み

■Hadoopが適しているバッチ処理の特性

Hadoopは、データストアがHDFSとなるためデータの更新はできませんが、新規データの追加や既存データの入れ替えは実現可能です。またRDBが得意とする集約（サマライズ）、並び替え（ソート）、連結（マッチング）などのデータ加工処理は、すべてHadoopアプリケーションとして実装することが可能です。Hadoopは、どちらかというと情報系システムにおける分析のためのバッチ処理に向いていると言えます。

また前述したように、入力データをHDFSに保存すると、ブロックに分割された上で各ノードに分散配置されますが、MapReduceフレームワークはこれらのブロックを並列に読み込んで処理を行います。したがって、入力データを先頭から順番に読み込んで処理することが要件になっているバッチ処理には、Hadoopを適用することはできません。

18.1.3 MapReduceフレームワークによる分散並列バッチ処理

それではMapReduceフレームワークによって分散並列処理を実現するパターンを、具体的に見ていきましょう。ここでも「販売管理システム」における「特定商品の売上個数を商品IDごとに集計するバッチ処理」を、例として取り上げます。まずMapフェーズです。以下に、Mapperクラスの実装例を示します。

◉コード18-1 Mapperクラス

```
public class SalesMapper
        extends Mapper<LongWritable, Text, Text, IntWritable> {
    public void map(LongWritable key, Text value, Context context)  //❶
            throws IOException, InterruptedException {
        String line = value.toString();
        String[] array = line.split(","); //❷
        String productId = array[1];
        Integer salesCount = Integer.parseInt(array[2]);
        if (productId.startsWith("A")) { //❸
            String pid = productId.replace("-", ""); //❹
            context.write(new Text(pid), new IntWritable(salesCount)); //❺
        }
    }
}
```

Mapperクラスは、MapReduceフレームワークによって提供されるMapperクラスを継承して作成し、mapメソッドをオーバライドします。mapメソッドには、HDFSから読み込んだファイル内のデータがレコード単位に渡されます❶。ここでは入力ファイルがCSVファイルのため、","で区切って文字列の配列に変換します❷。次に配列の第２要素（array[1]）が商品IDになるため、"A"で始まるデータのみに限定し❸、商品IDを加工（"-"を取り除く）します❹。最後に加工した商品IDをキー、その売上個数（配列の第３要素）を値とし、「商品IDと売上個数」の組み合わせをコンテキストに書き込みます❺。このようにしてフレームワークに渡された無数の「キーと値のペア」（商品IDと売上個数）は、次のShuffleフェーズでキーごとに同一ノード上に集められます。

最後にReduceフェーズです。以下に、Reducerクラスの実装例を示します。

●コード18-2　Reducerクラス

```
public class SalesReducer extends Reducer<Text, IntWritable, Text,
      IntWritable> {
   protected void reduce(Text key, Iterable<IntWritable> values,
         Reducer<Text, IntWritable, Text, IntWritable>.Context context)
               throws IOException, InterruptedException { // ❻
      int sum = 0;
      for (IntWritable value : values) { // ❼
         sum = sum + value.get();
      }
      context.write(key, new IntWritable(sum)); // ❽
   }
}
```

Reducerクラスは、MapReduceフレームワークによって提供されるReducerクラスを継承して作成し、reduceメソッドをオーバライドします。reduceメソッドには、Shuffleフェーズの結果を受け、キー（上記コードでは変数key）とそれに対応する複数の値（上記コードでは変数values）が引き渡されます❻ので、それをもとに集約処理を実装します。このコードでは、ループ処理によって合計値を計算しています❼。最後にキーと集約の計算結果（合計値）のペアを、コンテキストに書き込みます❽。

これらのMapperクラスとReducerクラスを動作させるためには、ジョブクラスが必要です。以下に、ジョブクラスの実装例を示します。

●コード18-3　ジョブクラス

```
public class SalesJob {
   public static void main(String[] args) throws Exception {
      // Configurationオブジェクトを生成する
      Configuration conf = new Configuration();
      // ジョブを生成する
      Job job = Job.getInstance(conf);
      ........
      // Mapperクラスを設定する
      job.setMapperClass(SalesMapper.class); // ❾
      // Recuderクラスを設定する
      job.setReducerClass(SalesReducer.class); // ❿
      // 入力データのパスを設定する
      FileInputFormat.setInputPaths(job, new Path(args[0])); // ⓫
      // 出力データのパスを設定する
      FileOutputFormat.setOutputPath(job, new Path(args[1])); // ⓬
      // ジョブを実行する
      System.exit(job.waitForCompletion(true) ? 0 : 1);
   }
}
```

ジョブクラスには、作成したMapperクラスとReducerクラスをそれぞれ登録します❾❿。また、入力データと出力データのHDFS上のパスを、それぞれ指定します⓫⓬。このジョブクラスを実行すると、クラスタ構成を組んだ各ノードにおいて、HDFS上の指定されたパスからファイルが読み込まれ、分散並列でMapフェーズ（Mapperクラスの役割）→Shuffleフェーズ（フレームワークが自動実行）→Reduceフェーズ（Reducerクラスの役割）と順次実行され、最後にReduceフェーズの結果がHDFS上の指定されたパスに書き込まれて終了します（図18-4）。

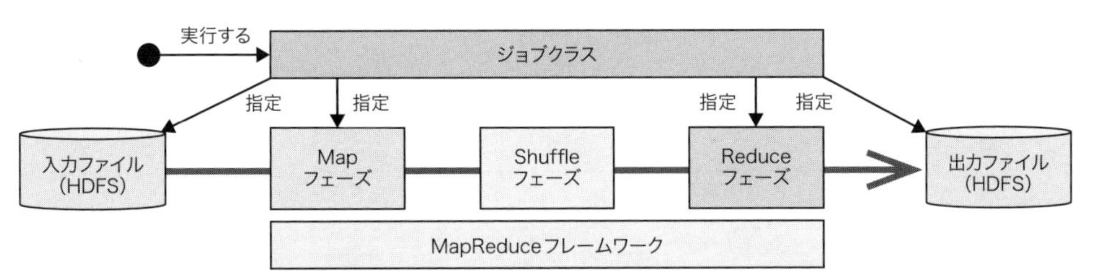

◎図18-4　Hadoopジョブの処理フロー

■MapReduceプログラムとSQL

これまで説明してきたように、MapReduceフレームワークを利用すると、バッチ処理に求められる以下のようなデータ加工処理を実現可能です。それぞれの処理はSQLでも実現できます。

1) 選択 → SELECT句
2) 整形・変換 → 変換関数
3) 集約 → COUNT、SUM、AVG、MIN、MAX
4) 並び替え（ソート）→ ORDER BY句
5) 連結（マッチング）→ ジョイン

前述したMapReduceプログラム（コード18-1～18-3）は、以下のSQLに置き換えることができます。つまりMapReduceは、高レベルなSQLで表現されるデータ操作を、より低レベルなAPIで実装するためのプログラミングモデルと考えることができます。

```
SELECT REPLACE(PRODUCT_ID, '-', ''), SUM(SALES_COUNT) FROM SALES
WHERE PRODUCT_ID LIKE 'A-%'
GROUP BY PRODUCT_ID;
```

18.2　Hiveによる分散並列バッチ処理

18.2.1　Apache Hiveとは

Apache Hive（以降Hive）※9とは、SQLライクなデータ操作言語によって、MapReduceによる分

※9　https://hive.apache.org

散並列処理を行うためのフレームワークです。HiveはHadoopのエコシステム（周辺システム）の一つで、Hadoopと同じようにOSSとして開発されています。

Hiveでは、HDFSに保存する構造化データに対してRDBと同じようにCREATE TABLE文によってメタデータを定義します。このメタデータを利用して、Hive-QLと呼ばれるSQLとよく似た言語でデータ操作のためのプログラムを記述します。そしてそのプログラムを実行すると、HiveによってMapReduceプログラムが自動生成され、Hadoopクラスタ上で分散並列で処理が行われます（図18-5）。

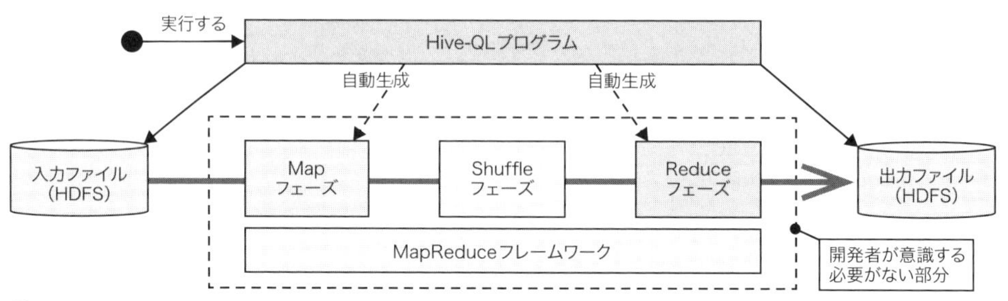

◎図18-5　Hiveの処理フロー

18.2.2　Hiveによる分散並列バッチ処理

ここでは、Hiveによって分散並列処理を実現する方式を説明します。ここでもHadoopによる分散並列バッチ処理と同様に、「売上取引データから特定商品の売上個数を商品IDごとに集計するバッチ処理」を例として取り上げます。以下はCSV形式の「売上データ」のCREATE TABLE文です。

```
CREATE TABLE IF NOT EXISTS SALES (
SALES_ID     INT,
PRODUCT_ID   STRING,
SALES_COUNT  INT
)
ROW FORMAT DELIMITED FIELDS TERMINATED BY ','
STORED AS TEXTFILE;
```

このようにメタデータを定義した上で、Hiveが提供するツールによってデータをロードします。ロードしたデータに対して以下のようなHive-QLを実行すると、前述したコード18-1～18-3と同様のMapReduceプログラムが自動的に生成され、実行されます。

```
SELECT REGEXP_REPLACE(PRODUCT_ID, '-', ''), SUM(SALES_COUNT) FROM SALES
WHERE PRODUCT_ID LIKE 'A-%'
GROUP BY PRODUCT_ID;
```

SQLとMapReduceは、本質的にはいずれもデータ操作を表現するためのものですが、SQLの方が抽象度が高いため、SQLで表現可能な処理はMapReduceに置き換えることができるのです。

さて上記コードはファイル（テーブル）が1つだけですが、ここで複数ファイルからなる複雑な分析処理の例として、第16章で取り上げた「販売管理システム」における「当月と前年同月を比べて売上高が伸びた顧客を上位順に出力する処理」を取り上げます。コード16-4〜16-6は、MySQLにおいてビューを利用して分析を行う例ですが、Hiveでもビューを定義できるので、ほとんど同じHive-QLで同様の処理を実現できます。

またコード16-7は、MySQLにおいて多段ジョインで同じ処理を実現する例ですが、Hive-QLでは以下のようになります。

◉コード18-4　Hive-QLの多段ジョインによる分析処理

```
SELECT ST1.CUSTOMER_ID,
SUM(SD1.PRODUCT_PRICE * SD1.SALES_COUNT) THIS_SALES_AMOUNT,
PREV_SALES_AMOUNT,
SUM(SD1.PRODUCT_PRICE * SD1.SALES_COUNT) - PREV_SALES_AMOUNT SALES_AMOUNT_DIFF
FROM SALES_TRAN ST1
INNER JOIN SALES_DETAIL SD1 ON ST1.SALES_ID = SD1.SALES_ID
INNER JOIN (
    SELECT ST2.CUSTOMER_ID,
    SUM(SD2.PRODUCT_PRICE * SD2.SALES_COUNT) PREV_SALES_AMOUNT
    FROM SALES_TRAN ST2 INNER JOIN SALES_DETAIL SD2
    ON ST2.SALES_ID = SD2.SALES_ID
    WHERE YEAR(ST2.SALES_DATE) = '2014' AND MONTH(ST2.SALES_DATE) = '01'
    GROUP BY ST2.CUSTOMER_ID
    ) PREV
ON ST1.CUSTOMER_ID = PREV.CUSTOMER_ID
WHERE YEAR(ST1.SALES_DATE) = '2015' AND MONTH(ST1.SALES_DATE) = '01'
GROUP BY ST1.CUSTOMER_ID, PREV_SALES_AMOUNT
ORDER BY SALES_AMOUNT_DIFF DESC;
```

このHive-QLをコード16-7と比べてみても、日付フォーマット関数の違い※10以外、ほとんど差異がないことがわかります。このHive-QLでは、サブクエリやジョインによって比較的複雑な処理を行っているため、単一のMapReduceでは実現が困難です。このような場合、Hiveは必要に応じて多段（1つのMapReduceの出力を次のMapReduceの入力にする）のMapReduceを生成します。これと同じ処理をMapReduceプログラムによって実現することも可能ですが、多段のMapReduceを設計する難易度は高く、実装量も相応に大きくなるでしょう。

このようにHiveを利用すると、SQLとほとんど変わらない高レベルなデータ操作の記述によって、MapReduceフレームワークよりも効率的に分散並列処理を実現可能です。ただしHiveによって処理が可能なのは、あくまでもSQLで表現可能なデータ加工処理に限定されます。条件分岐のネストなど複雑なロジックが必要な場合は、MapReduceプログラムを作成した方が有利なケースもあります。またメタデータを定義できない非構造データを処理する場合は、Hiveを利用することは困難です。

※10　MySQLではDATE_FORMAT関数だが、Hive-QLではYEAR関数やMONTH関数を使用する。

18.3 Sparkによる分散並列バッチ処理

18.3.1 Apache Sparkとは

Apache Spark（以降Spark）※11は、大量データに対する様々な処理を効率化するためのミドルウェアで、OSSとして開発されています。Hadoopは主にバッチ処理ためのデータ処理基盤ですが、Sparkはバッチ処理の他にもストリーミング※12や機械学習※13のエンジンとしても利用可能な応用範囲の広い技術です。Spark自体はScalaによって実装されていますが、Spark上で稼働するアプリケーションの言語としては、Scalaの他にJava、Pythonを選択できます（本書のサンプルはJavaベース）。

SparkはHadoopのエコシステムの一つに位置付けられることもありますが、単独で動作可能であり、Sparkを中心としたエコシステムが整備されつつありますので、1つの独立したミドルウェアと考える方がよいでしょう。

なお本書では分散並列バッチ処理の設計パターンの一つとしてSparkを取り上げますが、Sparkのより詳細な設定方法や利用方法については対象外となります。

18.3.2 Sparkのアーキテクチャ

■Sparkのプロセス構成

Sparkアプリケーションの動作環境には、一台のノードで動作する「ローカルモード」、クラスタ環境で動作する「スタンドアローンモード」、YARNを利用したクラスタ環境で動作する「YARNモード」などがあります。

Sparkのプロセスは、マスターノードで稼働するClusterManagerと、スレーブノードで稼働するWorkerNodeから構成されます。ClusterManagerはWorkerNodeと連携し、リソース全体を管理します。また、Sparkアプリケーションの本体はDriverと呼ばれます。Driverがジョブとして投入されると、スレーブノード上でExecutorと呼ばれるプロセスが起動されます。Executorは、Driverからの処理要求に応じて分散並列処理を実行します（図18-6）。

※11　http://spark.apache.org
※12　順次投入される大量のデータをリアルタイムに分析する技術。
※13　大量のデータをコンピュータに学習させることで法則を抽出し、アルゴリズムを生成する技術。

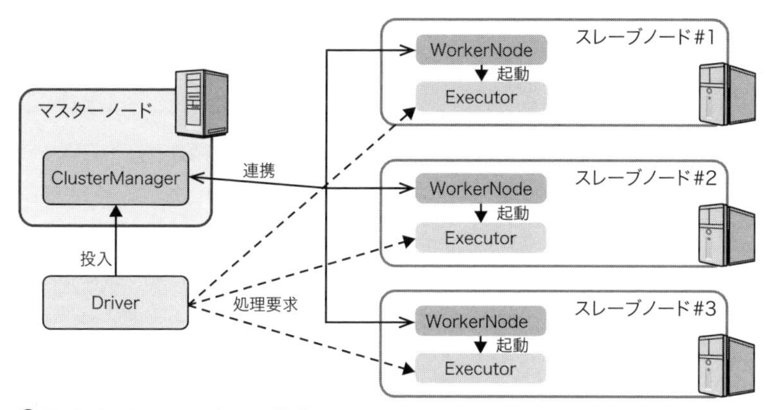

●図18-6　Sparkのプロセス構成

なおYARNモードの場合は、ClusterManagerの役割をResourceManagerが、WorkerNodeの役割をNodeManagerが、それぞれ担います。

■SparkとHadoopのアーキテクチャの違い

SparkとHadoopでは、メモリの使い方やディスクI/Oの観点でアーキテクチャが異なります。Hadoopでは、Mapフェーズの結果である中間データはローカルディスクに一時保存されますが、Sparkでは中間データはディスクに書き込まれることはなく、ノード間の通信によってメモリ上で共有されます。またHadoopでは処理が複雑になると多段のMapReduceが必要になるケースがありますが、多段のMapReduceはそのたびに大量のディスクI/Oが発生するため、必ずしも効率的ではありません。その点Sparkは、データをメモリ上にキャッシュすることによって、多段の処理であってもディスクI/Oの発生を極力抑えることが可能です。

このようにSparkの最大の特徴は、メモリを有効活用してディスクI/Oの発生を極小化することで、Hadoopよりも高速に動作する点にあります。ただし提供されるシステム環境のスペックによっては、処理対象データに対してメモリが十分に割り当てられず、Sparkの恩恵を十分に享受できないケースもありえます。

このようにSparkとHadoopはアーキテクチャが異なるため、メモリの大きさや処理対象のデータ規模に応じて使い分けることが肝要です。

■分散コレクション

Sparkの中核となる仕組みが分散コレクション、すなわち複数ノードのメモリ上に配置されるコレクションです。各ノードから分散コレクションには透過的にアクセスが可能です。Sparkはデータストアから読み込んだデータを分散コレクションに展開し、オンメモリで効率的に処理を行います。

分散コレクションのSpark1.x系における実装は、RDD（Resilient Distributed Dataset）と呼ばれています。2016年にリリースされたSpark2.x系ではRDDからDataFramesへと移行していますが、ここではRDDを前提に説明をします。

SparkではRDDをパイプライン的に処理することで、求めている結果を最終的に取り出します。RDDを操作するためのAPIは、変換APIとアクションAPIに分類されます。

変換APIは既存のRDDを加工して新しいRDDをパイプライン的に生成する操作で、その代表はフィルタ（RDDの各要素を特定の条件で絞り込む処理）とマップ（RDDの各要素を個々に整形や変換する処理）です。変換APIを呼び出すと、RDD自身が戻り値として返されるため、連続して変換APIを呼び出すことができます。

一方アクションAPIはRDDから特定の値を取り出す操作で、リダクション（折り畳み）を行います。リダクションとは、RDDの各要素を特定のキーで集約したり、RDDの個数、合計値、平均値、最小値、最大値などを計算する操作です。

アクションAPIを呼び出すと一連のパイプラインは終了となります（図18-7）。

なおSparkでは変換API呼び出しの時点では直ちに処理を行わず、アクションAPIが呼び出されてパイプラインが終端となった時点ではじめて、一連のパイプライン処理を実行します。これを遅延評価と言います。遅延評価によって処理が効率化されますが、反面デバッグが困難になるという課題があります。

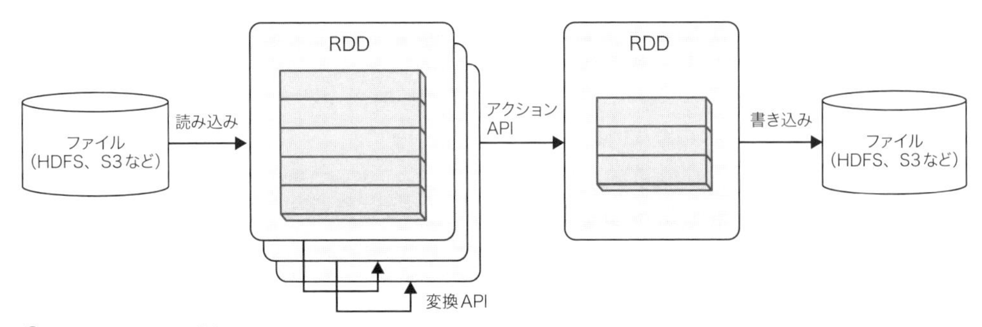

●図18-7　RDDの仕組み

これらのRDDのAPIは、10.2節で紹介したJavaのストリームAPIと比較すると、相互によく似ていることに気が付くでしょう。RDDの変換APIがストリームの中間操作に、RDDのアクションAPIがストリームの終端操作に、それぞれ対応します。

18.3.3　Sparkによる分散並列バッチ処理

ここでもHadoopによる分散並列バッチ処理と同様に、Sparkによる「売上取引データから特定商品の売上個数を商品IDごとに集計する処理」を例として取り上げます。以下にそのコードを示します。

◉コード18-5　Sparkアプリケーション

```
public class SalesJob {
    public static void main(String[] args) throws Exception {
        SparkConf conf = new SparkConf().setAppName("SalesJob"); // ❶
        JavaSparkContext sc = new JavaSparkContext(conf); // ❷
        JavaRDD<String> salesFile = sc.textFile(args[0]); // ❸
        JavaRDD<Sales> salesList = salesFile.map(s -> { // ❹
```

```
            String[] array = s.split(",");
            return new Sales(Integer.parseInt(array[0]), array[1],
                    Integer.parseInt(array[2]));
        });
        JavaPairRDD<String, Integer> countPair = salesList
                .filter(s -> s.getProductId().startsWith("A")) // ❺
                .map(s -> {  // ❻
                    String pid = s.getProductId().replace("-", "");
                    return new Sales(s.getSalesId(), pid,
                            s.getSalesCount());
                    })
                .mapToPair(s -> new Tuple2<String, Integer>( // ❼
                        s.getProductId(), s.getSalesCount()))
                .reduceByKey((x, y) -> x + y);  // ❽
        countPair.saveAsTextFile(args[1]); // ❾
        sc.close();
    }
}
```

Sparkアプリケーションでは、Sparkの設定情報を管理するためのSparkConfインスタンスを必ず生成します❶。また、このアプリケーションはJavaで実装していますので、JavaSparkContextのインスタンスも生成します❷。次にJavaSparkContextのtextFileメソッドにパスを渡し❸、入力ファイルをメモリ上に読み込んでRDDを作成します。このRDDの要素は、入力ファイルの各レコードになります。このようにして作成したRDDを直接操作することもできますが、ここでは後処理の効率化のために、mapメソッドを呼び出して❹マップ処理を行い、Salesクラスのインスタンスを要素として持つ新しいRDDを作成しています。JavaのストリームAPI（10.2節）と同じように、RDDのAPIに対してもこのようにラムダ式を使うことが可能です。

次にこのRDD（salesList）に対してfilterメソッドを呼び出し❺、フィルタ処理によって商品IDが"A"で始まるものに絞り込みます。続いてmapメソッドを呼び出し❻、絞り込んだデータをマップ処理によって整形します。続けて今度はmapToPairメソッドを呼び出し❼、「キーと値のペア（商品IDと売上個数）」を作ります。最後にreduceByKeyメソッド❽によって折り畳みを行い、キー毎に売上個数の合計値を計算して、その結果を新しいRDD（countPair）に代入します。reduceByKeyメソッドはアクションAPIのため、RDD（salesList）に対する一連のパイプライン処理はこれで終了となります。計算結果が格納されたRDD（countPair）をテキストファイルに出力し❾、このアプリケーションは処理を終えます。

このようなRDDのパイプライン処理のイメージを、図18-8に示します。

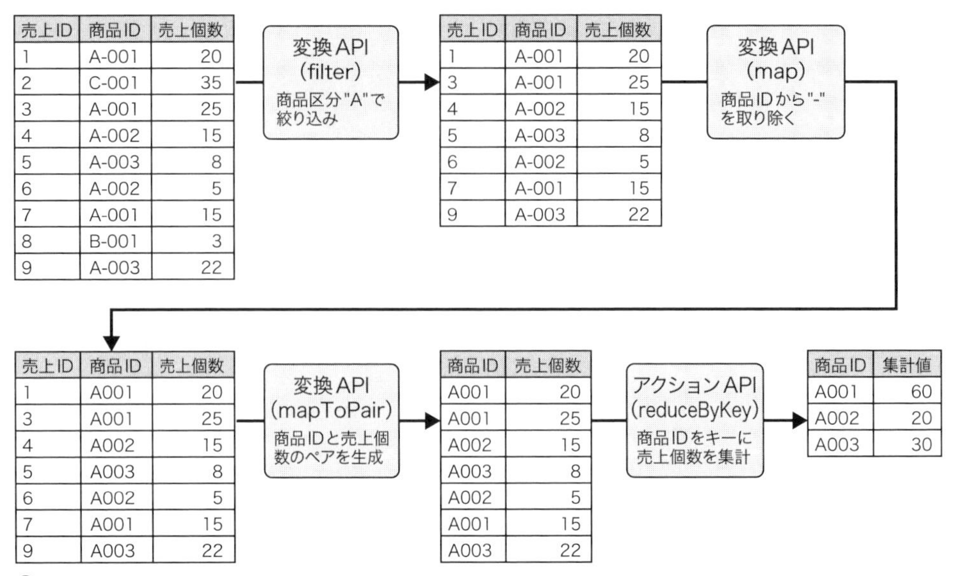

●図18-8　RDDのパイプライン処理

このアプリケーションは、Sparkによって提供されるspark-submitコマンドによって実行します。どのモードで実行するのかは、spark-submitコマンドのmasterオプションによって指定します。たとえばYARNモードであれば、以下のようにコマンド※14を投入します。

```
./spark-submit --master yarn-client --executor-memory 512MB
    --class jp.mufg.it.spark.sales.SalesJob spark_sales.jar
    第1引数(入力ファイルのパス) 第2引数(出力パス)
```

このアプリケーションを実行すると、MapReduceプログラム（コード18-1～18-3）とまったく同じ結果が得られます。このようにSparkを利用すると、RDDのAPIやラムダ式によって、Hadoopと同じ処理をより効率的に実装できることがわかるでしょう。

※14　executor-memoryオプションにはExecutorプロセスが使用するためのメモリ量を指定し、classオプションにはジョブクラスのFQCNを指定する。

Part 5

システム間連携の設計パターン

第19章 システム間連携の概要

19.1 システム間連携の概要と設計パターン

エンタープライズシステムは通常、複数のシステムから構成されます。1つ1つのシステムは、必ずしも同じプラットフォーム上に同じプログラミング言語で開発されているとは限りません。中にはLinux上にJava EEで構築されたシステムがあったり、Windows上に.NETベースで開発されたシステムがあったり、もしくはメインフレームが含まれているケースもあるでしょう。エンタープライズにおいて一つの業務を成立させるためには、このようにプラットフォームアーキテクチャが混合する環境において、システム同士を何らかの方法で相互に接続し、データや機能を連携する必要があります。

本Partでは、システム間連携のための様々な設計パターンを紹介します。書籍『Enterprise Integration Patterns』では、エンタープライズシステムにおけるシステム間連携のパターンは、以下の4つに分類されています。

①：データベース共有（Shared Database）
②：ファイル転送（File Transfer）
③：リモートメソッド呼び出し（Remote Method Invocation）
④：メッセージング（Messaging）

この中でリモートメソッド呼び出し（③）とは、あるアプリケーションから別のアプリケーションのメソッドを、ネットワーク経由（またはプロセス間通信）で呼び出すもので、呼び出し元は呼び出し先からの応答を待機します（同期型）。このパターンには、呼び出し元と呼び出し先が密結合になるという課題があります。第20章で取り上げるRESTサービスやSOAP Webサービスは、アプリケーションから別のアプリケーションを呼び出す仕組みであり、リモートメソッド呼び出しに近い技術ではありますが、厳密には定義が異なります。そこで本書では、リモートメソッド呼び出しの解釈を広げて「アプリケーション連携」と呼び方を変え、RESTサービスやSOAP Webサービスをこの中に分類しています。

本書ではこの4つのパターンを、以下のように「データ共有型」と「データ非共有型」に大別しています。

データ共有型　　　　… ①データベース共有（19.2節）

データ非共有型

・バッチ型連携　　　　… ②ファイル転送（19.3.2項）

・リアルタイム型連携… ③アプリケーション連携（第20章）、④メッセージング（第21章）

19.2 データ共有型パターン

このパターンは、1つのデータを複数のシステムで共有します。データの共有には、主に2つの方式があります。

1つ目は、RDBのインスタンスを複数のシステムで共有する方式です（図19-1の左側）。もう一つは、RDBのインスタンスはシステムごとに個別に構築し、それらのインスタンスをRDB製品が提供する「データベースリンク機能」※1によって連携する方式です。データベースリンク機能を利用すると、リモートのRDBにあるテーブルを、あたかもローカルのテーブルであるかのように見せることができます（図19-1の右側）。いずれの方式もSQLという共通的なインタフェースでデータにアクセスできるため、プラットフォームを問わずにデータ共有できます。

【1つのRDBインスタンスを共有する方式】

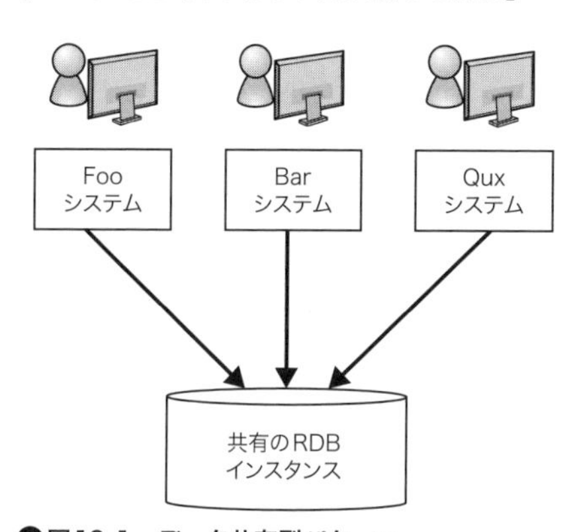

【データベースリンク機能を利用する方式】

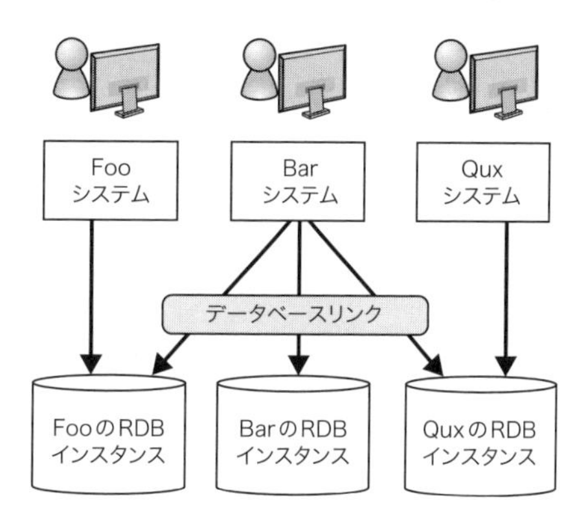

●図19-1　データ共有型パターン

データ共有型のシステム構成では、システム同士が密結合になります。あるシステムにおけるデータ更新は直ちに別のシステムに波及するため、データ鮮度は高くなります。またシステム同士でデータの意味上（セマンティック）の不整合も発生しません。

ただし、密結合であるがゆえの様々な課題があります。あるシステムの要件でスキーマ（メタデータ）を変更すると、他システムのアプリケーションに直接的な影響が及びます。もちろん、このような影響を軽減するための対策（スキーマを分割するなど）もありますが、このような対策をすればするほどデータ共有型である必然性が低くなります。

※1　Oracleの「DATABASE LINK」、DB2の「連合データベース」、MySQLの「FEDERATEDストレージエンジン」がこれに相当する。

また、複数の異なるシステムのアプリケーションから同一のデータに対する更新がある場合は、ロックの競合やデッドロックが発生しないように、注意深く設計する必要があります。

さらにデータ共有型には、運用性の観点で大きな課題があります。たとえば、あるシステムのアプリケーションが原因でDBサーバで障害が発生したり、あるシステムの運用上の都合によってDBサーバを停止したりするときに、連携するすべてのシステムがその影響を受けてしまいます。

19.3 データ非共有型パターン

19.3.1 データ非共有型パターンの特徴

このパターンはデータ共有型とは逆に、連携する複数のシステムがそれぞれでデータを保持します。利点や課題はデータ共有型とトレードオフの関係になります。

データ非共有型のシステム構成は、システム同士が疎結合になります。あるシステムで発生したデータ更新を別のシステムに波及させるには、大なり小なりの遅延が発生するためデータ鮮度は比較的低くなります。またシステム同士でデータの意味上（セマンティック）の不整合が発生しないように、注意深くデータ項目を設計する必要があります。

その一方で、疎結合であるがゆえの様々な利点があります。あるシステムの要件でスキーマ（メタデータ）を変更しても、それが他システムのアプリケーションに直接的には影響しません。データ共有型では考慮する必要のあった、異なるシステムのアプリケーションからの同一データへの同時更新も、物理的に発生しません。

データ非共有型の最も大きな利点は、運用性の高さです。それぞれのシステムは独立しているため、障害発生やシステム停止の影響は1つのシステム内で閉じられます。

19.3.2 バッチ型連携〜ファイル転送

ファイル転送による連携とは、転送元システムから対象データをファイル形式で出力して転送し、それを転送先システムで取り込むという方式です。この方式ではリアルタイム性は低いものの、一度に大量のデータを送受信できるため、バッチ処理におけるシステム間連携の方式として利用されています。ファイル転送には通常、OSが備えているftpやscpなどのコマンドをそのまま利用できます。

この方式でシステム間連携をする場合、以下のような点を両システム間で設計する必要があります。

ファイルのフォーマット

転送するファイルのフォーマット（CSV形式、XML形式、固定長など）をどうするのか、という点です。両システム間で想定するファイルフォーマットが異なる場合には、どちらのシステムで変換するのか、決める必要があります。

ファイルの文字コード

両システム間でファイルの文字コードが異なる場合にどのように変換するのか、という点です。転送元システムで転送先に合わせて事前に変換するのか、転送先システムでファイル受領後に変換するのか、または転送コマンド（ftpなど）の機能によって変換するのか、などの選択肢があります。

ファイルの許容文字

転送するファイル内において、外字やOS依存文字などを許容するのか、という点です。両システムで許容文字の範囲が異なる場合は、転送元システムで事前に取り除くか、転送先システムで転送後に置換するのか、決める必要があります。

■ファイル転送のジョブフロー

ファイル転送は、バッチ処理におけるシステム間連携方式として利用します。ファイル転送の選択肢には、転送元システムからの起動によってファイル転送する「PUT方式」（図19-2）か、転送先システムからの起動によってファイル転送する「GET方式」（図19-3）かの2つがあります。

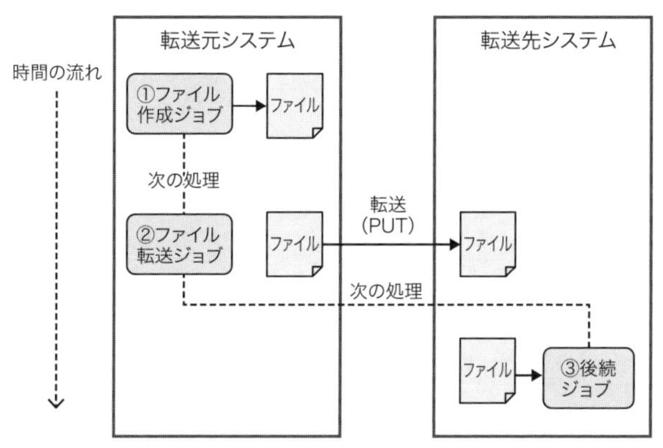

●図19-2　PUT方式

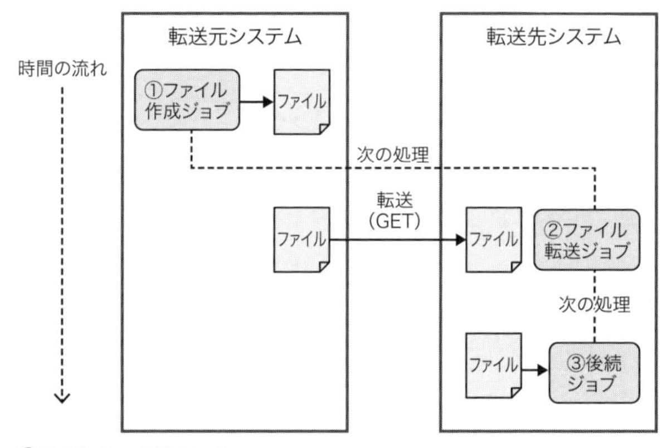

●図19-3　GET方式

PUT方式の場合、転送先システムでは、転送されたファイルを入力とする後続ジョブをどのように起動するか、検討する必要があります※2。そのための方法には、以下のようなものが考えられます。

・時刻を「決め打ち」で後続ジョブを起動（当該時刻には転送が完了している前提）
・常駐シェルがファイル転送を監視し、転送完了を契機に後続ジョブを起動

いずれの方法も、転送元システムのジョブが遅延した場合などに、誤って前日のファイルや転送途中のファイルを読み込んでしまうことがないように、設計上の工夫が必要です。たとえば、ファイル転送やジョブの終了を契機にファイルを適切にリネームすれば、このような不具合を回避することが可能です。

GET方式の場合は、ファイル転送ジョブ（転送元システムにおけるファイル作成ジョブ終了が前提になる）をどのように起動するか、検討する必要があります※3。PUT方式と同様に、「時刻決め打ち」や「常駐シェルによるジョブ監視」などの方法があります。またGET方式の場合も、ジョブが遅延した場合に間違ったファイルを読み込んでしまうことがないように、何らかの歯止めのための仕組みが必要です。

PUT方式とGET方式の違いは「どちらのシステムで自律的にファイル転送を制御するか」という点に他ならず、どちらかに決定的な優位性があるわけではありません。ただし転送するファイルが複数あり、転送と処理の順序性を制御したい場合は、PUT方式を利用する方が有利でしょう。

■転送エラーやタイムアウト発生時のリカバリ

ファイル転送で利用されるftpコマンドやscpコマンドはTCPをベースにしており、パケット単位での送達はプロトコルによって保証されているため、コマンドが正常終了した場合には、ファイルが欠損することなく転送先システムに送信されたと見なすことができます。ただし途中で何らかのエラーやタイムアウトが発生した場合、ファイルの送達は失敗または不明となるため、再送が必要となります。ファイル転送のジョブは通常はシェルスクリプトとして作成（その中でftpコマンドやscpコマンドを呼び出す）しますが、その中で適切にエラーやタイムアウトを検知する必要があります。ファイルの再送は、異常終了したファイル転送ジョブをリランさせることによって実現したり、シェルスクリプトの中でエラーを検知した後、自動的に再送するように作り込むケースもありえるでしょう。

19.3.3 リアルタイム型連携～アプリケーション連携とメッセージング

リアルタイム型連携のパターンには、アプリケーション連携とメッセージングがあります。アプリケーション連携については第20章で、メッセージについては第21章で、それぞれ詳細を説明します。

※2　ジョブ管理ツールを導入している場合は、イベント連携機能を利用する方法がある。
※3　ジョブ管理ツールを導入している場合は、イベント連携機能を利用する方法がある。

第20章 アプリケーション連携の設計パターン

20.1 アプリケーション連携の概要

20.1.1 アプリケーション連携とは

アプリケーション連携とは、アプリケーションが提供する何らかの機能を別のアプリケーションから呼び出すための技術で、呼び出し元と呼び出し先は1対1の関係になります。アプリケーション連携は、同一OS内でプロセス間通信として行われるケースもあれば、異なるサーバ間でネットワーク経由で行われるケースもあります。どちらのケースも連携元アプリケーションと連携先アプリケーションは、何らかの通信プロトコルによって接続し、お互いにとって都合のよいフォーマットでメッセージの送受信を行います。

本書では、アプリケーション連携において連携元となるアプリケーションを「リクエスタ」、連携先となるアプリケーションを「プロバイダ」、プロバイダが提供する機能を「サービス」、リクエスタが送信するメッセージを「要求メッセージ」、プロバイダが返送するメッセージを「応答メッセージ」という呼称で統一します（図20-1）。

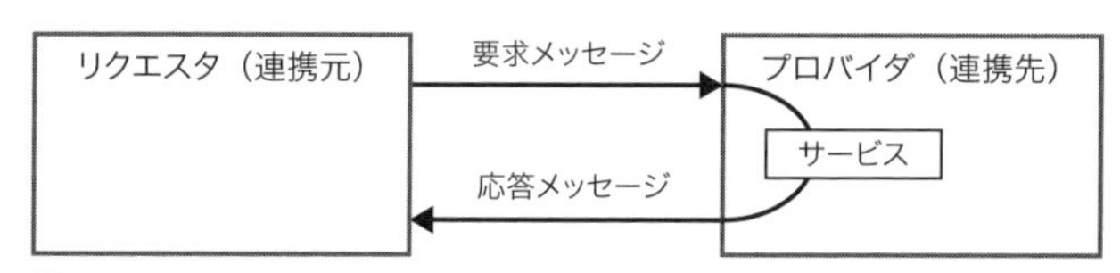

●図20-1　アプリケーション連携

20.1.2 アプリケーション連携の分類

本書ではアプリケーション連携の方式を、通信プロトコルとメッセージフォーマットによって表20-1のように3つに分類しています。この表の「分散オブジェクト技術」については、20.4節にて解説します。また「プラットフォームアーキテクチャ混在環境における相互運用性」という項目は、Java EEや.NETなど様々なプラットフォームアーキテクチャが混在する環境において、アプリケーション連携が可能かどうかを表しています。

連携方式	通信プロトコル	メッセージフォーマット	分散オブジェクト技術かどうか	インタフェースの記述方法	インターネット越しの通信	プラットフォームアーキテクチャ混在環境における相互運用性
RESTサービス	HTTP	テキスト（URLエンコード、XML、JSONなど）	非分散オブジェクト技術	Swaggerベース※4	可能	可能
EJBリモート呼び出し	RMI over IIOP	バイナリ	分散オブジェクト技術	Javaのインタフェースとして記述	不可能	CORBA準拠のアプリケーションと接続可能
SOAP Webサービス	SOAP over HTTP	テキスト（XML）	分散オブジェクト技術	WSDLで記述	可能	可能

◎表20-1　アプリケーション連携の方式

エンタープライズアプリケーションは、第3章で示したようにWebアプリケーションとサービスアプリケーションに分類できます。Webアプリケーションはリクエスタとして、必要に応じて他システム（プロバイダ）と連携します。サービスアプリケーションはアプリケーション連携の観点では、プロバイダとしてサービスを提供する役割を担いますが、Webアプリケーションと同様にリクエスタになるケースもあります。

Java EEでは、表20-2のような仕様によってアプリケーション連携を行います。

連携方式	リクエスタの仕様	プロバイダの仕様
RESTサービス	HTTPクライアント（Java SE）※5	JAX-RS
EJBリモート呼び出し	EJBクライアント（Java SE）	EJB
SOAP Webサービス	JAX-WS	JAX-WS

◎表20-2　Java EEにおけるアプリケーション連携の仕様

20.2　RESTサービス

20.2.1　RESTサービスとは

RESTサービスとは、通信プロトコルとしてHTTPを利用するアプリケーション連携方式です。RESTサービスとして外部（他システム）に公開されるAPIは、「REST API」と呼ばれています。

元来のRESTサービスは、単にHTTPを利用するだけではなく、Roy Thomas Fielding氏の論文※6で示された「RESTアーキテクチャ」の設計思想に則ったアプリケーション連携方式を意味していました。本書ではこの設計思想に則った厳格なRESTサービスを、「RESTfulサービス」と"ful"を付けて呼称します。昨今では、通信プロトコルとしてHTTPを利用する一般的なアプリケーション連携方式（必ずしもREST"ful"であるとは限らない）を、広くRESTサービスと呼ぶケースが多くなっています。本書で

※4　「Open API Initiative」によってSwaggerをベースにインタフェース記述の標準化が進められている。
※5　JAX-RS（2.0以降）のAPIでリクエスタを作成することもできる。
※6　"Architectural Styles and the Design of Network-based Software Architectures"（http://www.ics.uci.edu/~fielding/pubs/dissertation/top.htm）

は単に「RESTサービス」と呼ぶ場合は、このような広義のRESTサービスを表すものとします。

RESTサービスでは通信プロトコルとしてHTTPを利用しますが、交換するメッセージのフォーマットには様々な種類があります。HTTPでは、メッセージのフォーマットを「MIMEタイプ」によって表します。MIMEタイプは、メッセージの送信者がHTTPヘッダの「Content-Typeヘッダ」に設定します。メッセージの受信者はこのヘッダに設定されたMIMEタイプを参照することで、受け取ったメッセージのフォーマットを知ることができます。

RESTサービスで使用される主なフォーマット（MIMEタイプ）には、以下の種類があります。

・URLエンコード（"application/x-www-form-urlencoded"）
・プレーンテキスト（"text/plain"）
・XML（"text/xml"または"application/xml"）
・JSON（"application/json"）

RESTサービスで最もよく使われるフォーマットは、JSONまたはXMLでしょう。JSONまたはXMLはリクエスタ、プロバイダの双方でハンドリングがしやすく、構造化された複雑なデータを表現することが可能です。またURLエンコードも、Ajax通信のようにリクエスタがJavaScriptプログラムの場合によく使われます。プロバイダ側もURLエンコードのハンドリングは容易です。ただしURLエンコードは、キー・バリュー形式のフラットなデータ構造しか表現できない※7ため、複雑なデータを表現する場合はJSONやXMLを利用した方がよいでしょう。

なお第13章で取り上げたAjax通信は、RESTサービスの一種と考えることができます。Ajax通信におけるリクエスタはWebページ上のJavaScriptプログラムであり、プロバイダはサーブレットやJAX-RSのWebリソースクラスとなります。

20.2.2　RESTfulサービスの設計思想①～HTTPの使い方

ここでは、厳格なRESTサービス（＝RESTfulサービス）の特徴である「HTTPの使い方」について説明します。RESTfulサービスでは、Web上に存在する参照可能なあらゆるオブジェクトを「リソース」と定義します。そして「どのリソースを」、「どのように操作し」、「操作の結果がどうなったのか」を表すために、HTTPが本来的に持っている様々な機能（URI、HTTPメソッドおよびHTTPステータス）を利用します。

■ HTTPメソッド

RESTfulサービスではリソースを「どのように操作するか」を表すために、以下の6つのHTTPメソッドを使います。

※7　サーバサイドでApache Commons BeanUtilsライブラリを使用すると、「ドットで連結した文字列」からネストしたデータ構造を復元できるが、表現力には限界がある。

・リソースの取得　　　… GETメソッド
・リソースの作成　　　… POSTメソッド
・リソースの置換　　　… PUTメソッド
・リソースの部分更新 … PATCHメソッド
・リソースの削除　　　… DELETEメソッド
・リソースの存在確認 … HEADメソッド

一般的なWebアプリケーションの開発で利用するのは、GETメソッドとPOSTメソッドだけでしょう※8。RESTfulサービスの特徴は、Webアプリケーション開発では使用する機会がほとんどなかったPUTメソッドやDELETEメソッドも含めて、それらのメソッドを本来持っている意味に応じて使おうとしている点にあります。

POSTメソッド、PUTメソッド、PATCHメソッドの違いについて補足しておきます。POSTメソッドはリソースの作成のために使用しますが、リソースを特定するIDはプロバイダ側で採番します。それに対してPUTメソッドはリソースを置換するためのものなので、必ずリクエスタ側でIDを指定します。PUTメソッドでは、当該IDを持つリソースが存在する場合は更新し、存在しない場合は挿入します。一方でPATCHメソッドはリクエスタ側でIDを指定して、リソースを部分更新するために使用します。このようなメソッドの使い方の違いは、後述する「冪等（べきとう）性のルール」の観点で重要な意味を持ちます。

RESTfulサービスにおけるHTTPメソッドの使い方を、後述するSOAP Webサービスと比較してみるとその違いは明らかです。SOAP Webサービスでは、操作の内容如何に関わらずHTTPメソッドはPOSTメソッドに固定されます。そもそもSOAPは通信プロトコルに依存しないメッセージ仕様ですので、SOAP WebサービスはHTTP固有の機能は最小限しか使わないように設計されています。SOAP Webサービスではリソースを「どのように操作するか」という情報、すなわち呼び出すサービスメソッドはメッセージボディの中のタグによって表現します。

■URI

URI（Uniform Resource Identifier）※9は、その名前が示すとおりWeb上のリソースを一意に識別するアドレスです。プロバイダが提供するリソースは、必ずURIによって一意に表されることになります。RESTfulサービスでは、操作対象のリソースの場所を表すためにURIを使用します。

以下にURIの例※10を示します。なおURI内の"10001"は、対象リソースのIDです。

・社員（ID10001）のデータを取得する … GET /employees/10001
・新しい社員のデータを作成する　　　 … POST /employees
・社員（ID10001）のデータを置換する … PUT /employees/10001

※8　Webアプリケーションにおける GETとPOSTの使い分けについては、第4章を参照。
※9　「URI」は「URL」の上位の概念にあたるが、ほとんど同じ意味で使われる。RESTfulサービスの文脈では「URI」が使われるケースが多いため、本書もそれに倣うものとする。
※10　JAX-RSを利用してRESTサービスを構築する場合は、"/employees"の前にコンテキストパスが入る。

・社員（ID10001）の月給を加算する　… PATCH /employees/10001
・社員（ID10001）のデータを削除する … DELETE /employees/10001
・社員（ID10001）の存在を確認する　… HEAD /employees/10001

このようなRESTfulサービスにおけるURIの使い方は、SOAP Webサービスとは大きく異なります。SOAP Webサービスでは、1つのサービスごとにWSDLで定義されたエンドポイントURLが1つだけ割り当てられます。

■HTTPステータス

RESTfulサービスでは、リソースに対する操作の結果をHTTPステータスとしてリクエスタに返送します。Webアプリケーションでは、HTTPステータスには正常終了を表す200（"OK"）や異常終了を表す500（"Internal Server Error"）など、限られたものを使うケースが一般的ですが、RESTfulサービスでは、それ以外のHTTPステータスも使用します。

たとえばPOSTメソッドによって新たに社員データを作成した場合は、201（"Created"）のHTTPステータスを返送します。またPUTメソッドは、対象のリソースが存在していれば更新し、存在していなければ作成しますが、リソースを更新した場合は204（"No Content"）を、作成した場合は201（"Created"）のHTTPステータスを返すことで、実際にどういった処理が行われたかをリクエスタに通知することができます。もし更新するときに楽観的ロックなどでエラーが発生した場合は、409（"Conflict"）を返すとよいでしょう。

HTTPステータスの使い方についても、RESTfulサービスと後述するSOAP Webサービスでは違いがあります。SOAP Webサービスでは基本的にHTTPステータスは200と500しか使用せず、プロバイダの処理でエラーが発生した場合は、HTTPステータスではなくSOAP Faultによってエラーの内容を表現します。

20.2.3　RESTfulサービスの設計思想②～統一インタフェース

RESTfulサービスの設計思想では、公開するサービスは「統一インタフェース」にしたがうべき、とされています。統一インタフェースとは、「リソースの操作方法に関するルールを統一にすること」という意味で、プロバイダが統一インタフェースを守った上でリソースを公開すれば、誰もが容易にかつ安全にリソースにアクセスすることが可能になります。統一インタフェースには、「安全性のルール」や「冪等（べきとう）性のルール」があります。

■安全性のルール

安全性とは、「リクエスタがプロバイダに対してメッセージを何回送信してもリソースを書き換えることはない」という意味です。GETメソッドとHEADメソッドはこのルールを守るべきと言われています。このルールが守られているサイトでは、リクエスタは安心してGETメソッドやHEADメソッドを何回でも使用できます。またリクエスタの都合に応じて、取得したリソースをキャッシュすることもできます。

■冪等性のルール

冪等性とは、「リクエスタがプロバイダに対してメッセージを何回送信しても1回送信する場合と同じ結果になること」という意味です。GETメソッド、HEADメソッド、PUTメソッドおよびDELETEメソッドは、このルールを守るべきと言われています。このルールが守られているサービスは、HTTPのタイムアウトが発生してリソースの状態が不明になってしまうケースでも、リクエスタは安心して同じメッセージを送信できます。PUTメソッドを例に取り上げると、たとえば「社員（ID＝10001）のデータを置換するメッセージ」をプロバイダが何回受信しても、リソースの状態が不正になることはありません。

一方POSTメソッドとPATCHメソッドによるサービスは、冪等性を保証できません。たとえばPOSTメソッドによる「新しい社員のデータを作成するメッセージ」は誤って複数回送信してしまうと、新しい社員のデータが送信した回数分作成されてしまいます。またPATCHメソッドによる「社員（ID＝10001）の月給をXX万円加算するメッセージ」についても同様で、誤って複数回送信してしまうと不正に月給が更新されてしまいます。

このように冪等性が保証されていないメソッドについては、誤って同じメッセージがプロバイダに複数回送信されるとリソースの状態が不正になります。もしHTTPのタイムアウトが発生してリソースの状態が不明になってしまったら、まず何らかの方法でリソースの状態を調査し、その結果に応じて同じメッセージを再送するかまたは破棄するかを決める必要があります。

20.3 JAX-RSによるRESTサービス構築

20.3.1 JAX-RSによるRESTサービスの仕組み

■JAX-RSとは

JAX-RSとは、RESTサービスを構築するための標準仕様です。広義のRESTサービスを構築することもできれば、厳格なRESTfulサービスを構築することもできます。JAX-RSの仕様にしたがって作成するクラスを、本書ではWebリソースクラスと呼称します。またWebリソースクラスに定義された外部に公開するメソッドを、リソースメソッドと呼びます。

JAX-RSによるRESTサービスは、図20-2のような仕組みで動作します。JAX-RSのエンジンとなる機能は、Java EEコンテナによって提供されます。

リクエスタは、JSONやXMLといったフォーマットで要求メッセージを生成し、HTTPリクエストとしてプロバイダに送信します。プロバイダでは、Java EEコンテナに内蔵されたJAX-RSエンジンが要求メッセージを受け取ります。JAX-RSエンジンは、要求メッセージをMIMEタイプにしたがってJavaオブジェクトに変換（デコード）し、HTTPメソッドの種類やURLから対象となるリソースメソッドを特定します。そして変換されたJavaオブジェクトを引数に、特定されたリソースメソッドを呼び出します。リソースメソッドでは、渡された引数をもとに何らかのサービスを実行し、その結果を戻り値（Javaオブジェクト）として返します。JAX-RSエンジンは、リソースメソッドから戻り値を受け取ると、JSONやXMLといったフォーマットの応答メッセージに変換（エンコード）し、HTTPレスポンスとしてリクエスタに返送します。

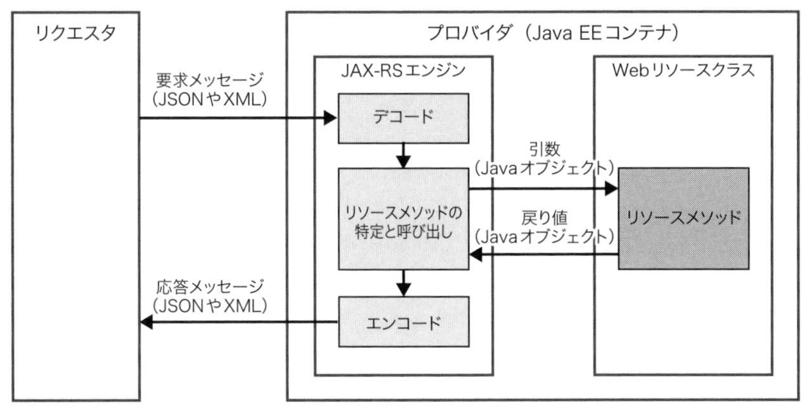

●図20-2　JAX-RSの仕組み

■Webリソースクラスの作成方法

JAX-RSでは、WebリソースクラスはPOJOとして実装し、Java EEコンテナがWebリソースクラスを制御するために必要なメタ情報は、アノテーションによって記述します。

以下に、Webリソースクラスの実装例を示します。

◉コード20-1　Webリソースクラス

```
@Path("/hello") // ❶
public class HelloResource {
    @GET // ❷
    @Path("/jaxrs") // ❸
    @Produces("text/plain") // ❹
    public String sayHello() {
        return "Hello JAX-RS!";
    }
}
```

このクラスに記述されたアノテーションを順番に説明します。まず@Pathアノテーション❶です。このアノテーションをPOJOとして実装されたクラスに付与すると、Webリソースクラスにすることができます。@Pathアノテーションの属性値には、このWebリソースクラスに対するパスを文字列として指定します。

次に@GETアノテーション❷です。このアノテーションが付与されたメソッドはリソースメソッドとなり、当該のWebリソースクラスがHTTPのGETメソッドによってアクセスされた場合に呼び出されます。@GETアノテーションの他にも、HTTPメソッドの種類に応じて@POSTアノテーション、@PUTアノテーション、@DELETEアノテーションなどが用意されています。

リソースメソッドには、前述した@Pathアノテーション❸を付与することもできます。このクラスでは、クラスの@Pathアノテーションには"/hello"を、リソースメソッド（sayHelloメソッド）の@Pathアノテーションには"/jaxrs"を指定していますので、このリソースメソッドをRESTサービスとして呼び出すためのURIは、"GET /コンテキストパス/hello/jaxrs"となります。

@Producesアノテーション❹には、プロバイダが生成する応答メッセージのフォーマットをMIMEタイプで指定します。リソースメソッドの戻り値は、このアノテーションで指定されたMIMEタイプにしたがって実際のメッセージに変換されます。ここではプレーンテキスト（"text/plain"）を指定していますが、その他にもXML（"text/xml"）、JSON（"application/json"）、バイナリデータ（"application/octet-stream"）など、HTTPの一般的なMIMEタイプがサポート[※11]されています。

なおコード20-1には記述はありませんが、@Consumesアノテーションをリソースメソッドに付与することで、要求メッセージのMIMEタイプを明示することも可能です。

20.3.2 リソースメソッドにおける様々なパラメータの受け取り方

ここでは、リソースメソッドにおける様々なパラメータの受け取り方を説明します。リソースメソッドは以下のような形式でパラメータを受け取ることができ、それぞれのパラメータには対応したアノテーションが用意されています。

- パスパラメータ … @PathParamアノテーション
- クエリパラメータ … @QueryParamアノテーション
- フォームパラメータ … @FormParamアノテーション
- Beanパラメータ … @BeanParamアノテーション
- ヘッダパラメータ … @HeaderParamアノテーション
- クッキーパラメータ … @CookieParamアノテーション

ここでは上記のうち、パスパラメータ、クエリパラメータ、フォームパラメータについて取り上げます。

■パスパラメータ

Webリソースクラスは、リクエストされたURIの"/"で区切られた文字列の可変部分を、パスパラメータとして受け取ることができます。以下にその実装例を示します。

●コード20-2　パスパラメータを受け取るWebリソースクラス

```
@Path("/greeting")
public class GreetingResource {
    @GET
    @Path("/hello/{personName}") // ❶
    @Produces("text/plain")
    public String sayHello(@PathParam("personName") String personName) { // ❷
```

※11　MIMEタイプを直接記述する代わりに、JAX-RSのAPIで用意された定数を利用することもできる。たとえばプレーンテキストの場合はMediaType.TEXT_PLAINとなる。

```
        return "Hello " + personName + "!";
    }
    ........
}
```

リクエスタから、GETメソッドで"/コンテキストパス/greeting/hello/Alice"というパスにアクセスすると、@Pathアノテーションの"/hello"の部分がマッチする❶ので、呼び出されるリソースメソッドはsayHelloメソッドになります。このとき@Pathアノテーションの属性に「URIテンプレート」と呼ばれる記法でパスを記述すると、指定されたパスの"{ }"に該当する部分を、パスパラメータにすることができます。このようにして設定されたパスパラメータは、@PathParamアノテーションによって受け取ります。@PathParamアノテーションをメソッドの引数に指定する❷と、メソッドが呼び出されたときに、@PathParamアノテーションの属性として指定した"personName"と、@Pathアノテーションの属性として指定した"/hello/{personName}"のマッチングが行われ、その結果文字列"Alice"が引数として渡されます（図20-3）。

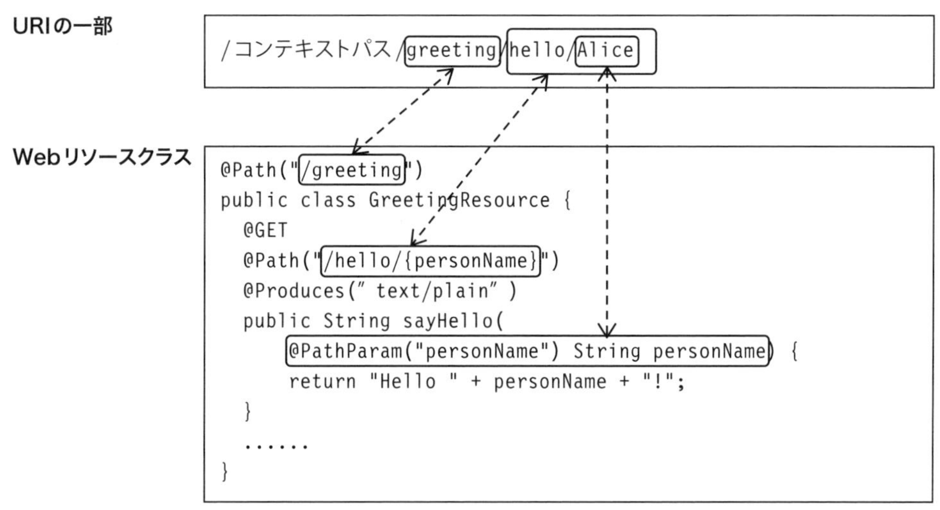

●図20-3　パスパラメータの仕組み

■クエリパラメータ

Webリソースクラスは、HTTPリクエストのクエリ文字列にセットされたパラメータをクエリパラメータとして受け取ることができます。既出のWebリソースクラス（コード20-2）に、クエリパラメータを受け取る以下のリソースメソッドを追加します。

```
@GET
@Path("/morning")
@Produces("text/plain")
public String sayGoodMorning(@QueryParam("personName") String personName) { //❶
```

```
    return "Good Morning " + personName + "!";
}
```

リクエスタから、GETメソッドで"/コンテキストパス/greeting/morning?personName=Carol"というパスにアクセスすると、sayGoodMorningメソッドが呼び出されます。sayGoodMorningメソッドの引数には、クエリパラメータを表す@QueryParamアノテーションを付与し、属性値として"personName"を指定しています❶。このようにすると、このメソッドの引数として文字列"Carol"を受け取ることができます。

■フォームパラメータ

Webリソースクラスは、URLエンコード形式でメッセージボディにセットされたパラメータをフォームパラメータとして受け取ることができます。既出のWebリソースクラス（コード20-2）に、フォームパラメータを受け取る以下のリソースメソッドを追加します。

```
@POST
@Path("/afternoon")
@Produces("text/plain")
public String sayGoodAfternoon(@FormParam("personName") String personName) { // ❶
    return "Good Afternoon " + personName + "!";
}
```

メッセージボディに"personName=Dave"というURLエンコード形式のパラメータをセットして、POSTメソッドで"/コンテキストパス/greeting/afternoon"というパスにアクセスすると、sayGoodAfternoonメソッドが呼び出されます。sayGoodAfternoonメソッドの引数には、フォームパラメータを表す@FormParamアノテーションを付与し、属性値として"personName"を指定しています❶。このようにすると、このメソッドの引数として文字列"Dave"を受け取ることができます。

20.3.3 リソースメソッドにおける様々なレスポンスの返し方

JAX-RSでは、リクエスタに返却するHTTPステータスはJAX-RSエンジンによって自動的に決定されますが、開発者がHTTPステータスを明示的に指定したいケースがあります。そのような場合は、JAX-RSが提供するResponseを返すようにします。以下に、特定のHTTPステータスを返すリソースメソッドのコードを示します。

```
@POST
public Response doBusiness(....) {
    ........
    return Response.status(201).entity("RESPONSE").build();
}
```

このようにResponseのスタティックなメソッドを連続して呼び出すことで、応答メッセージを構築します。statusメソッドにHTTPステータスをセットしたり、entityメソッドにメッセージボディをセットしたりし、最後にbuildメソッドを呼び出すことでResponseインスタンスを生成します。

また、サービスの実行中に何らかのエラーが発生した場合は、JAX-RSによって提供されるWebApplicationException例外を生成して送出します。

```
@POST
public void doBusiness(....) throws BusinessException {
    try {
        ........
    } catch(BusinessException be) {
        throw new WebApplicationException(be, 422); // ❶
    }
}
```

この例では、発生したBusinessException例外を捕捉し、WebApplicationException例外にチェーンして送出しています❶。WebApplicationException例外のコンストラクタにはステータスコードを渡すことができますが、ここでは422（"Unprocessable Entity"; 処理できないエンティティ）を指定しています。このリソースメソッドを呼び出したリクエスタは、返されたHTTPステータスによって適切にエラーハンドリングを行う必要があります。

20.3.4 RESTfulサービスの設計思想に則ったサービスの構築

JAX-RSによって、厳格なRESTfulサービスの設計思想に則ったサービスを構築する方法を、具体例にもとづいて説明します。ここでは「社員」というリソースを操作するWebリソースクラスを作成し、「安全性のルール」や「冪等性のルール」に則ったサービスを構築します。社員リソースには、IDとなる社員ID（employeeId）の他に、社員名（employeeName）、部署名（departmentName）、月給（salary）という属性があるものとします。またこの例では、社員リソースをRDBに永続化します。対象となるテーブルは「社員テーブル」で、RDBアクセスにはJPA（第8章）を利用します。社員テーブルには、EMPLOYEE_ID、EMPLOYEE_NAME、DEPARTMENT_NAME、SALARYという4つのカラムがあるものとします。

以下に、EmployeeクラスをJPAによって操作するためのWebリソースクラスのコードを示します。なお社員を表すクラスは、8.3.2項のEmployeeクラス（コード8-2）と同様のためここでは割愛します。

●コード20-3　社員リソースを操作するためのWebリソースクラス

```
@RequestScoped
@Transactional
@Path("/employees")
public class EmployeeResource {
    // エンティティマネージャをインジェクション
    @PersistenceContext(unitName = "MyPersistenceUnit")
```

```
private EntityManager entityManager ;
// リソースの取得（社員IDによる主キー検索） ❶
@GET
@Path("/{employeeId}")
@Produces("application/json")
public Employee getEmployee(@PathParam("employeeId") int employeeId) {
    Employee employee = entityManager.find(Employee.class, employeeId);
    return employee;
}
// リソースの取得（部署名による条件検索） ❷
@GET
@Produces("application/json")
public List<Employee> getEmployeesByDepartmentName(
        @QueryParam("departmentName") String departmentName) {
    Query query = entityManager.createQuery(
            "SELECT e FROM Employee AS e " +
            "WHERE e.departmentName = :departmentName")
            .setParameter("departmentName", departmentName);
    List<Employee> resultList = query.getResultList();
    return resultList;
}
// リソースの作成（新規社員の挿入） ❸
@POST
public Response createEmployee(Employee employee) {
    // JPAのAPIによって挿入する（社員IDはRDBの連番生成機能で採番する想定）
    entityManager.persist(employee);
    return Response.status(201).entity(employee).build();
}
// リソースの置換（社員の更新または挿入） ❹
@PUT
@Path("/{employeeId}")
public Response replaceEmployee(@PathParam("employeeId") int employeeId,
        Employee employee) {
    employee.setEmployeeId(employeeId);
    if (entityManager.find(Employee.class, employeeId) != null) {
        // 存在する場合は更新する
        entityManager.merge(employee);
        return Response.status(204).build();
    } else {
        // 存在しない場合は挿入する
        entityManager.persist(employee);
        return Response.status(201).build();
    }
}
// リソースの部分更新（月給の更新） ❺
@POST
@Path("/{employeeId}")
public void updateSalary(@PathParam("employeeId") int employeeId,
        @FormParam("amount") int amount) {
```

```
        Employee employee = entityManager.find(Employee.class, employeeId);
        employee.setSalary(employee.getSalary() + amount);
    }
    // リソースの削除（社員の削除）6
    @DELETE
    @Path("/{employeeId}")
    public void removeEmployee(@PathParam("employeeId") int employeeId) {
        Employee employee = entityManager.find(Employee.class, employeeId);
        em.remove(employee);
    }
}
```

ここではWebリソースクラスをCDI管理Beanとして実装しています。このクラスに実装されたリソースメソッドの処理について、以下に順に説明します。

■リソースの取得（主キー検索）

リソースを取得するためには、HTTPのGETメソッドを使用します。getEmployeeメソッド1は、GETメソッドに対応し、主キー検索によって社員データを取得するためのリソースメソッドです。主キー検索を行うために、パスパラメータとしてURIから社員IDを取得しています。メソッドの中では社員IDをキーにRDBを検索し、取得したEmployeeインスタンスを戻り値として返却しています。@Producesアノテーションに JSON形式を指定していますので、リクエスタには以下のようなJSON形式のメッセージが返されます。

```
{  "employeeId" : 10001,
   "employeeName" : "Alice",
   "departmentName" : "営業部",
   "salary" : 500000 }
```

@ProducesアノテーションにXMLを指定すると、メッセージは以下のようになります。

```
<employee>
    <employeeId>10001</employeeId>
    <employeeName>Alice</employeeName>
    <departmentName>営業部</departmentName>
    <salary>500000</salary>
</employee>
```

このリソースメソッドはGETメソッドに対応するものなので、前述した統一インタフェースの考え方に則り、安全性と冪等性を保証した処理を行います。

■リソースの取得（条件検索）

getEmployeesByDepartmentNameメソッド2は、指定された条件でRDBを検索し、ヒットした複数の社員データを返すリソースメソッドです。このように特定の条件をリソースメソッドに渡したい場合は、通常クエリパラメータを利用します。このメソッドを呼び出すと、複数の社員データがJSON形式にエンコードされてリクエスタに返されます。

■リソースの作成

リソースを作成するためには、HTTPのPOSTメソッドを使用します。createEmployeeメソッド❸は、POSTメソッドに対応し、社員1名のデータを新たに作成するためのリソースメソッドです。受信したメッセージのボディ部に格納された社員データがJSON形式の場合、JAX-RSエンジンによって、このメソッドの引数であるEmployeeインスタンスに自動的にデコードされます。このとき、変数名が一致しているプロパティに対して値がセットされます※12。受け取ったEmployeeインスタンスはJPAのエンティティクラスのインスタンスでもあるので、そのままJPAのAPI（persistメソッド）に渡して、RDBに挿入します。POSTメソッドに対応したリソースメソッドでは、リソースのIDをプロバイダで採番する必要がありますが、ここではRDBの連番生成機能（8.3.6項）を利用しています。リソースのID（社員ID）が採番されたら、それを含む社員データを、メソッドの戻り値としてリクエスタに返却します。

なお、このリソースメソッドはPOSTメソッドに対応するものであり、安全性も冪等性も保証できません。仮にこのリソースメソッドが誤って複数回呼び出されると、余分な社員データが重複して作成されてしまい、リソースの状態が不正になります。

■リソースの置換

リソースを置換（更新または挿入）するためには、HTTPのPUTメソッドを使用します。replaceEmployeeメソッド❹は、PUTメソッドに対応し、社員1名のデータを置換するためのリソースメソッドです。リソースのID（社員ID）は、PUTメソッドではURIに設定されるためパスパラメータとして取得します。またメッセージボディに格納されたID以外の属性は、引数であるEmployeeインスタンスとして受け取ります。メソッドの中では、リソースの置換を行うために、まず取得した社員IDからRDB上におけるリソースの存在をチェックし、存在する場合は更新し、存在しない場合は挿入します※13。また、リソースを更新するときにトランザクションが競合すると、データの不整合が発生する可能性があるため注意が必要です。上記replaceEmployeeメソッドでは実装していませんが、必要に応じてロック（7.3.2項）を利用してこのような不整合を回避します。

なお、このリソースメソッドはPUTメソッドに対応するものなので、冪等性を保証します。仮にこのリソースメソッドが誤って複数回呼び出されても、リクエスタによって指定された社員データが更新されるだけであり、リソースの状態は不正になりません。

※12　たとえばJSON形式でキーが"employeeName"の値は、employeeNameプロパティにセットされる。ただしこれは特定のJAX-RSエンジン固有の仕様であり、本書執筆時点では標準化されていない。

※13　エンティティマネージャ（JPA）のmergeメソッドを利用する選択肢もある。

■リソースの部分更新

リソースを部分更新するためには、HTTPのPATCHメソッドを使用しますが、JAX-RS（VER2.0）はPATCHメソッドをサポートしていないため、ここではPOSTメソッドで代用します。updateSalaryメソッド❺は、POSTメソッドに対応し、社員一名のデータを部分更新（月給を更新）するためのリソースメソッドです。このメソッドでは、パスパラメータとして社員IDを、フォームパラメータとして加算する金額をそれぞれ取得します。そしてJPAのAPIによって、RDB上で当該社員の月給を更新します。

このリソースメソッドはPOSTメソッドに対応するものなので、安全性も冪等性も保証できません。仮にこのリソースメソッドが誤って複数回呼び出されると、その分月給が加算されてしまい、リソースの状態が不正になります。

■リソースの削除

リソースを削除するためには、HTTPのDELETEメソッドを使用します。removeEmployeeメソッド❻は、DELETEメソッドに対応し、社員1名のデータを削除するためのリソースメソッドです。このメソッドでは、パスパラメータとして社員IDを取得します。そしてJPAのAPIによって、RDB上から当該社員のデータを削除します。

このリソースメソッドはDELETEメソッドに対応するものなので、冪等性を保証します。仮にこのリソースメソッドが誤って複数回呼び出されても、2度目以降の削除が「空振り」するだけであり、リソースの状態は不正になりません。

20.3.5 フィルタ

JAX-RSにおけるフィルタは、プレゼンテーション層のフィルタ（4.2.2項）と同じ様に、Webリソースクラス呼び出しの前後に任意の処理を組み込むためのコンポーネントです。JAX-RSには、Webリソースクラス呼び出しの前に動作するリクエストフィルタと、呼び出しの後に動作するレスポンスフィルタがあります。JAX-RSのフィルタは、主にリクエストヘッダから値を取得して何らかの処理をしたり、レスポンスヘッダやHTTPステータスを書き換える目的で使用します。

以下に、リクエストフィルタの実装例を示します。

◉コード20-4　リクエストフィルタ

```
@Provider // ❶
public class RequestFilter implements ContainerRequestFilter { // ❷
    @Override
    public void filter(ContainerRequestContext requestContext)
            throws IOException { // ❸
        ........
    }
}
```

リクエストフィルタはContainerRequestFilterインタフェースをimplements❷し、@Providerア

ノテーションを付与する❶ことで作成します。filterメソッド❸に渡されるContainerRequestContextから、HTTPヘッダやクッキーの値を取り出すことができます。アプリケーションによる認証チェック（4.6.4項）が必要な場合、リクエストフィルタに実装するとよいでしょう。

リクエストフィルタは、Webリソースクラスに対するパスのマッチングが行われた後に動作しますが、@PreMatchingアノテーションを付与すると、パスのマッチング前に動作させることもできます。このときフィルタ内でURIを書き換えれば、呼び出されるWebリソースクラスとのマッチングを操作することができます。

次に、レスポンスフィルタの実装例を示します。

◉コード20-5　レスポンスフィルタ

```
@Provider //❹
public class ResponseFilter implements ContainerResponseFilter { //❺
    @Override
    public void filter(ContainerRequestContext requestContext,
            ContainerResponseContext responseContext) throws IOException { //❻
        ........
    }
}
```

レスポンスフィルタはContainerResponseFilterインタフェースをimplements❺し、リクエストフィルタと同様に@Providerアノテーションを付与する❹ことで作成します。filterメソッド❻には、ContainerRequestContextとContainerResponseContextが渡されますが、ContainerResponseContextのメソッドを呼び出すことで、レスポンスヘッダを追加したり、HTTPステータスを書き換えることができます。

20.3.6　エンタープライズにおけるRESTfulサービスの適用方針

エンタープライズシステムにおけるアプリケーション連携の方式としてRESTサービスを採用するとき、どこまでRESTfulサービスの設計思想（HTTPメソッド、URI、HTTPステータスの使い方や統一インタフェースの考え方）に準拠するべきでしょうか。

もしサービスを外部向けにオープンなAPIとして公開するのであれば、RESTfulサービスの設計思想に則った方が望ましいでしょう。ただし公開される範囲が限定的（同一社内の他システムなど）な場合は、必ずしもこの設計思想に準拠する必要があるとは限りません。

エンタープライズシステムでは、きめの細かいアクセス制御など、機能要件が複雑になるケースが少なくありません。たとえば「一覧照会」という機能を1つ取り上げても、ユーザの属性によって見せるデータを、行レベル・列レベルで絞り込みたい要件が想定されます。このような複雑なビジネスロジックをプロバイダ側に配置する場合は、必然的に公開するREST APIも複雑になってしまい、RESTfulサービスのシンプルな設計思想との乖離が発生する可能性があります。逆に、あくまでもこの設計思想に則ってサービスを構築するのであれば、ビジネスロジックの大部分をリクエスタ側に配置せざるをえなくなります。

SPAの開発においても、このような機能配置（14.2.1項）には留意が必要です。RESTfulサービスの設計思想に則ってシンプルにサービスを構築することは可能ですが、それに伴ってリクエスタであるSPAへの機能配置の比重が高くなります。これが問題となる場合は、システム全体の機能配置を見直さなければなりません。

このようにRESTサービスの構築にあたっては、プロバイダとリクエスタの機能配置という観点も含めて、RESTfulサービスの設計思想にどこまで準拠すべきかという点を、十分に議論する必要があるでしょう。

20.4 分散オブジェクト技術とEJBリモート呼び出し

20.4.1 分散オブジェクト技術の種類と利点

■分散オブジェクト技術の種類

分散オブジェクト技術はアプリケーション連携技術の一種です。この技術を利用すると、あるアプリケーションから別のサーバ上に配置されたアプリケーションの機能を、ネットワーク経由で容易に呼び出すことが可能になります。分散オブジェクト技術としては、かつてはCORBA（Common Object Request Broker Architecture）が広く使われていましたが、現在ではEJBリモート呼び出しやSOAP Webサービスなどに取って代わられています。本書ではEJBリモート呼び出しについては20.4.2項、SOAP Webサービスについては20.5節にて、それぞれ取り上げます。

■分散オブジェクト技術の利点

分散オブジェクト技術の利点は、大きく2つあります。

1つ目は、アプリケーション間を疎結合に保つことができるという点です。分散オブジェクト技術では、インタフェースのみを外部に公開しサービスの実装を隠蔽できます。したがって連携するアプリケーションは、それぞれの内部実装やプラットフォームを意識する必要はありません。インタフェースを変更さえしなければ、外部のシステムに影響を与えることなく実装を変更できます。

もう一つは、サービス呼び出しの実装が容易であるという点です。分散オブジェクト技術では、プロバイダは公開するサービスのインタフェースを何らかの記述言語によって表現します。そしてリクエスタはそのインタフェースを取り込み、所定のツールによってプロキシコード（スタブと呼ばれることもあります）を自動生成します。リクエスタでは、生成されたプロキシコードに対してプログラミングを行うことで、通信プロトコルやメッセージフォーマットを意識することなく、物理的に離れた場所にあるプロバイダのサービスを呼び出すことが可能になります。このようにプロキシコードを利用することによって、リモートメソッドをローカルメソッドとまったく同じように呼び出す手法は、古くからRPC（Remote Procedure Call）と呼ばれてきました。分散オブジェクト技術には、RPCとしての側面があります。

20.4.2 EJBリモート呼び出し

EJBリモート呼び出しは、Javaによるエンタープライズアプリケーションのための分散オブジェクト技術で、CORBAに準拠しています。EJBにはトランザクション管理をはじめとして様々な機能がありますが、分散オブジェクト技術としての側面はEJBのリモート呼び出し機能に相当します。EJB自体はJava EEの技術ですが、RMI over IIOPという通信プロトコルにより、CORBAに準拠さえしていればJava以外のアプリケーションと連携することも可能です。

まずはプロバイダです。以下に、EJBリモート呼び出しを可能とするためのリモートインタフェースと、そのインタフェースをimplementsしたセッションBeanのコードを示します。

●コード20-6 リモートインタフェース

```
@Remote
public interface Hello {
    String sayHello(String personName);
}
```

●コード20-7 セッションBean（プロバイダ）

```
@Stateless
public class HelloBean implements Hello {
    public String sayHello(String personName) {
        return "Hello " + personName + "!";
    }
}
```

リモートインタフェース（コード20-6）には、@Remoteアノテーションを付与します。セッションBean（コード20-7）は、このインタフェースをimplementsして作成します。このようにすると、セッションBeanのビジネスメソッドをリモート呼び出し可能にできます。

次に上記セッションBeanを呼び出すリクエスタです。リクエスタは、ここではスタンドアローン型アプリケーションとして作成しています。

●コード20-8 スタンドアローン型アプリケーション（リクエスタ）

```
public class HelloEJBRemoteClientMain {
    public static void main(String[] args) {
        // Java EEコンテナ固有の環境情報を設定する                                ┐
        Properties props = new Properties();                                   │
        props.put("java.naming.factory.initial",                               │
                "com.sun.enterprise.naming.SerialInitContextFactory");         ├❶
        props.put("org.omg.CORBA.ORBInitialHost", "localhost");                │
        props.put("org.omg.CORBA.ORBInitialPort", "3700");                     ┘
        Hello hello = null;
        try {
            // InitialContextを生成する
            Context context = new InitialContext(props); // ❷
```

```
            // セッションBeanをJNDIルックアップにより取得する
            hello = (Hello)context.lookup(
                    "java:global/ejb_remote_ejbjar/HelloBean"); // ❸
        } catch (NamingException ne) {
            throw new RuntimeException(ne);
        }
        // ビジネスメソッドを呼び出す
        String result = hello.sayHello("Stateless Remote SessionBean"); // ❹
        System.out.println(result);
    }
}
```

EJBリモート呼び出しのリクエスタをJavaで開発する場合、事前にリモートインタフェースを（クラスファイルとして）入手する必要があります。

リクエスタでは、まずプロバイダが稼働しているJava EEコンテナ固有の環境情報を設定し❶、それをもとにInitialContextを生成します❷。そしてJava EEの仕様で規定されたJNDI名でJNDIルックアップし❸、リモートインタフェース型のインスタンスを取得します。取得したリモートインタフェースに対してsayHelloメソッドを呼び出す❹と、ネットワーク越しにプロバイダ（セッションBean）のsayHelloメソッドが呼び出され、その結果がリクエスタに返されます。

このように、ローカルのメソッド呼び出しと同じようなプログラミングによって、リモートに配置されたプロバイダのメソッドを呼び出すことができる点が、分散オブジェクト技術の特徴です。

20.5 SOAP Webサービスと要素技術

20.5.1 SOAP Webサービスとは

SOAP Webサービスは、HTTPやXMLなどのインターネット標準技術を使ってアプリケーション連携を実現する技術で、分散オブジェクト技術の一つに位置付けられています。WSDL（Web Services Description Language）によってサービスのインタフェースを記述し、SOAPによるメッセージ交換を行います。

SOAP Webサービスには、前述したように「疎結合」や「容易なサービス呼び出し」といった分散オブジェクト技術ならではの利点がありますが、それだけに留まらず、他の分散オブジェクト技術に対するいくつかの優位性があります。まずSOAP WebサービスはXMLをベースにしているため、プラットフォームアーキテクチャ混在環境における相互接続性が高い連携技術です。Javaアプリケーションと.NETアプリケーションとの相互接続も容易に実現可能です。またSOAP Webサービスでは通信プロトコルとしてHTTPを利用するため、その他の分散オブジェクト技術では困難なインターネットを経由した外部のサービス呼び出しも可能です。

20.5.2 SOAPとWSDL

■SOAPとは

SOAPとは、W3Cによって仕様が規定されているWebサービスのための一種のプロトコルです。SOAPでは「SOAPメッセージ」と呼ばれるXML形式のメッセージ構造の仕様のみが規定されており、メッセージを送受信するための下位の通信プロトコルに関しては決まりがありませんが、通常はHTTPを利用します。これを「SOAP over HTTP」と呼びます。

SOAPメッセージは、通信プロトコルに依存する「プロトコルバインディングヘッダ」と、SOAPメッセージ本体を表す「SOAPエンベロープ」から構成されます。プロトコルバインディングヘッダとSOAPエンベロープが切り離されているため、通信プロトコルに依存しないメッセージ交換が可能です。プロトコルバインディングヘッダには、通信プロトコルに依存したヘッダ情報が格納されます。たとえばSOAP over HTTPの場合は通信プロトコルがHTTPのため、HTTPヘッダがプロトコルバインディングヘッダに相当します。

■WSDLとは

WSDLとはSOAP Webサービスのインタフェース記述言語で、XMLによって記述されます。SOAPと同じく、W3Cで仕様が策定されています。WSDL文書の構造は、大きく「抽象的な定義」と「具体的な定義」の2つに分かれます。「抽象的な定義」とは、プラットフォームやバインディング（通信プロトコル+メッセージフォーマット）に依存しない、サービスの機能を抽象的に表す定義のことで、主に以下の内容を記述します。

- データ型（XMLスキーマのデータ型） … types要素
- サービスの要求メッセージと応答メッセージ … message要素
- 要求メッセージと応答メッセージの個々の部分 … part要素
- ポートタイプ（意味的な観点でまとめられたオペレーションの集合）… portType要素
- 抽象的なオペレーション（サービスメソッド） … operation要素

一方、「具体的な定義」とは「抽象的な定義」の構造を受け継ぎ、実際に呼び出し可能なWebサービスとして具体化するために必要な定義のことです。「具体的な定義」では、主に以下の内容を記述します。

- 選択するメッセージフォーマット … binding要素
- SOAPオペレーションスタイルと通信プロトコル … soap:binding要素
- 具体的なオペレーション（サービスメソッド） … operation要素
- オペレーションごとのSOAPエンコーディングスタイル … soap:body要素
- サービス（ポートの集合） … service要素

・ポート（バインディング＋サービスエンドポイント）　… port要素
・サービスエンドポイントの物理的なロケーション（エンドポイントURL）…soap:address要素

20.6 JAX-WSとSOAP Webサービス

20.6.1 JAX-WSによるSOAP Webサービス構築の概要

■JAX-WSとは

JAX-WSは、SOAP Webサービスを構築するための標準仕様です。JAX-WSでは、呼び出し可能なWebサービスの実体を「サービスエンドポイント」と呼びます。サービスエンドポイントは、サービスエンドポイントインタフェース（SEI）やサービス実装クラスなどによって構成されます。

サービスエンドポイントインタフェースとは、サービスの呼び出し方を定義したインタフェースのことです。"Service Endpoint Interface"の頭文字を取って"SEI"と言われることがありますが、本書でもその言い方に倣います。SEIに定義された外部に公開するメソッドを、サービスメソッドと呼びます。またサービス実装クラスとは、サービスの処理内容を実装したクラスのことで、SEIをimplementsして作成します。

■サービスエンドポイントの構築方法

サービスエンドポイントは、以下のいずれかの方法で構築します（図20-4）。

トップダウン・アプローチ

①：まずサービスを表現するWSDL文書を作成する
②：①で作成したWSDL文書から、ツールによってSEIや引数・戻り値となるクラスのコードを生成する
③：②で生成されたSEIをimplementsして、サービス実装クラスを作成する

ボトムアップ・アプローチ

①：まずサービス実装クラスや引数・戻り値となるクラスを作成する
②：①で作成したクラス群から、ツールによってWSDL文書を生成する

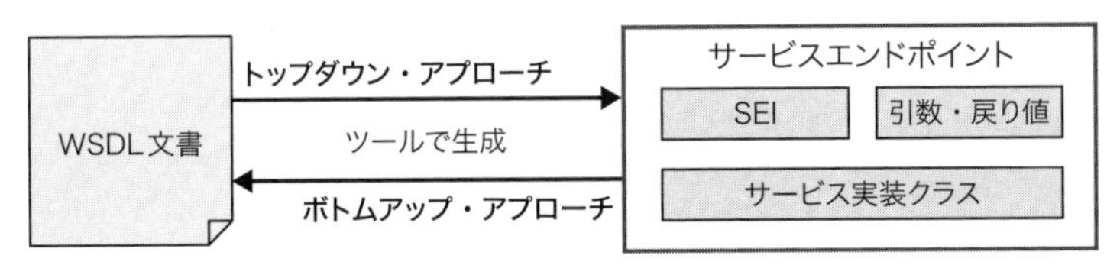

●図20-4　サービスエンドポイントの構築方法

■リクエスタの構築方法

リクエスタは、まずプロバイダからWSDL文書を取得する必要があります。WSDL文書はファイルとして取得するか、またはプロバイダがWSDL文書をWeb上に公開する場合は、HTTPによって取得します。リクエスタはWSDL文書さえ取得できてしまえば、呼び出そうとしているサービスエンドポイントの実装を意識する必要がありません。サービスを呼び出すためのすべての情報は、WSDL文書の中に表現されているからです。

WSDL文書が取得できたら、リクエスタのプラットフォームに対応した所定のツールによってプロキシコードを生成します。生成されたプロキシコードにはサービス呼び出しに必要なSEI、引数・戻り値などのコードが含まれているため、これらを使ってリクエスタを作成します（図20-5）。なおWSDL文書の中のtypes要素に定義されたXMLスキーマは、サービスメソッドの引数と戻り値を抽象化したものです。プロキシコードに含まれる引数・戻り値のコードは、このXMLスキーマをもとに生成されます。

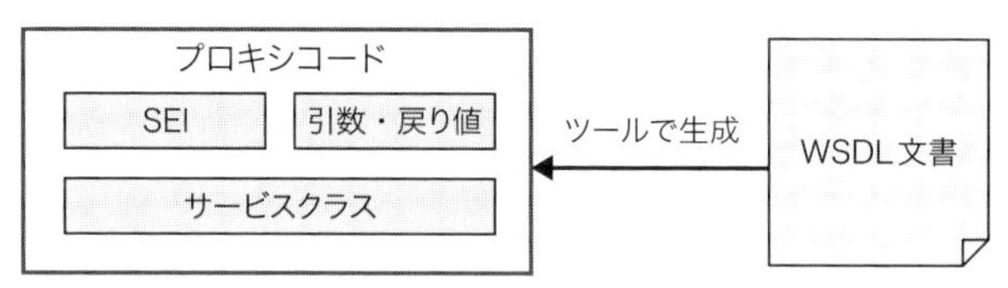

図20-5　プロキシコードの生成

■ JAX-WSによるSOAP Webサービスの仕組み

JAX-WSによるSOAP Webサービスは、図20-6のような仕組みで動作します。JAX-WSのエンジンとなる機能は、Java EEコンテナによって提供されます。

リクエスタではSEIのメソッドを呼び出すと、取り込んだプロキシコードによってSOAPメッセージが生成されます。生成されたSOAPメッセージは、WSDL文書で指定された通信プロトコル（ここではSOAP over HTTPを想定）によってプロバイダに送信されます。プロバイダでは、Java EEコンテナに内蔵されたJAX-WSエンジンがSOAPメッセージを受け取ります。JAX-WSエンジンはSOAPメッセージをJavaオブジェクトに変換し、SOAPメッセージから呼び出すべきサービスメソッドを特定します。そして変換されたJavaオブジェクトを引数に、特定されたサービスメソッドを呼び出します。サービスメソッドでは、渡された引数をもとに何らかのサービスを実行し、その結果を戻り値（Javaオブジェクト）として返します。JAX-WSエンジンはサービスメソッドから戻り値を受け取ると、SOAPメッセージに変換してリクエスタに返送します。

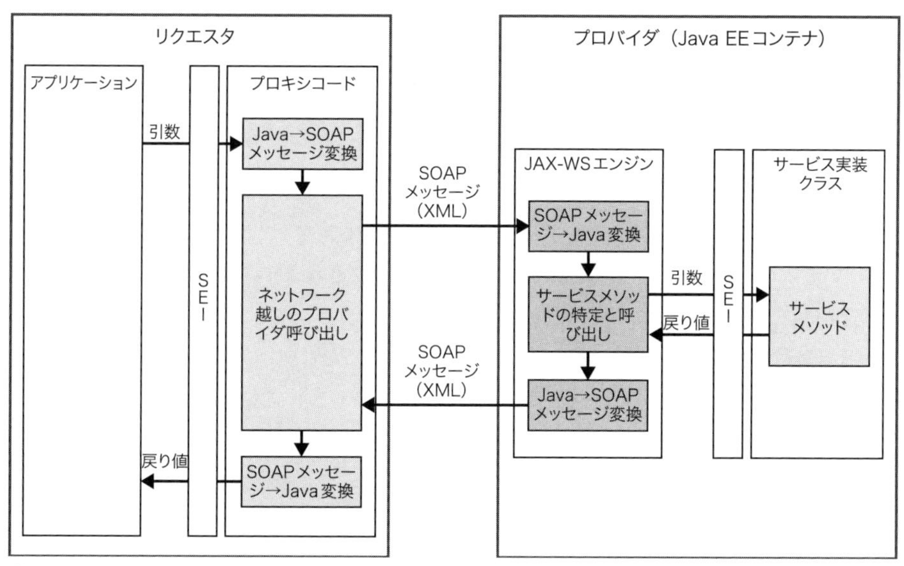

●図20-6　JAX-WSの仕組み

20.6.2　プロバイダとリクエスタの具体的な作成

■プロバイダの作成

前述したようにプロバイダの作成方法には、トップダウン・アプローチとボトムアップ・アプローチがありますが、ここではボトムアップ・アプローチを採用します。ボトムアップ・アプローチでは、まずサービス実装クラスや引数・戻り値となるクラスを作成し、それらからWSDL文書を所定のツール※14によって生成します。以下に、サービス実装クラスの例を示します。

◉コード20-9　サービス実装クラス

```
@WebService(name = "HelloServicePortType",
        serviceName = "HelloService") // ❶
public class HelloService {
    // サービスメソッド
    @WebMethod
    public String sayHello(String personName, int count) { // ❷
        String message = "Hello! 私は" + personName + "です。";
        for (int i = 0; i < count; i++) {
            System.out.println("  " + i + " : message ---> " + message);
        }
        return message;
    }
}
```

JAX-WSでは、サービス実装クラスはPOJOとして実装します。JAX-WSエンジンがサービス実装ク

※14　Javaでは、JDKに内蔵されているwsgenツールを利用する。

ラスを制御するために必要な設定情報は、「Web Services Metadata」のアノテーションによって指定します。

まず@WebServiceアノテーション❶です。このアノテーションをPOJOとして実装されたクラスに付与すると、サービス実装クラスにすることができます。

このアノテーションには、name属性、serviceName属性、targetName属性を指定します。name属性には、このサービス実装クラスのポートタイプ名を指定します。ここで指定したポートタイプ名は、WSDL文書内のportType要素のname属性にマッピングされます。この属性を省略すると、ポートタイプ名にはクラス名がそのまま適用されます。

serviceName属性にはサービス名を指定します。ここで指定したサービス名は、WSDL文書内のdefinitions要素のname属性や、service要素のname属性にマッピングされます。この属性を省略すると、サービス名には「クラス名＋"Service"」が適用されます。

targetName属性には対象の名前空間識別子※15を指定します。ここで指定された名前空間識別子は、WSDL文書内ではdefinitions要素のtargetNamespace属性やtypes要素に定義されるXMLスキーマの名前空間識別子にもなります。この属性を省略すると、名前空間識別子には「スキーマがHTTPでサービス実装クラスのパッケージ名を前後逆転させたURL」が適用されます※16。

次にサービスメソッド（sayHelloメソッド）❷を見てみましょう。このメソッドは、引数として文字列と数値を受け取り、戻り値として"Hello"を付与した文字列を返します。サービスメソッドには、@WebMethodアノテーションを付与します。このアノテーションのoperationName属性には、このサービスメソッドの名前、すなわちリクエスタに公開するオペレーション名を指定します。operationName属性を省略すると、オペレーション名にはサービスメソッド名がそのまま適用されます。オペレーションの名前は、同じサービス実装クラスの中で一意である必要があります。

最後に、このサービス実装クラスから所定のツールによって生成されたWSDL文書と、そのWSDL文書がtypes要素内でインポートしているXMLスキーマファイルを示します。

◉コード20-10　生成されたWSDL文書

```
<definitions targetNamespace="http://hello.provider.ws.ee.it.mufg.jp/"
  name="HelloService" xmlns:tns="http://hello.provider.ws.ee.it.mufg.jp/"
  xmlns:soap="http://schemas.xmlsoap.org/wsdl/soap/" ....>
  <types>
    <xsd:schema>
      <xsd:import namespace="http://hello.provider.ws.ee.it.mufg.jp/"
        schemaLocation="HelloService_schema1.xsd"/>
    </xsd:schema>
  </types>
  <message name="sayHello">
    <part name="parameters" element="tns:sayHello"/>
  </message>
```

※15　XML要素の名前衝突を回避するための仕組みで、Javaにおけるパッケージ名に相当する。

※16　たとえばパッケージ名が"jp.mufg.it.ee.ws.provider.hello"の場合は、名前空間識別子は"http://hello.provider.ws.ee.it.mufg.jp/"となる。

```
  <message name="sayHelloResponse">
    <part name="parameters" element="tns:sayHelloResponse"/>
  </message>
  <portType name="HelloServicePortType">
    <operation name="sayHello">
      <input message="tns:sayHello" .... />
      <output message="tns:sayHelloResponse" .... />
    </operation>
  </portType>
  <binding name="HelloServicePortTypePortBinding" type="tns:HelloServicePortType">
    <soap:binding transport="http://schemas.xmlsoap.org/soap/http" style="document"/>
    <operation name="sayHello">
      <soap:operation soapAction=""/>
      <input><soap:body use="literal"/></input>
      <output><soap:body use="literal"/></output>
    </operation>
  </binding>
  <service name="HelloService">
    <port name="HelloServicePortTypePort" binding="tns:HelloServicePortTypePortBinding">
      <soap:address location="REPLACE_WITH_ACTUAL_URL"/>
    </port>
  </service>
</definitions>
```

●コード20-11　WSDL文書がtypes要素内でインポートしているXMLスキーマファイル

```
<xs:schema version="1.0"
  targetNamespace="http://hello.provider.ws.ee.it.mufg.jp/"
  xmlns:tns="http://hello.provider.ws.ee.it.mufg.jp/" ....>
  <xs:element name="sayHello" type="tns:sayHello"/>
  <xs:element name="sayHelloResponse" type="tns:sayHelloResponse"/>
  <xs:complexType name="sayHello">
    <xs:sequence>
      <xs:element name="arg0" type="xs:string" minOccurs="0"/>
      <xs:element name="arg1" type="xs:int"/>
    </xs:sequence>
  </xs:complexType>
  <xs:complexType name="sayHelloResponse">
    <xs:sequence>
      <xs:element name="return" type="xs:string" minOccurs="0"/>
    </xs:sequence>
  </xs:complexType>
</xs:schema>
```

ここで、サービス実装クラス（コード20-9）と、生成されたWSDL文書（コード20-10）の「抽象的な定義」部分およびXMLスキーマファイル（コード20-11）の関係を整理してみましょう。各項目間の対応関係は、図20-7のようになります。

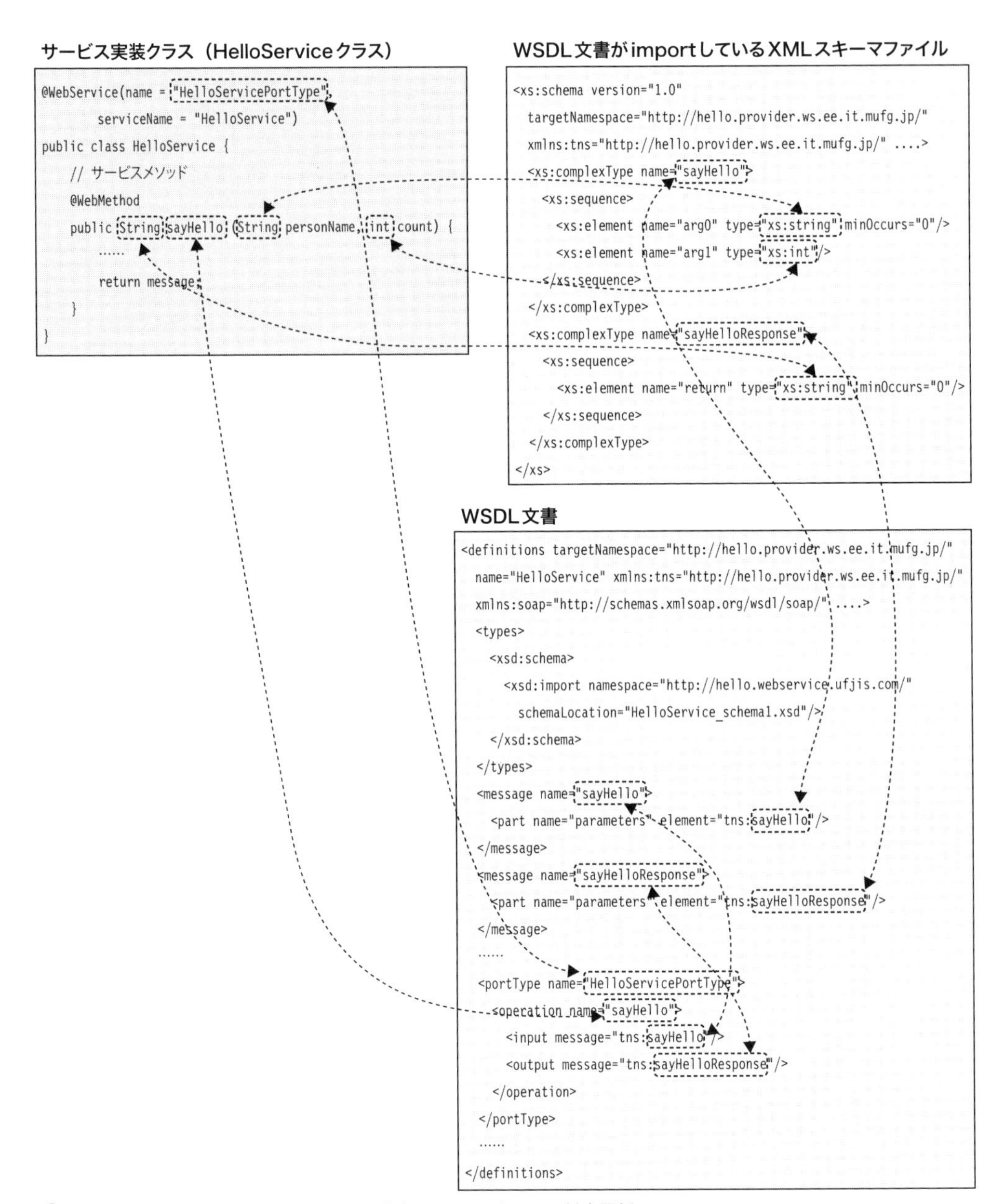

◉図20-7　サービス実装クラス、WSDL文書、XMLスキーマの対応関係

■リクエスタの作成

JAX-WSによるリクエスタは、スタンドアローン型アプリケーションにすることも、Java EEアプリケーション（CDI管理Beanなど）にすることもできます。

リクエスタを作成するためには、まず最初にプロバイダから取得したWSDL文書から、所定のツール[※17]によってプロキシコードを生成します。前述したように生成されたプロキシコードには、サービスクラス、SEI、引数・戻り値となるクラスのコードが含まれています。プロキシコードのクラスのパッケージ名は、WSDL文書のdefinitions要素のtargetNamespace属性に記述された名前空間識別子（URL）から決定されます。

プロキシコードを生成したら、それらを利用してリクエスタを作成します。以下に、スタンドアローン型アプリケーションとして作成したリクエスタの実装例を示します。

◉コード20-12　スタンドアローン型アプリケーション（リクエスタ）

```
public class HelloServiceRequestor {
    public static void main(String[] args) {
        // サービスインスタンスを生成する
        HelloService service = new HelloService(); // ❶
        // サービスインスタンスからSEIインスタンスを取得する
        HelloServicePortType portType =
                service.getHelloServicePortTypePort(); // ❷
        // サービスメソッドを呼び出す
        String message = portType.sayHello("Webservice", 3); // ❸
        ........
    }
}
```

リクエスタでは、まずサービスクラスのインスタンスを生成します❶。サービスクラスの名前は、WSDL文書内のservice要素のname属性に指定されている名前が使われます。サービスクラスのインスタンスは、ここでは引数の無いコンストラクタによって生成しています。

次に生成したサービスインスタンスからSEIインスタンスを取得します❷が、このインスタンスはHelloServicePortType型になっています。WSDLでは「意味的な観点でまとめられた抽象的なオペレーションの集合」をポートタイプと呼びますが、ポートタイプがJavaのインタフェースとして具体化されたものがSEIであると考えることができます。取得したSEIインスタンスには、サービスエンドポイントが公開しているサービスメソッドが定義されています。

次にsayHelloメソッドを呼び出します❸。するとネットワーク越しにプロバイダのsayHelloメソッドが呼び出され、その結果がリクエスタに返されます。ローカルのメソッド呼び出しと同じようなプログラミングを行うことで、実際にはSOAPメッセージによるネットワーク越しのWebサービス呼び出しが行われます。リクエスタの中では、送受信するメッセージがSOAPメッセージであること、そしてネットワーク経由でメソッド呼び出しを行っていることを、意識する必要がありません。

以下に、実際に送受信されたSOAPの要求メッセージと応答メッセージを示します。

※17　Javaでは、JDKに内蔵されているwsimportツールを利用する。

要求メッセージ

```
<S:Envelope xmlns:S="http://schemas.xmlsoap.org/soap/envelope/">
  <S:Body>
    <ns2:sayHello xmlns:ns2="http://hello.provider.ws.ee.it.mufg.jp/">
      <arg0>Webservice</arg0>
      <arg1>3</arg1>
    </ns2:sayHello>
  </S:Body>
</S:Envelope>
```

応答メッセージ

```
<S:Envelope xmlns:S="http://schemas.xmlsoap.org/soap/envelope/">
  <S:Body>
    <ns2:sayHelloResponse xmlns:ns2="http://hello.provider.ws.ee.it.mufg.jp/">
      <return>Hello! 私はWebserviceです。</return>
    </ns2:sayHelloResponse>
  </S:Body>
</S:Envelope>
```

このリクエスタ（コード20-12）では、サービスクラス（HelloServiceクラス）を生成する際に引数の無いコンストラクタを使用していますが、実はこのコンストラクタには生成元となったWSDL文書のURL（配置場所）が直接埋め込まれています。したがってリクエスタの実行時に、生成時と同じURLに当該のWSDL文書が存在しないとエラーになります。プロキシコード生成時に埋め込まれたWSDL文書のURLへの依存性を排除するためには、コード20-12の❶の部分を以下のように修正します。

```
URL url = HelloServiceRequestor.class.getClassLoader()
        .getResource("/wsdl/HelloService.wsdl");
HelloService service = new HelloService(url,
        new QName("http://hello.provider.ws.ee.it.mufg.jp/", "HelloService"));
```

サービスクラスを生成するコンストラクタに、WSDL文書のURL（ここではクラスパス上に配置）と当該サービスのQName※18を指定します。このようにすると、WSDL文書の物理的な配置場所への依存を回避できます。

20.6.3 サービスメソッドの呼び出し方式の分類

JAX-WSにおけるサービスメソッドの呼び出しには、以下の3つの方式があります。

・同期型（デフォルト）

・一方向型

・非同期型

※18 XMLにおける名前空間識別子と要素名の組み合わせのことで、JavaクラスにおけるFQCNに相当する。

■同期型

同期型とは、リクエスタがサービスメソッドを呼び出すと、応答（サービスの実行結果）を受け取るまで待機する方式です。この方式では応答を受け取るためのプログラミングがシンプルになります。ただしサービスの実行が終了するまでリクエスタでは制御が解放されない（ブロックされる）ため、サービスの処理内容が複雑で時間がかかるような場合、リクエスタは実行終了まで待ち続けることとなります。JAX-WSにおけるサービスメソッドのデフォルトは同期型です。既出（コード20-9）のSOAP Webサービスも、同期型です。

■一方向型

一方向型とは、リクエスタがサービスメソッドを呼び出すと、応答を待機しない方式です。この方式ではサービスはリクエスタとは非同期に実行されますので、リクエスタはサービスの応答を待たずに続きの処理を行うことができます。ただし、リクエスタはサービスの実行結果を受け取ることができません。仮にサービスがエラーになってしまった場合も、リクエスタはそれを検知できません（図20-8の左側）。

■非同期型

非同期型では、リクエスタがサービスメソッドを呼び出すと、一方向型と同じように応答を待機しません。この方式ではサービスは非同期に実行されますので、リクエスタはサービスの応答を待たずに続きの処理を行うことができます。ただし、リクエスタが後からサービスの実行結果を受け取るためには、同期型よりも複雑な手続きが必要です。

非同期型サービスにおいて実行結果を受け取るための方式には、ポーリング方式とコールバック方式の2つがあります（2.1.1項）。ポーリング方式とは、リクエスタが能動的に実行結果を取りに行く方式です。一方コールバック方式とは、サービスの実行が終わり次第、リクエスタに対して実行結果を通知する方式です（図20-8の右側）。

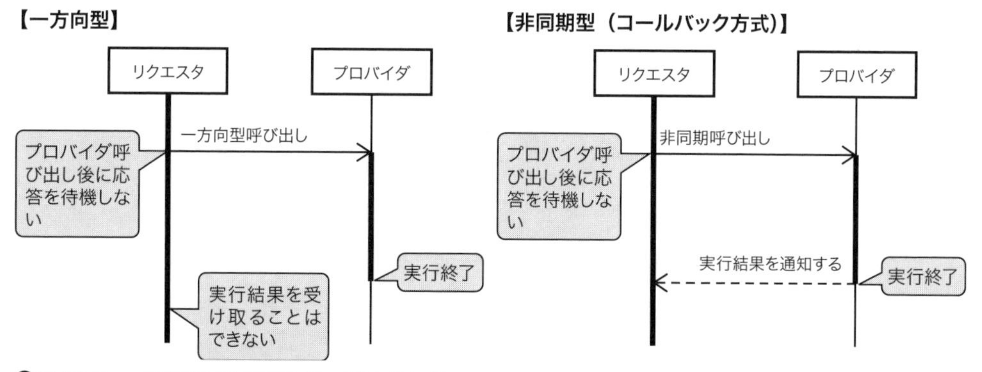

●図20-8　一方向型と非同期型のサービスメソッド

20.6.4 一方向型・非同期型のサービス構築方法

■一方向型サービスの構築方法

一方向型のサービスを構築するためには、サービス実装クラスのサービスメソッドに@Onewayアノテーションを付与します。以下に、一方向型サービスによるサービス実装クラスのコードを示します。

◉コード20-13 一方向型のサービス実装クラス

```
@WebService(name = "HelloOnewayServicePortType",
        serviceName = "HelloOnewayService")
public class HelloOnewayService {
    // サービスメソッド（一方向型）
    @WebMethod
    @Oneway
    public void sayHello(String personName, int count) {
        // 時間を要する「重たい」処理
        ........
    }
}
```

このサービス実装クラスのサービスメソッドでは、一方向型のメリットを把握しやすいように、あえて終了まで時間を要する「重たい」処理を実装しています。このメソッドをリクエスタから呼び出すと、同期型の場合は応答が返されるまでブロックされますが、一方向型の場合は直ちに制御が返ります。ただし、リクエスタはサービスの実行結果を受け取ることはできません。したがって@Onewayアノテーションを付与できるのは、戻り値がvoid型のサービスメソッドだけになります※19。なお上記のサービス実装クラスからWSDL文書を生成すると、operation要素はinput要素のみ（output要素なし）となります。

■非同期型サービスの構築方法

非同期型サービスでは、プロバイダは同期型とまったく同じように作成します。以下に、非同期型サービスによるサービス実装クラスのコードを示します。

◉コード20-14 非同期型のサービス実装クラス（プロバイダ）

```
@WebService(name = "HelloAsyncServicePortType",
        serviceName = "HelloAsyncService")
public class HelloAsyncService {
    @WebMethod
    public String sayHello(String personName, int count) {
        // 時間を要する「重たい」処理
        ........
        return message;
    }
```

※19 同期型でもサービスメソッドの戻り値をvoid型にすることはできるが、リクエスタからの呼び出しはサービスの実行が終了するまでブロックされる。

```
}
```

非同期型を実現するための仕掛けは、すべてリクエスタ側に埋め込まれます。リクエスタではWSDL文書をもとにプロキシコードを生成しますが、そのときにWSDL文書の一部を書き換え、JAX-WS固有の拡張要素（jaxws:bindings要素）を追加して非同期型サービスを利用可能となるように定義します。書き換えたWSDL文書からツール（wsimport）でプロキシコードを生成すると、SEIの中に以下のような非同期型サービスのためのメソッドが追加されます。

ポーリング方式のためのメソッド

- メソッド名 … オペレーション名＋"Async"
- 引数 … 同期型のメソッドと同じ
- 戻り値 … javax.xml.ws.Response<T>型

コールバック方式のためのメソッド

- メソッド名 … オペレーション名＋"Async"
- 引数 … 最後の引数にjavax.xml.ws.AsyncHandler<T>型が追加される
- 戻り値 … java.util.concurrent.Future<?>型

■コールバック方式におけるリクエスタの作成方法

ここではコールバック方式によるリクエスタの作成方法を説明します。以下は、コールバック方式を使用してプロバイダ（コード20-14）を非同期に呼び出すためのリクエスタの実装例です。

◉コード20-15　非同期型（コールバック方式）のリクエスタ

```
public class HelloAsyncServiceCallbackRequestor {
    public static void main(String[] args) {
        // サービスインスタンスを生成する
        HelloAsyncService service = new HelloAsyncService();
        // サービスインスタンスからSEIインスタンスを取得する
        HelloAsyncServicePortType portType =
                service.getHelloAsyncServicePortTypePort();
        // サービスを非同期に呼び出す
        Future<?> response = portType.sayHelloAsync("Webservice", 3, //❶
                new AsyncHandler<SayHelloResponse>() {
                    public void handleResponse(
                            Response<SayHelloResponse> response) {
                        String message = null;
                        try {
                            // サービスの実行結果を受け取る
                            SayHelloResponse sayHelloResponse = response.get(); //❷
                            message = sayHelloResponse.getReturn();
                        } catch (InterruptedException ie) { .... }
```

```
                    ........
                }
            });
        while (!response.isDone()) { // ❸
            // サービスの実行終了を待ちながらその間に別の処理を行う
            ........
        }
        // サービス終了後に処理を継続する
        ........
    }
}
```

まず❶でサービスを非同期に呼び出します。プロバイダにおける呼び出し対象のサービスメソッドのシグニチャは"String sayHello(String, int)"ですので、リクエスタのSEIに追加される非同期型サービス（コールバック方式）呼び出しのためのメソッドは、"Future<?> sayHelloAsync(String, int, AsyncHandler<T>)"というシグニチャになります。最後の引数であるAsyncHandler<T>は、JAX-WSによって提供されるインタフェースで、サービス実行終了時にコールバックされるイベントハンドラとなります。このインタフェースをimplementsしたクラスを別途作成してそのインスタンスを渡すこともできますが、ここでは無名クラスを利用しています。ここで型パラメータのTは、SayHelloResponseクラス（プロキシコードとして生成されたサービスの実行結果を表すクラス）となります。このようにすると、サービスの実行が終了するとメインスレッドとは別のスレッドでイベントハンドラがコールバックされ、❷でサービスの実行結果を受け取ることができます。

また❸では、サービス呼び出し❶の戻り値として受け取ったFuture型変数のisDoneメソッドを、while文の条件式に指定しています。このメソッドは非同期処理が終了した時点でtrueを返すため、このようにすると非同期に呼び出したサービスの終了を待ちながら別の処理を行い、さらにサービス終了後に処理を継続できます。ここではサービスの実行終了を同じプログラムで待つように実装しましたが、これは必須ではありません。❶でサービスを非同期に呼び出した後、当該のプログラムは処理を終了し、その処理とは無関係にサービスの実行結果をコールバックさせることも可能です[※20]。

20.6.5 JAX-WSとSOAPフォールト

SOAPの仕様では、プロバイダでエラーが発生した場合、「SOAPフォールト」をエラー応答メッセージに格納してリクエスタに返すことになっています。JAX-WSでもプロバイダで何らかの例外が発生すると、SOAPフォールトがリクエスタに返却されます。リクエスタは、返却されたSOAPフォールトによって適切にエラーハンドリングを行う必要があります。

※20　ただしこのリクエスタ（コード20-15）では、プログラム本体（メインスレッド）が終了してしまうと、後からサービスの実行結果を受け取ることができない。これはイベントハンドラをコールバックする暗黙のスレッドがデーモンスレッドになっており、メインスレッドが終了するとそれに合わせて終了してしまうためである。リクエスタがJava EEコンテナで稼働している場合は、プログラム本体が終了しても問題なく実行結果を受け取ることができる。

■想定内エラー（チェック例外）のケース

想定内エラーとはビジネスルールのチェックにおけるエラーなど、業務上想定しうるエラーのことです（9.2.1項）。アプリケーションはこういったエラーを検出したら、呼び出し元にアプリケーション例外（チェック例外）を送出します。サービスの実行結果としてこの種のエラーが発生する可能性がある場合、プロバイダでは以下のようにサービスメソッドにおいてthrows節を記述して、当該のエラーを表すアプリケーション例外（ここではBusinessExceptionクラス）を送出するように宣言します。

```
@WebMethod
public void doBusiness(....) throws BusinessException {
    ........
}
```

このサービス実装クラスからは、以下のようなWSDL文書が生成されます。

```
<!-- types要素(抜粋) -->
<xs:element name="BusinessException" type="tns:BusinessException"/>
<xs:complexType name="BusinessException">
  <xs:sequence>
    <!-- BusinessExceptionクラスのプロパティに応じた要素が生成される -->
    ........
  </xs:sequence>
</xs:complexType>
<!-- message要素(抜粋) -->
<message name="BusinessException">
  <part name="fault" element="tns:BusinessException"/>
</message>
<!-- operation要素(抜粋) -->
<operation name="doBusiness">
  <fault message="tns:BusinessException" name="BusinessException" .... />
</operation>
```

WSDL文書内では、operation要素の下にSOAPフォールトを表すfault要素が追加されます。そしてそのfault要素のmessage属性が指すXMLスキーマは、当該例外クラス（BusinessException）を表すComplexTypeとなります。

次にリクエスタにおいて上記のWSDL文書からプロキシコードを生成すると、SEIのサービスメソッドは、以下のようなシグニチャになります。

```
public void doBusiness(....) throws BusinessException_Exception;
```

このメソッドのthrows節に宣言された例外クラス（BusinessException_Exception）は、ツールによって生成された独自のチェック例外クラスです。リクエスタではこの例外を捕捉し、適切にエラーハンドリングを行う必要があります。また、この例外クラスのfalutInfoプロパティにセットされた

BusinessException（WSDL文書に定義された"BusinessException"というComplextTypeをJavaオブジェクトに変換したもの）のインスタンスを取得すれば、プロバイダにおいて発生したエラーの情報を得ることもできます。

■想定外エラー（非チェック例外）のケース

想定外エラーとは業務上想定しえない事象に起因して発生するエラー（9.2.2項）で、発生すると非チェック例外が送出されます。サービスメソッド実行中に想定外エラーが発生し、非チェック例外が送出されると、プロバイダからリクエスタにSOAPフォールトが格納されたエラー応答メッセージが返却されます。このとき、リクエスタのサービスメソッド呼び出しではSOAPFaultException例外（非チェック例外）が発生します。必要に応じてこの例外をキャッチすれば、プロバイダから返却されたSOAPフォールトの要素（faultcode要素、faultstring要素、faultactor要素、detail要素）を取得できます。

20.6.6　MTOMによるストリーム処理

MTOM（Message Transmission Optimization Mechanism）とは、SOAP Webサービスでストリーム処理を実現するための仕組みです。

ファイルなどの比較的規模の大きなデータを通常のSOAP Webサービスで送受信しようとすると、1つのSOAPメッセージが大きくなってしまい、メモリリソースを消費します。このようなケースでMTOMを利用すると、プロバイダにはストリームの読み込みポインタ（入力ストリーム）が渡されるため、そこからデータを順次読み込むことで、すべてのデータを1つのSOAPメッセージに展開することなく、効率的にデータを引き渡すことが可能になります。

以下に、MTOMでメッセージを受け取るためのサービスメソッドの実装例を示します。

```
@WebMethod
@MTOM // ❶
public void dataTransfer(
        @XmlMimeType("application/octet-stream") DataHandler data) { // ❷
    try {
        InputStream is = data.getInputStream(); // ❸
        // 入力ストリームからデータを読み込んで何らかの処理を行う
        ........
    } catch(IOException ioe) {
    }
}
```

サービスメソッドに@MTOMアノテーションを付与する❶ことによって、このメソッドでMTOMを利用することを指定します。MTOMによるサービスメソッドでは、javax.activation.DataHandlerインスタンスを引数として受け取ります❷。このDataHandlerインスタンスから入力ストリームを取得できる❸ため、そこからデータを順次読み込んで処理を行います。

次に、このサービスメソッドを呼び出すリクエスタのコードを示します。

◉コード20-16　MTOMでファイルを送信するリクエスタ

```
public class MtomServiceRequestor2 {
    public static void main(String[] args) throws Exception {
        // サービスインスタンスを生成する
        MtomService service = new MtomService();
        // サービスインスタンスからSEIインスタンスを取得する
        MtomServicePortType portType =
                service.getMtomServicePortTypePort();
        // Fileインスタンスを生成する
        File targetFile = new File("targetFile.xls"); //❹
        // DataHandlerインスタンスを生成する
        DataHandler dh = new DataHandler(new FileDataSource(targetFile)); //❺
        // サービスメソッドを呼び出す
        portType.dataTransfer(dh); //❻
    }
}
```

SEIインスタンスの取得までは通常のリクエスタと同様です。ここではファイルをプロバイダに送信するため、まずFileインスタンスを生成します❹。次にFileインスタンスからDataHandlerインスタンスを生成し❺、それを引数にサービスメソッドを呼び出します❻。このようにすると、MTOMによってファイルをプロバイダに効率的に送信できます。

20.6.7　SOAP WebサービスとRESTサービスの使い分け

SOAP Webサービス（JAX-WS）とRESTサービス（JAX-RS）は、いずれもHTTPを利用したアプリケーション連携の方式ですが、これまで説明してきたように両者には様々な違いがあります。ここではその違いに改めて焦点を当て、両者をどのように使い分けるべきかという点について考察します。

SOAP Webサービスでは、サービスのインタフェースをWSDLによって記述します。WSDLには、メッセージを構成する個々の要素のデータ型、出現回数、必須かどうかなど、メッセージに関する様々なメタ情報をXMLスキーマとして定義することができます。WSDLに定義されたメッセージのメタ情報は、リクエスタではプロキシコード（Javaコード）に変換されます。リクエスタのアプリケーションは、プロキシコードによってタイプセーフな開発を実現できるため、コードの堅牢性が高まります。ただしツールによるプロキシコードの生成には、ビルド環境の整備などそれ相応に手間がかかるため、必ずしも手軽にサービスを呼び出せるとは言えません。またリクエスタのプラットフォームは、プロキシコード生成ツールによる制約を受けます。たとえばWebブラウザ上で稼働するJavaScriptプログラムやSPA（第14章）からのSOAP Webサービス呼び出しは、現実的ではありません。

一方RESTサービスの場合、リクエスタの開発者は、HTTP通信のクライアントとなるアプリケーションを作成しなければなりません。またRESTサービスではプロコシコードを生成する必要はありませんが、その分コードの堅牢性の面では劣後します。ただしRESTサービスには、手軽にサービスを呼び出せるという利点があります。アプリケーションのプラットフォームも、HTTPクライアントが稼働する環境であればどこでもよいため、制約を受けることはありません。特にJavaScriptプログラムやSPAとの親和性の面では、RESTサービスに優位性があります。

このようにSOAP WebサービスとRESTサービスには、リクエスタの構築を行う上で、コードの堅牢性や手軽なサービス呼び出しという観点でトレードオフがあります。このような両者の違いは優劣の問題ではなく、設計コンセプトの違いと考えるのが適切です。

以上のような両者の特性を踏まえると、SOAP Webサービスは、サービスの処理内容が比較的複雑で、メッセージのサイズも大きく、厳格なインタフェース定義が求められるバックエンドのアプリケーション連携に向いていると言えます。一方RESTサービスは、サービスの処理内容が比較的シンプルで、メッセージのサイズも小さく、厳格さよりも手軽さが優先されるフロントエンド（SPAやモバイルアプリケーション）におけるアプリケーション連携に適していると言えるでしょう。

20.7 アプリケーション連携における整合性の確保

プロバイダが提供するサービスには、データの読み込みを行うだけの参照系サービスと、データの書き込みを伴う更新系サービスがあります。更新系サービスでは、リクエスタとプロバイダの間でデータの整合性を確保する必要があります。第7章で説明したトランザクション管理は、原子性の保証は同一のRDBインスタンスに対する同一のコネクションからの書き込みが前提となりますが、アプリケーション連携はプロセス間通信またはネットワーク経由（RESTサービスもSOAP WebサービスもHTTP通信）でサービスを呼び出すため、通常のトランザクション管理の仕組みでは整合性を確保することができません[※21]。

ここでは、呼び出したサービス（プロバイダ）でエラーが発生し、リクエスタとプロバイダの間でデータの状態が不一致になったとき、どのようにしてシステム全体の整合性を確保するべきか、その方針について整理します。このようなケースにおいて、システム全体の整合性を確保するための方法には、2つの考え方があります。1つ目はシステム全体を「先進め」するというもの。もう1つはエラーが発生したプロバイダに合わせて、システム全体を「巻き戻す」というものです（図20-9）。

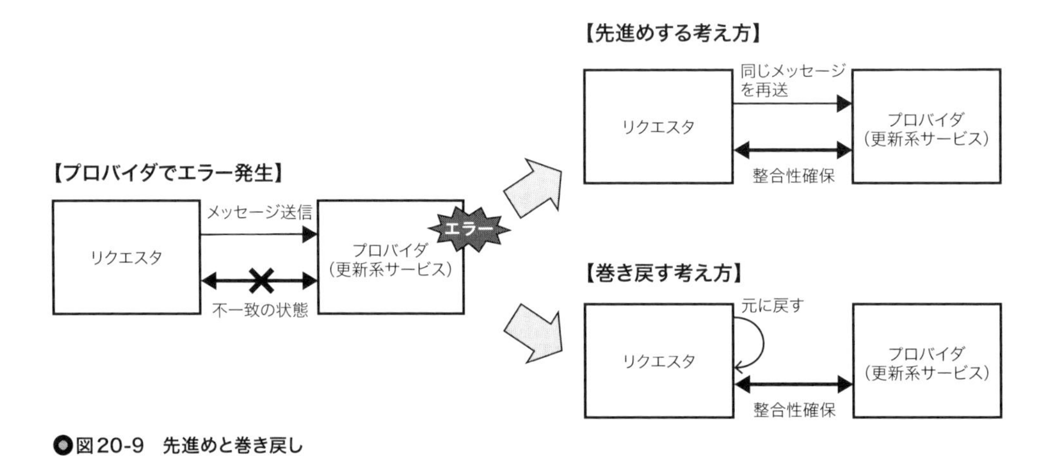

●図20-9　先進めと巻き戻し

※21　リクエスタとプロバイダの間で一時的にデータが不一致になるものの、ミドルウェアによるトランザクション管理以外の何らかの方法によって最終的な整合性を確保することを、「結果整合性」と呼ぶ。

20.7.1 システム全体を先進めする考え方

この考え方は、呼び出したサービス（プロバイダ）でエラーが発生したときに、リクエスタからメッセージを再送することによって、システム全体を先進めするというものです。これを実現するためには、リクエスタではIDを採番してメッセージに付与し、メッセージ本体と一緒に何らかの方法で「記録」を残す必要があります。残された「記録」からメッセージを自動的に再送する方式としては、ディレードオンライン処理（17.2.2項）を利用するケースが一般的です。

メッセージを再送するときに考慮しなければならないのが、「サービスの実行結果が不明」になるケースです。アプリケーション連携では、ネットワークの信頼性が常に保証されているわけではないため、リクエスタからプロバイダに要求メッセージが確実に送信されるとは限りません。リクエスタは、応答メッセージを受け取ることではじめてプロバイダで正常にサービスが実行されたことを認識しますが、HTTPの通信タイムアウトが発生したり、ネットワークエラーを表すメッセージを受け取った場合、サービスの実行結果は不明になります。

このような状況になったとき、再送によってデータ不整合（プロバイダにおけるデータの重複作成や二重更新など）を引き起こさないようにするためには、「サービスの実行結果が不明」という状況を何らかの方法で解決する必要があります。そのための方式には、以下のようなものがあります。

■更新系サービスを冪等にして、メッセージを単純再送する方式

冪等とは、20.2.3項で触れたとおり「メッセージを何回送信しても一回送信する場合と同じ結果になること」を表します。プロバイダは、以下のいずれかの方法で冪等を実現します（図20-10）。

①：メッセージに含まれる業務キーを調べ、当該業務キーを持つデータが存在する場合は更新し、存在しない場合は挿入するように、ロジックを構築する

②：正常に処理を終えたメッセージのIDを履歴テーブルに記録して管理。メッセージ受信時に履歴テーブルをチェックし、当該メッセージIDが存在している場合は業務の更新処理をスキップ

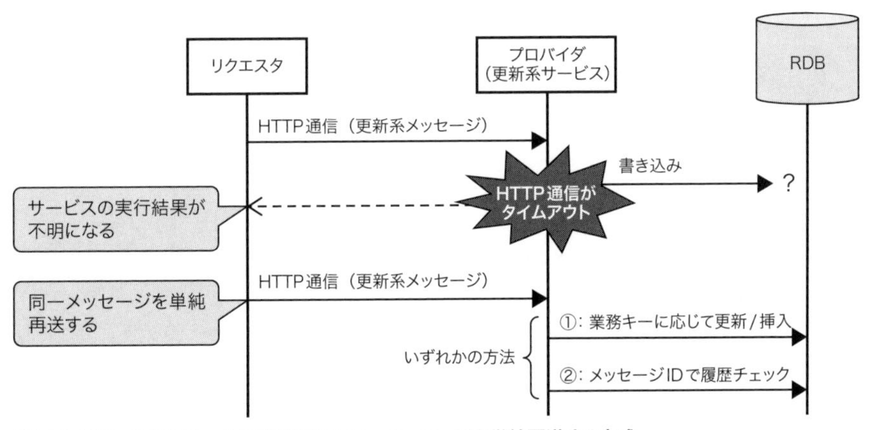

●図20-10　更新系サービスを冪等にして、メッセージを単純再送する方式

このようにプロバイダを実装すれば、前述したような「サービスの実行結果が不明」という状況が発生した場合でも、リクエスタは単純に同じメッセージを再送することができます。初回送信時にサービスが実行されていなければ、メッセージ再送によってプロバイダでサービスが初めて実行されます。また初回送信時にサービスが実行されていた場合は、メッセージを再送してもサービスは冪等なため、データが不正になることはありません。

■「実行結果照会サービス」によって、メッセージ再送可否を判断する方式

「実行結果照会サービス」とは、メッセージIDをキーに問い合わせを行うと、実行結果のステータス("実行未済"、"実行中"、"実行済み")を応答する専用のサービスのことです。前述したような「サービスの実行結果が不明」という状況が発生したら、まずリクエスタはメッセージIDをキーに「実行結果照会サービス」を呼び出し、当該メッセージの実行結果を確認します。初回送信時にサービスが実行されていなければ、「実行結果照会サービス」から"実行未済"が返されますのでメッセージを再送します。初回送信時にサービスが実行されていれば、"実行済み"が返されますのでメッセージを廃棄します。"実行中"の場合はウェイト&リトライします。このように「実行結果照会サービス」を利用すると、リクエスタ側で仕掛中のメッセージを再送するか廃棄するかを決めることによって、リカバリーすることが可能になります(図20-11)。

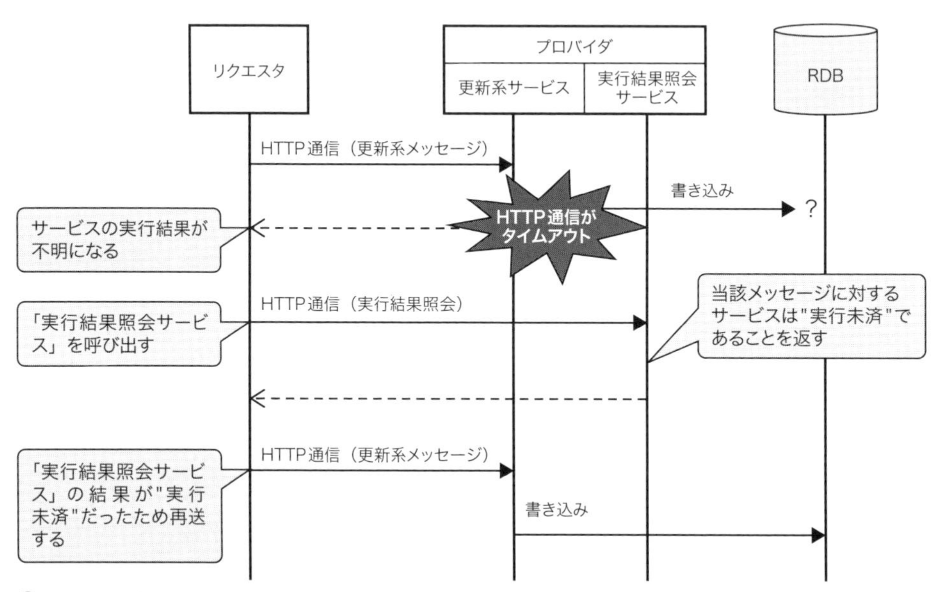

●図20-11 「実行結果照会サービス」によって、メッセージ再送可否を判断する方式

ただし更新系サービスの中には、サービスの実行結果として、業務的なメッセージを返すものがあります。たとえば、新規データを作成するためのサービス(RESTサービスではPOST)では、サービスの実行結果として採番されたキー(業務キー)を返すことになるでしょう。このようなサービスで「サービスの実行結果が不明」になった場合は、「実行結果照会サービス」がステータスのみを返したとしても、

リクエスタで業務を継続することは困難です。リクエスタで業務を継続可能にするためには、「実行結果照会サービス」は単にステータスを返すだけではなく、業務的なメッセージも合わせて返すように作り込む必要があります。

20.7.2 システム全体を巻き戻す考え方

この考え方は、呼び出したサービス（プロバイダ）でエラーが発生したときに、連携するすべてのシステムの処理を巻き戻すことによって、全体の整合性を確保するというものです。この考え方は、「複数のプロバイダを順番に呼び出すことによって1つの業務取引が成立するケース」において採用されることが多いため、ここでもそのような構成を前提にします（図20-12）。

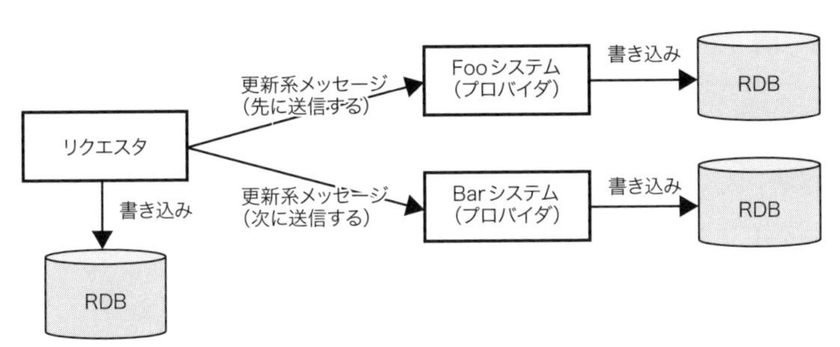

◉図20-12　前提とするシステム構成

この考え方を実現するための方式には、分散トランザクションを利用する方式と、補償トランザクションという仕組みを導入する方式があります。

■分散トランザクションを利用する方式

分散トランザクションは、RDBなどのミドルウェアによって提供される機能で、複数システムにまたがるトランザクション全体の整合性を確保するために利用します（図20-13）。分散トランザクションの仕組みについては、7.2.5項を参照してください。

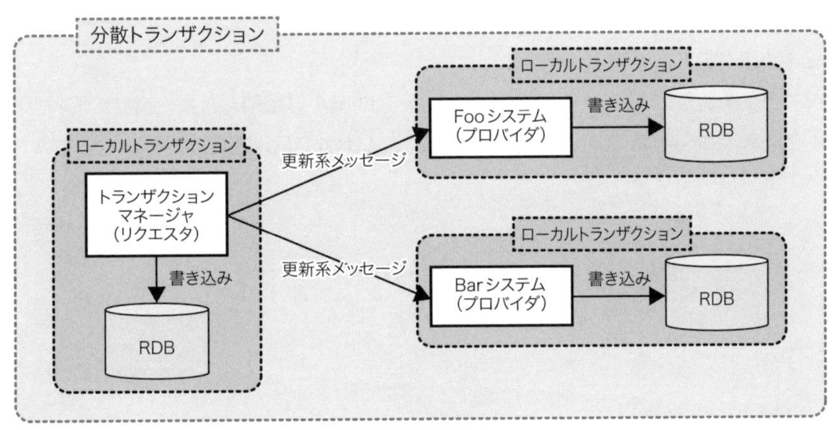

◉図20-13　分散トランザクションによる整合性の確保

■補償トランザクションを導入する方式

補償トランザクションとは、アプリケーション連携においてエラーが発生したときに、反対取引を実行することによって、参加するすべてのシステムにおけるデータを「元の状態」に戻す仕組みです。反対取引とは「売り」に対する「買い」のように、ある業務取引（更新系サービス）を取り消すための別の業務取引を表します。たとえばリクエスタと2つのシステムFoo、Barがアプリケーション連携するシステム構成において、Fooシステムで「売り」の取引が成立（トランザクションとしてコミット）した後、Barシステムでエラーが発生したとします。このときエラーを検知したリクエスタは、Fooシステムの「買い」のサービスを呼び出し、システム全体の整合性を確保します（図20-14）。

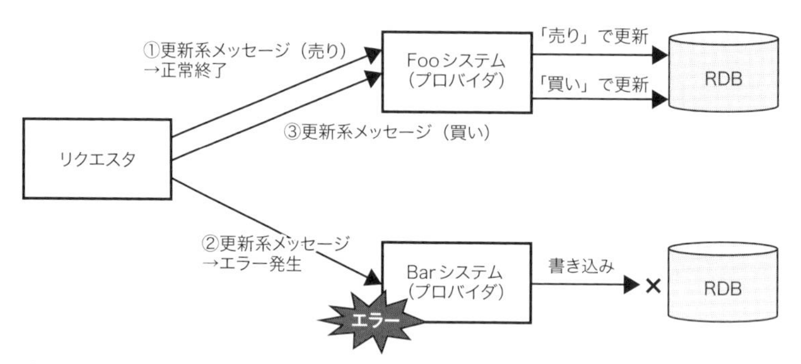

●図20-14　補償トランザクションによる整合性の確保

ただし補償トランザクションには、いくつかの課題があります。まず更新系サービスごとにその反対取引となる別の更新系サービスを構築しなければならないため、開発負荷が増大します。またあらゆるケースで反対取引が成立するとは限りません。たとえば図20-14の例において、Fooシステムにおける業務取引が「入金」だとしましょう。Barシステムでエラーが発生した後、反対取引である「出金」を呼び出そうとしても、「入金」は業務取引としてはいったんコミットされており、入金を待っていた別の処理（口座振替など）が先に実行されてしまうと、「出金」が成立しない可能性があります。さらには先進めの考え方（20.7.1項）でも触れたように、通信タイムアウトによって「サービスの実行結果が不明」になる状況では、機械的に反対取引を実行することはできません。反対取引そのものがエラーになるケースも想定する必要があります。

上記のようなあらゆるケースをシステムの仕組みだけでリカバリするのは困難なため、補償トランザクションが失敗したときに備えて、運用（ツールなど）や事務によるリカバリも検討しなければならないでしょう。

第21章 メッセージングの設計パターン

21.1 メッセージングの設計パターン概要

■メッセージングとは

メッセージングとは、メッセージ指向ミドルウェアを利用したシステム間連携の方式で、呼び出し元システムは応答を待機しない（一方向型）点が特徴です。この方式では、呼び出し元と呼び出し先は1対1または1対多の構成となり、両システム間は疎結合になります。

メッセージ指向ミドルウェアはメッセージングのための専用のミドルウェアで、MOM（Message-Oriented Middleware）とも呼ばれます（本書ではMOMと呼称）。本書ではメッセージングの連携元となるアプリケーションを「プロデューサ」、連携先となるアプリケーションを「コンシューマ」と呼称します。またプロデューサとコンシューマを接続するための論理的なチャネルのことを、「デスティネーション」と呼びます（図21-1）。

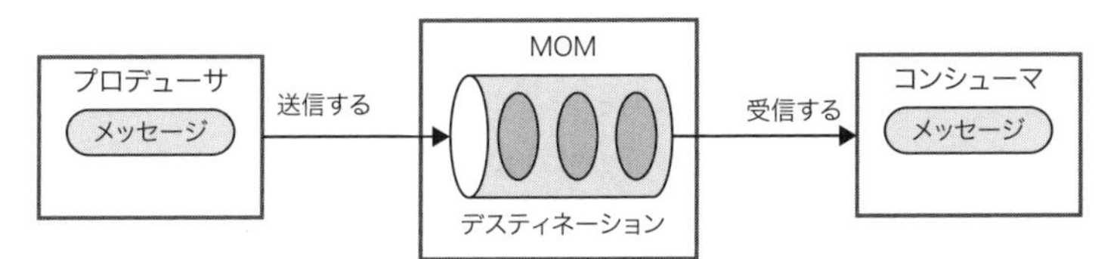

図21-1 メッセージングの仕組み

デスティネーションにはキューとトピックの２種類があります。キューとトピックについては後述します。

■メッセージングの目的とシステム構成

MOMによるメッセージングには、大きく２つの目的があります。

１つ目は、１つのシステム内でディレードオンライン処理のためにMOMを利用するケースです（17.2.2項）。

２つ目は、システム間連携のためにMOMを利用するケースです。この場合、複数システムで１つのMOMを共有するか、またはそれぞれのシステムごとにMOMを用意し、MOM同士を製品の機能で連携するかの２つの方式に分かれます（図21-2）。

【複数システムでMOM共有】

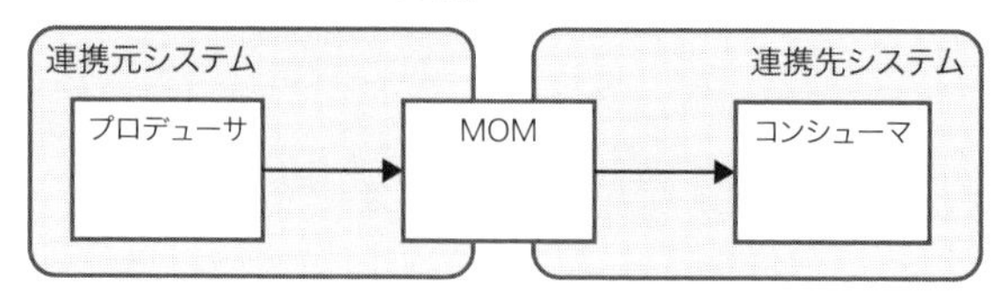

【システムごとにMOMを用意して製品の機能で連携】

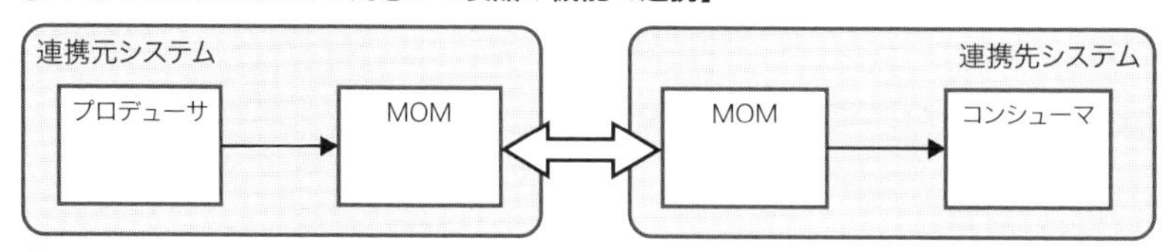

◎図21-2　MOMによるシステム間連携

■メッセージングの特徴

メッセージングは、サービス呼び出しの観点では一方向型に分類されます。すなわち、システムA（プロデューサ）からシステムB（コンシューマ）にメッセージを送信することはできても、システムAでその実行結果を受け取ることはできません。ただし「返信用のキュー」を利用することで、システムBの実行結果を含むメッセージをシステムAに「返信」することは可能です。詳細は21.3.2項および21.3.3項で取り上げます。

メッセージングの最大の利点は、連携するアプリケーション同士を疎結合にできる点にあります。メッセージングにおける疎結合には、2つの意味があります。

1つ目は、MOMを介してメッセージを送受信するため、連携するアプリケーションはお互いの内部実装やプラットフォームを意識する必要がない点です。MOMへの接続が可能でさえあれば、アーキテクチャ混在環境においても高い相互接続性を確保できます。

2つ目は運用性の観点です。プロデューサがメッセージをひとたびMOMに送信すれば、その時点でコンシューマが稼働中であろうとなかろうと、プロデューサは影響を受けることはありません。もちろんコンシューマが停止していれば、即座にメッセージを配信することはできませんが、プロデューサ側の送信処理は正常に終了します。逆にコンシューマがMOMからメッセージングを受信するときに、プロデューサが稼働中である必要もありません。このようにメッセージングを利用すると、連携するアプリケーション間に稼働時間やアベイラビリティ（可用性）の差異があったとしても、MOMによってそれを吸収できます。

21.2　JMSによる基本的なメッセージング

21.2.1　JMSの仕組み

JMS（Java Message Service）とは、MOMにアクセスするための標準的なインタフェースを規定したAPIです。JavaアプリケーションはJMSを利用することで、MOM製品固有の仕様を意識することなく、共通のAPIでMOMを利用できます。

Javaアプリケーションがと接続するために必要なリソースオブジェクト（5.4.2項）には、JMSコネクションファクトリとデスティネーションがあります。いずれもJNDIルックアップによって取得するか、またはJava EE環境であればDIによって取得できます。なおJMSコネクションファクトリとは、MOMと接続するためのJMSコネクションを取り出すためのファクトリです。

■JMSのメッセージ

JMSメッセージは、ペイロード、ヘッダ、プロパティから構成されます。ペイロードはメッセージの本体を表すもので、JMSのAPIによって、文字列、マップ型オブジェクト、バイナリデータ、任意のオブジェクトなどをセットできます。

ヘッダには以下のような種類があります。

- JMSDestination … メッセージのデスティネーション（MOMが自動的にセット）
- JMSReplyTo … メッセージを返信をする場合、どのデスティネーションに返信するべきか（プロデューサがセット）
- JMSMessageID … メッセージを一意に識別するID（MOMが自動的にセット）
- JMSCorrelationID … メッセージの相関ID（プロデューサがセット）
- JMSRedelivered … メッセージがJMSコンシューマに再配信されたかどうか（MOMが自動的にセット）

プロパティはアプリケーションが任意に設定可能な付加情報で、後述するメッセージセレクタなどで利用します。

■メッセージングモデル

JMSのメッセージングモデルにはポイント・ツー・ポイント型とパブリッシュ・サブスクライブ型の2種類があります。

ポイント・ツー・ポイント型とはプロデューサとコンシューマが1対1の関係になるモデルで、デスティネーションとしてキューを利用します（図21-3の左側）。ポイント・ツー・ポイント型ではプロデューサをキューセンダ、コンシューマをキューレシーバと呼ぶことがあります。

パブリッシュ・サブスクライブ型とはプロデューサとコンシューマが1対多の関係になるモデルで、デスティネーションとしてトピックを利用します（図21-3の右側）。パブリッシュ・サブスクライブ型ではプロデューサをパブリッシャ、コンシューマをサブスクライバと呼ぶことがあります。

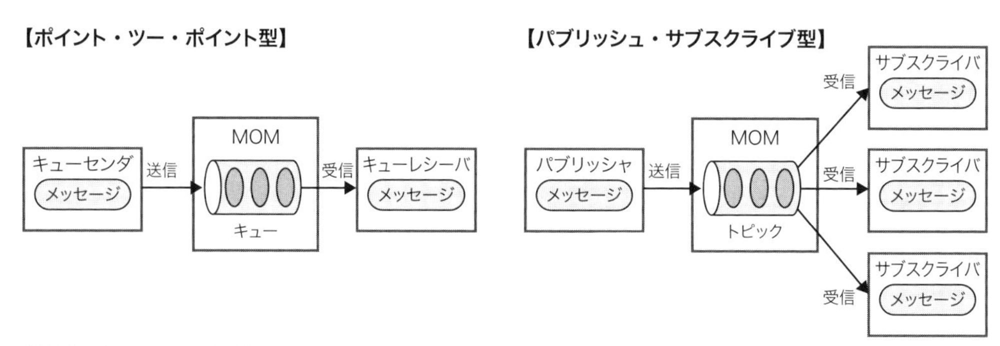

◎図21-3　メッセージングモデル

21.2.2　キューを利用したポイント・ツー・ポイント型のメッセージング

ここでは、キューを利用したポイント・ツー・ポイント型のメッセージングを行うための具体的な方法を説明します。なお本書のサンプルプログラムでは、MOM製品としてOSSのApache ActiveMQ※22を利用します。

まずは以下に、キューセンダ（プロデューサ）の実装例を示します。

◉コード21-1　キューセンダ

```
public class QueueSenderMain {
    public static void main(String[] args) throws Exception {
        // JMSリソースオブジェクトのイニシャルコンテキストを生成する
        Properties props = new Properties();
        props.put(Context.INITIAL_CONTEXT_FACTORY,
                "org.apache.activemq.jndi.ActiveMQInitialContextFactory");
        props.put(Context.PROVIDER_URL, "tcp://localhost:61616");
        Context context = new InitialContext(props);
        // JMSコネクションファクトリをJNDIルックアップにより取得する
        QueueConnectionFactory factory = (QueueConnectionFactory)context
                .lookup("ConnectionFactory");
        // キューをJNDIルックアップにより取得する
        Queue queue = (Queue)context.lookup("dynamicQueues/MyQueue");
        // JMSコネクションをJMSコネクションファクトリから取得する
        QueueConnection conn = factory.createQueueConnection();
        // JMSセッションを生成する
        QueueSession session = conn.createQueueSession(false,
                Session.AUTO_ACKNOWLEDGE);
        // キューセンダを生成する
        QueueSender sender = session.createSender(queue);
        // メッセージを生成して特定の文字列をセットする
        TextMessage textMessage = session.createTextMessage();
        textMessage.setText("Foo");
        // メッセージを送信する。
        sender.send(textMessage);
```

※22　http://activemq.apache.org

```java
        // JMSコネクションを閉じる
        conn.close();
    }
}
```

ポイント・ツー・ポイント型モデルでは、キューセンダはこのコードに記述された一連の手続きにしたがってMOMにメッセージを送信します。なおJMSセッションとはメッセージ送受信の一連の処理を抽象化したもので、後述する配信モードやトランザクションの単位にもなります。

次に、キューレシーバ（コンシューマ）の実装例を示します。

◉コード21-2　キューレシーバ

```java
public class QueueReceiverMain {
    public static void main(String[] args) throws Exception {
        // JMSリソースオブジェクトのイニシャルコンテキストを生成する
        ........
        // JMSコネクションファクトリをJNDIルックアップにより取得する
        QueueConnectionFactory factory = (QueueConnectionFactory)context
                .lookup("ConnectionFactory");
        // キューをJNDIルックアップにより取得する
        Queue queue = (Queue)context.lookup("dynamicQueues/MyQueue");
        // JMSコネクションをJMSコネクションファクトリから取得する
        QueueConnection conn = factory.createQueueConnection();
        // JMSセッションを生成する
        QueueSession session = conn.createQueueSession(false,
                Session.AUTO_ACKNOWLEDGE);
        // キューレシーバを生成する
        QueueReceiver receiver = session.createReceiver(queue);
        // メッセージリスナを生成し登録する
        receiver.setMessageListener(new QueueListener()); //❶
        // 受信を開始する
        conn.start();
    }
}
```

キューレシーバはこのコードに記述された一連の手続きにしたがってMOMからメッセージを受信します。このプログラムを実行するとキューレシーバはMOMを監視し、MOMからメッセージを受信するとメッセージリスナ❶を呼び出します。以下に、登録されたメッセージリスナのコードを示します。

◉コード21-3　メッセージリスナ

```java
public class QueueListener implements MessageListener {
    // メッセージを受信するメソッド
    @Override
    public void onMessage(Message message) {
        try {
```

```
            // メッセージを処理する
            .........
        } catch (JMSException jmse) {
    }
}
```

メッセージリスナはMessageListenerインタフェースをimplementsして作成し、onMessageメソッドを実装します。onMessageメソッドには、受信したメッセージが引数として渡されます。

21.2.3 トピックを利用したパブリッシュ・サブスクライブ型のメッセージング

ここでは、トピックを利用したパブリッシュ・サブスクライブ型のメッセージングを行うための具体的な方法を説明します。まずは以下に、パブリッシャ（プロデューサ）の実装例を示します。

◉コード21-4　パブリッシャ

```
public class TopicPublisherMain {
    public static void main(String[] args) throws Exception {
        // JMSリソースオブジェクトのイニシャルコンテキストを生成する
        ........
        // JMSコネクションファクトリをJNDIルックアップにより取得する
        TopicConnectionFactory factory = (TopicConnectionFactory)context
                .lookup("ConnectionFactory");
        // トピックをJNDIルックアップにより取得する
        Topic topic = (Topic)context.lookup("dynamicTopics/MyTopic");
        // JMSコネクションをJMSコネクションファクトリから取得する
        TopicConnection conn = factory.createTopicConnection();
        // JMSセッションを生成する
        TopicSession session = conn.createTopicSession(false,
                Session.AUTO_ACKNOWLEDGE);
        // パブリッシャを生成する
        TopicPublisher publisher = session.createPublisher(topic);
        // メッセージを生成して特定の文字列をセットする
        TextMessage textMessage = session.createTextMessage();
        textMessage.setText("Foo");
        // メッセージを送信する
        publisher.send(textMessage);
        // JMSコネクションをクローズする
        conn.close();
    }
}
```

パブリッシュ・サブスクライブ型モデルでは、パブリッシャはこのコードに記述された一連の手続きにしたがってMOMにメッセージを送信します。

次に、サブスクライバ（コンシューマ）の実装例を示します。

◉コード21-5　サブスクライバ

```
public class TopicSubscriberMain {
    public static void main(String[] args) throws Exception {
        // JMSリソースオブジェクトのイニシャルコンテキストを生成する
        ........
        // JMSコネクションファクトリをJNDIルックアップにより取得する
        TopicConnectionFactory connectionFactory =
                (TopicConnectionFactory)context.lookup("ConnectionFactory");
        // トピックをJNDIルックアップにより取得する
        Topic topic = (Topic)context.lookup("dynamicTopics/MyTopic");
        // JMSコネクションをJMSコネクションファクトリから取得する
        TopicConnection conn = connectionFactory.createTopicConnection();
        // JMSセッションを生成する
        TopicSession session =
                conn.createTopicSession(false, Session.AUTO_ACKNOWLEDGE);
        // サブスクライバを生成する
        TopicSubscriber subscriber = session.createSubscriber(topic);
        // メッセージリスナを生成し登録する
        subscriber.setMessageListener(new TopicListener()); //❶
        // 受信を開始する
        conn.start();
    }
}
```

サブスクライバはこのコードに記述された一連の手続きにしたがってMOMからメッセージを受信します。このプログラムを実行するとコンシューマはMOMを監視し、MOMからメッセージを受信するとメッセージリスナ❶を呼び出します。登録されたメッセージリスナのコードはコード21-3と同様ですので、ここでは割愛します。

21.3　JMSによる高度なメッセージング

21.3.1　メッセージセレクタによるメッセージの絞り込み

メッセージセレクタとは、受信するメッセージを絞り込むための機能です。この機能を利用すると、トピックから1つのメッセージを複数のコンシューマが受信するケースにおいて、各コンシューマは自らに必要なメッセージを効率的に抽出できます。この方式は書籍『Enterprise Integration Patterns』の中では、Message Filterパターンとして紹介されています。

絞り込みのための条件式は、JMSセッションからコンシューマを生成するAPIに指定します。条件式はSQLによく似た記法で、ヘッダまたはプロパティの値を利用できます。条件式はboolean値をとり、trueの場合に限ってコンシューマはメッセージを受信します。

以下の例では、ageプロパティが50以上の場合にメッセージを受信します。

```
TopicSubscriber subscriber = session.createSubscriber(topic, "age>=50", false);
```

また以下の例では、addressプロパティが"TOKYO"、"CHIBA"、"KANAGAWA"のいずれかの場合にメッセージを受信します。

```
TopicSubscriber subscriber = session.createSubscriber(topic,
        "address in ('TOKYO', 'CHIBA', 'KANAGAWA')", false);
```

21.3.2 返信用のキューと相関IDを利用した非同期型呼び出し

前述したようにメッセージングとは、一方向型のサービス呼び出しです。システムA（プロデューサ）からシステムB（コンシューマ）にメッセージを送信した後、システムAではシステムBにおける実行結果を受け取ることはできません。ここで、システムBにおける実行結果をシステムAに返信するための専用のキューを用意します。システムBでは処理が終わり次第、今度は自分がプロデューサとなって、実行結果を含むメッセージを「返信用のキュー」に送信します。そしてシステムAがコンシューマとなって「返信用のキュー」に送信されたメッセージングを受信することで、実行結果を非同期に受け取ることが可能になります。

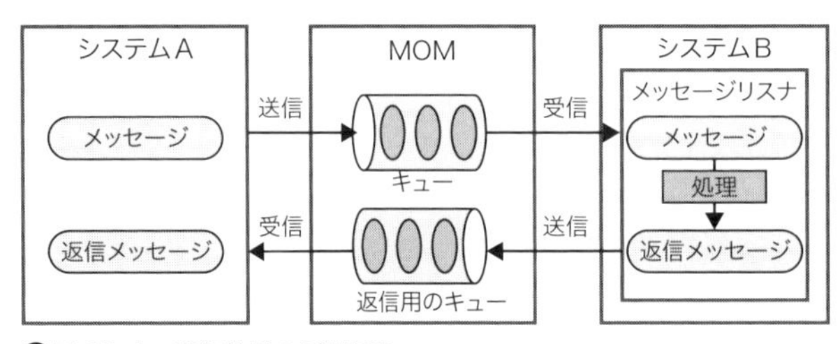

◎図21-4　実行結果の受け取り

ただしシステムAは非同期にメッセージを受け取るため、受け取ったメッセージが「どのメッセージに対する実行結果なのか」を把握できません。そこでJMSメッセージのヘッダであるメッセージID（JMSMessageID）と相関ID（JMSCorrelationID）を利用します。システムBは、システムAから受信したメッセージのIDを取り出し、システムAにメッセージを返信するときにそれを相関IDにセットするのです。システムAでは、自らが送信したメッセージのIDと返信されたメッセージの相関IDを突き合わせることで、「どのメッセージに対する実行結果なのか」を把握し、それに合わせた適切な処理を行うことが可能になります。この方式は、『Enterprise Integration Patterns』におけるRequest-ReplyパターンとCorrelationID Identifierパターンを組み合わせたものと考えられます。

まず以下に、システムAにおけるメッセージ送信処理の実装例を示します。

```
//「システムAにおけるメッセージ送信処理」
// 返信用のキューを用意し、それをメッセージのJMSReplyToヘッダにセットする
Queue replyQueue = (Queue)context.lookup("dynamicQueues/MyReplyQueue");
requestMessage.setJMSReplyTo(replyQueue);
// メッセージを送信する
producer.send(requestMessage);
```

```
........
// 返信用のキューに対するコンシューマを生成し、メッセージリスナを登録する
MessageConsumer consumer = session.createConsumer(replyQueue);
consumer.setMessageListener(new QueueListener());
// 返信メッセージの受信を開始する
conn.start();
```

このように返信用のキューを用意し、それをメッセージのJMSReplyToヘッダにセットしてメッセージを送信します。さらにシステムAはコンシューマとして返信メッセージを受け取る必要があるため、返信用のキューに対するコンシューマを生成してメッセージリスナを登録し、返信メッセージの受信を開始します。

次にシステムBにおけるメッセージリスナ（onMessageメソッド）のコードを示します。このメッセージリスナは、システムAから送信されたメッセージを受信すると呼び出されます。

```
//「システムBにおけるメッセージリスナ」
public void onMessage(Message message) {
    // 受信したメッセージのIDを取得する
    String requestMessageId = message.getJMSMessageID();
    // 返信用のキューを取得する
    Queue replyQueue = (Queue)message.getJMSReplyTo();
    // 返信用のキューに対するプロデューサとメッセージを生成する
    MessageProducer producer = session.createProducer(replyQueue);
    TextMessage replyMessage = session.createTextMessage();
    ........
    // 取得したメッセージIDを相関IDにセットし、メッセージを返信する
    replyMessage.setJMSCorrelationID(requestMessageId);
    producer.send(replyMessage);
}
```

まず受信したメッセージのIDと返信用のキューを取得します。そしてメッセージの相関IDにメッセージIDをセットして、そのメッセージを返信します。

最後に「システムAにおけるメッセージリスナ」（onMessageメソッド）の実装例を示します。このメッセージリスナは、システムBから返信されたメッセージを受信すると呼び出されます。

```
//「システムAにおけるメッセージリスナ」
public void onMessage(Message message) {
    ........
    // 返信されたメッセージから相関IDを取得する
    String correlationID = message.getJMSCorrelationID();
    // 相関IDと同じメッセージIDに対して、後続の処理を行う
    ........
}
```

「システムAにおけるメッセージリスナ」では返信されたメッセージを受け取り、そこから相関IDを取得します。取得した相関IDは自身が送信したメッセージのIDを表していますので、これをもとに後続の処理を行うことが可能です。

21.3.3 ウェイトセットを利用した同期化

21.3.2で説明した方式によって、メッセージを送信したシステムAは、メッセージを受信したシステムBにおける実行結果を非同期に受け取ることができます。この方式をさらに発展させることで、リクエスタが自らが送信したメッセージに対応する返信メッセージを受け取り、送信した処理と待ち合わせをするという、同期型のサービス呼び出しを疑似的に実現することが可能になります。

ただしシステムAにおいて、メッセージ送信処理の中で返信メッセージを受信できるわけではありません。返信メッセージの受信処理（メッセージリスナの処理）は、暗黙的に生成されたスレッドにおいて実行されるため、何らかの方法で、メッセージ送信処理のスレッドと返信メッセージの受信処理のスレッドを連動させる必要があります。そこで、Java言語に搭載された「ウェイトセット」と呼ばれる仕組みを利用して、スレッド間の待ち合わせを実現します。

あるスレッドにおいて、同期化された処理の中でwaitメソッドを呼び出すと、そのスレッドを「ウェイトセット」と呼ばれる待機スレッド群に追加した上で、続きの処理を待機させることができます。そして別のスレッドからnotifyAllメソッドを呼び出すと、ウェイトセットに追加されたすべてのスレッドに通知が送られ、それらを再開させることができます※23（図21-5）。

スレッドの待ち合わせは、Executorフレームワーク（10.1項）によって実現できますが、Executorフレームワークによる待ち合わせは、1つのスレッドが任意の数のスレッドを起動して、その実行終了を待つ、というものでした。ここでは複数のスレッド（図21-5のスレッドAなど）が、ある特定のスレッド（同スレッドB）からの通知を待つ処理となるため、ウェイトセットを利用する必要があります。

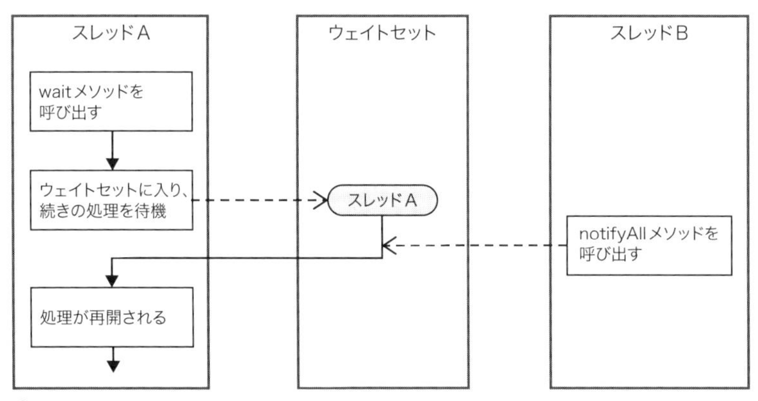

図21-5 ウェイトセットを利用したスレッド間の待ち合わせ

それではまず、システムAにおけるメッセージ送信処理のコードを示します。

※23 waitメソッドとnotifyAllメソッドはjava.lang.Objectクラスで定義されているため、あらゆるクラスで呼び出し可能。

```
//「システムAにおけるメッセージ送信処理」
// 返信用のキューを用意し、それをメッセージのJMSReplyToヘッダにセットする
Queue replyQueue = (Queue)context.lookup("dynamicQueues/MyReplyQueue");
requestMessage.setJMSReplyTo(replyQueue);
// メッセージを送信する
producer.send(requestMessage);
// 送信したメッセージのIDを取得する
String requestMessageId = requestMessage.getJMSMessageID();
// 返信用のキューに対するコンシューマを生成し、メッセージリスナを登録する
MessageConsumer consumer = session.createConsumer(replyQueue);
consumer.setMessageListener(new QueueListener());
........
// ReplyMessageBlockingCacheのインスタンスを取得する
ReplyMessageBlockingCache replyMessageBlockingCache =
        ReplyMessageBlockingCache.getInstance(); // ❶
// メッセージIDをキーに待ち合わせを行い、返信メッセージを受信する
TextMessage replyMessage = (TextMessage)replyMessageBlockingCache.
        getAndWaitMessage(requestMessageId); // ❷
```

このコードは、途中までは21.3.2項で既出の「システムAにおけるメッセージ送信処理」と同様です。その後、後述する待ち合わせを行うためのクラス（ReplyMessageBlockingCacheクラス、コード21-6）のインスタンスを取得し❶、getAndWaitMessageメソッド❷にメッセージIDを渡して返信メッセージを受け取ります。このメソッド呼び出しは、返信メッセージを受信するまでブロックされます。

「システムBにおけるメッセージリスナ」は21.3.2項におけるコードと同じとなるため、ここでは割愛します。

次に、「システムAにおけるメッセージリスナ」(onMessageメソッド）の実装例です。このメッセージリスナは、システムBから返信されたメッセージを受信すると呼び出されます。

```
//「システムAにおけるメッセージリスナ」
public void onMessage(Message message) {
    ........
    // 返信されたメッセージから相関IDを取得する
    String correlationID = message.getJMSCorrelationID();
    // ReplyMessageBlockingCacheのインスタンスを取得する
    ReplyMessageBlockingCache replyMessageBlockingCache =
            ReplyMessageBlockingCache.getInstance(); // ❸
    // 待ち合わせのために、取得した相関IDと返信されたメッセージを渡す
    replyMessageBlockingCache.putMessage(correlationID, message); // ❹
    ........
}
```

このコードも、途中までは21.3.2項で既出の「システムAにおけるメッセージリスナ」と同様です。その後、後述するReplyMessageBlockingCacheクラスのインスタンスを取得し❸、待ち合わせのために、取得した相関IDと返信されたメッセージをputMessageメソッドに渡します❹。

システムＡでは、ReplyMessageBlockingCacheクラスにおいて、ウェイトセットを利用してスレッド間の待ち合わせを行います。以下にそのコードを示します。

◉コード21-6　スレッド間の待ち合わせを行うためのクラス（ReplyMessageBlockingCache）

```
public class ReplyMessageBlockingCache {
    // シングルトンのための実装
    private static ReplyMessageBlockingCache replyMessageBlockingCache =
            new ReplyMessageBlockingCache();
    private ReplyMessageBlockingCache() {};
    public static ReplyMessageBlockingCache getInstance() {
        return replyMessageBlockingCache;
    }
    // メッセージを送信したスレッドから呼び出される待ち合わせのためのメソッド
    public synchronized Message getAndWaitMessage(String messageId) { //❺
        while (true) {
            try {
                wait(); //❻
            } catch(InterruptedException ie) {
                throw new RuntimeException(ie);
            }
            Message replyMessage = replyMessageMap.get(messageId); //❼
            if (replyMessage != null) {
                replyMessageMap.remove(messageId);
                return replyMessage;
            }
        }
    }
    // 返信メッセージを一時的に格納しておくマップ型変数
    private Map<String, Message> replyMessageMap = new HashMap<>(); //❽
    // 返信メッセージを受信したメッセージリスナから呼び出されるメソッド
    public synchronized void putMessage(String messageId, Message message) { //❾
        replyMessageMap.put(messageId, message); //❿
        notifyAll(); //⓫
    }
}
```

このクラスはシングルトンになっています。システムＡではメッセージ送信処理のスレッドとメッセージリスナ（返信メッセージ受信処理）のスレッドの待ち合わせを、このクラスを仲介役とすることで実現しています。

まずシステムＡからメッセージが送信されると、getAndWaitMessageメソッド❺が呼び出されます。このメソッドを呼び出しているスレッド（メッセージ送信処理スレッド）は、waitメソッド❻によってウェイトセットに追加され、他のスレッドからの通知を待機します。その一方でシステムＢではメッセージを受信して処理を行うと、その実行結果を含むメッセージを返信用のキューに対して送信します。返信されたメッセージを受信したシステムＡは、メッセージリスナのスレッドにおいてputMessageメソッド❾

を呼び出します。このメソッドでは、まず返信メッセージの一時領域であるマップ型変数❽にメッセージを格納❿し、ウェイトセット内で待機中のすべてのスレッドに対して、notifyAllメソッド⓫で通知を行います。通知を受けたスレッド（メッセージ送信処理のスレッド）は処理が再開され、マップ型変数から自らが認識するIDをキーに返信メッセージを取得します❼。このクラスは、複数の送信処理スレッドと複数のメッセージリスナスレッドによって同時に呼び出されるため、このようにマップ型変数を利用することで、メッセージの突き合わせを可能にしています（図21-6）。

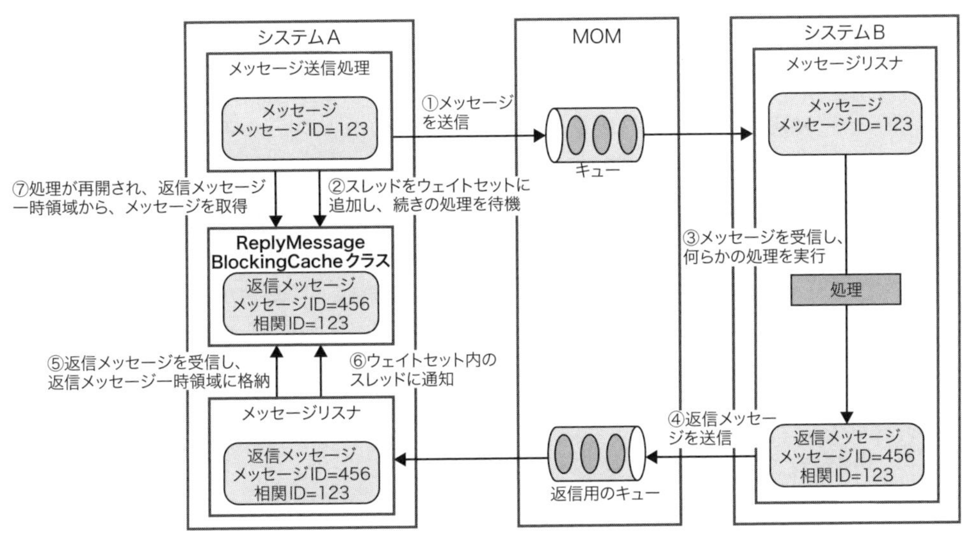

●図21-6　ウェイトセットを利用した同期化

21.4　JMSにおけるメッセージ配信の保証

　プロデューサはメッセージのMOMへの送信が完了すると、そのメッセージに対する責任を果たしたことになります。プロデューサは、そこから先のMOMやコンシューマにおける処理は意識せずに次の別の処理を行うことができます。一方MOMは、コンシューマに対して確実にメッセージを配信する責任を負います。ただし配信処理を行っている途中で何らかの障害やエラーが発生すると、メッセージがロストしたり二重配信してしまう可能性があります。このような事態を回避するために、JMSではメッセージの配信完了通知の仕組みが提供されています。

21.4.1　コンシューマにおけるメッセージの配信完了通知

　MOMはコンシューマに対してメッセージを配信した後、コンシューマから「配信完了通知」が行われた時点でメッセージの配信が完了したものと見なし、当該のメッセージを削除します。コンシューマがMOMに対して配信完了通知を行う方法には、AUTO_ACKNOWLEDGE、CLIENT_ACKNOWLEDGEなどのモードがあります。どのモードを採用するかは、JMSセッションを生成するメソッド（createQueueSessionメソッドまたはcreateTopicSessionメソッド）の第2引数に指定します。なおこれらのJMSセッションを生成するメソッドの第1引数には、後述するトランザクション管理を利用するかどうかのboolean値を指定しますが、JMSセッションがトランザクション管理を利用する場合、メッセージの配信完了通知は機能しません。

AUTO_ACKNOWLEDGEモードでは、メッセージリスナのonMessageメソッドが正常終了した時点で、コンシューマはMOMに対して自動的に配信完了通知を行います。一方CLIENT_ACKNOWLEDGEモードでは、コンシューマが特定のAPIを呼び出すことでMOMに対して明示的に配信完了通知を行います。このモードではコンシューマが任意のタイミングで配信完了通知を行うため、よりきめの細かい制御が可能です。

仮に配信完了通知を受ける前に何らかの障害やエラーが発生すると、MOMでは当該メッセージに対するコンシューマの処理が正常に終了したかどうか不明になります。このような場合、メッセージのロストは回避しなければならないため、MOMはメッセージのJMSRedeliveredヘッダにフラグを立てて再配信を試みます。ここでコンシューマは、一度目の受信のときに処理が正常終了していた場合に、同じメッセージを二重で処理してしまう可能性があります。コンシューマの処理に冪等性がある場合は、何度同じメッセージを処理しても結果は同じとなるため問題はありません。冪等性が保証されない場合は、再配信されたされたメッセージのIDを利用して、重複チェックを行う必要があります。重複チェックが難しい場合は、後述するトランザクション管理の仕組みを利用するとよいでしょう。

21.5 JMSにおけるトランザクション管理

21.5.1 JMSにおけるトランザクション管理の基本

第7章で解説したように、「トランザクション管理機能を備えたリソース管理ソフトウェア」をリソースマネージャと言いますが、MOMもRDBと同様にリソースマネージャの一種です。したがってMOMはトランザクションマネージャの制御下で、JTAによるトランザクションに参加できます。またトランザクションマネージャを使わないケースでは、MOM単独でトランザクション管理を行うこともできます。

JMSには、MOMのトランザクション管理を直接利用するためのAPIがあります。トランザクションを開始するためには、JMSセッションを生成するメソッド（createQueueSessionメソッドまたはcreateTopicSessionメソッド）の第1引数にtrueを指定します。

トランザクションをコミットするにはJMSセッションのcommitメソッドを呼び出し、ロールバックするには同じくrollbackメソッドを呼び出します。JMSのトランザクション管理を利用する場合、JMSセッションの生成（または前回のコミット）から次のコミットまでのメッセージ送受信が、1つのトランザクション境界となります。トランザクション管理を利用すると、複数のメッセージの送受信を1つのトランザクション境界の中に含めることが可能になります。

■プロデューサにおけるトランザクション

プロデューサは、複数のメッセージの送信を1つのトランザクション境界の中に含めることができます（図21-7の左側）。プロデューサはメッセージを次々と送信できますが、トランザクションを利用する場合、JMSセッションのcommitメソッドを呼び出してトランザクションをコミットした時点ではじめてメッセージの送信が成功します。メッセージ送信中に何らかの障害やエラーが発生するとトランザクションはロールバックされ、すべてのメッセージ送信はキャンセルされます。プロデューサの中で、明示的にrollbackメソッドを呼び出すことも可能です。

■コンシューマにおけるトランザクション

コンシューマは、複数のメッセージの受信を1つのトランザクション境界の中に含めることができます(図21-7の右側)。コンシューマはメッセージを次々と受信できますが、トランザクションを利用する場合、JMSセッションのcommitメソッドを呼び出してトランザクションをコミットした時点ではじめてメッセージの受信が成功し、MOMからメッセージが削除されます。メッセージ受信中に何らかの障害やエラーが発生するとトランザクションはロールバックされ、すべてのメッセージの受信はキャンセルされます。コンシューマの中で、明示的にrollbackメソッドを呼び出すことも可能です。この場合メッセージはMOM上に残存しますので、障害やエラーが回復したら受信未済のメッセージから受信を再開できます。コンシューマにおいてトランザクション管理を利用すると、メッセージは確実に一度だけ配信されることが保証されます。

【プロデューサのトランザクション】

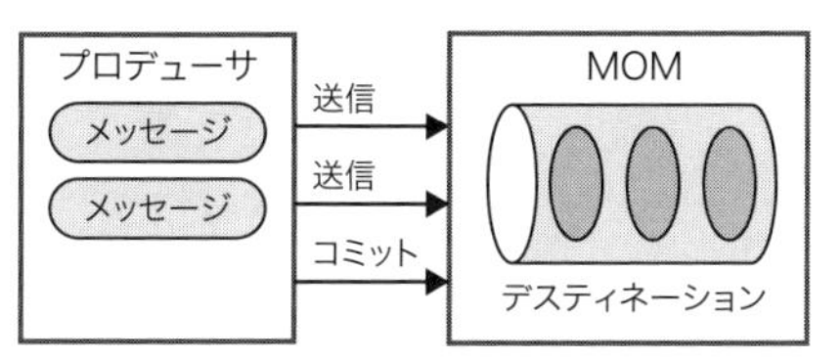

【コンシューマのトランザクション】

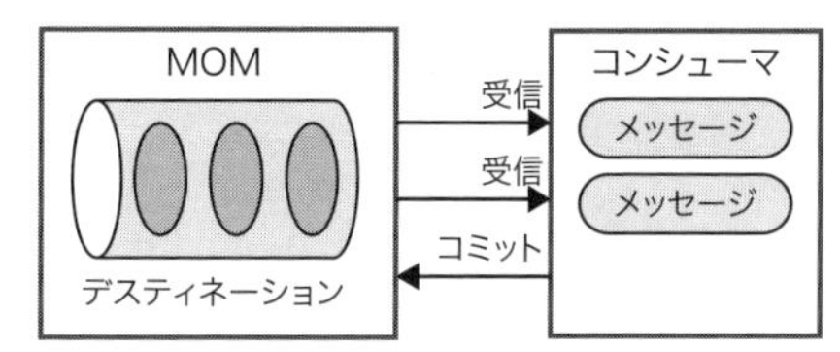

●図21-7 プロデューサとコンシューマのトランザクション

21.5.2 メッセージ駆動Beanの利用

メッセージ駆動BeanとはEJBのコンポーネントの一種で、JMSによるメッセージングにおいてコンシューマとして動作します。メッセージ駆動Beanを利用すると、コンシューマの処理の中でトランザクション管理を実現できます。またJava EEコンテナのリソースオブジェクトをインジェクションしたり、インターセプタによって任意の処理を織り込んだりすることができます。

以下に、シンプルなメッセージ駆動Beanの実装例を示します。

◉コード21-7 メッセージ駆動Bean

```
@MessageDriven(mappedName = "jms/MyQueue") // ❶
public class FooMDB implements MessageListener {
    // メッセージを受信するメソッド
    @Override
    public void onMessage(Message message) { // ❷
        try {
            // メッセージを処理する
```

```
        ........
    } catch (JMSException jmse) {
  }
}
```

メッセージ駆動Beanのコンポーネントは、POJOに@MessageDrivenアノテーション❶を付与して作成します。このアノテーションのmappedName属性には、このメッセージ駆動Beanが監視するデスティネーションのJNDI名を指定します。メッセージ駆動Beanを利用すると、Java EEコンテナがコンシューマの役割を果たします。Java EEコンテナはMOMを監視し、MOMからメッセージを受信すると当該メッセージ駆動BeanのonMessageメソッド❷を呼び出します。このメソッド呼び出しは自動的にトランザクション管理下に置かれるので、正常終了するとコンシューマとしてのトランザクションはコミットされ、例外が発生するとトランザクションはロールバックされます。

21.5.3 JMSと分散トランザクション

プロデューサやコンシューマでは、メッセージを送受信するときに同時にRDBに対して何らかの書き込みを行うケースが多いでしょう。MOMへのメッセージの送受信とRDBへの書き込みを同一のトランザクション境界に入れたい場合は、分散トランザクションの仕組みを利用する必要があります（図21-8）。

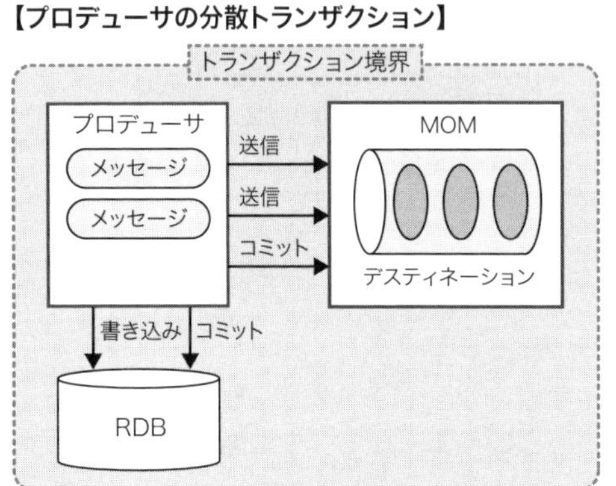

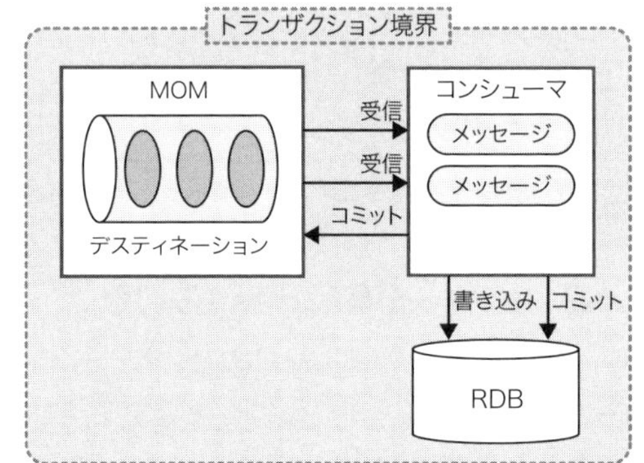

◉図21-8　JMSと分散トランザクション

ただしJava EEコンテナ製品によっては、MOMを内蔵しており、メッセージの永続先として任意のRDBを設定できるものがあります。そういった製品を利用できる場合は、MOMのコネクションファクトリをRDBアクセスで利用するデータソースと同一にすることにより、分散トランザクションを利用しなくても、MOMへの送受信とRDBへの更新を同一トランザクション境界内に入れることが可能になります。

Appendix

付録

Appendix 1 クラス一覧

出現箇所	クラス名	完全限定クラス名（FQCN）
第4章 プレゼンテーション層の設計パターン		
4.1 サーブレットとJSPの基本		
	HttpServletクラス	javax.servlet.http.HttpServlet
	@WebServletアノテーション	javax.servlet.annotation.WebServlet
	HttpServletRequestインタフェース	javax.servlet.http.HttpServletRequest
	HttpServletResponseインタフェース	javax.servlet.http.HttpServletResponse
	ServletContextインタフェース	javax.servlet.ServletContext
	HttpSessionインタフェース	javax.servlet.http.HttpSession
	RequestDispatcherインタフェース	javax.servlet.RequestDispatcher
4.2 サーブレットとJSPの応用		
	Filterインタフェース	javax.servlet.Filter
	@WebFilterアノテーション	javax.servlet.annotation.WebFilter
4.3 セッション管理		
	HttpSessionListenerインタフェース	javax.servlet.http.HttpSessionListener
	@WebListenerアノテーション	javax.servlet.annotation.WebListener
4.4 アクションベースのMVCフレームワーク		
	@Controllerアノテーション	org.springframework.stereotype.Controller
	@RequestMappingアノテーション	org.springframework.web.bind.annotation.RequestMapping
	@Injectアノテーション	javax.inject.Inject
	@Autowiredアノテーション	org.springframework.beans.factory.annotation.Autowired
	@ModelAttributeアノテーション	org.springframework.web.bind.annotation.ModelAttribute
	Modelインタフェース	org.springframework.ui.Model
	@Validアノテーション	javax.validation.Valid
	BindingResultインタフェース	org.springframework.validation.BindingResult
	@NotNullアノテーション	javax.validation.constraints.NotNull
	@NotEmptyアノテーション	org.hibernate.validator.constraints.NotEmpty
	@Sizeアノテーション	javax.validation.constraints.Size
	@Patternアノテーション	javax.validation.constraints.Pattern
	@Minアノテーション	javax.validation.constraints.Mix
	@Maxアノテーション	javax.validation.constraints.Max
	@DecimalMinアノテーション	javax.validation.constraints.DecimalMin
	@DecimalMaxアノテーション	javax.validation.constraints.DecimalMax
	@RequestParamアノテーション	org.springframework.web.bind.annotation.RequestParam

4.5 コンポーネントベースのMVCフレームワーク	
@ViewScopedアノテーション	javax.faces.view.ViewScoped
@Namedアノテーション	javax.inject.Named
@PostConstructアノテーション	javax.annotation.PostConstruct
@Injectアノテーション	javax.inject.Inject
第5章 インスタンスの生成や構造に関する設計パターン	
5.1 インスタンスのライフサイクルに関する設計パターン	
@Injectアノテーション	javax.inject.Inject
@RequestScopedアノテーション	javax.enterprise.context.RequestScoped
@SessionScopedアノテーション	javax.enterprise.context.SessionScoped
@ApplicationScopedアノテーション	javax.enterprise.context.ApplicationScoped
@ConversationScopedアノテーション	javax.enterprise.context.ConversationScoped
@Dependentアノテーション	javax.enterprise.context.Dependent
@ViewScopedアノテーション	javax.faces.view.ViewScoped
@PostConstructアノテーション	javax.annotation.PostConstruct
@PreDestroyアノテーション	javax.annotation.PostConstruct
5.3 AOP（Aspect Oriented Programming）	
@Aspectアノテーション	org.aspectj.lang.annotation.Aspect
@Aroundアノテーション	org.aspectj.lang.annotation.Around
@Beforeアノテーション	org.aspectj.lang.annotation.Before
@Afterアノテーション	org.aspectj.lang.annotation.After
@AfterReturningアノテーション	org.aspectj.lang.annotation.AfterReturning
@AfterThrowingアノテーション	org.aspectj.lang.annotation.AfterThrowing
ProceedingJoinPointインタフェース	org.aspectj.lang.ProceedingJoinPoint
5.4 DI×AOPコンテナとCDI	
@Injectアノテーション	javax.inject.Inject
@Namedアノテーション	javax.inject.Named
@Qualifierアノテーション	javax.inject.Qualifier
@Producesアノテーション	javax.enterprise.inject.Produces
DataSourceインタフェース	javax.sql.DataSource
InitialContextクラス	javax.naming.InitialContext
@Resourceアノテーション	javax.annotation.Resource
@Testアノテーション	org.junit.Test
TestCaseクラス	junit.framework.TestCase
Conversationインタフェース	javax.enterprise.context.Conversation
@Interceptorアノテーション	javax.interceptor.Interceptor
@AroundInvokeアノテーション	javax.interceptor.AroundInvoke
InvocationContextインタフェース	javax.interceptor.InvocationContext
@Interceptorsアノテーション	javax.interceptor.Interceptors
5.5 下位レイヤから上位レイヤの呼び出し	
Eventインタフェース	javax.enterprise.event.Event<T>
@Observesアノテーション	javax.enterprise.event.Observes
第7章 トランザクション管理とデータ整合性確保のための設計パターン	
7.2 Java EEにおけるRDBアクセスとトランザクション管理	
@Transactionalアノテーション	javax.transaction.Transactional
TxType列挙型	javax.transaction.Transactional.TxType

第8章 データアクセス層の設計パターン	
8.2 Table Data Gatewayパターンと MyBatis	
SqlSessionインタフェース	org.apache.ibatis.session.SqlSession
SqlSessionFactoryインタフェース	org.apache.ibatis.session.SqlSessionFactory
8.3 Data Mapperパターンと JPA	
@Entityアノテーション	javax.persistence.Entity
@Tableアノテーション	javax.persistence.Table
@Columnアノテーション	javax.persistence.Column
@Idアノテーション	javax.persistence.Id
EntityManagerインタフェース	javax.persistence.EntityManager
@PersistenceContextアノテーション	javax.persistence.PersistenceContext
@Enumeratedアノテーション	javax.persistence.Enumerated
EnumType列挙型	javax.persistence.EnumType
@Lobアノテーション	javax.persistence.Lob
LockModeType列挙型	javax.persistence.LockModeType
@Versionアノテーション	javax.persistence.Version
OptimisticLockException例外	javax.persistence.OptimisticLockException
@GeneratedValueアノテーション	javax.persistence.GeneratedValue
GenerationType列挙型	javax.persistence.GenerationType
@SequenceGeneratorアノテーション	javax.persistence.SequenceGenerator
8.6 JPAにおける関連エンティティの操作	
@ManyToOneアノテーション	javax.persistence.ManyToOne
@JoinColumnアノテーション	javax.persistence.JoinColumn
@OneToManyアノテーション	javax.persistence.OneToMany
FetchType列挙型	javax.persistence.FetchType
CascadeType列挙型	javax.persistence.CascadeType
8.7 JPAにおけるクエリ	
Queryインタフェース	javax.persistence.Query
CriteriaBuilderインタフェース	javax.persistence.criteria.CriteriaBuilder
Predicateインタフェース	javax.persistence.criteria.Predicate
CriteriaQueryインタフェース	javax.persistence.criteria.CriteriaQuery<T>
Rootインタフェース	javax.persistence.criteria.Root<X>
8.9 JPAの高度な機能	
@Inheritanceアノテーション	javax.persistence.Inheritance
@DiscriminatorColumnアノテーション	javax.persistence.DiscriminatorColumn
InheritanceType列挙型	javax.persistence.InheritanceType
DiscriminatorType列挙型	javax.persistence.DiscriminatorType
@DiscriminatorValueアノテーション	javax.persistence.DiscriminatorValue
@Embeddableアノテーション	javax.persistence.Embeddable
@Embeddedアノテーション	javax.persistence.Embedded
@AttributeOverrideアノテーション	javax.persistence.AttributeOverride
@EmbeddedIdアノテーション	javax.persistence.EmbeddedId
第10章 非同期呼び出しと並列処理のための設計パターン	
10.4 エンタープライズアプリケーションにおける非同期処理と並列処理	
AsyncContextインタフェース	javax.servlet.AsyncContext
AsyncListenerインタフェース	javax.servlet.AsyncListener
@Statelessアノテーション	javax.ejb.Stateless
@Asynchronousアノテーション	javax.ejb.Asynchronous
AsyncResultクラス	javax.ejb.AsyncResult<V>

		ManagedExecutorServiceインタフェース	javax.enterprise.concurrent.ManagedExecutor Service
第11章 その他のアーキテクチャパターン			
	11.2 その他のプレゼンテーション層の設計パターン		
		@MultipartConfigアノテーション	javax.servlet.annotation.MultipartConfig
		Partインタフェース	javax.servlet.http.Part
		ServletOutputStreamクラス	javax.servlet.ServletOutputStream
第13章 Webページの設計パターン			
	13.4 サーバプッシュ		
		@ServerEndpointアノテーション	javax.websocket.server.ServerEndpoint
		@OnOpenアノテーション	javax.websocket.OnOpen
		Sessionインタフェース	javax.websocket.Session
		@OnMessageアノテーション	javax.websocket.OnMessage
		@OnCloseアノテーション	javax.websocket.OnClose
第16章 オフラインバッチアプリケーションの設計パターン			
	16.6 バッチフレームワークを利用するパターン		
		ItemReaderインタフェース	javax.batch.api.chunk.ItemReader
		ItemProcessorインタフェース	javax.batch.api.chunk.ItemProcessor
		ItemWriterインタフェース	javax.batch.api.chunk.ItemWriter
第18章 ビッグデータ技術による分散並列バッチ処理			
	18.1 Hadoopによる分散並列バッチ処理		
		Mapperクラス	org.apache.hadoop.mapreduce.Mapper <K1,V1,K2,V2>
		Reducerクラス	org.apache.hadoop.mapreduce.Reducer <K2,V2,K3,V3>
		Configurationクラス	org.apache.hadoop.conf.Configuration
		Jobクラス	org.apache.hadoop.mapreduce.Job
		FileInputFormatクラス	org.apache.hadoop.mapreduce.lib.input.FileInput Format<K,V>
		FileOutputFormatクラス	org.apache.hadoop.mapreduce.lib.output.FileOutput Format<K,V>
	18.3 Sparkによる分散並列バッチ処理		
		SparkConfクラス	org.apache.spark.SparkConf
		JavaSparkContextクラス	org.apache.spark.api.java.JavaSparkContext
		JavaRDDクラス	org.apache.spark.api.java.JavaRDD<T>
		JavaPairRDDクラス	org.apache.spark.api.java.JavaPairRDD<K,V>
第20章 アプリケーション連携の設計パターン			
	20.3 JAX-RSによるRESTサービス構築		
		@Pathアノテーション	javax.ws.rs.Path
		@GETアノテーション	javax.ws.rs.GET
		@POSTアノテーション	javax.ws.rs.POST
		@PUTアノテーション	javax.ws.rs.PUT
		@DELETEアノテーション	javax.ws.rs.DELETE
		@Producesアノテーション	javax.ws.rs.Produces
		@Consumesアノテーション	javax.ws.rs.Consumes
		@PathParamアノテーション	javax.ws.rs.PathParam
		@QueryParamアノテーション	javax.ws.rs.QueryParam
		@FormParamアノテーション	javax.ws.rs.FormParam
		@BeanParamアノテーション	javax.ws.rs.BeanParam
		@HeaderParamアノテーション	javax.ws.rs.HeaderParam

@CookieParamアノテーション	javax.ws.rs.CookieParam
Responseクラス	javax.ws.rs.core.Response
WebApplicationException例外	javax.ws.rs.WebApplicationException
@Providerアノテーション	javax.ws.rs.ext.Provider
ContainerRequestFilterインタフェース	javax.ws.rs.container.ContainerRequestFilter
ContainerRequestContextインタフェース	javax.ws.rs.container.ContainerRequestContext
ContainerResponseFilterインタフェース	javax.ws.rs.container.ContainerResponseFilter
ContainerResponseContextインタフェース	javax.ws.rs.container.ContainerResponseContext
@PreMatchingアノテーション	javax.ws.rs.container.PreMatching
20.4 分散オブジェクト技術とEJBリモート呼び出し	
@Remoteアノテーション	javax.ejb.Remote
20.6 JAX-WSとSOAP Webサービス	
@WebServiceアノテーション	javax.jws.WebService
@WebMethodアノテーション	javax.jws.WebMethod
@Onewayアノテーション	javax.jws.Oneway
AsyncHandlerインタフェース	javax.xml.ws.AsyncHandler<T>
SOAPFaultException例外	javax.xml.ws.soap.SOAPFaultException
@MTOMアノテーション	javax.xml.ws.soap.MTOM
第21章 メッセージングの設計パターン	
21.2 JMSによる基本的なメッセージング	
QueueConnectionFactoryインタフェース	javax.jms.QueueConnectionFactory
Queueインタフェース	javax.jms.Queue
QueueConnectionインタフェース	javax.jms.QueueConnection
QueueSessionインタフェース	javax.jms.QueueSession
Sessionインタフェース	javax.jms.Session
QueueSenderインタフェース	javax.jms.QueueSender
TextMessageインタフェース	javax.jms.TextMessage
QueueReceiverインタフェース	javax.jms.QueueReceiver
MessageListenerインタフェース	javax.jms.MessageListener
Messageインタフェース	javax.jms.Message
TopicConnectionFactoryインタフェース	javax.jms.TopicConnectionFactory
Topicインタフェース	javax.jms.Topic
TopicConnectionインタフェース	javax.jms.TopicConnection
TopicSessionインタフェース	javax.jms.TopicSession
TopicPublisherインタフェース	javax.jms.TopicPublisher
TopicSubscriberインタフェース	javax.jms.TopicSubscriber

Appendix 2 参考文献一覧

- 『Design Patterns: Elements of Reusable Object-Oriented Software』[GoF]

  著：Erich Gamma、Richard Helm、Ralph Johnson、John Vlissides、1994年、Addison-Wesley Professional

  (和訳書)『オブジェクト指向における再利用のためのデザインパターン 改訂版』

  訳：本位田真一、吉田和樹、1999年、ソフトバンククリエイティブ

- 『Patterns of Enterprise Application Architecture』[PofEAA]

  著：Martin Fowler、2002年、Addison-Wesley Professional

  (和訳書)『エンタープライズアプリケーションアーキテクチャパターン』

  監訳：長瀬嘉秀、訳：㈱テクノロジックアート、2005年、翔泳社

- 『Domain-Driven Design: Tackling Complexity in the Heart of Software』[DDD]

  Eric Evans著、2003年、Addison-Wesley Professional

  (和訳書)『エリック・エヴァンスのドメイン駆動設計　ソフトウェアの核心にある複雑さに立ち向かう』

  監訳：今関剛、訳：和智右桂、牧野祐子、2011年刊行、翔泳社

- 『Enterprise Integration Patterns: Designing, Building, and Deploying Messaging Solutions』

  著：Gregor Hohpe、Bobby Woolf、2003年、Addison-Wesley Professional

- 『Introducing Java EE7: A Look at What's New』

  著：Josh Juneau、2013年、Apress

- 『JavaServer Faces 2.0: The Complete Reference』

  著：Ed Burns、Chris Schalk、2009年、McGraw-Hill Professional

- 『Pro JPA 2』

  著：Mike Keith、Merrick Schincariol、2013年、Apress

- 『iBATIS in Action』
  著：Clinton Begin、Brandon Goodin、Larry Meadors、2007年、MANNING

- 『JavaによるRESTfulシステム構築』
  著：Bill Burke、監訳：arton、訳：菅野良二、2010年、オライリージャパン

- 『Java EE 7徹底入門 〜 標準Javaフレームワークによる高信頼性Webシステムの構築』
  著：寺田佳央、猪瀬淳、加藤田益嗣、羽生田恒永、梶浦美咲、監修：小田圭二、2015年、翔泳社

- 『JavaScriptデザインパターン』
  著：Addy Osmani、訳：豊福剛、サイフォン合同会社、2013年、オライリー・ジャパン

- 『増補改訂版 Java言語で学ぶデザインパターン入門』
  著：結城浩、2004年、ソフトバンククリエイティブ

- 『増補改訂版 Java言語で学ぶデザインパターン入門 マルチスレッド編』
  著：結城浩、2006年、ソフトバンククリエイティブ

- 『Javaメッセージサービス』
  著：Richard Monson-Haefel、David A.Chappell、監訳：今野睦、訳：古澤秀明、2001年、オライリー・ジャパン

おわりに

本書の執筆を思い立ったのは、実に3年にも前に遡ります。あまりにも膨大なアプリケーションアーキテクチャの世界を、一貫性のあるアプローチで体系的に整理するという作業は、並々ならぬ労力ではありませんでした。あまりの大作業を前に、途中で何度も心が折れそうになりましたが、本書の執筆こそが、私の20年に及ぶエンジニア人生の集大成であると自身を奮い立たせ、何とか書き上げることができました。

アプリケーションアーキテクチャの世界では、偉大な先人たちが優れたパターンを編み出してきました。彼らの編み出したパターンをアレンジし、私が日々の業務の中で知りえた設計ノウハウを融合して再整理した点に、本書の価値があるものと自負しています。

昨今のIT業界全体を見ると、エンタープライズシステムは話題性という点でやや地味な印象があるかもしれません。しかしながら、エンタープライズシステムは企業活動の根幹を支え、競争力の源泉ともなる重要な位置付けであることは、今も昔も変わりはありません。

本書が、エンタープライズシステムがIT業界の「花形」として、再びスポットライトを浴びる一つの契機となってくれれば、この上ない喜びです。

謝辞

当初より本書の企画に賛同いただき、3年間の長きに渡って気長にお付き合いくださった技術評論社の傳智之さん。同じく本書の編集をご担当くださった緒方研一さん、ありがとうございました。お二人の手厚いサポートなくして、本書を世に送り出すことはできませんでした。

お忙しい中、本書のレビューを引き受けてくださった山野裕司さん、柏崎徹也さん（ともに株式会社オージス総研）、大橋勝之さん（日本オラクル株式会社）、大変ありがとうございました。皆様からのフィードバックによって、本書の品質を大きく向上させることができました。

当社社内では、高橋博実さん、黒田雄一さん、尾根田倫太郎さん、尾崎勇一さんにもレビューをいただき、多くの気付きを得ることができました。皆様のように「尖がった」メンバーに囲まれている私は、とても恵まれた環境にいることを再認識しました。

また、トップマネジメントという立場でありながら、アーキテクチャやフレームワークに並々ならぬ関心と深い造詣をお持ちの当社社長、中田一朗さんに改めて御礼を申し上げます。今後とも変わらぬご指導をよろしくお願いいたします。

最後に、本書の執筆期間中、私を支えてくれた家族とペットのとらちゃんに感謝の気持ちを表して、筆をおきたいと思います。

索引

記号

数字

A

K

L

M

N

O

P

Q

R

S

か行

さ行

た行

な行

は行

ま行

や行

ら行

著者略歴

斉藤 賢哉（さいとう けんや）

三菱UFJインフォメーションテクノロジー株式会社、ITプロデュース部部長。
一橋大学経済学部卒業後、1994年に三和銀行（現三菱東京UFJ銀行）に入行。1997年よりシステム部門。以降、ディーリングシステムのアプリケーション開発、ダイレクトバンキングシステムのフレームワーク開発、社内標準フレームワーク開発などを担当し、アーキテクトとして数々の大規模プロジェクトに携わる。
2009年より現部署。現在は先端技術をテーマとした研究開発、社内基盤の管理運営、標準アーキテクチャの策定、研修やセミナーなどによる人材育成に従事。「設計・実装ができるプレイングマネジャー」として日々奮戦中。
これまでJava EEやビッグデータのカンファレンスにおける講演は多数。著書に『マスタリングJava EE 5』（翔泳社）がある。
趣味は野球観戦と音楽鑑賞。横浜ベイスターズの試合結果によって翌日のテンションが左右されることが悩み。The Beatles、Mariah Carey、Madonna、U2などの洋楽ポップスが大好き。最近ではTaylor SwiftとAdeleが大のお気に入り。

◆装丁：石間淳
◆カバー写真：Evening_tao / Freepik
◆本文デザイン／レイアウト：SeaGrape
◆編集：傳 智之、緒方研一

アプリケーションアーキテクチャ設計パターン

2017年10月25日　初　版　第1刷発行
2023年 1月11日　初　版　第2刷発行

著　者　三菱UFJインフォメーションテクノロジー株式会社
　　　　斉藤 賢哉
発行者　片岡巌
発行所　株式会社技術評論社
　　　　東京都新宿区市谷左内町 21-13
　　　　電話　03-3513-6150　販売促進部
　　　　　　　03-3513-6166　書籍編集部
印刷／製本　昭和情報プロセス株式会社

定価はカバーに印刷してあります

ISBN978-4-7741-9303-8 C3055
Printed in Japan

●問い合わせについて

本書に関するご質問は，FAXか書面でお願いいたします。電話での直接のお問い合わせにはお答えできませんので，あらかじめご了承ください。また，下記のWebサイトでも質問用フォームを用意しておりますので，ご利用ください。

ご質問の際には，書籍名と質問される該当ページ，返信先を明記してください。e-mailをお使いになられる方は，メールアドレスの併記をお願いいたします。ご質問の際に記載いただいた個人情報は質問の返答以外の目的には使用いたしません。

お送りいただいたご質問には，できる限り迅速にお答えするよう努力しておりますが，場合によってはお時間をいただくこともございます。なお，ご質問は，本書に記載されている内容に関するもののみとさせていただきます。

◆問い合わせ先
〒162-0846
東京都新宿区市谷左内町 21-13
株式会社技術評論社　書籍編集部
「アプリケーションアーキテクチャ設計パターン」係
FAX：03-3513-6183
Web：http://gihyo.jp/book/2017/978-4-7741- 9303-8